AF671309

Baustellenmanagement im Anlagenbau

Thomas Günther

Baustellenmanagement im Anlagenbau

Gezielt planen – Erfolgreich abwickeln

2. Auflage

Thomas Günther
Lünen, Deutschland

ISBN 978-3-662-69328-5 ISBN 978-3-662-69329-2 (eBook)
https://doi.org/10.1007/978-3-662-69329-2

Die Deutsche Nationalbibliothek verzeichnet diese Publikation in der Deutschen Nationalbibliografie; detaillierte bibliografische Daten sind im Internet über https://portal.dnb.de abrufbar.

Planung/Lektorat: Alexander Grün
Springer Vieweg ist ein Imprint der eingetragenen Gesellschaft Springer-Verlag GmbH, DE und ist ein Teil von Springer Nature.
Die Anschrift der Gesellschaft ist: Heidelberger Platz 3, 14197 Berlin, Germany

Vorwort

Allein die Kosten für die Errichtung einer verfahrenstechnischen Anlage können zwischen 35 % und 60 % der gesamten Investitionssumme des Betreibers betragen. Bau- und Montagezeiträume von 2 Jahren und länger sind dabei nicht die Seltenheit. Projekte werden immer größer und komplexer und müssen gemanagt werden.

In der Formel 1 entscheidet das Rennen über Sieg oder Niederlage. Umfangreiche Tests für das richtige Setup des Rennwagens werden frühzeitig durchgeführt. Boxenstopps werden hunderte Male geübt, dauern aber nur um die 30 s. Das Rennen wird nach maximal 2 h beendet.

Auch der Bau und die Montage einer verfahrenstechnischen Anlage ist ein Rennen, und zwar gegen die Zeit und gegen die Kosten. Abläufe müssen vorgedacht, simuliert und übergreifend abgestimmt werden. Unplanmäßigen Boxenstopps, wie unerwartete Abweichungen, entstehen, sind aber in ihrer Auswirkung zu minimieren.

Durch lange Abwicklungsdauern und hohen Kosten entstehen Risiken, die beherrscht und gemanagt werden müssen.

Baustellenmanagement, wie es in diesem Buch verstanden wird, beschränkt sich nicht nur auf die Steuerung der Baustelle, also nicht nur auf das Rennen, sondern intensiviert die gesamte Vorbereitungszeit.

Das Baustellenmanagement beginnt bereits in der Angebotsphase, in der wesentliche Entscheidungen zu treffen sind, um die Abwicklung wirksam zu gestalten. Darauf aufbauend, wird der Ansatz einer gezielten und effektiven Planung als Grundlage für eine erfolgreiche Abwicklung der Baustelle verstanden. Basierend auf den Planungsdaten erfolgt eine durch Kennzahlen unterstützte Steuerung. Dabei werden kontinuierlich die Ressourcen hinterfragt, da eine Ressourcenunterdeckung automatisch zu Zeitverzügen und höheren Kosten führt.

Die Struktur des Buches spiegelt die Chronologie der Entstehung und Abwicklung eines Projektes wider und kann in drei Teile untergliedert werden.

Teil 1 (Kap. 1 bis 6) beschäftigt sich mit den Betätigungsfeldern und Phasen des Anlagenbaus, die Voraussetzung zum Entstehen eines Projektes mit dem Schwerpunkt der Angebotsbearbeitung und Vertragsarten. Des Weiteren wird das Augenmerk auf die spezifischen Grundlagen der einzelnen Gewerke aus Sicht der Bau und Montage gelegt.

Im zweiten Teil (Kap. 7 bis 17) wird die effektive Planung der Baustelle als Grundlage für eine zielgerichtete Steuerung behandelt. Dabei wird der Schwerpunkt auf das Verständnis des Zusammenspiels der einzelnen Gewerke untereinander, als auch der Einfluss aus dem Engineering, der Beschaffung und der Inbetriebnahme gelegt.

Im dritten Teil (Kap. 18–20) wird die Steuerung der Baustelle zum Teil als Abweichungsmanagement betrachtet. Die frühzeitige Feststellung und die zeitnahe Interpretation der Abweichung werden als die Schlüsselelemente für eine optimierte Steuerung verstanden. Zielgerichtetes Einleiten von korrigierenden Maßnahmen wird als ein wesentlicher Faktor im ewigen Kampf gegen Kosten und Termindruck gesehen. Regionale, klimatische, kulturelle und marktspezifischen Anforderungen runden das Bild ab.

Das Buch richtet sich an Führungskräfte, Fachkräfte, Berufseinsteiger, sowie an Fachkollegen, die im Anlagenbau tätig sind.

Unterstützend durch praxisnahe Beispiele, typischen Ablaufschemata, zahlreichen Bilder und Tabellen werden die Inhalte strukturiert und übersichtlich dargestellt und vermittelt.

Thomas Günther

Inhaltsverzeichnis

1 Einführung . . . 1

2 Projekte . . . 5
- 2.1 Marktanforderung . . . 7
- 2.2 Betätigungsfelder . . . 9
  - 2.2.1 Offshore . . . 9
  - 2.2.2 Onshore . . . 10
- 2.3 Zusammenfassung . . . 16

3 Angebotsbearbeitung . . . 19
- 3.1 Kalkulationsplan . . . 21
  - 3.1.1 Kalkulationsgenauigkeit . . . 24
  - 3.1.2 Angebotsterminplan . . . 27
- 3.2 Angebotserstellung . . . 28
- 3.3 Abwicklungstrategie . . . 30
- 3.4 Bau- und Montageausschreibung . . . 31
  - 3.4.1 Vergabepakete . . . 32
  - 3.4.2 Ausschreibung . . . 33
- 3.5 Auswertung . . . 41
  - 3.5.1 Angebotspreise . . . 41
  - 3.5.2 Ausschlüsse und Abweichungen . . . 44
  - 3.5.3 Risikoanalyse Sub . . . 45
  - 3.5.4 Leistungskennzahlen . . . 46
  - 3.5.5 Abwicklungskonzept (Sub) . . . 47
  - 3.5.6 Angebotspreisvergleich . . . 48
- 3.6 Kostenermittlung (BM-Kalkulation) . . . 49
  - 3.6.1 Fremdkosten . . . 51
  - 3.6.2 Eigenkosten . . . 57
- 3.7 Risikomanagement . . . 60
  - 3.7.1 Identifizierung von Risiken . . . 61
  - 3.7.2 Analyse von Risiken . . . 63

3.7.3 Kategorisieren der Risiken . . . 65
3.7.4 Risiko Strategien . . . 68
3.7.5 Überwachung und Kontrolle der Risiken . . . 70
3.8 Zusammenfassung . . . 71

4 Vertragsarten . . . 73
4.1 Kundenvertrag . . . 75
4.1.1 Einheitspreisvertrag . . . 75
4.1.2 Kostenerstattungsvertrag . . . 76
4.1.3 Pauschalfestpreis . . . 76
4.2 Nachunternehmervertrag . . . 77
4.2.1 Ausgangsbasis . . . 77
4.2.2 Analyse des Marktes . . . 78
4.2.3 Nachunternehmerkonzept . . . 80
4.2.4 Nachunternehmervertrag oder Konsortium . . . 87
4.3 Pre-Qualifikation . . . 87
4.3.1 Qualifizierungs-Fragebogen . . . 88
4.3.2 Ablauf Audit . . . 88
4.3.3 Firmenbewertung . . . 90
4.4 Leistungsbeschreibung und Leistungsbegrenzung . . . 98
4.4.1 Division of Responsibility (DOR) . . . 104
4.5 Risikobewertung . . . 106
4.5.1 Ersatzmaßnahme Nachunternehmer . . . 106
4.6 Zusammenfassung . . . 108

5 Baugrundlagen . . . 109
5.1 Baugrundvorbereitung . . . 110
5.2 Erdarbeiten . . . 110
5.2.1 Bodenklassen . . . 112
5.2.2 Maßnahmen zur Verbesserung der Bodentragfähigkeit . . . 115
5.3 Wasserhaltung . . . 121
5.3.1 Offene Wasserhaltung . . . 122
5.3.2 Grundwasserabsenkung . . . 123
5.3.3 Geschlossene Wasserhaltung . . . 124
5.4 Tiefgründung . . . 125
5.5 Betonbau . . . 131
5.5.1 Schalung . . . 135
5.5.2 Betonieren bei kaltem Wetter . . . 137
5.5.3 Betonieren bei heißem Wetter . . . 139
5.5.4 Besondere Bauwerke . . . 145
5.5.5 Kontrollen und Prüfungen . . . 149
5.5.6 Gebäude . . . 150

5.6 Stahlbau . . . 151
5.6.1 Planung. . . . 152
5.6.2 Stahlbaumontage . . . 156
5.6.3 Bühnen und Leitern . . . 159
5.6.4 Kontrollen und Prüfungen . . . 160
5.7 Zusammenfassung . . . 160

6 Grundlagen der Montage . . . 161
6.1 Ausrüstungsmontage . . . 161
6.1.1 Kontrollen und Prüfungen . . . 163
6.2 Kranarbeiten. . . . 164
6.2.1 Hebestudie . . . 178
6.3 Rohrleitungsmontage . . . 182
6.3.1 Verlegen von oberirdischen Rohrleitungen . . . 182
6.3.2 Unterirdische Rohrleitungen . . . 185
6.3.3 Flanschverbindungen . . . 187
6.3.4 Unterstützungen . . . 187
6.3.5 Schweißen . . . 188
6.3.6 Sicherheitsventile . . . 195
6.3.7 Aufwandsermittlung. . . . 195
6.3.8 Kontrolle und Prüfungen . . . 202
6.4 Zerstörungsfreie Prüfungen (ZfP) . . . 202
6.4.1 Durchstrahlungsprüfung. . . . 204
6.4.2 Ultraschallprüfung . . . 204
6.4.3 Farbeindringprüfung . . . 205
6.4.4 Magnetpulverprüfung. . . . 205
6.4.5 Sichtprüfung. . . . 205
6.4.6 Wirbelstromprüfung. . . . 205
6.4.7 Dichtheitsprüfung. . . . 206
6.4.8 Härteprüfung . . . 206
6.4.9 Druckprüfung. . . . 206
6.4.10 Verwechslungsprüfung. . . . 206
6.5 Druckproben . . . 206
6.5.1 Vorbereitung der Druckprobe. . . . 207
6.5.2 Kontrollen vor der Druckprobe . . . 209
6.5.3 Prüfen mit Flüssigkeit . . . 209
6.5.4 Stressdruckprobe Fernrohrleitungen . . . 212
6.5.5 Pneumatische-Druckprobe. . . . 213
6.5.6 Maßnahmen nach der Druckprüfung . . . 216
6.5.7 Dichtheitsprüfung. . . . 216
6.5.8 Spülen und Reinigen . . . 217

6.5.9 Trocknung ... 220
6.5.10 Kontrolle und Prüfungen ... 221
6.6 Korrosionsschutz ... 221
6.6.1 Oberflächenvorbereitung ... 222
6.6.2 Filmdicke ... 224
6.6.3 Behandlung von Schweißnähten ... 224
6.6.4 Kontrollen und Prüfungen ... 225
6.7 Dämmung ... 225
6.7.1 Wärmedämmung ... 226
6.7.2 Kältedämmung ... 229
6.7.3 Wetterschutz ... 231
6.7.4 Schallschutz ... 233
6.7.5 Brandschutz ... 234
6.7.6 Kontrolle und Prüfungen ... 236
6.8 Elektrotechnik ... 236
6.8.1 Verlegen von Kabeln ... 237
6.8.2 Verlegen von Kabel durch Gewässer ... 243
6.8.3 Kabelträgersysteme ... 243
6.8.4 Schalthäuser, Schaltanlagen ... 243
6.8.5 Kontrollen und Prüfungen ... 245
6.9 Mess-, Steuer- und Regeltechnik (MSR) ... 249
6.9.1 Kontrollen und Prüfungen ... 251
6.9.2 Funktionsprüfung ... 252
6.10 Winterbaumaßnahmen ... 254
6.11 Zusammenfassung ... 256

7 Grundlagen der Planung und Steuerung ... 259
7.1 Leistungsprozesse ... 261
7.2 Planungsvoraussetzungen ... 264
7.3 Planungsarten ... 266
7.3.1 Primärbedarfsplanung ... 268
7.3.2 Sekundärbedarfsplanung ... 269
7.3.3 Termin- und Kapazitätsplanung ... 273
7.3.4 Ablaufplanung ... 273
7.3.5 Auftragsüberwachung ... 274
7.4 Zusammenfassung ... 274

8 Grundlagen der Terminplanung ... 277
8.1 Vorgänge und Ereignisse ... 278
8.2 Einführung Terminplanebenen ... 281
8.3 Numerische Ebenen ... 283
8.3.1 Level 1 ... 283
8.3.2 Level 2 ... 283

8.3.3 Level 3 284
8.3.4 Level 4 284
8.3.5 Level 5 284
8.4 EPC-Levels 284
8.4.1 EPC-Level 1 285
8.4.2 EPC-Level 2 285
8.4.3 EPC-Level 3 285
8.5 Beschreibenden Ebenen 285
8.5.1 Master Schedule 286
8.5.2 Program/Project Summary Schedule 286
8.5.3 Milestone Schedule 286
8.5.4 Project Level Schedule 286
8.5.5 Project Control Schedule 287
8.5.6 Look ahead Schedule 287
8.5.7 Task Lists 288
8.5.8 Supporting Data 288
8.6 Übersicht 288
8.7 Zusammenfassung 295

9 Ablaufplan 297
9.1 Rahmenbedingungen als Einflussfaktoren 297
9.1.1 Greenfield/Grassroot 298
9.1.2 Brownfield 299
9.1.3 Klimatische Bedingungen 302
9.1.4 Kulturelle Bedingungen 303
9.2 Bau- und Montagesequenzen 305
9.3 Zusammenfassung 312

10 Bau- und Montagekonzept 315
10.1 Allgemeiner Teil 316
10.1.1 Termine 318
10.2 Sequenzen 318
10.3 Leistungsumfang 319
10.4 Baustelleneinrichtung 320
10.4.1 Baustellenbüros 320
10.4.2 Materiallager 320
10.4.3 Werkstätten 321
10.4.4 Andere Einrichtungen 321
10.4.5 Zugänglichkeit/Straßen 321
10.5 Baustellenleitung und -überwachung 322
10.6 Materialverwaltung 322

10.7 Bauarbeiten . . . 322
10.7.1 Erd- und Tiefbauarbeiten . . . 323
10.7.2 Betonarbeiten . . . 323
10.7.3 Hochbauarbeiten/Ausbauarbeiten . . . 324
10.7.4 Stahlbauarbeiten . . . 324
10.8 Montagearbeiten . . . 325
10.8.1 Allgemeines . . . 325
10.8.2 Montage der Prozessausrüstungen und Maschinen . . . 326
10.8.3 Montage der Rohrleitungen . . . 326
10.9 Korrosionsschutz . . . 327
10.10 Dämmung . . . 327
10.11 Elektrotechnik und MSR-Arbeiten . . . 327
10.12 Andere Montagearbeiten . . . 328
10.13 Gerüstbau . . . 328
10.14 Vergabekonzept . . . 328
10.15 Arbeitssicherheit und Qualitätskontrolle . . . 328
10.16 Prüfungen und Freigabe der Bau- und Montagearbeiten . . . 329
10.17 Zusammenfassung . . . 329

11 Constructability . . . 331
11.1 Constructability Ablauf . . . 334
11.2 Ausgewählte Beispiele . . . 336
11.2.1 Infrastruktur . . . 336
11.2.2 Fundamente/Stützen . . . 336
11.2.3 Stahlbau . . . 337
11.2.4 Aufstellungsplanung . . . 338
11.2.5 Elektrotechnik . . . 338
11.2.6 Stromversorgung . . . 338
11.3 Modularisierung (PPMOF) . . . 348
11.3.1 Vorfertigung . . . 349
11.3.2 Vormontage . . . 350
11.3.3 Modularisierung . . . 350
11.3.4 Offsite Fabrication . . . 350
11.4 Zusammenfassung . . . 351

12 Beschreibung von Tätigkeiten . . . 353
12.1 Method Statements . . . 353
12.1.1 Zweck und Anwendbarkeit . . . 354
12.1.2 Referenzen . . . 354
12.1.3 Definitionen . . . 354
12.1.4 Verantwortlichkeiten . . . 354
12.1.5 Ablaufbeschreibung . . . 354
12.1.6 Qualitätskontrolle . . . 355

12.1.7 Arbeitssicherheitsmaßnahmen 355
12.1.8 Beispiel Method Statement 356
12.2 Job Cards 358
12.3 Zusammenfassung 358

13 Ressourcen- und Bedarfsermittlungen 365
13.1 Ressourcen 366
13.1.1 Ressourcenermittlung 369
13.1.2 Einfluss des Arbeitsraums auf den Ressourceneinsatz 374
13.2 Personal 375
13.2.1 Ressourcenabgleich 379
13.3 Geräte, Werkzeuge 382
13.4 Verbrauchsstoffe 382
13.5 Flächen 383
13.5.1 Zufahrtsstraßen und Verkehrswege 383
13.5.2 Parkplätze 383
13.5.3 Zuschläge für Beton/Mischanlage 384
13.5.4 Lagerflächen Bewehrungsstahl 384
13.5.5 Lagerflächen Stahlbau 384
13.5.6 Lagerflächen Ausrüstungen 384
13.5.7 Lagerflächen Rohrleitungsmaterial 384
13.5.8 Lagerflächen Gerüstbau 385
13.5.9 Büroanlage 385
13.6 Zusammenfassung 385

14 Baustelleneinrichtung 387
14.1 Planung der Baustelleneinrichtung 388
14.2 Baustellenbesichtigung 389
14.3 Baustelleneinrichtung 389
14.4 Baustelleneinrichtungsplan 392
14.4.1 Büro 395
14.4.2 Lagerflächen 395
14.4.3 Infrastruktur 396
14.4.4 Besondere Bedingungen 397
14.5 Materialverwaltung 398
14.5.1 Ablauf 398
14.5.2 Materiallager 399
14.5.3 Lagerbedingungen 400
14.5.4 Wareneingang 402
14.5.5 Warenausgang 402
14.5.6 Materialverfügbarkeit 403
14.5.7 Zertifikate 403

14.6 Arbeitsstättenverordnung 404
14.7 Sicherheitskonzept Baustelle und Baustelleneinrichtung 404
14.7.1 Schutzmaßnahmen 404
14.8 Baustellenordnung 405
14.8.1 Allgemeines 406
14.8.2 Arbeitsstätten 407
14.8.3 Arbeitssicherheit 407
14.8.4 Brand- und Explosionsschutz 408
14.8.5 Umweltschutz 408
14.8.6 Sicherung der Baustelle 409
14.8.7 Arbeitssicherheit 409
14.8.8 Definitionen 410
14.8.9 Risiko Analyse 410
14.8.10 Persönliche Schutzausrüstung 410
14.8.11 Werkzeuge und Geräte 411
14.8.12 Absperrungen 411
14.8.13 Leitern 411
14.8.14 Ordnung und Sauberkeit 411
14.9 Baustellensicherheit 412
14.10 Zusammenfassung 413

15 Baustellenorganisation 415
15.1 Baustellenteam 416
15.2 Funktionsbeschreibungen 418
15.2.1 Baustellenleiter 419
15.2.2 SGU-Fachkraft 420
15.2.3 Qualitätssicherungen 422
15.2.4 Planungsingenieur 422
15.2.5 Kostenkontroller 423
15.2.6 Manager Nachunternehmer 424
15.2.7 Baustellenverwalter 424
15.2.8 Materialverwalter 425
15.2.9 Technisches Baustellenbüro 425
15.2.10 Fachbauleitung 426
15.2.11 Teilbauleiter 426
15.3 Berichtswesen 427
15.3.1 Baustellentagebuch 428
15.3.2 Wochenberichte 428
15.3.3 Monatsberichte 431
15.3.4 Abschlussbericht 432
15.4 Zusammenfassung 433

16 Kennzahlen und Kennzahlen Systeme ... 435
16.1 Erstellung Kennzahlensystem ... 436
16.2 Kennzahlen ... 437
16.2.1 Kennzahlenkatalog ... 440
16.2.2 Zuschlagsfaktoren ... 440
16.2.3 Klimatische Einflüsse ... 449
16.3 Auswertungen Kennzahlensystem ... 456
16.4 Zusammenfassung ... 458

17 Budgetierung ... 459
17.1 Projektspezifischer Kontenplan ... 459
17.2 Eigenkosten ... 459
17.2.1 Personalkosten ... 460
17.2.2 Baustelleneinrichtung ... 460
17.3 Fremdkosten ... 461
17.3.1 Leistungsverzeichnisse ... 461
17.3.2 Zusatzarbeiten ... 462
17.3.3 Änderungsarbeiten ... 462
17.3.4 Dienstleistungen von Lieferanten ... 462
17.4 Risiko ... 462
17.5 Zusammenfassung ... 463

18 Überwachung und Steuerung ... 465
18.1 Überwachung ... 465
18.2 Steuerung ... 466
18.2.1 Kennzahlen als Steuerungsinstrument ... 467
18.3 Termine und Fortschritt ... 471
18.3.1 Fortschrittsermittlung ... 472
18.3.2 Anwendung des Kennzahlensystems ... 480
18.3.3 Kritischer Pfad ... 486
18.4 Kostenkontrolle ... 489
18.4.1 Kostenprognosen ... 490
18.4.2 Eigenkosten ... 491
18.4.3 Fremdkosten ... 492
18.4.4 Mitlaufende Kalkulationen und Prognosen ... 492
18.4.5 Rechnungsprüfung ... 493
18.5 Qualität ... 494
18.6 Arbeitssicherheit, Gesundheits- und Umweltschutz ... 496
18.7 Risikomanagement ... 499
18.8 Zusammenfassung ... 500

19 Abweichungen . . . 501
19.1 Abweichungsmanagement . . . 501
19.2 Ermittlung der Abweichungen . . . 503
19.2.1 Messen . . . 504
19.2.2 Vergleichen . . . 504
19.2.3 Analysieren . . . 504
19.2.4 Nachverfolgen . . . 505
19.2.5 Berichten . . . 506
19.3 Einleiten korrigierender Maßnahmen . . . 506
19.4 Abweichungskategorien . . . 506
19.4.1 Kategorie 1 – Selbstheilung . . . 508
19.4.2 Kategorie 2 – Non-Invasive Therapie . . . 508
19.4.3 Kategorie 3 – Invasive Therapie . . . 509
19.5 Arten von Abweichungen . . . 509
19.5.1 Behinderung . . . 509
19.5.2 Fehler . . . 510
19.5.3 Schaden . . . 512
19.5.4 Mängel . . . 512
19.6 Kosten der Abweichung . . . 512
19.6.1 Zusatzleistungen . . . 513
19.6.2 Änderungsarbeiten . . . 513
19.6.3 Stundenlohnarbeiten . . . 513
19.6.4 Variation Order . . . 514
19.6.5 Extra Work Order . . . 514
19.6.6 Back Charge . . . 514
19.7 Zusammenfassung . . . 514

20 Fertigstellung . . . 517
20.1 Mechanische Fertigstellung . . . 519
20.2 Vorbereitungen zur Inbetriebnahme . . . 521
20.2.1 Dampfblasen . . . 523
20.2.2 Chemische Reinigung . . . 524
20.2.3 Spülen und Trocken von Ausrüstungen und Rohrleitungen . . . 526
20.3 Inbetriebnahme . . . 527
20.4 Anfahrbereitschaft . . . 529
20.5 Feed In . . . 530
20.6 Produktspezifikation . . . 530
20.7 Performance Test . . . 530
20.8 Übergabe an den Kunden (Hand Over) . . . 530
20.9 Provisional Acceptance . . . 531
20.10 Wesentliche Fertigstellung (Substantial Completion) . . . 531
20.11 Zusammenfassung . . . 531

Glossar 533

Literatur 537

Stichwortverzeichnis 541

Abbildungsverzeichnis

Abb. 1.1 Hauptphasen ... 2
Abb. 1.2 Parteien während Bau- und Montagephasen ... 3
Abb. 1.3 Arbeitsschritte und Aufgaben des Baustellenmanagement ... 4
Abb. 2.1 Merkmale von Projekten ... 6
Abb. 2.2 Hauptgebiete des Anlagenbaus ... 10
Abb. 2.3 Offshore Windenergieanlage in Dänemark. (Bild: E.ON SE) ... 11
Abb. 2.4 Bohrinsel Öl Plattform. (Bild: E.ON SE) ... 11
Abb. 2.5 Unterschiedliche Bohrinseltypen. (Bild: BP Europe SE) ... 13
Abb. 2.6 Athabasca Oil Sands. (Bild: NASA) ... 13
Abb. 2.7 Schematische Darstellung zur Schiefergasgewinnung. (Bild: US-Government) ... 14
Abb. 2.8 Verlegung einer Erdgas-Pipeline. (Bild: GASCADE) ... 15
Abb. 2.9 Chemiepark Bayer Dormagen. (Bild: Bayer AG) ... 16
Abb. 3.1 Verteilung Projektkosten ... 20
Abb. 3.2 Ablaufschema Angebotsbearbeitung ... 22
Abb. 3.3 Klassifizierung der Kalkulationsgenauigkeit ... 26
Abb. 3.4 Vergabepakete ... 33
Abb. 3.5 Personaleinsatzgebirge ... 38
Abb. 3.6 Beispiel: Schweißer S-Kurve ... 39
Abb. 3.7 Ablaufschema Angebotsauswertung ... 41
Abb. 3.8 Beispiel: Aufteilung Wertigkeit der Gewerke ... 51
Abb. 3.9 Bau- und Montagekosten ... 52
Abb. 3.10 Grundzüge des Risikomanagement ... 61
Abb. 3.11 Risiken ... 69
Abb. 4.1 Ablaufschema Nachunternehmerkonzept ... 77
Abb. 4.2 WBS-Bau und Montage ... 81
Abb. 4.3 Vergabekonzept ... 82
Abb. 4.4 Ablaufschema Pre-Qualifikation ... 88
Abb. 4.5 Beispiel Workload (Bild: ENKA, Istanbul-Türkei) ... 93
Abb. 4.6 Auslastungsvorschau Projekte ... 94

Abb. 4.7 Auslastungsvorschau Projekte und Angebote. 94
Abb. 4.8 Überwachungsverhältnis 97
Abb. 4.9 Schema Direkte/Indirekte Leistungen 100
Abb. 4.10 Beispiel Struktur DOR 101
Abb. 4.11 Beispiel Ersatzmaßnahe – Fortschritt. 102
Abb. 4.12 Beispiel Ersatzmaßnahme Kosten 102
Abb. 5.1 Fallgewichtsverdichtung (Bild: Liebherr) 117
Abb. 5.2 Fräsmischen (Bild: Liebherr) 117
Abb. 5.3 Nassmischen (Bild: Liebherr). 118
Abb. 5.4 Rüttelstopfverdichtung (Bild: Liebherr). 119
Abb. 5.5 Rütteldruckverdichtung (Bild: Liebherr) 120
Abb. 5.6 Baugrund – Bodenverfestigung 121
Abb. 5.7 ADP Verdrängerpfahl-System (Bild: Fa. Bauer) 126
Abb. 5.8 Statischer Pfahltest (Bild: Fa. Bauer). 128
Abb. 5.9 Abwicklungsbedingte Pfahlsequenzen. 129
Abb. 5.10 Produktivität Verdrängungspfahl (Bild: Fa. Bauer) 130
Abb. 5.11 Betonmischanlage Mobilmix 0,5 Kapazität 30 m³/h
(Bild: Liebherr). 132
Abb. 5.12 Betonmischanlage Mobilmix 2,25 (Bild: Liebherr). 132
Abb. 5.13 Nachbehandlungsmaßnahmen für Beton (Bild: CEMEX). 139
Abb. 5.14 Abkühlungsverlauf Frischbeton (Bild: Holcim
(Süddeutschland) GmbH). 140
Abb. 5.15 Bestimmung der Frischbetontemperatur. (Bild: CEMEX). 141
Abb. 5.16 Austrocknungsverhalten von Beton in Abhängigkeit von der
relativen Luftfeuchte, der Luft- und Betontemperatur und der
Windstärke. (Bild: Verein Deutscher Zementwerke
e. V., Zement-Taschenbuch 2008). 143
Abb. 5.17 Fallhöhe Betongießen (Bild: agshotcreteservices). 148
Abb. 5.18 Vorbereitung Setzen chemischer Anker 149
Abb. 5.19 Einteilung der Anlage in Baugruppen 151
Abb. 5.20 Workflow Stahlbaulieferungen. 153
Abb. 5.21 Einfluss des Stückgewichtes auf Montagestunden. 154
Abb. 5.22 Rohrbrücke im Chemiekomplex Bayer Uerdingen
(Bild: Bayer AG). 156
Abb. 5.23 Grobterminplan Stahlbau 157
Abb. 5.24 Stahlbau – Unterlegscheiben (Bild: Stefan Boos) 159
Abb. 6.1 Hubhöhen Liebherr LTM 1220 (Bild: Fa. Liebherr) 167
Abb. 6.2 Liebherr MK 100 (Bild: Fa. Liebherr) 168
Abb. 6.3 Liebherr MK 88 im Einsatz (Bild: Fa. Liebherr) 169
Abb. 6.4 Minikran (Bild: Minikran) 170
Abb. 6.5 LKW-Aufbaukrane (Bild: Fa. Liebherr). 170
Abb. 6.6 Mobilkran LTM (Bild: Fa. Liebherr) 171

Abb. 6.7 Raupenkran Liebherr LR 11350 (Bild: Fa. Liebherr). 172
Abb. 6.8 Turmdrehkran (Bild: Fa. Liebherr). 173
Abb. 6.9 Hubsystem (Bild: Fa. Fagioli SPA) 175
Abb. 6.10 Verschubsystem (Bild: Fa. Fagioli SPA) 176
Abb. 6.11 Verschubbahn (Bild: Mammoet Deutschland GmbH) 177
Abb. 6.12 Schwimmkran bei der Montage eines Umspannwerkes in der Nordsee (Bild: E.ON SE) 178
Abb. 6.13 Beispiel Hebestudie (Bild: Fa. Bracht). 180
Abb. 6.14 3D Planung von Hebevorgängen (Bild: Fa. Bracht). 181
Abb. 6.15 Stoßarten beim Schweißen 189
Abb. 6.16 Nahtvorbereitungen (Bild: VDM Metals GmbH). 190
Abb. 6.17 Lichtbogenhandschweißen (Bild: VDM Metals GmbH) 192
Abb. 6.18 Wolfram-Inertgas-Schweißen (Bild: VDM Metals GmbH) 192
Abb. 6.19 Glühdiagramm 194
Abb. 6.20 Einschaltdauer unter Baustellenbedingungen. 200
Abb. 6.21 Geometrie einer Schweißnaht. 201
Abb. 6.22 Schweißnaht Fehler 204
Abb. 6.23 Flanschverbindung mit Steckscheibe 208
Abb. 6.24 Aufbau eine Rohrleitungsisolierung. 227
Abb. 6.25 Isolierung mit Begleitheizung 229
Abb. 6.26 Schallschutzhaube (Bild: Gerber-Bilfinger GmbH) 234
Abb. 6.27 Leitungsarten (Bild: Landesamt für Natur, Umwelt und Verbraucherschutz Nordrhein-Westfalen) 238
Abb. 6.28 Kabelarten (Bild: Landesamt für Natur, Umwelt und Verbraucherschutz Nordrhein-Westfalen) 239
Abb. 6.29 Unterirdische Kabeltrasse. 242
Abb. 6.30 Modulares Schalthaus – Mittel und Niederspannungsanlage (Bild: Siemens AG). 245
Abb. 6.31 Elektrische Begleitheizung. 246
Abb. 6.32 Ablaufschema Begleitheizungsmontage. 247
Abb. 6.33 Loop Check 1 254
Abb. 6.34 Loop Check 2 255
Abb. 6.35 Winter 256
Abb. 7.1 Terminplan Empire State Building (Bild: Daniel Ahmad) 260
Abb. 7.2 Leistungsprozesse eines EPC-Auftrages 261
Abb. 7.3 Vereinfachte Darstellung der Prozesse und Phasen 263
Abb. 7.4 Prozesskette von Vorgängen zur Herstellung einer Rohrleitung verteilt über unterschiedlichen Projektphasen 264
Abb. 7.5 Planung, Überwachung und Steuerung 265
Abb. 7.6 hierarchischen Planung (und -steuerung). 267
Abb. 7.7 Vertikale Trennung 270
Abb. 7.8 Horizontale Trennung. 271

Abb. 7.9 vertikale und horizontale Trennung ... 271
Abb. 7.10 Planungsphasen im Anlagenbau ... 275
Abb. 8.1 Vorgangsverknüpfungen ... 280
Abb. 8.2 Zeitlich versetzte Vorgangsverknüpfung ... 280
Abb. 8.3 Erreichen des Prozessziels Rohrleitungsmontage ... 281
Abb. 8.4 Executive Schedule Level 1 ... 292
Abb. 8.5 Management Schedule Level 2 ... 293
Abb. 8.6 Progress Schedule Level 3 ... 294
Abb. 9.1 Projektarten ... 298
Abb. 9.2 Double block and bleed ... 301
Abb. 9.3 Baustelle unter winterlichen Bedingungen – LNG Plant (Bild: Linde AG) ... 304
Abb. 9.4 WBS Bau- und Montage ... 306
Abb. 9.5 Rohbrücken innerhalb der TDI-Anlage von Bayer Dormagen (Bild: Bayer AG) ... 307
Abb. 9.6 Terminplan Bau- und Montage ... 309
Abb. 9.7 Zeitliche Abhängigkeit der Gewerke ... 311
Abb. 9.8 Ausrüstungsgerüst einer Bayer Anlage (Bild: Bayer AG) ... 312
Abb. 11.1 Kosten-Beeinflussungsdiagramm ... 333
Abb. 11.2 Ablaufschema Constructability ... 335
Abb. 11.3 Abgeknickte Bewehrung von Stützen ... 337
Abb. 11.4 Prinzip Skizze: Ein Schalthaus ... 340
Abb. 11.5 Prinzip Skizze: Drei Schalthäuser ... 341
Abb. 11.6 Unterirdische Kabeltrasse ... 341
Abb. 11.7 Unterirdischer Kabelkanal (Bild: Siemens AG) ... 342
Abb. 11.8 E House Reduced Construction Time (Bild: Siemens AG 2023) ... 343
Abb. 11.9 Kosten Einsparpotential E House (Bild: Siemens AG 2023) ... 343
Abb. 11.10 E House – Optimierter Platzbedarf (Bild: Siemens AG 2023) ... 344
Abb. 11.11 PPMOF Schema ... 348
Abb. 11.12 Anlagen-Modul: LNG plant for Melkoya on a barge (Bild: Linde AG) ... 351
Abb. 12.1 Deckblatt Job Card ... 359
Abb. 12.2 Job Card Seite 1 ... 360
Abb. 12.3 Job Card Seite 2 ... 361
Abb. 12.4 Job Card Seite 3 ... 362
Abb. 12.5 Job Card Seite 4 ... 363
Abb. 12.6 Job Card Seite 5 ... 364
Abb. 13.1 Ablauf Ressourcenermittlung ... 368
Abb. 13.2 Grobterminplan Bau und Montage Beispiel Projekt ... 381
Abb. 14.1 Entwurf Baustelleneinrichtungsplan ... 394
Abb. 14.2 Typische Anordnung Lager- und Vorfertigungsstätte ... 397
Abb. 15.1 Typisches Baustellenorganisationsorganigramm ... 418

Abb. 16.1 Kennzahlensystem-Übersicht 438
Abb. 16.2 S-Kurve Fortschrittverteilung 457
Abb. 18.1 Iterativer Überwachungsprozess 466
Abb. 18.2 Aktueller Projekt Status und Gesamttrend 481
Abb. 18.3 Fortschritt pro Disziplin 482
Abb. 18.4 Abhängigkeit der Gewerke 482
Abb. 18.5 Zeitfenster Stahlbaumontage 484
Abb. 18.6 S-Kurven Stahlbau-Zeichnungen 484
Abb. 18.7 Stahlbaumontage Fortschrittsbewertung 485
Abb. 18.8 Vorgang 486
Abb. 18.9 Kritischer Pfad 487
Abb. 18.10 Kritische Pfad Darstellung Beispiel 489
Abb. 18.11 Kritischer Pfad Darstellung Balkendiagramm 489
Abb. 18.12 Fremdkosten 493
Abb. 18.13 Fließbild Rechnungsprüfung 494
Abb. 19.1 Abweichungsmanagement auf der Baustelle 502
Abb. 19.2 Ablaufschema Korrigierende Maßnahmen 507
Abb. 20.1 Anfahrzeitachse einer Produktionsanlage 518
Abb. 20.2 Ablaufschema Mechanische Fertigstellung 520
Abb. 20.3 Ablaufschema Inbetriebnahme Vorbereitung 522
Abb. 20.4 Ablaufschema Inbetriebnahme 529

Tabellenverzeichnis

Tab. 3.1 Beispiel Rohrleitungsmaterial 31
Tab. 3.2 Beispiel LV Position Rohr 31
Tab. 3.3 Preisübersicht 36
Tab. 3.4 Anlagen zum Angebot 37
Tab. 3.5 Leistungskennzahl 46
Tab. 3.6 Beispiel Preisvergleich 49
Tab. 3.7 Beispiel Ergebnis Preisvergleich 50
Tab. 3.8 Beispiel LV Position Rohr Gruppierung nach Durchmesser 53
Tab. 3.9 Beispiel Risk Register 64
Tab. 3.10 Eintrittswahrscheinlichkeit 65
Tab. 3.11 Risiko Auswirkung 68
Tab. 3.12 Bewertungsmatrix Risiken 68
Tab. 4.1 Vergleich Generalunternehmer versus Multivergaben 83
Tab. 4.2 Qualifizierungsfrageboden 89
Tab. 4.3 Agenda Firmenaudit 91
Tab. 4.4 Wertigkeit der Gewerke 107
Tab. 5.1 Auflockerungsfaktor der Bodenklasse nach DIN 18300 113
Tab. 5.2 Auflockerungsfaktoren für ausgewählte Böden 113
Tab. 5.3 Hydraulische Bindemittel – Varianten 121
Tab. 5.4 Herstellzeiten Bewehrung 134
Tab. 5.5 Beispiel für resultierende Frischbetontemperatur (Tabelle: CEMEX) 142
Tab. 5.6 Windstärkenskala nach Beaufort 144
Tab. 5.7 Herstellung Floßfundamente – Taktung 146
Tab. 6.1 Traglastentabelle Liebherr LTM 1220 (Tabelle Fa. Liebherr) 166
Tab. 6.2 Beispiel Rohrbrückenrohrleitungen 197
Tab. 6.3 Beispiel Rohrbrückenleitungen Übersicht 198
Tab. 6.4 Verhältnis Elektrodendurchmesser zu Stromstärke 199
Tab. 6.5 Richtwertetabelle für Schweißnahtgewichte (Bild: voestalpine Böhler Welding Schweiz AG) 201

Tab. 6.6 Vor- und Hauptprüfung von Kunststoff-Rohrleitungen 208
Tab. 6.7 Zulässiger Druckabfall bei Kunststoff-Rohrleitungen 213
Tab. 6.8 Druckstufen Gasdruckprüfung 215
Tab. 6.9 Anzeigebereiche und Ablesegenauigkeit von Prüfmanometern 216
Tab. 6.10 Reinheitsgrade 219
Tab. 6.11 Oberflächen Reinheitsgrade 223
Tab. 6.12 Brandklassen 236
Tab. 8.1 Terminplanebenen entsprechend Verwendung und Formate 289
Tab. 8.2 Terminplanebenen Zielgruppen 290
Tab. 8.3 Terminplanebenen: inhaltliche Gegenüberstellung 291
Tab. 8.4 Beispiel Vertragliche Meilensteine 295
Tab. 10.1 Übersicht Massen 319
Tab. 11.1 Bauarbeiten Schalthäuser 345
Tab. 11.2 Kostenvergleich Schalhäuser massiv – modular 347
Tab. 13.1 Beispiel Projekt 367
Tab. 13.2 Aufwandsermittlung 380
Tab. 14.1 Checkliste Baustellenbesichtigung 390
Tab. 14.2 Erfahrungswerte Größe Baustelleneinrichtung 392
Tab. 14.3 Beispiel Auflistung erforderlichen Flächen 393
Tab. 14.4 Aufgabenteilung AG-AN Material Management 399
Tab. 15.1 Inhalt Baustellensteckbrief 417
Tab. 15.2 Beispiel Areas of Concern 429
Tab. 15.3 Beispiel Bericht Kritischer Pfad 429
Tab. 15.4 Beispiel Focus Point 430
Tab. 16.1 Beispiel Kennzahlengruppen 439
Tab. 16.2 Kennzahlen Katalog 441
Tab. 16.3 Heat Index Chart (nach NOAA US Department of Commerce) 450
Tab. 16.4 Hitze-Quotient 450
Tab. 16.5 Cold Index (47) 451
Tab. 16.6 Kältefaktor 452
Tab. 16.7 Transportzuschläge 453
Tab. 16.8 Höhenfaktoren 453
Tab. 16.9 Zuschlagsfaktor Gerüstbau 453
Tab. 16.10 Zuschlagsfaktor Baustelleneinrichtung 454
Tab. 16.11 Zuschlagsfaktor Behinderung 454
Tab. 16.12 Zuschläge für Abweichungen 455
Tab. 16.13 Parameter Beispiel Projekt 455
Tab. 16.14 Zuschläge Beispielprojekt 456
Tab. 18.1 Beispielrechnung Fortschrittsermittlung 474
Tab. 18.2 Fortschrittswerte Betonarbeiten 475
Tab. 18.3 Fortschrittswerte Stahlbau 476
Tab. 18.4 Fortschrittswerte Maschinen 477

Tab. 18.5 Fortschrittswerte Statische Ausrüstungen 477
Tab. 18.6 Fortschrittswerte Baustellenfertigung 477
Tab. 18.7 Fortschrittswerte Rohrleitungsmontage 478
Tab. 18.8 Fortschrittswerte Anstrich 478
Tab. 18.9 Fortschrittswerte Isolierungsarbeiten 479
Tab. 18.10 Fortschrittswerte Elektroarbeiten 479
Tab. 18.11 Fortschrittswerte MSR-Arbeiten 480
Tab. 18.12 Arbeitszeitwerte Stahlbau 483
Tab. 18.13 Beispiel Inspection Test Plan Anstricharbeiten 496
Tab. 18.14 Anteilige HSE-Überwachung zur Beschäftigungszahl 499

1 Einführung

Der Anlagenbau ist ein Industriebereich, der sich mit der Herstellung von verfahrenstechnischen Anlagen beschäftigt.

Verfahrenstechnische Anlagen sind Produktionsstätten, die mit der Absicht gebaut werden, über die erzeugten Produkten Gewinne zu erwirtschaften.

Einer Investitionsentscheidung über einen dreistelligen oder heutzutage auch des Öfteren über einem vierstelligen Millionenbetrag gehen umfangreiche Untersuchungen voraus. Bis es zu der Entscheidung zur Errichtung einer Anlage kommt, können Monate oder Jahre vergehen. Abb. 1.1 stellt die typischen Hauptphasen von der ersten Idee bis zum Produkt dar.

Der Anlagenbauer begleitet in allen Phasen, mit mehr oder weniger Einbindung, den Investor. In den jeweiligen unterschiedlichen Phasen fallen somit unterschiedliche Aufgabenstellungen für den Anlagenbauer an.

In der **Studienphase** werden Konzepte über das Betreiben einer verfahrenstechnischen Anlage entwickelt. Die Verfügbarkeit von Vorprodukten (z. B. Erdgas, Äthylen usw.), wird durch den Investor untersucht und bewertet. Des Weiteren sind Überlegungen des späteren Standortes der Anlage zu tätigen und einzugrenzen. Hierbei sollten die späteren Betreiber (Investoren) der zukünftigen Anlage bereits bei der Ideenentwicklung durch den Anlagenbauer unterstützt werden.

Die Aufgabe des Anlagenbauers besteht während der Studienphase, die generelle Machbarkeit der Anlage nachzuweisen, sowie wirtschaftliche und betriebswirtschaftliche Zahlen und Kennwerte zu liefern. Darauf ausgerichtet, werden Wirtschaftlichkeitsanalysen, basierend auf CAPEX- und OPEX-Betrachtungen durchgeführt und Entscheidungen über den weiteren Verlauf der Investition getätigt. Die Studienphase muss in der Regel nicht abgeschlossen sein, um mit der Angebotsphase zu beginnen. Die Übergänge können fließend sein. Eine frühzeitige Untersuchung der zum Bau der Anlage

T. Günther, *Baustellenmanagement im Anlagenbau*,
https://doi.org/10.1007/978-3-662-69329-2_1

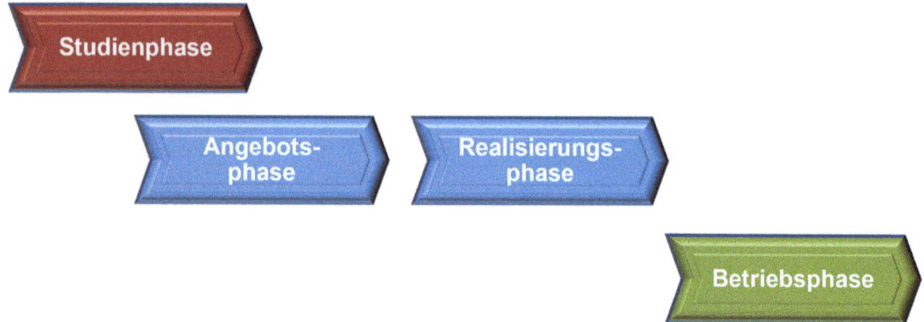

Abb. 1.1 Hauptphasen

erforderlichen Ressourcen, bezüglich Verfügbarkeit und Qualität, ist Basis für das erste Grobkonzept.

Die Angebotsphase erstreckt sich über die weitere Projektentwicklung, detaillierten Machbarkeitsstudien, exaktere Wirtschaftlichkeitsanalysen bis hin zu einem Angebot über ein konkretes Bauvorhaben.

In der **Angebotsphase** entwickelt der Anlagenbauer seine Abwicklungsstrategie. Entscheidende Eckpfeiler wie,

- Bau und Montage Konzept
- Subunternehmerkonzept
- Modularisierung
- Projektlaufzeit

werden aus Sicht der Bau und Montage definiert und festgelegt.

Nach dem das Angebot vom zukünftigen Anlagenbetreiber angenommen wurde erfolgt die **Realisierungsphase,** die sich inhaltlich mit

- der Lizenzvergabe oder Lizenzbeschaffung
- dem Basic Engineering
- dem Detail Engineering
- der Beschaffung
- **der Bau- und Montage**
- der Inbetriebnahme

beschäftigt.

In der **Betriebsphase** steht das Training des Betriebspersonals, die Instandhaltung und der Betrieb der Anlage im Vordergrund.

Dieses Buch beschäftigt sich im Wesentlichen mit der Realisierungsphase aus Sicht der Bau und Montage. Diese unterteilt sich in eine Planungsphase und eine Steuerungsphase. Während der Planungsphase werden die Vorbereitungen für die Baustelleneröffnung und Abwicklung getroffen. Konzepte erstellt, Pläne vereinbart um eine Grundlage für die Steuerung zu erarbeiten. In der Steuerungsphase beginnt die Baustelle, wie Abb. 1.2 grob aufzeigt. Ergänzend wurden die Schlüsselparteien hinzugefügt, um eine Übersicht über die Hauptakteure zu erhalten. Nachdem der Kunde/Investor/Eigentümer ein Angebot von dem Anlagenbauer erfragt, wendet sich der Anlagenbauer wiederum an potenzielle Bau- und Montageunternehmen, die ihm ein Angebot über die Bau- und Montageleistungen unterbreiten. Die/der erfolgreiche Bieter wird somit zum Nachunternehmer.

Nachfolgende Abbildung (Abb. 1.3) zeigt die wesentlichen Arbeitsschritte und Aufgaben auf, die für eine gezielte Planung und erfolgreiche Abwicklung der Baustelle erforderlich sind. Gleichzeitig soll dieses Schema den „Roten Faden" bilden, der den Leser durch das Buch führen soll.

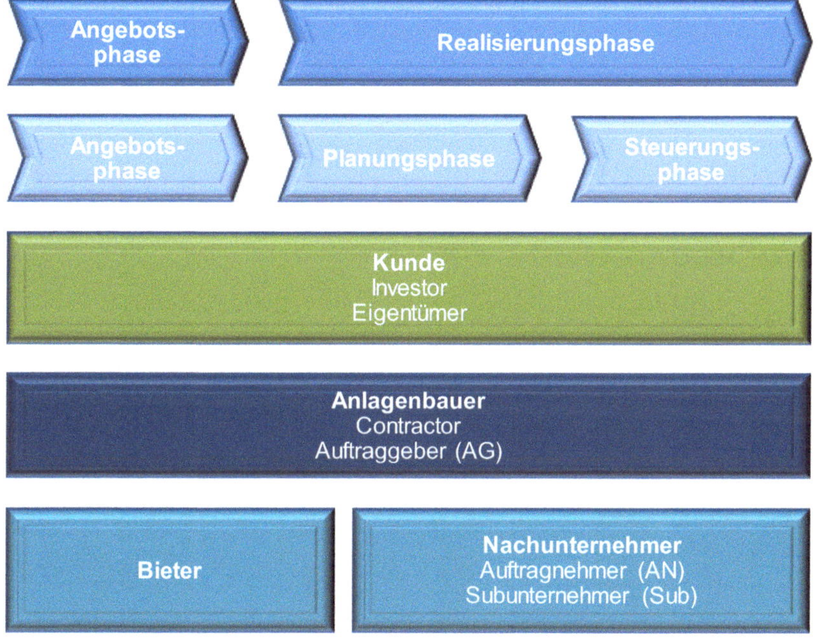

Abb. 1.2 Parteien während Bau- und Montagephasen

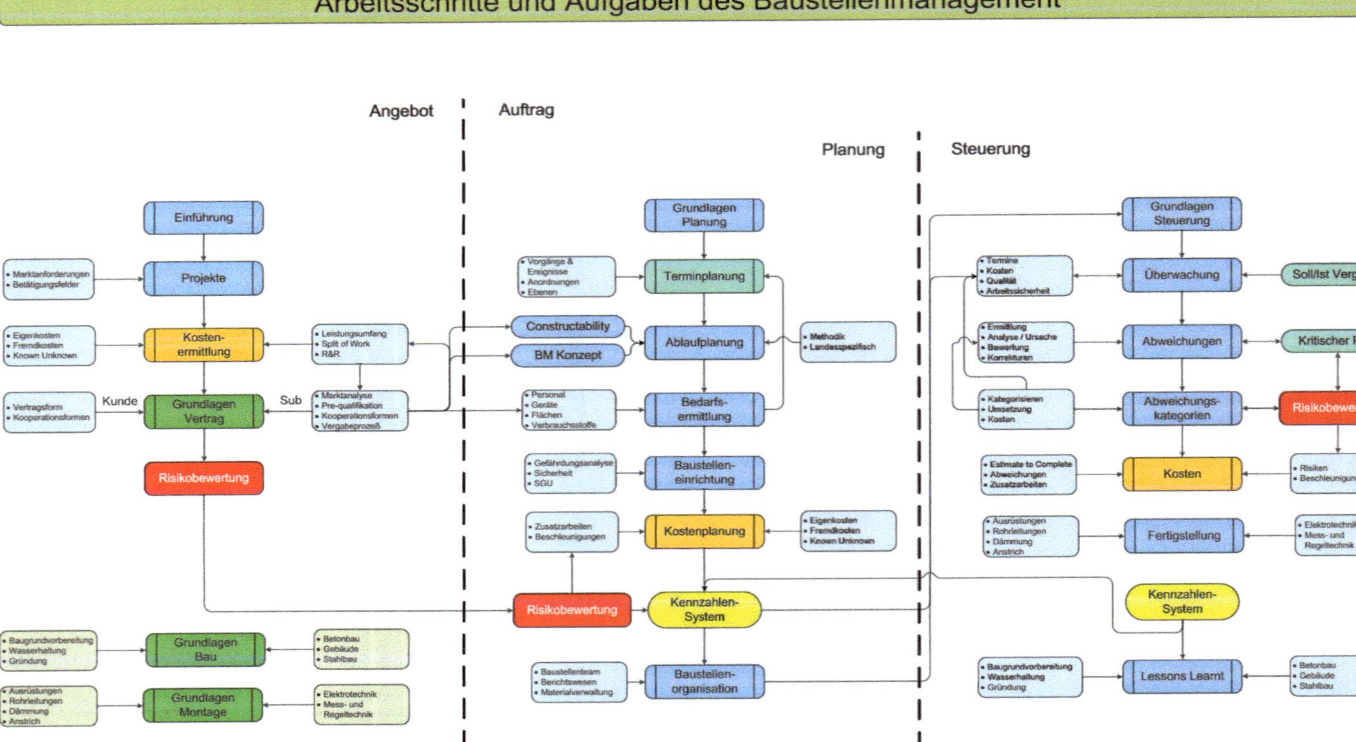

Abb. 1.3 Arbeitsschritte und Aufgaben des Baustellenmanagement

2 Projekte

Entsteht ein Einvernehmen zwischen Auftraggeber und Auftragnehmer über einen bestimmten Leistungsumfang und kommt es darüber zu einem Vertrag, liegt ein Projekt vor. Dieses Projekt ist in einem mittels Vertrags definierten Zeitraum abzuwickeln. Eine Recherche im Gabler Wirtschaftslexikon unter dem Stichwort Projekt führte zu folgendem Ergebnis:

▶ ***„Ein Projekt ist eine befristete, relativ innovative und risikobehaftete Aufgabe von erheblicher Komplexität, die aufgrund ihrer Schwierigkeit und Bedeutung meist ein gesondertes Projektmanagement erfordert". (1)***

In Anlehnung an die DIN 69901-5 sind Projekte im internationalen Anlagenbau, wie auch durch Abb. 2.1 Merkmale von Projekten dargestellt, einzigartige, einmalige, und neuartige Vorhaben, die zeitlich begrenzt sind, besondere Komplexitäten aufweisen und interdisziplinär durchgeführt werden.

▶ ***„Projekte sind häufig durch hochgesteckte Ziele, knappen Ressourcen und eine dynamische Umwelt gekennzeichnet." (2)***

Unterschiedliche Kulturen stellen immer wieder neue Anforderungen an die Projektorganisation. Sie sind also ein Vorhaben, das im Wesentlichen durch die Einmaligkeit der Bedingungen in ihrer Gesamtheit gekennzeichnet ist. Neben den Risiken bieten sich aber auch Chancen.

Einige dieser Anforderungen können, wenn sie vereinzelt auftreten, schon das Projektteam ausreichend beschäftigen. Im internationalen Anlagenbau ist davon auszugehen, dass sämtliche dieser Einflüsse auf die Projektorganisation, meistens gleichzeitig,

T. Günther, *Baustellenmanagement im Anlagenbau*,
https://doi.org/10.1007/978-3-662-69329-2_2

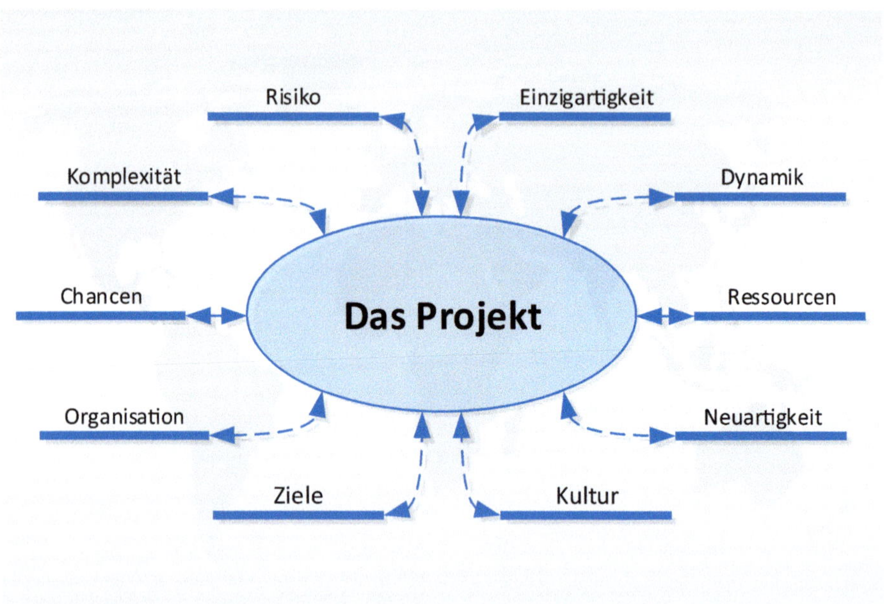

Abb. 2.1 Merkmale von Projekten

einwirken. Die Aufgabe des Projektteam ist es, diesen Einwirkungen gezielt entgegenzuwirken, um die gesetzten Ziele zu erreichen.

Im nachfolgenden wird bei einem Projekt immer von den Leistungsumfängen des Engineerings, der Beschaffung und der Bau und Montage ausgegangen, wobei sich dieses Buch hauptsächlich mit den Abläufen der Bau und Montage beschäftigt.

Während wir in der deutschen Sprache von Bau und Montage sprechen, dieses auch häufig mit „Civil and Erection" ins Englische übersetzen, wird international der übergeordnete Begriff „Construction" verwendet. Nach dem allgemeinen Verständnis lauten die Definitionen:

▶ ***Der Bau ist die Herstellung bzw. Errichtung von Bauwerken.***

▶ ***Die Montage ist der Zusammenbau von Einzelteilen zu einer funktionierenden Einheit.***

In der Regel verfügen Anlagenbauer des Großanlagenbaus über eigene Engineering-Kapazitäten, einem Einkauf, um Beschaffungsprozesse durchzuführen und über ein Baustellenmanagement für die Planung und Überwachung der Bau- und Montageleistungen.

In den seltensten Fällen verfügen sie jedoch über das entsprechende Personal wie Bauarbeiter, Schlosser, Schweißer, Elektriker usw., um eine Anlage mit eigenen Ressourcen schlüsselfertig zu bauen. Das Vorhalten eigener Ressourcen ist darüber hinaus, insbesondere bei international ausgerichteten Unternehmen, aufgrund der vielfältigen Visabestimmung und einer gleichbleibenden Auslastung nur schwer zu realisieren.
Schließt der Anlagenbauer also einen Vertrag über die schlüsselfertige Errichtung einer Anlage ab, müssen die Leistungen für die Bau und Montage mittels Nachunternehmervertrag auf dem Markt einkauft werden.

Da die eingekauften Bau- und Montageleistungen keine Selbstläufer sind, vielmehr koordiniert und überwacht werden müssen, ist somit eine der Hauptaufgabenstellung des Baustellenmanagement des Anlagenbauers definiert.

▶ ***Nachunternehmer sind entsprechend der Qualität und Termineinhaltung zu überwachen.***

Das Baustellenmanagement beginnt nicht, wie der Name eigentlich sagt, auf der Baustelle, sondern bereits im Stammhaus des Anlagenbauers. Analog zum Projektmanagement beschäftigt sich das Baustellenmanagement mit der Planung, Ausführung und Steuerung von Baustellenabläufen.
In dem gesamten zeitlichen Projektablauf befindet sich die Bau- und Montagephase am hinteren Ende. Zeitpuffer des Gesamtterminplans sind in diesem Stadium meistens aufgebraucht. Erschwerend kommt nun hinzu, dass die theoretische Planung der Anlage in die Praxis umgesetzt wird. Änderungen und Zusatzarbeiten erweitern den Leistungsumfang der Bau und Montage und somit den der Nachunternehmer. Als Konsequenz hieraus entstehen Forderungen seitens der Nachunternehmer für eine Kompensation, mit dem Ergebnis von höheren Kosten und längeren Terminen für das Projekt. Hier ist das Baustellenmanagement gefordert frühzeitig entgegenzuwirken.

Es ist von daher wichtiger denn je, die Baustellenabläufe detailliert vorzuplanen, um Abweichungen frühzeitig erkennen zu können, und um unmittelbar korrigierende Maßnahmen einzuleiten.

2.1 Marktanforderung

Der Markt des Anlagenbaus ist groß und vielseitig. Er erstreckt sich von Komponenten über Baugruppen bis hin zu Fertigungsanlagen.

Um im Markt bestehen zu können, müssen Anlagenbauer flexibel reagieren können, und zwar:

- auf veränderte Marktanforderungen
- neue Technologien
- immer komplexere Produkte

- höhere Ansprüche von Kunden und Aufsichtsbehörden
- ständigen Kostendruck.

Die Lebenszyklen von Anlagen bemessen sich in Jahren oder Jahrzehnten. Sie müssen fortlaufend gewartet werden und können im Laufe der Zeit erheblichen Änderungen oder Neuerungen unterliegen. Anlagenbauer, die die Anforderungen eines dynamischen weltweiten Marktes erfolgreich bewältigen wollen, benötigen Technologien und Abwicklungskonzepte, die sie in die Lage versetzen, innovative, individuelle Projekte schneller, mit höherer Genauigkeit und profitabler herzustellen.

Die Marktglobalisierung erfordert zwar eine solide Strategie und entsprechende Technologien auf Seite der Anlagenbauer, allerdings müssen auch die immer höher werdenden Anforderungen der Kundenseite und des Marktes berücksichtigt werden.

Gerade in der heutigen Zeit, in der die Energiewende erfolgt, müssen die verfahrenstechnischen Anlagen den technischen Herausforderungen als auch den erforderlichen Kapazitäten gerecht werden.

Klimaschutz, grüne Transformation, Nachhaltigkeit, diese Begriffe sind aus unserem heutigen Leben nicht mehr wegzudenken. Ohne Zweifel ist die Energiewende hin zu klimaneutralen Energien die große Herausforderung dieses Jahrhunderts. Weltweit forschen wissenschaftliche Institutionen und Firmen nach immer besseren Technologien, um gerade dieser Herausforderung gerecht zu werden. Und am Ende müssen die innovativen Technologien umgesetzt werden, das heißt, die Anlagen müssen gebaut werden.

Die Kunden von Anlagenbauern beurteilen die Anlagen jedoch nicht nur nach ihrer Qualität und Funktionen, sondern auch nach dem „Return on Investment" (ROI), also der Investitionsrendite. Diese setzt sich wiederum aus dem Kapitaleinsatz (CAPEX) zur Anschaffung neuer Anlagen und den laufenden Betriebskosten (OPEX), sowie des Marktpreises des Produktes zusammen.

Darüber hinaus stellen Kunden aus unterschiedlichen Regionen unterschiedliche Anforderungen. Anlagen müssen also auch an die lokalen Märkte angepasst werden.

In einigen Märkten ist es mitunter sinnvoll lokale Kapazitäten/Nachunternehmer zur Errichtung der Anlage zu nutzen. In anderen Märkten ist es mitunter vertraglich fixiert, teilweise sogar gesetzlich festgelegt. Auf jedem Fall hat der Anlagenbauer den Markt bezüglich seiner besonderen Anforderungen frühzeitig zu untersuchen, um auf diese Marktanforderungen eingehen zu können bzw. diese zu erfüllen. Die Marktanalyse ist ein wesentlicher Bestandteil der Angebotsphase und sollte von daher auch zwingend in ihr durchgeführt werden. Die hier investierten Kosten des Anlagenbauers sind grundsätzlich gut investiert und dienen zur Reduzierung von abwicklungstechnischen Risiken.

Die unterschiedlichen Kulturen und Ausbildungsstände des Marktes, bzw. der dort agierenden Nachunternehmer stellen weitere Anforderungen an die Baustellenleitung des Anlagenbauers. Die Abwicklungsprozesse sind unter Berücksichtigung solcher lokalen Gegebenheiten bei jedem Projekt neu zu definieren und zu optimieren. In Ländern mit niedrigerem Kostenniveau sollte der Einsatz von kostenintensiven Materialien optimiert werden, während in Ländern mit hohen Lohnkosten der Bau- und Montageaufwand zu minimieren ist.

Ein weiterer Trend ist der Hang zu Großprojekten. Da diese Großprojekte in der Regel bankenfinanziert werden, erwartet der Geldgeber, also die Bank, eine Risikominimierung bei der Abwicklung solcher Großprojekte. Risikominimierung beim Investor bedeutet für den Anlagenbauer meistens, dass die Anlage schlüsselfertig zum Festpreis anzubieten ist, idealerweise aus einer Hand. Um diese Kundenanforderungen zu erfüllen, müssen Anlagenbauer in der Lage sein, die wachsende Komplexität von Anlagen und Service zu bewältigen.

Eine zunehmende Anforderung von Märkten ist der Wunsch nach modularer Bauweise. Zum einen können extreme Klimabedingungen den Einsatz von Arbeiter vor Ort sehr stark einschränken, zum anderen spielt die geographische Lage eine entscheidende Rolle bei der Verfügbarkeit von Arbeitskräften. Im Anlagenbau gilt es daher, flexible Produktlinien zu strukturieren und Produkte mit modularen Ansätzen so zu konstruieren, dass Produktlinien nach Anwendungserfordernissen segmentiert werden können.

2.2 Betätigungsfelder

Der Anlagenbau ist in sich ein vielfältiges Betätigungsfeld. Anlagen werden nicht nur auf festem Boden, sondern auch im Meer gebaut. Man unterscheidet daher entsprechend dem englischen zwischen „Offshore“ und „Onshore“ Anlagen.

Im Anlagenbau, hauptsächlich im verfahrenstechnischen Anlagenbau, dreht sich fast alles um das Öl und Gas. Öl und Gas müssen gefördert werden, für die weitere Verwendung gereinigt oder aufbereitet werden, und anschließend zu den Verbrauchern als Vorprodukt oder Endprodukt, transportiert werden.

Weitere Schwerpunkte finden in der Energietechnik statt, mit dem Schwerpunkt Kraftwerksbau. Produktionsstätten wie Fabriken ist ein weiterer wichtiger Sektor, wird aber im Folgenden nicht weiter behandelt.

Abb. 2.2 Hauptgebiete des Anlagenbaus zeigt die schematisch dargestellten der Hauptgebiete des Anlagenbaus. Die erste Ebene der Einteilung unterscheidet sich darin, ob die Anlage zu Land oder auf dem Wasser errichtet wird. Die nächstfolgende Ebene unterscheidet zwischen dem Energie Sektor und Oil & Gas Sektor und den Produktionsstätten.

2.2.1 Offshore

Im Anlagenbau bedeutet Offshore die Installation und Montage von Strukturen und Einrichtungen im Meer, also vor der Küste. Schwerpunktmäßig handelt es sich um Einrichtungen zur Gewinnung und Übertragung von Energien, Öle und Gase, also sogenannter Upstream und Midstream Anlagen.

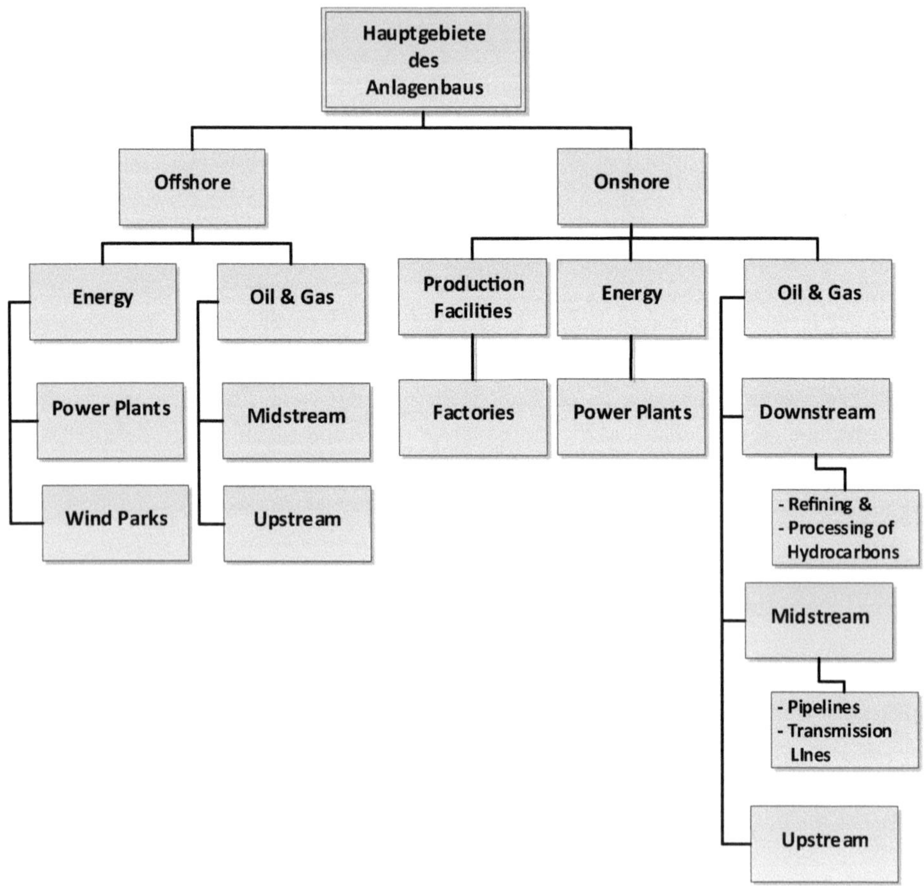

Abb. 2.2 Hauptgebiete des Anlagenbaus

Die gängigsten Anlagentypen sind heutzutage neben den Bohrinseln, Anlagen die regenerativen Energien wie Wind und Gezeiten nutzen. Abb. 2.3 zeigt den Offshore Windenergiepark in Rodsand, Dänemark der E.ON Svergie.

Abb. 2.4 stellt eine Bohrinsel von E.ON in der Nordsee dar, wie sie zur Gewinnung von Öl und/oder Gas aus den Meerestiefen erforderlich sind. Eine wesentliche Besonderheit von Bohrinseln ist, dass sie in modularer Bauweise hergestellt werden. Die Anlagen werden auf dem Festland in sogenannten „Modul Yards" errichtet und mittels Schlepper in die entsprechende Position auf See transportiert.

2.2.2 Onshore

Bei Onshore Projekten handelt es sich um den Bau und die Montage von Einrichtungen auf dem Festland.

Abb. 2.3 Offshore Windenergieanlage in Dänemark. (Bild: E.ON SE)

Abb. 2.4 Bohrinsel Öl Plattform. (Bild: E.ON SE)

2.2.2.1 Öl & Gas

Die Öl- & Gas-Industrie unterteilt sich in drei weitere Sektoren wie auch Abb. 2.2 zeigt. Namentlich sich das die Sektoren:

- Upstream
- Midstream
- Downstream

Diese drei Sektoren werden auch als Teile des gesamten Produktionsprozesses zur Gewinnung von Rohstoffen verstanden.

Upstream

Upstream umfasst neben den Einrichtungen und Anlagen, die zur Gewinnung und Förderung von Rohstoffen (z. B. Rohöl, Natural Gas, Kohle, Erze usw.) benötigt werden, auch die Aktivitäten, die dem Auffinden solcher Vorkommnisse dienen.

In der heutigen Zeit, bei immer knapper werdenden Ressourcen, rückt die Gewinnung neuer Rohstoffe deutlich in den Focus. Verbesserte Techniken und neue Technologie versetzen den Anlagenbauer in die Lage, an bisher unzugänglichen Stellen, wichtige Rohstoffe aufzuspüren und abzubauen. Die gängigsten Methoden zum Auffinden von unterirdischen Rohstoffen sind reflexionsseismische Messungen und das Richtbohrverfahren, mit den schwerzugänglichen Lagerstätten erschlossen werden.

Neben den klassischen Förderungsmethoden, wie z. B. dem sogenannten Pferdekopf (engl. Horse Head, oder auch Pump Jack genannt), der das Rohöl aus der Tiefe fördert, rückt die Offshore-Förderung von Rohstoffen immer weiter in den Mittelpunkt. Unterschiedliche Meerestiefen und Strömungen, neben extremen Witterungsbedingungen fordern von dem Anlagenbauer zielorientierte Lösungen zur Gewinnung der Rohstoffe.

Abb. 2.5 zeigt die, je nach Meerestiefe, einzusetzenden Bohrinseltypen.

Weitere Kerngebiete der Rohstoffgewinnung, die insbesondere in den letzten Jahren an Bedeutung gewonnen haben, ist die Gewinnung von Erdöl aus sandigem Boden, den sog. Oil Sands wie Abb. 2.6 zeigt.

Eine weitere neuzeitliche Möglichkeit zur Gewinnung von Rohstoffen ist die Gewinnung von Gas aus schieferhaltigem Gestein. Hierbei wird unter Verwendung von Chemikalien, die mit hohem Druck in das Gestein gepresst werden, das Gestein aufgebrochen, dem sogenannten Fracking (siehe Abb. 2.7). Dabei entstehen Risse, durch die das Gas fließen kann. Das entwichene Gas wird über das Bohrloch gezielt abgeführt.

Midstream

Midstream umfasst Einrichtungen und Anlagen zur Lagerung und zum Transport von Rohstoffen zur weiterverarbeitenden Industrie. Typische Anlagen sind z. B. Tanklager, Kavernen oder Pipelines zum Transport von Öl oder Gas bzw. Hochspannungsleitungen zur Übertragung von elektrischer Energie.

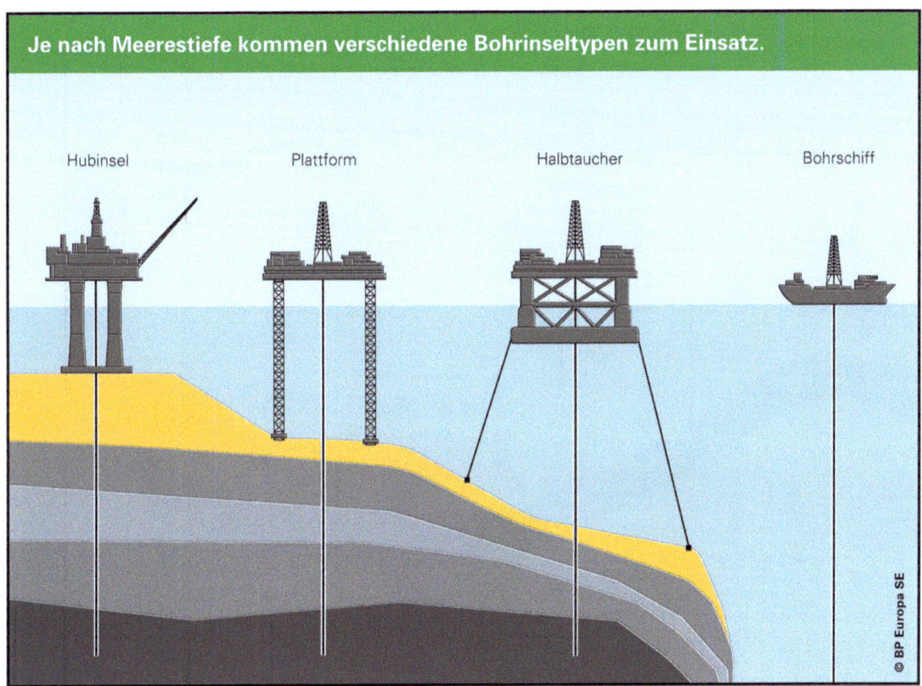

Abb. 2.5 Unterschiedliche Bohrinseltypen. (Bild: BP Europe SE)

Abb. 2.6 Athabasca Oil Sands. (Bild: NASA)

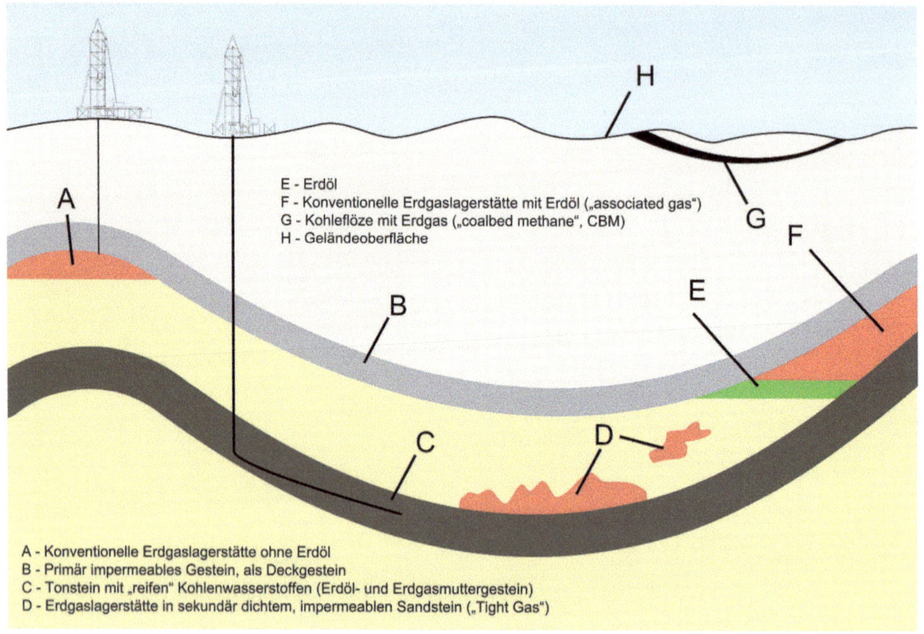

Abb. 2.7 Schematische Darstellung zur Schiefergasgewinnung. (Bild: US-Government)

Abb. 2.8 zeigt den Bau einer Gaspipeline des Süd-Loops der MIDAL (Mitte-Deutschland-Anbindungsleitung).

Downstream

In dem Sektor Downstream werden die gewonnenen Rohstoffe aufbereitet, gereinigt und/oder weiterverarbeitet. Hierbei handelt es sich z. B. um Raffinerien und Anlagen der petrochemischen Industrie. Neben den üblichen Anlagenkomplexen die durch **einen** Betreiber unterschiedlicher Prozessanlagen betrieben wird, entstehen weltweit immer mehr unterschiedliche Chemieparks. In den Chemieparks greifen unterschiedliche Betreiber auf eine einheitliche Infrastruktur zurück. Weitere Vorteile bieten Synergien bei der Organisation und der Sicherheit bzw. Bewachung. Laut Chempark stellen sich Chemieparks wir folgt dar:

„Von außen betrachtet mag ein Chemiepark ein schwer zu durchschauendes Nebeneinander von Produktionsbetrieben, Verwaltungsgebäuden, Werkstätten, Rohrleitungen, Straßen, Eisenbahnschienen, Lagerplätzen, Tanks und Silos sein. Oft kommen auch noch Kai- und Hafenanlagen dazu, denn die meisten Chemieparks liegen am Wasser.

Was man auf den ersten Blick nicht sieht, ist der Verbundgedanke, der dahintersteckt. So arbeitet eine Vielzahl von chemischen Betrieben und chemienahen Unternehmen im Verbund, um chemische Grundstoffe zu entwickeln, zu produzieren, zu veredeln, weiter zu verarbeiten und zu vermarkten. In vielen Fällen wird dadurch das Neben- oder Ab-

Abb. 2.8 Verlegung einer Erdgas-Pipeline. (Bild: GASCADE)

fallprodukt einer produzierenden Firma zum wertvollen Rohstoff für ein anderes Unternehmen am Standort.“ (3).

Abb. 2.9 zeigt den Anlagenkomplex von Bayer in Dormagen.

2.2.2.2 Energietechnik

Der Energiesektor wird durch die Kraftwerke dominiert. Kraftwerke sind technische Anlage zur Erzeugung von Strom. Dabei können sie sich der regenerativen also erneuerbaren Energien bedienen. Dazu gehören gibt es:

- Gezeitenkraftwerke
- Wasserspeicherkraftwerke
- Geothermie Kraftwerke (Erdwärme)
- Windkraft
- Solarkraftwerke

Des Weiteren wird Strom durch die Verbrennung von:

- Erdgas
- Erdöl
- Braun- oder Steinkohle

Abb. 2.9 Chemiepark Bayer Dormagen. (Bild: Bayer AG)

- Müll
- Biomasse

hergestellt.

2.2.2.3 Produktionstechnik

In Fabriken sind Produktionsabläufe auf industrielle Bedürfnisse abgestimmt. Hierbei kann es sich um Fertigungsanlagen von Fahrzeugen, Maschinen, oder Anlagen zwecks Herstellung von Nahrungsmittel wie Brot oder Bier handeln.

2.3 Zusammenfassung

Anlagen entstehen überall in der Welt. Im Wasser und auf dem Lande. In unserem Zeitalter ist die Gewinnung von Energie der Motor unserer Zivilisation. Dabei kann es sich um die Gewinnung vorhandenen Rohstoffen handeln oder um die Gewinnung regenerativer Energie. Die Rohstoffe und Energien sind nicht immer in den Märkten verfügbar in denen sie benötigt werden. Also müssen sie dorthin geschafft werden. Das kann auf unterschiedlicher Art und Weise erfolgen. Die Rohstoffe werden direkt in die

Märkte transportiert, oder es erfolgen die Veredelungen der Rohstoffe vor Ort und das veredelte Produkt wir zum Markt transportiert.

Wo immer auch die Anlage benötigt wird, das Baustellenmanagement muss sich dieser Aufgabe stellen. Die Herausforderung im internationalen Anlagenbau ist die Komplexität und Vielseitigkeit der Projekte. Verschiedene Vertragsarten in unterschiedliche Märkte müssen gemeistert werden. Interkulturellen Herausforderungen erwarten darüber hinaus die Baustellenmannschaft unter Einflüssen verschiedener klimatischer Bedingungen.

Dem allen nur annähernd gerecht zu werden, sollten die Abwicklung der Projekte maßgeschneidert auf die jeweiligen Bedingungen zugeschnitten werden. Neben der hohen Ingenieurkunst sind vor allem die Abwicklungskompetenzen von größter Bedeutung. Diese sind detailliert zu planen und an die Marktbedingungen anzupassen. Dadurch gewinnt das Baustellenmanagement eine immer größere Bedeutung in der Abwicklung von Projekten des nationalen als auch des internationalen Anlagenbaus, und sollte bereits in der frühen Angebotsbearbeitung involviert sein.

3 Angebotsbearbeitung

Der Anlagenbau ist ein Projektgeschäft, eine Unternehmung auf Zeit. Die Abwicklungsdauer erstreckt sich mitunter über mehrere Jahre. Hier sei bereits vorweggenommen, dass sich Bedürfnisse während des Projektablaufes ändern oder konkretisieren. Dadurch entstehen Abweichungen von der Ausgangsbasis beider Parteien. Um diese einvernehmlich zu bewerkstelligen, bedarf es einer sauberen Arbeitsgrundlage. Diese Grundlage ist der Projektvertrag.

Ein Projekt wird durch einen Vertrag zwischen zwei Parteien, Eigentümer/Investor und Anlagenbauer beschlossen. Bis es zu dem erhofften Vertragsabschluss kommt, durchläuft es die Phasen:

Ausschreibung = > Angebot = > Annahme.

Üblicherweise erstellt der Eigentümer/Investor/Kunde eine Ausschreibung (= ITB Instruction to Bid) die dem Anlagenbauer alle Informationen zur Verfügung stellen, anhand dessen er sein Angebot erstellen und unterbreiten kann.

Ziel der Angebotsbearbeitung ist die Erstellung eines Angebotes. Die Basis für das Angebot ist die Erfassung sämtlicher Lieferungen und Leistungen, die im Auftragsfall anfallen. Grob gegliedert handelt es sich hierbei um die

- Verfahrenstechnik
- Engineering-Leistungen
- Beschaffung von Materialien und Ausrüstungen
- Bau und Montage
- Inbetriebnahme

T. Günther, *Baustellenmanagement im Anlagenbau*,
https://doi.org/10.1007/978-3-662-69329-2_3

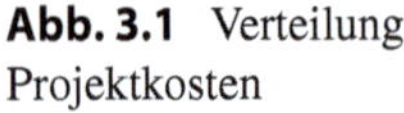

Abb. 3.1 Verteilung Projektkosten

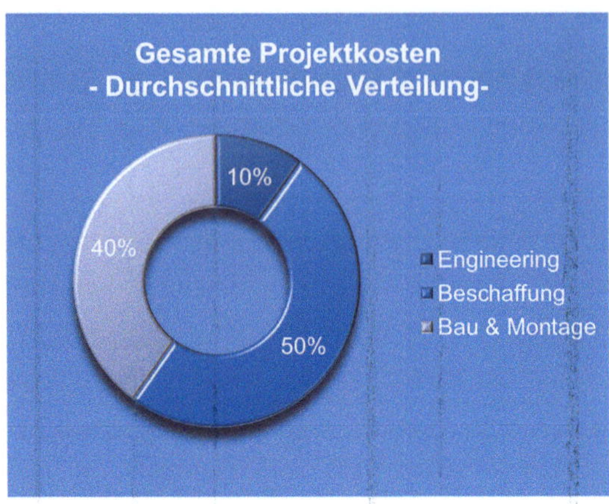

Ohne ins Detail zu gehen, verteilen sich die Projektkosten durchschnittlich entsprechend Abb. 3.1. Dabei ist zu berücksichtigen, dass der Bau und die Montage zusammen 40 % der Projektkosten reflektieren.

Warum ist das Risiko bei dem Bau und der Montage größer als beim Engineering und/oder der Beschaffung?

Das Engineering wird zum Teil durch eigenes Personal erbracht, bzw. in Niederlassung des Anlagenbauers verlagert. Andere Teile des Engineerings werden an zertifizierte und zum größten Teil bekannte Ingenieurbüros vergeben. Die Produktivität und Qualität der Arbeitsergebnisse sind bekannt und können relativ sicher vorhergesagt werden. Engineering Abläufe, Spezifikationen und vor allem Kommunikationswege sind vertraut.

Bei der Beschaffung wird auf Standardlieferanten und zertifizierte Hersteller zurückgegriffen, die zum Teil „Haus und Hof" Lieferanten sind. Die Leistungen werden in einer kontrollierten Umgebung erbracht. Diese Unternehmen sind bekannt und können eingeschätzt werden.

Für das Erbringen des Engineerings und der Beschaffung ist der Standort, an dem die Anlage errichtet wird, unerheblich. Anders sieht es bei der Montage aus. Zum einem bewegt man sich in einem Markt, der nicht bekannt ist, zum anderen beauftragt man Nachunternehmer zum ersten Mal. Die Leistungsfähigkeit der Nachunternehmer ist schwer vorherzusagen, Kommunikationsschwierigkeit können auftreten, äußere Einflüsse wie Witterung erschweren die Herstellung der Anlage.

Das bedeutet für den Anlagenbauer das ca. 40 % der Projektkosten einem hohen Risiko unterliegen, Termine sind hierbei noch nicht berücksichtigt. Auch vertraglich befindet sich der Anlagenbauer in einer herausfordernden Lage. Die Leistungen, die für die Errichtung der Anlage erforderlich sind, werden in den meistens Fällen, wie vertraglich vereinbart, durch den Kundel pauschal vergütet. Während die Leistungen, die ein Subunternehmer ausführt, üblicherweise nach Aufwand anhand von Leistungsverzeichnissen und den entsprechenden Einheitspreisen abgerechnet werden. Das bedeutet, dass das gesamte Massenrisiko beim Anlagenbauer liegt.

▶ ***Allein diese Tatsache erfordert einen maximalen Aufwand bei der Angebotsbearbeitung für die Bau und Montage der Anlage.***

Aus Sicht der Bau- und Montage ist es unabdingbar, eine klar strukturierte und systematische Angebotskalkulation zu erstellen, und die erforderlichen zu erbringenden Leistungen detailliert zu beschreiben. Gilt übrigens auch für alle anderen Abteilungen und Bereiche. Obwohl wir uns in diesem Buch in erster Linie mit dem Bau und der Montage beschäftigen, zählt die Identifizierung von Schnittstellen zwischen den einzelnen Gewerken zu einer wichtigen Aufgabe des Baustellenmanagements, und sollte als Holschuld verstandenen werden.

▶ ***Nur die Leistungen, die im Vertrag beschrieben sind, sind kalkulatorisch und terminlich berücksichtigt.***

Im weiteren Verlauf dieses Buches werden wir immer wieder feststellen das Ressourcen knapp sind und sorgfältig damit umzugehen ist. So auch bei der Kostenkalkulation im Anlagenbau. Aufgrund der Komplexität der Aufgabenstellung, als auch der Einbindung von Personen aus dem unterschiedlichsten Gewerken, bedarf es eine sorgfältige Ressourcenplanung. Hierbei ist ins besonders der Zeitfaktor eine entscheidende Größe. Die Angebotsbearbeitung erfolgt nach einer festen Chronologie. Einfach ausgedrückt, ist zuerst festzulegen, wie die Anlage auszusehen hat, danach sind die Mengen und Massen zu ermitteln, und die Herstellkosten diese Mengen wiederum auf dem Markt anzufragen. All dies benötigt Zeit, die in der Regel zu wenig vorhanden ist.
Nachfolgendes Ablaufschema verdeutlicht die Arbeitsschritte, die für eine Kalkulation erforderlich sind und in diesem Buch behandelt werden (Abb. 3.2).

In der Regel laufen Kalkulationen in den Unternehmen nach einem festen Schema bzw. Standard ab. Gewisse Leistungen sind in einem bestimmten Zeitraum zu erbringen, sodass die Arbeitsschritte bekannt sind. Basierend auf den bekannten Arbeitsschritten können die Ressourcen geplant und eingesetzt werden.

▶ ***Kalkulationen unter Zeitdruck und mit zu wenigen Ressourcen ist eine ungünstige Konstellation, und führen in der Regel nicht zum Erfolg.***

Im schlimmsten Fall führt es zu einem Auftrag mit Unterdeckung.

3.1 Kalkulationsplan

Nach dem die Ausschreibungsunterlagen gesichtet und ausgewertet wurden, sind die entscheidenden Faktoren für die Erstellung eines Angebotes schriftlich in einem Dokument festzuhalten, dem sogenannten Kalkulationsplan oder wie es im Englischen heißt, „Estimation Plan“.

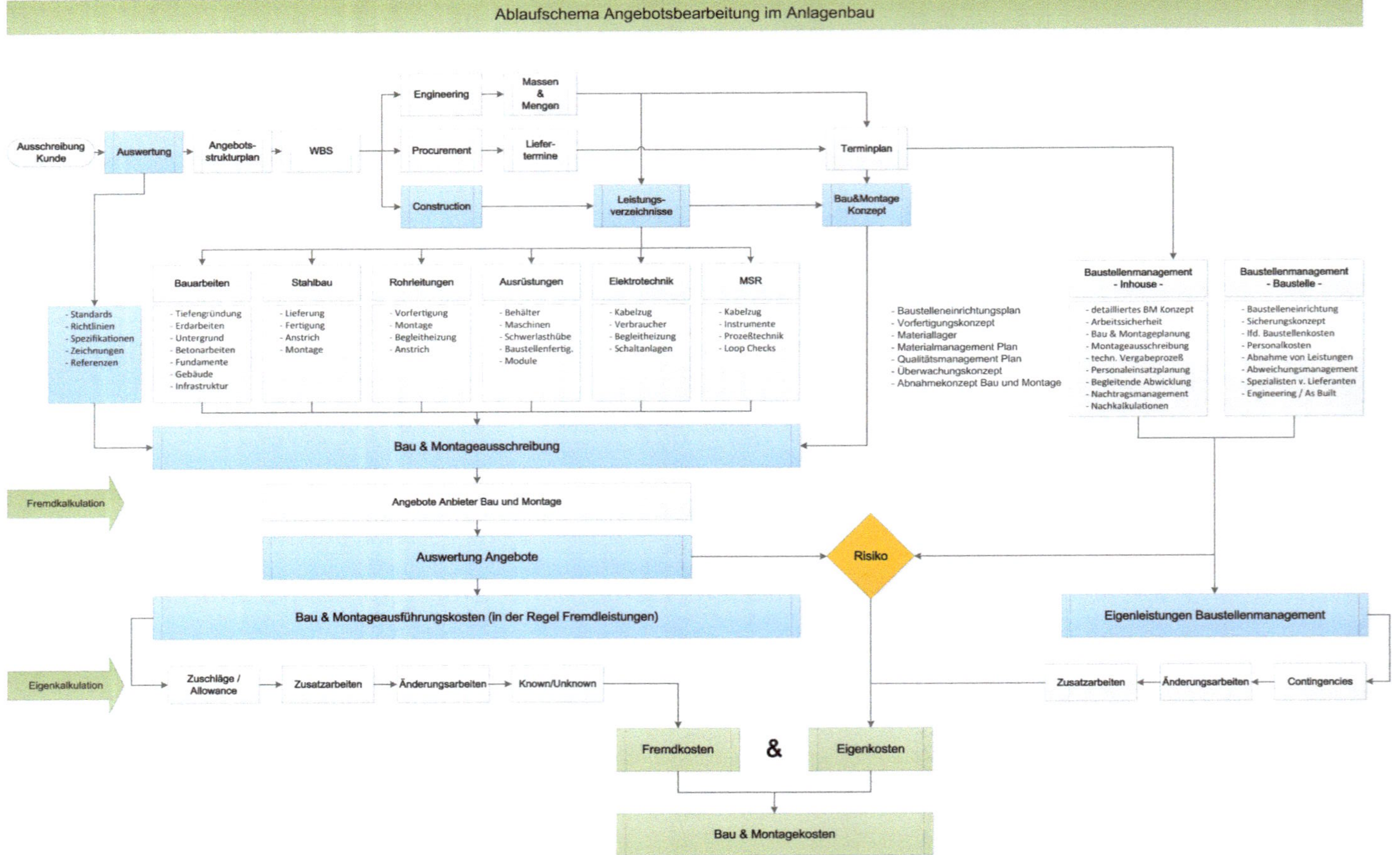

Abb. 3.2 Ablaufschema Angebotsbearbeitung

Der Zweck des Kalkulationsplans besteht neben der Beschreibung der Angebotsstrategie darin, den Umfang der Leistungen und Lieferungen, die Strategie, die Verantwortlichkeiten als auch das erwartete Ergebnis der Kostenschätzung festzulegen. Des Weiteren wird beschrieben, auf welche Basis sich die Kalkulation bezieht und wie diese abgesichert wird. Abschließend wird die zeitliche Reihenfolge, der für die Kalkulationserstellung erforderlichen Leistungen, festgelegt. Dazu zählen:

- Kalkulationsgenauigkeit
- Terminplan Angebotsbearbeitung (Abschn. 3.1.2)
- Kostenzusammenstellung aller Gewerke
  - Engineering
    Bau
    Stahlbau
    Rohrleitungen
    Usw.
  - Beschaffung
    Materialien und Ausrüstungen
    Dienstleistungen
    Logistik
- Bau- und Montagekosten
- Eigenkostenermittlung
  - Baustelleneinrichtung
    Überwachungskosten
  - Fremdkosten
    Bau- und Montagekosten
- Erstellung BM-Ausschreibung
- Nachunternehmer Strategie (Abschn. 4.2.3)
- Auswertung von Angeboten (Abschn. 3.5)
  - Inbetriebnahme
- Projekt-Terminplanung
- Vertragliche Meilensteine
- Risikoanalyse (Abschn. 3.7)
- Gesamtkostenermittlung

Üblicherweise werden die Bau- und Montagearbeiten nach Aufwand abgerechnet. Basis für die Abrechnung ist nach Fertigstellung der Leistungen ein Aufmaß, welches den Ist-Zustand der Anlage mengenmäßig widerspiegelt. Dieses Aufmaß beinhaltet Leistungspositionen denen Einheitspreise zugeordnet sind. Diese Einheitspreise sind zu Beginn eines Projektes zwischen den Parteien zu vereinbaren. Um hierfür eine möglichst genaue Vorhersage treffen zu können, sind Leistungsverzeichnisse bereits in der Angebotsphase zu erstellen, und von potenziellem Anbieter zu bepreisen.

Doch wie genau sind die Leistungsverzeichnis inhaltlich für ein Projekt, welches noch nicht durchgeplant ist?

Die für die Erstellung der Leistungsverzeichnisse erforderlichen Annahmen und getroffenen Entscheidungen sind in dem Kalkulationsplan aufzuführen, und zwar im Detail wie die Ermittlung der Mengen und Massen zu erfolgen hat, wie die Kosten und Preise zustande kommen und von welcher Genauigkeit dabei ausgegangen werden kann.

▶ ***Handelt es sich um eine detaillierte Kostenermittlung oder um eine grobe Schätzung?***

International legt sich die Kalkulationsgenauigkeit an die Klassifizierungen der AACE, vgl. AACE® International Recommended Practice No. 18R-97. (4).

3.1.1 Kalkulationsgenauigkeit

Wie genau muss eine Kalkulation sein? Diese Frage lässt sich nicht immer präzise beantworten. Vielmehr müssen Antworten auf ergänzende Fragen wie:

- Wie viel Zeit steht mir für die Kalkulation zur Verfügung?
- Wie genau sind die Massen und Mengen-Ermittlungen?
- Wie viel Ressourcen sind verfügbar?

Und zum Schluss eine mitentscheidende Voraussetzung für Kalkulationsgenauigkeit:

- Wie groß ist mein Angebotsbudget?

Um die Genauigkeit der Kalkulation abzugrenzen kann auf die AACE zurückgegriffen werden. Dort wird eine Kalkulation in 5 Klassen eingeteilt.

„CLASS 5 ESTIMATE
Schätzungen der Klasse 5 werden in der Regel auf der Grundlage sehr begrenzter Informationen erstellt und weisen daher große Ungenauigkeiten auf. Daher haben sich einige Unternehmen und Organisationen dafür entschieden, dass solche Schätzungen aufgrund der Ungenauigkeiten nicht auf konventionelle und systemische Weise klassifiziert werden können. Schätzungen der Klasse 5 können aufgrund ihrer begrenzten Genauigkeit innerhalb eines kurzen Zeitraums und mit geringem Aufwand erstellt werden. Schätzungen der Klasse 5 werden für eine Vielzahl von strategischen Geschäftsplanungszwecken erstellt, wie z. B. Marktstudien, Bewertung der anfänglichen Rentabilität, Bewertung alternativer Programme, Projektscreening, Projektstandortstudien, Bewertung des Ressourcenbedarfs und der Budgetierung, langfristige Kapitalplanung usw.

CLASS 4 ESTIMATE
Schätzungen der Klasse 4 werden in der Regel auf der Grundlage begrenzter Informationen erstellt und weisen daher relativ große Ungenauigkeitsbereiche auf. Sie werden in der Regel für das Projekt-Screening, die Bestimmung der Machbarkeit, die Konzeptbewertung und die vorläufige (aber in der Regel nicht endgültige) Budgetgenehmigung verwendet. Schätzungen der Klasse 4 werden für eine Reihe von Zwecken erstellt, wie z. B. die detaillierte strategische Planung, die Geschäftsentwicklung, das Projekt-Screening in weiter entwickelten Phasen, die Analyse alternativer Schemata, die Bestätigung der wirtschaftlichen und/oder technischen Machbarkeit und die vorläufige Budgetgenehmigung oder die Genehmigung für den Übergang zur nächsten Phase.

CLASS 3 ESTIMATE
Schätzungen der Klasse 3 werden in der Regel erstellt, um die Grundlage für die Bewilligung, Zuweisung und/oder Finanzierung von Haushaltsmitteln zu bilden. Schätzungen der Klasse 3 werden in der Regel erstellt, um vollständige Projektfinanzierungsanträge zu unterstützen, und werden zur ersten „Kontrollschätzung" der Projektphase, anhand derer alle tatsächlichen Kosten und Ressourcen auf Abweichungen des Budgets überwacht werden. Sie werden als Projektbudget verwendet, bis sie durch detailliertere Schätzungen ersetzt werden. In vielen Eigentümerorganisationen kann eine Schätzung der Klasse 3 die letzte erforderliche Schätzung sein und die einzige Grundlage für die Kosten-/Zeitplankontrolle bilden.

CLASS 2 ESTIMATE
Schätzungen der Klasse 2 werden in der Regel erstellt, um eine detaillierte Kontrollbasis zu bilden, anhand derer die gesamte Projektarbeit im Hinblick auf Kosten- und Fortschrittskontrolle überwacht wird. Bei Auftragnehmern wird diese Schätzungsklasse häufig als „Angebots"-Schätzung verwendet, um den Auftragswert zu ermitteln.

CLASS 1 ESTIMATE
Schätzungen der Klasse 1 werden in der Regel für einzelne Teile oder Abschnitte des Gesamtprojekts und nicht für das gesamte Projekt erstellt. Die Teile des Projekts, die auf dieser Detailebene geschätzt werden, werden in der Regel von Subunternehmern für Angebote oder von.

Eigentümern für Kontrollschätzungen verwendet. Die aktualisierte Schätzung wird häufig als aktuelle Kontrollschätzung bezeichnet und wird zur neuen Grundlage für die Kosten-/Zeitplansteuerung des Projekts. Schätzungen der Klasse 1 können für Teile des Projekts erstellt werden, um eine faire Preisschätzung oder eine Schätzung für einen Angebotscheck zu erstellen, um sie mit der Angebotsschätzung eines Auftragnehmers oder Verkäufers zu vergleichen oder um Ansprüche oder Änderungsaufträge zu bewerten/anzufechten." (4).

Weitere Informationen über unterschiedliche Kalkulationsklassen enthält Abb. 3.3 Klassifizierung der Kalkulationsgenauigkeit. Dort ist u. a. ersichtlich, wie die

Kalkulationsgenauigkeit definiert ist. Eine Schätzung der Klasse 3 hat eine Genauigkeit nach unten von −10 % bis −20 % und nach oben von+10 % bis 30 %.

Das bedeutet bei einem Kalkulationswert von angenommenen 100 Mio. €, das Projekt am Ende im günstigsten Fall nur 80 Mio. € kostet, im ungünstigsten Fall aber bis zu 130 Mio. €. Eine weitere entscheidende Information liefert die Spalte „Preparation Effort". Dort ist indikative aufgeführt welcher Aufwand betrieben werden muss, um eben diese Genauigkeit der Schätzungen zu erhalten. Hierbei ist die Note [b] zu beachten. Im Allgemeinen wurde ein Referenzwert (Index Value) in einer Größe von 0,005 % gewählt. Bezugsgröße ist hier der angenommenen Projektwert.

Beispiel

Ist die Aufgabe eine Kalkulation der Klasse 3 für ein Projekt mit einem angenommen Projektwert in Höhe von 100 Mio. € zu erstellen, ist folgender Aufwand dafür erforderlich. Der Index Value bezogen auf den Projektwert ergibt 0,005 % × 100 Mio. €=5000 €. Der Wert gemäß Abb. 3.3 definiert einen Aufwand von 3 bis 10. Also können sich theoretisch die Kosten der Angebotsbearbeitung zwischen 15.000 € und 50.000 € belaufen. ◀

	Primary Characteristic	*Secondary Characteristic*			
ESTIMATE CLASS	**LEVEL OF PROJECT DEFINITION** Expressed as % of complete definition	**END USAGE** Typical purpose of estimate	**METHODOLOGY** Typical estimating method	**EXPECTED ACCURACY RANGE** Typical variation in low and high ranges [a]	**PREPARATION EFFORT** Typical degree of effort relative to least cost index of 1 [b]
Class 5	0% to 2%	Concept Screening	Capacity Factored, Parametric Models, Judgment, or Analogy	L: -20% to -50% H: +30% to +100%	1
Class 4	1% to 15%	Study or Feasibility	Equipment Factored or Parametric Models	L: -15% to -30% H: +20% to +50%	2 to 4
Class 3	10% to 40%	Budget, Authorization, or Control	Semi-Detailed Unit Costs with Assembly Level Line Items	L: -10% to -20% H: +10% to +30%	3 to 10
Class 2	30% to 70%	Control or Bid/ Tender	Detailed Unit Cost with Forced Detailed Take-Off	L: -5% to -15% H: +5% to +20%	4 to 20
Class 1	50% to 100%	Check Estimate or Bid/Tender	Detailed Unit Cost with Detailed Take-Off	L: -3% to -10% H: +3% to +15%	5 to 100

Notes: [a] The state of process technology and availability of applicable reference cost data affect the range markedly. The +/- value represents typical percentage variation of actual costs from the cost estimate after application of contingency (typically at a 50% level of confidence) for given scope.

[b] If the range index value of "1" represents 0.005% of project costs, then an index value of 100 represents 0.5%. Estimate preparation effort is highly dependent upon the size of the project and the quality of estimating data and tools.

Abb. 3.3 Klassifizierung der Kalkulationsgenauigkeit

„Level of Projekt Definition“ beschreibt in etwa den Reifegrad der Dokumente, Zeichnungen und Terminpläne, die für den Kalkulationsprozess verfügbar sind. Erfahrungen aus abgewickelten Projekten fliesen zusätzlich ein. Im Prinzip gehören diese Grundinformationen zum Fundus eines Unternehmens.

Die Spalte „End Usage“ zeigt den Verwendungszweck der entsprechenden Kalkulationsstufe an.

„Methodolgy“ beschreibt die Kalkulationsmethodik für die entsprechende Klasse oder Phase der Kostenvoranschläge, die für ein Projekt erstellt werden. Die Kostenvoranschläge haben unterschiedliche Endverwendungen oder Zwecke.

„Expected Accuracy Range“ beschreibt die Genauigkeitsbereich der angestrebten Kalkulation, mit den entsprechenden Werte die nach oben (H) bzw., nach unten (L) abweichen.

Die in der Spalte „Preparation Effort“ genannten Werte bzw. Kosten spiegeln lediglich eine Indikation wider. Vielmehr entscheidend ist, welche betrieblichen Erfahrungen und Verfügbarkeiten von ähnlichen, bereits abgewickelten Aufträgen vorhanden sind.

Welche Kalkulationsgenauigkeit auch immer am Ende gewählt oder vereinbart wurde:

▶ ***Eine Schätzung bleibt immer eine Schätzung.***

Dieser Tatsache schuldend, ist während der gesamten Projektlaufzeit eine Kontrolle der Kosten durchzuführen.

3.1.2 Angebotsterminplan

Nach dem die Kalkulationsgenauigkeit festgelegt wurde, wird im nächsten Schritt die Angebotsbearbeitung in Form eines Terminplans dargestellt.

Der Angebotsterminplan wird in der Regel „Top Down“ erstellt. Das bedeutet, dass der Angebotsabgabetermin die treibende Kraft ist. Es ist empfehlenswert innerhalb diesem Angebotsterminplan die Zwischenergebnisse hervorzuheben, die Planungsgrundlage für weiterführende Arbeiten sind, und somit für eine rechtzeitige Abgabe des Angebotes ausschlagegebend. Diese Zwischenergebnisse oder auch Ereignisse könnten u. a. sein:

- Nachunternehmerkonzept und Bieterliste
- Erstellung von Arbeitspaketen
- Entwurf Projektterminplan
- Fertigstellung und Versand Bau und Montage Ausschreibung
- Abgabe Bau und Montage Angebote durch Bieter
- technisch und wirtschaftliche Auswertung und Selektion der Angebote
- ggf. Auditierung potenzieller Anbieter
- Abwicklungskonzept einschließlich Überwachungsaufwand
- Kostenzusammenstellung Bau und Montage einschl. Dokumentation

- Risikoermittlung
- Interne Abstimmung der Kalkulationspreise und ggf. Genehmigung
- Abgabefrist für Gesamtangebot an Kunden

3.2 Angebotserstellung

Es ist obligatorisch, dass zuerst die Anfrageunterlagen ausgewertet werden. Dabei sind primär solche Anforderungen herauszuarbeiten, die einen direkten Einfluss auf Kosten und Termine ausüben können. Für die Bau und Montage wären es z. B.

- Abweichende Ausführungsstandards
- Kundenspezifische Arbeitssicherheit Regularien
- Zugangsregelung zur Baustelle
- Vorgegebene Subunternehmer
- Maximale Arbeitszeit pro Woche (Arbeitsschutzgesetze)
- Religiös bedingte Einschränkungen/Behinderungen wie Weihnachten, Ramadan oder Ostern

Nachdem die angestrebte Kalkulationsgenauigkeit entsprechend Abschn. 3.1.1 bestimmt wurde, diese auch im Einklang mit den Erwartungen des Kunden sind, beginnt die eigentliche Angebotsbearbeitung für alle involvierten Disziplinen.

Das Abwicklungskonzept ist zu entwerfen, Baustelleneinrichtungen sind zu planen, und die Baustellenüberwachung ist zu definieren. Leistungen die vom oder im Stammhaus erbracht werden können. Da aber der größte Teil der Kosten für die Bau und Montage auf Mengengerüsten/Leistungsverzeichnissen basiert, sind diese preislich zu bewerten. Das geht mittels Eigenkalkulation oder durch eine Marktanfrage. Eine Eigenkalkulation ist als Plausibilitätsprüfung eine gute Lösung, grundsätzlich sollte aber immer eine Markfanfrage durchgeführt werden. Also gilt:

▶ ***Die (Einheits-) Preise stellt idealerweise der Markt zur Verfügung, die Inhalte der Mengengerüste sind Aufgabe der Anlagenbauers.***

Anmerkung
Bei Angeboten, die eine Projektrealisierung anstreben, sind die Einheitspreise für die Leistungsverzeichnis auf dem Markt anzufragen. Für Budgetanfragen seitens des Kunden zur Unterstützung von Wirtschaftlichkeitsbetrachtung kann eine Eigenkalkulation ausreichend sein.

Dabei entstehen einige Fragen, die beantwortet werden müssen:

- Wie werden die Mengengerüste ermittelt, bzw. auf welche Grundlage basieren sie?
- Werden die Mengengerüste neu ermittelt?

- Werden historische Referenzwerte herangezogen
- Ist ein vorhandenes Mengengerüst zu skalieren bzw. faktorisieren?
- Oder eine Kombination aus Allem?

Letztendlich müssen Mengengerüste her, kein Wenn und Aber.

Diese Mengengerüste sind auf Plausibilität zu prüfen. Das bedeutet in erster Linie mit abgewickelten Aufträgen zu vergleichen. Passt das Mengengerüst für einen Dampferzeuger A mit 40t/h (unbekannt) zu einem Dampferzeuger B mit einer Kapazität von 60t/h (bekannt). Wie sind die Verhältnisse beider Dampferzeuger, passt die Skalierung oder ist sie zu korrigieren?

Beispiel

Die Mengen für Dampferzeuger A wurden mit 60 t Rohrleitungsmaterial ermittelt. Die Mengen von Dampferzeuger B sind aufgrund eines abgewickelten Auftrages bekannt und betragen 120 t Rohrleitungsmaterial. Dies wäre ein Faktor von 2,00 (fK BA) bezogen auf die Massen und 1,5 (fm BA) bezogen auf die Kapazitäten. Dies erscheint auf den ersten Blick nicht plausible. Also ist mit weiteren abgewickelten Aufträgen (historischen Werten) eine sinnvolle Skalierung zu generieren. Ein abgewickelter Auftrag C mit einer Kapazität von 80 t Dampf pro Stunde verfügt über 150 t Rohrleitungen. Das bedeutet ein Faktor von 1,25 (fm CB – 150/120) bezogen auf die Rohrleitungen und 1,33 (fk CB – 80/60)) auf die Kapazität. Vergleiche ich die beiden Faktoren, lässt sich errechnen, dass der Kapazitäten Faktor (fK CB = 1,33) um 1,064 % (= 1,33/1,25) höher ist als der der Rohrleitungen (fm CB = 1,25). Bewertet man nun das Kapazitäten-Verhältnis von B/A (fkBA = 1,5) mit dem ermittelten Korrekturfaktor (1,064) kommt man auf folgendes Ergebnis:

fmBA = fkBA/1,064 = 1,5/1,064 = 1,41

⇨120 t/1,41 = 85,1 t

Demzufolge sind die grob ermittelten Massen von 60 t für Dampferzeuger A nicht plausible und sollten auf ~ 85 t hoch skaliert werden.

Dieses Beispiel dient lediglich einer groben Betrachtung und versucht unterschiedliche Wege aufzuzeichnen. Weitergehende Einflüsse wie Materialklassen, Prozesstemperaturen und -drücke sind hierbei vernachlässigt. ◀

▶ ***Ein Korrekturfaktor kompensiert Ungenauigkeiten in der Kalkulation.***

Im weiteren Verlauf der Angebotsbearbeitung sind die internen Schnittstellen für Leistungsabgrenzungen zwischen den Zuarbeitern im Unternehmen unter die Lupe zu nehmen. Wer liefert z. B. die Mengengerüste, wer kalkuliert die Lieferungen und wer kalkuliert die Montagekosten.

Beispiel

In dem Projekt sind Kabel in dem Untergrund zu verlegen. Dafür ist ein Graben auszuheben, in dem die Kabel verlegt werden. Je nach Anforderung sind die Kabel in ein Sandbett zu verlegen. Diese Entscheidung trifft in der Regel die E-Technik. Zu prüfen wäre in diesem Beispiel, in welchem Leistungsverzeichnis „Bauarbeiten" oder „Elektroarbeiten" die Lieferung und Einbringung des Sandes berücksichtigt ist oder ob es überhaupt berücksichtigt wurde. ◀

Da alle Fäden, ob Engineering, Beschaffung oder Bau und Montage letztendlich auf der Baustelle zusammenlaufen, sollte der Verantwortliche für die Baustelle gerade diese Schnittstellen als Holschuld verstehen.

Da wir uns hier explizit auf die Aufgaben der Bau und Montage konzentrieren, setzen wir die Erbringungen von erforderlichen Vorleistungen erstmal voraus, wie z. B.

- Bereitstellung von Mengengerüsten (B.O.M. Bill of Material)
- Ausrüstungsliste mit Gewichtsangaben
- Liefertermine kritischer Ausrüstungen
- Aufstellungsplanung

Jedoch sind diese Angaben aus Sicht der Bau und Montage kritisch zu prüfen und ggf. zu hinterfragen.

3.3 Abwicklungstrategie

Da in der Regel die deutschen Anlagenbauer, die ihre Anlagen schlüsselfertig bauen, nicht oder nur teilweise über die Ressourcen verfügen, die die Anlage physisch errichten, müssen diese Leistungen als Drittleistungen oder Fremdleistungen beschafft werden. Daraus ergeben sich die Vorgaben für Abgrenzung von Eigenleistungen und Fremdleistungen, die wiederum eine klare und präzise Aufgabentrennung benötigen. Hierzu ist eine Matrix zu erstellen die den Verantwortungssplit im Detail definiert. Siehe dazu Abb. 4.10 Beispiel Struktur DOR. Ferner ist festzulegen, wie die Einbindung Dritter erfolgt, z. B. im Konsortium mit einem Partner, klassisch als Nachunternehmer oder sogar einen notwendigen Transfer von Leistungen zurück an den Kunden, da diese unter Umständen nicht erbracht werden können.

Das bedeutet, dass der Anlagenbauer ein Nachunternehmerkonzept oder ein Vergabekonzept über die Fremdleistungen zu erstellen hat.

Siehe hierzu Abschn. 4.2.2 Analyse des Marktes ff.

3.4 Bau- und Montageausschreibung

Damit die Kosten für die Bau und Montageausführung abgesichert werden, ist es üblich diese Kosten durch Angebote des Marktes zu untermauern. Dazu wird eine Bau- und Montageausschreibung erstellt und an potenzielle Anbieter, gemäß Abschn. 4.2.3, versandt.

Die Grundlage einer jeden Ausschreibung sind die Leistungsverzeichnisse, die die zu erbringenden Leistungen beschreiben. Sie beinhalten die Mengen und Massen, die in der Anlage dauerhaft verbaut werden. Also das sogenannte Mengengerüst.

Beispiel

Ein Mengengerüst beschreibt die (mengenmäßige) Zusammensetzung einer Anlage (oder Arbeitspaket), indem es zu jeder Komponente eine Menge angibt. Nachfolgende Tabelle listet exemplarisch die Mengen einer Isometrie (Rohrleitung) auf. Diese Auflistung ist für die Bepreisung zu diffizil. Vielmehr werden die Mengen sinnvoll kumuliert und als Leistungspositionen in den Leistungsverzeichnissen aufgeführt (Tab. 3.2 Beispiel LV Position Rohr) (Tab. 3.1).

Hierbei bietet es sich an, nach dem Werkstoff und dem Durchmesser die Einzelmengen zu kumulieren. Demzufolge blieben 2 Positionen übrig, die zu bepreisen und abzurechnen wären. ◀

Tab. 3.1 Beispiel Rohrleitungsmaterial

Teil	*Abmessung*	*Material*	*Gewicht*	*Menge*	*Ges_Gew*
Rohr	*114,3 × 3,2*	*C-Stahl*	*9,0 kg*	*160 m*	*1440 kg*
Rohr	*33,7 × 2,0*	*C-Stahl*	*1,5 kg*	*16 m*	*24 kg*
Bogen 90°	*114,3 × 3,2*	*C-Stahl*	*4,0 kg*	*30 Stück*	*120 kg*
Bogen 45°	*114,3 × 3,2*	*C-Stahl*	*2,0 kg*	*20 Stück*	*40 kg*
Bogen 90°	*33,7 × 2,0*	*C-Stahl*	*0,2 kg*	*20 Stück*	*4 kg*
T-Stück	*DN 100/100*	*C-Stahl*	*3,5 kg*	*4 Stück*	*14 kg*
Reduzierung	*DN 100/25*	*C-Stahl*	*1,0 kg*	*1 Stück*	*1 kg*
Flansch	*DN 100*	*C-Stahl*	*4,5 kg*	*4 Stück*	*18 kg*
Armatur	*DN 100*	*C-Stahl*	*25 kg*	*2 Stück*	*50 kg*

Tab. 3.2 Beispiel LV Position Rohr

Position	*Abmessung*	*Material*	*Gewicht*	*Menge*	*Preis*
Rohrleitungsmaterial	*DN 100*	*C-Stahl*	*1683kg*	*160 m*	
Rohrleitungsmaterial	*DN 25*	*C-Stahl*	*28 kg*	*16 m*	

Für die Einzelposition „Montage von Rohrleitungsmaterial" kann somit auf eine Standardbeschreibung zurückgegriffen werden. Diese Standardbeschreibungen beinhalten die Beschreibungen sämtlicher erforderlichen Leistungen, einschließlich der Nebenleistungen, die erforderlich sind um diese Position/Gewerk herzustellen.

Die Bau- und Montageausschreibung dient nicht nur der Ermittlung von Preisen bzw. Kosten während der Angebotsphase, sondern bildet die technische und kaufmännische Grundlage für einen später zu schließenden Nachunternehmervertrag.

▶ ***Somit beginnt mit der Erstellung der Ausschreibung bereits das Claims Management.***

Während der Erstellung der Ausschreibung sollte ein Grundverständnis über das Vergabekonzept, wie in Abschn. 4.2.3 Nachunternehmerkonzept beschrieben, vorhanden sein.
Das bedeutet, dass die Leistungen in Anfragepakete oder Lose zu separieren sind, die auch die geplante Vergabestruktur widerspiegeln (vgl. Abb. 4.3 Vergabekonzept). Dabei sollten die Grenzen dieser Pakete/Lose über eine klar zu beschreibende Schnittstelle verfügen. Die Einteilung der Lose orientiert sich nämlich nicht nur an der angedachte Vergabestrategie, sondern bietet die Grundlage für die gesamte Bau- und Montageplanung und der Projektplanung.

Da sich die Vergabestrategie von der Angebotsbearbeitung bis zur endgültigen Vergabe der Bau- und Montageleistungen verändern kann, sind möglichst kleinere Pakete zu definieren. Es ist zu einem späteren Zeitpunkt einfacher mehrere kleinere Pakete zu einem größeren Paket zusammen zu führen, als ein großes Paket zu teilen.

3.4.1 Vergabepakete

Je kleiner ein Vergabepaket, also ein Los definiert ist, desto größer ist die Flexibilität bei der Vergabe.

Die Leistungen, die für die Errichtung der Anlage erforderlich sind, sind in Lose zu gliedern. Die Anlagenstruktur beinhaltet zwei Prozessanlagen und 2 Nebenanlagen. Wie Abb. 3.4 zeigt könnten darüber für die Errichtung der Anlage 10 Lose definiert werden.

Die Erdarbeiten, hauptsächlich Baufeldvorbereitungen, können flächenübergreifend, als ein Los betrachtet werden.

Die Betonarbeiten könnten vertikal getrennt, also geographisch, in zwei Lose geschoben werden. Ähnlich verhält es sich mit den Stahlbauarbeiten. Auch hier sind geographische Trennungen möglich, da die Grenzen der Baufelder klar zu beschreiben sind.

Eine horizontale Trennung der einzelnen mechanischen Gewerke

- Rohrleitungen
- Ausrüstungen

	Prozessanlage1 Baufeld 1	Prozessanlage2 Baufeld 2	Nebenanlage 1 Baufeld 3	Nebenanlage 2 Baufeld 4
Erdarbeiten	Vergabepaket 1			
Betonarbeiten	Vergabepaket 2		Vergabepaket 3	
Stahlbau	Vergabepaket 4	Vergabepaket 5	Vergabepaket 6	
Rohrleitungen Ausrüstungen Isolierung Anstrich	Vergabepaket 7		Vergabepaket 8	Vergabepaket 9
E-Technik MSR	Vergabepaket 10			

Abb. 3.4 Vergabepakete

- Isolierung
- Anstrich

erweist sich schwieriger als die Trennung zwischen Betonarbeiten und Stahlbauarbeiten, da diese geographisch zuordenbar sind. Zum einem erfahren diese beiden Gewerke keine klare zeitliche Abgrenzung untereinander, zum anderen sind bei den mechanischen Gewerken Nebenarbeiten, wie die Gestellung der Gerüste, für alle mechanischen Gewerke erforderlich. Aus diesem Grund sollten die mechanischen Gewerke in einem Los geschlossen erhalten bleiben, und lediglich eine Trennung nach Baufeldern erfolgen. Wiederum anders sieht es bei der Elektrotechnik und der MSR (Messen Steuern Regel) Technik aus. Hier erweist sich die vertikale, als auch die horizontale Trennung schwierig. Kabel werden von Verbraucher zur Schaltanlage verlegt, Baufeld übergreifend.

Sind einmal die Lose definiert, dies sollte früh in einem Projekt geschehen, ist die Struktur bis zum Ende bei zuhalten. Vgl. Kap. 10 Bau- und Montagekonzept.

Die Bau- und Montagemassen werden den einzelnen Losen zugeordnet. Für jedes dieser Lose sind entsprechende Leistungsverzeichnisse zu erstellen.

3.4.2 Ausschreibung

Die Ausschreibung für die Bau- und Montage hat die Aufgabe, die anbietende Firma in die Lage zu versetzen, die angefragten Leistungen preislich zu bewerten. Eine weitere Aufgabe der Ausschreibung besteht darin, zu spezifizieren, wie und in welcher Form der Anbieter sein Angebot und seine Preise zu gestalten hat, und welche Unterlagen mit Angebotsabgabe einzureichen sind.

3.4.2.1 Leistungsbeschreibung

Eine konkrete Leistungsbeschreibung, die in Form von Leistungsverzeichnissen (LVs) erstellt werden kann, eine klare Vorgabe, wann welche Leistungen zu welchen Terminen zu erbringen sind müssen **eindeutig** aus der Ausschreibung hervorgehen.

Folgende Struktur/Inhalt kann eine Ausschreibung beispielhaft enthalten.

I. Projektinformationen
II. Liefer- und Leistungsumfang
III. Leistungsvergütung
IV. Administratives
V. Spezifikationen
VI. Zeichnungen
VII. Leistungsabgrenzung
VIII. Vertragsbedingungen
IX. Versicherung
X. Bank Garantien
XI. Geheimhaltungsklausen

Ausschreibungen für die Errichtung verfahrenstechnischer und energetischen Anlagen bestechen durch ihre Komplexität. Sofern im Unternehmen vorhanden, wird zum Beispiel auf Standardleistungsverzeichnisse und Standardterminpläne zurückgegriffen. Diese unterstützten die Erstellung der Ausschreibung, sollte aber maximal als Guideline gelten.

▶ ***Ein Flickwerk aus kopierten und/oder vorherigen Angeboten ist zu unterlassen.***

Wie in Kap. 2 Projekte deutlich hervorgehoben, bestechen Projekte durch ihre Einzigartigkeit. Demzufolge wird die Angebotsbearbeitung (engl. Tendering), vor allem im angelsächsischen Raum einen sehr hohen Stellenwert beigemessen. Berufsgruppen wie „Quantity Surveyor" gehören dort zu den höchstbezahlen Jobs, und begleiten die Projekte mitunter durch den gesamten Zyklus, von der Angebotsbearbeitung bis zur Fertigstellung. Dabei werden erfolgreich Kenntnisse aus vergangenen Abwicklungen in die Angebotsbearbeitung transferiert, Schwachstellen frühzeitig erkannt und beseitigt.

▶ ***Die Ausschreibung der Bau und Montageleistungen ist maßgeschneidert für das Projekt zu erstellen.***

Bei der Verwendung von standardisierten Dokumenten ist ein Plausibilitätsprüfung durchzuführen, um Widersprüche innerhalb des Dokumentenwerkes zu erkennen und zu bereinigen.

Beispiel

Aus Zeitmangel wurde eine Bau- und Montageausschreibung für eine vergleichbare Technologie kopiert, und lediglich die Massen und Mengen wurden angepasst. Das Projekt wurde realisiert und einer der Anbieter erhielt den Zuschlag für die Bauarbeiten. Grundlage des Nachunternehmervertrages wurden die Ausschreibungsunterlagen.

Bereits zu Beginn der Bauarbeiten wurden die ersten Claims der Baufirma gestellt.

Was war passiert?

Die ursprüngliche Ausschreibung bezog sich auf ein Projekt in Sibirien und wurde nun für ein Projekt im Mittleren Osten verwendet. Da die Ausschreibung nicht an die Projektbedingungen im Mittleren Osten angepasst wurde, befand sich die Spezifikation „Betonieren bei kaltem Wetter" in der Ausschreibung für ein Land mit Tagestemperaturen über 45 °C. Damit wurden Tür und Tor für die Anspruchsgrundlage der Baufirma geöffnet, sämtliche Mehrkosten, die beim „Betonieren bei heißem Wetter" zusätzlich anfallen beim Anlagenbauer einzufordern. (Vgl. techn. Unterschied in Abschn. 5.2.2 *und* 5.5.3*).* ◄

Im Stadium der Angebotsbearbeitung ist es wichtig, dass **alle** (!) Leistungen präzise erfasst werden, unabhängig wer sie erbringt. Letztendlich muss jemand diese Leistung erbringen, und erhält dafür eine Vergütung. Deswegen sind diese Leistungen zu erfassen und deren Kosten zu kalkulieren.

Oft hat der Anlagenbauer das Verständnis:

▶ ***Alles, was nicht im Detail beschrieben ist, ist in den Leistungsverzeichnissen enthalten, und mit dem Einheitspreis abgedeckt.***

Der Nachunternehmer denkt sich wiederum:

▶ ***Alles, was nicht im Detail beschrieben ist, ist Zusatzarbeit und wird separat vergütet.***

Das Ergebnis ist:

▶ ***Ein Widerspruch und Kalkulationslücken***

Für die Erfassung aller Leistungen und Nebenleistungen ist die Verwendung einer Matrix hilfreich. Diese kann als Checkliste verwendet werden, in der die jeweiligen Zuständigkeiten und Verantwortungen klar den Parteien zugeordnet werden können. Siehe Abschn. 4.2 Nachunternehmervertrag. Dies erfolgt in der Regel gemeinsam zwischen den Parteien und wird einvernehmlich abgestimmt.

Es ist hierbei zu berücksichtigen, dass der erfolgreiche Anbieter für Bau und Montage den Anlagenbauer lange begleiten wird. Rechte, Pflichten und Risiken sind sachlich und fair voneinander zu trennen und den jeweiligen Parteien zuzuordnen, die damit am besten umgehen können. Einseitige Vertragsbedingungen werden das Verhältnis auf Dauer stören.

3.4.2.2 Inhalt Angebot

Ein weiterer Bestandteil der Ausschreibung ist den Umfang des erwarteten Angebotes zu definieren. Neben den bepreisten Leistungsverzeichnissen sind weitere Unterlagen einzureichen, die es dem Anlagenbauer ermöglichen, die Angebote technisch und wirtschaftlich zu vergleichen und zu bewerten.

Zum einem ist eine Preisübersicht nach vorgegebenem Format auszufüllen, und dem Angebot als Anlage beizufügen.

Wichtig für die Bewertung oder Vergleichbarkeit anderer Angebote ist die Angabe der Arbeitsstunden, die für das entsprechende Gewerk berücksichtigt wurden. Zusätzlich sind die Kosten nach ihrem direkten Anteil und dem indirekten Teil zu differenzieren.

Die direkten Kosten ergeben sich aus den Löhnen für die Arbeitsstunden, den Materiallieferungen und den eigenen Kosten für geplante Untervergaben.

Die indirekten Kosten sind entsprechend Tab. 3.3 Preisübersicht aufzuschlüsseln.

Des Weiteren sind die in Tab. 3.4 Anlagen zum Angebot aufgeführten Dokumente zu erstellen und dem Anlagenbauer zu übergeben.

Tab. 3.3 Preisübersicht

Preisübersicht	Bauarbeiten	Gebäude	Rohrleitungen	Stahlbau	Ausrüstungen	Isolierung	Anstrich	E-Technik	MSR	IBN Unterstützung	Gesamt
Arbeitsstunden >>	(*)	(*)	(*)	(*)	(*)	(*)	(*)	(*)	(*)	(*)	- €
DIREKTE KOSTEN											
a) Direkte Arbeitsstunden (einschl. Kleinwerkzeuge und Verbrauchsstoffe)	(*)	(*)	(*)	(*)	(*)	(*)	(*)	(*)	(*)	(*)	- €
b) Materiallieferungen	(*)	(*)	(*)	(*)	(*)	(*)	(*)	(*)	(*)	(*)	- €
c) Nachunternehmer- / Vergabekosten	(*)	(*)	(*)	(*)	(*)	(*)	(*)	(*)	(*)	(*)	- €
Zwischensumme Direkte Kosten	- €	- €	- €	- €	- €	- €	- €	- €	- €	- €	- €
INDIREKTE KOSTEN											
a) Indirektes Personal											
1) Überwachung	(*)	(*)	(*)	(*)	(*)	(*)	(*)	(*)	(*)	(*)	- €
2) Verwaltung (wie z.B. Lagerhaltung, Unterkünfte usw.)	(*)	(*)	(*)	(*)	(*)	(*)	(*)	(*)	(*)	(*)	- €
b) Baustelleneinrichtung											
1) Baustelleneinrichtung Nachunternehmer	(*)	(*)	(*)	(*)	(*)	(*)	(*)	(*)	(*)	(*)	- €
2) Baustelleneinrichtung Investor und Auftraggeber (falls ausgeschrieben)	(*)	(*)	(*)	(*)	(*)	(*)	(*)	(*)	(*)	(*)	- €
c) Sonstige allgemeine Kosten - Laufende Kosten	(*)	(*)	(*)	(*)	(*)	(*)	(*)	(*)	(*)	(*)	- €
d) Montagegeräte	(*)	(*)	(*)	(*)	(*)	(*)	(*)	(*)	(*)	(*)	- €
e) Gerüstbau	(*)	(*)	(*)	(*)	(*)	(*)	(*)	(*)	(*)	(*)	- €
f) Arbeitssicherheit	(*)	(*)	(*)	(*)	(*)	(*)	(*)	(*)	(*)	(*)	- €
g) Unterkünfte, Catering, Erste Hilfe Einrichtungen usw. (wie spezifiziert)	(*)	(*)	(*)	(*)	(*)	(*)	(*)	(*)	(*)	(*)	- €
h) Mobilisierung / Demobilisierung	(*)	(*)	(*)	(*)	(*)	(*)	(*)	(*)	(*)	(*)	- €
i) Sonstige Kosten (Bonds, Cashlow, usw.)	(*)	(*)	(*)	(*)	(*)	(*)	(*)	(*)	(*)	(*)	- €
l) Gemeinkosten und Gewinn	(*)	(*)	(*)	(*)	(*)	(*)	(*)	(*)	(*)	(*)	- €
Zwischensumme: Indirekte Kosten	- €	- €	- €	- €	- €	- €	- €	- €	- €	- €	- €
Gesamtkosten	- €	- €	- €	- €	- €	- €	- €	- €	- €	- €	- €

Anmerkung
(*) vom Anbieter für seinen Leistungsumfang auszufüllen.

Tab. 3.4 Anlagen zum Angebot

1	1 DOKUMENTE	A	V	S	M	F	Rev.
2	*1.1 Allgemeine*						
3	Manpower Histogram (direkte Stunden)	X				E	
4	Manpower Histogram (indirekte Stunden)	X				E	
5	Schweißer S-Kurve	X				E	
6	Berichte (Tages-, Wochen-, Monats-, Abschluss-)					E	
7	"As built" Dokumentation				2	O	
8	*1.2 HSE*						
9	HSE Plan	**Entwurf**		4		E	
10	Baustellenordnung einschl. Notfallplan	**Entwurf**		4		E	
11	Anti Drug Policy	**Entwurf**		4		E	
12	Baustellenbewachung	X					
13	*1.3 QA/QC*						
14	QA/QC Plan einschl. Testplan	**Entwurf**	6			E	
15	Schweißvorschriften		6			E	
16	*1.4 Baustelleneinrichtung*						
17	Baustelleneinrichtungsplan einschl. Beschreibung	X	4			E	
18	Lagerhaltungskonzept	X	4			E	
19	*1.5 Montagedokumente*						
20	Bau- und Montage Konzept	X	4			E	
21	Hebestudien	X	X			P	
22	Montageanweisungen		X			P	
23	Geräteliste	X		4		E	
24	*1.6 Terminplan*						
25	Bau- und Montageterminplan		6			S	
26	*1.7 Nachunternehmer*						
27	Vergabestrategie	X				E	
28	Nachunternehmerliste	X	X			E	
29	*1.8 Organisation*						
30	Projekt- und Baustellenorganisation	X	6			E	
31	Lebensläufe Schlüsselpersonal	X	X			E	
32	Überwachungsverhältnis	X				E	
33	Koordinationsprozedure	X	6			E	
34	**Bemerkungen**						
35	Die Auflistung der Tätigkeiten bedeutet nicht, daß sie bei jedem Nachunternehmer erforderlich sind.						
36	Der Leistungsumfang für "vorgeschriebene" Tätigkeiten wird durch technische Spezifikationen, Richtlinien, Vorschriften oder andere vertraglich vereinbarte Dokumente näher bestimmt.						
37	**Legend**						
38	*Erforderlichen Dokumente*			*F = Format*			
39	A Abgabe mit Angebot			S	Editierbares Format		
40	V Abgabe in Wochen nach Vertragsabschluß			P	Papier		
41	M Abgabe in Wochen vor Mechanischer Fertigstellung			E	In elektronischer Firm		
42	S Abgabe in Wochen vor Baustelleneröffnung			O	Original		

Vollständigkeitshalber beinhaltet Tab. 3.4 weitere Dokumente, die der Anbieter im Falle einer Beauftragung zu erstellen bzw. zu revidieren hat. Dies dient auch dazu, dass diese Leistungen kostenmäßig berücksichtigt werden. Für das Angebot sind primär die Dokumente zu erstellen und dem Angebot beizulegen, die in Spalte „A" gekennzeichnet sind.

Inhaltlich sind das:

Manpower Histogramm

Der Nachunternehmer hat einen Personaleinsatzplan zu erstellen, der die Anforderungen des Projektterminplans reflektiert. Dieser Personaleinsatzplan enthält Angaben zum Personalbedarf für jede einzelne Disziplin und ist in direkte und indirekte Stunden unterteilt.

Die direkten Stunden umfassen die tatsächlich geleisteten Arbeitsstunden von Arbeitskräften die auf der Baustelle, der Baustelleneinrichtung und in der Vorfertigungsstätte tätig sind.

Unter indirekte Stunden fallen alle Tätigkeiten, die zur Erfüllung der vertraglichen Leistungen erforderlich sind, aber nicht im direkten Zusammenhang mit der Tätigkeit im Baufeld stehen, z. B. die Überwachungsleistungen.

Beispiel

(Siehe Abb. 3.5). ◄

Schweißer S-Kurve

Die Fortschrittskurve (S-Kurve) für das Schweißen, visualisiert den Fortschritt des Schweißens über der Zeitachse. Zum Beispiel zeigt eine S-Kurve des Fortschritts des Schweißumfanges gemessen in Diainch in einen exponentiellen Anstieg über einen bestimmten Zeitraum.

Die Schweißer S-Kurve und die dazu Grunde gelegte Kennzahl DI/pro Woche oder Tag, ist eine der wichtigsten Indikatoren, um kurzfristig feststellen zu können, ob der Fortschritt der Rohrleitungsmontage im Plan ist.

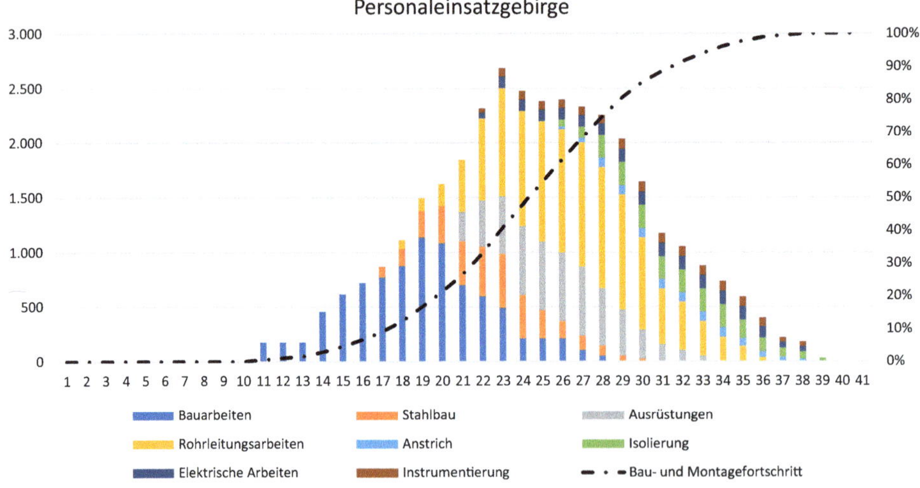

Abb. 3.5 Personaleinsatzgebirge

Beispiel: Schweißer S-Kurve

(Siehe Abb. 3.6). ◀

HSE-Plan
Der Nachunternehmer hat sein Programm zur Arbeitssicherheit Gesundheit und zum Umweltschutz vorzulegen.

QA/QC Plan
Der Nachunternehmer hat sein Programm zur Qualitätssicherung vorzulegen.

Der QA/QC-Plan muss unter anderem Folgendes enthalten:

- Organisation und Verantwortlichkeiten
- Materialkontrolle vor Ort
- Inspektion und Prüfung vor Ort
- Inspektions-, Mess- und Prüfmittelkontrolle
- Fertigungssteuerung
- Schweißaufsicht und Schweißüberwachung
- Nichtkonformitätskontrolle
- Qualitätsaudit vor Ort

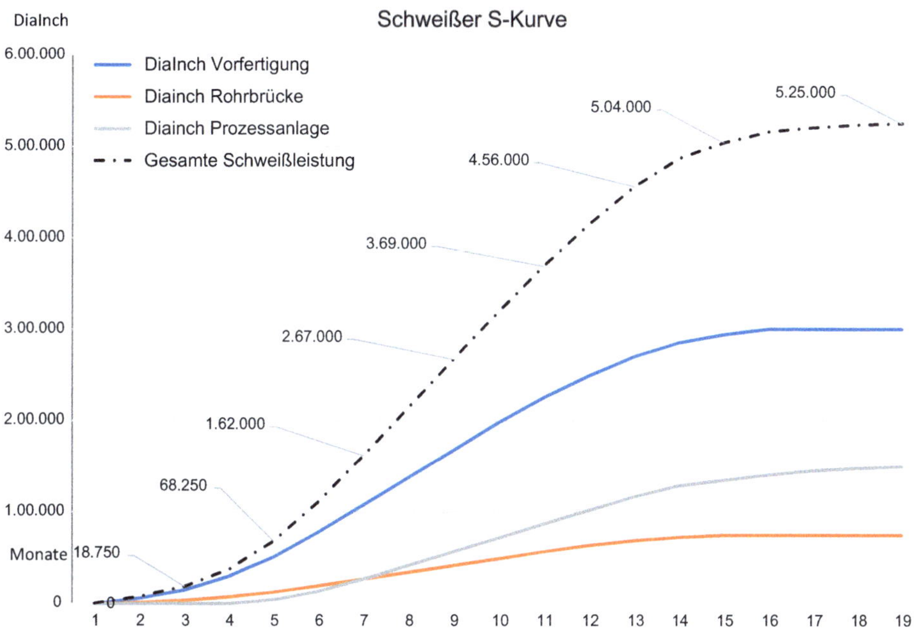

Abb. 3.6 Beispiel: Schweißer S-Kurve

- Auflistung von qualitätsrelevanten Spezifikationen für Bau- und Montagearbeiten auf der Baustelle
- Liste der anzuwendenden Inspektionen

Baustelleneinrichtung
Beizufügen ist ein Plan oder Skizze über die Struktur der geplanten Baustelleneinrichtung, sowie nachfolgender Informationen:

- erforderliche Flächen
- erforderlichen Verbrauch an Energien und Wasser
- Arbeitsbereiche, Büros und Umkleidekabinen
- Fertigteilhallen mit der dazugehörigen Ausstattung
- sanitären Einrichtungen
- Erste-Hilfe-Einrichtungen
- Generatoren für elektrische Energie, einschließlich temporärer Schalttafeln und Verteilungsleitungen
- Temporäre Beleuchtung
- Temporäre Umzäunungen und Tore zur Sicherung von Arbeitsbereichen, Materialien und Geräten
- Entwässerungsplan

Bau und Montagekonzept
Hier hat der Nachunternehmer sein Abwicklungskonzept für die Baustelle darzustellen.

Nachunternehmer Strategie
Der Anbieter hat seinen Plan bezüglich seiner Untervergaben, auf denen sein Angebot basiert, vorzulegen. Dieser Plan ist mit folgenden Informationen zu versehen:

- Vergabestrategie
- Umfang der einzelnen Untervergabe
- Vergabetermine für die Untervergabe
- Qualitätssicherung/Qualitätsüberwachung der Nachunternehmer
- Liste möglicher Unterlieferanten

Die Liste möglicher Unterlieferanten ist zwischen Anlagenbauer und Anbieter abzustimmen und zu vereinbaren. Der Anlagenbauer hat das Recht auch die Unterlieferanten seines Nachunternehmer auf Eignung zu auditieren. Diese Liste wird Vertragsbestandteil. Sollten zu einem späteren Zeitpunkt Unterlieferanten nachnominiert werden, sind diese vom Anlagenbauer zu genehmigen.

Projekt – und Baustellenorganisation
Der Anbieter hat sein voraussichtliches Projektorganigramm dem Angebot einschließlich der Lebensläufe der Schlüsselpersonen beizufügen.

3.5 Auswertung

Nachdem die ersten Angebote von den Anbietern eintreffen, sind diese gemäß Abb. 3.7 auszuwerten.

Als erstes beginnt die Auswertung mit einer Vollständigkeitsprüfung der eingegangenen Angebote.

▶ ***Nur vollständige Angebote können verglichen werden.***

Der Angebotsvergleich vergleicht nicht nur die angebotenen Leistungen und Preise verschiedenen Anbieter untereinander, sondern auch die Abwicklungsstrategien. Ergänzend fließt die Eigenkalkulation, basierend auf historischen Werten, in diesen Angebotsvergleich ein, um eine Indikation zu erhalten ob und welche Einheitspreise aus dem Ruder laufen.

3.5.1 Angebotspreise

Zum besseren Verständnis eine kurze Anmerkung zu Kosten und Preisen in diesem Abschnitt.

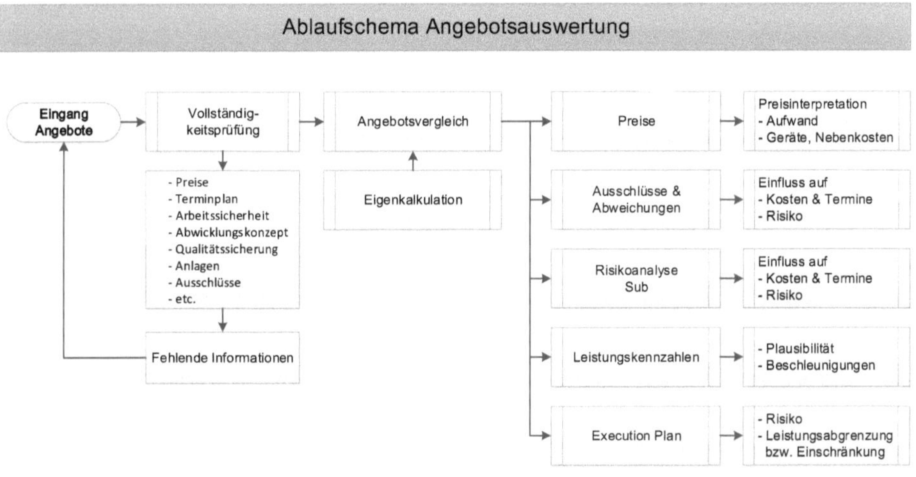

Abb. 3.7 Ablaufschema Angebotsauswertung

Preise sind die Werte, die der Nachunternehmer für seine Leistungen angeboten hat. Wenn der AG diese Angebotspreise in seine Kalkulation einstellt, sind diese Werte für den AG **Kosten,** da sie den Aufwand des AG widerspiegeln. Somit sind hier Angebotspreise des Anbieters und Kosten des AG identisch.

Beispiel

Nachunternehmer A biete die Montage eines Tankes für 50.000 € an, dann ist dies der Angebotspreis von A und beinhaltet alle Zuschläge von A zur Herstellung dieser Leistung. Wird dieser Wert in die Kalkulation vom AG eingestellt handelt es sich hierbei um reine Herstellkosten für den AG, ohne Zuschläge für eigene Leistungen. ◀

Nachdem überprüft wurde, dass alle Preise anfragekonform (bepreistes Leistungsverzeichnis, Einzelpreise, Festpreise usw.) angeboten wurden, werden die Preise auf Plausibilität überprüft.

- Wie setzen sich die Preise/Kosten zusammen?
- Welche Kosten beziehen sich auf direkte Arbeiten, welche Kosten auf indirekte Arbeiten?

Direkte Kosten entstehen bei der reinen Herstellung des Gewerkes. Die erbrachte Leistung ist messbar. Indirekte Kosten laufen mit, sind in der Regel zeitabhängig.

Beispiel

Im Leistungsverzeichnis wird die Position „Verlegen von 4“ Rohrleitungen “ vom Nachunternehmer A mit 15.000 €/t bepreist. Diese 15.000 € haben zu 65 % einen direkten Anteil und zu 35 % einen indirekten Anteil. ◀

Der direkte Anteil berücksichtig den Aufwand zur Herstellung der Leistung, einschließlich der Nebenleistungen, die unmittelbar für die Herstellung der Leistung erforderlich sind, wie:

- Personalkosten
- Krankosten
- Gerüstbau (anteilig)
- Verbrauchsstoffe (techn. Gase, Schweißzusatzwerkstoffe usw.)

Der direkte Anteil ist aufwandbezogen und variiert mit den Mengen- bzw. Massenänderungen.

Der indirekte Anteil berücksichtig den Aufwand, für Nebenleistungen die für die Ausführung der Arbeiten erforderlich sind. z. B.:

- Kosten für Überwachung (Baustellenleiter, Schweißaufsicht, Arbeitssicherheit usw.)
- Kosten für Baustelleneinrichtung (Personal & Geräte, Gerüstbau anteilig)
- Unternehmenszuschläge (Verwaltung, Vertrieb, Gewinn usw.)

Der indirekte Anteil ist zeitbezogen und variiert mit der Projektlaufzeit.

▶ ***Bei der Angebotsauswertung sollte in Betracht gezogen werden, dass bereits hier eine Grundlage für zukünftige Claims entsteht.***

Ist die Aufteilung direkt/indirekt realistisch?
In den seltensten Fällen sind die Ausschreibung zu Beginn eines Projektes deckungsgleich mit den Endaufmaß „As Built“. Während der Abwicklung ändern sich neben den Mengen auch die Termine.

Können die Leistungen zu dem angebotenen Kosten (direkter Anteil Nachunternehmer) hergestellt werden. Eine Plausibilitätsprüfung gibt hierüber Auskunft. Wird von dem Beispiel „4“ Rohrleitungsmontage“ ausgegangen, unter Annahme, dass der durchschnittliche Stundensatz bei 40 €/h liegt, beträgt der Aufwand für die Herstellung von 1 Tonne Rohrleitungen (15.000 €/t × 65 %/40 €/h) ca. 244 h pro Tonne. Dies erscheint auf den ersten Blick eine realistische Größe.

Ist der Preis spekulativ?
Hier werden Einheitspreise (EP), denen geringe Mengen zugrunde liegen, mit höheren Preisen bewertet, in der Hoffnung, dass bei dem Endaufmaß diese Mengen übermäßig zum Tragen kommen.

Aufgrund der geringen Mengen fallen wesentliche höhere Einheitspreise im Gesamtpreisvergleich nicht so stark ins Gewicht.

Spiegeln die Preise den tatsächlichen Aufwand wider?
Die angebotenen Preise sind mit der eigens für dieses Projekt erstellten Eigenkalkulation zu vergleichen. Insbesondere sind die Aufwendungen seitens der Anbieter zu untersuchen, wie z. B.:

- Passen die Gesamtstunden mit der Eigenkalkulation zusammen?
- Sind ausreichend Bau- und Montagegeräte kalkuliert worden?
- Sind die Aufwendungen für die Sicherung der Arbeitssicherheit und Qualität ausreichend?

Fehlende Angebotspreise und/oder Einheitspreise sind durch Werte der Eigenkalkulation zu ergänzen, und als solche zu kennzeichnen. Dabei können Vergleichswerte des Anbieters interpoliert werden, oder es werden Preise von Wettbewerbern für den Preisvergleich eingesetzt. Dabei sollte auf Maximalwerte zurückgegriffen werden.

3.5.2 Ausschlüsse und Abweichungen

Wichtige Informationen der Anbieter sind deren Auflistungen, in denen die Ausschlüsse enthalten sind. Diese Ausschlüsse bedürfen einer sorgfältigen Prüfung und Klärung.

In der Regel beinhaltet die Ausschlussliste Punkte, die während der Ausschreibung nicht klar und deutlich definiert wurden, oder die seitens der Anbieter unterbreiteten Gegenvorschläge. Dies kann z. B. abwicklungstechnische Punkte enthalten, wie:

- Gestellung von Baustrom und/oder Wasser
- Zugangsregelung zur Baustelle
- Verfügbarer Platz für Baustelleneinrichtung, einschließlich deren Aufbereitung
- Wer hat welche Zäune zu stellen (Bauzaun – Sicherheitszaun)?
- Sicherungskonzept Baustelle
- Bereitstellung Erste-Hilfe-Station
- Usw.

Oder auch kaufmännische Punkte, wie:

- Zahlungsbedingungen
- Zahlungsziel
- Bürgschaften/Garantien
- Preisgültigkeit
- Usw.

Wie immer auch diese Liste aussieht, die offenen Punkte sind zu klären. Wenn der Anlagenbauer die Errichtung der Anlagen seinem Kunde schlüsselfertig zum Festpreis anbieten will, müssen alle dafür erforderlich Leistungen bekannt und bepreist sein.

Sollte ein Anbieter aufgrund fehlender Informationen eine Leistung nicht bewerten können, so ist diese durch den Anlagenbauer ersatzweise zu kalkulieren.

Preisliche Bewertungen von Leistungen, die nicht klar definiert werden können, führen zu Fehlkalkulationen. Hierbei sollte ein klares Verständnis darüber herrschen, das diese Fehlkalkulationen bei den Nachunternehmern grundsätzlich zum Nachteil des Anlagenbauers führen. Sollte zu einem späteren Zeitpunkt sich herausstellen, dass eine Kostenunterdeckung der Leistungen aufgrund fehlender Informationen entstanden ist, wird der Fehlbetrag (oder auch darüber hinaus) von dem Anbieter eingefordert. Der Anlagenbauer zahlt.

Führt aber die fehlende oder fehlerhafte Information später zu einer preislichen Überbewertung wird sich der Nachunternehmer dazu nicht äußern. Der Überschuss verbleibt folglich beim Anbieter. Von daher sollten die Leistungen, die nicht beschrieben werden können, weil keine ausreichenden Informationen vorliegen, mittels Eigenkalkulation vom Anlagenbauer selbst kalkuliert und kostenmäßig berücksichtigt werden. Diese Leistungen können dann zu einem späteren Zeitpunkt ausgeschrieben werden, oder als Nachtrag behandelt werden.

Entscheidend ist, dass alle Positionen preislich in die Kalkulation eingestellt werden.

3.5.3 Risikoanalyse Sub

Analog zur eigenen Risikoanalyse empfiehlt es sich eine Risikoanalyse vom Anbieter einzufordern. Diese Risikoanalyse ist mit der eigenen Risikoanalyse zu vergleichen. In der Regel entstehen zwei Szenarien.

Erstes Szenario
Anbieter/Nachunternehmer und Anlagenbauer haben die gleichen Risiken erkannt und bewertet. In dem Fall ist zu prüfen welche Bewertungskriterien zugrunde liegen, wie hoch die Eintrittswahrscheinlichkeit gesehen wird und welche Kosten veranschlagt wurden. Es ist einvernehmlich zu klären, welche Partei das Risiko übernimmt. In der Regel sollte es die Partei sein, die das Risiko am besten managen kann.

Beispiel

Risiken, die mit der Produktivität der Arbeiter zu tun haben, sind unternehmerische Risiken und liegen in der Verantwortung der Nachunternehmer.

Das Massen- und Mengenrisiko trägt grundsätzlich der Anlagenbauer.

Das Bodenrisiko kann z. B. nicht von einer Baufirma getragen werden und sollte beim Kunden verbleiben. ◀

Herrscht keine Einigkeit darüber, ist es Aufgabe des Anlagenbauers dieses Risiko zu übernehmen, oder an seinen Kunden zu transferieren. Letztendlich, und darüber sollte Klarheit herrschen, ist der Anlagenbauer derjenige, der das Gesamtrisiko für das Projekt trägt, Bau und Montage eingeschlossen.

Zweites Szenario
Der Nachunternehmer hat Risiken erkannt, die der Anlagenbauer nicht erkannt hat. Dies können Risiken sein, die sich aus einer ungenauer Arbeitsbeschreibung ergeben, oder nicht definierte Schnittstellen mit anderen Gewerken/Nachunternehmer. In diesen Fällen ist zu prüfen inwieweit das Risiko vom Nachunternehmer zu tragen ist oder vom Analgenbauer.

In der Regel soll der Nachunternehmer nur die Risiken tragen, die auf seine unternehmerische Tätigkeit zurückführen sind. Das wären z. B.

- Produktivität der Arbeiter
- Fachliche Führung

- Sicherstellen der erforderlichen Ressourcen
- Sicherstellung der spezifizierten Qualität
- Usw.

3.5.4 Leistungskennzahlen

Die Leistungskennzahlen geben die erbrachten Leistungen pro Zeiteinheit an. Siehe auch Kap. 16 Kennzahlen und Kennzahlen Systeme. Die Kennzahlen sind projektspezifisch zu sehen und geben einen Durchschnitt über die gesamte Projektlaufzeit an. Sie beinhalten Faktoren für:

- Marktumfeld
- Ausbildung der Arbeitnehmer
- Komplexität der Anlage bzw. Aufgabenstellung
- Wegezeiten von/zur und innerhalb der Baustelle
- Witterungsbedingungen

Anhand der Kennzahlen lässt sich feststellen, ob der Anbieter seine Aufgabenstellung verstanden hat. Es ist mindestens eine Leistungskennzahl pro Gewerk/Teilgewerk zu vereinbaren (Tab. 3.5).

Anhand dieser Kennzahlen lässt sich zum einen eine Plausibilitätsprüfung des Terminplans durchführen, zum anderen feststellen, ob ausreichende Ressourcen für das Projekt berücksichtigt wurden oder auch die zu erbringenden Arbeiten richtig verstanden wurden.

Tab. 3.5 Leistungskennzahl

Gewerk/Teilgewerk	Leistungskennzahl
Tiefengründung	lfd. m/Woche
Betonarbeiten	m^3 Beton/Woche
Stahlbau	Tonen Stahlbau/Woche
Ausrüstungen	Stück/Woche
Rohrleitungen	Tonnen Rohrleitungen/Woche Anzahl Dia Inch/Woche Druckproben/ Woche
Isolierung	m^2 Isolierung/Woche
Anstrich	m^2 Anstrich pro Woche
Elektrotechnik	m Kabel/Woche
Begleitheizung	m Kabel/Woche
Instrumentierung	Instrumente/Woche

Es sollte Klarheit darüber herrschen, dass diese, im Vertrag vereinbarten, Leistungskennzahlen, eine Verpflichtung des Nachunternehmers darstellen.

Beispiel

Für die Tiefengründung sind 500 Vollverdrängungspfähle erforderlich. Die Arbeiten sind in einem Zeitraum von 50 Tagen durchzuführen. Somit sind täglich 10 Pfähle zu setzen. Die Leistungskennzahl für die Pfähle wird mit durchschnittlich 50 Pfählen pro Woche vereinbart. Dadurch hat der Anlagenbauer Gewissheit, dass die Termine für die Tiefengründung gehalten werden. Abweichungen lassen sich schnell feststellen, da die Mengen eindeutig zu messen sind. Somit können Korrekturen eingeleitet werden bzw. vertraglich eingefordert werden. ◄

Siehe auch Abschn. 19.2 Ermittlung der Abweichungen.

3.5.5 Abwicklungskonzept (Sub)

Ist das Abwicklungskonzept bezogen auf das ausgeschriebene Projekt maßgeschneidert, oder handelt es sich um eine Standardbeschreibung des Anbieters. Diese Erkenntnis verdeutlich, inwieweit sich der Anbieter mit dem Projekt beschäftigt hat, und lässt somit auch auf die Qualität der angebotenen Preise schließen.

► ***Das Abwicklungskonzept ist die Visitenkarte des Anbieters.***

Gleiches gilt natürlich für das Abwicklungskonzept des Anlagenbauers gegenüber seinem Kunden.
Inhaltlich sind folgende Punkte zu behandeln.

- Baustelleneinrichtungsplan
- Vorfertigungskonzept
- Personaleinsatzplan gegliedert nach Gewerken
- Mobilisierungsplan
- Krankonzept
- Materiallager
- Materialmanagement Plan
- Qualitätsmanagement Plan einschl. Inspektionspläne
- Überwachungskonzept
- Abnahmekonzept Bau und Montage
- Erwartete Kritische Pfade

Das Abwicklungskonzept des Anbieters ist auf Machbarkeit zu prüfen. Dabei wird es gegen das eigene Konzept geprüft. Des Weiteren ist das Abwicklungskonzept auf Leistungen zu überprüfen, dessen Erbringung bei dem Anlagenbauer liegen und die der Anbieter zu einem bestimmten Zeitpunkt als gegeben voraussetzt. Ergänzend hierzu wird das Konzept auf weiteren möglichen Ausschlüssen und Abweichungen zur Ausschreibung untersucht.

3.5.6 Angebotspreisvergleich

Nachdem die Bewertungen durchgeführt wurden, werden die Ergebnisse tabellarisch gegenübergestellt. Entscheidend ist hierbei, dass die Angebotspreise vergleichbar sind. Das bedeutet, dass die Anbieter A, B und C jeweils exakt die gleichen Arbeitspakete vollständig angeboten haben. Werden bei dem Preisvergleich starke Abweichungen unter den Anbieter festgestellt sind diese gesondert in der Vergleichstabelle auszuweisen.

Um die Preise besser interpretieren zu können, können weitere Informationen dem Preisvergleich beigefügt werden, wie z. B. Stundensätze. Dabei könnte ein Preisvergleich aussehen, wie im nachfolgenden Beispiel behandelt.

Beispiel

Anbieter A, B und C haben die Lose 7, 8 und 9 angeboten. Anbieter A hat als einziger die Gestellung von Strom und Wasser und die Sicherung des Baufeldes ausgeschlossen. Dies wird pauschal mit 30.000 € bewertet und in Zeile 5 eingegeben. Anbieter C verfügt über eine gute Auslastung seiner Rohrleitungsvorfertigung, die ein Kapazitätsproblem für das Projekt ergeben könnte. Dadurch wird das Risiko eines Zeitverzuges mit bewertet. Es wird angenommen, dass nachfolgende Gewerke beschleunigt werden müssen, das Risiko wird quantitative mit 25.000 € bewertet.

Des Weiteren ist aufgefallen, das Anbieter B die Isolierung des Reaktors in Eigenleistung erbringt, während Anbieter A und C diese Leistungen an eine Fachfirma untervergeben (Tab. 3.6).

Wie ist diese Tabelle nun zu interpretieren?

Auf den ersten Blick ist Anbieter A und B der Günstigste mit 900.000 €. Demnach würde B berücksichtigt werden, da er die wenigsten Ausschlüsse hat.

Auf den zweiten Blick wäre zu überprüfen, ob Anbieter C aufgrund seiner Auslastung nur Interesse an den Losen 7 und 8 hat und Los 9 deswegen nicht anstrebt und einen sogenannten Abwehrpreis angeboten hat.

Somit wäre eine geteilte Vergabe, also Los 7/8 an Anbieter C und eine Vergabe von Los 9 and Anbieter A oder B eine Alternative.

Hierbei wäre zu untersuchen, inwieweit die indirekten Kosten die Preise erhöhen, da die Anbieter (zu mindestens A + B) von einer ungeteilten Bestellung ausgehen. Bei der reduzierten Vergabe wäre auch das Risiko (Auslastung) von Anbieter C eliminiert.

Tab. 3.6 Beispiel Preisvergleich

Zeile	*Titel*	*Anbieter A*	*Anbieter B*	*Anbieter C*
1	*Rohrleitungen Los 7*	*230.000 €*	*260.000 €*	*200.000 €*
2	*Rohrleitungen Los 8*	*350.000 €*	*340.000 €*	*300.000 €*
3	*Rohrleitungen Los 9*	*250.000 €*	*210.000 €*	*350.000 €*
4	***Gesamtangebotspreis***	***830.000 €***	***810.000 €***	***850.000 €***
5	*Kosten Ausschlüsse*	*30.000 €*		
	Kosten Risiken			*25.000 €*
	Gesamtpreis	***860.000***	***810.000 €***	***875.000 €***
	Isolierung	*Fremdleistung*	*Eigenleistung*	*Fremdleistung*
	Isolierung	*40.000 €*	*90.000 €*	*45.000 €*
	Total	***900.000 €***	***900.000 €***	***910.000 €***
	Stundensatz Schlosser	*36,50 €/h*	*38,50 €/h*	*42,00 €/h*

Es wäre ferner zu prüfen, ob bei einer Vergabe an Anbieter B die Isolierungsarbeiten aus dem Leistungsumfang herausgenommen werden, und durch den Anlagenbauer untervergeben werden und später auf der Baustelle durch Anbieter B nur zu koordinieren wären. Für die Koordination wird pauschal 10.000 € angesetzt. Für die Isolierungskosten würde der höhere Wert von Anbieter C eingesetzt werden.

Demzufolge können die Kosten auf 765.000 € optimiert werden (Tab. 3.7). ◄

Dieses fiktive Beispiel soll verdeutlichen, dass durch zielgerichtete Teilvergaben Kosten eingespart werden können. Allerdings sollte das Vergabekonzept, bzw. das gesamte Abwicklungskonzept als Ganzes gesehen werden, und nicht nur aus Sicht der Kosten.

3.6 Kostenermittlung (BM-Kalkulation)

Die Kostenermittlung für die Bau und Montage kann über mehrere Wege zum gewünschten Ziel führen. Dabei werden auf verschiedene Kalkulationsmethoden zurückgegriffen.

Vergleichskalkulation

Vergleichbare abgewickelte Projekte werden bei der Vergleichskalkulation als Basis betrachtet. Änderungen der Anlagenkapazitäten werden mittels Skalierungsfaktor angepasst.

Tab. 3.7 Beispiel Ergebnis Preisvergleich

Zeile		*Anbieter A*	*Anbieter B*	*Anbieter C*
1	*Rohrleitungen Los 7*			*200.000 €*
2	*Rohrleitungen Los 8*			*300.000 €*
3	*Rohrleitungen Los 9*	*250.000 €*	*210.000 €*	
4	***Gesamtangebotspreis***	***250.000 €***	***210.000 €***	***500.000 €***
5	*Kosten Ausschlüsse*	*10.000 €*		
	Kosten Risiken			*0 €*
	Gesamtpreis	***260.000***	***210.000 €***	***500.000 €***
	Isolierung Mehraufwand		*10.000 €*	
	Isolierung	*40.000 €*	*45.000 €*	
	Total	***300.000 €***	***265.000 €***	
	Stundensatz Schlosser	*36,50 €/h*	*38,50 €/h*	*42,00 €/h*

Faktor Kalkulation

Bei der Faktorkalkulation wird ein Gewerk kostenmäßig im Detail bestimmt. Aufgrund von Erfahrungswerten und Benchmarks werden die weiteren Gewerke faktorisiert. Diese Faktorisierung könnte wie Abb. 3.8 zeigt aussehen.

Detail- oder Vollkostenkalkulation

Die Detail- oder Vollkostenkalkulation erfolgt anhand von Massen und Mengen zu aktuellen Einheitspreisen und einer zusätzlichen Aufwandkalkulation. Diese Kalkulationsmethodik wird favorisiert und im weiteren Verlauf verfolgt.

Die Bau- und Montagekalkulation liefert neben der reinen Kostenermittlung auch das geschätzte Arbeitsvolumen in Stunden. Dieses Stundenvolumen bildet die erste Basis für die Ressourcenplanung und wird im weiteren Verlauf mittels Detailkalkulation dargestellt. Die Ressourcenplanung beeinflusst die Dauer der Aktivitäten und dadurch den Terminplan. Der Terminplan wiederum wirkt sich kostenmäßig auf die Kalkulation aus. Somit ist der Kreislauf geschlossen.

▶ ***Mindermengen in der Kalkulation führen nicht nur zu einer Kostenunterdeckung, sondern auch zu geringeren verfügbaren Ressourcen während der Ausführung und demzufolge zu Terminabweichungen.***

Da in den meisten Fällen eine interne Kostenschätzung nur eine grobe Indikation ergibt, ist unter Berücksichtigung der Verfügbarkeit der Ressourcen und der aktuellen Marktlage eine Kostenanfrage auf dem Markt entsprechend Abschn. 3.4 Bau- und Montageausschreibung empfehlenswert.

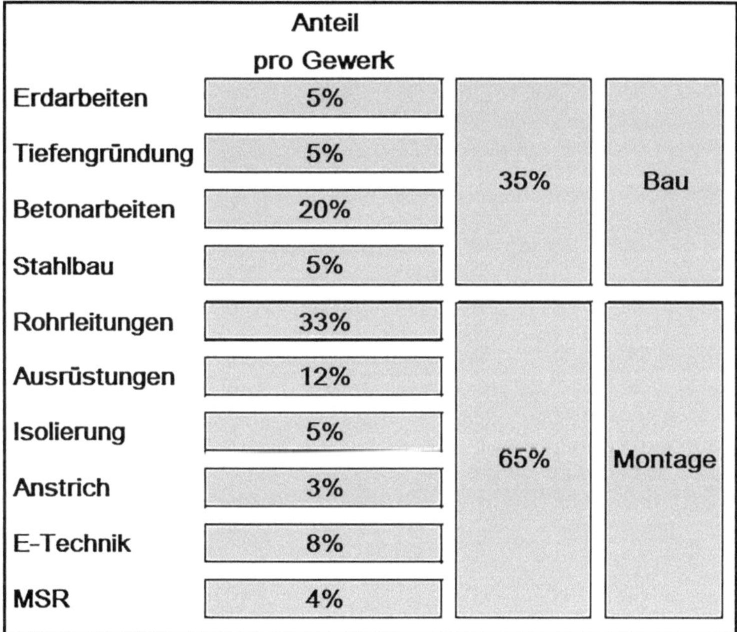

Abb. 3.8 Beispiel: Aufteilung Wertigkeit der Gewerke

Im Vorfeld wurde im Detail beschrieben, wie die Fremdkosten für die Bau- und Montagearbeiten anhand von Leistungsverzeichnissen ermittelt wurden. Dies stellt nur einen Teil der gesamten Kosten für die Bau und Montage dar, wie Abb. 3.9 zeigt.

3.6.1 Fremdkosten

Der größte Anteil der Bau und Montagekosten wird durch Fremdkosten bestimmt. Er fällt auf die Bau- und Montagearbeiten und wurde entsprechend Abschn. 3.4 Bau- und Montageausschreibung ermittelt.

Hauptsächlich handelt es sich um Leistungen, die in den Leistungsverzeichnissen beschrieben werden.

Weitere Fremdkosten sind Zusatz- und Änderungsarbeiten. Mitunter ist der Übergang zwischen diesen beiden Leistungen fließend, sodass eine klare Zuordnung nicht erfolgen kann. Aus rein statistischen Gründen spielt dies eine untergeordnete Rolle. (Siehe auch Abschn. 16.2.3.9).

3.6.1.1 Leistungsverzeichnisse

In Abschn. 3.4.1 Vergabepakete wurden die Arbeitspakete für die Bau- und Montageleistungen, basierend auf detaillierten Mengengerüsten, in Leistungsverzeichnissen dargestellt. Der Detaillierungsgrad eines Leistungsverzeichnisses soll praxisorientiert sein.

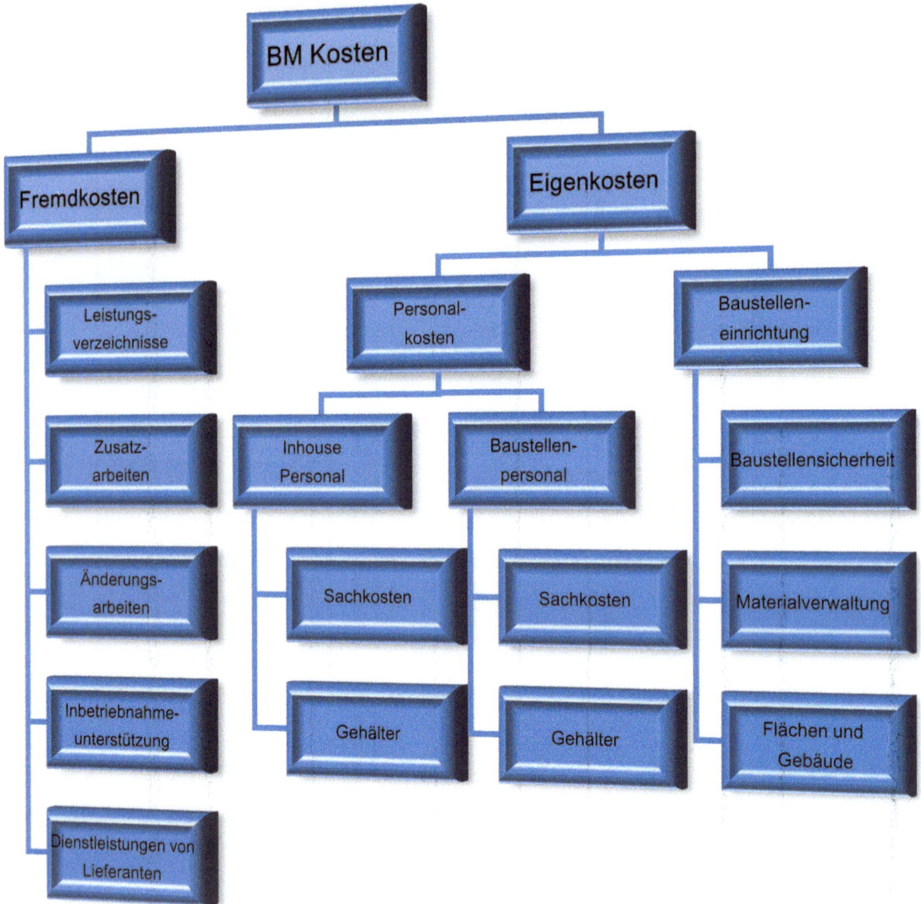

Abb. 3.9 Bau- und Montagekosten

Wo immer sich das Kumulieren von Massen anbietet, sollte dieses genutzt werden. Es sind die Hauptarbeiten, die mit Mengen versehen werden.

In unserem Beispiel, Tab. 3.1 Beispiel Rohrleitungsmaterial und Tab. 3.2 Beispiel LV Position Rohr, wurde als Gruppierung eine Kombination aus Durchmesser und Materialklasse dargestellt. Sollten z. B. eine weitere Gruppierung erwünscht sein, um die Anzahl der Einzelpreise (EP) gering zu halten, können Durchmesserbereiche definiert werden, wie. z. B. (Tab. 3.8).

Es ist selbsterklärend, dass nicht sämtliche Leistungen in der Angebotsphase mengenmäßig ermittelt werden können. Von daher konzentriert man sich auf die detaillierte Leistungsbeschreibung der Hauptmengen. Die wesentlichen Hauptmengen sollten mindestens 90 % der Arbeitsleistung reflektieren, sodass lediglich 10 % dem Risiko ein „lückenhaften" Beschreibung unterliegen.

Tab. 3.8 Beispiel LV Position Rohr Gruppierung nach Durchmesser

Durchmesser	Material	Wandstärke	EP pro Tonne
Bis 1“	C-Stahl	STD	
> 1“ bis 2“	C-Stahl	STD	
> 2“ bis 4“	C-Stahl	STD	
> 4“ bis 6“	C-Stahl	STD	
> 6“ bis 8“	C-Stahl	STD	
> 8“ bis 12“	C-Stahl	STD	
>12“ bis 16“	C-Stahl	STD	
Usw			

Die Herstellung von einer artgleichen Leistung beinhalteten in der Regel die gleichen Arbeitsgänge. Um bei dem Beispiel Rohrleitungsmontage zu bleiben, sind nachfolgend die erforderlichen Arbeitsschritte, ohne Anspruch auf Vollständigkeit, aufgeführt.

Beispiel

- *Vorfertigung*
- *Transport des Rohrleitungsmaterials von der Vorfertigung (evtl. über eine Zwischenlagerung im Baustellenlager) zum Einbauort*
- *Grobmontage einschließlich Sicherung des Rohrleitungsspool*
- *Anbringen der Rohrhalterungen*
- *Rohrendenden auf Maß schneiden und Anbringen der Schweißkante(n)*
- *Feinausrichten der Rohrenden*
- *Heften & Schweißen*
- *Schleifarbeiten an der Wurzel bzw. Zwischenlagen/Bearbeitung der Decklage für evtl. Prüfungen*
- *Wärmebehandlung (falls erforderlich)*
- *Zerstörungsfreie Prüfungen (falls erforderlich)*
- *Durchführung der Druckprobe*
- *Wiederherstellung der Rohrleitung nach der Druckprobe*

Ergänzend zu den Arbeitsschritten werden im Leistungsverzeichnis Nebenarbeiten beschrieben, wie:

- *Aufräumarbeiten, Abfall Management*
- *Hub- und Kranarbeiten*
- *Schweißaufsicht*
- *Erstellen der „As Built“ Dokumenten*
- *Unterhalten der Baustelleneinrichtung*
- *usw.*

Weitere spezifischen Nebenleistungen sind einer Position zuzuordnen. Handelt es sich um warmfeste Materialien, die geschweißt werden, ist grundsätzlich eine Wärmebehandlung durchzuführen. Das heißt diese Nebentätigkeit gehört zum Schweißen und somit zur Rohrleitungsmontage. ◀

Die Kosten der Leistungsverzeichnisse sind entsprechend ihrer Arbeitspakete tabellarisch aufzuführen.

3.6.1.2 Zusatzarbeiten

Da es nicht möglich ist, sämtliche erforderlichen Leistungen zur Errichtung einer Anlage im Voraus zu bestimmen, sind für diese Zusatzarbeiten Korrekturfaktoren anzuwenden. Bei der Ausrüstungsmontage, das einzige Gewerk, bei dem die Anzahl der Ausrüstung frühzeitig bekannt ist bzw. sein sollte, liegt die Unsicherheit in der Leistungsbeschreibung, hauptsächlich in dem Anlieferungszustand. Da aber die Menge relativ genau ist, bietet sich zum Beispiel im Vergleich mit den Betonarbeiten ein geringerer Korrekturfaktor an.

Es wird empfohlen für jedes Arbeitspaket individuell ein Korrekturfaktor zu bilden. Dieser Korrekturfaktor ist nicht mit dem Faktor für unsichere Mengen zu verwechseln.

Hier sollten im Unternehmen Referenzwerte aus abgewickelten Aufträgen vorliegen.

Zusatzarbeiten sind jegliche temporäre Arbeiten, die nicht explizit ausgeschrieben sind. Fehlende Positionen in den Leistungsverzeichnisse sind keine Zusatzarbeiten, und werden in den Revisionen der Leistungsverzeichnissen behandelt.

(Siehe auch Abschn. 16.2.3.9 *Zuschläge für Abweichungen*).

Beispiele Zusatzarbeiten

Bauarbeiten

- *Wartezeiten aufgrund fehlender Zeichnungen*
- *Temporäre Bauzäune*
- *Baustellenentwässerung*
- *Spundung in Gräben*

Infrastruktur

- *Wintermaßnahmen*
- *Herstellen von Zugänglichkeiten z. B. Überquerungen von Gräben*
- *Reparaturarbeiten/Instandhaltungsmaßnahmen von Baustraßen*

Stahlbaumontage

- *De- und Remontage von Stahlbauteilen aufgrund der Zugänglichkeit*
- *Wartezeiten aufgrund Fehlteilen*
- *Bedienpodeste für Armaturen*

Ausrüstungsmontage

- *Zusatzarbeiten aufgrund geändertem Lieferzustand, z. B. zweiteilig anstelle einteilig*
- *Ertüchtigung Kranstandfläche*

Rohrleitungsmontage

- *Erhöhung der Prüfungsquote*
- *Änderung von Wasserdruckprobe in Gasdruckprobe*
- *Zusätzliche Gerüste*

Anstricharbeiten

- *Ausbesserungsarbeiten/Touch up*

Isolierungsarbeiten

- *Temporäre Isolierung*
- *Zusätzlicher Gerüstbau*

Elektroarbeiten

- *Bereitstellung temporärer Energien*
- *De- und Remontage zum Schutz von elektrischen Bauteilen*

Instrumentierung

- *Wiederholtes Öffnen und Schließen von Steuerungsventilen* ◄

3.6.1.3 Änderungsarbeiten

Änderungsarbeiten sind im Gegensatz zu Zusatzarbeiten, Modifikationen an bereits ausgeführten Arbeiten, und fallen grundsätzlich an. Analog zu den Zusatzarbeiten werden diese Änderungskosten mittels Faktors bestimmt.

Auch hier sollten im Unternehmen Referenzwerte aus abgewickelten Aufträgen vorliegen.

(Siehe auch Abschn. 16.2.3.9 *Zuschläge für Abweichungen*).

Beispiele für Änderungsarbeiten

Bauarbeiten

- *Modifikation von Bewehrungen und Abstandshaltern*
- *Eingebettet Teile die zu einem späteren Zeitpunkt installiert werden*

Stahlbaumontage

- *Modifikation von Ankerbolzen*
- *Anpassung an Baustellenbedingungen*
- *Austausch von Gitterosten*
- *Modifikation von Handläufen*

Ausrüstungsmontage

- *Demontage und Remontage von Verstrebungen*

Rohrleitungsmontage

- *Änderung von Rohrleitungsverläufen aufgrund Behinderungen*
- *Modifikation von Rohrunterstützungen*

Anstricharbeiten

- *Touch-up Arbeiten*

Isolierungsarbeiten

- *Reparaturen am Wetterschutz*

Elektroarbeiten

- *Modifikation von Kabeltrassen*
- *Änderung der Unterstützungen*

Instrumentierung

- *Umkennzeichnen von Instrumenten*
- *Änderungen an Messblenden* ◀

3.6.1.4 Inbetriebnahme Unterstützungen

Zum Ende der Montagearbeiten bzw. zu Beginn der Inbetriebnahme-Phase sind Leistungen durch Facharbeiter zu erbringen, die nicht eindeutig den Positionen der Leistungsverzeichnisse zugeordnet werden können, oder nicht klar beschrieben sind. Diese Tätigkeiten sind im Stundenlohn nach Aufwand zu erbringen. Erfahrene Unternehmen nutzen auch hier die Zuschlagskalkulation, indem sie aus abgewickelten Referenzprojekten Erfahrungswerte bestimmt haben.

Beispiele für Unterstützungsleistungen während der IBN

Unterstützungsleistungen für Inbetriebnahme können zum Beispiel sein:

Ausrüstungsmontage
- *Wiederholtes Öffnen und Schließen von Mannlöchern*

Rohrleitungsmontage
- *Reinigung von Filtern*

Anstricharbeiten
- *Ausbesserungsarbeiten/Touch Up*

Isolierungsarbeiten
- *De- und Remontage von Armatur- und Flanschkappen* ◀

3.6.1.5 Dienstleistungen von Lieferanten

Es gibt mehrfache Gründe Dienstleistungen von Herstellern von Ausrüstungen oder Systemen auf der Baustelle in Anspruch zu nehmen. Ein Hauptgrund ist die spezifikationsgerechte Montage und Inbetriebnahme zwecks Sicherstellung der Garantie- und/oder Gewährleistungsansprüche. Ein weiterer Grund ergibt sich aus der technischen Komplexität der Aufgabenstellung für die Montage und Inbetriebnahme der Ausrüstung und letztendlich dem fachspezifischen Knowhow der Hersteller.

Dazu ist es erforderlich den Umfang die Dienstleistungen zu erfassen, wie z. B.:

- Anzahl der (Vendor) Spezialisten
- Anzahl der Einsätze vor Ort
- Dauer des Einsatzes

Die Bestellung der sogenannten Vendor Spezialisten ist direkt mit der Bestellung der Ausrüstung oder des Arbeitspaketes zu verbinden.

Üblicherweise ist der Einsatz von vorgenannten Spezialisten bei der Montage von Turbomaschinen, Kompressoren usw. erforderlich.

3.6.2 Eigenkosten

Die Eigenkosten des Anlagenbauers werden nach Aufwand ermittelt.

3.6.2.1 Personalkosten

Die gesamten Personalkosten werden einfacher halber als Eigenkosten betrachtet, obwohl es in der Projektabwicklung ohne die Unterstützung von externen Personen nicht funktioniert.

Stammhaus

Für die Abwicklung des Projektes sind umfangreiche Arbeiten im Stammhaus durchzuführen, wie z. B.:

Schwerpunktmäßig beziehen sich diese Leistungen auf:

- Techn. Vergabe der Nachunternehmerleistungen
- Erstellung Bau und Montagekonzept
- Planung der Baustelleneinrichtung
- Constructabillity Untersuchung
- Erstellung Qualitätspläne
- Planung Baustellenpersonal
- Betreuung Baustelle

Dazu erfolgt eine Stundenschätzung, die mit den üblichen Stundensätzen bewertet werden. Sachkosten, wie Reisekosten zu den Baustellen oder Subunternehmer sind ebenfalls in dieser Kategorie zu berücksichtigen.

Die Stundenkalkulation setzt sich aus den erforderlichen Arbeitsschritten und, den zu erstellenden Dokumenten zusammen, sowie der Dauer des Projektes.

Baustelle

Obwohl die Leistungen auf der Baustelle durch Nachunternehmer erbracht werden, verbleibt die Organisation der Baustelle in der Verantwortung des Anlagenbauers. Der Anlagenbauer hat die Nachunternehmer zu führen, die Schnittstellen zu koordinieren und die Qualität und Termine sicherzustellen. Die Hauptverantwortung der Arbeitssicherheit trägt der Anlagenbauer. Weitere Details siehe Kap. 15 Baustellenorganisation.

Um diesen Aufgaben gerecht zu werden, wird eine permanente Mannschaft vor Ort benötigt. Diese kostet Geld, mitunter sogar sehr viel Geld.

Die Grundlage für die Kalkulation bietet das Nachunternehmerkonzept, die Einschätzung der mögliche Nachunternehmer erfolgt bezüglich der Qualität und Termine. Daraus wird dann die Anzahl der erforderlichen Personen ermittelt und auf der Zeitachse dargestellt. Das Ergebnis ist der erste Entwurf eines Personaleinsatzplanes für die Baustelle. In diesem Plan werden Kategorien von Personen gebildet, unterteilt in Eigenpersonal und Fremdpersonal, wobei das Fremdpersonal noch ein weiteres Mal unterteilt wird, in lokales Personal und Freiberufler. Diese Unterteilung wird primär aufgrund der unterschiedlichen Kostenstrukturen durchgeführt.

3.6.2.2 Baustelleneinrichtung

Die Baustelleneinrichtung ist die Kommandozentrale der Baustelle. Unter Baustelleneinrichtung werden alle temporären Einrichtungen verstanden, die für die Errichtung der Anlage von Bedeutung sind, wie z. B.:

- Büroräume
- Lagerhallen
- Vorfertigungsflächen
- Usw.

(Siehe auch die Abschn. 14.3 Baustelleneinrichtung.)

Die für diese Einrichtung erforderlichen Flächen sind zu beschaffen, bzw. werden von Eigentümer gestellt. Die Flächen sind für ihre Verwendung herzurichten. Gebäude sind zu errichten, Strom und Wasserversorgung ist zu installieren.

Das bedeutet das die Kosten für die Baustelleneinrichtung eine eigene Kalkulationsposition darstellen.

3.6.2.3 Unterhaltskosten

Das Unterhalten von Baustellen und Baustelleneinrichtungen kostet Geld. Sei es das Benzin für die Baustellenfahrzeuge, die monatlichen Mobilfunkkosten oder die Miete für Geräte und Gebäude.

All diese Kosten sind zu ermitteln und über die Projektzeit zu kalkulieren.

3.6.2.4 Sicherheitskonzept

Baustellen sind abzusichern. Sei es, um Unbefugten den Zutritt zu verweigern, oder die Materialien vor Fremdbeschädigung bzw. Diebstahl zu schützen. Das Sicherheitskonzept ist maßgeschneidert für jede Baustelle zu erstellen und berücksichtigt dabei folgende Einflussfaktoren.

- Wo liegt die Baustelle? Krisenland?
- Wie ist die politische Situation in dem Land?
- Wie ist die Kriminalitätsrate zu interpretieren.

Es ist zu berücksichtigen, dass mitunter hochwertige Materialien verwendet werden. Viele andere Materialien wie Rohre und Kabel haben auch einen Nutzen außerhalb der Anlage, und sei es nur der Materialpreis insbesondere der Kupferpreis.

Meistens wird der Verlust von Materialien erst kurz vor deren Verwendung festgestellt. Wiederbeschaffungsmaßnahmen können bei besonders hochwertigen Materialien zeitintensiv sein. Dieses Fehlmaterial kann den Bauablauf gehörig stören.

▶ ***Diebstähle auf Baustellen können einen negativen Einfluss auf den kritischen Pfad ausüben.***

Demzufolge ist ein Sicherungskonzept für die Baustelle zu erstellen, aus dem Art und Umfang der Zäune hervorgeht, wie hoch die Anzahl der Zugangspunkte ist, wie viel Sicherheitskräfte die Baustellen bewachen, und letztendlich welches System für die Erfassung von Personen auf der Baustelle eingesetzt wird (Hardware und Software).

3.7 Risikomanagement

Das Risikomanagement ist ein wesentlicher Teil der Projektabwicklung, denn es gibt keine risikofreien Projekte. Risiken sind allgegenwärtig.

Doch wie wird Risiko definiert. Laut Duden bedeutet Risiko:

„Möglicher negativer Ausgang bei einer Unternehmung, mit dem Nachteile, Verlust, Schäden verbunden sind." (5).

Das Gegenteil vom Risiko ist die Chance, also eine günstige Gelegenheit oder Möglichkeit, etwas Bestimmtes zu erreichen, wird aber im Risikomanagement nicht weiter betrachtet.

Risiken im Projektgeschäft können Zahlungsausfälle beinhalten, können technologisch bedingt sein, wie z. B. Einhaltung von Qualität und Kapazitäten, oder vertraglich vereinbarte Energiebilanzen, oder organisatorische Handlungen. Was kann z. B. passieren, dass zu dem vertraglich zugesicherten Termin nicht geliefert werden kann? Die Liste möglicher Risiken insbesondere im internationalen Anlagenbau ist schier unendlich lang.

▶ ***Die Existenz von Risiken sind zu akzeptieren, aber nicht automatisch das Risiko***

Nur wer die Existenz von Risiken akzeptiert, kann gezielt sein Risikomanagement daran ausrichten und die Auswirkungen der Risiken steuern und in seinem Sinne beeinflussen. Zum einen gibt es Risiken die offensichtlich sind. Hier wird ein aktives Risikomanagement betrieben.

Schwieriger gestalten sich dagegen Risiken die noch nicht als solche zu erkennen sind, und erst während der Projektabwicklung offensichtlich werden.

▶ ***Projekte sind kontinuierlich bezüglich ihrer Risiken zu analysieren.***

Neben den vielen technologischen, vertraglichen, kaufmännischen und organisatorischen Risiken beschäftigt sich dieses Buch primär mit den Risiken, die die Bau- und Montage von verfahrenstechnischer Anlage in der Planung und während der Ausführung zuzuordnen sind.

Das Risikomanagement beinhaltet folgende Teilaufgaben:

- Identifizierung von Einzelrisiken
- Analyse der Risiken
- Bewertung der Risiken

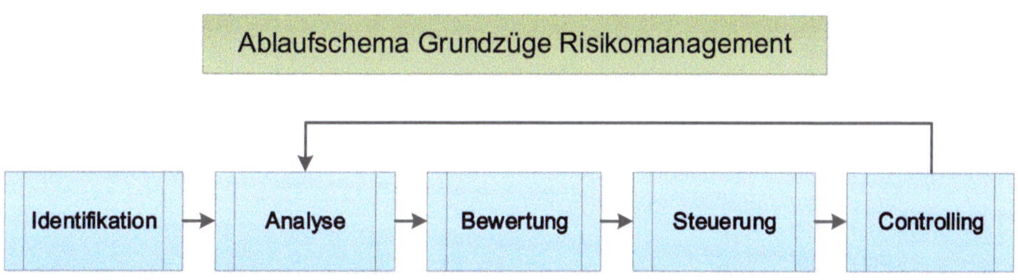

Abb. 3.10 Grundzüge des Risikomanagement

- Kategorisieren & Priorisieren der Risiken
- Steuerung der Risiken (siehe auch Abschn. 18.7)
- Überwachung der Risiken (siehe auch Abschn. 18.7, Abb. 3.10)

Um zielgerichtet mit den Risiken umzugehen ist eine Entscheidungsmatrix zu erstellen. Die Kriterien der Entscheidungsmatrix setzten die Projektverantwortlichen in die Lage mit dem Risiko umzugehen und unterstützen den Entscheidungsprozess.

Das Ergebnis der Risikoermittlung wir in einem Risikoregister zusammengeführt. Dort werden die Risiken entsprechend ihrer Bewertung (Eintrittswahrscheinlichkeit und Auswirkung) sortiert und priorisiert.

Ziel ist es, frühzeitig die Risiken mit der größten Eintrittswahrscheinlichkeit und schwerwiegenden Auswirkungen zu minimieren.

Die Risikoermittlung erfolgt erstmals während der Angebotsbearbeitung des Projektes, damit die Ergebnisse monetär und terminlich in den Hauptvertrag mit einfließen können. Es besteht nur zu diesem Zeitpunkt die Möglichkeit Risiken, die nicht übernommen werden wollen, vor Vertragsabschluss auf den Vertragspartner zu transferieren.

3.7.1 Identifizierung von Risiken

Bereits während der Angebotsbearbeitung eines Projektes erfolgt mit den Schlüsselpersonen der Projektleitung ein Brainstorming über die möglichen Risiken der Projektabwicklung. Dabei werden potenzielle Risiken unterschiedlicher Kategorien identifiziert. Üblicherweise befindet sich im Unternehmensfundus eine Checkliste die als „Guide" für die Risikoidentifizierung verwendet werden kann. Eine weitere Möglichkeit ist das Risikoregister abgewickelter Aufträge heranzuziehen, oder die Einbindung erfahrener Mitarbeiter und Kollegen. Bei komplexen Projekten bietet sich auch eine externe Unterstützung an, die auch kritisch die internen Abwicklungsprozesse hinterfragen kann.

Die Identifizierung von Projektrisiken sollte mit maximalem Aufwand betrieben werden.

▶ ***Es ist dem Autor nicht bekannt, dass Projekte terminlich und kostenmäßig in Schieflage geraten sind, weil der Aufwand für die Risikoidentifizierung zu hoch war.***

Vielmehr sind viele Schäden für das Projekt ursächlich auf nicht identifizierte Risiken zurückzuführen.

Die aus dem Brainstorming entstandenen Risiken sind in einem Register nach Sachthemen zu ordnen.

Beispiel

Folgende Cluster bieten sich aus Sicht der Bau und Montage grob an, ohne Anspruch auf Vollständigkeit, Risiken zu identifizieren:

Land/Region /

- *Welche Risiken sind landestypisch?*
- *Kommunikation/Sprache*
- *Verfügbarkeit von Ressourcen (Personal & Geräte)*
- *Qualifikation der ausführenden Firma*
- *Qualifikation der Facharbeiten*
- *Korruption*

Technische Risiken/Vorplanung

- *Verspätete Fertigstellung Montageunterlagen*
- *Massenerhöhungen*
- *Unvollständige Leistungsbeschreibung*
- *Umsetzung Abwicklungstrategie*

Terminplan

- *Dauer und Anzahl eingesetzter Ressourcen*
- *Terminplanlogik*
- *Kritische Pfade*
- *Bauzeitenverlängerung*
- *Puffer*

Lieferung

- *Verspätete Lieferung*
- *Nicht vollständige Lieferung*
- *Lieferengpässe*

Nachunternehmer

- *Auslastung*
- *Finanzielle Situation*
- *Claim Potential*

Überwachungspersonal

- *Qualifikation*
- *Verfügbarkeit*

Baustelle

- *Klimatische Einflüsse*
- *Verfügbarkeit von Ressourcen*
- *Qualitätsmängel*
- *Baubehinderungen*
  - *Eigenes Verschulden*
  - *Fremdverschulden* ◄

Jedes Risiko beruht auf einer Ursache. Ist diese Ursache klar erkennbar? Des Weiteren sind die erkannten Risiken zu personifizieren, also klare Verantwortlichkeiten.

Die so ermittelten Risiken sind in einem Register aufzuführen. Dieses Register (=Risk Register) dient als Basis für das Risikomanagement im Auftragsfall.

Beispiel Risiko Register

(Siehe Tab. 3.9).

3.7.2 Analyse von Risiken

Die Analyse der Risiken erfolgt anhand der erwarteten Eintrittswahrscheinlichkeit und/ oder der terminlichen und somit auch finanzieller Auswirkung auf das Projekt. Auch das Erfüllen der vertraglichen Qualität kann zu einem Risiko werden.

Zuerst wird die Auswirkung auf das Projekt betrachtet (siehe Abschn. 3.7.2.1). Im Anschluss daran wird die Eintrittswahrscheinlichkeit eines jeden Risikos untersucht, wie im nachfolgenden Abschn. 3.7.2.2 beschrieben.

Anhand von einer standardisierten Bewertungsmatrix (Tab. 3.12) wird anschaulich dargestellt wie das Zusammenspiel von Eintrittswahrscheinlichkeit und Auswirkung die Risiken kategorisieren.

Tab. 3.9 Beispiel Risk Register

Bau- und Montage Risiken	Detaillierte Beschreibung	Terminlicher Einfluß	Kosten-einfluß	Eintritts-wahrscheinlichkeit	Erwartete Kosten	Massnahmen	Kosten für die Schadens-begrenzung	Strategie	Erwartetes Restrisiko	Verantwortlicher
Politische Risiken										
Technische Risiken										
Unvollständige Planungsleistungen	Verspätete Fertigstellung von Bauzeichnungen führen zu Störungen in der Prozeßkette	Ja	Ja	60%	2,00,000 €	Erhöhung der Ressourcen und verstärkte Pleusibilitätsprüfungen	50,000 €	Minimieren	75,000 €	Name A
Inadequate Zugang zur Baustelle	Zugänglichkeit der Baustelle ist stark limitiert.	Ja	Ja	75%	3,00,000 €	Zusätzlich Baustraße und Zugangspunkte	75,000 €	Übertragen	0 €	Kunde
Logistische Risiken										
Verfügbarkeit von Ressourcen - insbesondere von Baumaschinen, Ersatzteilen, Kraftstoff und Arbeitskräften	Es ist während der Projektlaufzeit, aufgrund eines stark gesättigten Marktes, mit einer Verknappung von Baumaschinen zu rechnen.	Ja	Ja	95%	3,00,000 €	Um unabhängig vom Markt zu sein, wurde entschieden 2 Bagger zu kaufen.	1,00,000 €	Vermeiden	0 €	Name B
Bau & Montage Risiken										
Unsichere Produktivität / Effiziens der eingesetzen Ressourcen	Aufgrund der Rahmenbedingungen wie Ausbildung, Witterungsverhältnisse, Motivation, und der Firmenzugehörigkeit zum Nachunternehmer, idt die Produktivität schlecht einzuschätzen.	Ja	Ja	50%	2,00,000 €	Im Terminplan ist ein zusätzlicher Zeitpuffer zu integrieren und Beschleunigungskosten, Mehraufwand für Schicht- und Wochenenarbeiten zu berücksichtigen.	2,00,000 €	Akzeptieren	2,00,000 €	Name C
Finanzielle Risiken										

3.7.2.1 Bewertung der Risiken

Die Bewertung eines Risikos bestimmt den möglichen Schaden, der auf ein Projekt zukommen kann, wenn dieses Risiko eintritt. Der Schaden kann finanzieller, technischer und/oder qualitativer Art sein, oder auch eine Kombination hieraus. Tritt z. B. ein Schaden im Bereich der Qualität auf, können die erforderlichen Nacharbeiten einen negativen Einfluss auf die Terminschiene ausüben. Daraus resultierende Baubehinderungen sind zu kompensieren und kosten Geld.

Primäres Ziel ist es, die Bewertung als finanziellen Schaden darzustellen.

Beispiel

Nachunternehmer A hat für die Rohrleitungsmontage ein sehr günstiges Angebot unterbreitet, und liegt 20 % unter dem nächst höher gelegenem Angebot von Nachunternehmers B. Nachunternehmer B ist bereits aus abgewickelten Aufträgen bekannt und hat immer die geforderte Qualität bei seinen Arbeiten geliefert. Nachunternehmer A ist neu am Markt und verfügt nicht über vergleichbare Referenzen.

Da der Anlagenbauer sich im Wettbewerb mit anderen Anlagenbauern befindet stellt er den niedrigen Wert von A in seiner Kalkulation ein, wohlwissend das B die Arbeiten nicht zu den Kosten durchführen kann.

Was passiert, wenn A die vertragliche Qualität nicht liefert? Defekte Schweißarbeiten erfordern eine Nacharbeit, stören die Prozesskette und behindern nachfolgende Gewerke wie Isolierarbeiten usw. Demzufolge ist A ein Risiko. Um dieses Risiko zu minimieren ist eine zusätzliche Qualitätsüberwachung auf der Baustelle erforderlich. Diese kostet Geld. Es wird ferner unterstellt, dass Nacharbeiten die Zeit konsumieren, erforderlich sind. Demzufolge wird Wochenendarbeiten der Isolierfirma berücksichtig, um die entstandenen Verzüge zu kompensieren. Wochenendarbeiten kosten ebenfalls Geld.

Die Kosten für die zusätzliche Qualitätsüberwachung und die Wochenendarbeiten werden ermittelt und als Auswirkung dem Risiko zugeordnet.

Ein Monat zusätzlicher Qualitätsüberwachung auf der Baustelle kostet 20.000 €. Wir gehen von 2 Monaten Verzug aus, also einem möglichen Aufwand von 40.000 €.

Der Verzug der Arbeiten wird auf 4 Tage geschätzt. Das bedeutet, die Isolierfirma muss an vier Wochenendtagen arbeiten. Annahme: 8 Mann 8 h pro Tag, ergeben 256 Arbeitsstunden in Summe. Eine Arbeitsstunde kostet 40 € und der Wochenendtag kostet zusätzlich 50 % (Zuschlag) mehr. Idealerweise wird nur der Wochenendzuschlag vergütet, da nur diese die Arbeiten am Wochenende verteuern. Mehrkosten in Summe 5120 €.

Die Kosten des Risikos „Qualitätsmängel beim Schweißen" betragen somit 45.120 €. ◀

3.7.2.2 Eintrittswahrscheinlichkeiten von Risiken

Um die Eintrittswahrscheinlichkeit von Risiken vorherzusagen sind einige Kenntnisse von bedeutender Wichtigkeit. Da wir uns hier auf den Bereich Bau und Montage von Anlagen konzentrieren ist es unvermeidbar, tiefe Kenntnisse über den Markt zu haben in dessen Region die Anlage zu errichten ist. Erschwerend kommt hinzu, dass die Eintrittswahrscheinlichkeit eines Risikos mitunter 2 bis 3 Jahre im Voraus prognostiziert werden muss.

Die Eintrittswahrscheinlichkeit lässt sich folgendermaßen darstellen.

Beispiel

Bleiben wir bei dem vorherigen Beispiel. Da das Angebot von Nachunternehmer A in die Kalkulation des Anlagenbauers eingestellt wird, ist spätestens jetzt der Zeitpunkt gekommen A zu auditieren. Das Auditergebnis unterstellt A die fachliche Kompetenz für die Ausführung der Arbeiten. Stellt aber Verbesserungspotentiale fest.

Es also davon auszugehen, dass die angenommenen Qualitätsmängel möglich sind. Die Eintrittswahrscheinlichkeit entsprechend Tab. 3.10 liegt somit im Bereich 26–50 %. Für das Risiko wird eine Wahrscheinlichkeit von 40 % eingestellt. ◀

3.7.3 Kategorisieren der Risiken

Nun werden die Auswirkungen der unterschiedlichen Risiken im Einzelnen betrachtet und kategorisiert.

Diese könnte, bezogen auf die Auswirkung, wie folgt aussehen.

- Gering
- Mittel

Tab. 3.10 Eintrittswahrscheinlichkeit

1–25 %	26–50 %	51–75 %	76–99 %
Unwahrscheinlich	Möglich	Wahrscheinlich	Hoch

- Hoch
- Sehr hoch
- Kritisch

Schwieriger gestaltet sich die Definition der Abgrenzung zwischen den Auswirkungen. Hierbei sollte auf eine standardisierte Vorgehensweise des Unternehmens zurückgegriffen werden.

Geringe Auswirkung
Die Schadensauswirkungen sind gering und können vernachlässigt werden. Finanzielle Auswirkungen bezogen auf den Auftragswert sind z. B. < 0,1 %.

Beispiel

Der Montagehub einer Ausrüstung kann nicht wie geplant durchgeführt werden, da die Ausrüstung verspätet geliefert wurde. Der Montagefortschritt läuft unterdessen weiter. Die Ausrüstung kann zu einem späteren Zeitpunkt montiert werden, wobei allerdings der Montagehub durch den fortschreitenden Progress der Montagearbeiten eine höhere Krankapazität erfordert. ◀

Mittlere Auswirkung
Die Schadensauswirkungen sind begrenzt und überschaubar. Finanzielle Auswirkungen bezogen auf den Auftragswert sind z. B. > 0,1 % bis 1 %.

Beispiel

Aufgrund von Verzögerungen im Bauablauf können Ausrüstungen und Bauteile die „Just in Time" geliefert werden nicht termingerecht montiert werden. Die Lieferung, da aus Übersee kommend, kann nicht gestoppt werden. Der erforderliche Platzbedarf für eine stationäre Zwischenlagerung ist auf der Baustelle nicht verfügbar. Es ist außerhalb des Anlagenbereichs eine geeignete Fläche zu suchen und anzumieten. Da der dortige Boden nicht über die erforderliche Bodenpressung verfügt, muss dieser Boden ertüchtig werden. Wofür Kosten anfallen. Auch das erforderliche „Double Handling" der Lieferung kostet Geld. ◀

Hohe Auswirkung
Die Schadensauswirkungen können beträchtlich sein. Finanzielle Auswirkungen bezogen auf den Auftragswert sind z. B. > 1,0 % bis 2,5 %.

Beispiel

Die Leistungsbeschreibung im Hauptvertrag für die Arbeitsteilung mit dem Kunden ist unpräzise und nicht vollständig. Es sind nicht kalkulierte Arbeiten durchzuführen, die weder kostenmäßig noch terminlich berücksichtigt wurden. ◀

Sehr hohe Auswirkung
Die Schadensauswirkungen können ein bedrohliches Ausmaß für das Projektergebnis annehmen. Finanzielle Auswirkungen bezogen auf den Auftragswert sind z. B. > 2,5 % bis 5,0 %.

Beispiel

Die dem Projektterminplan zugrunde gelegten Leistungskennzahlen (z. B. Stahlbaumontage 20 h/Tonne) waren zu optimistisch und können nicht realisiert werden. Ein Ausgleich über eine Erhöhung der Mannstärke führt nicht zum Erfolg da nicht ausreichend viele Kranstandflächen für die Montageunterstützung vorhanden sind. Ein Verzug innerhalb des Projektes mit Auswirkung auf den kritischen Pfad entsteht. Es drohen Pönalen. ◀

Kritische Auswirkung
Die Schadensauswirkungen können ein kritisches und auf das Unternehmen ein bedrohliches katastrophales Ausmaß annehmen. Finanzielle Auswirkungen bezogen auf den Auftragswert sind z. B. > 5,0 %.

Beispiel

Die Errichtung der Anlage wird komplett an einen Generalunternehmer vergeben. Im Laufe der Projektabwicklung wird der Generalunternehmer zahlungsunfähig. Die Beschaffung von Ersatzmaßnahmen kostet Zeit und Geld. Der Zeitverzug führt dazu, dass die Pönale (10 % des Auftragswertes) gegenüber dem Kunden fällig werden. Sämtliche Gewährleistungsansprüche für die Bau und Montage verbleiben in der Verantwortung des Anlagenbauers und sind nicht mehr transferierbar. ◀

Wichtig ist, dass die Auswirkung individuell für jedes Risiko zu bestimmen ist, wobei die Betrachtung der Summe aller Risiken maßgebend für ein Projekt ist. Die Addition sämtlicher Risikoauswirkungen führt zu einem Ergebnis, dass so in seinem Wert nicht zu bewerten ist. Um den Risikoindex eines Projektes zu bestimmen, gehört zu jedem Risiko auch die Einschätzung der Eintrittswahrscheinlichkeit, wie sie im nächsten Kapitel beschrieben wird (Tab. 3.11).

Nachdem die Auswirkung des Risikos auf das Projekt bestimmt wurde, erfolgt die Kategorisierung der Risikos anhand der ermittelten Eintrittswahrscheinlichkeit und der Auswirkung. Hierbei wird Tab. 3.12 hinzugezogen.

Wenn die Eintrittswahrscheinlichkeit im Verhältnis zur Auswirkung grün ist, bewegen wir uns in einem Risikobereich der akzeptierbar ist und gesteuert werden kann (Abb. 3.11).

Im gelben und orangen Bereich befinden sich Risiken, die einen starken Einfluss auf das Projekt ausüben können oder sogar werden. Es ist zumindest von einer möglichen Eintrittswahrscheinlich auszugehen.

Tab. 3.11 Risiko Auswirkung

Auswirkung	Auswirkung auf Auftragswert
Gering	< 0,1 %
Mittel	0,1 % bis 1 %
Hohe	> 1,0 % bis 2,5 %
Sehr hohe	> 2,5 % bis 5,0 %
Kritische	> 5,0 %

Tab. 3.12 Bewertungsmatrix Risiken

Eintritts-Wahrscheinlichkeit							
	Hoch						
	Wahrscheinlich						
	Möglich						
	Unwahrscheinlich						
		gering	mittel	mäßig	hoch	sehr hoch	kritisch
		Auswirkung					

Risiken, die sich im roten Bereich bewegen sollten nach Möglichkeit vermieden werden.

3.7.4 Risiko Strategien

▶ ***Es sind Strategien zu entwickeln, die den Umgang mit den Risiken ermöglichen.***

Nachdem die Risiken eingeschätzt worden sind, ist für jedes Risiko eine Strategie festzulegen. Die Berücksichtigung nachfolgender Strategien ist der gängigste Umgang mit den Risiken.

3.7.4.1 Vermeidung des Risikos

Bei der Risikovermeidung werden Maßnahmen eingeleitet, die das Entstehen eines Risikos vermeiden, bzw. die Voraussetzung für das Entstehen des Risikos eliminieren.

Beispiel

Auf Baustellen werden mehrere Nationalitäten eingesetzt. Daraus entsteht ein Kommunikationsrisiko welches zum einen die Arbeitssicherheit betrifft als auch die grundsätzliche Koordination. Hierzu ist eine Kommunikations-Spezifikation zu erstellen, die die Kommunikation mit allen Baustellenbeteiligten regelt. Diese Spezifikation ist vertraglich abzusichern und verpflichtend. Die Umsetzung ist obligatorisch. ◀

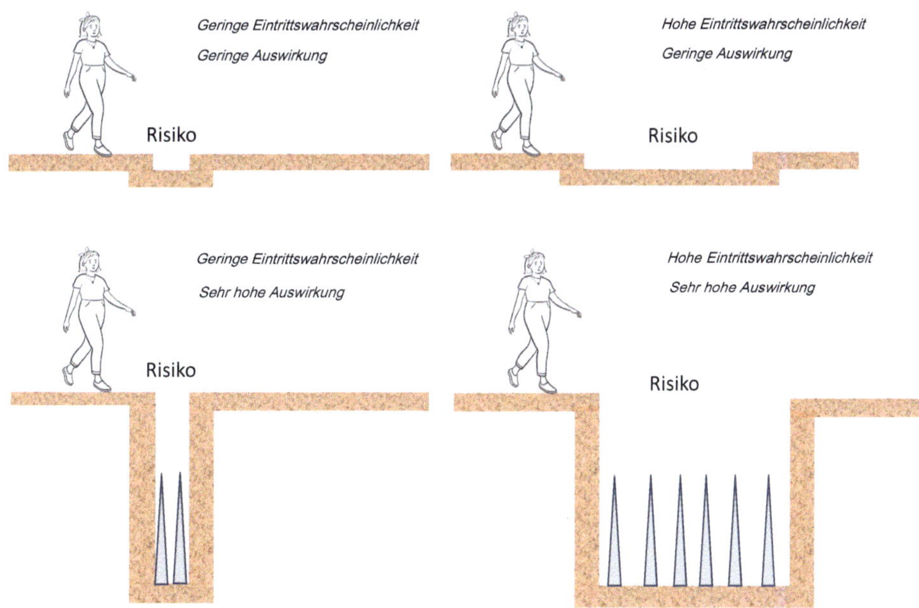

Abb. 3.11 Risiken

3.7.4.2 Minimierung des Risikos

Bei der Risikominimierung erfolgt durch geeignete Maßnahmen eine Verringerung der Eintrittswahrscheinlichkeit und/oder Reduzierung der Auswirkungen auf ein Risikoereignis.

Beispiel

Da auf Baustellen grundsätzlich mehrere Firmen arbeiten, gibt es Firmen die gewissen Vorleistungen für andere Firmen leisten, wie z. B. Fundamente für Maschinen. Wird diese Prozesskette gestört entstehen Baubehinderungen, die wiederum zu Mehrforderungen der betroffenen Firmen führen und zu Verzügen im Projekt. Um dieses Risiko zu minimieren wäre der Einsatz von zusätzlichen Fachbauleiter förderlich. Demzufolge könnte ein höherer Überwachungsaufwand die Eintrittswahrscheinlichkeit um x% reduzieren. ◄

3.7.4.3 Übertragen des Risikos

Der Risikotransfer überträgt das Risiko in der Regel an einen Dritten, vorzugsweise an den Auftraggeber. Es kann aber auch eine Übertragung an einen Nachunternehmer/Partner erfolgen, wenn dieser aufgrund seiner geschäftlichen Tätigkeiten nachweislich dieses Risiko beherrschen kann.

Beispiel

Der klassische Fall bei der Übertragung von Risiken ist das Risiko des Bodens, auf dem die Anlage zu errichten ist. Dieses Risiko sollte grundsätzlich bei dem Kunden/ Anlagenbetreiber liegen. Der Kunde beauftragt das Bodengutachten und übergibt dieses an den Anlagenbauer. Sämtliche Risiken, die eine Abweichung zum Bodengutachten bewirken obliegen somit dem Kunden.

Das Risiko für die Gerüstbaukosten sollten bei dem ausführenden Nachunternehmer verbleiben, da diese Firmen nachweislich dieses Risiko besser managen können als der Anlagenbauer, zu mindestens bei Greenfield Projekten. ◀

3.7.4.4 Akzeptieren des Risikos

Das Akzeptieren und die Übernahme des Risikos basiert auf unternehmerische Entscheidungen, und sollte nicht nur von der Projektleitung allein getragen werden.

Beispiel

Mitunter verlangt der Kunde die Anwendung seiner nationalen Normen und Standards. Sofern diese Regelwerke nicht bekannt sind, ist es schwierig diese Regelwerke einschließlich der üblichen Querverweise in der Angebotsphase zu studieren und mögliche Ausführungsrisiken zu identifizieren und zu bewerten.

In diesem Fall ist das Risiko zu akzeptieren, wobei zusätzliche Kosten und Terminverlängerungen als Risikoposition in die Kalkulation einzustellen ist. ◀

3.7.5 Überwachung und Kontrolle der Risiken

Das Risikomanagement beschränkt sich nicht nur auf die Beschreibung bzw. das Berichten der Auswirkungen bestehender Risiken. Vielmehr verlangt es, und dies soll an dieser Stelle besonders hervorgehoben werden, ein aktives Risikomanagement.

▶ ***Es ist ein kontinuierlicher Prozess erforderlich, der bekannte als auch neue entstandene Risiken in regelmäßigen Abständen identifiziert und bewertet.***

Des Weiteren ist es bei der Überwachung der Risiken von essenzieller Bedeutung, die Maßnahmen, die zur Vermeidung und Reduzierung der Risiken definiert wurden, zu überprüfen, ob sie ausreichend und effektiv sind. Ziel ist es dabei einer möglichen Verschlechterung des Projektes frühzeitig entgegenzuwirken.
Dazu dienen besondere Modelle zur Unterstützung wie,

- Risk Model
- Kritische Pfad Analyse
- Risk Tree

3.8 Zusammenfassung

Damit ein Unternehmen existieren kann, benötigt es Aufträge. Damit Aufträge generiert werden können, ist ein Angebot an einen potenziellen Kunden zu legen. Die Angebotsbearbeitung ist dazu der erste Schritt in Richtung Auftrag. Neben einigen Rahmenbedingungen wir z. B. Technologie, Kompetenz und Reputation, ist die entscheidende Bedingung der Preis. Der Preis muss wettbewerbsfähig sein und hat die Vorgaben der Wirtschaftlichkeitsberechnung des Projektes zu treffen. Doch das ist nicht alles.

▶ ***Der Preis sollte auch für den Anlagenbauer auskömmlich sein.***

Im Laufe des Geschäftsjahres werden viele Angebots an potenziellen Kunden unterbreitet. Nicht jedes Angebot wird Auftrag. Diese Angebote wandern dann in den Papierkorb. Allerdings ist jedes Angebot mit der gleichen Sorgfalt zu bearbeiten, sodass es Auftrag werden kann. Fehler, Ungenauigkeiten in der Leistungsbeschreibung oder Unterlassen von Aufgaben aufgrund von mangelnden Ressourcen können zu zwei Situationen führen.

- Der Angebotspreis ist zu hoch
- Der Angebotspreis ist zu niedrig

Wenn der Angebotspreis zu hoch ist, freut sich der Wettbewerb. Die Angebotsbearbeitung war vergebens, ein Auftrag konnte nicht generiert werden.

Ist das Angebot aber zu niedrig und wird Auftrag, freut sich der Kunde und (erstmal) der Anlagenbauer. Allerdings stellt sich irgendwann die Erkenntnis ein, dass das Geld nicht ausreicht. An dieser Stelle sei kurz erwähnt, das Unternehmen aufgrund einer Gewinnabsicht gegründet werden. Das Projekt gerät in Schieflage, es ist an allen Ecken zu sparen, welches wiederum ein Einfluss auf die Qualität und Termine hat. Diese treiben schließlich die Kosten noch mehr in die Höhe. Der Kreislauf ist geschlossen.

Das Fazit ist, das bei der Angebotsbearbeitung mit maximaler Sorgfalt zu arbeiten ist, denn:

▶ ***Der Angebotspreis ist über den Erfolg oder Misserfolg eines Projektes wesentlich mitentscheidend.***

Der projektspezifische Kalkulationsplan bildet zusammen mit dem Angebotsterminplan die Eckpfeiler der Angebotsbearbeitung.

Nachdem festgestellt wird, dass eine Eigenkalkulation für die Bau und Montage nicht das gewünschte Ergebnis liefern würde, erfolgt aus Sicht der Bau und Montage die anspruchsvollste Leistung während der Angebotsbearbeitung, die Ausschreibung der Bau- und Montageleistungen für das Projekt. Dabei sind Fragen zu klären, die die Vergabestrategie betreffen, und wie die Vergabepakete zu schnüren sind.

Nachdem die Angebote möglicher Subunternehmer eingetroffen sind, sind diese auszuwerten. Ausschlüsse und Abweichungen zu den Ausschreibungen sind herauszuarbeiten und mit den Subunternehmern zu klären, sodass eine gemeinsame Basis für den Angebotsvergleich geschaffen werden kann. Bereits hierbei beginnt das Claimsmanagement für kommende vertragliche Zusammenarbeiten.

Die Kalkulation der eigenen Leistungen, wie z. B. Baustellenüberwachung und Baustelleneinrichtung, runden neben dem Erkennen und Bewerten möglicher Abwicklungsrisiken das Bild der Angebotsbearbeitung ab.

4 Vertragsarten

Ein Vertrag ist ein zweiseitiges Rechtsgeschäft und entsteht durch die Annahme eines Angebotes. In dem Vertrag sind die Rechte und Pflichten zwischen Auftraggeber (Betreiber) und Auftragnehmer (Anlagenbauer) definiert.

Im Anlagenbau verpflichtet sich der Auftragnehmer eine Anlage oder Teilanlage für die Produktion von Gütern zu liefern (und zu bauen). Der Vertrag gibt primär Antworten auf folgende Fragen:

- Wer ist vertraglich zur Leistungserbringung verpflichtet?
- Wie ist er vertraglich verpflichtet?
- Wofür ist er vertraglich verpflichtet?

Die Antworten der beiden ersten Fragen beschreiben klar und deutlich wer Auftraggeber und Auftragnehmer ist, und wie die Parteien zueinander vertraglich stehen. Gibt es eine Partnerschaft, wie z. B. ein Konsortium, JV oder eine Arbeitsgemeinschaft? Oder einen Werkslieferverträg als Einzel- oder Generalunternehmer?

Die Antwort der letzten Frage ist die Frage, die am schwierigsten zu beantworten ist.

Eindeutige Beschreibungen der zu erbringenden Leistungen (siehe auch Abschn. 7.3.1 Primärbedarfsplanung) und des dazugehörigen Leistungserbringungszeitraums bilden die Säulen des Vertrages. Sind die Leistungen klar und eindeutig beschrieben, sind diese Leistungen uneingeschränkt zu erbringen. Genauso wichtig wie die zu erbringende Leistung, vielleicht sogar wichtiger, sind die Leistungsausschlüsse. Denn wenn die Leistungen nicht eindeutig beschrieben oder ausgeschlossen sind, kann die Erbringung dieser Leistungen verweigert werden.

Ungenaue Abgrenzung sind der Nährboden für künftige Nachforderungen und Nachträgen und ziehen in der Regel eine Vertragsänderung nach sich. Vorsicht ist

T. Günther, *Baustellenmanagement im Anlagenbau*,
https://doi.org/10.1007/978-3-662-69329-2_4

aber geboten, wenn der Vertrag über eine Vollständigkeitsklausel verfügt oder Umschreibungen beinhaltet, wie z. B.

- fix und fertige Montage
- einschließlich sämtlicher zu erbringender Nebenleistungen

Eine klare Abgrenzung der zu erbringenden Leistungen ist heutzutage genauso wichtig wie eine detaillierte Aufstellung der Basisdaten. Die technischen Hauptvertragsbestandteile sind somit die „Basis of Design" und die „Scope of Work" (Leistungsumfang) Beschreibungen.

▶ ***Nur Leistungen, die beschrieben sind, sind auch kalkuliert!***

Die führenden Größen sind die Qualität des Produktes, die Kapazität der Anlage und die erforderliche Energie zur Herstellung dieser Produkte, sowie der Bedarf an erforderlichen Vorprodukten. Als weiteres wesentliches Vertragselement ist ein ausreichend genauer Terminplan, der die Erbringung unterschiedlicher Leistungen zu einem festen Termin spezifiziert, Bestandteil des Vertragswerkes.

Für die kommerziellen Bedingungen gibt es unter anderem Musterwerke wie z. B. FIDIC. Die FIDIC Bedingungen spiegeln ein Vertragswerk der *Fédération Internationale des Ingénieurs Conseils*, Schweiz wider. FIDIC ist die internationale Vereinigung der Beratenden Ingenieure, zu deren Mitgliedern auch der Verband beratender Ingenieure (VBI) gehört. Die FIDIC- Vertragsmuster sind weltweit bei der Realisierung von Bauvorhaben anerkannt und haben sich in den vergangenen Jahrzehnten im internationalen Geschäft bewährt. Der Anspruch dieser Werke ist es, ein ausgeglichenes Verhältnis zwischen Auftraggeber und Auftragnehmer zu generieren.

FIDIC stellt unterschiedliche Standardvertragsmuster für unterschiedliche Vertragskonstellationen dar.

- Conditions of Contract for Construction (Red Book)
- Conditions of Contract for Plant & Design-Build (Yellow Book)
- Conditions of Contract for EPC Turnkey Projects (Silver Book)
- Short Form of Contract (Green Book)
- Client/Consultant Model Services Agreement (White Book)
- Design, Build and Operate Projects (Golden Book)

Die Kurznamen ergeben sich jeweils aus der Farbe des Einbandes.

Das Red Book dient der vertraglichen Regelung zwischen Auftraggeber und Bau- bzw. Montagefirma über die Erbringung von reinen Bau- und Montageleistungen, während das Yellow Book die Zusammenarbeit zwischen einem reinen Planungsunternehmer und dem Auftraggeber regelt.

Bei der Errichtung schlüsselfertiger Anlagen, also EPC, soll das Silver Book die Bedingungen zwischen Auftragnehmer und Auftraggeber regeln.

Das Green Book wurde geschaffen, um kleinere und weniger komplexe Vorhaben vertraglich zu regeln. Mitunter wird es auch bei der Vergabe von Subunternehmerleistungen genutzt.

Das White Book regelt die Zusammenarbeit zwischen Auftraggeber und einem beratenden Unternehmen.

Im Falle, dass der Anlagenbauer die Anlage auf seine Kosten, ohne Vergütung, plant und baut (BOO = Build Own Operate), diese eine bestimmte Zeit betreibt, und der Auftraggeber „nur" das Produkt zu einem festen Preis abnimmt, werden die Bedingungen im Golden Book geregelt.

Unabhängig welches Vertragswerk gewählt wurde, ist die vom Auftraggeber zu erbringende Leistung in der Regel die monetäre Vergütung der vertraglichen Lieferungen und Leistungen. Dazu sind unterschiedlichen Modellen anwendbar.

Die beiden gängigsten Modelle sind die Beauftragung und Abrechnung nach Kosten, bzw. die schlüsselfertige Vergabe zum Festpreis.

International spricht man bei Abrechnungen nach Kosten von „Reimbursable" oder „Cost at Fixed Fee", bei schlüsselfertigen Anlagen zum Festpreis von „Lump Sum (LS)".

4.1 Kundenvertrag

Ist die Angebotsbearbeitung des Anlagenbauers erfolgreich gewesen, kommt es zu einem Vertrag. Der wesentliche Aspekt für den Anlagenbauer ist die Vergütung seiner Leistungen. Dafür gibt es unterschiedliche Modelle, oder auch Kombinationen aus diesen Modellen, wie so eine Vergütung erfolgen kann.

4.1.1 Einheitspreisvertrag

Bei Einheitspreis Verträgen werden die Aufwendungen des Auftragnehmers nach vereinbarten Verrechnungssätzen und/oder Einheitspreisen durch den Auftraggeber beglichen. Hierzu ist es erforderlich, sämtliche vertragliche Leistungen oder Teilleistungen in einer Form aufzulisten, die den Auftragnehmer sowie den Auftraggeber in die Lage versetzen, diese Leistungen zu messen, und diese Leistungen den Verrechnungssätzen zu zuordnen. Diese Leistungen sind in einem Leistungsverzeichnis (LV) aufzuführen. Es sind für sämtliche (Teil)Leistungen Mengengerüste mit entsprechend detaillierten Angaben zu erstellen, die zum einen die zu erbringende Leistung beschreibt, die zu messenden Einheiten wie Std., Tonne, m2 usw. und den dazugehörigen Einheitspreis beinhaltet.

Bei reinen Einheitspreisverträgen entsteht die Problematik, wie die Bewertung der Kosten für die indirekte Leistungen in den mengenbasierten Einheitspreisen berücksichtigt werden können. Es ist zu empfehlen, die indirekten Leistungen, also zeitbasierte

Kosten wie Mieten von Einrichtungen und Geräten, sowie die Gehälter vom indirekten Personal über monatliche Pauschalen zu kompensieren.

Diskussionen sind auf beiden Seiten vorprogrammiert, wenn nicht alle erforderlichen Leistungen erfasst und im Detail beschrieben sind, oder wenn es zu Abweichungen der vereinbarten Bauzeit kommt. Je präziser die Leistungsbeschreibung erfolgt, desto einfacher sind bei Abweichungen Kompromisse zu erreichen. Dies gilt insbesondere für komplexe Aufgabenstellungen.

4.1.2 Kostenerstattungsvertrag

Kostenerstattungs-Verträge, sogenannte „Cost at Fixed Fee" Verträge, regeln die Vergütung der tatsächlichen angefallenen Kosten des Auftragsnehmers zuzüglich einer vereinbarten festen Gebühr. Bei den Kosten kann es sich um Selbstkosten als auch und Fremd- oder Herstellkosten handeln. Die Gebühr wird vertraglich als absolute Zahl definiert.

Solche Verträge werden vornehmlich gewählt, wenn der tatsächliche Leistungsumfang nur schwer zu beschreiben ist, oder die Umstände eine sehr hohe Risikoberücksichtigung durch den Auftragnehmer zu erwarten lassen.

Die Schwierigkeit besteht allerdings darin, zu definieren, was alles unter die Position Kosten fällt, und was mit der Gebühr abgeglichen wird. Ein weiterer Punkt ist die Festlegung der Preiskategorie. Während Auftragnehmer und Auftraggeber sich relativ schnell einig werden, was die Qualität eine Pumpe betrifft, so entstehen zum Beispiel rege Diskussionen über den Typ des Baustellenfahrzeuges. Von daher sollte eine detaillierte Auflistung von Kosten und Preiskategorien frühzeitig von beiden Seiten abgestimmt werden.

Seitens des Auftraggebers besteht das Risiko, dass die tatsächliche Höhe der Investitionskosten, im Gegensatz zum Pauschalfestpreis, erst zum Ende des Projektes feststeht, wenn alle Kosten angefallen sind.

Üblicherweise wird ergänzend zu den Kosten und Gebühren eine Bonus-Malus-Regelung angestrebt, die die Motivation nach Kosteneinsparungen, durch den Auftragnehmer, steigert. Eine solche zusätzliche Zielvereinbarung zielt auf eine Unterschreitung eines vorab definiert Zielpreises (Target Pricing) ab.

4.1.3 Pauschalfestpreis

In Pauschalfestpreis (Lump Sum) Verträgen verpflichtet sich der Auftragnehmer gegenüber dem Auftraggeber die angebotenen Leistungen in einem bestimmten Zeitraum zu einem festen Preis anzubieten. Durch eine Schwarz-Weiß-Brille gesehen, sind alle Leistungen, die für die Errichtung einer Anlage erforderlich sind, im Preis inbegriffen, sofern sie vertraglich nicht ausgeschlossen sind. Es gibt keine Regelungen für etwaige Minder- und

Mehrmengen, die während der Planung auftreten, vorausgesetzt sie werden nicht explizit von Auftraggeber gefordert.

Die Risiken, aber auch die Chancen liegen somit beim Auftragnehmer.

4.2 Nachunternehmervertrag

Nachunternehmerverträge, die den Bau und die Montage betreffen, sind üblicherweise Einheitspreisverträge. Dem Nachunternehmervertrag ist allerdings das Nachunternehmerkonzept vorangestellt. Bereits während der Angebotsbearbeitungen sind die Voraussetzungen für eine spätere Vergabe zu bilden.

Doch wie wird ein Nachunternehmerkonzept mit dem richtigen strategischen Ansatz erstellt? (Abb. 4.1)

Zuerst ist die Ausgangsbasis zu untersuchen und zu bewerten. Im weiteren Verlauf ist der Markt zu analysieren in dem die Anlage zu errichten ist, bzw. der Markt, aus dem die Ressourcen bezogen werden. Mittels der gesammelten Informationen wird der erste Entwurf des Nachunternehmerkonzeptes erstellt.

4.2.1 Ausgangsbasis

Um die Ausgangsbasis zu ermitteln, werden zuerst mögliche Einschränkungen bei der Auswahl mögliche Bau- und Montagefirmen untersucht.

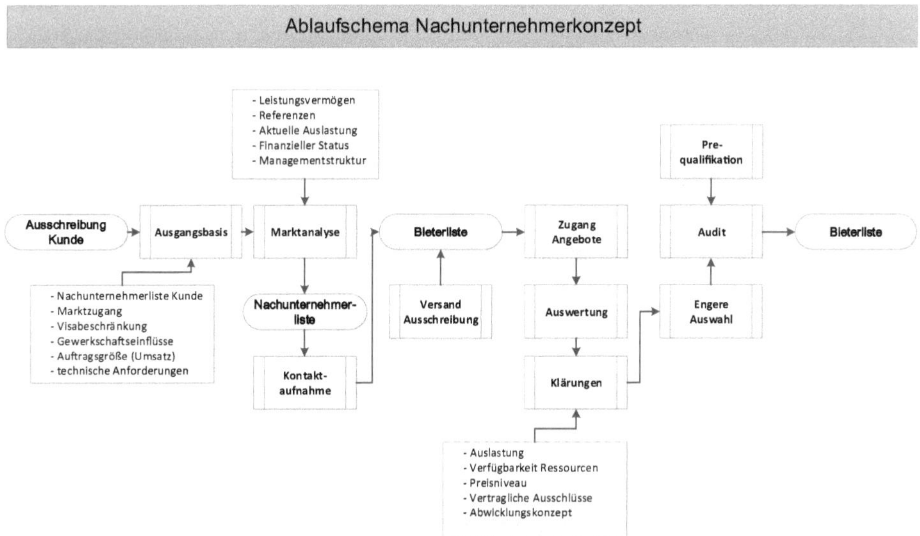

Abb. 4.1 Ablaufschema Nachunternehmerkonzept

Im ersten Schritt wird überprüft, inwieweit der Kunde dort einschränkend wirkt. Dies könnte z. B. die Einbindung eines dem Kunden verbundenen Unternehmen sein. Des Öfteren liegt es im Interesse eines Kunden, insbesondere an bereits bestehenden Industriestandorten, dass die dort niedergelassenen Firmen in das Projekt einzubinden sind. Oder der Kunde verfügt über eine Lieferantenliste bereits zertifizierte oder qualifizierter Firmen.

Ist dies der Fall, ist bereits der erste Schritt in Richtung projektspezifischer Nachunternehmerliste getan.

Mitunter gibt es Einschränkungen, die durch Gesetze und lokale Regularien bestimmt werden. In einigen asiatischen Länder gibt es eine sogenannte „Localization". Das bedeutet, dass ein bestimmter Prozentsatz an einheimisches Personal auf dem lokalen Arbeitsmarkt zu rekrutieren ist. Weitere Einschränkungen können durch starke Gewerkschaften, wie z. B. in den USA, entstehen. Hier ist es von essenzieller Bedeutung frühzeitig zu verstehen, wer bei der Rekrutierung von Personal federführend ist. Ist der Entscheidungsträger das vertraglich zu bindende Unternehmen, oder ist ein sogenanntes „Project Labor Agreement" mit der Gewerkschaft, zwecks Beschaffung ausreichender und qualifizierter Personen, abzuschließen. Diese Frage ist bereits in der frühe Angebotsphase zu beantworten.

Weiter Beschränkungen bestehen in dem Markzugang für ausländische Arbeitnehmer und/oder Nachunternehmer. Innerhalb der EU gibt es die Freizügigkeit der Arbeitnehmer. Das bedeutet das Arbeitnehmer mit einer Staatsbürgerschaft der EU sich in einem anderen Mitgliedstaat der EU frei bewegen und niederlassen können, um dort zu arbeiten. Arbeitnehmer und Firmen aus Nicht EU-Staaten ist dieser Zugang in der Regel verwehrt. Ausnahmen bestätigen auch hierbei die Regel, und sind länderspezifisch zu ermitteln.

Allerdings gibt es auch Märkte, in denen keine Einschränkungen vorhanden sind.

Nachdem die Ausgangsbasis untersucht und verdeutlicht wurde, ist mit der Analyse des betreffenden Marktes zu beginnen.

4.2.2 Analyse des Marktes

Für die Marktanalyse wird ein grobes Profil von potenziellen Nachunternehmer erstellt. Dieses beinhaltet technischen und qualitative Anforderungen an das Unternehmen, es berücksichtigt die speziellen Anforderungen der Aufstellungsplanung und das geschätzte Auftragsvolumen.

Bei den technischen Anforderungen handelt es sich um projektspezifische Methodiken wie z. B. den bestimmten Typ eines Pfahles für die Tiefengründung, die Montage von Stahl oder GfK- Rohrleitungen oder die Montage von Modulen, wenn die Modulfertigung und Montage nicht aus einer Hand kommen.

Die Aufstellungsplanung gibt den Hinweis in welchem Marktsegment zu recherchieren ist. Klassische Anlagentypen, in denen in die Fläche gebaut wird, Ausrüstungen und

Maschinen werden von Rohrbrücken umgeben, oder es wird in die Höhe gebaut wie z. B. bei Kraftwerken.

Neben vielen Einflussfaktoren ist eine der wesentlichen Größe bei der Auswahl des Nachunternehmers das Verhältnis des geschätzten Auftragsvolumen zum Jahresumsatz.

▶ ***Das Auftragsvolumen sollte höchstens 40 % des Jahresumsatzes des Nachunternehmers betragen.***

Hierbei ist zu berücksichtigen, dass der potenzielle Nachunternehmer auch noch über andere Kunden verfügt, die er mit Dienstleistungen zu bedienen hat. Des Weiteren ist zu berücksichtigen, dass aufgrund möglicher Mehrungen oder Beschleunigungsmaßnahmen, mehr Leistungen in einem Zeitraum zu erbringen sind, wie ursprünglich geplant. Von daher ist es notwendig einen Flexibilitätskorridor bei der Verfügbarkeit von Ressourcen (Personal & Geräte) bei der Auswahl mit zu berücksichtigen. Sollte das Verhältnis Auftragsvolumen/Jahresumsatz > 0,4 ergeben, besteht die Gefahr der Überlastung und somit ein Risiko für das Projekt. Sollte der Markt allerdings über keine Nachunternehmer mit gewünschter Größe verfügen, oder ist das Projekt einfach zu groß, sind besondere Maßnahmen zu ergreifen, wie z. B. Bildung von Arbeitsgemeinschaften, oder eine Vergabe an mehrere Firmen wie im weiteren Verlauf noch näher beschrieben wird.

Nachdem die wenigen aber wesentlichen Punkte vordefiniert sind, startet die eigentliche Marktrecherche. Dazu stehen folgende Möglichkeiten zur Verfügung:

- Interne Datenbank
- Persönliche Kontakte
- Internet
- Industrie und Handelskammern
- Konsulate
- Nachunternehmerliste Kunde
- Verfügbare Listen wie z. B. Top 250 International Contractor (Hrsg. ENR)
- Kontraktoren Gespräche Vor-Ort

In der Regel ist der Beginn einer Recherche mühselig. Sind aber die ersten Kandidaten identifiziert, ist der erste Schritt Richtung projektspezifischer Nachunternehmerliste getan.

Es ist grundsätzlich zu empfehlen die Markanalyse Vor-Ort zu begleiten. Dabei sollte das Augenmerk auf persönliche Gespräche mit den Firmen gelegt werden. Während der Gespräche können neben der Information über das Unternehmen selbst, auch Informationen über im Markt ansässige Firmen gesammelt werden. Zum Beispiel, indem man Baufirmen nach Stahlbaufirmen fragt, mit denen Sie erfolgreich zusammengearbeitet haben, usw.

Im zweiten Schritt sind die Firmen zu kontaktieren. Hierzu wird eine Interessenbekundung in Form einer Kurzbeschreibung des Projektes mit folgenden Angaben erstellt und an die Firmen übersendet.

- Investor oder Betreiber der Anlage
- Ort und Stelle der geplanten Anlage
- Ecktermine für die Ausführung (Beginn, Ende evtl. unterteilt nach Gewerken)
- Geschätzte Mengen, Richtwerte der Hauptmassen (z. B. m3 Beton, t Stahl, t Rohrleitungen usw.)

Durch die angefragte Interessensbekundung übermittelt der Nachunternehmer sein Interesse an einer Projektbeteiligung, sein Unternehmensprofil als auch seine aktuelle Auslastung für den geplanten Projektzeitraum.

Nachdem die erste Analyse des Marktes erfolgt ist und viele Firmen ihr Interesse bekundet haben, erfolgt die Auswertung der Nachunternehmerliste hinsichtlich ihrer Eignung. Dabei werden Schwerpunkte auf das Leistungsvermögen und Kapazitäten der Nachunternehmer gelegt.

- Über welche Potentiale und Referenzen verfügt der Nachunternehmer?
- Wieweit ist das Management in den Prozess mit eingebunden?
- Gibt die aktuelle Auslastung des Nachunternehmers noch ausreichend Spielraum für mein aktuelles Projekt?
- Wie stellt sich der finanzielle Status des Nachunternehmers dar?

Auch die Bildung von Allianzen, Kooperation oder Bietergemeinschaften zwischen den Nachunternehmer sollte grundsätzlich mitberücksichtigt werden.

Nachdem die vorgenannten Untersuchungen gelaufen sind, ist die erste Selektion erfolgt und der Weg für das Nachunternehmerkonzept ist vorbereitet.

4.2.3 Nachunternehmerkonzept

Die Aufgabe des Nachunternehmerkonzeptes besteht darin, entsprechende Nachunternehmer zu identifizieren, die die Kapazitäten und Voraussetzungen mitbringen, die Bau- und Montageleistungen ganz oder teilweise zu erbringen.

Für die Erstellung des Nachunternehmerkonzeptes werden die für das Projekt erforderlichen Bau- und Montageleistungen aufgeführt und nach Gewerken und Teilgewerken unterteilt. Die Unterteilung erfolgt analog zur WBS (Abb. 4.2 WBS-Bau und Montage). Diese Nachunternehmerkonzept dient als Basis für die Ausschreibung der Fremdleistungen wie im Abschn. 3.4 im Detail beschrieben.

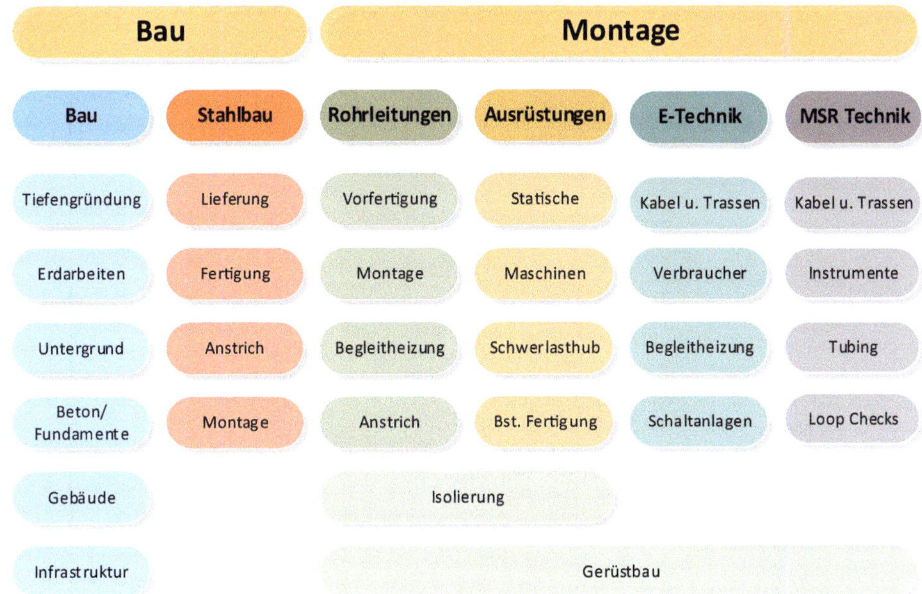

Abb. 4.2 WBS-Bau und Montage

Um eine bessere Übersicht über die Anzahl potenzieller Nachunternehmer zu erhalten, bietet es sich an die Anzahl der Nachunternehmer pro Gewerk bzw. Teilgewerk in der Matrix anzuzeigen.

Nun lassen sich anhand der WBS mögliche Vergabe Szenarien simulieren. Anhand der vorhandenen Informationen und Zuordnung zu den einzelnen Leistungsgruppen werden mögliche Vergabekombinationen visualisiert, wie in Abb. 4.3 Vergabekonzept dargestellt.

Beispiel

Nachdem der Markt sondiert wurde, werden die Anzahl der potenziellen Anbieter der Matrix hinzugefügt, um die Übersicht der Marktlage zu visualisieren.

In der weiteren Bearbeitung fließen dann Informationen aus den Arbeitspaketen ein. Vgl. Abb. 3.4 Vergabepakete. ◀

Als nächster Schritt wäre zu prüfen welches Vergabekonzept die Anforderungen des Projektes am meisten erfüllen kann. Dabei entstehen immer die zwei philosophischsten Fragen:

- ***Generalunternehmer oder Einzelvergaben?***

- ***Wettbewerb oder Exklusivität?***

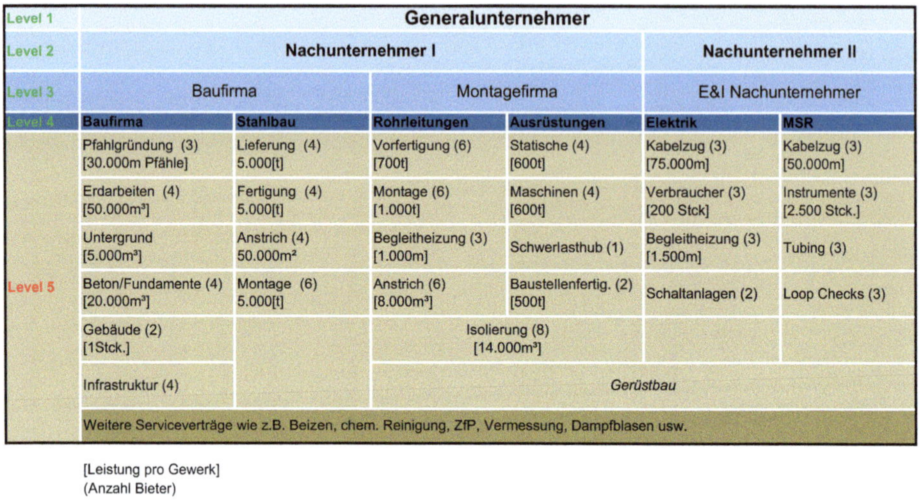

Level						
Level 1	Generalunternehmer					
Level 2	Nachunternehmer I				Nachunternehmer II	
Level 3	Baufirma		Montagefirma		E&I Nachunternehmer	
Level 4	**Baufirma**	**Stahlbau**	**Rohrleitungen**	**Ausrüstungen**	**Elektrik**	**MSR**
Level 5	Pfahlgründung (3) [30.000m Pfähle]	Lieferung (4) 5.000[t]	Vorfertigung (6) [700t]	Statische (4) [600t]	Kabelzug (3) [75.000m]	Kabelzug (3) [50.000m]
	Erdarbeiten (4) [50.000m^3]	Fertigung (4) 5.000[t]	Montage (6) [1.000t]	Maschinen (4) [600t]	Verbraucher (3) [200 Stck]	Instrumente (3) [2.500 Stck.]
	Untergrund [5.000m^3]	Anstrich (4) 50.000m^2	Begleitheizung (3) [1.000m]	Schwerlasthub (1)	Begleitheizung (3) [1.500m]	Tubing (3)
	Beton/Fundamente (4) [20.000m^3]	Montage (6) 5.000[t]	Anstrich (6) [8.000m^3]	Baustellenfertig. (2) [500t]	Schaltanlagen (2)	Loop Checks (3)
	Gebäude (2) [1Stck.]		Isolierung (8) [14.000m^3]			
	Infrastruktur (4)		*Gerüstbau*			
	Weitere Serviceverträge wie z.B. Beizen, chem. Reinigung, ZfP, Vermessung, Dampfblasen usw.					

[Leistung pro Gewerk]
(Anzahl Bieter)

Abb. 4.3 Vergabekonzept

Sind die Möglichkeiten gegeben, dass ein Unternehmen sämtliche Leistungen anbietet, sind die entscheidenden Vorteile bzw. Nachteile zu erarbeiten und als Entscheidungshilfe aufzuzeigen.

Nachfolgende (Tab. 4.1) zeigt die Unterschiede zwischen einer Vergabe an einen Generalunternehmer und eine Multi-Vergabe an mehrere Nachunternehmer.

4.2.3.1 Generalunternehmer oder Einzelvergaben?

Eine Vergabe an einem Generalunternehmer hat auf den ersten Blick viele Vorteile. Es entstehen weniger Schnittstellen auf der Baustelle, insbesondere bei dem Übergang von einem Gewerk auf das andere. Darüber hinaus ist der Vorbereitungsaufwand deutlich niedriger bei der

- Ausschreibung,
- Vergabe,
- Verträge,
- Haftung,
- und der Gewährleistung.

Der Aufwand bei der Kontrolle und Überwachung der Baustelle, wie z. B.

- Kostenkontrolle,
- Baustellenverwaltung,
- OSH,
- Qualität,

Tab. 4.1 Vergleich Generalunternehmer versus Multivergaben

Titel	GU	Multivergabe	Bemerkung zu Multi
Vergabe & Vertrag	1 Vergabe 1 Vertrag	x Vergaben x Verträge	Höherer Aufwand beim AG und höheres Risiko bei der Zuordnung der Leistungen
Haftung und Gewährleistung	1 Garantie	x Garantien	Geringere Haftungssumme und aufwendige Zuordnung
Kosten	Höhere Kosten	Niedrigere Kosten	Niedrige Kosten aufgrund schlankerer Strukturen und Aufschlägen. Höheres Schnittstellenrisiko
Termineinhaltung	Gegeben	Gering	Höheres Terminrisiko da viele Gewerke ineinandergreifen und Abläufe stören
Schnittstellen	Niedrig	Hoch	Hohes Risiko. Baubehinderungen durch einzelne Gewerke können nicht immer direkt zu gewiesen werden und sind zu koordinieren
Flexibilität Personal	Gut	Schlecht	Geringere Flexibilität da die Unternehmen kleiner sind
Verfügbarkeit Maschinen und Geräte			Geringere Flexibilität da die Unternehmen kleiner sind
Baustelleneinrichtung	Optimale Nutzung	Höherer Platzbedarf	Mehrkosten da mehr Flächen erforderlich sind
Materialverwaltung	Aus einer Hand	Getrennte Materialverwaltung	Erhöhter Personalaufwand bei AG
Arbeitssicherheit			Mehraufwand bei AG
Qualitätssicherung			Mehraufwand bei AG
Terminplanung	Aus einer Hand	x Terminpläne	Bei Multikonzept sind x Terminpläne zusammenzufahren, x kritische Pfade sind nachzuhalten Höherer Aufwand und Risiko beim AG
Gerüste	Aus einer Hand	Gestellung durch AG	Hoher Koordinierungsaufwand, Beschaffung durch AG, höhere Kosten und Risiken

- Schnittstellenmanagement,
- Material Management,
- und der Feldüberwachung

reduziert sich deutlich.

Weitere Vorteile ergeben sich bei der Nutzung von Flächen, wie z. B. Baustelleneinrichtungsflächen, Kranstandorte, Lagerflächen im Bereich der Baustelle. Somit deutet vieles auf das GU-Konzept hin, wären da nicht noch Kosten und Risiken, die es gilt mit zu berücksichtigen.

Nachfolgende Tab. 4.1 stellt die Vor- bzw. Nachteile zwischen einem ausführenden Unternehmen (GU) und x ausführende Unternehmen dar. Einfacher halber beschreibt die Spalte „Bemerkung" die Vor- bzw. Nachteile und das Risiko des Anlagenbauers (Auftraggeber (AG)) bezüglich einer Multivergabe.

Vergleicht man nur die reinen Kosten eines Generalunternehmer-Konzeptes mit den Kosten eines Multi-Vergabe-Konzept, wird das GU-Konzept deutlich teurer werden. In den Preisvergleich sind die weiteren aufgeführten Kosten des Anlagenbauers einschließlich der zusätzlichen Risiken zu integrieren. Nur dann kann ein vollständiger Preisvergleich erfolgen.

Neben dem Preis können auch andere Softfaktoren die Wahl des Nachunternehmerkonzeptes beeinflussen.

Dazu zählen schwerpunktmäßig:

- Überwachungsaufwand AG
- Schnittstellenmanagement AG
- Einleitung Beschleunigungsmaßnahmen
- Wettbewerb
- Disput
- Kündigung/Teilkündigung

Überwachungsaufwand AG

In der Regel verfügt der GU über eine große Komfortzone bei der Abdeckung der unterschiedlichsten Gewerken, in denen er eine große Wertschöpfung erzielen kann. Leistungen, die er nicht erbringen kann, werden hinzugekauft. Die Überwachung sämtlicher Leistungen liegt in der Verantwortung des GUs. Demzufolge reduziert sich der Personalaufwand des AGs bezogen auf eine Multivergabe deutlich. Verfügt z. B. der Anlagenbauer nur über begrenzte Ressourcen für die Überwachung der Bau- und Montageleistungen sollte ein GU-Konzept angestrebt werden.

Schnittstellenmanagement AG

Analog zur Überwachung ist die Schnittstellenkoordination bei einem Konzept mit vielen Nachunternehmer deutlich aufwendiger und personalintensiver. Das Risiko von gegenseitigen Baubehinderungen, wie Zugang zur Baustelle, Kranstandplätze usw. erhöht sich, da alle Nachunternehmer die gleiche Infrastruktur nutzen. Störungen im Bauablauf können entstehen und erhöhen in letzter Instanz das Terminrisiko des Anlagenbauers.

Beispiel

Nachunternehmer A verzögert die Fertigstellung von Fundamenten durch Eigenverschulden. Nachunternehmer B (Stahlbau) und Nachunternehmer C (Rohrleitungen und Ausrüstungen) sind davon betroffen. B und C müssen beschleunigt werden. Die Beschleunigungskosten von B und C sind deutlich höher als die maximale Vertragsstrafe von A. Die Kosten verbleiben somit beim AG.

Während beim GU-Konzept, der GU die Beschleunigung bei Eigenverschuldung kompensieren muss. Auch ist hierbei die mögliche Vertragsstrafe des GUs deutlich höher, da sich diese proportional zum Vertragspreis verhält. ◀

Einleitung Beschleunigungsmaßnahmen

Beschleunigungsmaßnehmen, basierend auf Verschulden des AGs sind zwar unerwünscht, treten aber bei jeder Projektabwicklung auf. Die Umsetzung von Beschleunigungsmaßnahmen durch einen GU kann deutlich schneller als bei einem Multi-Konzept erfolgen. Mit dem GU hat der AG nur einen Vertragspartner, mit dem er verhandeln muss.

Wettbewerb

In der Regel sind in Summe mehr fachspezifische Subunternehmer auf dem Markt als erfahrene GUs.

Disput

Dispute mit GUs werden in der Regel auf Augenhöhe ausgetragen. Dies kann zu zähen und langen Verhandlungen führen. Die Projektsituation wird dadurch nicht verbessert. Erfolgt beim Multikonzept der Dispute mit einem Nachunternehmer ist die Beilegung einfacher zu gestalten.

Falls ein Disput nicht gelöst werden kann, geht es in die nächste Eskalationsstufe. Kündigung bzw. Teilkündigung von vertraglichen Leistungen wären dann die Folgen.

Kündigung/Teilkündigung

Kommt es zu Kündigungen bzw. Teilkündigungen entsteht ein erheblicher Schaden für das Projekt. Während bei einem Multikonzept eher die Austauschbarkeit von Subunternehmer möglich ist, aufgrund eines größeren Angebotes von Firmen, sind Ersatzmaßnehmen bei einem GU-Konzept wesentlich langwieriger und kostspieliger.

Es ist definitiv vom einen bleiben Schaden für das Projekt auszugehen.

Nach Durchführungen sämtlicher Aufgaben, wie Preisvergleich und Risikobetrachtung ist das Abwicklungskonzept/Nachunternehmerkonzept für das Projekt sorgfältig auszuwählen, da es für die gesamte Abwicklungsdauer belastbar sein sollte.

4.2.3.2 Wettbewerb oder Exklusivität

Wenn in der Angebotsphase die preislich und wirtschaftlich interessanten Nachunternehmer in die engere Wahl genommen werden, stellt sich die zweite Frage.

Wie gehe ich nach erfolgreicher Angebotsbearbeitung mit meinem Projekt weiter?

Werden die Bau- und Montageleistungen im Auftragsfall neu bzw. revidiert ausgeschrieben oder schließe ich Exklusivitätsvereinbarungen bereits während der Angebotsphase.

Vorteil Exklusivitätsvereinbarung

Frühzeitige Bindung des Anbieters an den Anlagenbauer, dadurch können Wettbewerbsvorteile gegenüber den Mitbewerbern für das Projekt entstehen, wenn dieser Nachunternehmer über eine entscheidende Rolle (Key Player) in dem Markt verfügt. Weitere Gründe für eine Exklusivität könnten sein:

- Niedriges Angebot (preislich) in der Kalkulation eingestellt
- Anbieter kann seine Erfahrung in das Montage-Engineering mit einbringen.
- Maßgeschneiderte Lösungen für das Portfolio des Anbieters.
- Gemeinsame Optimierung des Projektterminplans.
- Anpassung Engineering Sequenzen an den Bedarf des GUs.

Nachteil Exklusivitätsvereinbarung

Preise können deutlich angehoben werden, wenn es zu Massen und Mengenänderungen bzw. neuen Positionen während der Abwicklung kommt. Zu prüfen wäre auch, inwieweit es sich für den Anlagenbauer um einen Verkäufermarkt handelt, sodass bei späteren Verhandlungen ein möglicher Projektrabat nicht realisiert werden kann.

Vorteil Wettbewerb

- Eventuell bessere Preise durch bessere Leistungsbeschreibungen nach dem Basic Engineering.
- Mehr Motivation durch Anbieter, da er für ein reales Projekt anbietet.
- Mehr Motivation durch Anbieter da die Projektchancen (=Auftragsbuchung) steigen.

Nachteil Wettbewerb

- Unerwartete Markänderungen führen zu höheren Preisen, die nicht durch die Kalkulation abgedeckt sind.
- Favorisierter Anbieter verbucht einen anderen Auftrag, und hat keine freien Ressourcen mehr.

4.2.4 Nachunternehmervertrag oder Konsortium

Soll der Bau und die Montage der Anlage mittels Nachunternehmerverträge abgewickelt werden, oder strebt der Anlagenbauer ein Konsortium mit einer Bau- und Montagefirma an? Diese Entscheidung ist bereits in der frühen Angebotsphase zu treffen. Ist einmal die Festlegung getroffen, das Projekt im Konsortium abzuwickeln, so ist diese Entscheidung unumkehrbar. Jeder Konsortium Partner ist für die vertraglich Umsetzung seiner Leistungen, terminlich, qualitative und kostenmäßig selbst verantwortlich. Das bedeutet auch, dass die Projektorganisation dem anzupassen ist. Die Baustelle liegt in der Verantwortung des Konsortium-Partners.

Es ist aber trügerisch anzunehmen, dass bei gestörten Abläufen, wie z. B. verspätete Materialbeistellungen, oder verspätete Übergabe von Engineering-Dokumenten durch den Anlagenbauer, von dem Konsortium-Partner zu kompensieren sind. Vielmehr ist es in diesem Konstrukt wichtiger denn je, das nach dem vereinbarten Terminplan geliefert wird. Ein weiter Punkt sind die Mengen und Massen. Der Konsortium-Partner für Bau und Montage begründet seine Preise und Termine auf die vom Anlagenbauer übergebenen Leistungsverzeichnisse. Abweichungen kosten Geld. Dieses hat aber der Anlagenbauer in einem Konsortium in den seltensten Fällen, da die Risikobetrachtung der Baustelle dem Konsortium-Partner obliegt, und dieser das Risiko in seiner Kalkulation berücksichtigt hat. Der Anlagenbauer trägt im Prinzip das gleiche Risiko wie bei einer GU-Vergabe. Nur verfügt er nicht über den gleichen Risikotopf.

Aufgrund dieser und weiteren Punkte sollte die Abwicklung in Form eines Konsortiums gründlich überlegt sein.

4.3 Pre-Qualifikation

Bevor ein Nachunternehmervertrag mit einem Unternehmen geschlossen wird, ist das Unternehmen auf Eignung zu untersuchen.

Während der Angebotsphase wird ein Unternehmen als möglicher Auftragnehmer in Anlehnung an Abb. 4.4 Ablaufschema Pre-Qualifikation und Abb. 4.1 Ablaufschema Nachunternehmerkonzept identifiziert.

Während der Marktrecherche werden die ersten Firmen identifiziert und anhand eines Kurzprofil für die Angebotserstellung qualifiziert. Mit der eigentlichen Ausschreibung wird dem Unternehmen ein Fragebogen übergeben, der mit der Angebotslegung zu beantworten ist und einschließlich der geforderten Unterlagen dem Anlagenbauer zu übergeben ist.

Parallel zu der Angebotsauswertung werden diese Unterlagen ausgewertet. Sollte der Angebotspreis und das Abwicklungskonzept für den Anlagenbauer von Interesse sein, wird dieses Unternehmen in die engere Auswahl möglicher Nachunternehmer übernommen. Spätestens zu diesem Zeitpunkt ist dieses Unternehmen auf Eignung zu auditieren.

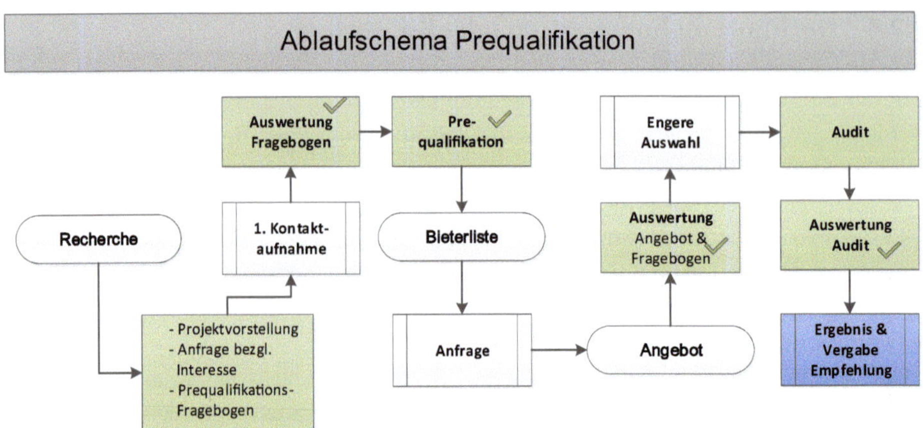

Abb. 4.4 Ablaufschema Pre-Qualifikation

Das Audit kann zweistufig durchgeführt werden, d. h. ein Teil des Audits findet am Stammsitz des Nachunternehmers statt, um das Unternehmen von der planerischen Seite als auch von der wirtschaftlichen Seite zu überprüfen. Der andere Teil des Audits ist auf einer Baustelle durchzuführen, auf der das zu auditierende Unternehmen aktiv tätig ist.

4.3.1 Qualifizierungs-Fragebogen

Ohne auf jede Einzelheit einzugehen, sollte der Fragebogen folgende Punkte mindestens anschneiden, um den Auditor in die Position zu versetzen, eine Einschätzung über das Unternehmen zu erhalten.

Bei der Erstellung des Fragebogens sollte berücksichtigt werden, dass weniger mitunter mehr bedeutet. Von daher sind Informationen gezielt abzufragen. Das Erstellen dieser Informationen erfordert bei dem Anbieter Ressourcen, die eventuelle bei der Angebotskalkulation zielgerichteter eingesetzt werden könnten. Auf der anderen Seite sind die eingeforderten Informationen durch den Anlagenbauer zu sichten und ggf. zu hinterfragen (Tab. 4.2).

Nach der erfolgten Vorqualifikation erfolgt das Audit, und bietet die Gelegenheit offene Punkte zu klären.

4.3.2 Ablauf Audit

Ein Audit ist eine Untersuchungsmethode aus dem Qualitätsmanagement. Es ist die systematische Überprüfung, ob ein Prozess, eine Aktivität oder ein System in seiner Definition und Umsetzung zuvor festgelegte oder geregelte Standards, Richtlinien, Normen

Tab. 4.2 Qualifizierungsfrageboden

I			**Allgemeine Informationen**
	a		Firmendaten
	b		Finanzielle Übersicht
	c		Zertifikate
II			**Unternehmensstruktur**
	a		Anzahl Mitarbeiter
		i	Direkt
		ii	Indirekt
III			**Leistungsspektrum**
	a		Kerngeschäft
	b		Eigenleistungen
	c		Fremdleistungen
	d		Abwicklungskonzept
	e		Vorfertigung/Baustelle
	f		Personal-Kapazitäten
	g		Verfügbare Geräte
IV			**Ressourcen**
	a		Management
		i	Arbeitssicherheit
		ii	Terminplanung
		iii	Qualitätskontrolle
		iv	Kostenkontrolle
	b		Baustellenpersonal aufgegliedert nach Qualifikation
V			**Auslastung nächsten 3 Jahre**
VI			**Referenzen**

oder Gesetze erfüllt. Diese Überprüfung erfolgt systematisch, unabhängig und dokumentiert.

Wann ist ein Audit notwendig und warum sind sie wichtig?

Audits sind in der Regel Bestandteile eines Qualitätsmanagementsystems, werden aber auch nicht selten in vertraglichen Vereinbarungen (z. B. Vertrag, Qualitätssicherungsvereinbarung) geregelt. Sie sind wichtig,

- *um die Einhaltung von Vorgaben zu überprüfen,*
- *Betriebsblindheit durch immer gleiches Verhalten vorzubeugen.*
- *Kommunikation zu fördern, die organisatorische Verbesserung bewirkt.*
- *Risiken und Fehler zu vermeiden und ihnen vorbeugen.*

- *bewährte Arbeitsweisen umsetzen.*
- *definierte Unternehmensziele einhalten*
- *an getroffene Vereinbarungen zu erinnern und diese dauerhaft umsetzen. (6)*

Damit das Audit vielversprechend abläuft ist es mit ausreichendem Vorlauf anzukündigen. Es ist eine Agenda mit den Schwerpunkten und offenen Fragen zu generieren und an das zu auditierende Unternehmen zwecks Vorbereitung zu versenden.

Dabei kann ein Teil (A) des Audits an dem Firmensitz des Unternehmens stattfinden und ein Teil (B) sollte allerdings zwingend auf einer Baustelle des Unternehmens durchgeführt werden.

Eine Agenda kann dabei z. B. wie folgt aussehen (Tab. 4.3):

▶ ***Ein Audit ist keine Alibi-Veranstaltung, um niedrige Angebotspreise zu verifizieren.***

Das Audit ist sorgfältig durchzuführen, Fragen sind, falls erforderlich mehrfach zu stellen, bis die Antworten ein klares Bild von dem jeweiligen Sachverhalt erlauben.

4.3.3 Firmenbewertung

Nachdem das Audit durchgeführt wurde, sind die erhaltenen Informationen in einem Bericht zusammenzustellen. Als Vorlage kann, die unter Abschn. 4.3.2 Ablauf Audit aufgeführte Agenda dienen. Ergänzend ist diese Firma entsprechend:

- Auslastung
- Finanzieller Status
- Erfahrung im Baustellenland
- Überwachungskonzept
- Referenzen

zu bewerten.

4.3.3.1 Auslastung des Unternehmens

Die Auslastung des Unternehmens während der geplanten Abwicklungszeit ist das entscheidende Ausschlusskriterium für eine mögliche Vergabe schlechthin. Selbst wenn die Firma noch so geeignet für die Ausführung der Arbeiten erscheint, sollte bei hoher Unternehmensauslastung von einer Auftragsvergabe abgesehen werden.

▶ ***Ist die Firma ausgelastet, erfolgt keine Vergabe!***

Erfahrene Firmen verfügen über diese Planung und Vorschauen. Abb. 4.5 zeigt die Auslastungsplanung der türkischen Firma Enka aus Istanbul.

Tab. 4.3 Agenda Firmenaudit

Teil A Firmensitz auditierendes Unternehmen		
I		**Kurzes Firmenprofil**
II		**Übersicht Tätigkeitsbereiche**
III		**Referenzen abgewickelter Projekte**
IV		**Erwartete Auslastung**
V		**Freie Kapazitäten**
VI		**Abwicklungskonzept**
	a	Personalbedarf nach Disziplinen
	b	Vorfertigungskonzept
	c	Baustelleneinrichtung
	d	Überwachungskonzept
VII		**Arbeitssicherheit**
VIII		**Qualitätsmanagement**
	a	Kurze Übersicht
	b	Zertifikate
	c	Dokumentenmanagement
	d	Inspektionen und Prüfungen
IX		**Vorfertigung (wenn extern)**
	a	Auslastung
	b	Verfügbare Flächen
	c	Kapazitäten
	d	Einrichtungen
Teil B auf der Baustelle		
I		**Arbeitssicherheitsstatistik**
	a	Arbeitssicherheitsplan
	b	Inspektionsberichte
	c	Durchgeführte Toolbox-Meetings
	d	Statistik
II		**QA/QC**
	a	Dokumentation
	b	Schweißstatistik, Fehlerquote
	c	Durchgeführte Inspektionen
III		**Terminplanung**
	a	Fortschrittsbewertung
	b	Kritische Pfade
	c	Korrektur Maßnahmen

(Fortsetzung)

Tab. 4.3 (Fortsetzung)

IV		**Material Management**
	a	Eingang/Ausgang
	b	Lagerbedingungen
V		**Baustellenrundgang**

Enka İnşaat ve Sanayi A.Ş. (Enka İnşaat) ist ein türkisches Ingenieur- und Bauunternehmen mit Firmensitz in Istanbul. Enka bietet über seine Tochtergesellschaften in rund 30 Ländern weltweit Bau- und Ingenieurdienstleistungen an. Es zählt seit 2017 zu den größten Bauunternehmen in der Türkei. (7).

In der Abbildung sind die wichtigsten Kriterien aufgeführt, die eine klare Einschätzung der aktuellen und der erwarteten Auslastung zulassen. Wichtig ist die Unterteilung in die einzelnen Geschäftsbereiche, wie z. B. Infrastruktur (Straßen, Brücken) und Oil&Gas (verfahrenstechnische Anlagen), da aufgrund der unterschiedlichen, spezifischen Anforderung an das Profil der Ressourcen kein Austausch untereinander erfolgen kann. Eine weitere wichtige Information ist die Vorausschau auf die kommenden Jahre und deren Einfluss auf die Ressourcen. Dieses lässt sich in der Tabelle der Abbildung erkennen, in der die Ressourcen für die bereits gebuchten Projekte (signed) unterteil nach Geschäftsfelder aufgeführt sind. Zusätzlich sind die Werte der geplanten Ressourcen (Bid), also der Projekte, die sich in der Angebotsbearbeitung befinden, aufgeführt. Daraus lässt sich, wie in diesem Falle, die Auslastung für die kommenden 5 Jahre vorhersagen.

Nachfolgendes Beispiel zeigt wie die Kurven zu lesen sind, und welche Rückschlüsse daraus gezogen werden können.

Beispiel

Eine Montagefirma A hat zum aktuellen Zeitpunkt, 1. Quartal 2024 6 Projekte (1–6) am Laufen. Auf der Zeitachse werden pro Quartal die Anzahl der Arbeiter jedes Projektes dargestellt. Die kumulierten Kurven ergeben die aktuelle Auslastung und die erwartete Auslastung der Montagefirma aufgrund der für diese Projekte gebundenen Ressourcen.

Die Montagefirma hat für einige Projekte (A-D), die auf dem Markt sind, Angebote anderen Anlagenbauer unterbreitet. Für diese Angebote führt die Montagefirma eine Zielliste oder Prioritätsliste, über diejenigen Projekte, die von ihnen favorisiert werden. Die erforderlichen bzw. die erwarteten Ressourcen dieser Projekte werden in Abb. 4.6 ergänzt (Abb. 4.7).

Die maximalen Ressourcen, die diese Montagefirma mobilisieren kann, betragen 3.000 Arbeiter. Das bedeutet, sollten alle priorisierten Angebote Aufträge werden, einsteht ein Engpass an Ressourcen im Zeitraum Mitte 2024 bis Mitte 2025.

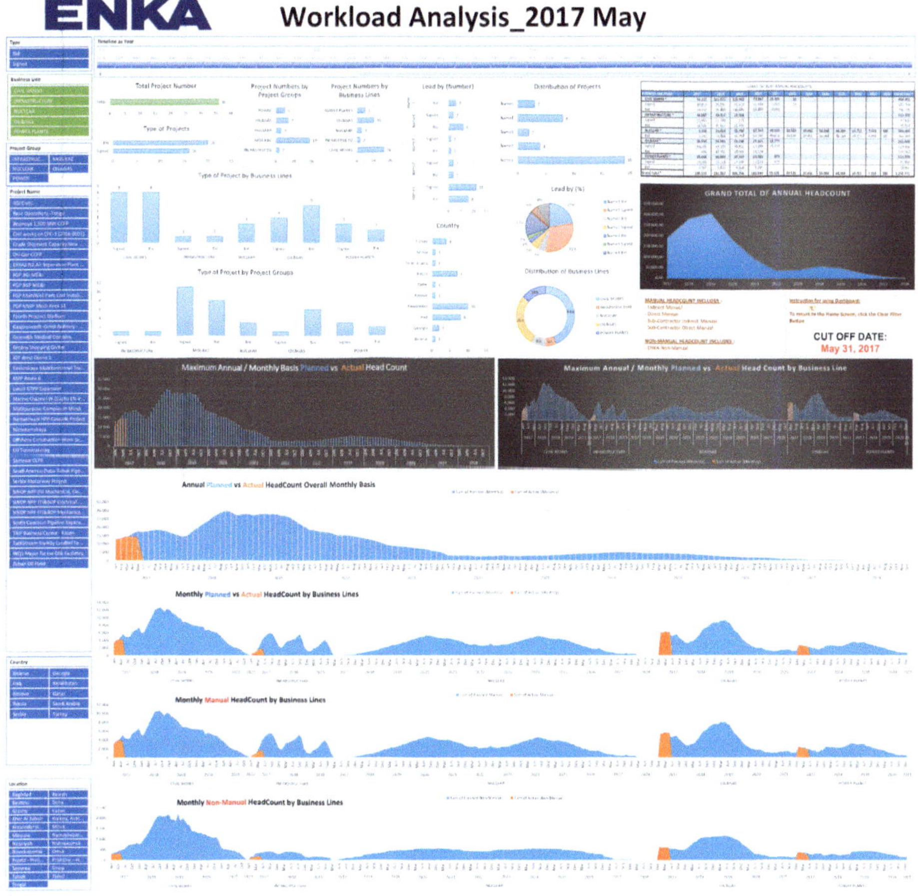

Abb. 4.5 Beispiel Workload (Bild: ENKA, Istanbul-Türkei)

Ist nun Projekt D unser Projekt, wäre eine Vergabe an die Montagefirma A aufgrund der Auslastung kritisch, und somit nicht empfehlenswert.

Wäre allerdings Project C unser Projekt, und würde zeitlich vor Projekt D an die Montagefirma vergeben werden, wäre eine Vergabe an Montagefirma A möglich, sofern Montagefirma A aufgrund der Auslastung auf das Projekt D verzichten würde.

Bei diesem Fall lässt sich deutlich erkennen, dass die erforderlichen Ressourcen verfügbar sind. Eine weitere wesentliche Erkenntnis ist, dass im Falle von Störungen die Option Beschleunigungsmaßnahmen, in der Regel Aufstockung von Personal, schnell und effektiv gezogen werden kann. ◀

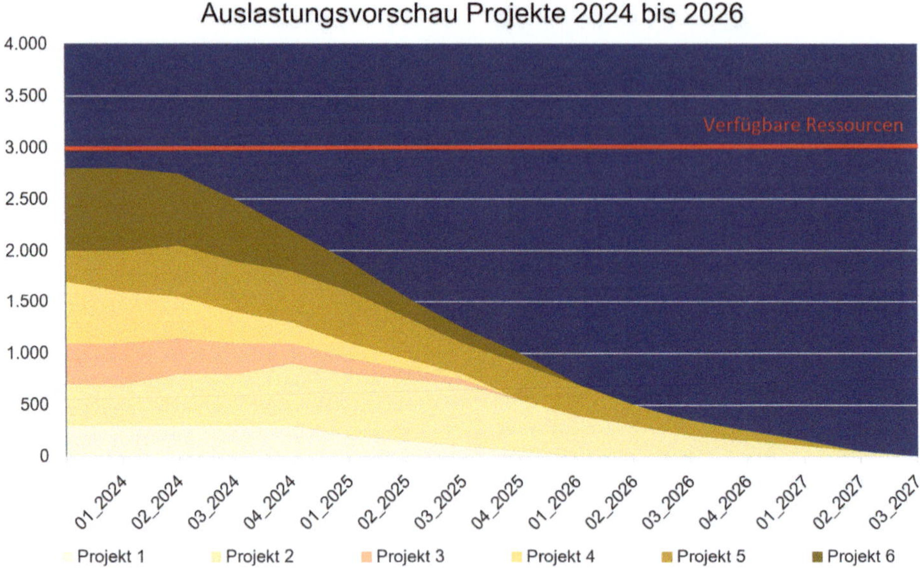

Abb. 4.6 Auslastungsvorschau Projekte

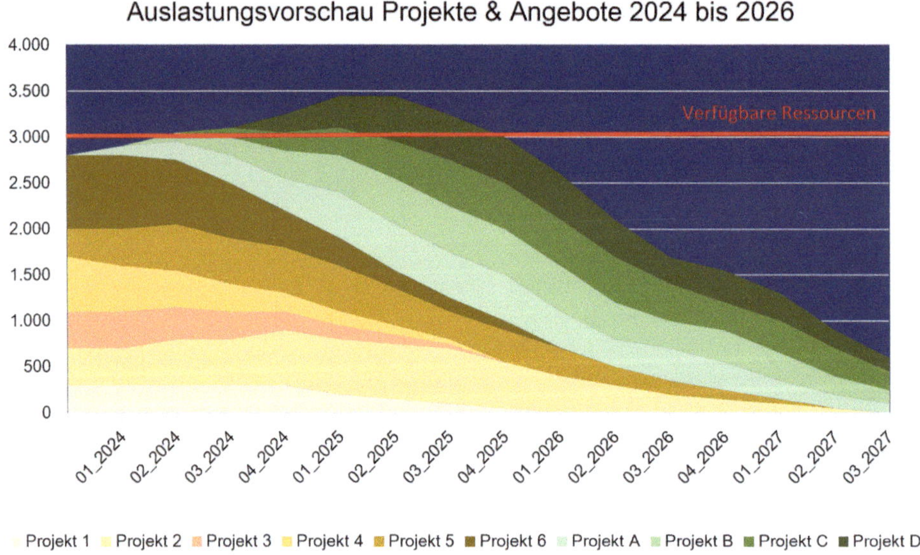

Abb. 4.7 Auslastungsvorschau Projekte und Angebote

4.3.3.2 Finanzieller Status

Der finanzielle Status des Unternehmens spielt ebenfalls eine übergeordnete Rolle.

- Wie laufen die aktuellen Projekte?
- Gibt es gerichtliche Klagen von Vertragspartner, oder ist ein Schiedsgericht angerufen?
- Wie ist die Zahlungsmoral gegenüber Lieferanten und Dienstleistern.
- Werden die Gehälter pünktlich bezahlt?

Vielen Antworten auf diese Fragen lassen sich auf dem Markt recherchieren, sei es durch Gespräche mit Unterlieferanten und/oder Wettbewerber. Es ist eine Frage des guten Tons, diese Informationen mit dem Unternehmen zu teilen, sodass vermieden wird, Entscheidungen zu treffen die auf Gerüchte basieren.

Ein weiteres Indiz ist die Terminsituation der laufenden Projekte. Sind die Projekte im Soll, oder haben sie bereits Verzug?

Im Prinzip gilt es, herauszufinden welche Risiken in dem Unternehmen bestehen und wie sich die Anforderungen des aktuellen Projektes bei Vergabe auf die Unternehmenssituation auswirkt.

Dabei sollte seitens des Anlagenbauers folgende die Vergabeempfehlung, dass der Vergabewert maximal 40 % des Jahresumsatzes des Unternehmens beträgt, berücksichtigt werden. Vergabewerte über diesen Richtwert sind auch möglich. In diesem Fall ist ein spezielle Risikountersuchung durchzuführen und ggf. Maßnahmen zu definieren die umzusetzen sind.

Der Cashflow des Unternehmens ist bei einer möglichen Auftragsvergabe mit zu berücksichtigen. Nicht immer ist ein neutraler Cashflow während der Projektlaufzeit zu gewährleisten. Kann der Anbieter dies kompensieren? In finanzielle Schieflage geratenen Unternehmen erleiden eine Einschränkung ihrer Handlungsfähigkeiten. Dies kann zu einer Gefährdung des gesamten Projektes führen, und je nach Größe und Aufgabenstellung des Nachunternehmers auch zu einer Gefährdung des Anlagenbauers führen.

Selbst eine „mögliche" Eintrittswahrscheinlich des Risikos, sollte dazu führen das Risiko nicht einzugehen.

Siehe auch Seite 137 Abschn. 4.5.1 Ersatzmaßnahme Nachunternehmer.

4.3.3.3 Erfahrung im Baustellenland

Bei international agierenden Unternehmen spielt die Erfahrung im Baustellenland eine wesentliche Rolle, wenn das Unternehmen dort nicht mobilisiert ist. Das auditierte Unternehmen hat nachzuweisen, inwieweit es mit dem Prozess der Mobilisierung vertraut ist, wie die Arbeitsvisazuteilung abläuft, wie die Einfuhrbedingungen für Maschinen und Geräte umsetzen sind und wie auf dem lokalen Markt agiert wird, und ob eine Betriebsstätte zu gründen ist.

4.3.3.4 Überwachungskonzept

Die Baustellenüberwachung des Unternehmens trägt die Verantwortung für die Arbeiten auf der Baustelle entsprechend ihrem vertraglichen Umfang. Insbesondere ist sie für die Einhaltung der Arbeitssicherheit und das Erreichen des vertraglichen Fortschrittes unter Berücksichtigung der erforderlichen Qualität verantwortlich.

Grundsätzlich ist jedem Angebot ein Baustellenorganigramm beizufügen. Dieses Organigramm ist dahingehend zu prüfen, ob die Schlüsselpositionen ausreichend abgedeckt sind. Passt das Organigramm des Nachunternehmers zu dem Organigramm des Anlagenbauer, d. h. haben die Schlüsselpersonen ihre entsprechenden Counterparts auf der Gegenseite? Erfolgt eine direkte Kommunikation zwischen den Parteien und sind die Personen auch für ihren Bereich Entscheidungsträger?

(Siehe auch Kap. 15 Baustellenorganisation.)

Im weiten Verlauf ist die Unterstruktur der Baustellenüberwachung dahingehend zu prüfen, ob ausreichendes Überwachungspersonal auf Supervisor-Ebenes eingesetzt wird.

Die Anlagen werden von hunderten von Arbeiter physisch errichtet. Diese Arbeiter müssen geführt und gelenkt werden. Dies erfolgt in der Regel in Kolonnen, Teams, Gruppen usw. Jede Gruppe hat einen Vorarbeiter, während die Vorarbeiter wiederum von Supervisoren überwacht werden. Je nach Größe der Aufgabenstellung ist eine weiter Ebene, die der Superintendent, zu ergänzen. Nachfolgende Übersicht stellt eine Grundlage für ein mögliches Überwachungsverhältnis der Personengruppen untereinander dar. Dabei wird auch größenmäßig zwischen den Gewerken unterschieden, da einige Gewerke anspruchsvoller sind als andere (Abb. 4.8).

Die unterste Ebene gibt das Verhältnis der Vorarbeiter zu den Arbeitern an. Die weitere Ebene definiert das Verhältnis der Supervisoren zu den Vorarbeiten und, falls erforderlich, eine zusätzliche Ebene, die dann das Verhältnis der Supervisoren zu dem Superintendenten definiert.

Diese Verhältnisse variieren von Land zu Land und von Subunternehmer zu Subunternehmen. Je größer der Anteil von Stammarbeitern und je länger die Zugehörigkeit der Arbeitnehmer zu dem Unternehmen ist, desto geringer kann die Überwachungsquote ausfallen. Neben der Qualifikation der Arbeitnehmer, spielt auch die landestypische Produktivität hierbei eine Rolle.

Generell sollten die Überwachungsquoten definiert werden und Bestandteil des Nachunternehmervertrages werden.

4.3.3.5 Referenzen

Teil der Gesamtbewertung sind auch die Referenzen des Unternehmens bezogen auf:

- Erfahrung in vergleichbaren Technologien
- Referenz vergleichbarer Projekte/Projektvolumen

	Baustellenorganisation Baufirma		Baustellenorganisation Montagefirma		Baustellenorganisation E&I Nachunternehmer	
Superintendent	1 : 4	1 : 4	1 : 4	1 : 4	1 : 4	1 : 4
Supervisor	1 : 4	1 : 4	1 : 4	1 : 4	1 : 4	1 : 4
Arbeiter / Vorarbeiter	Pfahlgründung 1 : 8	Montage 1 : 8	Vorfertigung 1 : 12	Statische 1 : 12	Kabelzug 1 : 12	Kabelzug 1 : 12
	Erdarbeiten 1 : 12	Anstrich 1 : 10	Montage 1 : 8	Maschinen 1 : 8	Verbraucher 1 : 8	Instrumente 1 : 10
	Beton/Fundamente 1 : 16		Begleitheizung 1 : 8	Schwerlasthub 1 : 6	Begleitheizung 1 : 8	Tubing 1 : 10
	Gebäude 1 : 12		Anstrich 1 : 10	Baustellenfertig. 1 : 10	Schaltanlagen 1 : 6	Loop Checks 1 : 8
	Infrastruktur 1 : 16		Isolierung 1 : 12			
			Gerüstbau 1 : 8			

Abb. 4.8 Überwachungsverhältnis

4.3.3.6 Gesamteindruck und Empfehlung

Nachdem die Unterlagen und Gespräche ausgewertet wurden ist der entstandene Eindruck des Unternehmens kurz zu beschreiben und eine mögliche Empfehlung auszusprechen.

Eindruck

Der Abschluss eines Nachunternehmervertrages bindet den Nachunternehmer und Anlagenbauer bis zu mehreren Jahren aneinander. Neben den klaren technischen und wirtschaftlichen Vergleichen, sollte zu mindestens auch der persönliche Eindruck mitberücksichtigt werden.

Ein wichtiger Punkt ist hierbei der Zugang zu dem Management. Sind erst die Verträge vereinbart, die Baustelle ist eröffnet und die Arbeiten haben begonnen, kommt es während der Bauzeit definitiv zu Störungen. Unerheblich wer die verschuldende Partei ist, die Bau- bzw. Montagefirma muss die Auswirkung der Störung kompensieren. Beschleunigungsmaßnahmen werden erforderlich, das bedeutet, der Baustelle sind mehr Arbeitskräfte oder Geräte zuzuführen.

Diese Entscheidung trifft in der Regel das Management des Nachunternehmers.

- Wie schnell wird diese Entscheidung getroffen?
- Wird die Abweichung erkannt und akzeptiert oder heruntergespielt?
- Bei Erkennung der Abweichung, oder erst nach langfristigen Verhandlungen zur Klärung der Schuldfrage?

Je besser der Zugang zu dem Management des Nachunternehmers ist, desto frühzeitiger können Beschleunigungsmaßnahmen umgesetzt werden.

Empfehlung
Für jedes Audit ist ein Auditbericht zu erstellen. Am Ende jeder Firmenbewertung gehört eine klare Empfehlung der Auditoren. Die Empfehlung kann bzw. sollte sich dabei auch auf Bedingungen stützen. Zu den möglichen erkannten Schwachpunkten sind Korrekturmaßnahmen zu beschreiben, deren Kosten in den Angebotsvergleich mit einzufließen sind.

Wird zum Beispiel festgestellt, dass das Montageunternehmen aus Sicht der Produktivität enger zu führen ist, das bedeutet ein höherer Überwachungsaufwand bei dem Anlagenbauer, so ist dieser kostenmäßig zu bewerten und im Angebotsvergleich auszuweisen.

Ein Audit soll primär aufzeigen was machbar ist und welche Maßnahmen zu implementieren sind.

4.4 Leistungsbeschreibung und Leistungsbegrenzung

Leistungsbeschreibungen und Leistungsabgrenzungen sind die spätere Geschäftsgrundlage der Juristen. Es ist nahezu unmöglich eine Beschreibung über den Endzustand der Anlage bereits im Angebotsstadium 100-%ig zu erstellen.

▶ ***Wir bauen verfahrenstechnische Anlagen und keine PKWs.***

Der Anlagenbauer neigt dazu, Leistungsbeschreibungen in unterschiedlichen Dokumenten aufzuführen und den Anbietern in Form von Datenträger, mitunter Gigabytes von Informationen, zugänglich zu machen. Informationen über zu erbringenden Leistungen befinden sich unter anderem in:

- Leistungsverzeichnisse
- Beschreibung zu den Leistungsverzeichnissen
- Ausschreibungstexte
- Spezifikationen
- Arbeitsanweisungen und Unternehmens-/kundennormen
- Zeichnungen mit Montagehinweise
- Ausrüstungslisten
- Usw.

Der Anbieter wiederum, bietet die Leistungen entsprechend seinem Abwicklungskonzept an und unter Berücksichtigung seiner Abweichungsliste.

Nun gilt es, die Leistungen unter einen Hut zu bekommen und zu verifizieren, sodass die Basis für einen kommenden Nachunternehmervertrag gebildet werden kann. Ist einmal die Basis bestimmt, behält sie für den Rest des Projektes ihre Gültigkeit. Kommende Änderungen und Abweichungen werden dann gezielt durch das Abweichungsmanagement in das Projekt integriert.

Hierbei fehlt mitunter eine klare Strategie. Um alle erforderlichen Leistungen zu erfassen sind Kategorien zu bilden und in Teilleistungen zu unterteilen.

Die erste Ebene der Kategorien unterscheidet zwischen Direkten Leistungen und Indirekten Leistungen.

Definition: Direkte Leistungen
Direkte Leistungen sind die Leistungen, die unmittelbar auf das Erbringen einer permanenten Tätigkeit ausgerichtet sind und auf eine einzelne Position der Leistungsverzeichnisses zielen. Der Bezug auf diese einzelne Position kann nachgewiesen werden (z. B. durch direkte Zählung oder Aufmaß). Das Ergebnis der direkten Leistungen taucht im Endprodukt auf.

Definition: Indirekte Leistungen
Indirekte Leistungen sind in der Regel Leistungen, die entweder nicht unmittelbar auf eine einzelne Position der Leistungsverzeichnisse bezogen sind oder nicht bezogen werden können. Solche Leistungen beinhalten Tätigkeiten wie z. B. Überwachungsleistungen, Erstellen von Dokumenten, Baustelleneinrichtung usw. Indirekte Leistungen sind temporär und tauchen nicht im Endprodukt auf.

Nachfolgendes Schaubild Abb. 4.9 stellt die Untergruppen der indirekten und direkten Leistungen dar. Rein sachlich gesehen, erweist sich die Beschreibung der direkten Leistung am einfachsten. Dabei handelt es sich um permanente Leistungen, die im Baufeld zu erbringen sind und mittels Aufmaßes bestimmt werden können. Sie sind Teil der verfahrenstechnischen Anlage, wie z. B. Beton, Rohrleitungen, Pumpen und Behälter. Der Aufwand der betrieben werden muss, um die direkten Leistungen zu erbringen wir durch zwei Faktoren bestimmt: Die Positionen der Leistungsverzeichnisse und die dazugehörigen Mengen und Massen.

Welche Einflüsse wirken dagegen auf die indirekten Leistungen ein?

Neben den klassischen Feldarbeiten sind Dokumente, Prüfpläne usw. zu erstellen. Viele Nebenarbeiten fallen an, dessen Umfang in der Verantwortung des Auftragnehmers liegen. Die Beschreibung der indirekten Leistungen gestaltet sich komplexer, zumal nicht nur der Auftraggeber seinen Input dazu leistet, sondern auch der Anbieter Einfluss nimmt. Laut Schaubild Abb. 4.9 Schema Direkte/Indirekte Leistungen sind folgende Untergruppen der indirekten Leistungen zu berücksichtigen:

- Überwachungsleistungen
- Baustelleneinrichtung
- Montagegeräte
- Gerüstbau
- Arbeitssicherheitsausrüstungen
- Unterkünfte & Catering

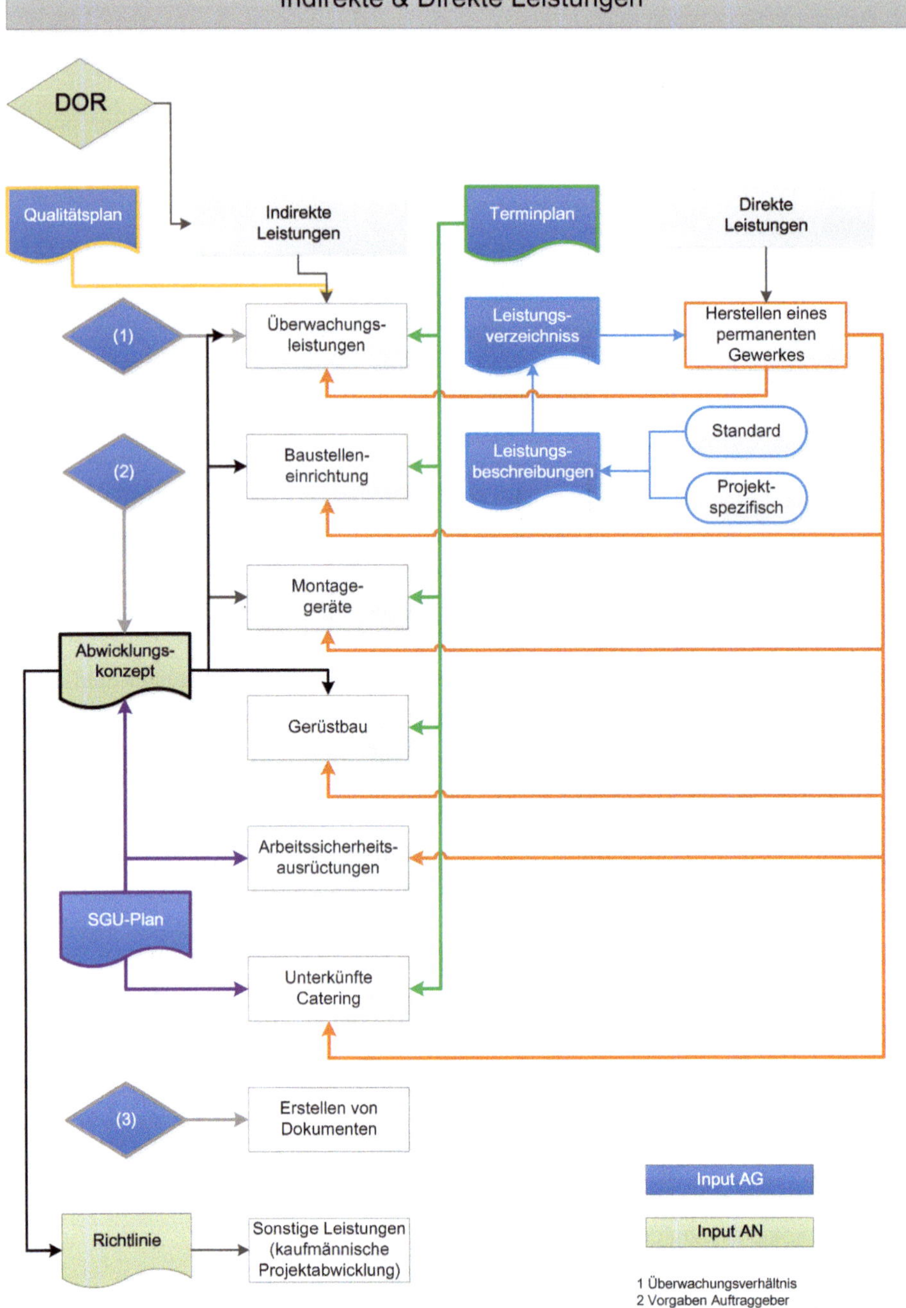

Abb. 4.9 Schema Direkte/Indirekte Leistungen

- Erstellen von Dokumenten
- Sonstige Leistungen

Überwachungsleistungen

Der Nachunternehmer hat eine Baustellenorganisation zu stellen, um die Arbeiten im Feld zu überwachen. Die Überwachung beinhaltet neben der Produktivitätskontrolle, das Einhalten der Termine, die Sicherung der Qualität und Arbeitssicherheit. Der Umfang der Überwachung wird zum einen Teil durch die zu verbauenden Mengen bestimmt, zum anderen durch die vertraglich geforderte Überwachungsquote (Abb. 4.8), als auch durch die eigenen Ansprüche des Nachunternehmers wie z. B.

- Baustellenverwaltung
- Personalwesen
- Rechnungsprüfung
- Claimsmanagement
- Usw.

Baustelleneinrichtung

Der Umfang der Baustelleneinrichtung wird primär durch die Mengen, Massen und Terminplan mitbestimmt. Allerdings beeinflussen weitere Faktoren aus dem Abwicklungskonzept des Anbieters, wie Vorfertigungskonzept (auf der Baustelle oder extern) den Umfang.

1	ALLGEMEINE TÄTIGKEITEN	AN	AG	EP	ZA	Ref.	Rev.
1.1	*Projektmanagement*						
	Projektleitung	x		x			
	Berichtswesen	x		x			
	Controlling	x		x			
	Dokumenten Management	x		x			
	leer						
1.2	*Baustellenmanagement*						
	Baustellenleitung	x		x			
	Baustellenverwaltung	x		x			
	Materialmanagement	x	x		x	Siehe Dokument MM01	
	Nachunternehmer-Management	x		x			
	Arbeitssicherheit	x		x			
	Qualitätsmanagement	x		x			
	leer						

Bemerkungen

Die Auflistung der Tätigkeiten sind exemplarisch und pro Nachunternehmervertrag spezifisch an das Projekt anzupassen.

Der Leistungsumfang für "vorgeschriebene" Tätigkeiten wird durch technische Spezifikationen, Richtlinien, Vorschriften oder andere vertraglich vereinbarte Dokumente näher bestimmt, Siehe Spalte Referenz.

Legende

Leistungserbringung		Leistungsvergütung	
AN	Auftragnehmer	EP	Im Einheitspreis enthalten
AG	Auftraggeber	ZA	Zusatzarbeit, wird nach Aufwand vergütet

Abb. 4.10 Beispiel Struktur DOR

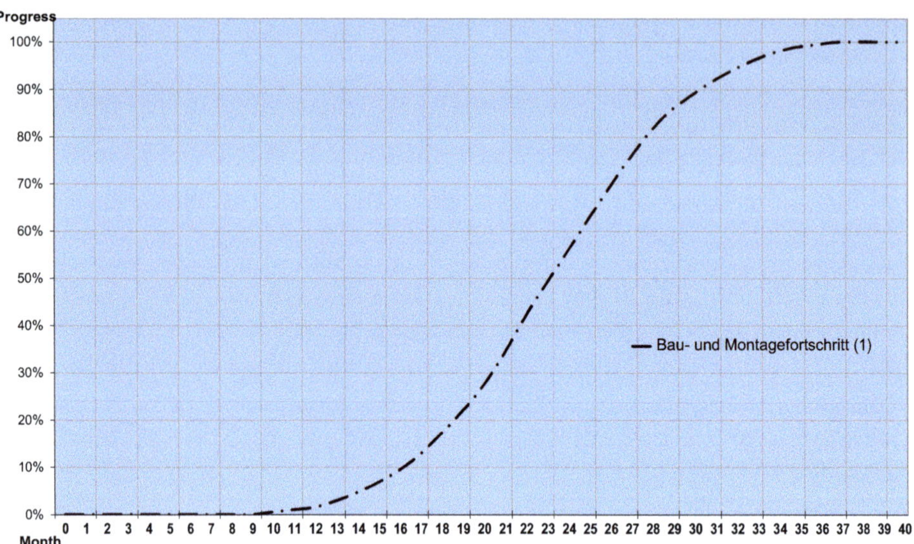

Abb. 4.11 Beispiel Ersatzmaßnahe – Fortschritt

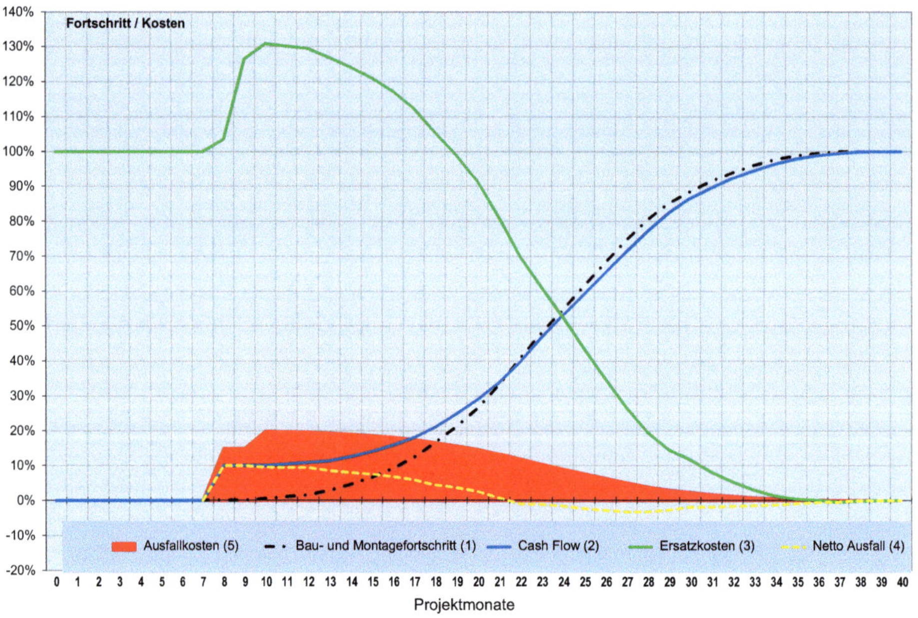

Abb. 4.12 Beispiel Ersatzmaßnahme Kosten

Montagegeräte
Die Einsatzdauer und die Anzahl der erforderlichen Montagegeräte definieren sich über den Terminplan und der Anzahl der zu hebenden Bauteilen. Des Weiteren spielt das Arbeitssicherheitskonzept bei der Bestimmung der Geräte eine Rolle, sowie das Abwicklungskonzept, z. B. inwieweit Bauteile vormontiert werden. (Siehe auch Abschn. 11.3 Modularisierung (PPMOF).

Gerüstbau
Der Umfang des Gerüstbaus wird durch den Terminplan, Mengen und Massen, Aufstellungsplanung Arbeitssicherheitskonzepte und des Abwicklungskonzeptes beeinflusst.

Ausrüstungen für Arbeitssicherheit
Die Arbeitssicherheitsausrüstungen sind primär an die direkten Arbeiten gekoppelt und werden darüber hinaus von dem SGU-Plan mitbestimmt.

Unterkünfte & Catering
Die Struktur der Unterkünfte wie die Verpflegung der Arbeiter, auch die Versorgung im Feld, wird durch die direkten Arbeiten, den Terminplan und den Vorgaben aus dem SGU-Plan entscheidend bestimmt.

Sonstige Leistungen
Unter sonstige Leistungen sind die Leistungen des Nachunternehmers zu sehen, die nicht explizit vom Auftraggeber gefordert werden, die aber notwendig sind, um einen Auftrag abzuwickeln. Darunter fällt das Management, der Aufwand für die Personalbeschaffung usw.

Dokumentenerstellung
Dokumente, die aus Sicht des Auftraggebers gewünscht werden, sind in der Liste für Dokumente Tab. 3.4 aufgeführt und spezifiziert.

Das zur Theorie der Einteilung und Zuordnung von direkten und indirekten Leistungen und den dazugehörigen Kosten.

Nachfolgendes Beispiel zeigt, dass die Umsetzung in der Praxis komplexer ist, wenn sich beeinflussende Faktoren im Laufe der Projektzeit ändern.

Beispiel

Für den Bau der Anlage werden 3000 Arbeiter benötigt. Die umliegende Infrastruktur kann den Bedarf an Unterkünften nicht abdecken. Es wird entschieden in unmittelbarer Nähe zur Baustelle ein Camp zu errichten. Die Kapazität des Camps ergibt sich aus der erwarteten Spitze von Arbeitskräften. Die Vorhaltungszeit des Camps wird durch den Terminplan bestimmt, gibt es Bauzeitenverlängerung, so steigen die Kosten analog zur Bauzeit. Die Kosten für das Camp sind also zeitabhängig und sollten als indirekte Kosten ausgewiesen werden.

Die Bewohner des Camps sind zu verpflegen. Die Anzahl der Mahlzeiten wird durch die Anzahl der Arbeitsstunden für das Projekt bestimmt. Ergibt die Auswertung der Massen und Mengen, das für die Errichtung der Anlage 2 Mio. h benötigt werden, sind das 200.000 Arbeitstage (10 h/Tag). Unterstellt das die Arbeiter auch am Wochenende im Camp verweilen, also 5 Arbeitstage pro Woche, sind es auf die Woche (7 Tage) umgerechnet 280.000 Kalendertage also 280.000 Mahlzeiten. Verlängert sich nun die Bauzeit bei gleichbleibenden Mengen und Massen, bleibt die Anzahl der Mahlzeiten ebenfalls unverändert. Erhöhen sich nun die Baumassen um 10 % bei unveränderter Laufzeit, erhöht sich die Anzahl der Mahlzeit und den gleichen Wert. ◀

Dieses Beispiel soll verdeutlichen das eine für beide Seiten faire Vergütung der Leistungen erreicht wird, wenn die Trennung zwischen massenabhängigen Leistungen/Kosten und zeitabhängigen Leistungen/Kosten erfolgt. Massenabhängige, direkte Leistungen sind mittels Aufmaßes zu den Einheitspreisen der Leistungsverzeichnisse zu vergüten, zeitabhängige, indirekte Kosten sind über eine Monatspauschale zu vergüten.

▶ ***Das Claimsmanagement fängt bereits während der Angebotsbearbeitung statt.***

4.4.1 Division of Responsibility (DOR)

Im Sinne einer zukünftigen partnerschaftlichen und fairen Abwicklung ist der „Split of Work", oder „Division of Responsibility (DOR)" also die Zuständigkeit- und der Verantwortungsbereiche der Parteien, systematisch in einem Dokument aufzuführen.

Was bedeutet eigentlich Zuständigkeit und Verantwortung.

Zuständigkeit
Die Zuständigkeit beschreibt wer für die Erbringung der Leistung laut Vertrag verpflichtet ist.

Verantwortung
Wer verantwortlich für eine Tätigkeit ist, trägt die Konsequenzen für sein Handeln und Tun. Das beinhaltet auch das selbstständige Erkennen von Leistungen und dem rechtzeitigen Erbringen der Leistung.

Nicht immer können die Leistungen so beschrieben werden, dass sie eindeutig kalkuliert werden können.

Beispiel Montage Federhänger

Eine wärmeführende Leitung wird durch Federhänger gehaltert, die die Bewegung der Rohrleitung aufgrund unterschiedlicher Temperaturen kompensieren. Diese Federhänger sind während der Montage der Rohrleitung zu montieren, wobei der Federweg mechanisch blockiert ist (cold setting). Erst während der Inbetriebnahme der Rohrleitung wird der Federhänger deblockiert (= hot setting). Die Leistung, Montage eines Federhängers, kann klar beschrieben werden und von den Ausführenden kalkuliert werden. Das Einstellen während der Inbetriebnahme hängt von mehreren Gegebenheiten ab.

- *Wann hat die Leitung Ihre Temperatur erreicht?*
- *Wie ist der Zugang während der IBN?*
- *Welche zusätzlichen Sicherheitsmaßnahmen sind erforderlich?*
- *usw.*

Wenn nun für diese Leistung ein Einheitspreis angefragt wird, wird bei der Kalkulation des Einheitspreises immer vom „Worst Case Scenario" ausgegangen. ◄

Das bedeutet für den Anlagenbauer, dass er im Prinzip einen zu hohen Preis für diese Leistungen bezahlen würde. Also bietet es sich an, diese Leistungen von den Einheitspreisen zu trennen und bei Bedarf nach tatsächlichem Aufwand abzurechnen. Auch dazu bietet sich die DOR an.

In der DOR sind die Leistungen aufgeführt, die zu erbringen sind, um eine Anlage zu bauen. Die „Division of Responsibility erhebt einen qualitativen Anspruch und keinen quantitativen". Das bedeutet, dass in der DOR die zu erbringenden Leistungen aufgeführt sind und nicht die Mengen. Daher dient die DOR zum einen zur Leistungsabgrenzung zwischen zwei Parteien, zum anderen kann DOR als Checkliste für die Überprüfung der Vollständigkeit einer Kalkulation benutzt werden.

Nachfolgende Abbildung stellt die Struktur einer DOR dar.

Die Spalte Tätigkeit beschreibt die Leistung, die zu erbringen ist. In den Spalten „AN" und „AG" wird definiert, ob der Auftragnehmer oder der Auftraggeber die Leistungen erbringt. Bei Leistungserbringung durch den Auftragnehmer wird in den beiden weiteren Spalten spezifiziert, ob die Kosten für diese Leistungen im Angebotspreis des Auftragnehmers bereits zu berücksichtigen sind, oder ob diese Leistung nach Aufwand abgerechnet werden.

Beispiel Material Management

Das Materialmanagement wird von beiden Parteien ausgeübt. Details werden in dem Dokument MM 01 beschrieben. Da der Auftragnehmer das Materialmanagement auf der Baustelle für den Auftraggeber übernehmen soll, wurde vereinbart die Leistungen nach Aufwand abzurechnen. ◄

4.5 Risikobewertung

In Abschn. 3.7 Risikomanagement wurden die Grundlagen für die Risikoermittlung beschrieben.

4.5.1 Ersatzmaßnahme Nachunternehmer

Das größte Risiko, dass bei der Abwicklung des Projektes eintreten kann, ist die Insolvenz eines Nachunternehmers, oder zu einem bestimmten Zeitpunkt zu entscheiden ist, den Nachunternehmervertrag gänzlich oder in Teilen zu kündigen. Eine Kündigung sollte immer das letzte Mittel sein, ist aber manchmal unvermeidbar.

Unabhängig von den Gründen, die zu einer Kündigung geführt haben, sind Ersatzmaßnahmen umgehend einzuleiten. Das bedeutet, dass die noch ausstehenden Leistungen an eine andere Partei vergeben werden müssen. Für die bereits erbrachten Leistungen ist ein Aufmaß zu erstellen, sodass die noch zu erbringenden Leistungen ausgeschrieben werden können. Dieser Prozess dauert Wochen, wenn nicht sogar Monate und er kostet Geld, viel Geld.

Nachfolgendes Beispiel soll verdeutlichen mit welchen Kosten hierbei gerechnet werden kann.

Beispiel Ersatzmaßnahme Nachunternehmer

In dem Beispiel wird von einer vollständigen Vergabe an einen Generalunternehmer und einer Projektlaufzeit von 40 Monaten ausgegangen. Die Baumaßnahmen starten im Monat 10 und die Montagearbeiten (Rohrleitungen) im Monat 18.

Folgende Wertigkeit [in %] der einzelnen Disziplinen bezogen auf den Auftragswert wurde angenommen (Tab. 4.4):

Bau- und Montagefortschritt

Anhand vorgenannter Tabelle wurde der theoretische (=erwartete) Fortschritt anhand einer S-Kurve (1) über die Projektlaufzeit dargestellt.

In dieses Diagramm wurde nun die theoretische Cash-Flow-Kurve (2) (Vergütung des GU's entsprechend seiner erbrachten Leistung/Fortschritt) für den GU eingefügt. Einfacher halber verläuft die Cash-Flow-Kurve mit einer Verzögerung von einem Monat analog zur „Bau- und Montagefortschrittskurve". Des Weiteren wurde eine Anzahlung des GUs in Höhe von 10 % des Vertragswertes berücksichtigt.

Im nächsten Schritt wird das Diagramm um die Kurve (3) für mögliche Ersatzkosten ergänzt. Dabei wird der Auftragswert [100 %] auf der Zeitachse um die tatsächlich zu dem Zeitpunkt des Ausfalls erbrachten (= nutzbaren) Leistungen reduziert. Ergänzend wurde für die noch zu erbringenden Leistungen ein Teuerungszuschlag für die sofortige Beschaffung einer Ersatzmaßnahme hinzugerechnet. Der Zuschlag wird wie folgt angenommen.

Tab. 4.4 Wertigkeit der Gewerke

Hauptdisziplin	*Unterdisziplin*	*Wertigkeit Auftrag*
Gründung	*Tiefengründung*	*10,00 %*
Bauarbeiten	*Betonarbeiten/Fundamente*	*15,00 %*
Stahlbau	*Rohrbrücken*	*6,00 %*
Stahlbau	*Prozessanlagen*	*3,50 %*
Ausrüstungen	*Ausrüstungsmontage*	*15,00 %*
Rohrleitungsbau	*Vorfertigung*	*7,50 %*
Rohrleitungsbau	*Rohrbrücken*	*4,00 %*
Rohrleitungsbau	*Prozessanlagen*	*18,00 %*
Rohrleitungsbau	*Druckproben*	*3,00 %*
Rohrleitungsbau	*Widerherstellung nach DP*	*1,00 %*
Anstrich	*Anstrich*	*2,50 %*
Isolierung	*Isolierung*	*6,00 %*
E&I	*Elektrische Arbeiten*	*5,00 %*
E&I	*Instrumentierung*	*3,50 %*

- *Projektmonat 01 bis 06 mit 10 %*
- *Projektmonat 07 bis 09 mit 15 %*
- *Projektmonat 10 bis 18 mit 20 % (Start Gründung)*
- *Projektmonat 19 bis 27 mit 25 % (Start Rohrleitungen)*
- *Projektmonat 28 bis 38 mit 30 %*

Mit steigender Laufzeit steigen die Zuschläge, da dem Markt bewusst ist, dass der Anlagenbauer eine schnelle Vergabe anzustreben hat.

Eine weitere Kurve (4) „Ausfallkosten" zeigt den Betrag in % vom Auftragswert, der sich aus der Differenz zwischen der zum Zeitpunkt erbrachten Leistungen (Bau- und Montagefortschritt) und der dafür erfolgten Vergütung (=Cashflow+Anzahlung) ergibt. Ergänzt man hierzu die Zuschläge, die aus der Beschaffung der Ersatzmaßnahme resultieren, als Mehrkosten für den Anlagenbauer, stellen sich die Ausfallkosten für die Fremdleistungen mittels Kurve (5) dar.

Damit noch nicht genug. Da in der Regel kein weiterer GU unmittelbar zur Verfügung steht, werden die noch zu erbringenden Leistungen als kleine Arbeitspakete auf dem Markt platziert. Da bedeutet, dass aus einem GU-Konzept ein Multi-Contracting-Konzept wird. Es sind mehre Firmen zu führen und zu koordinieren. Dadurch steigen die Eigenkosten für die Überwachung. Ein weiterer Kostenpunkt ist die zu erwartende Bauzeitenverlängerung, die die indirekten Kosten erhöht. ◀

Dieses abstrakte Beispiel soll verdeutlichen, wie entscheidend die Auswahl der richtigen Partner / Nachunternehmer für den Projekterfolg sind.

4.6 Zusammenfassung

In diesem Kapitel sollte verdeutlicht werden, dass das Claimsmanagement bereits anfängt, bevor der erste Vertrag unterschrieben wurde. Welche Verträge gibt es, und welcher Vertrag passt am besten zu meinem Projekt? Die Frage ist nicht nur für den Vertrag zwischen Investor und Anlagenbauer von Interesse, sondern beeinflusst im Wesentlichen auch die Vertragssituation zwischen Anlagenbauer und seinen Nachunternehmern.

Wird das Projekt mit einem Generalunternehmer exklusiv angeboten, oder erfolgt eine Vergabe an viele Subunternehmer unter Wettbewerbsbedingungen zu einem späteren Zeitpunkt? Oder irgendetwas dazwischen.

Um diese Frage zu beantworten ist der entsprechende Arbeitsmarkt, wo immer die Anlage gebaut wird, zu untersuchen und zu analysieren.

Die Auswahl des richtigen Partners vereinfacht die Projektabwicklung. Hier sollte bei der Bewertung der Kandidaten keine Kosten und Mühen gespart werden. Schließlich vertreten die Firmen für die Bau und Montage ca. 40 % des gesamten Projektwertes.

Klare Vorgaben für die Leistungsbeschreibung, und transparente Abgrenzungen von Verantwortlichkeiten und Zuständigkeiten runden das Aufgabenbild ab.

5 Baugrundlagen

Mit den Bauarbeiten beginnt die physische Errichtung der Anlage. Damit ist der Baubeginn ein wichtiger Meilenstein des Projektterminplans. Jeder der schon mal ein Haus gebaut hat, oder umfangreiche Renovierungsarbeiten durchgeführt hat, kennt das Gefühl:

▶ ***Jetzt geht es los***

Allerdings sollte der Baubeginn kritisch betrachtet werden. Eine sinnvolle Bauausführung kann erst dann begonnen werden, wenn die planungstechnischen Voraussetzungen erfolgt sind, bzw. ausreichende Informationen vorliegen. Wobei ausreichend ein dehnbarer Begriff ist. Auf jedem Fall sollte überprüft werden, ob eine zufriedenstellende Auslastung zu Baubeginn für die Baufirma gegeben ist, um dieser einen reibungslosen Start in das Projekt zu verschaffen. Erfahrungen haben gezeigt, dass bei nicht ausreichender Arbeitsauslastung der Baufirma ein erster Interessenkonflikt zwischen frühzeitiger Mobilisierung (Anlagenbauer) und ungehinderten Arbeiten (Nachunternehmer) entsteht. Unglücklicherweise können solche Konflikte das Verhältnis Anlagenbauer und Nachunternehmer während der gesamten Projektlaufzeit belasten.

Im Wesentlichen sind die planungstechnischen Voraussetzungen für Bauarbeiten die

- Aufstellungsplanung,
- Fundamentzeichnungen einschl. Bewehrung und Schalung,
- Untergrundkoordinationspläne,
- Stahlbauübersichten.

Die Hauptaktivitäten der Baumaßnahme sind

T. Günther, *Baustellenmanagement im Anlagenbau*,
https://doi.org/10.1007/978-3-662-69329-2_5

- Baugrundvorbereitung,
- Gründung,
- Betonarbeiten,
- Gebäude,
- Infrastruktur,
- Stahlbau.

Sind diese Voraussetzungen zum größten Teil erfüllt, steht einem erfolgreichen Start in die Bauphase nichts mehr im Wege.

5.1 Baugrundvorbereitung

Der Baugrundvorbereitung gehen einige Vorarbeiten voraus. Zu den wichtigsten Vorbereitungen gehören die Räumung des Geländes, also das Entfernen sämtlicher Elemente, wie Sträucher, Bäume, und oberirdischen und unterirdischen Ablagerungen, die den Vorbereitungsprozess behindern können. Im Anschluss daran erfolgt die Vorbereitung der Zufahrt für Baumaschinen und Fahrzeuge. Dafür ist das Gelände durch einen anerkannten Vermesser zu vermessen und abzustecken. Nach Räumung des Baufeldes erfolgt die Baugrundvorbereitung in Form von Abtragen bzw. Auftragen des Bodens. Bereits diese Aktivitäten sind planerisch zu erfassen. Die Auswahl und Anzahl der erforderlichen Baumaschinen sind zu ermitteln und im Detail mit dem auszuführenden Bauunternehmen abzustimmen. Abhängig vom Umfang der Arbeiten und Lage der Baustelle sind die Transportwege zu möglichen Deponien hinsichtlich des Verkehrsaufkommens zu überprüfen.

5.2 Erdarbeiten

Der Oberbegriff Erdarbeiten beinhaltet üblicherweise folgende (Neben-) Leistungen:

- Räumung des Geländes (Bäume, Sträucher, Schutt usw.)
- (evtl.) Mutterbodenabtrag
- Aushub, Verfüllen, Planieren und Verdichten
- Sanierung des Untergrundes (
- Absicherungen und Schutzeinrichtungen
- Herstellen von Drainagen und Entwässerungen
- Lagerung und Entsorgung von Materialien.
- Entsorgung von kontaminierten Böden

Falls erforderlich sind alle Flächen, die ausgehoben, aufgefüllt oder bebaut werden sollen, vollständig von Mutterboden zu befreien. Der entfernte Mutterboden ist gesondert zu lagern.

Laut § 202 Schutz des Mutterbodens – Baugesetzbuch 3. Kapitel – Sonstige Vorschriften ist der Mutterboden zu schützen.

Mutterboden, der bei der Errichtung und Änderung baulicher Anlagen sowie bei wesentlichen anderen Veränderungen der Erdoberfläche ausgehoben wird, ist in nutzbarem Zustand zu erhalten und vor Vernichtung oder Vergeudung zu schützen. (1)

Zwischen Erdarbeiten ist grundsätzlich chronologisch zu unterscheiden.

Zum einen gibt es die Erdarbeiten, die im Rahmen der Baufeldvorbereitung durchgeführt werden, und die Erdarbeiten, die erst zu einem späteren Zeitpunkt erbracht werden können oder sollten.

▶ ***Denn Gräben und Gruben sollten nur so lange offengehalten werden, wie es für die Arbeiten vernünftigerweise erforderlich ist.***

Das sind zum Beispiel:

- Aushub und Verfüllung von Gruben und Gräben
- Auffüllen des Geländes, nachdem Bauwerke errichtet sind
- Anlegen permanenter Entwässerungskanäle

Das Aushubmaterial ist auf eine eigens dafür vorgesehene Fläche zu lagern. Das gesamte Aushubmaterial ist dahingehend zu trennen, sodass das für die Rückverfüllung geeignete Material separat gelagert wird.

Materialien, welche nicht für die Rückverfüllung geeignet sind, sind von der Baustelle abzutransportieren und zu entsorgen. Die Entsorgung ist durch einen Entsorgungsnachweis zu dokumentieren.

Der Umgang mit kontaminiertem Boden sollte grundsätzlich vertraglich ausgeschlossen werden, und wenn überhaupt, nur nach Aufwand ausgeführt und abgerechnet werden.

Für die Planung der Erdarbeiten ist eine Leistungskennzahl zu ermitteln, mit der der erforderliche Ausführungszeitraum für die Erdbewegungen ermittelt werden kann.

Dazu wird die Planungskennzahl „Effizienz“ verwendet, die von einem bestimmten Arbeitsaufwand für die Produktion ausgeht, um eine bestimmte Stückzahl zu produzieren. Die Effizienz wird uns durch den gesamten Planungsprozess für die Baustelle begleiten.

Formel 5.1 Effizienz

$$Effizienz = E = \frac{Input}{Output} = \frac{Arbeitsaufwand}{prod.Stückzahl}$$

Bei einer angenommenen Effizienz und der bekannten Masse lässt sich der durchschnittliche Arbeitsaufwand in z. B. Wochen bestimmen.

In der Ausführung wiederum kann anhand der geplanten Dauer und der zu bewegenden Erdmassen eine Leistungskennzahl zu Steuerungszwecken ermittelt werden.

Diese ergibt sich aus der tatsächlich zu bewegenden Erdmasse bezogen auf dem zur Verfügung stehenden Arbeitszeitraum. Dieser Durchschnittswert ist erfahrungsgemäß mit einem Peak-Faktor (Pf) von 1,5 zu bewerten.

(Peak = Spitze, Gipfel ist der Spitzenwert bezogen auf den Durchschnittswert).

Unter Berücksichtigung der Produktivität:

Formel 5.2 Produktivität

$$Produktivit\ddot{a}t = P = \frac{Output}{Input} = \frac{prod.St\ddot{u}ckzahl}{Arbeitsaufwand}$$

ergibt sich folgende Formel für die maximale Produktivität.

Formel 5.3 maximal Produktivität

$$P(Peak) = \frac{Output}{Input} * Pf$$

5.2.1 Bodenklassen

Entsprechend der DIN 18300 werden die zu bewegenden Erdmassen in sieben Bodenklassen eingeteilt. Es ist empfehlenswert diese Einteilung auch als Basis für die Planung, Kalkulation und Abrechnung von Baugrundvorbereitungen zu verwenden.

- *Bodenklasse 1: Oberboden*
- *Bodenklasse 2: Fließende Bodenarten*
- *Bodenklasse 3: Leicht lösbare Bodenarten*
- *Bodenklasse 4: Mittelschwer lösbare Bodenarten*
- *Bodenklasse 5: Schwer lösbare Bodenarten*
- *Bodenklasse 6: Leicht lösbarer Fels und vergleichbare Bodenarten*
- *Bodenklasse 7: Schwer lösbarer Fels (2)*

Die zu bewegenden Erdmassen werden dem vorhandenen Boden entnommen. Dabei ist zu berücksichtigen, dass sich das Volumen für den Abtransport bzw. für die Wiederverwendung verändert. Der Auflockerungsfaktor ist ein Faktor, der das Verhältnis des Volumens des aufgenommenen Bodens zu dem gewachsenen Boden angibt.

Der Auflockerungsfaktor entsprechend der Bodenklassen nach DIN 18300 ist in Tab. 5.1 dargestellt.

Tab. 5.2 beinhaltet den Auflockerungszuschlag für unterschiedliche Böden im gelösten Zustand sowie den Faktor bei der Berücksichtigung von einer bleibenden Auflockerung nach einer erneuten Verdichtung bei der Wiederverwendung des gleichen Bodens.

Tab. 5.1 Auflockerungsfaktor der Bodenklasse nach DIN 18300

Bodenklassen nach DIN 18300	Auflockerungsfaktor
1	1,10–1,35
2	n. a.
3	1,05–1,30
4	1,05–1,45
5	1,20–1,60
6	1,25–1,75
7	1,30–2,00

Tab. 5.2 Auflockerungsfaktoren für ausgewählte Böden

Boden	Auflockerungsfaktor	Bleibende Auflockerung
Schlammiger Boden	1,00	1,00
Mutterboden	1,10–1,22	1,02–1,05
Ton	1,11–1,19	1,03–1,09
Sand	1,12–1,20	1,05–1,10
Lehm	1 15–1,25	1,05 -
Fester Ton	1,20–1,25	1,05–1,08
Schwerer Lehm	1,25–1, 33	1,10–1,15
Leicht lösbarer Fels, gehackt	1,25–1,50	n. a.
Schwer lösbarer Fels, gesprengt	1,30–1,60	n. a.
Kalkstein, gebrochen	1,60–1,90	n. a.
Sandstein, gebrochen	1,60–2,00	n. a.

Beispiel

Ermittlung der erforderlichen Fahrzeuge zum Abtransport des abzutragenden Bodens. Das Bodenmaterial besteht aus schwerem Lehm und soll im gelösten Zustand innerhalb von 10 Wochen abtransportiert werden.

Input [in Wochen]:	*10 Wochen*
Abzutragender Boden (Output):	*100.000 m^3*
Peak-Faktor (Pf)	*1,5*
Auflockerungsfaktor gem. Tab. 5.2:	*1,3*

$$\text{P (Peak)} = \frac{\text{Output}}{\text{Input}} * \text{Pf} = \frac{100.000\ \text{m}^3}{10} \text{Wochen} * 1{,}5 = 15.000\ \text{m}^3/\text{Woche}$$

Bei 5 Arbeitstagen ergibt sich ein Bodenabtrag von 3000 m^3 pro Tag. Der Boden hat im transportfähigen Zustand ein wesentlich größeres Volumen als im gewachsenen Zustand vor der Abtragung. Entsprechend Tab. 5.1 und der Annahme, dass der aufgelockerte Boden in Verhältnis 1:1,3 bezogen auf den festen Boden steht, sind 3900 m^3 pro Tag zu entsorgen.

Unter der Berücksichtigung, dass ein 4-achsiger Kipper mit einem Ladevolumen von 13 m^3 zum Einsatz kommt, sind 300 Fahrten pro Tag erforderlich. Bei einer Arbeitszeit von 10 h pro Tag müssen 30 Fahrten pro Stunde realisiert werden. Also alle 2 min eine Fahrt.

Entscheidend sind hier nun die Entfernung und die daraus resultierende Fahrtzeit von der Baustelle zur Deponie. Das Beladen und Abkippen spielen meistens nur eine untergeordnete Rolle.

Sollte die Deponie 5 km entfernt liegen, bräuchte das Fahrzeug ungefähr 20 min (hin und zurück einschl. Be- und Entladen). Demzufolge müssten 10 Fahrzeuge permanent im Einsatz sein.

Verfügt der Bauunternehmer nur über 5 Fahrzeuge, würde das zu Beginn der Bau- und Montage bereits einen Verzug im Gesamtterminplan von 10 Wochen bedeuten. ◀

▶ ***Dieses Beispiel soll in seiner Trivialität verdeutlichen, dass selbst vermeintlich einfache Arbeiten gründlich auf ihre Machbarkeit hin untersucht werden müssen und während der Bauausführung zu kontrollieren sind.***

Parallel dazu sind ähnliche Untersuchungen bezüglich der Geräte für den Bodenabtrag zu tätigen.

Bei der Ausführung der Erdarbeiten sind folgende Kontrollen und Tests kontinuierlich durchzuführen und zu dokumentieren.

- Konformität des Verfüllmaterial mit der zuständigen Spezifikation
- Kontrolle der Schichtdicke des Verfüllmaterials
- Dichtemessung / Proctorversuch

In der Regel ist eine Mindest-Proctordichte von DPr 97 % zu erreichen, dabei erfolgt der Proctorversuch nach den Vorgaben der DIN 18127.

Mit dem Proctorversuch wird ermittelt, bei welchem Wassergehalt der Boden bei gleicher Verdichtungsenergie optimal verdichtet werden kann. Die entsprechenden Kennwerte sind die Proctordichte und der optimale Wassergehalt. Die Häufigkeit der Versuche wird individuell pro Projekt festgelegt werden, und könnte z. B. 1 Versuch pro 5000 m^2 betragen.

Ein in Kap. 11 aufgeführtes Beispiel verdeutlicht die Komplexität der Erdarbeiten anhand eines Großprojektes.

Für die spätere Baustellendokumentation sind folgende Dokumente bzw. Zertifikate zu archivieren.

- Material-Lieferscheine.
- Materialzeugnisse Füllmaterials.
- Siebanalysen.
- Vermessungsprotokolle zur Überprüfung der Höhekoten.
- Entwässerungskonzept
- Vermessungsprotokolle
- Entsorgungsnachweise

5.2.2 Maßnahmen zur Verbesserung der Bodentragfähigkeit

Nicht immer entspricht der vorhandene Baugrund den Ansprüchen an die Bodentragfähigkeit. Dabei ist zu unterscheiden, ob es sich um die permanenten, statischen (zum Teil auch dynamische) Lasten handelt, die sich aus der Berechnung der Anlage ergeben oder um die temporären Anforderungen an die Bodentragfähigkeit, die sich aus den erforderlichen Verkehrslasten während der Errichtung der Anlage bestimmen.

Trägt der vorhandene Boden die Lasten aus der Baumaßnahme, trotz Baugrundverbesserung und unter Verwendung von Flächenfundamenten nicht, ist im ungünstigen Fall mit einer Tiefgründung, wie in Abschn. 5.4 beschrieben, zu verfahren. Die Tiefgründung stellt allerdings nicht die wirtschaftlich günstigste Variante der Bodenverbesserung dar. Demzufolge sind weitere Möglichkeiten zu untersuchen.

Mögliche Alternativen sind:

- Bodenaustausch
- Aufbringen zusätzlicher Tragschichten
- Baugrundverbesserung
  - Fallgewichtsverdichtung
  - Fräsmischen
  - Nassmischen
  - Rüttelstopfverdichtung
  - Rütteldruckverdichtung
  - Dynamische Verdichtung des Baugrundes
- Verfestigung des Baugrunds

5.2.2.1 Bodenaustausch

Beim Bodenaustausch wird der vorhandene Boden abgetragen und lagenweise durch neuen tragfähigeren Boden ersetz. Hierbei handelt es sich um eine kostengünstigere Alternative der Bodenverbesserungsmaßnahmen.

5.2.2.2 Aufbringen zusätzlicher Tragschichten

Ist bereits eine Grundtragfähigkeit vorhanden, kann der Boden durch Aufschüttungen verbessert werden. In erster Linie dient diese Möglichkeit einer vorübergehenden Verbesserung des Bodens, um z. B. die Lasten eine Hubmontage aufnehmen zu können. Erlauben es die Höhenkoten der Anlage, kann auch zusätzlicher Boden aufgeschüttet werden, um die allgemeine Tragfähigkeit zu erhöhen. Hierbei entsteht der Vorteil, dass das Verlegen von Rohrleitungen und Kabel im Untergrund mitunter entfallen kann. Dadurch können Kosten für das Ausheben von Gruben und Gräben gespart werden, die Wasserhaltung reduziert sich und die Einschränkung bezüglich der Zugänglichkeit zu Anlagenteilen während der Errichtung entfällt. Allerdings ist dabei zu berücksichtigen, dass bereits in einem deutlich früheren Projektstadium die Materialien (Rohrleitungen, Kabel usw.) für den Untergrund zur Verfügung stehen müssen. Sollte die Materialien nicht oder nur unvollständig verfügbar sein, entfällt dieser Vorteil. Im Gegenteil, es wird teurer. Die Auffüllarbeiten können nicht flächendeckend mit großen Geräten durchgeführt werden. Der Planungs- und Koordinationsaufwand steigt. Nachträgliche Arbeiten werden durch den Einsatz von kleinen Geräten demzufolge teurer.

Grundsätzlich sollte die Baufeldvorbereitung als separates Gewerk verstanden werden, und vor dem eigentlichen Baubeginn abgeschlossen sein.

5.2.2.3 Baugrundverbesserung

Bei der Baugrundverbesserung wird der Baugrund durch Bearbeitung oder Zugabe anderer Materialien verbessert. Dabei steht eine Vielzahl an Verfahren zur Verfügung. Deren Zweck ist es die natürlichen Eigenschaften des Baugrunds so zu verändern, dass er die speziellen Anforderungen der an dieser Stelle vorgesehenen bautechnischen Nutzung erfüllt. Die natürliche Tragfähigkeit des Bodens zur Aufnahme von Bauwerkslasten soll dabei erhöht oder eine Reduktion von Setzungen des Baugrundes erreicht werden. Bei der Anwendung können zahlreiche unterschiedliche Produkte hergestellt werden. Das Können Säulen Verbauwände, Dichtwände, Dichtsohlen Sohlen Böschungs- und Verdichtungskörper oder pfahlartige Elemente sein. (3)

Fallgewichtsverdichtung

Ein Fallgewicht mit großer Masse wird aus einer Höhe von bis zu 40 m auf den zu verdichtenden Baugrund fallengelassen. Dieser dynamische Energieeintrag bewirkt eine dichtere Lagerung. Liebherr Seilbagger ermöglichen einen effizienten Verdichtungsvorgang dank Freifallwinden und Automatiksteuerung. (3) (Abb. 5.1)

Fräsmischen

Beim Fräsmischen lösen rotierende Fräsräder das Bodengefüge. Gleichzeitig erfolgt die Zugabe einer selbsthärtende Bindemittelsuspension. Die Fräsräder des Mischwerkzeugs rotieren dabei um die horizontale Achse. Dadurch entstehen Bodenmischelemente mit einem rechteckigen Querschnitt. (3) (Abb. 5.2)

Nassmischen

Beim Nassmischen drehen sich Mischwerkzeuge um die vertikale Achse der mischwelle Punkt die Werkzeuge brechen die Bodenmatrix auf und vermischen die Suspension mit

Abb. 5.1 Fallgewichtsverdichtung (Bild: Liebherr)

Abb. 5.2 Fräsmischen (Bild: Liebherr)

dem Boden. Als Bindemittel kommen Zemente zum Einsatz, die unter Zugabe von Wasser zu einer Suspension gewischt werden. (3) (Abb. 5.3)

Rüttelstopfverdichtung

Ein an einem Mäkler geführter Schleusenrüttler verdichtet den Baugrund durch Vibration unter gleichzeitiger Zugabe eines grobkörnigen Fremdmaterials. So entstehen durch die Rüttelstopfverdichtung tragfähige Kies- und Schottersäulen, die den Boden stabilisieren. (3) (Abb. 5.4)

Rütteldruckverdichtung

Bei der Rütteldruckverdichtung wird mit einem Tiefenrüttler ein nicht bindiger Boden verdichtet. Durch die Vibration im Boden können sich die Bodenkörner von ihrer ursprünglichen lockeren Lagerung in eine dichtere umlagern. Es entsteht im Umkreis um den Rüttler ein zylindrisch verdichteter Bodenkörper. (3) (Abb. 5.5)

5.2.2.4 Verfestigung des Baugrunds

Eine Möglichkeit für die Bodenverbesserung stellt die Verfestigung des Baugrunds dar. Die Verfestigung kann gänzlich oder in Teilen stattfinden. Mitunter sind die Flächen der Baustelleneinrichtung nur temporär für die Bauzeit nutzbar. Danach werden die Flächen

Abb. 5.3 Nassmischen (Bild: Liebherr)

Abb. 5.4 Rüttelstopfverdichtung (Bild: Liebherr)

zurückgebaut und in ihren Ursprungszustand versetzt. Gerade in solchen Fällen bietet sich die Verwendung von umweltfreundlichem hydraulischem Bindemittel an.

Für Flächen der Baustelleneinrichtung, Kranstandflächen und Arbeitsplattformen z. B. die mit dem Bohrwerk (Pfahlgründung) zu befahren sind, sollte eine Mindestbelastung von 200 kN/m^2 (20 t/m^2) erreicht werden. Da dies bei sandigen und lockeren Böden nicht immer der Fall ist, wird der Boden mit einem Zement-Gemisch verbunden, um eine dauerhafte Stabilisierung des Bodens zu erreichen. Vorteile dieser Maßnahmen sind,

- Verbessert die Tragfähigkeit schwacher Böden
- Umweltfreundlich, da vorhandenes Bodenmaterial verwendet wird
- Wasserabweisend
- Vollständig recycelbar
- Spart Zuschlagstoff- und Transportkosten anstelle eine Bodenaustausches

Vor dem Beimischen sind die Flächen eben vorzubereiten, einschließlich der Beseitigung möglicher Vegetationen und anderen Hindernissen. Idealerweise sind die Flächen mit einer Neigung zu erstellen, damit z. B. Oberflächenwasser abfließen kann. Zu prüfen wäre, inwieweit die Infrastruktur das Abfließen des Wassers kompensieren kann, oder ob

Abb. 5.5 Rütteldruckverdichtung (Bild: Liebherr)

zusätzliche Entwässerungskanäle anzulegen sind, entsprechend der Größe der Flächen und dem Niederschlag.

Die Wasserundurchlässigkeit des behandelten Bodens stellt wiederum einen Nachteil dar, da bei Regen sich der Boden in eine seifige Piste verwandelt. Aus arbeitssicherheitstechnischen Gründen ist es erforderlich eine weitere Tragschicht, bestehend aus einer Schotterschicht von ca. 25 bis 30 cm, einzubringen.

Die Zusammensetzung des Mischbindemittels (hydraulische Bindemittel), sollte sich nach dem vorhandenen Boden richten, der verbessert werden soll, z. B.:

- C 30 (30 % Kalk + 70 % Zement) bei grob- bis gemischtkörnigen, eher sandig-kiesigen Böden
- C 70 (70 % Kalk + 30 % Zement) bei feinkörnigen, lehmig tonigen Böden
- C 50 (70 % Kalk + 30 % Zement) bei wechselnden Böden bzw. nicht genau zuordnungsbar

Tab. 5.3 Hydraulische Bindemittel – Varianten

Anteil hydraulischem Bindemittel	2 %	3 %	4 %	2 %	3 %	4 %	2 %	3 %	4 %
Tiefe Untermischung	0,2 m			0,3 m			0,4 m		

Abb. 5.6 Baugrund – Bodenverfestigung

Vor-Ort-Untersuchungen (Bohrkernprobe) geben einen genauen Überblick über die Böden.

Die einzubringende Menge des Bindemittels bestimmt die Tragfähigkeit bzw. die Verbesserung des Bodens. Es wird empfohlen für die unterschiedlichen Varianten Probestellen anzulegen und diese mittels Lastversuch zu testen.

Dabei sind folgende neun Varianten zu untersuchen (Tab. 5.3, Abb. 5.6):

5.3 Wasserhaltung

Wasser, sofern nicht gezielt eingesetzt und kontrolliert, ist auf Baustellen grundsätzlich unerwünscht.

Also muss das Wasser von der Baustelle ferngehalten werden. Dies erfolgt durch die Wasserhaltung. Die Wasserhaltung beinhaltet sämtliche erforderlichen Maßnahmen und Aufwendungen um Wasser von der Baustelle gezielt fernzuhalten.

Während der Baustellenplanung spielt also die Berücksichtigung der Wasserhaltung eine wichtige Rolle. Entweder kommt das Wasser von oben, als Niederschlag, oder von unter, als Grundwasser. In den ungünstigsten Fällen aus beiden Richtungen. Von daher hat der Anlagenbauer zu verhindern, das oberirdisches oder unterirdisches Wasser in Baugruben fließt oder das Gelände und die Umgebung überflutet.

▶ ***Nicht abfließendes Oberflächenwasser behindert die Zugänglichkeit zur Baustelle, sowie die Beweglichkeit von Menschen und Geräten.***

Ausgehobene Gräben und Gruben werden geflutet, was wiederum zu Schäden führen kann.

In Ländern mit extremen klimatischen Bedingungen wie z. B. dem Monsun, sollten Entwässerungskanäle im gesamten Baustellenbereich geplant und errichtet werden um das Oberflächenwasser gezielt abzuleiten.

Bei der Planung (Baustellenvorbereitung) ist zu überprüfen, welche Bauwerke und/oder Gewerke im Untergrund errichtet werden. In der Regel handelt es sich um unterirdische Rohrleitungen, um Gruben und Schächte. Hierzu sind die maximal freizulegenden Tiefen zu ermitteln. Die freizulegenden Tiefen orientieren sich an der Bauplanung und an bautechnischen Belangen.

Beim Verlegen einer Untergrundrohrleitung werden entweder die maximale Überdeckung der Rohrleitung oder die Tiefe der Sohle angegeben.

Beispiel

In dem Fall, dass die Grabensohle mit −2,5 m angegeben wird, ist je nach Bodenbeschaffenheit (steinige Böden und/oder Felsvorkommen), eine Sandsohle (0,2 m) erforderlich. Demzufolge ist die auszuhebende Grabentiefe −2,7 m. Die Werte sind mit dem Bodengutachten (Hydrogeologischer Teil) zu vergleichen. ◀

Des Weiteren ist zu überprüfen, ob mögliche Kopflöcher für die Montage der Untergrundleitungen erforderlich sind. Kopflöcher werden für die Herstellung von Rohrleitungsverbindungen, durch Schweißen und/oder Laminieren, im Graben benötigt. Sie dienen der Zugänglichkeit zu der Untergrundrohrleitung von unten, und vergrößern die maßgebende Grabentiefe in diesem ***Bereich***.

Die ermittelten maximalen Tiefen werden gegen die in einem hydrostatischen Gutachten angegeben Grundwasserstände verglichen. Sollte der Grundwasserstand höher sein als die maximale baubedingte Tiefe sind geeignete Maßnahmen zu ergreifen.

Im Wesentlichen unterscheidet man primär drei Arten der Wasserhaltung:

- Offene Wasserhaltung
- Grundwasserabsenkung
- Geschlossene Wasserhaltung

5.3.1 Offene Wasserhaltung

Die technisch einfachste und kostengünstige Methode Wasser aus Gruben und Gräben zu entfernen, ist die offene Wasserhaltung.

Bei der offenen Wasserhaltung wird das Wasser (Grundwasser und Oberflächenwasser in Gruben) mittels Pumpen und Sickerleitung aus den Gruben und Gräben entfernt.

Die Pumpen sind entsprechenden der erwarteten und zu fördernden, Wassermenge auszulegen. Das abzuführende Wasser ist gezielt abzuleiten.

Dabei sollte sorgfältig überprüft werden, wohin das Wasser versickert. Verschmutztes Wasser ist nicht ohne weitere Behandlung abzuleiten, wenn es in offene Gewässer gelangen kann. Verschmutztes Oberflächenwasser, sei es nur durch Erde und Lehm verunreinigt, könnte z. B. zu Komplikationen mit Besitzern von Forellenteichen führen, wenn dieses Wasser in einen solchen gelangt.

Handelt es sich hauptsächlich um starken Niederschlag z. B. während des Monsuns, sollte das Oberflächenwasser mittels Netzwerkes von offenen Gräben abgeführt werden.

Falls keine ausreichende Möglichkeit zum Ableiten besteht, sind Sickergruben anzulegen, wobei der Grund der Sickergrube deutlich tiefer als die Sohle der Gruben und Gräben sein sollte.

Die offene Wasserhaltung ist nur begrenzt anzuwenden. Je tiefer die Gruben und Gräben sind, umso größer werden die erforderlichen Flächen bei Einhaltung des notwendigen Böschungswinkels. Beim Anlegen von tiefen Gräben ist die Zugänglichkeit innerhalb der Baustelle zu den Arbeitsplätzen zu überprüfen. Falls die erforderlichen Flächen die Zugänglichkeit beeinträchtigen, oder die erforderliche Stabilität der Gräben durch Böschungswinkel nicht erreicht werden kann, wird ein kostenintensiverer Verbau erforderlich.

Bei ungünstigem bzw. hohem Grundwasserspiegel sind die Baugrube und Gräben während der Arbeiten, bis zur Rückverfüllung, trocken zu halten. Da eine Grundwasserabsenkung in der Regel zu kostenintensiv ist, wird das Wasser ebenfalls abgepumpt und gezielt abgeleitet, um zu versickern.

Die Wasserhaltung ist während der gesamten Baumaßnahme vorzuhalten.

Unglücklicherweise sind die Kosten für Wasserhaltung nur vage zu greifen. Die Kosten der Wasserhaltung werden annäherungsweise über die Dauer der Baumaßnahmen bis zur Fertigstellung der Arbeiten und der Rückverfüllung gerechnet. Des Weiteren kommen die Kosten für den Einsatz von Pumpen hinzu.

Ist eine zusätzliche Wasserbehandlung aufgrund möglicher Kontaminierungen notwendig, hängen die Kosten schwerpunktmäßig davon ab, inwieweit kostengünstigen Filtern die Vorgaben erreichen, oder ob aufwendiger Abscheider (Stripper) zum Einsatz kommen.

Der Anlagenbauer ist hierbei gut beraten, insbesondere in bestehenden Anlagenkomplexen, eine mögliche Kontaminierung des Wassers vertraglich ausschließen. Mitunter können Kosten entstehen, die in dieser Größenordnung kalkulatorisch nicht gegriffen werden können.

5.3.2 Grundwasserabsenkung

Die Grundwasserabsenkung mittels Brunnen hat den Vorteil, dass größere Absenkungen im Vergleich zu der offenen Wasserhaltung erreicht werden.

Schwerpunktmäßig wird die Grundwasserabsenkung durch

- Schwerkraftentwässerung,
- Vakuumentwässerung,
- Flachbrunnen,
- Tiefbrunnenanlagen

erreicht.

Bei der Grundwasserabsenkung ist allerdings zu berücksichtigen, dass sogenannte Absenkungstrichter entstehen. Von daher sollte bei der Planung und der Berechnung der Brunnen berücksichtigt werden, dass die Absenkung des Grundwassers auch ein Eingriff in die Natur bedeutet. So können grundwasserabhängige Pflanzen und Bäume vom Absterben bedroht werden.

5.3.3 Geschlossene Wasserhaltung

Eine geschlossene Wasserhaltung erfolgt durch Verwendung von Zusatzmaterialien, die in den Untergrund eingebracht werden, wodurch eine Grundwasserabsperrung erreicht wird. Durch die Grundwasserabsperrung wird das Nachfließen von Grundwasser vermieden. Beispielsweise können Bohrpfähle so aneinandergereiht in den Untergrund eingebracht werden, dass sie eine stützende Wand für die Baugrube bilden. Das gleiche Prinzip wird mit dem Setzen von Spundwänden erreicht. Das unterirdisch fließende Wasser wird dadurch um die Baugrube bzw. Gräben geleitet. Es muss lediglich das durch die Sohle aufsteigende Wasser und/oder das einfließende Oberflächenwasser abgeführt werden. Ist auch das durch die Sohle aufsteigende Wasser unerwünscht, so kann mittels Injektionsverfahren eine Bindemittelsuspension in den Untergrund unter Hochdruck eingespritzt werden.

Bei großen Baugruben, die über einen längeren Zeitraum offen sind, kann diese Art der Wasserhaltung kostengünstiger als die offene Wasserhaltung, sein. Eine Betrachtung von Fall zu Fall sollte im Vorfeld durchgeführt werden.

Beispiel

Die Sohle eines Auffangbeckens liegt unterhalb des Grundwasserspiegels. Das seitlich einströmende Grundwasser wir durch eine Bohrpfahlwand umgeleitet. Damit die Sohle von dem Auffangbecken gegossen werden kann, wird mittels Düsenstrahlverfahren oder Hochdruckinjektionsverfahren eine erhärtende Suspension so oft und so lange eingespritzt, bis analog zur Bohrpfahlwand eine Anordnung von verfestigten Gebilden eine Grundwasserabsperrung erreicht, sodass die Beckensohle gegossen werden kann. ◀

Die gängigsten Methoden zur Absperrung von Baugruben sind die Verwendung von Spundwänden bzw. Bohrpfahlwänden.

5.4 Tiefgründung

Frühzeitig, nachdem dem das Gründungskonzept erstellt wurde, ist der Pfahltype zu bestimmen.

Für die Herstellung der Tiefengründung gibt es Rammpfähle und Bohrpfähle. Die verwendeten Materialien sind entweder:

- Holz,
- Stahl oder
- Stahlbeton.

Eine weitere Unterteilung erfolgt nach der Herstellung der Pfähle. Handelt es sich um Fertigteilpfähle werden sie vorgefertigt zur Baustelle geliefert. Ortpfähle werden wie der Namen schon sagt vor Ort hergestellt. Bohrpfähle sind grundsätzlich Pfähle die vor Ort hergestellt werden.

Holzpfähle sind leicht zu handhaben, einfach auf Maß einzukürzen und somit relative kostengünstig. Der Nachteil liegt darin, dass die Holzpfähle eigentlich nur unter Ausschluss von Sauerstoff länger haltbar sind. Die Länge und Tragfähigkeit sind natürlich begrenzt.

Stahlpfähle neigen beim Rammen aus der Achse zu laufen. Dafür sind sie aber in allen Größen verfügbar. Ein wesentlicher Vorteil liegt bei direkten Anschlüssen an Stahlkonstruktionen vor.

Fertigteilrammpfähle sind unter fast allen Umgebungsbedingungen nutzbar. Es ist allerdings empfehlenswert bei der Verwendung von Fertigteilrammpfählen die Transportwege bezügliche der Abmessungen zu überprüfen. Im Gegensatz zu Stahlpfählen ist das Einkürzen schwieriger und aufwendiger, eine Verlängerung des Pfahls ist deutlich schwieriger.

Rammpfähle aus Ortbeton haben im Gegensatz zu den Fertigteilen keine Transportrestriktionen. Der Einsatz von Rammpfählen wird aufgrund der Lärmbelästigung beim Rammen eingeschränkt. Bei der Verwendung von Rammpfählen innerhalb bestehender Anlagenkomplexen ist zu prüfen, inwieweit die durch das Rammen entstehenden Erschütterungen einen Einfluss auf angrenzende Bauteile ausüben.

Einfacher ist es bei Bohrpfählen. Eine Lärmbelästigung liegt faktisch nicht vor. Mögliche Auflockerung des Bodens beim Bohren wirken sich dagegen negativ auf die Mantelreibung auf. Um den Bohrkanal bei lockerem oder feuchtem Boden zu stabilisieren kann ein Rohr in den Kanal eingesetzt werden.

Beim Verdrängerpfahl wird der Pfahl im Standardverfahren in einem Arbeitsgang hergestellt wie in Abb. 5.7 FDP Verdrängerpfahl-System (Bild: Fa. Bauer) dargestellt.

Wesentliche Kriterien bei der Pfahltypbestimmung sind die Tragfähigkeit, wirtschaftliche Aspekte und die Produktivität bei der Pfahlherstellung. Des Weiteren sind Einflüsse wie Erschütterung, klimatische und lokale Bedingungen zu berücksichtigen.

Nachdem Pfahltypen unter Berücksichtigung der Tragfähigkeit ausgewählt wurden, erfolgt im zweiten Schritt die Überprüfung der Machbarkeit. Pfähle die in existierenden

FDP - Standardverfahren Arbeitsablauf

Schritt 1:
Einrichten des Gerätes am Bohrpunkt

Schritt 2:
Einbohren des Verdrängerkopfes in den Boden durch Drehen und Eindrücken des Werkzeuges. Der Boden wird mit dem Schneckenanfänger gelöst und durch den konischen Verdrängerkörper in das umgebende Erdreich gedrückt.

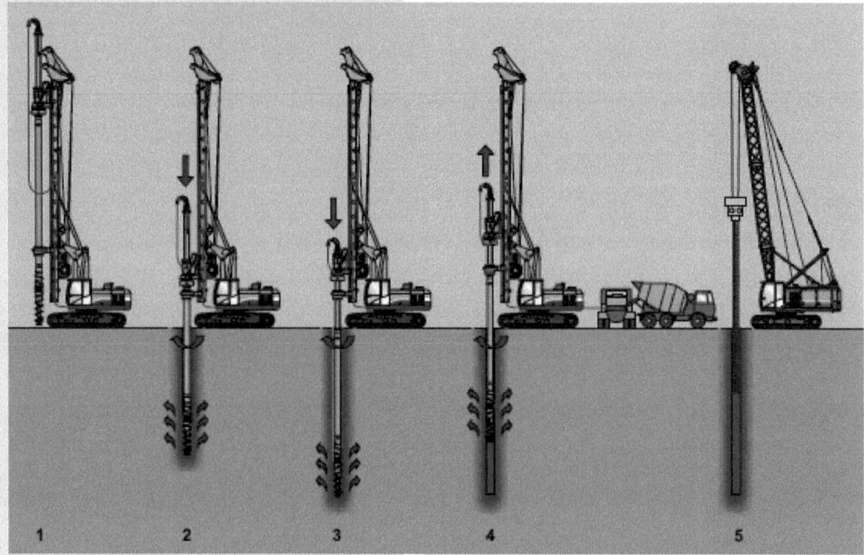

Schritt 3:
Abbohren bis zur Endtiefe. Die Bohrtiefe ist durch die Masthöhe begrenzt, kann jedoch durch die Verwendung einer Kellyverlängerung je nach Gerätetyp um 6 - 10 m verlängert werden.

Schritt 4:
Nach dem Erreichen der Endtiefe wird das Werkzeug gezogen. Gleichzeitig wird mit einer Betonpumpe der Beton durch die Hohlseele des Werkzeuges in den entstandenen Hohlraum gepumpt.
Während des Ziehens wird das Werkzeug in gleicher Richtung gedreht und verdichtet mit der oberhalb des Verdängerkörpers liegenden gegenläufigen Wendel eventuell nachgefallenes Erdreich oder entspannte Bohrlochwandbereiche.

Schritt 5:
Der Bewehrungskorb wird, unterstützt durch Vibration, in den frischen Beton gedrückt.

 FDP Verdrängerpfahl-System

Abb. 5.7 ADP Verdrängerpfahl-System (Bild: Fa. Bauer)

Anlagen hergestellt werden unterliegen anderen Restriktionen als Pfähle, die in Greenfield-Anlagen eingebracht werden. In bestehenden Anlagen besteht die Gefahr, dass bei der Verwendung von Rammpfählen Erschütterungen auftreten könnten, die Nachbargebäude beschädigen. Befinden sich Tanke im Bereich der neu zu pfählenden Flächen sind grundsätzlich nur Pfähle zu verwenden, die keine Erschütterung des Bodens hervorrufen. Mögliche Erschütterungen können des Weiteren bei Flüssigkeits-Tanken eine Resonanz hervorrufen, die ein Überschwappen des Mediums herbeiführen kann. Eine weitere Kostenbetrachtung sollte auch unter Einbeziehung der Herstellzeiten erfolgen.

Vor Arbeitsbeginn ist eine definierte Anzahl von Testpfählen herzustellen. Da die Tragfähigkeit der Pfähle durch den Spitzendruck bzw. der Mantelreibung als auch aus einer Kombination beider erfolgt, ist es zwingend empfehlenswert zur Absicherung der Pfahltragfähigkeiten entsprechende Tests durchzuführen. Mögliche Tests sind die:

- Dynamische Pfahlprobebelastungen
- Statische Pfahlprobebelastungen
- Pfahlintegritätsprüfung

Für die dynamische Pfahlprobebelastung muss der Beton die erforderliche Festigkeit erreicht haben. Zur eigentlichen Probebelastung wird ein Gewicht aus einer Höhe auf den Pfahlkopf fallengelassen. Das Fallgewicht wird mehrmals mit zunehmender Höhe auf den Pfahl eingebracht, bis die erforderliche Tragkraft oder die Grenztragkraft des Pfahls erreicht wird.

Abb. 5.8 zeigt die statische Pfahlprobebelastung, bei der ein Pfahl bis zu seiner maximalen Tragfähigkeit belastet wird.

Bei Rammpfählen bietet sich die dynamische Pfahlprobebelastung an, da sich die Geräte für den Fallversuch bereits auf der Baustelle befinden. Bei Bohrpfählen wird hauptsächlich das statische Verfahren angewendet.

Von Fall zu Fall sollte überprüft werden, ob die Belastung bis zur maximalen Tragfähigkeit ausreichend ist, oder ob der Pfahl bis zum Bersten zu belasten ist. Bei dieser Überlegung sollten aber auch wirtschaftliche Aspekte mitberücksichtigt werden. Je nach Länge und Durchmesser kann der Pfahl mehrere tausend Euro Kosten.

Pfähle die auf der Baustelle hergestellt werden, sollten mittels Integritätsprüfung auf ihre Geometrie hin geprüft werden. Laut Wikipedia funktioniert die Pfahlintegritätsprüfung wie folgt:

„Die Pfahlintegritätsprüfung (engl. PIT Pile Integrity Test) ist ein Pfahl-Testverfahren, bei dem mit Hilfe der Schallwellengeschwindigkeit die Laufzeit von Pfahlkopf bis Pfahlfuß gemessen wird. Der Pfahlprüfer schlägt mit einem Hammer auf den zuvor vorbereiteten Bohrpfahlkopf und löst einen Schallimpuls aus. Die Schallwelle breitet sich über die Bohrpfahllänge aus und wird am Fußpunkt reflektiert. Ein Messfühler misst die Impulse am Pfahlkopf und leitet die Signale an einen Rechner weiter. Folglich ermittelt sich aus dieser Messung die Pfahllänge. Bei einem entsprechend „gestörten" Pfahl mit Einschnürungen wird der Schallwellenimpuls früher reflektiert." (4)

Abb. 5.8 Statischer Pfahltest (Bild: Fa. Bauer)

Nach erfolgreicher Prüfung der Testpfähle wird das Pfahlkonzept freigegeben.

Die Herstellung der Pfähle erfolgt entsprechend vordefinierter Sequenzen. Als Beispiel ist Abb. 5.9 aufgeführt, in der die Pfahlsequenzen während der Planungsphase grob festgelegt wurden. Maßgebend für die Sequenzen ist zum einen die erforderliche Verfügbarkeit des Bauwerkes unter Berücksichtigung des gesamten Bau- und Montageaufwandes. So wird z. B. im Bereich der Tanklager die Gründung frühzeitig hergestellt, da die nachfolgenden Arbeiten zur Herstellung der Tanke arbeits- und zeitintensiv sind.

Bereits im Stammhaus sollte während der Planungsphase ein Terminplan für die Pfahlgründung erarbeitet werden, und als vertraglicher Bestandteil mit dem Nachunternehmer für die Pfählung vereinbart werden. Inhaltlich ist die zugrunde gelegte Produktivität (Anzahl Pfähle pro Tag und Gerät), die Herstellungssequenz und somit die erforderliche Anzahl von Geräten zu definieren.

Unter Zugrundelegung von Formel 5.1

$$P(Peak) = \frac{Output}{Input} * Pf$$

wird die Anzahl der erforderlichen maximal zu fordernder Produktivität (Anzahl der Pfähle pro Zeiteinheit) bestimmt.

Beispiel

Als Beispielpfahl wurde der Verdrängungspfahl FDP von der Fa. Bauer GmbH, Schrobenhausen gewählt, da im Vergleich zu anderen Pfahltypen von einer höheren Produktivität bei der Herstellung ausgegangen wird.

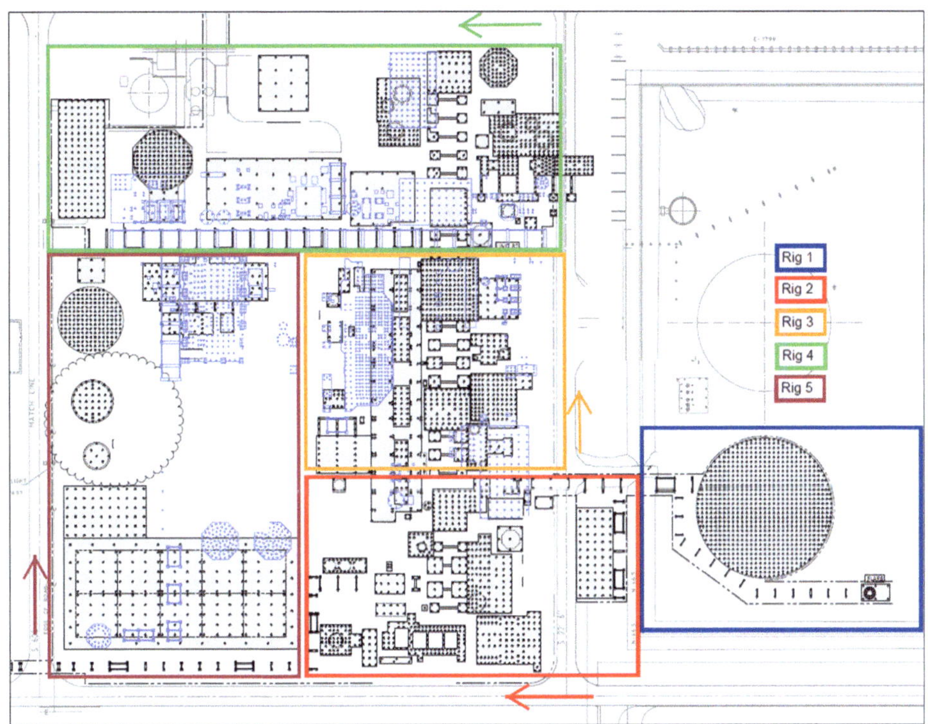

Abb. 5.9 Abwicklungsbedingte Pfahlsequenzen

(Anmerkung: Die Art des Pfahltyps wird jeweils von dem Bauplaner unter Berücksichtigung des Bodengutachtens, in dem üblicherweise eine Gründungsempfehlung ausgesprochen wird, festgelegt.)

Ermittlung der erforderlichen Geräte zur Herstellung der Pfähle.

Input [in Wochen]:	*10 Wochen*
Input [in Tagen]:	*60 Tage*
Anzahl Pfähle:	*4000 Stück*
Peak–Faktor (Pf)	*1,5*
Länge der Pfähle	*14 m*
Durchmesser der Pfähle	*0,4 m*
Output (Anzahl x Länge)	*56.000 m*

$$\mathrm{P\ (Peak)} = \frac{\mathrm{Output}}{\mathrm{Input}} * \mathrm{Pf} = \frac{56.000\ \mathrm{m}}{60}\mathrm{Tage} * 1{,}5 = 1400\ \mathrm{m/Tag}$$

Bei einer Sollleistung von 1400 m/Tag und einer theoretischen täglichen Leistung von 430 m pro Gerät gemäß Abb. 5.10 sollte bei der Planung von dem Einsatz von 4 Geräten ausgegangen werden. ◀

Die Anzahl der Tagesleistung ist projektspezifisch zu ermitteln. Die Produktivität der Geräte ist abhängig von:

- Art der Pfähle
- Durchmesser der Pfähle
- Länge der Pfähle
- Beschaffenheit des Untergrundes
- Drehmoment und Anpresskraft des Gerätes

Im Besonderen gilt, dass die Verzüge während der Herstellung der Pfahlgründung nur schwer zu kompensieren sind, und wenn dann auch nur unter erhöhtem wirtschaftlichem Aufwand. Die Erfahrung zeigt, dass die Verzüge nicht selten auf den Endtermin durchschlagen.

Nachdem die Pfähle in den Untergrund eingebracht wurden, wird der Oberboden so weit abgetragen, dass die Pfahlköpfe freiliegen. Die Pfahlköpfe werden nun auf die Sollhöhe eingekürzt, was durch manuelles bzw. maschinelles Abbrechen, Abstemmen oder Abscheren bzw. durch den Einsatz von Pfahlkopffräsen erfolgt.

Bei bewehrten Pfählen wird der Beton abgestemmt, sodass das anschließende Fundament mit der Bewehrung des Pfahls verbunden werden kann.

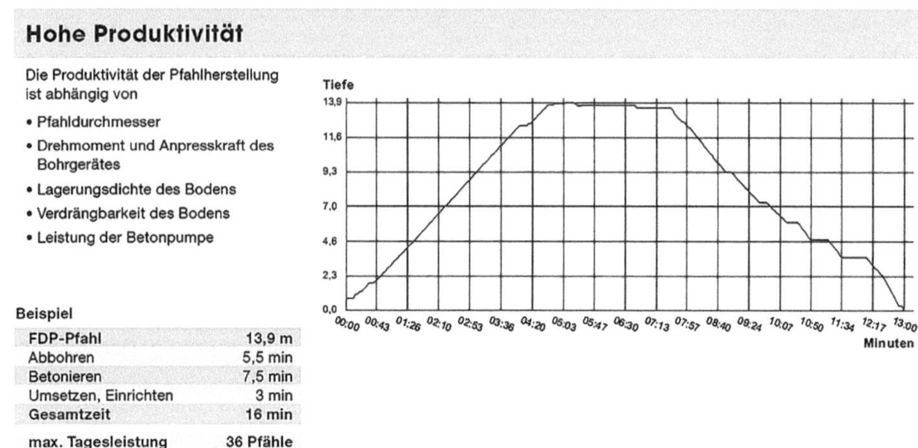

Abb. 5.10 Produktivität Verdrängungspfahl (Bild: Fa. Bauer)

Dabei ist zu berücksichtigen, dass das Pfahlbrechen eine personalintensive Tätigkeit darstellt und genügend Ressourcen dem Projekt zur Verfügung stehen.

5.5 Betonbau

Inhaltlich beschäftigt sich dieser Artikel nicht mit den detaillierten Grundlagen des Betonbaus auf der Baustelle, sondern versucht die Sensibilität für Betonarbeiten unter klimatischen Bedingungen zu erfassen. Schwierigkeiten beim Hochbau wie z. B. maximaler Förderhöhe von Betonpumpen bleiben hier unberührt.

Dem Betonbau sicher nicht gerecht werdend, könnte man die Arbeitsgänge auf Herstellung der Schalung, Einbringen der Bewehrung und Vergießen des Betons reduzieren.

Der Betonbau soll des Weiteren hier als Massengewerk verstanden werden. Nicht selten beinhaltet der Betonbau den größten Teil (Kosten & Termine) eines Industrieprojektes und stellt die Grundlage für nachfolgende Gewerke dar.

Einflüssen, durch extreme klimatische Bedingungen hervorgerufen, ist ein gewisser Tribut zu zollen. Unterbrechungen der Bauzeit sollten dabei immer eine untergeordnete Rolle spielen. Eine angepasste geringere Produktivität während der Winter- bzw. Sommerzeit sollte im Gesamtterminplan berücksichtigt werden.

Die Temperatur des Frischbetons und der Umgebung, sowie starker Wind haben einen weiteren entscheidenden Einfluss auf die Verarbeitungseigenschaften, die Festigkeitsentwicklung und die Gefügeausbildung im oberflächennahen Bereich. Demzufolge sind Gegenmaßnahmen zu implementieren, die das Voranschreiten der Bauaktivitäten sicherstellen.

Notwendige Maßnahmen sind zu ermitteln und rechtzeitig vor Baubeginn in die Planung zu integrieren. Die Planung der auszuführenden Arbeiten erfolgt zudem auf Basis der nötigen Ressourcen, und unter Berücksichtigung der verfügbaren Ressourcen.

Im Großanlagenbau sind nicht selten Betonmengen in der Größenordnung von 20.000 m^3 oder mehr zu verarbeiten. Die Verfügbarkeit des Betons im dem entsprechenden Land ist frühzeitig zu überprüfen. Landesspezifisch sind Festlegungen zu treffen ob ausreichend Transportbeton bereitgestellt werden kann, oder ob eine Mischanlage auf der Baustelle zu installieren ist. Bei der Wahl einer Mischanlage sollte die maximale Tagesleistung mitberücksichtigt werden, da diese die Produktivität des Betonbaus maßgeblich (neben Personaleinsatz) mitbestimmt. Die maximale Tagesleistung bezieht sich auf das Bauwerk mit dem größten Betonvolumen, welches in einem Guss hergestellt werden muss (z. B. Bodenplatten oder Betontische).

Handelsübliche mobile Mischanlagen beginnen unter wirtschaftlichen Gesichtspunkten bei einer Kapazität von 25 m^3/h. Eine typische Betonmischanlage in dieser Größe ist in Abb. 5.11 abgebildet.

Entsprechend den Erfordernissen können die Kapazitäten der nicht stationären Mischanlagen, dem erforderlichen Spitzenbedarf angepasst werden. Hierzu werden Anlagen bis zu einer Kapazität von über 2003/h angeboten, wie z. B. durch Abb. 5.12 dargestellt.

Abb. 5.11 Betonmischanlage Mobilmix 0,5 Kapazität 30 m^3/h (Bild: Liebherr)

Abb. 5.12 Betonmischanlage Mobilmix 2,25 (Bild: Liebherr)

Laut Fa. Liebherr ist der Vorteil der Mobilmix:

Mobilmix 2.25 bietet eine neue Konzeption für mobile Mischanlagen und ist mit den Standards stationärer Mischanlagen vergleichbar.

Die gesamte Anlage wird in wenigen Transporteinheiten bewegt. Das Grundgerät mit Steuercontainer ist auf einem Stahlrahmen montiert, der gleichzeitig das Fundament bildet. Die theoretische Ausstoßleistung dieser Mischanlage beträgt in Festbeton 100 m³/h. (5)

Auch unter den heutigen Gesichtspunkten, wie Energieeffizienz und Kosteneinsparungen hat sich der Markt der mobilen Betonmischanlagen weiterentwickelt. Mittlerweile werden die Mischanlagen in einer modularen Bauweise hergestellt, um die Montagezeiträume zu minimieren.

Der Zweck des Aufbaus einer mobilen Anlage ist die Herstellung von hochwertigem Beton, der in Qualität und/oder Umfang auf dem Markt nicht verfügbar ist, oder aus wirtschaftlichen Gründen. Bei dem Einsatz einer Mischanlage ist des Weiteren zu berücksichtigen, dass eine Auswaschgrube für Waschwasser und Betonschlämme verfügbar ist. Das Waschwasser kann verdunsten, allerdings ist der dann zurückgebliebene Beton bzw. Feststoff aufzubrechen und ordnungsgemäß zu entsorgen.

Wie beschrieben ist die maximale Produktion von Beton durch die Kapazität der Mischanlage vorbestimmt. Neben der erforderlichen Betonmenge sind weitere Punkte bei der Herstellung von Betonbauwerken zu berücksichtigen.

Allgemein gültige Erfahrungswerte für die Herstellung von einem m3 Beton pro Zeiteinheit sind aufgrund der unterschiedlichen Anforderungen von verfahrenstechnischen Anlagen nicht immer zielführend. Der Bauplaner sollte daher, unter Berücksichtigung von projektspezifischen Rahmenbedingungen, eine Detailuntersuchung durchführen.

Beispiel

Herstellung eines überirdischen rechteckigen Fundaments ohne Anker 1,0 m × 1,0 m × 2,0 m (b x h x t) als rein theoretischer Ansatz, der lediglich dazu dienen soll, eine systematische Herangehensweise zu demonstrieren.

Volumen (b × h × t)	*2,0 m³*
Bewehrung (150 kg/m³), Ø10 mm	*300 kg*
Schalung (Holz, manuell)	*6,00 m²*
Vergießen eines Fundamentblocks	*1,0 h/m³*
Herstellung der Schalung	*1,0 h/m²*
Einbringen der Bewehrung	*22 h/t*
Vergießen eines Fundamentblocks	*2,0 h*
Herstellung der Schalung	*6,0 h*
Einbringen der Bewehrung	*7,2 h*
Gesamt	*15,2 h*

Das Fundament kann somit in 15,2 h hergestellt werden. Geht man aufgrund der Größe des Fundamentes davon aus, das zwei Personen in dem Bereich arbeiten können, so benötigt man 7,6 h also einen Tag für die Herstellung eines Fundamentes mit 2 m^3 Volumen.

Im Umkehrschluss bedeutet das, dass für die Herstellung von 1 m^3 Beton 7,6 h erforderlich sind.

Dieses Beispiel dient hauptsächlich der Darstellung der systematischen Herangehensweise.

Tab. 5.4 Herstellzeiten Bewehrung zeigt die Erfahrungswerte für den Zusammenhang zwischen dem durchschnittlichen Stabstahldurchmesser bezogen auf die Aufbaubauzeit, f(s) und der Fertigungszeit in der Biegerei b(s).

Entsprechend der ISB-Mitteilung 01/2012 hat der Stabstahldurchmesser einen direkten Einfluss auf die Zeit und die Kosten bei der Herstellung von bewehrtem Beton.

Wenn der vorliegende durchschnittliche Stabstahldurchmesser Ds als Repräsentant des Geflechts gilt, dann gilt auch die Aufbauzeit des Geflechts als abhängig vom Durchschnittlichen Stabstahldurchmesser und es kann eine einfache Bestimmung der Aufbauzeit f(s) aus einer Zuordnung Ds -> f(s) erfolgen. Erfahrungswerte für eine solche Zuordnung enthält Tab. 5.4. (6 S. 7)

Die vorgenannte Aussage mittels einer solch „einfachen Zuordnung" ist in der Praxis bereits ausreichend. Damit ist gezeigt, dass für die Aufbauzeitbestimmung die Tabelle eine notwendige (keine hinreichende!) Voraussetzung ist. Also führt auch jede in der Praxis inhaltlich analog aufgestellte Tabelle zu der allgemeinen Aussage: Geflechte bzw. Bauvorhaben mit kleinen Stabstahldurchmessern erfordern eine größere Aufbauzeit je Tonne, während mit größeren Stabstahldurchmessern eine kleinere Aufbauzeit je Tonne erzielt wird. Es gilt die These: Ein Geflecht ist schwierig, wenn die Positionsanzahl hoch und die Positionsstückzahlgering ist bzw. umgekehrt. Logischerweise hat ein schwieriges Geflecht immer auch eine hohe Aufbauzeit oder umgekehrt. (6 S. 9) ◀

Tab. 5.4 Herstellzeiten Bewehrung

Durchschnittliche Stabstahldurchmesse D_S	Aufbauzeit f(S)	Fertigungszeit Biegerei b(s)
6 mm	40 h/t	3,0 h/t
8 mm	30 h/t	2,0 h/t
10 mm	22 h/t	1,7 h/t
12 mm	16 h/t	1,4 h/t
14 mm	13 h/t	1,2 h/t
16 mm	10 h/t	1,02 h/t
20 mm	8 h/t	0,9 h/t

5.5.1 Schalung

Bei der Herstellung von Betonwerken entfällt der größte Aufwand auf die Herstellung der Schalung. Auch die Auswahl der entsprechenden Materialien, ob Holz, Aluminium oder Stahl ist sorgfältig auszuwählen. Neben den wirtschaftlichen Aspekten sind auch die klimatischen Anforderungen zu berücksichtigen. Einen kurzen Überblick über die Schalungsarten gibt die Firma MEVA Schalungs-Systeme GmbH.

„Die Baukosten setzen sich aus Baumaterial (ca. 45 %), Arbeit (ca. 45 %) und Betriebskosten (ca. 10 %) zusammen. Das Schalungsmaterial macht 15 % des gesamten Baumaterials aus und steuert etwa 44 % der gesamten Arbeitskosten bei, während der Schalungsbau bis zu 25 % der Gesamtkosten des zu errichtenden Bauwerks ausmacht. Aus diesem Grund sind wiederverwendbare Schalung-Systeme heutzutage Standard. Diese haben je nach Beanspruchung, Nutzung und Pflege eine Lebensdauer von mehreren Jahren bis Jahrzehnte.

Da Holz im Vergleich zu Stahl und Aluminium günstiger in der Beschaffung und einfacher in der Bearbeitung ist, wird es im Einzelfall für die Herstellung einfacher Schalungen verwendet. Holz kann mit einfachen Werkzeugen auf der Baustelle bearbeitet werden und wird dort bauseitig zu einer Schalung montiert. Holz eignet sich für kleine Einzelprojekte. Eine wichtige Rolle spielt Holz heutzutage immer noch bei Sonderschalungen für spezielle Formen und Geometrien, die mit Standardschalungen nicht realisiert werden können. Aber auch wird der Werkstoff Holz immer mehr durch innovative Techniken wie z. B. dem 3D-Druck für Sonderschalungen mittels Kunststoffe verdrängt.

Allerdings ist Holz als Naturprodukt anfällig für Umwelteinflüsse und Schädlingsbefall. Deshalb muss das Material unbedingt auf Mängel geprüft werden, bevor man es als Schalung verwendet. Außerdem nimmt es Feuchtigkeit auf und hat eine kurze Lebensdauer. Es kann sich leicht verwinden, quellen und schrumpfen. Es hält keinem großen Frischbetondruck stand und ist nicht für den wiederholten Einsatz geeignet. Aus diesem Grund ist Holz für Schalungen im gewerblichen, industriellen Maßstab heute nicht mehr zu empfehlen.

Aluminiumschalungen sind wegen ihrem geringen Gewicht in den handlichen Elementhöhen von 135 cm bis 150 cm sehr verbreitet, da diese ohne Kran verwendet werden können und vor allem als Zweitschalung für Fundamente, Unterzüge und Bodenplatten einen zügigen Baufortschritt erlauben. Aluminium ist leicht, trotzdem robust und maßhaltig. Eine zusätzliche Pulverbeschichtung reduziert die Betonanhaftung und damit den Reinigungsaufwand.

Alle Vorteile von Aluminiumschalungen:

- *Weil es leicht und weitgehend kranunabhängig ist und dazu beiträgt, den Bau des Projekts zu beschleunigen. So können Sie Zeit und Arbeit sparen und letztlich die Gesamtkosten minimieren.*
- *Er kann pulverbeschichtet werden, um eine stoß- und kratzfeste Oberfläche zu schaffen und eine leichte Reinigung zu gewährleisten.*

- *Sie bietet eine kosteneffiziente Lösung für den Bau einer großen Anzahl von symmetrischen Strukturen.*
- *Sie kann mit eingeschweißten Muttern versehen werden, die eine einfache und schnelle Montage von Zubehörteilen wie Halterungen oder Schutzgeländern ermöglichen.*
- *Es kann mehrfach repariert und aufgearbeitet werden.*
- *Kompakte Aluminiumschalungen sind in der Regel günstiger als großflächige Stahlschalungen*

In der Beschaffung ist Stahl und Aluminium teurer als Holz oder Sperrholz, wobei die langfristige Nutzung von Schalungssystemen aus Metall eine deutlich bessere Investition darstellt und sich innerhalb kurzer Zeit bereits amortisiert.

Stahlschalungen bestehen aus einer Rahmenkonstruktion, die aus miteinander verschweißten Stahlprofilen hergestellt werden. Stahl ist aufgrund seiner spezifischen Festigkeit und Steifigkeit sehr gut geeignet, um große Lasten und Kräfte aufzunehmen, deshalb werden Stahlschalungen vorzugsweise für Betonstrukturen mit großen Höhen und bei hohen Frischbetondrücken ab 80 kN/m^2 verwendet. Stahlschalungen eignen sich wegen Ihrer Stabilität sehr gut für die Aufstockung großformatiger Elemente.

Weitere Vorteile von Stahlschalungen:

- *Stahlschalungen sind stabiler, robuster und damit langlebiger als andere Arten von Schalungen.*
- *Stahlschalungen können hohe Kräfte aufnehmen und können einem Frischbetondruck von bis zu 100 kN/m^2 (bei Wandschalungen) standhalten*
- *Stahl ist maßhaltig, unempfindlich gegenüber Umwelteinflüssen, schrumpft und verzieht sich nicht.*
- *Eine Pulverbeschichtung oder Feuerverzinkung schützen das Metall vor Abnutzung und Korrosion.*
- *Eine zusätzliche Oberflächenbehandlung verspricht eine geringere Betonhaftung.*
- *Stahl ist reparaturfreundlich.*
- *Aufgrund des hohen Gewichts werden Stahlschalungen in der Regel mit Hilfe eines Krans gestellt und ausgeschalt." (7)*

In der Praxis sind weitere Bedingungen zu berücksichtigen die einen entscheidenden Einfluss auf die Produktivität haben. Produktivität beeinflussende Parameter sind z. B.:

- Klimatische Bedingungen (zusätzliche Maßnahmen beim Betonieren und Belastung für das Personal)
- Komplexität der Fundamente (große/kleine Volumen)
- Einzubauende Teile (Anker, Platten)
- Schalung (Systemschalung oder Handarbeit)
- Vorfertigung oder Ortbeton

- Landesspezifische Gegebenheiten
- Ausbildung des Fachpersonals

In Abschn. 5.5.2 und 5.5.3 wird der Schwerpunkt auf die äußeren klimatischen Bedingungen, Betonieren bei kaltem Wetter und Betonieren bei heißem Wetter, sowie den technischen Möglichkeiten gelegt, um einen Bauablauf ganzjährig zu gewährleisten.

5.5.2 Betonieren bei kaltem Wetter

Mit den technischen Möglichkeiten von heute können auch bei niedrigen Lufttemperaturen und den entsprechenden ungünstigen Witterungsbedingungen qualitätsgerechte Betonkonstruktionen hergestellt werden. Voraussetzung dafür ist, dass schon in der Planung die niedrigeren Temperaturen berücksichtigt werden. Laut CEMEX ist folgendes zu berücksichtigen.

Winterliche Bedingungen umfassen eine Vielzahl von Faktoren, die die Bauteilqualität beeinflussen, ein wesentlicher Faktor ist die Temperatur. Niedrige Umgebungstemperaturen, geringe Luftfeuchtigkeit oder Taupunktunterschreitungen mit Tau- oder Reifbildung sind nur einige Seiten der winterlichen Bedingungen.

Unter winterlichen Temperaturen soll der Bereich <5 °C *verstanden werden. Es ist z. B. zu berücksichtigen, dass den Tagestemperaturen von* 10 °C *bereits Nachttemperaturen* <5 °C *und Bodenfröste folgen können, bevor der Beton eine Festigkeit von 5 N/mm² (Gefrierbeständigkeit) erreicht hat. (8)*

Bei kühler Witterung tritt eine Verzögerung des Erstarrens und der Festigkeitsentwicklung des Betons ein. Der Hydratationsprozess geht sehr langsam und kommt bei Temperaturen unter + 5 °C praktisch zum Stillstand.

Gefriert junger Beton, kann das Betongefüge gestört und dauerhaft geschädigt werden. Nach Erreichen einer bestimmten Reife (Druckfestigkeit >5 N/mm²) ist junger Beton in der Lage, ein einmaliges Durchfrieren ohne dauerhafte Gefügeschäden zu überstehen.

Ein schadloses einmaliges Durchfrieren von jungem Beton ist aus Sicht von ZERT-plus möglich, wenn:

- *Der Beton beim Einbau und für mindestens drei weitere Tage eine Temperatur von* + 10 °C *nicht unterschreitet oder*
- *In einer Erhärtungsprüfung eine Druckfestigkeit von mindestens 5 N/mm² nachgewiesen wurde. (9)*

Wirksame Maßnahmen für das Betonieren im Winter sind:

- Betonuntergrund und Bewehrung frostfrei halten
- Verlängerung der Ausschalfristen und der Nachbehandlungsdauer

- Schalungen mit höheren thermischen Eigenschaften verwenden (Holz anstelle von Metall)
- Einsatz von Dämmmatten und Heizaggregaten
- Ggf. Einhausungen verwenden
- Verwendung von Zusatzmitteln
- Der Zementgehalt sollte höher als 270 kg/m^3 liegen.
- Absenkung des Wasserzementwert (w/z-Wert) auf <0,6
- Verwendung von Zement mit höherer Frühfestigkeit
- Schalung, Betonuntergrund und Bewehrung frost- und eisfrei halten, abdecken und gegebenenfalls vorwärmen
- Holzschalung statt Metallschalung verwenden, bei dünnen Bauteilen dämmen
- Kurze Fahrzeiten vom Transportbetonwerk zur Baustelle vermeiden Auskühlung
- Verwendung von Warmbeton
- Beton möglichst lange in der Schalung lassen
- Beton mit Folie und Dämmmatten bei starkem Frost und schlanken Bauteilen mit beheizten Zelten schützen
- Beton darf keinesfalls Zugluft oder der direkten Bestrahlung von Heizaggregaten ausgesetzt werden

Vor der Betonherstellung sollte darauf geachtet werden, dass die Gesteinskörnungen und Zusatzmittel geeigneten Lagerungs- und Beheizmöglichkeiten ausgesetzt werden können. Der Warmwasserspeicher ist entsprechend der zu verarbeitenden Betonmenge zu dimensionieren. Während der Herstellung ist die Zugabe der Zusatzmittel möglichst spät zu wählen.

Bei der Bestellung von Warmbeton müssen durch genaue Absprache mit dem Betonhersteller, dem Betontechnologen und der Baustellenleitung die Randbedingungen über Herstell-, Liefer- und Einbaubedingungen getroffen werden.

Muss der Frischbeton in der kalten Jahreszeit beheizt ausgeliefert werden, wird er in der Regel mit warmem Wasser und/oder vorgewärmter Gesteinskörnung hergestellt. Hier ist darauf zu achten, dass die Frischbetontemperatur +30 °C nicht überschreitet.

Werden Zusatzmittel zur Herstellung des Frischbetons benötigt müssen diese frostfrei gelagert werden. Da sich die Wirksamkeit abhängig von der Temperatur ändern kann, sollte dies in Vorversuchen überprüft werden.

Schalung und Bewehrung müssen frei von Schnee und Eis sein. Auf gefrorenen Baugrund oder Betonbauteile darf nicht betoniert werden. Nach dem Einbau ist ein guter Wärmeschutz des jungen Betons notwendig. Gerüste, Schalungen und andere stützende Bauhilfsmaßnahmen dürfen erst entfernt werden, wenn der Beton eine ausreichende Festigkeit hat. Im Zweifel sind Erhärtungs- und/oder Reifegradprüfungen durchzuführen.

Zur Nachbehandlung sollte kein Wasser verwendet werden, eine Folie in Verbindung mit Wärmedämmmatten hat sich bei kurzen Frostperioden bewährt. Die Abdeckung ist mit Brettschalung oder anderem geeignetem Material vor Wind und Sturmeinflüssen zu schützen. Weitere wärmedämmende Abdeckungen sind trockene Stroh- und Schilfmatten, Leichtbau- und Kunststoffmatten, Styropordämmung, siehe hierzu auch Abb. 5.13.

Nachbehandlungsmaßnahmen für Beton bei Temperaturen < 5 °C	
Lufttemp. in °C	**Maßnahmen**
-3 °C bis +5 °C	– Frischbetontemperatur beim Einbringen ≥ 5 °C allgemein ≥ 10 °C bei z < 240 kg/m³ oder Verwendung von LH-Zement – Abdecken mit Folien bzw. Nachbehandlungsfilm aufsprühen und Wärmedämmung – Verwend. wärmedämmender Schalung, z. B. Holz
<-3 °C	– Frischbetontemperatur beim Einbringen ≥10 °C – Abdecken mit Folien und Wärmedämmung – Umschließen des Arbeitsplatzes (Zelt) oder Beheizen (z. B. Heizstrahler) – Zusätzlich Betontemperaturen wenigstens 3 Tage lang auf +10 °C halten oder so lange schützen, bis ausreichend Festigkeit erreicht ist

Weitere Nachbehandlungsmaßnahmen
Nachbehandlungs- und Ausschalfristen um Anzahl der Frosttage verlängern; Beton darf während der ersten Tage der Hydratation erst dann gefrieren, wenn: – seine Temperatur wenigstens 3 Tage ≥10 °C betrug **oder** – seine Druckfestigkeit f_{cm} ≥ 5 N/mm² beträgt (Gefrierbeständigkeit)

Abb. 5.13 Nachbehandlungsmaßnahmen für Beton (Bild: CEMEX)

Bei strengem Frost oder längeren Frostperioden kann der Schutz von Frischbeton nur durch Einhausung des Arbeitsbereiches und zusätzlicher Wärmezufuhr erreicht werden. Hierbei ist darauf zu achten, dass die Betonoberfläche nicht austrocknen kann.

Entsprechend Abb. 5.14 ist der Abkühlungsverlauf des Frischbetons zu berücksichtigen. Laut Holcim GmbH ist nachfolgendes zu beachten.

„Ungeschützter Frischbeton kühlt nach dem Einbau rasch aus. Der Temperaturverlust beträgt rund 3 °C *pro Stunde. (10)*

5.5.3 Betonieren bei heißem Wetter

In Anlehnung an die Verarbeitungshinweise „Betonieren im Sommer" von CEMEX, (11) sind folgende Empfehlungen zu berücksichtigen:

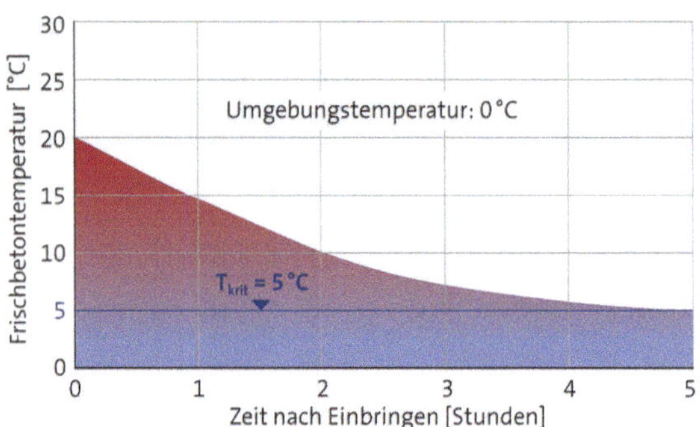

Abb. 5.14 Abkühlungsverlauf Frischbeton (Bild: Holcim (Süddeutschland) GmbH)

„Die Temperatur des Frischbetons und der Umgebung sowie starker Wind haben einen entscheidenden Einfluss auf die Verarbeitungseigenschaften, die Festigkeitsentwicklung und die Gefügeausbildung im oberflächennahen Bereich.

Daher sind im Sommer bei höheren Temperaturen ab 25 °C *aber auch bei starker Luftbewegung zusätzliche Maßnahmen notwendig, um die erforderlichen Betonqualitäten sicher zu erreichen. Die Frischbetontemperatur soll im Allgemeinen bei der Entladung* 30 °C *nicht überschreiten.*

Gleichzeitig ist bei der Herstellung und Lagerung von Probekörpern auf die Einhaltung der Normenanforderungen zu achten (z. B. Lagerungstemperatur auf der Baustelle). Zu hohe Beton- oder Lagerungstemperaturen können z. B. die Endfestigkeit negativ beeinflussen". (11)

Bei der Betonzusammensetzung ist folgendes zu beachten.

- *Einsatz von Zementen mit niedriger Hydratationswärmeentwicklung in der Anfangsphase*
- *Einsatz von Zusatzmitteln mit verzögernder sowie verflüssigender Wirkung – für Transportbeton Verarbeitbarkeitszeit mit Temperatur und zu erwartendem Temperaturanstieg abstimmen*
- *Temperaturabhängige Wirkung der Betonzusatzmittel beachten*
- *Unkontrollierte Wasserzugabe auf der Baustelle grundsätzlich unterlassen (Qualitätsverlust des Betons!) (11)*

Bei der Betonherstellung ist das Aufheizen der Betonausgangsstoffe z. B. durch:

- geeignete Anordnung der Gesteinskörnungslager,
- Abdecken der Gesteinskörnungen mit Isoliermatten,
- Berieselung der Gesteinskörnungen mit Wasser (Verdunstungskälte; erhöhte Feuchte der Gesteinskörnungen bei Wasserdosierung berücksichtigen!)

zu verhindern.

Des Weiteren kann durch den Einsatz von kühlem Brunnenwasser oder hinzufügen von Scherbeneis der Beton gekühlt werden.

Das Aufheizen der Schalung und Bewehrung ist mittels Beschattung vor direkter Sonneneinstrahlung zu schützen. Ein Besprühen mit Wasser erzielt ebenfalls eine kühlende Wirkung. Dies kann vor dem Betonieren auf den Untergrund erfolgen als auch nach dem Betonieren auf die betonierte Oberfläche. Wasserlachen sind allerdings zu vermeiden.

Die einfachste und kostengünstigste Lösung ist allerdings die Betonarbeiten in kühlere Tageszeiten (früh am Morgen, abends, nachts) zu verschieben. Durch ausreichendes Personal und Gerät ist eine zügige Betonverarbeitung sicherzustellen.

Die Temperatur der Gesteinskörnungen beeinflusst die Frischbetontemperatur wesentlich stärker als die Zementtemperatur, wie in Abb. 5.15 dargestellt ist.

Bestimmung der Frischbetontemperatur aus den Temperaturen der Ausgangsstoffe Zement, Gesteinskörnung und Wasser in Abhängigkeit vom Zementgehalt (250, 300, 350 kg/m^3). Die Summe der an der Ordinate abgelesenen Temperaturbeiträge der Einzelkomponenten ergibt einen Orientierungswert für die Frischbetontemperatur.

Tab. 5.5 zeigt die resultierende Frischbetontemperatur bei unterschiedlichen Temperaturen der Ausgangsstoffe nach Abb. 5.15.

Unmittelbar nach dem Betonieren sollten Nachbehandlungsmaßnahmen eingeleitet werden. Die ersten Stunden sind entscheidend für die Festigkeitsentwicklung des Betons. Mögliche Maßnahmen sind:

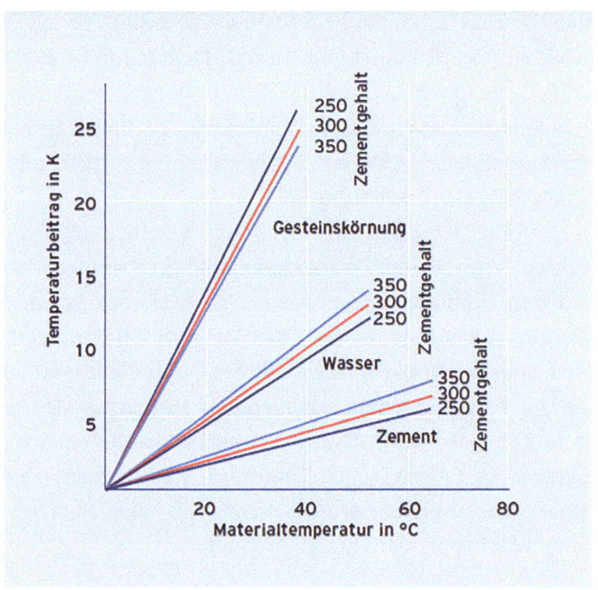

Abb. 5.15 Bestimmung der Frischbetontemperatur. (Bild: CEMEX)

Tab. 5.5 Beispiel für resultierende Frischbetontemperatur (Tabelle: CEMEX)

Zementgehalt 300 kg/m³	Vor Aufheizen geschützte Ausgangsstoffe			Gesteinskörnung und Wasser aufgeheizt		
Ausgangsstoff	Gesteinskörnung	Zement	Wasser	Gesteinskörnung	Zement	Wasser
Materialtemperatur in °C	20	75	12	30	75	20
Beitrag zur Frischbetontemperatur in K	13	7,5	3	19,5	7,5	5
Frischbetontemperatur in °C	23,5			32		

- Zu frühes Ausschalen vermeiden
- Sofortiges Aufsprühen von Nachbehandlungsmitteln auf mattfeuchte Oberfläche (möglichst mit hohem Hellbezugswert)
- Abdecken des Frischbetons mit Isoliermatten als Hitze-/Abkühlungsschutz
- Auflegen von wasserspeichernden Materialien unter ständigem Feuchthalten (evtl. zusätzliches Abdecken mit Folie als Verdunstungsschutz)
- Aufsprühen/Vernebeln von Wasser (Kein strömendes Wasser! Nicht auf erhitzte Oberflächen! Ständig feucht halten!)

Weisen im Sommer bereits die Betonausgangsstoffe hohe Temperaturen auf, so führt dies zu einer erhöhten Frischbetontemperatur, die das Ansteifen und die Festigkeitsentwicklung des Betons beschleunigt. Daraus ergibt sich eine verkürzte Verarbeitbarkeitszeit. Dieser Prozess wird durch hohe Wasserverdunstungsraten bei hohen Umgebungstemperaturen und starkem Wind noch beschleunigt. Die Folgen können Entmischungserscheinungen, sichtbare Schüttlagen, unzureichende Verdichtung und mangelhafte Einbettung der Bewehrung sein.

Erhöhte Temperaturen im Beton beschleunigen die Hydratphasenentwicklung und führen, wie bei der Wärmebehandlung, zu einer veränderten Gefügeausbildung. Die höheren Frühfestigkeiten können zu Einbußen bei der Endfestigkeit führen. Zu starke Wasserverdunstung an der Oberfläche des Betons verhindert die vollständige Hydratation, sodass dort ein weniger dichtes Gefüge mit geringerer Festigkeit entsteht.

Die Folge ist neben der Neigung zum Absanden eine verminderte Dauerhaftigkeit, d. h. geringer Widerstand gegen äußere Einflüsse, wie das Eindringen von Wasser und Schadstoffen (z. B. CO2, Chloride). Der Versuch, durch erhöhte Wasserzugabe einen Konsistenzausgleich zu erreichen, führt aber auch zu verringerter Festigkeit sowie zu einer Minderung der Dauerhaftigkeit.

Vor allem durch das beschleunigte Austrocknen der Oberflächen nach dem Einbringen wird die Schwindrissgefahr erhöht, weil noch keine ausreichenden Zugfestigkeiten erreicht sind. Ab einer Austrocknungsrate von 1 kg/m^{3}h ist mit Frühschwindrissen zu rechnen. Aus Abb. 5.16 können in Abhängigkeit von den wichtigsten Einflussgrößen (relative Luftfeuchte, Luft- und Betontemperatur, Windgeschwindigkeit) Richtwerte für die verdunstete Wassermenge abgelesen werden.

Die Abschätzung der Windgeschwindigkeit kann nach Tab. 5.6 Windstärkenskala nach Beaufort erfolgen.

Die Verdunstungsgeschwindigkeit des Wassers aus dem frischen Beton wird vor allem durch die Temperatur (Beton und Umgebung), die relative Luftfeuchtigkeit der umgebenden Luft und durch die Windgeschwindigkeit beeinflusst. Den ungefähren Zusammenhang zwischen diesen Größen zeigt Abb. 5.16.

So wird bei einer Umgebungstemperatur vom 20 °C und einer relativen Luftfeuchtigkeit von 50 %, einer Betontemperatur von ebenfalls 20 °C und einer Windgeschwindigkeit von ca. 15 km/h eine Wassermenge von 0,5 l in einer Stunde pro Quadratmeter Oberfläche verdunstet.

Eine erhöhte Wasserzugabe für den Konsistenzausgleich würde die Schwindneigung noch verstärken.

Laut Zementtaschenbuch beeinflussen die drei Parameter, Lufttemperatur, Betontemperatur und Windgeschwindigkeit das Austrocknungsverhalten des Betons.

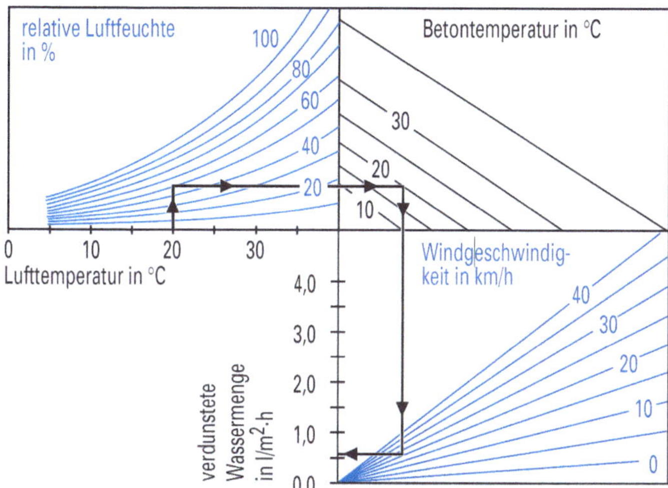

Abb. 5.16 Austrocknungsverhalten von Beton in Abhängigkeit von der relativen Luftfeuchte, der Luft- und Betontemperatur und der Windstärke. (Bild: Verein Deutscher Zementwerke e. V., Zement-Taschenbuch 2008)

Tab. 5.6 Windstärkenskala nach Beaufort

Windstärke	Geschw [m/s]	Geschw [Knoten]	Geschw [km/h]	Bezeichnung	Sichtbare Auswirkung
0	0–0,2	0 – <1	0	Stille	Rauch steigt senkrecht auf
1	0,3–1,5	1 – <4	1–5	Leiser Zug	Rauch zeigt die Windrichtung an
2	1,6–3,3	4 – <7	6–11	Leichte Brise	Blätter säuseln, im Gesicht leicht fühlbar
3	3,4–5,4	7 – <11	12–19	Schwache Brise	Blätter und dünne Zweige bewegen sich
4	5,5–7,9	11 – <16	20–28	Mäßige Brise	Wind hebt loses Papier an
5	8,0–10,7	16 -<22	29–38	Frische Brise	Kleine Bäume bewegen sich
6	10,8–13,8	22 – <28	39–49	Starker Wind	Starke Äste sind in Bewegung, Regenschirme sind schwierig zu benutzen
7	13,9–17,1	28 – <34	50–61	Steifer Wind	Ganze Bäume sind in Bewegung, fühlbarer Widerstand beim Gehen
8	17,2–20,7	34 – <41	62–74	Stürmischer Wind	Wind bricht Zweige von Bäumen, erschwerten Aufwand beim Gehen
9	20,8–24,4	41 – <48	75–88	Sturm	Dachziegel werden abgehoben
10	24,5–28,4	48 – <56	89–102	Schwerer Sturm	Bäume werden entwurzelt
11	28,5–32,6	56 – <64	103–117	Orkanartiger Sturm	Verbreitete Sturmschäden
12	>36	>64	>117	Orkan	Schwere Verwüstungen

„Bei sommerlichen Temperaturen sowie bei höheren Betontemperaturen als die der Luft und größer werdenden Temperaturdifferenzen zwischen Beton und Luft erhöht sich die Wasserverdunstung. Das Bild zeigt sehr deutlich, dass die Verdunstung nicht nur durch die Temperatur, sondern noch stärker durch den Wind beeinflusst wird. Darauf ist insbesondere bei flächenhaften und exponierten Bauteilen zu achten, wie beispielsweise bei Decken und Estrichen."

Beispiel

Ein Beispiel verdeutlicht die Bedeutung dieser Zahlen für die Praxis: Ein Frischbeton mit 180 l Wasser je m3 enthält je m2 in einer 1 cm dicken Schicht 1,8 l Wasser. Die Verdunstungsrate von 0,6 l/m^2 und Stunde bedeutet rechnerisch, dass dem Beton innerhalb von drei Stunden bereits eine Wassermenge entzogen wird, die dem Gesamtwassergehalt einer 1 cm dicken Betonschicht entspricht. Das damit verbundene Kapillarschwinden, die Neigung zur Rissbildung und die negativen Auswirkungen auf Festigkeit, Verschleißwiderstand und Dichtigkeit der oberflächennahen Bereiche sind erheblich.

Die Dauer der Nachbehandlung muss deshalb so bemessen sein, dass auch die oberflächennahen Zonen eine ausreichende Festigkeit und Dichtheit des Betongefüges erreichen, die für die Dauerhaftigkeit des Betons und den Korrosionsschutz der Bewehrung erforderlich sind. (12) ◀

5.5.4 Besondere Bauwerke

Es gibt viele Bauwerke einer verfahrenstechnischen Anlage, die aus Beton bestehen. Nicht alle sind einfache Fundamente, auf denen ein 5 kW Pumpe steht. Die Bauwerke können höchst komplex sein und bedürfen darüber hinaus ein hohes Maß an Qualität.

- Floßfundament (Raft Foundation)
- Gruben / Auffangbecken
- Betontische für Kompressoren

nur um einige zu nennen.

5.5.4.1 Floßfundament

„Ein Floßfundament, auch bekannt als „Mattenfundament", ist im Wesentlichen eine durchgehende Platte, die direkt auf dem Boden liegt und sich über die gesamte Grundfläche des Gebäudes erstreckt, Dadurch werden seine Gewichte und die Lasten gleichmäßiger auf den Boden übertragen. Im Gegensatz zu isolierten oder Pfahlgründungen, Bei schwachem Boden wird häufig ein Floßfundament verwendet, da es das Gewicht des Gebäudes über die gesamte Fläche des Gebäudes verteilt, und nicht über kleinere Zonen oder an einzelnen Punkten, Dies führt zu einer geringeren Belastung des Bodens. Typischerweise, Die Dicke von Flößen kann mehrere Meter betragen, um dem Stanzschereffekt stark belasteter Säulen Rechnung zu tragen, Dabei sollte eine ausreichende Lastverteilung auf die darunter liegenden Schichten sichergestellt werden." (13)

Die Haupteigenschaft dieses Fundamentes ist, es ist groß. Das Volumen reicht mitunter von mehreren hundert m3 bis zu tausende m3. Die Schwierigkeit in der Herstellung besteht darin, das Fundament in einem kontinuierlichen Arbeitsgang zu vergießen. Dazu sind detaillierte Untersuchungen und Planungen erforderlich. Die Hauptparameter bilden die Kapazität der Mischanlage, bzw. die maximal verfügbare Betonmenge einschließlich der Berücksichtigung lokaler Ressourcen wie Transportbeton. Das Einbringen, also der Materialfluss des Betons, ist sorgfältig zu planen. Unter Berücksichtigung folgender Voraussetzungen wird der Ablauf geplant.

Voraussetzungen	
Kapazität Mischanlage (MA)	60 m^3/Stunde
Dauer für die Herstellung von 9 m^3 Beton	00:12:00
Puffer MA	00:00:00

Durchschnittliche Wegezeit Mischanlage – Baustelle	00:05:00
Durchschnittliche Entleerungszeit Betonfahrzeug (9 m^3)	00:10:00
Durchschnittliche Wegezeit Baustelle – Mischanlage	00:08:00
Erforderliche Betonmenge	400 m^3
Anzahl Beton Mischer	3 Stück

Dabei werden die Wegezeiten und das Be- und Entladen der Transportfahrzeuge berücksichtigt und eng getaktet, wie Tab. 5.7 Herstellung Floßfundamente – Taktung zeigt.

Um ein reibungsloser Ablauf sicherzustellen sind die erforderlichen Gerätschaften einen Tag vor dem Vergießen nochmals auf Funktionsfähigkeit zu überprüfen. Für kritische Geräte wie Betonpumpe und Betonmischer ist jeweils ein Ersatzgerät vorzuhalten. Die Überprüfung der Vorarbeiten wie:

- Verlegen der Bewehrung
- Installierung der Erdungen
- Vorbereiten der Wasserstopps
- Vorbereiten von Arbeitsfugen
- Verlegen der Schalungen

erfolgt mindestens drei Tage vor dem Betonieren, damit für die Durchführung mögliche Korrekturen ein noch ausreichender Zeitpuffer vorhanden ist.

Der Beton wird in mehreren Schichten eingebracht, beginnend mit einer Tragschicht am Anfang des Fundamentes. Nachdem diese Verdichtet wurde, werden die weiteren Tragschichten hergestellt. Danach folgen in der gleichen Sequenz (z. B. von Norden

Tab. 5.7 Herstellung Floßfundamente – Taktung

Nr.	Fahrzeug	Start MA	Ende MA	Fahrweg Bst.	Entladen	Fahrweg MA	Menge	Kumulativ
1	Fhzg. 01	08:30	08:42	08:47	08:57	09:05	9 m^3	9 m^3
2	Fhzg. 02	08:42	08:54	08:59	09:09	09:17	9 m^3	18 m^3
3	Fhzg. 03	08:54	09:06	09:11	09:21	09:29	9 m^3	27 m^3
4	Fhzg. 01	09:06	09:18	09:23	09:33	09:41	9 m^3	36 m^3
5	Fhzg. 02	09:18	09:30	09:35	09:45	09:53	9 m^3	45 m^3
6	Fhzg. 03	09:30	09:42	09:47	09:57	10:05	9 m^3	54 m^3
7	Fhzg. 01	09:42	09:54	09:59	10:09	10:17	9 m^3	63 m^3
8	Fhzg. 02	09:54	10:06	10:11	10:21	10:29	9 m^3	72 m^3
9	Fhzg. 03	10:06	10:18	10:23	10:33	10:41	9 m^3	81 m^3
40	Fhzg. 01	16:18	16:30	16:35	16:45	16:53	9 m^3	360 m^3
41	Fhzg. 02	16:30	16:42	16:47	16:57	17:05	9 m^3	369 m^3
42	Fhzg. 03	16:42	16:54	16:59	17:09	17:17	9 m^3	378 m^3
43	Fhzg. 01	16:54	17:06	17:11	17:21	17:29	9 m^3	387 m^3
44	Fhzg. 02	17:06	17:18	17:23	17:33	17:41	9 m^3	396 m^3
45	Fhzg. 03	17:18	17:30	17:35	17:45	17:53	9 m^3	405 m^3

nach Süden) die mittleren Schichten und die Deckschicht bis das Ende des Fundamentes erreicht ist.

Der übliche Zeitabstand zwischen dem Platzieren einer Schicht über einer anderen Schicht sollte nicht mehr als 30 min betragen, ist aber witterungsabhängig. Hierbei gilt es, sogenannte kalte Fugen zu vermeiden.

„Eine kalte Fuge ist eine unerwünschte Diskontinuität zwischen Betonschichten, die auftritt, wenn man eine Betonschicht aushärten lässt, bevor der Rest des Betons in eine einzige feste Masse gegossen wird. Die Diskontinuität tritt zwischen den Schichten aufgrund der Unfähigkeit des frisch gegossenen, nassen Betons auf, sich mit dem ausgehärteten Beton zu vermischen und richtig zu binden. Eine solche Diskontinuität ist oft die Folge von logistischen Problemen wie dem Arbeitsplan eines Auftragnehmers oder einer unerwarteten Materialknappheit.

Ein ernsteres Problem im Zusammenhang mit einer kalten Fuge ist die Möglichkeit des Eindringens von Feuchtigkeit in den Betonabschnitt. Setzt sich Wasser in der Fuge ab, kann dies unter bestimmten Umgebungsbedingungen zum Abbau des Betons führen. Da sich beispielsweise Wasser beim Gefrieren ausdehnt und sich beim Schmelzen wieder zusammenzieht, kann das in einer kalten Verbindung eingeschlossene Wasser zu Rissen oder Erosion des Materials führen. Feuchtigkeit kann auch andere Dinge als die Betonmasse beschädigen, wenn sie vollständig durchsickern kann." (14)

5.5.4.2 Gruben und Auffangbecken

In einer verfahrenstechnischen Anlage sind neben Regenwasserrückhaltebecken, gerade für die Abwasser- und Prozesswasseraufbereitung große Auffangbecken erforderlich.

Das Fassungsvolumen dieser Becken kann mehrere tausend Kubikmeter betragen, sodass große Mengen Beton für die Herstellung anfallen. Nachdem die Bodenplatte oder Sohle des Beckens vergossen wurde, werden die Wände hergestellt.

Zur Vermeidung von Wabenbildung wird die Schalung nicht innen ausgekleidet, da die Bewehrungsstäbe als Abstandhalter nicht in den Magerbeton gebohrt werden können. Weiter ist zu berücksichtigen, dass die Schalung so dicht ist, dass der feinkörnige Mörtel des Betons beim Einbau und Verdichten nicht durch die Fugen ausfließt (Materialverlust vermeiden). Eine ausreichende Verspannung der Schalung ist sicherzustellen, damit keine Verformung während des Betoneinbringens gebildet wird.

Beim Einbringen des Betons hat sich ein Erfahrungswert bezüglich der Fallhöhe des einzubringenden Betons von einem Meter eingestellt, um sicherzustellen das keine Entmischung des Betons beim Auftreffen erfolgt. Größere Fallhöhen können durch die Verwendung von flexiblen Rohren reduziert werden (Abb. 5.17).

Nachdem eine Frischbetonhöhe von unter einem Meter erreicht ist, wird der eingebrachte Beton unter Zuhilfenahme eines Rüttlers so lange verdichtet, bis die Oberfläche des Betons einen glänzenden Schimmer entwickelt und keine Luftblasen mehr vorhanden sind. Dieser Vorgang wird Schicht für Schicht durchgeführt, wobei ca. 150 mm der vorherigen Betonschicht erneut mit verdichtete werden, um kalte Fugen zu vermeiden.

Abb. 5.17 Fallhöhe Betongießen (Bild: agshotcreteservices)

Das Vergießen der Wände ist kontinuierlich durchzuführen. Die maximale Zeit zwischen dem Mischen und dem Einbringen des Betons sollte je nach Verwendung von Zusatzstoffen, Zementart und klimatischen Bedingungen 2 h nicht überschreiten.

5.5.4.3 Verwendung von chemischem Anker

An Betonstrukturen sind Unterstützungen für Rohrleitungen oder zusätzliche Stahlträger im weiteren Verlauf anzubringen. Die genauen Koordinaten dieser Stützen sind zu Beginn der Bauarbeiten nicht bekannt, oder zu ungenau, sodass diese im späteren Verlauf hergestellt werden müssen. Diese Unterstützungen und/oder Träger werden an Stahlplatten angeschweißt. Die Stahlplatten wiederum werden an die Betonstruktur angebracht und mittels chemischen Ankers verbunden.

Für die Anker ist ein Loch in den Beton zu bohren, doch wie wird vermieden, dass die Bohrung für den Anker mit der Bewehrung kollidiert?

Zuerst wird die Position des eingebetteten Objekts durch einen Vermesser lokalisiert, und auf der Struktur gekennzeichnet. Im Anschluss wird der Beton aus dem gekennzeichneten Bereich entsprechend entfernt.

Zusätzlich wird ein weiterer kleiner Teil des Betons entfernt, um die Position der Hauptbewehrungsstäbe zu bestimmen (vertikale Bewehrungsstäbe für Stützen, horizontale Bewehrungsstäbe für Träger usw.).

Nach der Identifizierung der Positionen der Bewehrungsstäbe werden diese auf dem unbehandelten Beton markiert. Die abgestemmte Fläche wird mit Reparaturmörtel repariert und verfüllt.

Die Verankerungslöcher können nun entsprechend den Herstellerangaben gebohrt werden und die Anker in die mit Injektionsmörtel gefüllte Bohrlöcher eingebaut werden.

Nach dem Einbau der Platte wird der gesamte Bereich mit Fugenmörtel verspachtet (Abb. 5.18).

5.5.5 Kontrollen und Prüfungen

Lufteinschlüsse im Beton und kalten Fugen wirken sich negative auf die Belastbarkeit und/oder die Funktion des Bauwerkes aus. Von daher sollte die Qualitätsüberwachung der Baustelle ein gesondertes Augenmerk auf diese Tätigkeit haben, und sie entsprechend dokumentieren.

Fundamente werden eingemessen und mit den Koordinaten in den Zeichnungen verglichen. Neben der weiteren allgemeinen Sichtkontrolle sind folgende Punkte während und nach der Ausführung zu überprüfen:

- Materialzertifikate für Bewehrung und Betonzuschläge
- Sauberkeitsschicht
- Bewehrung auf Abstand, Durchmesser und Verlegung
- Oberflächenbeschaffenheit der Schalung
- Übereinstimmung mich den Achsmaßen
- Fundamentabmessungen
- Schalungsoberfläche / Sichtbeton
- Etwaige Aussparungen

Abb. 5.18 Vorbereitung Setzen chemischer Anker

- Eingebaute Teile wie Anker, Schienen usw.
- Dehnungsfugen, Arbeitsfugen

Des Weiteren ist die Konsistenz des Frischbetons mittels Setzversuch zu bestimmen. Der Setzversuch wird entsprechend der DIN EN 12350-2 durchgeführt. Hierbei wird eine keglige Metallform in drei Schritten mit Beton gefüllt und verdichtet. Nachdem die Form entfernt wurde, wird die Höhe des zusammengesunkenen Betons gemessen, und mit der Höhe der Metallform verglichen. Die Differenz zwischen den beiden Maßen ist das sogenannte Setzmaß. Das zulässige Setzmaß wird in der Regel in der Betonspezifikation definiert.

Nach Fertigstellung der Betonarbeiten erfolgt die vollständige Überprüfung der ausgeführten Arbeiten.

Becken in denen Abwasser oder Prozesswasser gesammelt wird, sind vor der Inbetriebnahme einer Dichtigkeitsprüfung zu unterziehen. Dabei wird das Becken gefüllt und der Wasserstand gemessen. Das Wasser verbleibt über einen bestimmten Zeitraum im Becken. Nach Ablauf des Zeitraums wird der Wasserstand erneut gemessen. Abweichungen (Regen, Verdunstung) werden analysiert und in die Dichtigkeitsbetrachtung mit einbezogen.

Insbesondere sind Schäden bei großen Bauwerken aufwendig zu beseitigen, und beeinträchtigen die Termine der nachfolgenden Gewerke.

5.5.6 Gebäude

Im industriellen Anlagenbau unterscheidet man zwischen „Process Buildings“ und „Non Process Buildings“.

Process Buildings sind geschlossene Gebäude, in denen die Prozesstechnik enthalten ist. Darunter fallen z. B.

- Maschinenhäuser
- Pumpenhäuser

Non Process Buildings beinhalten demnach die Gebäude, in denen keine Prozesstechnologie enthalten ist. Darunter fallen z. B.

- Verwaltungsgebäude
- Labore
- Lagerhalle
- Werkstätten
- Verladestationen
- Medizinische Einrichtungen
- Substation (Schalthaus)
- Control Buildings (Leitwarte, Messwarte)

Mitunter werden Schalthäuser und Leitwarten auch den Prozessgebäuden zugeordnet, da die Ansprüche an die Haustechnik höher einzuschätzen ist als bei Lagerhallen oder Werkstätten.

5.6 Stahlbau

Neben dem Beton dient auch der Stahl zur Herstellung von Bauwerken wie Rohrbrücken und Behältergerüste.

Nicht selten werden in Anlagen des Großanlagenbaus 20.000 t oder mehr an Stahlbau verarbeitet. Die Installation diese Mengen an Stahlbau sind unter kapazitiven und logistischen Gesichtspunkten nur über einen längeren Zeitraum zu realisieren. Die Anlage ist in überschaubare Größen zu unterteilen (Lose), damit die Liefer- und Montagesequenzen übersichtlich bleiben und nachverfolgt werden können. Wie Abb. 5.19 darstellt, erfolgt die Einteilung der Anlage unterschiedliche Bereiche. Bei einem Anlagenkomplex ist die erste Einteilung, die Einteilung nach den unterschiedlichen verfahrenstechnischen Anlagenteilen bzw. nach den Nebenanlagen. Zu den Nebenanlagen gehört mitunter die Dampferzeugung, das Kühlwassersystem usw.

Die Prozessanlagen und Nebenanlagen werden mittels Rohrbrücken verbunden. Die Rohrbrücken können bei entsprechender Länge auch in mehrere Abschnitte eingeteilt

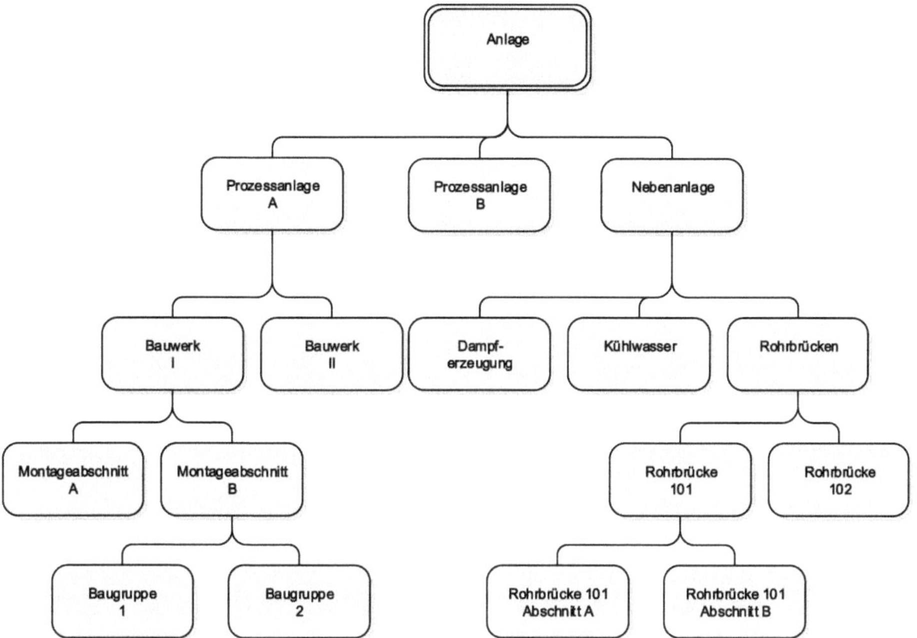

Abb. 5.19 Einteilung der Anlage in Baugruppen

werden. Die Prozessanlagen werden ebenfalls in Bauwerke unterteilt, und diese in Montageabschnitte. Innerhalb der Montageabschnitte erfolgt die Bildung von Baugruppen.

Durch die Losbildung entsteht ein Vorteil bei der Beauftragung der Stahlbaufertigung. Mögliche kapazitive Engpässe am Beschaffungsmarkt können umgangen werden, indem mehrere Lieferanten in Anspruch genommen werden können. Eine zusätzliche höhere terminliche Flexibilität entsteht.

Entscheidend ist nun, eine Vorgehensweise und Systematik zu erarbeiten, in der die sequenzielle Herstellung von Baugruppen, entsprechend der erforderlichen Verfügbarkeit widergespiegelt wird. Der Materialbedarf zur Herstellung der einzelnen Baugruppen ist in Fertigungs- und Liefersequenzen zu transferieren. Die Überwachung der Stahlbaufertiger erfolgt anhand der vereinbarten Sequenzen, um exakt die geplante Reihenfolge der Montage sicherzustellen.

Dazu wird, wie in Abb. 5.20 aufgeführt, die Gesamtanlage in die Lose bzw. Baugruppen geteilt. Für die Lose bzw. Baugruppen werden die Montagesequenzen definiert. Dabei spielt zum einen die logische Abfolge eine Rolle, des Weiteren die montagetechnischen Anforderungen der Ausrüstungen, die in dem Stahlbau montiert werden und die erforderliche Fertigstellung der gesamten Baugruppen aus Sicht der Inbetriebnahme. Analog zu den einmal festgelegten Montagesequenzen sind die gleichen Sequenzen für die Fertigung zu wählen. Stahlbauübersichten und Werkstattzeichnungen passen sich selbstverständlich auch diesen Sequenzen an. Nach dem das Vormaterial bestellt und beschafft wurde erfolgt die Fertigung. Während der Fertigung sollte der Stahlbaulieferant auf Einhaltung der vorgegebenen Sequenzen hin überwacht werden.

Standardmäßig werden im Anlagenbau zuerst die Rohrbrücken und anschließend die Behältergerüste errichtet. Zu weiteren Absicherung dieser Regel fließen Überlegungen, wie

- die Verfügbarkeit des Bauwerkes für weitere Arbeiten
- der Aufwand
- die Montagerichtung
- die Kranstandflächen
- die Zugänglichkeit

in die Festlegung der Montagesequenzen ein.

5.6.1 Planung

Während der Planungsphase sind die Montagesequenzen des Stahlbaus frühzeitig zu definieren. Die Fertigungssequenzen des Stahlbaulieferanten müssen die Montagesequenzen widerspiegeln. Es ist zu vermeiden, dass der Stahlbaufertiger seine Fertigung ohne Berücksichtigung der Belange des Anlagenbauers optimiert. Die Fertigung ist dem-

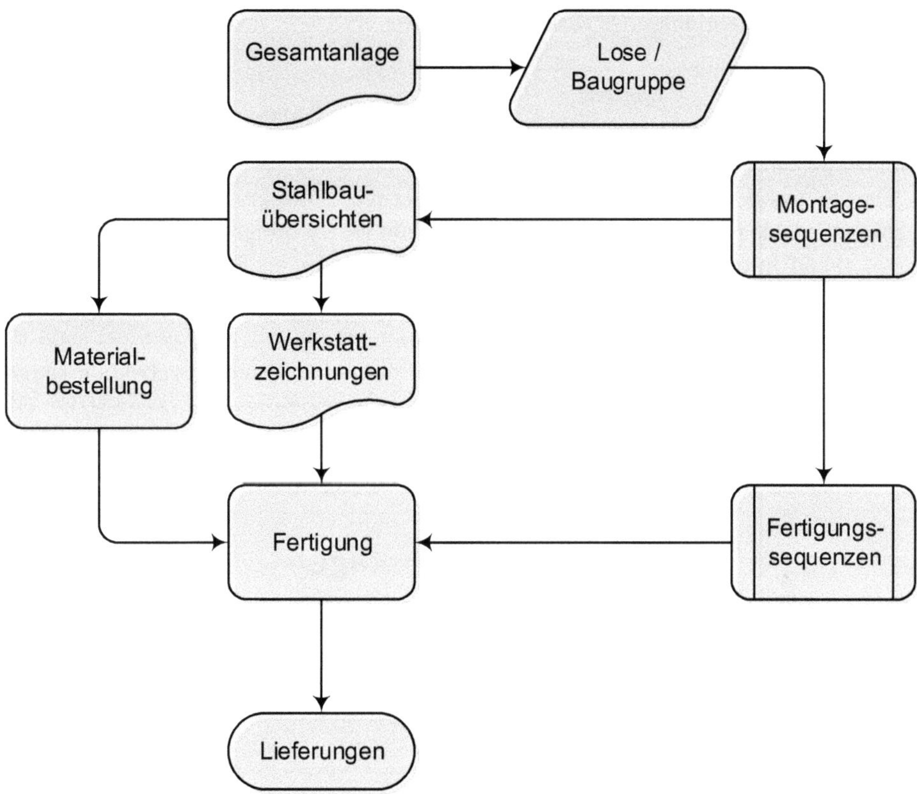

Abb. 5.20 Workflow Stahlbaulieferungen

nach so zu überwachen, dass die Sequenzen passen und die Baustelle funktionierende bzw. vollständige Einheiten erhält. Es bietet sich an, die Fertigungssequenzen und die Vorgaben für Qualität vertraglich festzulegen und die Einhaltung dieser Sequenzen durch eigenes Personal zu überwachen.

Die Verfügbarkeit des Bauwerkes für weitere Arbeiten (z. B. Rohrleitungsmontage) ergibt sich aus dem Gesamtterminplan, unter Berücksichtigung des Aufwandes, rückwärtsgerechnet von der Inbetriebnahme-Sequenz. Eine klare Montagerichtung vermeidet Schnittpunkte und Behinderungen durch andere Baustellentätigkeiten. Ein wesentlicher Punkt ist die Festlegung der Kranstandflächen, um die Überschneidung der Aktionsradien des einen Krans mit einem anderen Kran zu vermeiden.

Je nach Beschaffenheit des Bodens sind die Kranstandflächen zu präparieren, um die vorschriftsmäßige Standsicherheit sicherzustellen. Die permanente Zugänglichkeit hinsichtlich Materiallieferung sollte gewährleistet sein.

Unter Berücksichtigung von *Formel* 5.1 *Effizienz*

$$Effizienz = \frac{Input}{Output} = \frac{Arbeitsaufwand}{prod.Stückzahl}$$

wird der geplante Arbeitsaufwand ermittelt.

Da der Stahlbau die Basis für die nachfolgenden Gewerke darstellt, ist ein planmäßiges Errichten des Stahlbaus sicherzustellen, um die nachfolgenden Gewerke nicht in ihrem Ablauf zu stören.

Abb. 5.21 stellt den Einfluss des Stückgewichtes auf Montagestunden und Montagekosten dar. Der Aufwand der Montagestunden bezogen auf das Stückgewicht sinkt bei steigendem Gewicht. Wird eine Baugruppe aus Einzelteilen zusammengebaut die durchschnittlich 150 kg pro Stahlbauteil wiegen, wäre die angenommene Effizienz 20 h/t. Die

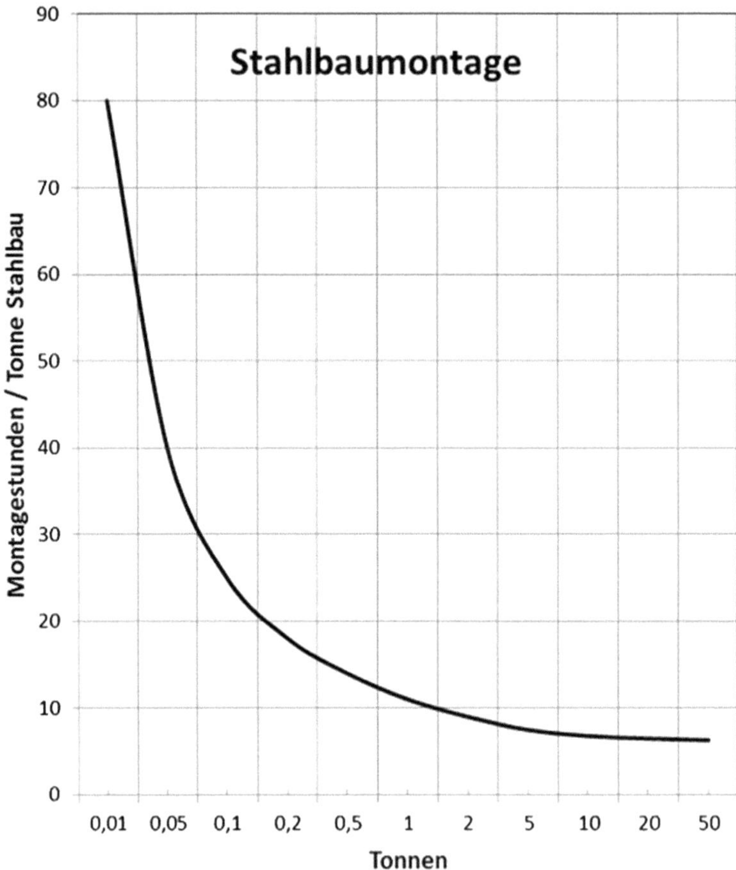

Abb. 5.21 Einfluss des Stückgewichtes auf Montagestunden

daraus resultierenden Montagekosten ergeben sich, indem der Aufwand mit einem repräsentativen Stundenlohn multipliziert wird.

Beispiel

Annahme: Eine Rohrbrücke mit einer Länge von 100 m, 6 m breit und 8 m hoch hat eine Tonnage von ca. 120 t.

Unter Zugrundelegung von Formel 5.1 Effizienz wird der Input (=*Arbeitsaufwand) bestimmt, wobei die durchschnittliche Effizienz aufgrund von Erfahrungswerten angenommen wird.*

Output = 120 t

Effizienz = 20 h/t

$$\text{Arbeitsaufwand} = \text{Effizienz} * \text{Output}$$

$$\text{Arbeitsaufwand} = 20\frac{\text{h}}{\text{t}} * 120\ \text{t} = 2400\ \text{h}$$

Bei einer angenommenen Effizienz von 20 h/t benötigt man 2400 h für die Errichtung der Rohrbrücke. Umgerechnet sind das ca. 10 Mann Monate.

Eine Stahlbaukolonne setzt sich in der Regel aus 5 Personen zusammen. Demzufolge wäre der Montagezeitraum 2 Monate.

Sind diese 2 Monate terminlich zu lange, müssen 2 oder mehr Kolonnen eingesetzt werden.

Abb. 5.22 *zeigt die Komplexität von Rohrbrücken anhand einer Polycarbonat Anlage in Uerdingen.* ◀

Ergänzend zu dem oben genannten Beispiel sollte nicht vergessen werden, dass bei der Stahlbaumontage Hebezeuge erforderlich sind. Mitentscheidend für die Festlegung mit wie vielen Kolonnen, in welchem Zeitraum die Stahlbaumontage erfolgen soll, ist die Planung der Hebezeuge. Hier spielt der Platz für die Kranstandflächen und die Verfügbarkeiten von Kranen eine entscheidende Rolle.
Des Weiteren sind zu überprüfen, ob auf der Baustelle Behinderungen wie z. B. durch

- vorhandene Gebäude
- Befahrbarkeit und Belastbarkeit der Baustellenzuwege
- Vormontageplatz

vorliegen, die einen negativen Einfluss auf die Abläufe haben könnten.
Die Montage des Stahlbaus erfolgt mittels einzelner Teile, oder als Baugruppe. Diese Baugruppen können bereits in der Fertigung, oder auf der Baustelle vormontiert werden. Eine Kombination aus beiden ist ebenfalls üblich. Bei der Stahlbauplanung ist abzuwägen, inwieweit ein höherer Grad an vormontierten Bauteilen Kosten reduzierend

Abb. 5.22 Rohrbrücke im Chemiekomplex Bayer Uerdingen (Bild: Bayer AG)

wirkt. Dabei sind eingesparte Kosten für Montagearbeiten vor Ort mit möglichen höheren Krankosten aufgrund größerer Hebeleistung zu vergleichen.

Die Größe der Baugruppen wird durch die maximalen Transportabmessungen begrenzt. In Einzelfällen ist zu prüfen, inwieweit diese Baugruppe auf der Baustelle ebenerdig zu noch größeren Montageeinheiten vor Ort zusammengebaut werden können. Die wirtschaftlichste Gesamtlösung ist jeweils durch Variantenvergleiche zu ermitteln.

Seitens der Terminplanung sind die chronologischen Abhängigkeiten und die entsprechenden Dauern im Detail zu planen.

Abb. 5.23 zeigt die vereinfachte chronologische Abhängigkeit des Stahlbauwerdegangs. Nachdem die Stahlbauübersichten und die Statik fertiggestellt wurden erfolgt die Materialbestellung. Parallel zur Materialbestellung erfolgt die Erstellung der Werkstattzeichnungen für die spätere Fertigung. Nachdem das Rohmaterial geliefert wurde, beginnt der eigentliche Fertigungsprozess des Stahlbaus. Entscheidend ist hier, dass die Werkstattzeichnungen vorliegen, der Prüfstatiker oder die zuständige „Third Party" (länderabhängig) die Statik verifiziert hat. ◀

5.6.2 Stahlbaumontage

Das vorgefertigte Material wird idealerweise direkt zum Verwendungsort geliefert und von dort aus direkt montiert, also „just in time". Leider sind hierfür nicht immer die

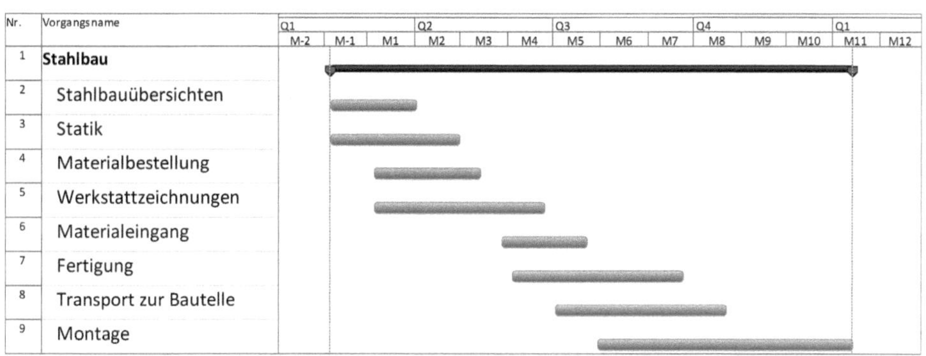

Abb. 5.23 Grobterminplan Stahlbau

Voraussetzungen gegeben. Fundamente sind noch nicht fertig, oder belastbar, oder die Lagerflächen vor Ort sind begrenzt.

Bei Beschaffungen aus entfernten Ländern (größere Distanz zwischen Fertiger und Baustelle) oder Gegenden, und den daraus resultierenden lange Transportzeiten, sollte Lagerflächen für einen Auslastungspuffer berücksichtig werden. Das Zwischenlagern von bestimmten Mengen stellt eine kontinuierliche Auslastung des montierenden Unternehmens sicher und ermöglicht den Stahlbauer eine gewisse Flexibilität. Als Richtwert sollte die Arbeitsleistung einer Arbeitswoche verfügbar sein. (siehe auch Abb. 18.7)

Das zwischengelagerte Material ist auf der Baustelle in der Reihenfolge zu lagern, die die Einbaureihenfolge widerspiegelt. In der Regel erfolgt die Lagerung auf Freiflächen in dem die Stahlbauteile auf Hölzer gelegt werden. Die dazu gehörigen Kleinteile wie Schrauben, Mutter und Unterlegscheiben werden in verschließbaren Container gelagert.

Vor der Stahlbaumontage ist sicherzustellen, dass die zu benutzende Fundamente ihrer erforderlichen Festigkeit erreicht haben. Die Fundamente und Ankerbolzen sind auf Beschädigung und Zeichnungskonformität hin zu überprüfen. Insbesondere wenn diese Leistungen durch Dritte erbracht wurden.

Unebenheiten der Fundamente innerhalb der vorgeschriebenen Toleranzen können durch Unterlegbleche korrigiert werden. Dazu werden die Stahlstützen mithilfe von Blechen ausgerichtet, wobei maximal drei Unterlegbleche aufeinanderliegend verwendet werden dürfen. Unterlegbleche sollten in unterschiedlichen Dicken und in ausreichender Menge vorhanden sein. Des Weiteren ist zu beachten, dass die Bleche weder geschert noch gestanzt wurden. Die Schnittkanten müssen zur Vermeidung von Verletzungsgefahren gebrochen werden. Unter Berücksichtigung der jeweils anzuwenden Normen ist der Abstand zwischen Fundament und Stahlstütze mit wenigsten 30 mm und bis höchstens 50 mm durch Unterlegbleche auszugleichen.

Die Stahlbauteile sind ausschließlich nach denen in den Zeichnungen angegeben Maßen zu montieren. Das Einhalten der dort angegebenen Toleranzen ist zwingend erforderlich. Bei Maßketten sollte das Gesamtmaß dahingehend kontrolliert werden, dass die Addition von Toleranzen nicht die Toleranz des Gesamtmaß über- bzw. unterschreitet.

Während der Stahlbaumontage sollte die Windgeschwindigkeit mitberücksichtigt werden (Weitere Details zu Kranarbeiten siehe Abschn. 6.2).

Nachdem der Stahlbau auf den Fundamenten verankert ist, werden die Verankerungen, vorzugsweise mittels Drehmomentschlüssel angezogen und im Anschluss vergossen. Bevor das Vergießen freigegeben wird, erfolgt in der Regel eine protokollierte Überprüfung der Anzugsmomente.

Der Stahlbau kann mittels geschweißter Verbindungen als auch mit geschraubten Verbindungen ausgeführt werden. Die Herstellung der endgültigen Verbindung erfolgt erst nach dem Feinausrichten der Stahlbaustruktur. Mögliche Hilfskonstruktionen oder zeitweilige Abstützungen und Abspannungen sind erst dann zu entfernen, wenn die Stahlbaustruktur die erforderliche Standsicherheit erreicht hat.

Bei den Schraubenverbindungen ist darauf zu achten, dass die Schraubenköpfe und Unterlegscheiben einen festen Sitz an den Berührungsflächen vorweisen. Des Weiteren sollten die Schraubenköpfe auch nur auf einer Seite angeordnet werden.

Bei geneigten Auflageflächen sind Schraubenköpfe und Muttern mit keilförmigen Unterlegscheiben zu versehen. Bei geraden Auflageflächen sind nur die Muttern mit (runden) Unterlegscheiben zu versehen.

Zum Anziehen der Muttern sind geeignete Werkzeuge (z. B. Drehmomentschlüssel, Schlagschrauber) zu verwenden. Bei hochfesten Schrauben sind das Gewinde und die Reibfläche der Unterlegscheibe zu schmieren (z. B. mit kolloidem Molybdändisulfid). Verzinkte Schrauben und Muttern dürfen nicht mit Schmiermitteln behandelt werden. Für die Vorspannkraft von hochfesten Schrauben gelten die vorgeschriebenen Normen (z. B. DIN EN 1090 Teil 1–3, BS 4604-1 und -2, ASTM A325, ASTM A490) und die Empfehlungen des Schraubenherstellers.

Für 100 % Vorspannung gelten die Anziehmomente nach DIN 18800-7, unter Verwendung eines Drehmomentschlüssels. Auf der Baustelle hergestellte Schraubverbindungen sind stichprobenartig auf festen Sitz zu kontrollieren. Bei Verbindungen mit hochfesten Schrauben und vorgeschriebener Vorspannkraft ist bei allen Schrauben das Anziehmoment mit einem Drehmomentschlüssel zu kontrollieren.

Normale Schraubverbindungen der Güte 4.6, 5.6 können mit einem Schlagschrauber angezogen werden.

Schraubverbindungen sind auf folgende Punkte hin visuell zu kontrollieren:

- Die Schrauben ragen um wenigsten zwei Gewindegänge aus der Mutter heraus.
- Die Schrauben sind mit dem Drehmomentschlüssel angezogen. (Die Spuren der Krafteinwirkung sind mitunter an den Ecken der Mutter erkennbar).
- Die Muttern sind unter Verwendung von Unterlegscheiben und auf der richtigen Seite angebracht.

Abb. 5.24 Stahlbau – Unterlegscheiben (Bild: Stefan Boos)

Abb. 5.24 zeigt eindrucksvoll, dass die Verwendung von Unterlegscheiben auf der richtigen Seite auf dieser Baustelle ernst genommen wird. Allerdings herrscht nicht immer und überall ein einheitliches Verständnis über den allgemeinen Stand der Technik. Der freien Kreativität auf einer Baustelle sind keine Grenzen gesetzt. Umso mehr rückt die Bau- und Montageüberwachung vor Ort in den Mittelpunkt.

Für die Schweißverbindungen gelten die vorgeschriebenen Normen wie z. B. EN 287-1, EN 719, EN ISO 3834-1, EN ISO 5817 und EN ISO 9692-2, AWS D1.1

Baustellen-Schweißnähte sind visuell zu kontrollieren. In Zweifelsfällen sind zusätzlich zerstörungsfreie Prüfungen der Schweißnähte durchzuführen.

5.6.3 Bühnen und Leitern

Bühnen und Leitern dienen der Sicherheit und der Zugänglichkeit innerhalb der Anlage. Es sollte bereits in der Planungsphase angestrebt werden, die Leitern und Bühnen zeitgleich mit der Stahlkonstruktion zu errichtet. Dazu zählt auch das Auslegen von Gitterrosten.

Die Schwierigkeit bei der frühzeitigen Bestellung von Gitterrosten liegt in der Regel darin, dass der Umfang der Durchbrüche zu dem Bestelltermin nicht gänzlich vorliegt. Mitunter ist es sinnvoll von Fall zu Fall zu untersuchen, ob es nicht wirtschaftlich vorteilhafter ist, Gitterroste ohne Durchbrüche vorab zu verlegen. Dadurch kann deutlich der Aufwand an Gerüstbauarbeiten, um somit für Gerüstbaukosten, reduziert werden.

Nach Festlegung der Durchbrüche in den Gitterrosten, aufgrund von Rohrleitungsverläufen usw., können diese dann ausgetauscht werden.

5.6.4 Kontrollen und Prüfungen

Nach Fertigstellung der Stahlbauarbeiten erfolgt die Überprüfung der ausgeführten Arbeiten. Stahlgerüste werden eingemessen und mit den Koordinaten in den Zeichnungen vergleichen. Neben der allgemeinen Sichtkontrolle sind folgende Punkte während und nach der Ausführung zu überprüfen bzw. durchzuführen:

- Ankerschrauben vergossen und angezogen
- Sichtkontrolle der Baustellen-Schweißnähte
- Hauptabmessungen (Bühnenhöhe, Durchbrüche, Trägergrößen) kontrolliert
- Schraubenverbindungen kontrolliert
- Vorgeschriebenes Drehmoment von HV-Verbindungen kontrolliert
- Provisorische Aussteifungen entfernt
- Riffelbleche / Tränenbleche montiert und verschraubt / verschweißt
- Erforderliche Löcher für Bühnenentwässerung in Bühnenabdeckungen ausgeschnitten
- Fußbleche an den Durchbrüchen montiert
- Laufstege / Treppen / Leitern / Geländer montiert
- Dach- und Wandverkleidungen montiert
- Kranbahnschienen ausgerichtet
- Anschlüsse für Erdung kontrolliert
- Gitterroste montiert und befestigt
- Verzinkung repariert
- Korrosionsschutz kontrolliert

5.7 Zusammenfassung

Der Bau beinhaltet neben der Herstellung der sichtbaren und verwendeten Strukturen eine Vielzahl von Arbeiten, die bei einer fertiggestellten Anlage nicht mehr ersichtlich sind. Die gesamten Arbeiten sind sehr personalaufwendig und bedürfen einer weitergehenden logistischen Planung.

Wenn die Bauarbeiten beginnen, sind die Bauarbeiter Witterung und Klima ausgesetzt. Die Gebäude und Strukturen müssen durch sie geschaffen werden. Die Erdbewegung von tausenden Kubikmeter, die Tiefengründung, mögliche Grundwasserabsenkungen stellen immer wieder neue Herausforderungen an die Baustellenmannschaft.

Mitentscheiden für eine erfolgreiche Bewältigung der Bauabläufe ist die Kenntnis über die einzelnen Gewerke und ihr Zusammenspiel untereinander. Der Schlüssel zum Erfolg liegt in der detaillierten Planung der Abläufe, sowie das frühzeitige Erkennen von Störungen, um nur geringe Abweichungen vom Plan zu zulassen.

6 Grundlagen der Montage

6.1 Ausrüstungsmontage

Die Ausrüstungsmontage ist das Kernstück der Montage. Da die anderen Gewerke in der Regel als Massengewerke verstanden werden, wird bei der Ausrüstungsmontage im Allgemeinen auf die individuellen Besonderheiten einer Ausrüstung eingegangen. Allein die Beschaffungskosten stehen in einem deutlich anderen Verhältnis wie die Kosten für Massenmaterialien. So liegen die Stückkosten für Kompressoren, Turbinen oder Reaktoren nicht selten im zweistelligen Millionenbereich.

Die Hauptunterteilung der Ausrüstungsmontage aus Sicht des Anlagenbauers unterscheidet sich in:

- Statische Ausrüstung
- Rotierende Ausrüstungen
- Baustellenfertigung

Ausrüstungen, die aufgrund ihrer Dimensionen und der damit verbundenen Transportproblematik, nicht transportierbar sind, werden auf der Baustelle zusammengebaut bzw. gefertigt. Alle anderen Ausrüstungen werden auf der Baustelle angeliefert und montiert.

Der Einsatz von geeigneten Hebezeugen ist bei der Ausrüstungsmontage das entscheidende Kriterium. Zum einen steht die Machbarkeit im Vordergrund, zum anderen ist sicherzustellen, dass Hebezeuge mit der erforderlichen Kapazität **und** innerhalb des gepla
nten Zeitraumes verfügbar sind.

Ausrüstungen werden auf Fundamente gesetzt oder in einem Stahlgerüst verankert. Ausrüstungen, wie z. B. Turbinen oder Kompressoren sind sensible Bauteile. Vor und

T. Günther, *Baustellenmanagement im Anlagenbau*,
https://doi.org/10.1007/978-3-662-69329-2_6

nach der reinen Montage der Ausrüstungen sind diverse Überprüfungen (Ausrüstungsabhängig) erforderlich.

Grundsätzlich sollte vor der Montage die Lage der Betonfundamente überprüft werden. Mögliche Aussparungen für Ankerbolzen müssen sorgfältig gereinigt und ausgeblasen werden, um alle Fremdkörper oder Schmutz, der sich angesammelt hat, zu entfernen. Die eingesetzten Ankerbolzen müssen in Bezug auf senkrechten Sitz, Ausrichtung und Projektion (d. h. korrekte Lage zu- und untereinander) untersucht werden. Bei einer Montage im Apparategerüst sind die Positionen der Ankerbolzenlöcher auf ihre Zeichnungskonformität hin zu überprüfen.

Zum Ausrichten der Ausrüstung sind Unterlegbleche mit unterschiedlichen Dicken zu verwenden. Die maximal auszugleichende Höhe sollte dabei 50 mm nicht überschreiten.

Die Ausrüstung ist nach der Montage mittels Präzisionsmessgeräte (Laser, Winkelmessgeräte, Theodoliten, Nivelliergeräte usw.) auf ihre Koordinaten hin zu überprüfen und zu dokumentieren.

Senkrecht stehende Ausrüstungen, wie Kolonnen, Reaktoren, Behälter, Filter, Wärmeaustauscher, Tanke sollten ausschließlich mithilfe eines Theodolits nach Höhe und Seite ausgerichtet werden.

Rotierenden Ausrüstungen wie Pumpen, Kompressoren, Gebläsen etc. sind auf Betonfundamenten nach Herstellerangaben zu montieren und einzumessen. Wenn nichts anderes vom Lieferanten oder Hersteller gefordert wird, wird zuerst die Antriebseinheit montiert und ausgerichtet.

Die Koordinaten von Flanschen, die an Pumpen oder Turbinen angebracht sind, sind in senkrechter und horizontaler Richtung entsprechend den Herstellerangaben feinauszurichten.

Danach kann die vorläufige Ausrichtung des angetriebenen Bauteils und der Antriebseinheit erfolgen.

Die Toleranzen zwischen Antriebseinheit (Dieselmotor, Elektromotor, Gasturbine oder Getriebe, usw.) und angetriebenen Bauteil (Pumpen, Kompressoren) werden vom Hersteller angegeben. Sind solche Werte nicht verfügbar, werden Winkelabweichungen und Abweichungen bei der Parallelität in Schritten von 0,05 mm gemessen. Zwischenlegscheiben werden eingesetzt, um die Antriebswellen der beiden Maschinen genau auszurichten, damit Verspannungen vermieden werden. Die Wellen müssen bis auf 0,05 mm genau in Flucht liegen und die Enden sich bis auf 0,05 mm annähern.

Eine typische Montagesequenz von statischen Ausrüstungen ist:

- Überprüfung und Abnahme des Fundaments
- Visuelle Inspektion der Ausrüstung
- Kran positionieren und aufrüsten
- Anschlagen der Ausrüstung
- Überprüfungen vor Hebevorgang
- Hebevorgang
- Positionierung der Ausrüstung auf dem Fundament oder Rahmen

- Grobausrichtung der Ausrüstung
- Feinausrichtung der Ausrüstung
- Einmessen der Ausrüstung
- Vergießen der Ankerbolzen

6.1.1 Kontrollen und Prüfungen

Während und nach den durchgeführten Arbeiten sind diverse Kontrollen und Prüfungen durchzuführen. In der Regel werden solche Prüfungen in den Qualitätsplänen aufgeführt. Dabei ist zu beachten, dass die Vorgaben der Hersteller mitberücksichtigt werden.

Folgende Punkte sind beispielhaft bei statischen Ausrüstungen zu berücksichtigen:

- Ausrüstung ausgerichtet
- Setzung des Fundamentes gemessen
- Ankerschrauben vergossen und angezogen
- Vorgeschriebenes Drehmoment von Schraubenverbindungen kontrolliert
- Ausrüstung gereinigt (innen)
- Transportsicherungen / Aussteifungen entfernt
- Einbauten montiert
- Treppen / Bühnen / Leitern montiert
- Auskleidung / Innenbeschichtung kontrolliert
- Dichtheitsprüfung durchgeführt
- Sichtkontrolle auf Beschädigungen durchgeführt
- Festpunkt / Lospunkt kontrolliert
- Blindflansche montiert

Folgende Punkte sind beispielhaft bei rotierenden Ausrüstungen zu berücksichtigen:

- Ankerschrauben vergossen und angezogen
- Typenschild kontrolliert
- Interne Rohrleitungen montiert
- Ausrüstung gereinigt (innen)
- Kupplung montiert
- Öler / Thermometer / Manometer montiert
- Kupplung mit Öl / Fett gefüllt
- Öl- / Fettsorte
- Lagergehäuse / Getriebe gespült und mit Öl gefüllt
- Ölsorte überprüft
- Stopfbuchse gereinigt
- Handdrehkontrolle durchgeführt
- Keilriemen montiert

- Keilriemenspannung kontrolliert
- Sichtkontrolle auf Beschädigungen durchgeführt
- Grundplattenaufbau montiert
- Kühlwasserrohre montiert
- Heizrohre montiert
- Durchflussrichtung der Armaturen kontrolliert
- Anschlusslasche für Erdung kontrolliert
- Kupplungsschutz montiert
- Rostschutzmittel entfernt
- Packung / Gleitringdichtung eingebaut
- Drehrichtungskontrolle durchgeführt
- Parallelität von Motor und Maschine kontrolliert
- Keilriemenschutzkasten montiert
- Transportsicherungen montiert

6.2 Kranarbeiten

Krane im Sinne der Unfallverhütungsvorschrift (BGV D6) sind Hebezeuge, die Lasten mit einem Tragmittel heben und zusätzlich in eine oder mehrere Richtungen bewegen können. Der Ursprung des Wortes Kran geht auf die langen Ausleger des Krans zurück. Die Ausleger erinnern stark an das Aussehen von Kranichen, von daher ist der Plural Krane und nicht Kräne. Da dies kein Zufall ist belegt auch die englische Sprache, da der Begriff „crane" Kran als auch Kranich bedeutet.

Krankosten verursachen wesentliche Teile der Montagekosten auf einer Großbaustelle. Um diese Kosten auf ihre Notwendigkeit hin zu minimieren, sollte die Festlegung der erforderlichen Krankapazitäten sowie die ermittelte Anzahl an Kranen im Detail bestimmt und geplant werden. Ziel ist es hier ein Optimum zwischen Hebekapazität, Anzahl der Geräte und deren Einsatzdauer zu ermitteln.

Bereits während des Beschaffungsvorganges der Ausrüstungen sind die erwarteten Lieferzeiten der unterschiedlichen Ausrüstungen mit dem Kraneinsatzplan abzugleichen.

Je nach Anforderung des Hebevorganges gibt es unterschiedliche Hebegeräte wie z. B.:

- Faltkrane
- LKW-Aufbaukrane
- Minikrane
- Mobilkrane
- Raupenkrane
- Ringkrane
- Turmdrehkrane

- Laufkrane
- Hub- und Verschubsysteme
- Stapler und Telestapler
- Schwimmkrane

Die Auswahl des erforderlichen Krans erfolgt unter Berücksichtigung nachfolgender Gesichtspunkte und/oder aus einer Kombination der Punkte.

- Zu hebendes Gewicht (Traglast)
- Erforderliche Hubhöhe (Hakenhöhe Hauptausleger)
- Erforderlich Reichweite (Arbeitsbereich, -radius)
- Einsatzdauer
- Mobilität auf der Baustelle
- Wirtschaftlichkeit

Unter Berücksichtigung der Punkte 1 bis 3 erfolgt die Auswahl des Krans anhand von Traglastentabellen des entsprechenden Krantyps, wie beispielsweise Tab. 6.1 Traglastentabelle Liebherr LTM 1220 (Tabelle Fa. Liebherr) zeigt.

Die Zeilenbezeichnung in Tab. 6.1 gibt den Abstand vom Kranmittelpunkt an (Arbeitsradius), während die Spaltenbezeichnung die Länge des Auslegers angibt. Entsprechend Abb. 6.1 wird die Länge des Auslegers bezüglich der erforderlichen Reichweite und Hubhöhe bestimmt. Der vertikale/horizontale Schnittpunkt zeigt die unter diesen Bedingungen maximaler theoretischer Lastaufnahme an.

Beispiel

Ein Bauteil mit einem Gewicht von 33t ist auf eine Höhe von 20 m zu heben. Der Kranstandplatz ist 16 m vom Einbauort entfernt. Es ist ein Kran mit einer Mastlänge von 26,2 m zu wählen. Entsprechend Abb. 6.1 *ist die maximale Lastaufnahme 39,5 t.* ◄

Entsprechend den Sicherheitsbestimmungen und lokaler Regularien darf die maximale Auslastung des Kranes mitunter nur bei 75 % (des Hubgewichtes) liegen. Einige Herausgeber von Krantabellen haben die Sicherheitsbeiwerte bereits in ihren Tabellen berücksichtigt.

Es sollte selbsterklärend sein, bei der Auswahl des Kranes montagetechnische Sicherheiten bei der Hebekapazität zu berücksichtigen. Zum einen kann das Gewicht der Ausrüstung höher sein als geplant, zum anderen könnte der Abstand Kran-Einbauort variieren.

Die Einsatzdauer und die Mobilitätskriterien entscheiden darüber ob z. B. Mobilkrane oder feststehendem Krane, wie Turmdrehkrane oder Hubsysteme verwendet werden.

Nachfolgend sind die gängigsten Hebezeuge, die im Großanlagenbau verwendet werden, aufgeführt.

Tab. 6.1 Traglastentabelle Liebherr LTM 1220 (Tabelle Fa. Liebherr)

Traglasten
Lifting capacities
Forces de levage • Portate
Tablas de carga • Грузоподъемность

T

13,3 – 60 m · T · 360° · 74 t · EN

m	13,3 m *	13,3 m	17,6 m	21,9 m	26,2 m	30,5 m	34,8 m	39,1 m	43,4 m	47,7 m	52 m	56,3 m	60 m	m
3	220	134	134	134										3
3,5	150,3	134	134	134										3,5
4	142,4	130,8	130,4	129,9	124,6									4
4,5	130,6	122	122,1	121,4	120,1									4,5
5	119,4	114,2	114,3	111,6	110,2	99,5								5
6	105	100,7	101,3	99,5	97,1	94,9	80,2							6
7	93,4	89,8	90,4	89,2	86,8	84,7	79,1	57,9						7
8	83,4	80,9	81,5	80,8	78,5	76,5	75,7	55,1	46,3					8
9	73,7	73	73,6	73,7	71,7	70,9	69,3	51,8	44,5					9
10	63,1	63,1	66,7	67	65,9	65,4	63,6	48,7	42,4	36,3				10
11	45	45	60,8	61	60,7	60,4	58,8	45,6	40,2	35	29,5			11
12			55,2	55,5	55,1	55,8	54,5	42,6	38,4	33,5	28,6	24,3		12
14			45,1	46,3	46,6	46,8	46,2	37,6	35	30,7	26,5	22,8	19,3	14
16				39,3	39,5	39,2	38,5	33,3	31,6	28,2	24,5	21,3	18,2	16
18				33,7	33,7	33,3	32,7	29,8	28,6	25,9	22,8	20	17,1	18
20					29,2	28,8	28,1	27,4	25,9	23,8	21,2	18,6	16,1	20
22					25,6	25,2	24,5	25,3	23,6	21,9	19,7	17,4	15,1	22
24					15,2	22,3	22,3	22,3	21,6	20,2	18,5	16,3	14,2	24
26						19,9	20,6	19,9	19,3	18,7	17,3	15,3	13,3	26
28						15,6	18,5	17,9	17,4	17,5	16,2	14,4	12,5	28
30							16,8	16,1	15,9	15,8	15,2	13,6	11,8	30
32							13,6	14,6	14,9	14,3	14,1	12,8	11,2	32
34								13,2	13,5	13	13	12,1	10,5	34
36								12	12,3	12,1	11,8	11,5	10	36
38									11,3	11,2	10,7	10,6	9,4	38
40									10,1	10,3	9,9	9,6	9	40
42										9,4	9,2	8,7	8,5	42
44										8,7	8,5	8	8	44
46											7,8	7,3	7,4	46
48											7,2	6,6	6,7	48
50												6,1	6,1	50
52												5,6	5,6	52
54												2,3	5,1	54
56													4,6	56

* nach hinten · over rear · en arrière · sul posteriore · hacia atrás · стрела повернута назад

t_211_00050_00_000 / 00101_00_000

Faltkrane

Der Aufbau eines Faltkrans kann unter einer halben Stunde erfolgen. Bei bis zu 60 m Höhe und einer Reichweite von 45 m können Lasten bis 2 t gehoben werden, die maximale Traglast beträgt mitunter sogar 8 t. Hierbei werden Arbeiten überaus präzise ausgeführt. Dazu dient nicht zuletzt eine Kamera unmittelbar über der angehängten Last und eine höhenverstellbare Kabine, welche permanenten Sichtkontakt zum Arbeitsort erlaubt. Weiterhin trägt die optionale Bedienung mittels Funkfernsteuerung zur Genauigkeit bei.

Laut Fa. Liebherr haben Faltkräne folgende Stärken.

„Zusätzliche technische Besonderheiten vereinfachen die Abläufe am Einsatzort entscheidend. Ausgehend von verschiedenen Auslegerschrägstellungen bis zu 45° und der Schnelligkeit der Laufkatze ist besonders der elektrische Antrieb zu erwähnen. Bei Nacht wird so nahezu geräuschlos gearbeitet. Aufgrund der Konstruktion werden Straßensperrungen minimiert, da der Kran unmittelbar am Einsatzort aufgebaut und betrieben werden kann.

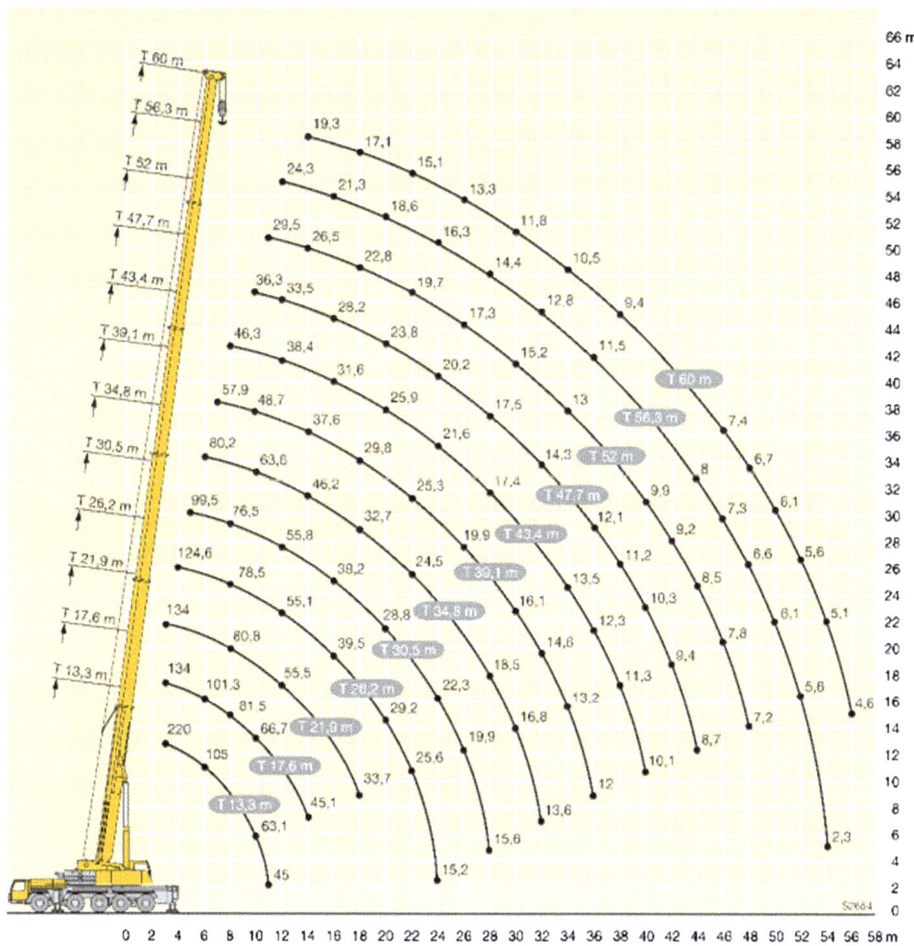

Abb. 6.1 Hubhöhen Liebherr LTM 1220 (Bild: Fa. Liebherr)

Zum Beispiel sind die Leistungsmerkmale eines Liebherr MK 100:(Abb. 6.2) (1):

- Verstellbare Auslegerneigung: 0° / 15° / 30° / 45°
- Hakenhöhe von 33,0 m (0° Neigung) bis 68,0 m (45° Neigung)
- Ausladung bis zu 52 m (0° Neigung)
- Traglasten zwischen 1600 und 8000 kg
- Auf- und Abbau innerhalb von 15 min
- Vollautomatischer Auf- und Abbau, schnelle Laufkatze, Neigungsänderung aus Kabine
- Geringer Platzbedarf
- Geringer Wendekreis mit 11,28 m
- Geräuschemissionsarm durch elektrischen Betrieb

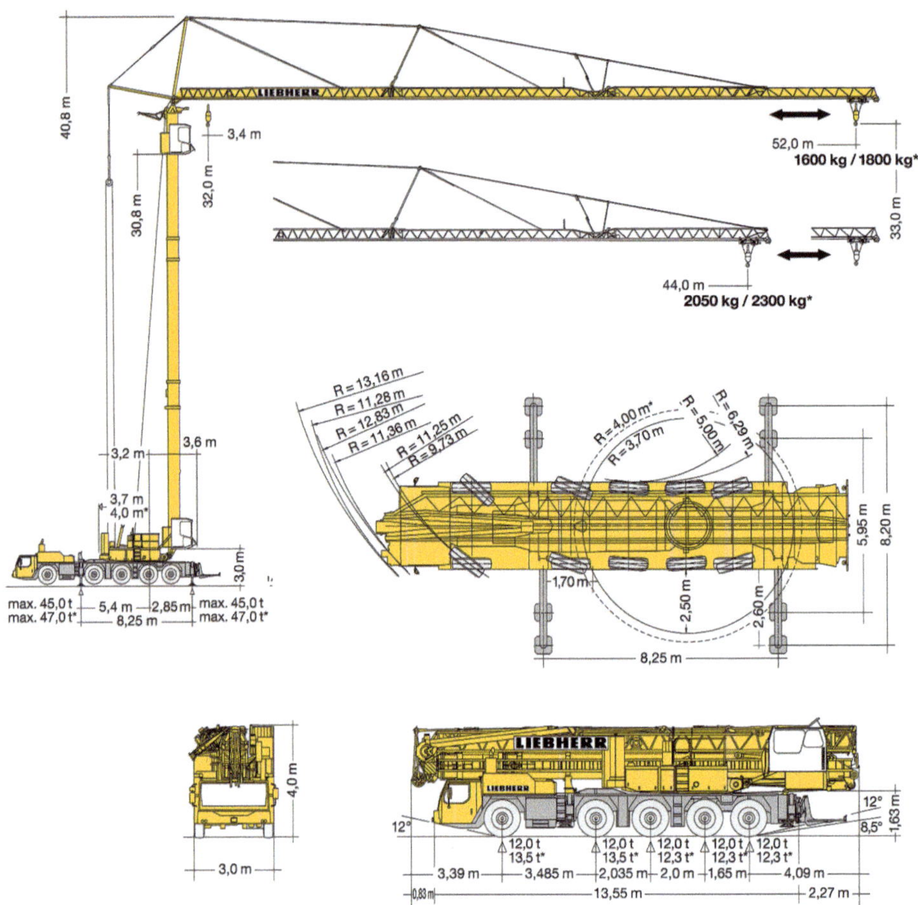

Abb. 6.2 Liebherr MK 100 (Bild: Fa. Liebherr)

- Verstellbare Liftkabine, Laufkatzkamera, Funkfernsteuerung
- Sehr wendiges Fahrgestell mit 5 verschiedenen Lenkprogrammen

Ein weiterer Vorteil, siehe (Abb. 6.2), besteht in seinem senkrechten Mast. Dadurch kann bei Dacharbeiten der Kran nahe an einem Gebäude platziert werden kann.

Besonders deutlich wird es durch Abb. 6.3. Der Kran unterstützt dabei Montagearbeiten auf einem Tankdach, in einem bestehenden Tanklager. Arbeiten in einem Tanklager sind im generellen dadurch gekennzeichnet, dass die Zugänglichkeit mit Montagegeräte grundsätzlich eingeschränkt ist. Durch den senkrechten Mast kann der Kranstandplatz nahe dem Tank gewählt werden. Ein Teleskopkran müsste aufgrund seines Anstellwinkels weiter von dem Tank entfernt platziert werden. Da dieser Platz aber aufgrund der beengten Platzverhältnisse nicht vorhanden ist, ist der Einsatz eines Faltkranes die effektivste Lösung.

Abb. 6.3 Liebherr MK 88 im Einsatz (Bild: Fa. Liebherr)

Minikrane

Der Vorteil von Minikrane ist, und dies ist auch gleichzeitig das wesentliche Einsatzgebiet, dass sie dort eingesetzt werden, wo der Zugang mit herkömmlichem Kran nicht gewährleistet ist. Minikrane werden hauptsächlich in beengten Arbeitsbereichen eingesetzt, sei es in oder zwischen den Gebäuden, unter ihnen oder auf ihren Dächern. Dabei sind sie in der Lage, aufgrund ihrer kompakten Bauweise, Bauteile mit einem Gewicht von bis zu 10 t zu heben. Die maximale Hakenhöhe liegt bei 30,7 m.

Die kleinsten Minikrane gibt es ab einer Breite von 595 mm mit einem Standardgewicht von 1000 kg und einer maximalen Traglast von 0,9 t. Mit dieser Abmessung passt der Minikran sogar durch normale Durchgangstüren.

Abb. 6.4 zeigt den Einsatz eines Minikrans an einer schwer zugänglichen Stelle.

LKW-Aufbaukrane

LKW-Aufbaukrane (engl. truck crane), wie in Abb. 6.5 dargestellt, besitzen ihren Vorteil in der Mobilität, wie auch die eigentlichen Mobilkrane. Der Unterschied zu Mobilkranen ist, dass der Kranaufbau auf einem straßenzugelassenen LKW erfolgt, der nicht geländegängig ist.

Mobilkrane

Mobilkrane gibt es in der Ausführung mit Gittermast und als Teleskopkran.

Abb. 6.4 Minikran (Bild: Minikran)

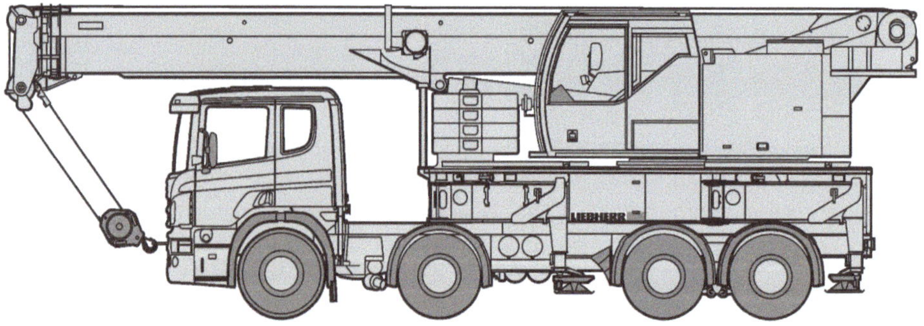

Abb. 6.5 LKW-Aufbaukrane (Bild: Fa. Liebherr)

Der Vorteil der Mobilkrane ist, wie der Name schon sagt, die Mobilität. Aufgrund ihrer Straßenzulassung sind sie schnell am Einsatzort und im Vergleich zu Raupenkranen in relativ kurzer Zeit einsatzbereit.

Das Einsatzgebiet erstreckt sich fast über sämtliche Hebevorgänge, die zu Errichtung einer Anlage erforderlich sind.

Mobilkräne, auch aufgrund ihrer Geländegängigkeit, sind die am meisten eingesetzten Krane auf der Baustelle. Dabei decken Sie Hebelasten bis zu 1200 t ab.

Der Vorteil gegenüber einem Raupenkran besteht in wechselnden Einsatzorten unter Zurücklegung größerer Strecken.

Raupenkrane

Raupenkrane gibt es in der Ausführung mit Gittermast und als Teleskopkran (Abb. 6.6).

Der Vorteil der Raupenkrane ist die Flexibilität auf der Baustelle. Das Einsatzgebiet erstreckt sich über die Montage von Betonfertigteilen, Stahlbaustrukturen bis hin zu Ausrüstungen. Die kompakte Bauweise, die uneingeschränkte Geländegängigkeit, mit bis zu 70 %iger Steigfähigkeit, sowie die freie Verfahrbarkeit aller Traglasten ohne Abstützung sorgen für die Mobilität, die oftmals größere und teurere Geräte überflüssig macht. Auf vielen Baustellen erschweren beengte Platzverhältnisse die Arbeit mit schwerem Gerät. Hier spielt der Raupenkran eine weitere Stärke aus. Dank hydraulisch verstellbarer Spurbreite sind Manöver unter schwierigen räumlichen Bedingungen möglich. Der Raupenkran ist dadurch in der Lage aufgerüstet in sein Arbeitsgebiet zu fahren.

Allerdings benötigt er für das Auf- und Abrüsten freie Flächen, mindestens in der Länge des Gittermastes, da dieser zum Auf- und Abrüsten abgelegt werden muss.

In der Grundausstattung S (Hauptausleger schwer) hat z. B. der Liebherr LR 11350 (Abb. 6.7) eine Traglast, bei der minimalen Ausladung von 10 m bis zu 1250 t.

Turmdrehkrane

Turmdrehkrane werden auf vorbereitete Standflächen aufgebaut und verbleiben während der gesamten Nutzungsdauer an dieser Stelle. Obwohl sie stationär gebunden sind, können die Turmdrehkrane aufgrund ihres eingebauten Drehkranz dreidimensionale Bewegungen durchführen. Für das Tragwerk des Turms und seines Auslegers, wird häufig eine Fachwerkkonstruktion bzw. Gittermaste verwendet.

Ausnahmen bilden hierbei die Turmdrehkrane, die auf Schienen, wie Abb. 6.8 zeigt, platziert werden.

Aufgrund der Bauarten unterscheidet man folgende Turmdrehkrane:

- unten drehender Turmdrehkran
- oben drehender Turmdrehkran
- Turmdrehkran mit Katzausleger
- Turmdrehkran mit Nadelausleger

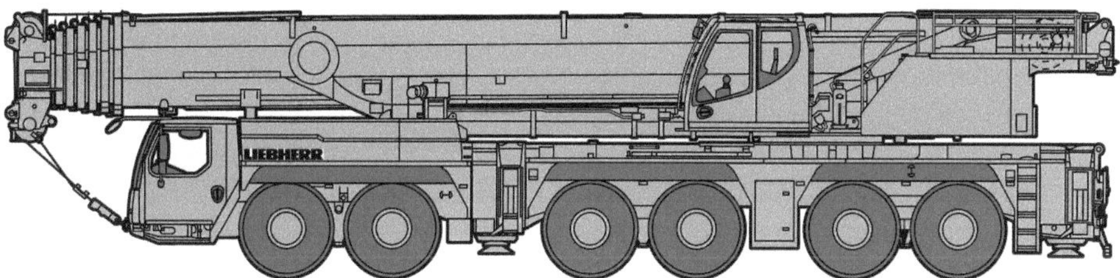

Abb. 6.6 Mobilkran LTM (Bild: Fa. Liebherr)

Abb. 6.7 Raupenkran Liebherr LR 11350 (Bild: Fa. Liebherr)

Unten drehender Turmkrane

Vorteile von unten drehender Turmdrehkranen:

- geringe Anschaffungs- und Vorhaltekosten
- leichter Auf- und Abbau
- für geringere Traglasten und Arbeitshöhen geeignet
- kommen vormontiert auf Baustelle
- in kurzer Zeit einsatzbereit“

Oben drehender Turmkrane

Vorteile von oben drehender Turmdrehkranen:

- sehr gute Sicht auf Baustelle aus Krankabine des Turmdrehkranes
- für große Traglasten und Arbeitshöhen geeignet
- geringer Platzbedarf
- Verlängerung des Turms durch Kettenvorrichtung möglich“

Abb. 6.8 Turmdrehkran (Bild: Fa. Liebherr)

Katzausleger Turmdrehkran

Katzausleger werden auf Wikipedia wie folgt beschrieben:

„Die meisten im mitteleuropäischen Raum eingesetzten Turmdrehkrane sind Krane mit Laufkatzausleger. Ein Laufkatzausleger ist waagerecht am Kranturm angebracht und kann in der Höhe nicht verändert werden (bis auf manche Turmdrehkrane (Unten-Dreher), die auch mit steilerer Auslegerneigung aufgebaut werden können). Der Lastentransport erfolgt mit Hilfe einer Laufkatze, welche sich entlang des Auslegers bewegen kann und das Hubseil mit sich führt. Eine Sonderform des Laufkatzauslegers ist der sogenannte Biegebalkenausleger, der bei spitzenlosen Turmdrehkranen oder Topless-Kranen verbaut wird.

Die Funktion entspricht der eines normalen Laufkatzauslegers, jedoch besitzt der Biegebalkenauslegerkran keine Abspannung über eine Turmspitze, um die nicht nutzbare Höhe des Kranes gering zu halten. Bei diesem Krantyp ist die Lastgrenze allerdings eher erreicht als bei Kranen mit Turmspitze. Um die Lasten abzutragen, wird der Ausleger biegesteif ausgeführt. Eine andere Variante ist der Teleskopausleger, bei dem der Ausleger in zwei Teile unterteilt ist, die entweder untereinander oder ineinander geschoben werden können. Diese Variante des Turmdrehkranes ist vor allem beim Vorbeischwenken an Hindernissen von Vorteil." (2)

Nadelausleger Turmdrehkran

Vorteile von Nadelauslegekranen:

- bei beengten Platzverhältnissen ideal, da Ausleger eingezogen werden kann
- für große Traglasten und Arbeitshöhen geeignet"

Hub- und Verschubsysteme

Hub und Verschubsystem gehören in die Kategorie Portalkrane. Sie sind in der Lage Bauteile vertikal und horizontal zu bewegen. Auf Baustellen werden sie eingesetzt, wenn Ausrüstungen von mehreren hundert Tonnen zu heben sind, oder die Ausrüstungen Abmessungen erreichen, die durch einen herkömmlichen Kran nicht mehr gehandhabt werden können. Ein weiterer Vorteil der Hub- und Verschubsysteme besteht in der zeitlichen Flexibilität ihrer Nutzung.

Das Hubsystem wird durch zwei Gittermasten gehalten, die je nach Höhe und Belastung abgespannt werden müssen. Die Gittermasten bestehen aus Standardmodulen, die die entsprechende Flexibilität an die Hebeanforderungen erfüllen.

Das Verschubsystem besteht ebenfalls aus zwei oder sogar aus vier Gittermasten mit einem integrierten Verschubsystem. Im Vergleich zum reinen Hubsystem, kann hier die Last auch horizontal verfahren werden, bei einem vierständigen Hubsystem sogar dreidimensional.

Hub- bzw. Verschubsysteme haben deutlich niedrigere Transport- und Rüstkosten und sind im Vergleich zu Krane mit der gleichen Hebekapazität kostengünstiger, aber gänzlich immobil. Sind mehrere Schwerlasthübe an unterschiedlichen Orten erforderlich, kann der Einsatz von Raupenkrane kostengünstiger sein als das jeweilige Umsetzen der Hubsysteme. Entscheidend ist hier jeweils die projektbezogene Detailuntersuchung.

Ein Kran mit einer hohen Hebekapazität erfordert eine hohe Investition und steht nicht an jeder Ecke rum und wartet auf seinen Abruf. Krane sind mitunter Monate im Voraus ausgebucht. Mögliche Abweichungen von der geplanten Einsatzzeit, wie z. B. Lieferverzüge der zu hebenden Ausrüstungen oder verspätete Fertigstellung von Fundamenten usw. sind in der Phase, in der der Kran bestellt werden muss, nur schwer zu greifen. Verlängerte Zeitfenster, in denen der Kran vorzuhalten ist, sind teuer.

Hubsysteme, bestehen aus Systemteilen, sind zeitlich wesentlich flexibler und günstiger in der Miete. Wenn die montagetechnischen Voraussetzungen gegeben sind, sind Hubsysteme eine grundsätzlich Alternative zu mobilem Krane.

Abb. 6.9 zeigt ein Hubsystem bei der Aufnahme einer Ausrüstung. Hierbei ist ein weiterer Kran zum Nachführen erforderlich. Im Gegensatz zum Hubsystem kann ein Verschubsystem, wie Abb. 6.10 zeigt, auch seitliche Bewegungen ausführen.

Beispiel

In vielen Fällen müssen Mobilkrane mit einer Hebekapazität von über 1000 t Monate im Voraus geordert werden. Trotz detaillierter Planung kann es immer wieder Verspätungen bei der Fertigung oder dem Transport von Ausrüstungen geben. Demzufolge kann das geplante Zeitfenster für die Montage des Bauteils verpasst werden. Auch Kranunternehmen haben Verträge, die sie einhalten müssen. Sollte der Mobilkran aufgrund anderer Verpflichtungen die Baustelle verlassen müssen, können die durch Ersatzmaßnahmen entstehenden Verzüge das gesamte Projekt gefährden. Bei einem Hubsystem würden alle Voraussichten nach „nur" höhere Mietkosten anfallen.

Abb. 6.9 Hubsystem (Bild: Fa. Fagioli SPA)

Abb. 6.10 Verschubsystem (Bild: Fa. Fagioli SPA)

Ergänzend zu den Portalen, bei denen es primär um den Hub geht, also der vertikalen Bewegung, wie in Abb. 6.10 Verschubsystem (Bild: Fa. Fagioli SPA) dargestellt, gibt es auch Systeme die hauptsächlich eine horizontale Bewegung der Last ausführen, allerdings auch mit der Möglichkeit einer, wenn auch begrenzt, vertikalen Bewegung.

„Eine Möglichkeit, extrem schwere Lasten wie beispielsweise Offshore-Plattformen oder komplette Gebäude umzusetzen, besteht im Verschub. Hierfür ist eine sogenannte Verschubbahn erforderlich. Dabei handelt es sich um eine mit Teflonblöcken ausgestattete Metallbahn. Auf diesen Blöcken wird ein Verschubschuh oder Träger innerhalb der Bahn platziert, deren Unterseite aus Edelstahl besteht und die auf der Oberseite eine tragende Struktur aufweist. Da zwischen Teflon und Edelstahl in Kombination mit Schmiermitteln nur ein äußerst geringer Widerstand besteht, können große Lasten mit geringer Kraft umgesetzt werden. Der Verschubschuh wird mit einem horizontalen Zug- und Schubzylinder aufgesetzt, der in ein Paar Nuten an den Seiten der Verschubbahn arretiert werden kann. Der Hydraulikzylinder fährt (in der

Regel um einen Meter) aus und die Ladung bewegt sich entsprechend auf der Spur. Anschließend wird der Zylinder entarretiert, eingefahren und im nächsten Paar Nuten arretiert. Dieses System ist einfach und leistungsfähig. Die Verschubbahnen können nur in einer geraden Linie eingesetzt werden, wodurch die Beweglichkeit eingeschränkt wird. Das Gewicht der Last wird direkt auf den Verschubschuh und die Spur darunter übertragen, sodass die gesamte Bahn Lastverteilung und/oder ein Fundament erfordert." (3)

„Für den Vorschub stehen verschieden Systeme zur Verfügung. Das Verschiebegut kann mit Litzenzuggeräten, Winden, oder mit einer Push Pull Unit geschoben werden. Je nach Gegebenheit der Baustellen wird das optimale Zug- resp. Schubgerät eingesetzt. Auf Grund der geringen Reibung sind die notwendigen Verankerungskräfte für die Winden und Litzenzuggeräte klein und können ohne große bauliche Maßnahmen realisiert werden." (4) (Abb. 6.11) ◄

Schwimmkran

Ein Schwimmkran ist ein mobiler Kran, der zum Heben und Umsetzen von schweren Bauteilen in Gewässern verwendet wird. Ursprünglich ging die Idee der Schwimmkrane auf das Bergen von gesunkenen Schiffen zurück. Mittlerweile ist der Schwimmkran nicht mehr aus dem Repertoire von Offshore-Anlagenbauer wegzudenken.

Schwimmkräne gibt es als folgende Ausführung:

- Offshore Krane
- Schiffskrane
- Bargekrane
- Pontonkrane

Abb. 6.12 zeigt einen den Einsatz eines Schwimmkrans bei dem Hebevorgang eines Umspannwerkes auf sein Grundgerüst in der Nordsee.

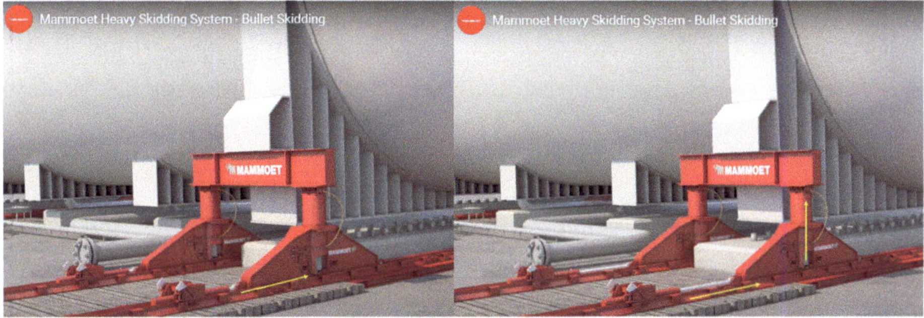

Abb. 6.11 Verschubbahn (Bild: Mammoet Deutschland GmbH)

Abb. 6.12 Schwimmkran bei der Montage eines Umspannwerkes in der Nordsee (Bild: E.ON SE)

6.2.1 Hebestudie

Nachfolgende Abgrenzungen klassifizieren Hubvorgänge in unterschiedlichen Stufen. Es wird empfohlen Mindestanforderungen an die Vorbereitung des Hubvorganges (technisch) pro Stufe zu definieren.

Stufe I
Ein Hubvorgang der Stufe I ist als **unkritischer Hubvorgang** zu verstehen. Das Hubverfahren erforderte keine speziellen Dokumente / Untersuchungen. Der Liefertermin der Ausrüstung hat keinen unmittelbaren Einfluss auf den Baufortschritt. Die erforderlichen Kräne und Hebevorrichtungen bewegen sich in den gängigen Kapazitäten (Krane bis 50 t Hebekapazität), sodass unter normalen Umständen von der Verfügbarkeit der Montagegeräte ausgegangen werden kann.

Stufe II
Ein Hub der Stufe II ist als **Standard-Hub** definiert, der eine Abhängigkeit zum aktuellen Montagefortschritt aufweist. Für Hübe der Stufe II sind Hebestudien zu erstellen. Entsprechend dem Hubgewicht und der daraus resultierenden Hebekapazität (Krane bis 200 t Hebekapazität) ist die Verfügbarkeit der erforderlichen Kräne (Raupen- oder

Mobilkran) zu überprüfen und ggf. sicherzustellen. Liefertermine der Ausrüstung sind zeitkritisch und einzuhalten, um mögliche Verzögerungen bei der Montage zu vermeiden.

Stufe III

Hebevorgänge der Stufe III werden als **kritische Hubvorgänge** betrachtet. In der Regel sind Krankapazitäten >200 t erforderlich, die Ausrüstungen bzw. Bauteile sind überdimensioniert oder der Hubvorgang benötige mehr als ein Hebegerät. Terminkritische und sequenziell anspruchsvolle Montagebedingungen erfordern eine detaillierte Betrachtung. Dazu ist eine technisch detaillierte Untersuchung durchzuführen. Die Verfügbarkeit der erforderlichen Kräne (Raupen- oder Mobilkran) ist frühzeitig sicherzustellen. Die Liefertermine der Ausrüstungen sind zeitkritisch und sind **zwingend einzuhalten,** um Verzögerungen bei der Montage zu vermeiden.

Kritische Hebevorgänge liegen vor, wenn eines oder mehrere der nachfolgenden Kriterien erfüllt sind:

- Gesamtgewicht Bauteil >50 t
- Bauteile sind größer als 12 × 3 × 3 m
- Die Höhe des Hebevorganges ist höher als 40 m
- Die gesamte berechnete Last erreicht mehr als 85 % der zulässigen Hublast des Hebegerätes
- Der Hebevorgang erfordert mehr als ein Hebegerät
- Der Hebevorgang erfordert mehr als einen Hub
- Großflächige Bauteile die dem Wind ausgesetzt sind

Für kritische Hubvorgänge der Stufe III sind Kran- und Hebestudien zu erstellen.

In einer Hebestudie ist der geplante Hubvorgang sowie das einzusetzende Gerät im Detail zu beschreiben. Des Weiteren ist eine Gefährdungsanalyse durchzuführen. Die örtlichen Gegebenheiten sind hinsichtlich potenzieller Gefahren zu untersuchen. Z. B. können sich bei „Brownfield" Projekte Leitungen oder Behälter mit toxischen bzw. explosiven Medien im Arbeitsbereich oder Schwenkbereich des Krans befinden. Hier sind in diesen Fällen entsprechende Maßnahmen, wie z. B. ein Prallschutz, zu spezifizieren und zu implementieren.

Eine Hebestudie muss als Mindestinformation immer folgende Angaben enthalten:

- Krantyp
- Krangröße
- Drauf- und Seitenansicht
- Mastauslage und Mastlänge
- Stellung des Krans
- Lage von möglichen Kabeln und Rohrleitungen im Arbeitsbereich des Kranes
- Vorhandene Gebäude, Rohrbrücken, Stahlstrukturen
- Lasthebemittel wie Seile, Gurte, Schlups usw.
- Durch den Hebevorgang hervorgerufene Bodenpressung

Abb. 6.13 stellt eine Hebestudie der Fa. Bracht für die Ausführung dar.

Des Weiteren sind die Witterungsbedingungen, sofern bekannt, hinsichtlich der herrschenden Winde zu untersuchen.

In der Unfallverhütungsvorschrift für Krane (BGV D6) steht zwar:

„Der Kranführer hat dafür zu sorgen, dass … dem Wind ausgesetztem Krane nicht über die vom Kranhersteller festgelegten Grenzen hinaus betrieben werden …“,

▶ ***Es gibt keinen einzigen Grund, einen Hebevorgang bei widrigen Wetterbedingungen durchzuführen.***

Bei Winden ist die Skala entsprechend der Windstärkenskala nach Beaufort oder die optionale Anzeige der Windgeschwindigkeit des Krans zu verwenden. Bei Windgeschwindigkeiten über 12,5 m/s – entspricht 45 km/h – (siehe Tab. 5.6) ist der Auslegerbetrieb nicht mehr zulässig.

Beim Kraneinsatz im Freien sind weitere Faktoren zu beachten. So können zwischen Gebäuden Luftströme und Aufwinde entstehen, auf Flugplätzen durch Triebwerke Luftströmungen. Dabei muss der Windeinfluss auf den Kran als auch auf die Lasten **und** Lastaufnahmemittel beachtet werden.

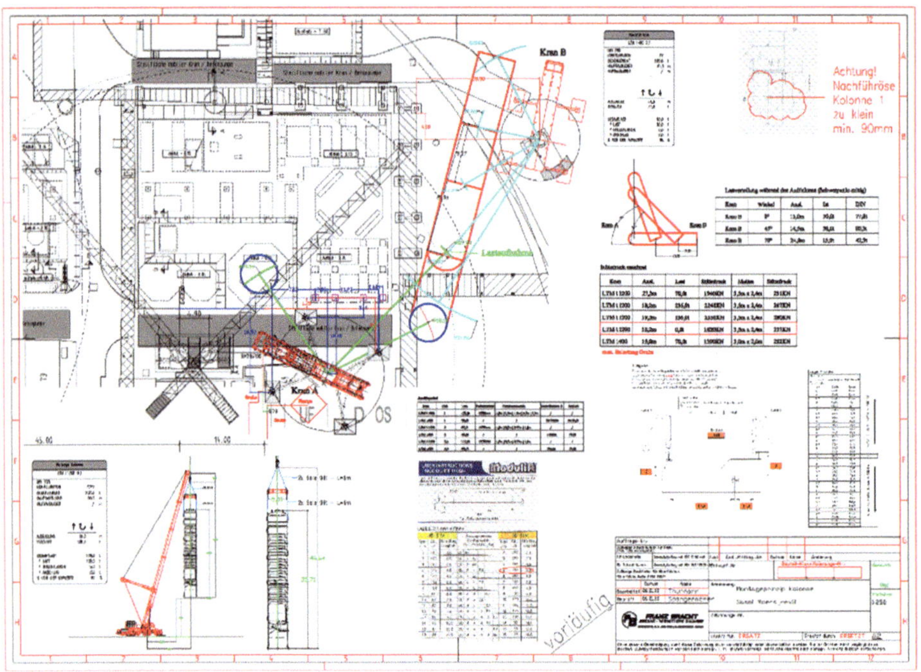

Abb. 6.13 Beispiel Hebestudie (Bild: Fa. Bracht)

Kaltes Wetter kann sich ebenfalls negativ auf Kran- und Hebevorgänge auswirken. Wenn z. B. Temperaturen unter −10 °C fallen werden die Kranarbeiten in Bezug auf Stoßbelastung und Kranhydraulik beeinträchtigt. Insbesondere sollte der mögliche Ausfall der Hydraulikkomponenten berücksichtigt werden. Im Allgemeinen sollte bei dieser niedrigen Temperatur nur von einer 75 %igen Auslastung des Krans ausgegangen werden.

Die Kranmontage ist auszusetzen, wenn zusätzlich zu der Kälte noch der Wind die Arbeiten erschwert.

Mit Unterstützung modernster Software kann bereits während der CAD-Planung die Machbarkeit der Montage mittels 3D Planung, wie Abb. 6.14 zeigt, durchgeführt werden. Darüber hinaus lässt sich eine erste Gefährdungsbeurteilung erstellen.

Es ist empfehlenswert, und in der Regel auch gängige Praxis, die Kranstudie durch das Kranunternehmen erstellen zu lassen. Das Kranunternehmen verfügt über das erforderliche Fachwissen und die entsprechende Erfahrung.

Allerdings sollte die Erstellung von Hebestudien zum Handwerkszeug eines jeden Anlagenbauers gehören, sei es nur um die Machtbarkeit, die Realisierungsplanung oder die Kosten bewerten zu können.

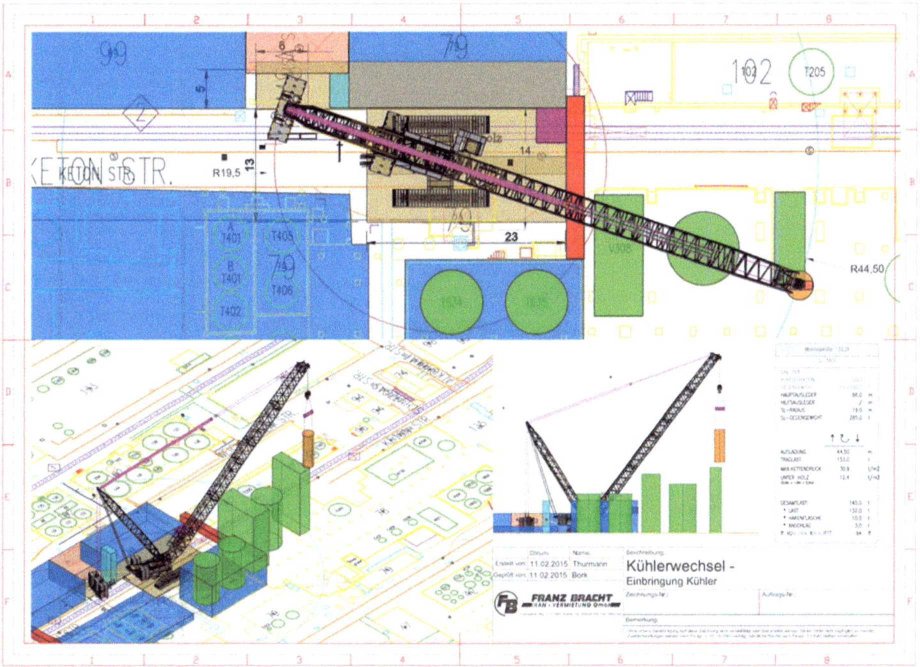

Abb. 6.14 3D Planung von Hebevorgängen (Bild: Fa. Bracht)

6.3 Rohrleitungsmontage

Von allen Gewerken einer verfahrenstechnischen Anlage ist die Rohrleitungsmontage das Gewerk, welches die meiste Zeit in Anspruch nimmt, den höchsten Personalbedarf erfordert und dadurch den größten Einfluss auf die Terminplanung ausübt.

Rohrleitungen dienen der Beförderung von Gasen, Dämpfen und Flüssigkeiten und verbinden Maschinen mit Apparaten.

Rohrleitungen werden auf Basis von

- P&IDs
- Rohrleitungslisten
- Isometrie
- Rohrpläne

und unter Berücksichtigung der anzuwendenden Standards und Regeln montiert. Die Rohrleitungsliste ist eine Auflistung sämtlicher zu montierender Rohrleitungen. In ihr sind die Start- und Endpunkte der Rohrleitung angegeben, die durchfließenden Medien und die Temperaturen und Betriebsdrücke, der Prüfumfang, Durchmesser, Wandstärken, Materialklasse usw.

Rohrleitungen bestehen aus

- Rohren
- Fittings (Bögen, T-Stücke, Reduzierungen, Kappen)
- Armaturen, Klappen, Ventile
- Kompensatoren

Aufgrund der immer steigenden Personalkosten und engerer Termine werden Teile der Rohrleitungen zu sogenannten Spools vorgefertigt.

6.3.1 Verlegen von oberirdischen Rohrleitungen

Die Rohrleitungsmontage setzt sich aus der Montage von vorgefertigten Rohrleitungsteilen (Spools) und den auf der Baustelle einzubauenden einzelnen Rohrleitungsteilen zusammen.

Die Rohrenden von Rohren und Spools sind bis zur Montage mit Rohrkappen verschlossen zu halten, um Verunreinigungen vorzubeugen. Sicherlich eine sinnvolle Maßnahme, allerdings in vielen Länder ähnlich wie der Kampf gegen Windmühlen. Jedoch sollte der Anlagenbauer hier ins Kalkül ziehen, dass stark verunreinigte Rohrleitungen eine zusätzliche Behandlung wir z. B. Spülen oder Ausblasen benötigen und somit einen negativen Einfluss auf Termine und Kosten ausüben.

Also ist während der Montage darauf zu achten, dass die Rohrleitungen sauber verlegt werden. Mögliche Rückstände von Sandstrahlkörnern/-resten sind vor der Rohrleitungsmontage durch geeignete Maßnahmen (Ausblasen, Sauber kehren, etc.) komplett zu entfernen.

Abhängig von der späteren Verwendung ist der Reinigungsgrad der Rohrleitung zu dokumentieren.

Die Rohrleitung ist spannungsarm zu verlegen, d. h. eine Anwendung von Zug oder Druck ist nicht zulässig. Die Ausnahme bilden Leitungssysteme, die mit einer Vorspannung zu montieren sind. Derartige Vorspannungen werden in der Regel in Dehnungsbögen (U-Loops) eingebracht, bevor die angrenzenden Verbindungsschweißnähte hergestellt werden.

Die Festpunkte einer vorzuspannenden Leitung sind vor Durchführung der Vorspannung komplett zu installieren und zu verschweißen.

Generell sind parallel zur Rohrleitungsmontage die erforderlichen Halterungen zu montieren. Mitunter stellt man fest, dass Rohrleitungen provisorisch gehaltert werden. Um auch hier Kosten und Terminverzuge zu minimieren, sollte neben der Rohrleitungsplanung und Beschaffung ein gleicher Aufwand für die Rohrleitungsunterstützungen betrieben werden. Die Isometrie enthalten die entsprechenden Koordinaten der Halterungspunkte sowie den entsprechenden Halterungstyp.

Anschlüsse an Apparate und Maschinen sind spannungsfrei auszuführen, und im Besonderen, auf die Parallelität der angrenzenden Flansche hin zu überprüfen, um so mögliche Spannungen zu vermeiden, die zur Beschädigung der Maschinen führen könnten. In der Regel werden die Rohrleitungen von den Maschinen zu den Apparaten gebaut, bzw. ausgehend von dem „spannungsärmsten Anschluss“. Da dies nicht immer möglich ist, z. B. aufgrund langer Lieferzeiten der Maschinen, werden die Rohrleitungen vorher verlegt. Der Anschluss erfolgt dann nach dem die Maschine installiert wurde. Dabei sollte berücksichtigt werden, dass für einen spannungsarmen Anschluss mindestens zwei Richtungsänderungen der Rohrleitungsführung zur Anpassung an die Maschine benötigt werden. Bei größeren Rohrleitungsdurchmesser, ab 10 Zoll aufwärts und großen Wandstärken (z. B. Schedule 160), reichen die beiden Richtungsänderungen für einen spannungsarmen Anschluss nicht aus. Hier sollte bis zum Eintreffen der Maschine gewartet werden, um dann durch gezielte Maßnahmen, wie Schichtarbeit, versucht werden die engen Termine zu realisieren.

Ventile sind so zu installieren, dass die Handräder keine Zugänge oder Bühnen versperren. Durchgangsventile sind so zu installieren, dass der Ventilteller gegen Druck schließt. Rückschlagventile und andere in Fließrichtung orientierte Armaturen sind in Fließrichtung zu montieren.

Abhängig von der erwarteten Richtung und Größe der Leitungsbewegung, nach Erreichen der Betriebstemperatur, werden Kompensatoren vorgespannt (entweder verlängert oder verkürzt) und in Längsrichtung der Rohrleitung installiert, um die abweichende Außentemperatur zur Betriebstemperatur, während der Installation auszugleichen.

Rohre und Rohrleitungsteile werden entweder durch Flanschverbindungen oder Schweißnähten / Laminatverbindungen verbunden.

Die Schweißarbeiten sind in Übereinstimmung mit der projektspezifischen Schweißanweisung durchzuführen. Jeder Schweißer hat die von ihm durchgeführten Schweißnähte, neben der jeweiligen Schweißnaht mit seiner Stempelnummer nach Fertigstellung zu kennzeichnen.

Jede Baustellennaht erhält zusätzlich eine eigene Schweißnahtnummer, die mit der jeweiligen Leitungs-/Spool-Nummerierung übereinstimmt und neben der jeweiligen Schweißnaht zusammen mit der Schweißer Nummer angebracht wird. Über alle Baustellen-Schweißnähte ist ein Schweißnahtprotokoll/buch (engl. welding history) zu führen, welches den aktuellen Status aller durchzuführenden und durchgeführten Baustellen Schweißnähte enthält.

Während der Durchführung der Schweißarbeiten sind seitens der Baustellenverantwortlichen Stichproben mit folgenden Schwerpunkten anzuordnen:

- Schweißnahtvorbereitung und Sauberkeit
- Schweißkantenversatz
- Vorwärmung (falls gefordert)
- Schweißposition, Elektrodenart, oder andere schweißspezifische Anforderungen.
- Zustand der Wurzellage nach dem Säubern, innen und außen (wenn zugänglich), unter Zuhilfenahme von Farbeindringverfahren oder Magnetpulver Test, wenn in den Ausführungsspezifikationen gefordert.
- Entfernung der Schlacke und Zustand der Zwischenlagen.
- Überprüfen, ob die Schweißvorschriften eingehalten werden.
- Überprüfen, ob alle zum Einsatz kommende Schweißer und Schweißverfahren für die jeweilige Arbeiten qualifiziert sind.

Schweißzusatzwerkstoffe

Besondere Aufmerksamkeit kommt während des Schweißens auch den Schweißelektroden zu. Verwechslungen bei der Verwendung der Elektroden können zu erheblichen Schäden (Kosten und Termine) führen und sind durch geeignete Maßnahmen auszuschließen. Die wirkungsvollste Maßnahme ist der Einsatz einer qualifizierten Schweißaufsicht.

Sämtliche Elektroden sind in verschlossenen Behältern anzuliefern und aufzubewahren. Nach dem Öffnen sind die Elektroden entsprechend der Vorschrift in Vorrats-Elektrodenöfen aufzubewahren.

Während der Schweißarbeiten sind nicht benutzte Elektroden in tragbaren Elektrodenöfen zu lagern, bei Arbeitsende sind die unbenutzten Elektroden in den Vorrats Elektrodenofen zurückzulegen.

Die tragbaren Elektrodenöfen sind während des gesamten Arbeitseinsatzes an einer adäquaten Stromquelle angeschlossen zu halten.

Die Vorrats-Elektrodenöfen sind permanent an einer adäquaten Stromquelle angeschlossen zu halten, solange Schweißzusatzwerkstoffe nachgeführt werden müssen.

Wärmebehandlung nach dem Schweißen
Aufgrund des Rohrleitungsmaterials, wie z. B. warmfeste Stähle, oder aufgrund der Eigenschaften der durchfließenden Medien, wie z. B. Sauergas oder flüssiges Ammoniak, müssen Schweißnähte einer Wärmebehandlung unterzogen werden. Ziel dieser Wärmebehandlung ist das Spannungsarmglühen.

Vor der Wärmebehandlung ist sicherzustellen, dass alle erforderlichen Rohrleitungshalterung montiert sind und ihre Funktion erfüllen. Ansonsten kann es durch die Wärmezufuhr zu Deformationen der Rohrleitung kommen. Reparatur- oder Schweißarbeiten an Rohrleitungen nach erfolgter Wärmebehandlung sollten nach Möglichkeit vermieden werden, da diese Vorgänge eine erneute Wärmebehandlung erfordern.

Die Wärmebehandlungs-Parameter sind abhängig von der Rohrwandstärke und dem Rohrleitungsmaterial. Siehe dazu auch Abschn. 6.3.5.4.

Aufheizzeiten, Haltezeiten und Abkühlzeiten werden in der entsprechenden Glühvorschrift spezifiziert. Während des Glühvorganges sind Temperatur-Messstellen zur Kontrolle und Protokollierung der

- Aufheizzeit,
- Haltezeit,
- Abkühlzeiten,
- Temperaturdifferenzen in den Wandstärken

unmittelbar an den zu behandelnden Schweißnähten anzubringen.

Nach erfolgter Wärmebehandlung ist die Schweißnaht sowie die Wärmeeinflusszone (WEZ) mittels der Brinell Härteprüfung zu prüfen.

6.3.2 Unterirdische Rohrleitungen

Viele Rohre werden im Untergrund verlegt, aus unterschiedlichsten Gründen. Sei aus technischen und/oder sicherheitstechnischen Gründen, aufgrund von Platzmangel, verkehrstechnischen Gründen oder auch nur wegen der Optik.

Eines haben jedoch alle Untergrundleitungen während des Verlegens gemeinsam:

► ***Sie behindern die Zugänglichkeit zu den Arbeitsplätzen auf der Baustelle.***

Unterirdische Rohrleitungen sind in zwei Kategorien einzuteilen.

- Drucklos betriebene Leitungen
- Druck-Leitungen

Drucklos betriebene Rohrleitungen aus Kunststoff (PP; PE; PVC usw.) und/oder Beton werden in einer Anlage üblicherweise durch die Baufirma verlegt. Dabei handelt es sich um Freispiegelleitungen in der das Medium aufgrund des Gefälles von einem Hochpunkt zu einem Tiefpunkt fließt. Meistens handelt es sich um Abwasserleitungen.

Bei Druckrohrleitungen fließt das Medium (flüssig oder gasförmig) unter Zuführung von Druck in eine vorbestimmte Richtung. Diese Leitungen bestehen in der Regel aus Stahl oder GFK, und sind daher im Untergrund besonders zu schützen.

Entlang des Rohrleitungsverlauf der unterirdischen Leitung ist ein ca. 35 m breiter Arbeitsstreifen durch Räumung und Planieren anzulegen. Der Oberboden wird mit einer Dicke von ca. 10 cm abgetragen und gesondert gelagert. Bei der Herstellung des Grabens wird das Aushubmaterial auf einer Seite des Arbeitsstreifen gelagert. Die andere Seite des Arbeitsstreifen dient den Rohrleitungsarbeiten.

Beschichtete Rohrleitungen sind in einem Graben oder im Untergrund allgemein, in einem Sandbett zu verlegen. Die Dicke des Sandbettes wird in Abhängigkeit von der Nennweite des Rohres und der Bodenbeschaffenheit festgelegt.

Beschichtete Rohre werden nach ihrer Anlieferung direkt in der Nähe des Grabens auf Hölzern ausgelegt, um jeglichen Kontakt mit dem Boden zu vermeiden. Nach Möglichkeit sind mehrere Rohrlängen oberhalb des Grabens zu verschweißen. Dabei ist zu berücksichtigen, dass bei Temperaturschwankungen die Rohrleitung „arbeitet". Das bedeutet sie bewegt sich aufgrund ihrer Ausdehnung. Dabei entsteht eine Reibung an den Auflagern, die zu einer Beschädigung der Beschichtung führen können.

Jede Schweißnaht wird nach der Fertigstellung und einer eventuellen Prüfung sandgestrahlt und mit der entsprechenden Beschichtung versehen, um Korrosion zu vermeiden und vor Stößen zu schützen. Die Beschichtungsdetails sind mit dem Hersteller der Beschichtung zu vereinbaren und festzulegen.

Das Beschichtungsmaterial besteht in der Regel aus Kunststoffen mit sehr hoher Durchschlagsfestigkeit. Beim Verlegen ist darauf zu achten, dass die Beschichtung frei von Poren, beschädigten Oberflächen usw. ist.

Vor dem Absenken der Rohre in den Graben ist die Beschichtung des Rohrers mittels einer Durchschlagsprüfung auf mögliche Schäden zu prüfen. Eine Methode ist z. B. der sogenannte „Holiday Test", indem mittels Hochspannung das Rohr untersucht wird. An einer Schadstelle des Beschichtungsmaterials dringt der elektrische Strom an dieser Stelle in die Beschichtung ein und erreicht das metallische Rohr. Von der dort wird er zur Erdung des Testgeräts geleitet und erzeugt ein Alarmsignal.

Nach der Prüfung und ggfs. nach der Behebung erkannter Schäden wird der Rohrstrang mittels Seitenausleger oder Krane in den Graben abgesenkt.

Für die Rückverfüllung kann das Aushubmaterial wieder verwendet werden. Allerdings sind in diesem Falle die ersten Schichten der Rückverfüllung bezüglich einer vereinbarten Korngröße zu sieben.

Dadurch wird vermieden, dass die Rohrleitungsbeschichtung durch Steine oder andere Verunreinigungen im Aushubmaterial beschädigt wird. Zusätzlich wird eine bessere und gleichmäßigere Verdichtung erreicht. Die empfohlene Mindestdicke der

Überdeckung beträgt ca. 30 cm. Danach kann das ursprüngliche Material direkt weiterverwendet werden.

6.3.3 Flanschverbindungen

Flanschverbindungen werden an den Bauteilen verwendet, die eine lösbare Verbindung erfordern. Dies kann aus Wartungs-, Reinigungs- und/oder technischen Gründen erfolgen. Anschlüsse an Apparaten werden vorwiegend mittels Flanschverbindung hergestellt.

Flanschverbindungen sind kosten- und arbeitsintensiver als Schweißnähte (2 Flanschnähte, 1 Flanschverbindung, 2 Flansche, Dichtung und Schrauben) und unterliegen permanent der Gefahr einer Leckage. Von daher sollte das Ziel bei der Rohrleitungsplanung sein, die Anzahl von Flanschverbindungen zu minimieren.

Ein richtiger Umgang mit Flanschverbindungen ist erforderlich, um Leckagen zu vermeiden. Die Anschlussflächen aller Flansche sind vor Beschädigung vor und während der Installation bis zur endgültigen Fertigstellung der Installation zu schützen.

Die Flansche sind eben und parallel anzubringen, sodass die Flanschdichtung gleichmäßig auf der gesamten Dichtfläche der Flansche anliegt. Beim Ausrichten der Flanschverbindungen ist nur die Hälfte der Schraubenanzahl in der Flanschverbindung zu verwenden, und zwar in der Weise, dass keine benachbarten Schrauben benutzt werden. Die Flanschschrauben werden mit einheitlichen Anzugskräften unter Verwendung von Drehmomente-Schlüssel angezogen. Entsprechend der ASME/ANSI Regularien darf für das Ausrichten maximal 60 % des angegebenen Drehmomentes verwendet werden. Die Schrauben müssen entsprechend dem in der zugelassenen Drehmoment- und Spanntabelle angegebenen Drehmoment angezogen werden.

Abhängig von den unterschiedlichen Rohrleitungssystemen sind die Anzugsmomente zu protokollieren.

Besondere Sorgfalt ist bei der Installation von Stahl- zu Gussflanschen zu beachten, d. h. solche Flanschverbindungen sind eben und parallel vorzurichten (spannungsfrei) und mit eingebauter Dichtung gleichmäßig und vorsichtig anzuziehen, um ein Brechen des gusseisernen Flanschteiles zu vermeiden.

Schraubenenden an Flanschverbindungen müssen vollständig durch die Schraubenmutter reichen, sodass 1 bis 5 Gewindegängen an jeder Seite herausragen.

6.3.4 Unterstützungen

Der Begriff Unterstützung und Hänger schließt alle Baugruppen ein, die zur Halterung einer Rohrleitung erforderlich sind. Dazu zu zählen die rohrumschließenden Teile wie Schellen, Feder- oder Konstant-Hänger bzw. –Stützen, starre Hänger, Schlitten, Führungsbleche bis hin zum unterstützenden Stahlbau.

Rohrleitungen müssen gehaltert werden, um übermäßige Durchbiegungen und Vibrationen zu vermeiden und um die angeschlossenen Ausrüstungen, wie Pumpen und Behälter vor Lasten zu schützen.

Die Halterungen sind so anzubringen, dass im Betriebszustand die Last senkrecht aufgenommen werden kann.

Es ist sicherzustellen, dass zum Zeitpunkt der Rohrleitungsmontage die Rohrhalterungen verfügbar sind. Zum einen ist es kostspielig die Rohrleitungen temporär zu unterstützen, zum anderen fehlt am Ende der Montage die Zeit für die Installation der permanenten Halterungen. Hierbei ist zu berücksichtigen, dass die Druckprobe nur bei einwandfreier Halterung der Rohrleitung durchgeführt werden darf.

Rohrhalterungen, die an Rohrleitungen aus warmfestem Material angeschweißt werden, sind spannungsarm zu glühen.

6.3.5 Schweißen

Das Schweißen bezeichnet eine Tätigkeit, die verschiedene Werkstoffe, im Gegensatz zu Flanschverbindungen, unlösbar miteinander verbindet. Grundsätzlich unterscheidet man dabei Schmelzschweißen, bei dem Metall- oder Kunststoffteile durch Anschmelzen und dem anschließenden Zusammenfließen der entstandenen Schmelzmassen miteinander verbunden werden, von dem Pressschweißen, bei dem die Verbindung durch Zusammenstauchen der erhitzen Oberflächen unter hohen Druck erfolgt.

Dabei kennt das Schweißen mittlerweile zahlreiche Verfahren, durch die unterschiedlichste Materialien für verschiedenste Anwendungen in höchster Qualität gefügt werden können.

Schweißarbeiten an Rohrleitungssystemen sind entsprechend der Schweißanweisung durchzuführen. Jeder zum Einsatz kommender Schweißer erhält eine eigene Schweiß-Stempelnummer. Es ist internationaler Standard, dass jeder Schweißer vor seinem Einsatz eine Handfertigkeitsprobe zu erstellen hat.

6.3.5.1 Schweißanweisung

Das Erstellen einer Schweißanweisung (WPS) ist die Voraussetzung dafür, dass auf der Baustelle geschweißt werden kann.

Für den Anlagenbauer ist die WPS ein Dokument, das er als Nachweis für das Schweißverfahren nutzt und das ihn dazu berechtigt, dieses Schweißverfahren innerhalb des definierten Geltungsbereiches anzuwenden, was bedeutet, dass die Schweißnähte entsprechend der WPS geschweißt werden.

Durch die Schweißnaht werden die zu verschweißende Teile am Schweißstoß stoffschlüssig miteinander verbunden. Je nachdem, wie die zu verbindende Teile anzuordnen sind, wird zwischen verschieden Stoßarten, wie Abb. 6.15 darstellt, unterschieden.

Ergänzend zu den verschiedenen Stoßarten kommen unterschiedliche Formen von Schweißkanten, in Abhängigkeit vom Werkstoff und der Blechdicke, zum Einsatz.

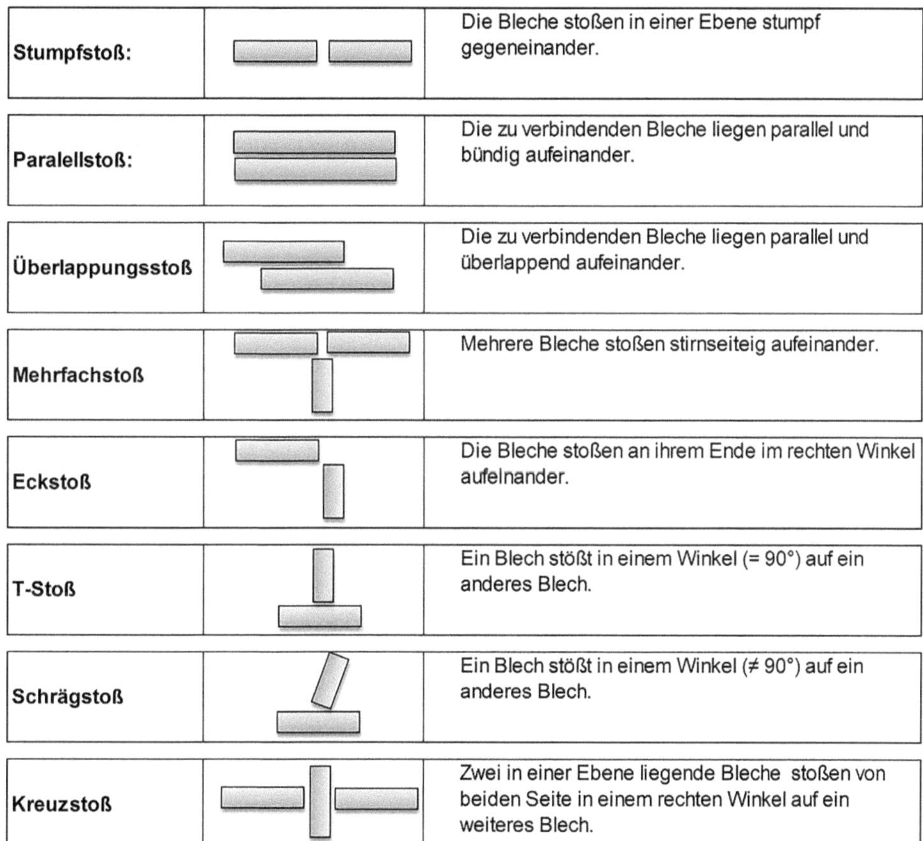

Stumpfstoß:		Die Bleche stoßen in einer Ebene stumpf gegeneinander.
Paralellstoß:		Die zu verbindenden Bleche liegen parallel und bündig aufeinander.
Überlappungsstoß		Die zu verbindenden Bleche liegen parallel und überlappend aufeinander.
Mehrfachstoß		Mehrere Bleche stoßen stirnseiteig aufeinander.
Eckstoß		Die Bleche stoßen an ihrem Ende im rechten Winkel aufeinander.
T-Stoß		Ein Blech stößt in einem Winkel (= 90°) auf ein anderes Blech.
Schrägstoß		Ein Blech stößt in einem Winkel (≠ 90°) auf ein anderes Blech.
Kreuzstoß		Zwei in einer Ebene liegende Bleche stoßen von beiden Seite in einem rechten Winkel auf ein weiteres Blech.

Abb. 6.15 Stoßarten beim Schweißen

Abb. 6.16 zeigt die notwendigen Nahtvorbereitungen für Schweißverbindungen mittels Stumpfstoß, in Abhängigkeit der Blechdicken bzw. Wandstärke bei Rohren.

Dabei handelt es sich um folgende Nahtvorbereitungen.

- I-Naht
- V-Naht
- U-Naht
- DV-Naht
- DU-Naht

6.3.5.2 Schweißverfahren

Es gibt eine Reihe unterschiedlicher Schweißverfahren, die in Abhängigkeit von dem Werkstoff, der Beanspruchung des Bauteils und den Gegebenheiten aus schweißtechnischer Sicht, etwa der Schweißumgebung, der Schweißposition oder der Schweiß-

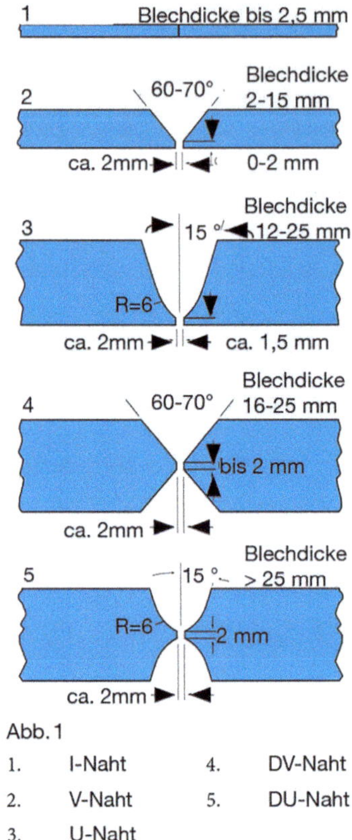

Abb. 6.16 Nahtvorbereitungen (Bild: VDM Metals GmbH)

stromquellen, zum Einsatz kommen und die sich darin unterscheiden, ob sie von menschlicher Hand oder durch Maschinen ausgeführt werden.

Daneben unterscheidet man das Schweißen in Verbindungs- und Auftragsschweißen. Beim Verbindungsschweißen geht es darum, zwei Werkstücke miteinander zu verbinden, was mittels einer Schweißnaht, einem Schweißpunkt oder einer Schweißfläche erfolgt. Der Zweck von Auftragsschweißen ist, ein Werkstück durch das Schweißen zu beschichten, wobei man hier bei artfremden Werk- und Auftragsstoffen den Auftrag in Panzerungen, Plattierungen und Pufferschichten unterteilt.

Generell teilen sich die Schweißverfahren in:

- Feuerschweißen
- Autogenschweißen
- Lichtbogenhandschweißen
- Schutzgasschweißen
- Engspaltschweißen

- Widerstandsschweißen
- Kaltpressschweißen
- Reibschweißen
- Unterpulverschweißen
- Laserschweißen
- Elektronenstrahlschweißen

Auf der Webseite „Anleitung-zum-Schweißen.de“ werden unterschiedlichen Schweißverfahren beschrieben. Dazu sind weitere nützliche Information rund um das Schweißen aufgeführt. Die im Anlagenbau gängigsten Schweißverfahren sind nachfolgend zusammenfassend aufgeführt.

Autogenschweißen

„Beim Autogenschweißen, das auch als Gasschmelzschweißen bekannt ist, erzeugt eine Flamme aus Sauerstoff und Acetylen die Schweißenergie, durch die die Werkstücke erhitzt und anschließend ohne oder mit einem speziell legierten Schweißdraht miteinander verbunden werden. Ein elektrischer Lichtbogen, der zwischen dem Werkstück und einer Elektrode brennt, liefert die Energie beim Lichtbogenhandschweißen.“ (5)

Lichtbogenhandschweißen

Das Lichtbogen-Handschweißen wird häufig auch als E-Handschweißen bezeichnet. Es ist der älteste und vielseitigste der Lichtbogen-Schweißprozesse.

Der elektrische Lichtbogen wird zwischen einer umhüllten Stabelektrode und dem Werkstück aufgebaut. Der metallische Kernstab schmilzt im Lichtbogen ab und geht tropfenförmig in das Schweißbad über. Ein Teil, der mit gleicher Geschwindigkeit abschmelzenden Umhüllung verdampft, stabilisiert den Lichtbogen und sorgt für den nötigen Gasschutz. Der Rest der Umhüllung bildet eine Schlacke, die das Schweißbad und die abkühlende Naht vor der Atmosphäre schützt. Diese Schlacke muss nach jeder Lage entfernt werden.

Abb. 6.17 zeigt schematisch die.

Schutzgasschweißen

Zu den Schweißverfahren mit Schutzgas gehören das MAG-, MIG- und WIG-Schweißen. Auch hierbei erzeugt ein Lichtbogen die benötigte Schweißwärme und brennt zwischen Werkstück und Elektrode. Beim MAG- und MIG-Schweißen ist die Elektrode zeitgleich auch Schweißzusatzstoff.

Um den Lichtbogen zu stabilisieren und die Schweißstelle vor der Außenluft zu schützen, ist die Elektrode von einer Düse umgeben, aus der Schutzgas austritt. Dabei unterscheidet man zwischen inerten Gasen wie Helium oder Argon und aktiven Gasen wie Helium oder Argon gemischt mit Kohlendioxid oder Sauerstoff (Abb. 6.18).

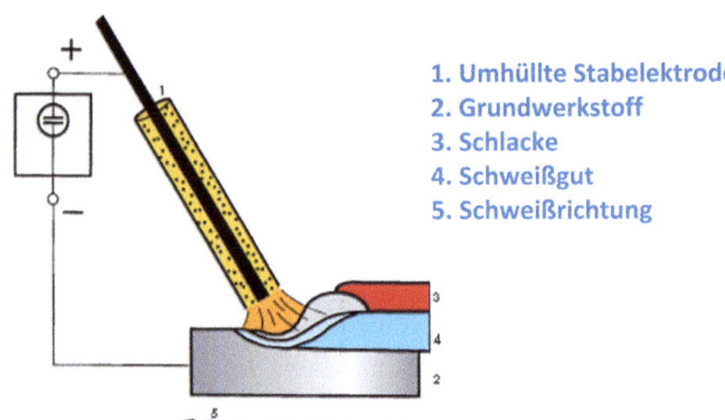

Abb. 6.17 Lichtbogenhandschweißen (Bild: VDM Metals GmbH)

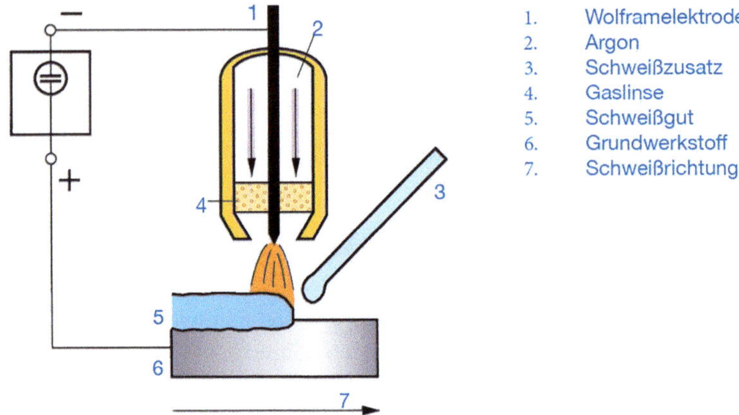

Abb. 6.18 Wolfram-Inertgas-Schweißen (Bild: VDM Metals GmbH)

VDM Metals GmbH beschreibt das Verfahren wie folgt:

„Dieses Verfahren gewährleistet höchste Schweißgutqualität, es ermöglicht, mit geringem Wärmeeinbringen zu schweißen, insbesondere dann, wenn mit Schweißzusatz (Kaltdraht) gearbeitet wird.

Mit Hilfe des abschmelzenden Schweißstabes kann die Badtemperatur günstig beeinflusst werden.

Das Verfahren eignet sich besonders gut zum Schweißen dünner bis mittlerer Blechdicken und darüber hinaus zum Schweißen von Wurzellagen bei größeren Blechdicken. Als Schutzgase kommen inerte Gase in Frage.

Ein Abbrand von Legierungsbestandteilen ist nicht zu erwarten." (6)

Engspaltschweißen

Der Vorteil des Engspaltschweißens bei dickwandigen Rohren liegt im Zeit- und Kostenaufwand eine ressourcenschonendende Herstellung von Schweißnähten mit hoher Qualität. Im Vergleich zu konventionellen Schweißverbindungen mit einem Öffnungswinkel von z. B. V = 60° hat die Engspaltschweißung aufgrund ihres Winkels von bis zu 8° ein deutlich geringeres Schweißnahtvolumen. Ein weiterer Vorteil liegt auch darin, dass den Werkstücken weniger Wärme zugeführt wird.

6.3.5.3 Garantienähte

Garantienähte, oder auch umgangssprachlich als „Golden Weld" bezeichnet, sind Schweißnähte, die nicht einer Druckprobe unterzogen werden.

Bei der Montage von Rohrleitungen kann es aus unterschiedlichsten Gründen vorkommen, dass eine Druckprobe technisch nach dem Schweißvorgang nicht durchgeführt werden kann.

Üblicherweise wird die Durchführung von „Golden Welds" in Abstimmung mit dem Betreiber und der zuständigen Überwachungsbehörde (z. B. TÜV) festgelegt.

Ob eine Garantienaht verwendet werden darf, sollte, um jeden Zweifel zu beseitigen, grundsätzlich mit den überwachenden Organen, wie z. B. TÜV abgestimmt werden.

Aufgrund folgender Gegebenheiten kann eine Garantienaht erforderlich sein:

- Eine Wasserdruckprüfung ist aus prozesstechnischen Gründen nicht machbar und eine pneumatische Druckprobe ist aus sicherheitstechnischen Gründen zu vermeiden.
- Änderungen an Rohrleitungssystemen, die bereits geprüft wurden, und eine erneute Prüfung nicht durchführbar sind.
- Einbindungsnähte in ein bestehendes System
- Schweißnähte die größere Rohrleitungsabschnitte zusammenfügen die bereits druckgeprüft, gespült und gereinigt wurden.

Vor der Herstellung der Garantienaht sind die Benannten Stellen mit einbeziehen. Mitunter ist es auch ratsam, den Schweißer auf der Baustelle mit der niedrigsten Fehlerquote für die Herstellung der Garantienaht einzusetzen.

Während der Herstellung der Schweißnaht sollten diverse Kontrollpunkte definiert werden. Bereits die Schweißnahtvorbereitung und der Kantenversatz sind vor der Aufnahme des Schweißens zu prüfen und zu dokumentieren. Die Wurzel sollte WIG geschweißt werden. Die fertiggestellte Schweißnaht wird mehreren zerstörungsfreien Prüfungen unterzogen, mindesten einer Durchstrahlungsprüfung und einer Oberflächenrissprüfung.

Die Garantienaht stellt eine Ausnahme dar, und die Anzahl der Garantienähte sollte möglichst gering gehaltenwerden.

6.3.5.4 Wärmebehandlung

Durch das Schweißen werden kurzfristig extrem hohe Temperaturen (bis zu 2000 °C) erzielt. Dadurch entstehen sehr schnelle Aufheiz- und Abkühlgeschwindigkeiten.

Durch das Schrumpfen des Schweißgutes nach der Abkühlung entstehen Eigenspannungen in Bereich der Schweißnaht, der sogenannten Wärmeeinflusszone (WEZ). Des Weiteren können durch die schnelle Abkühlung Härtespitzen durch Martensitbildung hervorgerufen werden.

Die Notwendigkeit einer Wärmebehandlung von Schweißnähten ergibt sich aus den Wandstärken der zu verschweißende Bauteile und des Materials. Die Wärmebehandlung beinhaltet das Vorwärmen und das eigentliche Glühen.

Durch das Glühen können ungleichmäßige Gefüge beseitigt werden und Spannung in der WEZ abgebaut werden. Durch den Temperaturanstieg auf bis deutlich über 700 °C wird die Streckgrenze reduziert. Das Material beginnt im Bereich der Spannungen zu fließen, sodass Spannungen abgebaut werden können. Allerdings werden die Spannungen nicht vollständig abgebaut, sodass man von **Spannungsarmglühen** spricht.

Durch das Vorwärmen des Bauteils erfolgt bereits eine Ausdehnung des Materials und je nach Vorwärmtemperatur (300 °C) auch eine Reduzierung der Streckgrenze.

Abb. 6.19 zeigt ein typisches Glühdiagramm mit den wesentlichen Arbeitsschritten. Glühdiagramme unterscheiden sich aufgrund der unterschiedlichen Materialklassen. Einige Materialien müssen aus der Schweißwärme geglüht werden, andere wiederum nicht.

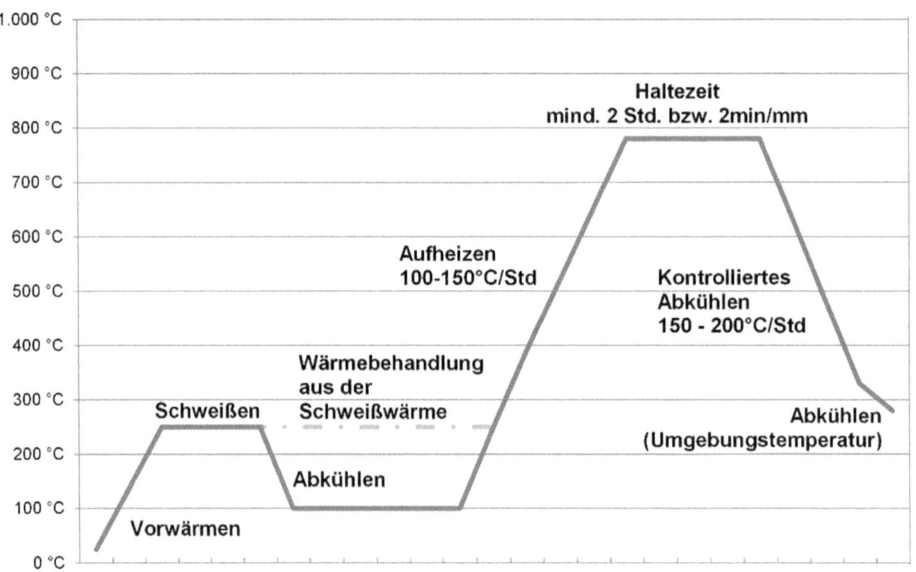

Abb. 6.19 Glühdiagramm

6.3.6 Sicherheitsventile

Sicherheitsventile werden in der Regel zum Montageende eingebaut. Dabei ist ein besonderer Augenmerkt auf die Sauberkeit des Ein-/Auslass des Ventils zu legen. Diese müssen absolut sauber sein.

In der Regel beträgt die Gültigkeit der Kalibrierung der Sicherheitsventile durch den Hersteller 90 Tage, manche Kunden reduzieren die Gültigkeit auf 6 Wochen bis zum Einbau. Da dieses Zeitfenster nicht immer eingehalten werden kann, sind die Sicherheitsventil vor dem Einbau üblicherweise erneut zu kalibrieren. Diese Nachkalibrierung erfolgt anhand einer gewisse Grundplanung und einer entsprechenden Dokumentation. Hierzu ist ein detaillierter Plan zu erstellen, aus dem die Sequenz für den Einbau pro Sicherheitsventil erkennbar ist.

6.3.7 Aufwandsermittlung

Wie bereits erwähnt, bedarf die Rohrleitungsmontage eine detaillierte Planung. Planungen basieren auf Aufwandswerten. Die Aufwandswerte werden unter Berücksichtigung der erforderlichen Arbeitsgänge ermittelt.

Die Rohrleitungsmontage setzt sich ausfolgenden Arbeitsgängen zusammen.

- Einrichten des Arbeitsplatzes
- Transport des Rohrleitungsmaterials vom Baustellenlager zum Einbauort
- Grobmontage einschließlich Sicherung
- Anbringen der Rohrhalterungen
- Rohrenden auf Maß schneiden
- Anbringen der Schweißkante(n)
- Feinausrichten der Rohrenden
- Heften
- Schweißen
- Schleifarbeiten an der Wurzel bzw. Zwischenlagen
- Bearbeitung der Decklage für evtl. Prüfungen
- Zerstörungsfreie Prüfungen (falls erforderlich)
- Wärmebehandlung (falls erforderlich)
- Durchführung der Druckprobe
- Wiederherstellung der Rohrleitung nach der Druckprobe

Die Aufwandsermittlung der Rohrleitungsmontage kann ausgehend von der Zielsetzung und den verfügbaren Informationen auf unterschiedlichen Wegen zum gewünschten Ziel führen.

Benchmark – Analyse

Bei der Benchmark-Analyse wird die angenommene Rohrleitungstonnage mit Erfahrungswerten (KPI_{Rohr}) bewertet. Je mehr Information vorhanden ist, umso genauer kann der Aufwand abgeschätzt werden. Als Mindestvoraussetzung sollte die gesamte Rohrleitungsmasse bekannt sein.

$$Aufwand\ Rohrleitung = Rohrleitungsmasse * KPI\ Rohr$$

Formel 6.1 Aufwandermittlung Rohrleitungen

Liegen Informationen über die mengenmäßige Einteilung unterschiedlicher Materialgruppen wie z. B. reine C-Stähle (CS = Carbon Steel), Edelstähle (SS = Stainless Steel) und warmfeste Stähle (LA = Low Alloy) vor, kann die Formel bezüglich der Materialzuschläge wie folgt erweitert werden.

$$Rohrleitungsmasse = m = m\ CS + m\ SS + m\ LA$$

Formel 6.2 Ermittlung Rohrleitungsmasse unterschiedlicher Materialgruppen

Entsprechend der allgemeinen Literatur werden die Zuschläge für Edelstähle mit 1,3 und warmfeste Stähle mit 1,5 auf den Basiswert C-stahl = 1,0 bezogen. Somit ergibt sich Formel 6.3 für die Ermittlung des Montageaufwandes für Rohrleitungen.

$$Aufwand\ Rltg. = (mCS + mSS * 1{,}3 + mLA * 1{,}5)x * KPI\ Rohr$$

Formel 6.3 Aufwandsermittlung Rohrleitungsmontage unter Berücksichtigung der Materialgruppen

Für eine genaue Bestimmung des KPI_{Rohr} sollte die durchschnittliche Nennweite sowie die durchschnittliche Wandstärke bekannt sein.

Die durchschnittliche Nennweite NWØ berechnet sich aus dem Quotienten des Summenproduktes der jeweiligen Länge pro Nennweite, dividiert durch die Gesamtlänge der Rohrleitung.

$$NWØ = \frac{l1 * NW1 + l2 * NW2 * + l3 * NW3 \ldots + \ln * NWn}{\sum l}$$

Formel 6.4 Bestimmung durchschnittlicher Rohrleitungsdurchmesser

$$\mathrm{WdØ} = \frac{l1 * Wd1 + l2 * \mathrm{Wd2} * + l3 * \mathrm{Wd3} \ldots + \ln * Wdn}{\sum l}$$

Formel 6.5 Bestimmung durchschnittliche Wandstärke

Einfacher halber werden bei der Bestimmung der durchschnittlichen Werte nur die laufenden Meter Rohr berücksichtigt.

Beispiel

Ausgangssituation: 1000 t Rohrleitungen sind auf einer Rohrbrücke zu installieren und teilen sich wie folgt in „gerade" Rohrlängen auf:

Tab. 6.2 Beispiel Rohrbrückenrohrleitungen

Material	*Nennweite*	*Wandstärke*	*Gesamtgewicht*	*Länge*
CS	*DN 25*	*3,2 mm*	*13,70 t*	*5693 m*
CS	*DN 50*	*3,6 mm*	*21,13 t*	*4198 m*
CS	*DN 80*	*5,6 mm*	*24,35 t*	*2117 m*
CS	*DN 100*	*6,3 mm*	*25,79 t*	*1537 m*
CS	*DN 150*	*7,1 mm*	*63,59 t*	*2253 m*
CS	*DN 200*	*8,0 mm*	*84,10 t*	*212 m*
CS	*DN 250*	*8,8 mm*	*84,67 t*	*1477 m*
CS	*DN 300*	*10,0 mm*	*29,38 t*	*380 m*
CS	*DN 350*	*10,0 mm*	*20,37 t*	*239 m*
CS	*DN 400*	*11,0 mm*	*137,68 t*	*1284 m*
CS	*DN 450*	*11,0 mm*	*11,13 t*	*92 m*
CS	*DN 500*	*12,5 mm*	*37,92 t*	*248 m*
CS	*DN 600*	*12,5 mm*	*52,70 t*	*286 m*
CS	*DN 700*	*12,5 mm*	*27,61 t*	*128 m*
CS	*DN 800*	*14,2 mm*	*66,16 t*	*237 m*
CS	*DN 900*	*14,2 mm*	*32,03 t*	*102 m*
CS	*DN 1000*	*14,2 mm*	*57,69 t*	*164 m*
SS	*DN 25*	*2,3 mm*	*5,83 t*	*3274 m*
SS	*DN 50*	*2,3 mm*	*5,85 t*	*1779 m*
SS	*DN 80*	*2,6 mm*	*6,38 t*	*1153 m*
SS	*DN 100*	*2,9 mm*	*12,53 t*	*1573 m*
SS	*DN 150*	*3,2 mm*	*5,49 t*	*421 m*
SS	*DN 200*	*3,6 mm*	*13,60 t*	*711 m*
SS	*DN 250*	*4,0 mm*	*12,96 t*	*488 m*
SS	*DN 300*	*4,5 mm*	*6,39 t*	*180 m*
SS	*DN 400*	*5,0 mm*	*15,64 t*	*316 m*
SS	*DN 450*	*5,6 mm*	*1,08 t*	*17 m*
SS	*DN 500*	*6,3 mm*	*9,08 t*	*117 m*
SS	*DN 600*	*6,3 mm*	*3,44 t*	*37 m*
SS	*DN 700*	*7,1 mm*	*3,97 t*	*32 m*
SS	*DN 900*	*7,1 mm*	*15,52 t*	*98 m*
SS	*DN 1000*	*8,0 mm*	*2,00 t*	*10 m*
SS	*DN 1100*	*8,0 mm*	*10,24 t*	*47 m*
LA	*DN 25*	*4,5 mm*	*1,84 t*	*568 m*
LA	*DN 50*	*6,3 mm*	*1,56 t*	*186 m*

(Fortsetzung)

Tab. 6.2 (Fortsetzung)

Material	*Nennweite*	*Wandstärke*	*Gesamtgewicht*	*Länge*
LA	*DN 100*	*8,0 mm*	*3,84 t*	*183 m*
LA	*DN 150*	*11,0 mm*	*13,43 t*	*315 m*
LA	*DN 200*	*12,5 mm*	*14,73 t*	*231 m*
LA	*DN 250*	*16,0 mm*	*12,22 t*	*121 m*
LA	*DN 300*	*17,5 mm*	*7,76 t*	*59 m*
LA	*DN 350*	*20,0 mm*	*7,71 t*	*47 m*
LA	*DN 400*	*22,2 mm*	*5,69 t*	*27 m*
LA	*DN 500*	*25,0 mm*	*11,22 t*	*38 m*

Tab. 6.3 Beispiel Rohrbrückenleitungen Übersicht

Materialklasse	*Gewicht*	*Länge*	*Ø NW*	*Ø Wd*
C-Stahl (CS)	*790 t*	*20.648 m*	*145,70*	*5,92*
Edelstahl (SS)	*130 t*	*10. 253 m*	*115,90*	*2,91*
Warmfester Stahl (LA)	*80 t*	*1774 m*	*129,11*	*9,57*
Gesamt	***1000 t***	***32. 675 m***	***135,45***	***5,18***

Die Auswertung von Tab. 6.2 *ist in Tab.* 6.3.*aufgeführt. Daraus ergibt sich eine Einteilung über das Gewicht in 790 t C-Stahl, 130 t Edelstahl sowie 80 t warmfester Stahl*

Die durchschnittliche Nennweite beträgt ungefähr 135 mm *und die durchschnittliche Wandstärke liegt bei 5,18* mm.

Unterzugrundelegung von Erfahrungswerten, bezogen auf eine bestimmte verfahrenstechnische Anlage in einem bekannten Land, wird ein KPI-Rohr mit 150 h/t angenommen. Mittels Formel 6.3 *wird der Aufwand der Rohrleitungsmontage wie folgt ermittelt.*

$$\text{Aufwand Rltg.} = (790\,\text{t} * 1{,}0 + 130\,\text{t} * 1{,}3 + 80\,\text{t} * 1{,}5) \times * 150\,\text{h/t}$$

Der Gesamtaufwand für die Rohrleitungsmontage beträgt demnach 161.850 h. ◄

Nicht immer führt der Ansatz über ein Benchmarking zum gewünschten Erfolg. Je nach projektspezifischen Anforderungen, Detailuntersuchungen wie z. B. kritische Pfade oder Stillstand-Arbeiten, ist eine genauere Aufwandsermittlung erforderlich um gezielt die Abläufe zu planen, zu überwachen und zu steuern.

In diesem Fall ist u. a. der Ansatz über das Schweißen als Treiber der Rohrleitungsmontage sinnvoll.

Der Ausgangswert für den Schweißaufwand wird über die Abschmelzleistung (L) der Elektrode bestimmt. Die Basis für den Schweißaufwand ist die sogenannte Einschaltdauer (ED), dessen Teil „reines Schweißen“ von der Abschmelzgeschwindigkeit mitbestimmt wird. Die Abschmelzleistung ist eine Funktion des Stabelektrodendurchmessers und des Schweißstrom.

$$Abschmelzgeschwindigkeit = Abschmelzleistung * Stromstärke$$

Formel 6.6 Abschmelzgeschwindigkeit

Die Stabelektrode wiederum ist entsprechend dem gewählten Schweißverfahren zu bestimmen. Die Abschmelzleistung [kg/(h*A)] handelsüblicher Elektroden (Umhüllung rutil bzw. basisch) liegt bei 0,01 kg/(h*A).

Die beim Schweißen einzustellende Stromstärke ist von der verwendeten Elektrode abhängig und wird auf den jeweils spezifischen Datenblättern der Hersteller angegeben. Tab. 6.4 zeigt beispielhaft, wie die Stromstärke bei dem Einsatz unterschiedlicher Durchmesser der Stabselektrode variiert.

Als genereller Ansatz wird die Stromstärke (I) von 110 A bei einem durchschnittlichen Elektrodendurchmesser von 3,2 mm gewählt.

Die reine theoretische Schweißzeit ($t_{\text{Schw. th}}$) lässt sich demnach wie folgt ermitteln:

$$Schweißzeit = \frac{\text{Schweißnahtgewicht}}{\text{Abschmelzgeschwindigkeit}}$$

Formel 6.7 theoretische Schweißzeit

Die Abschmelzgeschwindigkeit setzt sich aus der Abschmelzleistung und der Stromstärke zusammen. Da die Stromstärke variieren kann, ändert sich analog dazu die Abschmelzleistung und somit auch die Schweißzeit. Unter Berücksichtigung von Formel 6.7 ergibt sich die Schweißzeit somit wie folgt:

$$Schweißzeit = \frac{Schweißnahtgewicht}{Abschmelzleistung * Stromstärke}$$

$$\text{t Schw. th} = \frac{\text{m Schw.}}{L * I}$$

Tab. 6.4 Verhältnis Elektrodendurchmesser zu Stromstärke

Abmessung Elektrode [mm]	Stromstärke [Ampere]
2,0 × 250	30–75
2,5 × 250	40–90
2,5 × 350	40–90
3,2 × 350	90–130
4,0 × 350	140–190
4,0 × 450	140–190
5,0 × 450	190–250

E-Handschweißungen unter Baustellenbedingungen

ED = 20%

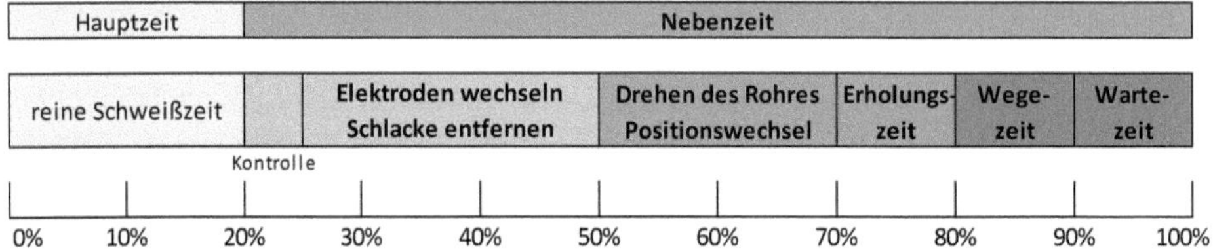

Abb. 6.20 Einschaltdauer unter Baustellenbedingungen

Formel 6.8 Schweißzeit mit variabler Stromstärke

Der Anteil der reinen Schweißzeit wird als Einschaltdauer (ED) bezeichnet. Dieser Prozentwert sagt als absolute Größe nichts über die Wirtschaftlichkeit einer Arbeitsweise aus, sondern berücksichtigt bei einem Schweißverfahren und Erfüllungsort die zugehörigen Nebenzeiten. Die tatsächliche Schweißzeit wird von weiteren Faktoren beeinflusst (Abb. 6.20).

Die Herstellung einer Schweißnaht wird demnach mittels Formel 6.9 wie folgt bestimmt:

$$\mathrm{t} = \frac{\mathrm{m\ Schw.}}{L{*}I{*}ED}$$

Formel 6.9 Schweißzeit unter Berücksichtigung der Einschaltdauer

Die Hauptzeiten und Nebenzeiten sind abhängig von den Rahmenbedingungen, während die Rüstzeit ($t_{\text{Rüst}}$) einfacher halber mit einem festen Wert von ca. 0,5 h pro Naht bestimmt wird. Unter Berücksichtigung der Einschaltdauer und einer festen Rüstzeit ergibt sich folgende Schweißdauer entsprechend Formel 6.10:

$$\mathrm{t} = \frac{\mathrm{m\ Schw.}}{L{*}I{*}ED} + tRüst$$

$$\text{Schweißzeit} = \frac{\text{Schweißnahtgewicht.}}{Abschmelzl.{*}Stromstärke{*}Einschaltdauer} + Rüst$$

Formel 6.10 Berechnung von Schweißnahtdauern

Des Weiteren ist das erforderliche Schweißnahtgewicht rechnerisch oder anhand von Tabellen, wie Tab. 6.5 zeigt, zu ermitteln. Für eine detaillierte Kalkulation von Schweißzusatzwerkstoffen sind entsprechende Online-Kalkulatoren wie z. B. auf www.voestalpine.com/welding nützlich.

Abb. 6.21 zeigt die Geometrie einer V-Naht. Zur Ermittlung des Schweißvolumens kann die Nahtüberhöhung ansatzweise vernachlässigt werden.

Tab. 6.5 Richtwertetabelle für Schweißnahtgewichte (Bild: voestalpine Böhler Welding Schweiz AG)

Öffnungs-Winkel α		50°						60°						70°					
			Gewicht pro Meter (g)						Gewicht pro Meter (g)						Gewicht pro Meter (g)				
Wandstärke s (mm)	Spaltbreite b (mm)	Querschnitt F_O (mm^2)	G_0 h = 0	$G_{1,0}$ h = 1,0	$G_{1,5}$ h = 1,5	$G_{2,0}$ h = 2,0	$G_{2,5}$ h = 2,5	Querschnitt F_O (mm^2)	G_0 h = 0	$G_{1,0}$ h = 1,0	$G_{1,5}$ h = 1,5	$G_{2,0}$ h = 2,0	$G_{2,5}$ h = 2,5	Querschnitt F_O (mm^2)	G_0 h = 0	$G_{1,0}$ h = 1,0	$G_{1,5}$ h = 1,5	$G_{2,0}$ h = 2,0	$G_{2,5}$ h = 2,5
4	1.0	11.5	90.3	115.5	127	140	152	13.2	103.8	133	147	162	177	15.2	195	154	171	188	206
6	1.0	22.8	179	214	231	248	265	26.8	210	252	273	294	314	31.2	245	295	319	343	368
8	1.5	41.9	329	376	400	418	446	48.9	384	441	469	496	525	56.8	446	513	546	580	612
10	2.0	66.6	524	582	611	642	670	77.7	610	681	716	752	788	90.0	706	791	833	875	915
12	2.0	91.1	715	785	820	853	875	107.1	841	925	965	1010	1050	124.8	980	1080	1128	1176	1225
14	2.0	119.4	937	1018	1058	1095	1135	141	1110	1205	1254	1300	1345	165.1	1300	1410	1466	1521	1580
16	2.0	151.3	1190	1277	1320	1365	1410	179.6	1410	1520	1570	1625	1675	211.2	1660	1786	1850	1910	1970
18	2.0	187	1470	1567	1615	1666	1715	223	1750	1870	1930	1990	2050	263.0	2065	2205	2280	2350	2420
20	2.0	226.5	1780	1890	1940	2000	2045	271	2130	2260	2330	2395	2460	320.0	2510	2670	2750	2830	2900

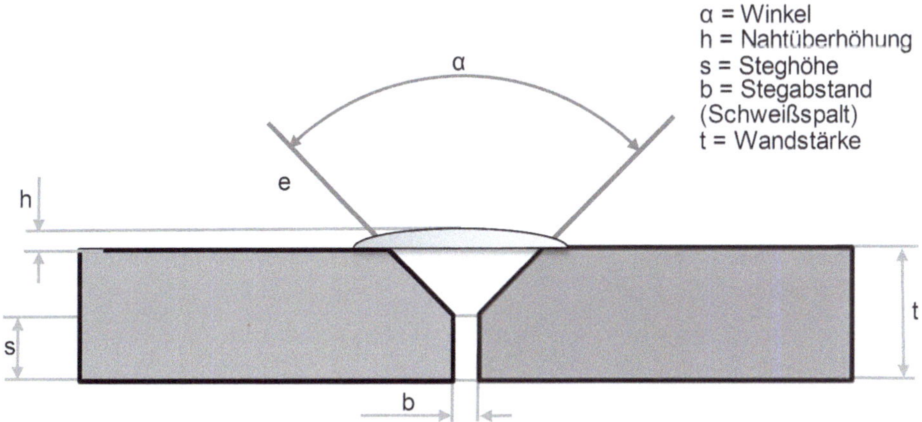

Abb. 6.21 Geometrie einer Schweißnaht

Beispiel

Zwei Rohrenden mit der Nennweite DN 150 (äußerer Durchmesser = 168,3 mm) sind mittels einer V-Naht 60° zu verschweißen. Die Wandstärke beträgt 6 mm, die Nahterhöhung beträgt h = 1,5. Die Länge der Schweißnaht ergibt sich aus dem Umfang des Rohres (neutrale Faser).

$$\text{U Rohr} = \text{D x } \pi$$

$$\text{U Rohr} = (168{,}3 - 6) \times \pi = 510 \text{ mm}$$

Laut Tab. 6.5 *beträgt das Gewicht eines Meters Schweißnaht 0,231 kg. Demzufolge hat die in diesem Beispiel betrachtete Schweißnaht ein Gewicht von m schw. = 0,118 kg.*

Entsprechend Formel 6.10 *wird die Stromstärke mit 110 A bestimmt. Wie bereits erwähnt beträgt die Abschmelzleistung L = 0,01 kg/(h*A).*

Ausgehend von Formel 6.10 *Berechnung von Schweißnahtdauern*

$$t = \frac{\text{m Schw.}}{L*I*ED} + tRüst$$

unter Berücksichtigung vorgenannter Werte

$$t = \frac{0{,}118\,[\text{kg}]}{0{,}01\,[\text{kg/h*A}] * 110[\text{A}] * 0{,}20} + 0{,}5\,\text{h}$$

ergibt sich eine Dauer für die Herstellung einer Schweißnaht (168,3 × 6) von t = 1,04 h. ◀

6.3.8 Kontrolle und Prüfungen

Zusätzlich zu den in Abschn. 6.4 behandelten zerstörungsfreien Prüfungen und in Abschn. 6.5 beschriebenen Druck- und Dichtheitsprüfungen, sind während der Montage der Rohrleitungen baubegleitend Sichtkontrollen und Überprüfungen durchzuführen, wie z. B. die Übereinstimmung mit der Isometrie. Eine Rohrleitung gilt als fertig errichtet und geprüft, wenn nachfolgend aufgeführte Arbeiten entsprechend den Spezifikationen ausgeführt wurden.

- System gespült
- System entleert und getrocknet
- Steckscheiben entfernt
- Druckabsicherungseinrichtungen montiert
- Federhänger entsichert
- Regelarmaturen montiert
- Mängelliste geschlossen
- Korrosionsschutz vollständig
- Dichtheitsprüfung durchgeführt
- Dämmung vollständig
- Begleitheizung vollständig
- Kennzeichnungen angebracht

6.4 Zerstörungsfreie Prüfungen (ZfP)

Laut DGZfP, der Deutschen Gesellschaft für Zerstörungsfreie Prüfungen, wird der Stellungswert der ZfP's wie folgt gesehen, und deren Wichtigkeit nur zugestimmt werden kann.

„Die Zerstörungsfreie Prüfung ist ganz wesentlich mitverantwortlich für Unfälle und Katastrophen, die ***nicht*** *passieren. Vermutlich ist das die Ursache dafür, dass sie trotz*

der enormen Bedeutung, die sie für das tägliche Leben jedes Einzelnen hat, so wenig im Bewusstsein der Menschen präsent ist.

Der Wunsch, Werkstoffe und Werkstücke zerstörungsfrei – das heißt in einer Weise, die die spätere Verwendung nicht beeinträchtigt – zu prüfen ist so alt wie das Vermögen der Menschen, diese zu bearbeiten.

Das kritische Beäugen eines von Hand oder mit einem Werkstück geformten Gegenstandes, das Abklopfen einer Keramik mit den Fingerknöcheln oder das Abtasten einer bearbeiteten Oberfläche mit der Fingerspitze sind zerstörendfreie Prüfmethoden, die dem Menschen seit Urzeiten bekannt sind.

In fast allen Industriezweigen ist die ZfP zum unverzichtbaren Instrument für Qualitätskontrolle und Qualitätssicherung geworden." (7)

Durch die ZfP's wird z. B. sichergestellt, dass die Schweißnähte an Bauteilen und Rohrleitungen der geforderten Qualität entsprechen. Undichte Schweißnähte können entsprechend der durch die Behälter und Rohrleitungen fließenden Medien einen enormen Schaden für Mensch und Umwelt hervorrufen. Die Anzahl oder auch Quote der durchzuführenden Prüfungen wird in den lokalen und internationalen Regelwerken definiert.

Deutsche Regelwerke wären z. B.:

- AD 2000
- Europäische Regelwerke
- Druckgeräte Richtlinie (PED)

Internationale Regelwerke wären:

- API
- ASME

Ergänzend zu den vorgenannten Regelwerken verfügen einige Betreiber von Anlagen über Werksnormen, die zum Teil höhere Ansprüche an die Qualitätsüberwachung stellen als die gesetzlichen Normen. Ein Grund hierfür ist z. B. die Wirtschaftlichkeit der Anlage. Defekte Schweißnähte bedürfen einer Reparatur. Reparaturen wiederum bedeuten einen Stillstand der Anlage und somit Einbußen in der Produktion.

Die meisten Fehler in den Schweißnähten sind:

- Risse
- Poren
- Bindefehler

wobei die Fehlerlage sich im Außen- und/oder Innenbereich befinden kann.

In der Außenlage spricht man von Fehlern im Schweißraupenbereich, im Innenbereich von eingeschlossenen Fehlern bzw. von Fehlern im Wurzelbereich (Abb. 6.22).

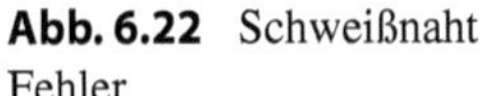

Abb. 6.22 Schweißnaht Fehler

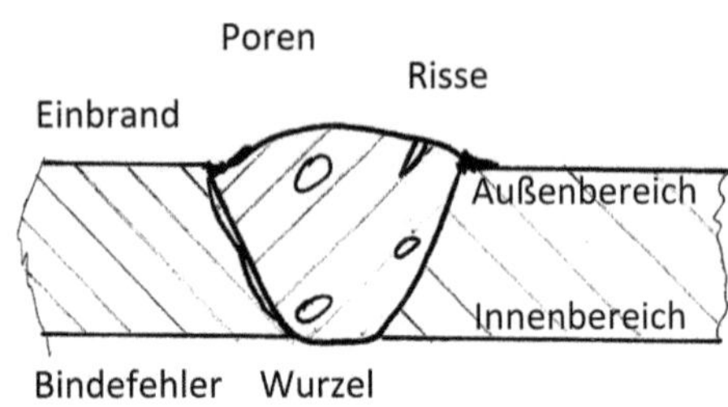

6.4.1 Durchstrahlungsprüfung

Die Durchstrahlungsprüfung wird durch den TÜV Saarland wie folgt beschrieben:

„Die Durchstrahlungsprüfung ist ein Verfahren für die Prüfung von Bauteilen auf innere Ungänzen. Sie eignet sich primär um die Detektierung von volumenhaften Fehlern. Die Prüflinge werden mit einer energiereichen elektromagnetischen Strahlung wie Röntgen und Gammastrahlung durchstrahlt, welche die Materie durchdringen kann. lnhomogenitäten, Fehlstellen, Risse oder abweichende Materialstärken führen zu unterschiedlicher Schwächung der durchdringenden Strahlung, die mittels eines hinter dem Prüfling liegenden Film als Grauwert- unterschied eines zweidimensionalen Bildes erfasst wird. Die von uns eingesetzten Strahlungsquellen (Röntgenröhren bis 300 keV, Selen-75 und Iridium-192) sind in der Lage bis zu 80 mm Stahl zu durchdringen. Die Prüfung kann entweder mobil vor Ort oder in unseren Strahlenschutzräumen stattfinden.“ (8)

Die Durchführung der Durchstrahlungsprüfung sowie deren Überwachung und Beurteilung erfordert eine bestimmte Qualifikation des auszuführenden Personals. Diese Qualifikation wird z. B. in der DIN EN 473 geregelt. Die Durchstrahlungsprüfung erfolgt z. B. nach den Vorgaben der DIN EN 1435, die Beurteilung nach DIN EN 12517.

6.4.2 Ultraschallprüfung

„Dieses Verfahren eignet sich besonders um schallleitfähige Bauteile auf Ungänzen über den ganzen Querschnitt hin zu überprüfen. Schallreflexionen von Fehlern werden durch geeignete Geräte entsprechend sichtbar gemacht und dokumentiert. Eingesetzt wird diese akustische Prüfung häufig zur Wanddickenmessung, zur Prüfung an Gussteilen und Schweißnähten oder zur Qualitätssicherung bei der Rohrherstellung.“ (8)

Das Prinzip der Ultraschallprüfung beruht auf der Tatsache, dass insbesondere feste Stoffe Schallwellen gut weiterleiten. Die am häufigsten verwendete Messmethode ist das Impuls-Echo-Verfahren. Dabei strahlt ein Sender einen kurzen Schallimpuls in das Material und ein Empfänger registriert das reflektierte Echo dieses Impulses. Dabei wird die Schallwelle nicht nur an den Begrenzungsflächen eines Werkstückes reflektiert, sondern auch an inneren Fehlstellen. Die Entfernung zu dem Reflektor ergibt sich aus der Laufzeit des Impulses.

6.4.3 Farbeindringprüfung

„Zur Oberfläche hin offene Fehler können mit Hilfe der Farbeindringprüfung bzw. fluoreszierende Eindringprüfung an metallischen und nicht metallischen Werkstücken nachweisen. Hierbei wird die nicht poröse gereinigte Oberfläche mit einem farbigen und ggbfs. fluoreszierenden Eindringmittel benetzt, welches durch Kapillareffekt in feinste Risse und Fehlstellen eindringt und so sichtbar wird." (8)

6.4.4 Magnetpulverprüfung

Karl Deutsch wiederum sieht die Magnetpulverprüfung folgendermaßen:

„Die Magnetpulver-Rissprüfung von magnetisierbaren Metallteilen, zumeist aus Stahl, seltener aus Nickel oder Kobalt, ist ein in Fachkreisen als sehr zuverlässiges Verfahren anerkannt. Für die Prüfung muss das Werkstück magnetisiert werden. Bei großen Werkstücken, bei denen eine komplette Magnetisierung nicht möglich ist, wird nur der zu prüfender Teilbereich magnetisiert." (9)

6.4.5 Sichtprüfung

„Die Sichtprüfung oder auch die visuelle Prüfung ist eigentlich das erste zerstörungsfreie Prüfverfahren der Menschheit. Schon immer wurden Bauteile visuell auf Fehler hin untersucht. Für die Überwachung ganzer Systeme ist die visuelle Kontrolle ein wichtiger Bestandteil der zerstörungsfreien Materialprüfung. Der Prüfende muss über ausreichende Kenntnis und Erfahrung verfügen. „Dabei kann das geschulte und erfahrene Auge des zertifizierten Prüfers bereits anhand sichtbarer Auffälligkeiten an Bauteilen Herstellungs- und Verarbeitungsfehler erkennen." (8)

Die Sichtprüfung erfolgt vor, während und nach dem Schweißen und konzentriert sich in erster Linie auf die Wärmeeinflusszonen und das Schweißgut.

„Durch die Anwendung zusätzlicher Hilfsmittel – wie Endoskope – können besonders kritische Bereiche nach der visuellen Inspektion untersucht und damit detaillierte, reproduzierbare Ergebnisse dokumentiert werden." (8)

6.4.6 Wirbelstromprüfung

„Bei elektrisch leitfähigem Material kann, insbesondere wenn es auf hohe Prüfgeschwindigkeit ankommt, das Wirbelstromprüfverfahren zur Auffindung von Inhomogenitäten angewendet werden. Gerade bei großen Bauteilserien macht dieses Verfahren Sinn, da schließlich immer ein Testfehler zu Grunde gelegt werden und damit ständig verglichen werden muss." (8)

6.4.7 Dichtheitsprüfung

Die Dichtheitsprüfung stellt, wie der Name schon sagt, die Dichtigkeit des Systems fest. Dabei wird das System mittels gasförmiger Medien unter Druck gesetzt. Lösbare Verbindungen werden bei der Überprüfung „eingeseift". Etwaige Leckagen verursachen eine Blasenbildung, sodass Undichtigkeiten erkannt werden können. Üblicherweise wird die Dichtheitsprüfung im Anschluss an eine Druckprobe, nach der Wiederherstellung (z. B. Einbau von Steuerungsventilen), durchgeführt.

6.4.8 Härteprüfung

Die Härteprüfung ist ein wichtiger Bestandteil der Werkstoff- und Bauteilprüfung. Nur mit diesem Verfahren lassen sich an stationären oder großen Bauteilen die Härtekennwerte ermitteln. Klassische Einsatzgebiete sind die Ermittlung von Härteprofilen an Schweißnähten sowie der angrenzenden Wärmeeinflusszone.

6.4.9 Druckprüfung

Auf die Druckprüfung wird im Abschn. 6.5 detaillierter eingegangen.

6.4.10 Verwechslungsprüfung

Die Verwechslungsprüfung oder Spectralanalyse dient primär dazu, an Bauteilen die groben Bestandteile des Werkstoffes zu analysieren, um eine Verwechselung von Bauteilen aus ähnlichen Materialien auszuschließen.

6.5 Druckproben

Die Druckprobe gehört ebenfalls zu den zerstörungsfreien Prüfungen. Hierbei wird ein Betriebszustand (Druck) der Rohrleitung oder des Behältnisses simuliert, wobei der Prüfdruck stets höher als der maximal zulässige Betriebsdruck gewählt werden soll.

Eine Ausnahme bildet die Stressdruckprüfung die hauptsächlich an unterirdisch verlegten Rohrleitungen angewendet wird und in Abschn. 6.5.4 näher beschrieben wird.

Bei der Druckprobe oberirdischer Rohrleitungen bestehen aufgrund des Prüfdruckes gewisse Risiken, die bei der Ausführung zu berücksichtigen bzw. auszuschließen sind.

Wasserdruckproben werden im Anlagenbau primär an Behältern, Tanke und Rohrleitungen durchgeführt.

Die Art und der Umfang der Druckprüfungen, das entsprechende Prüfmedium, sowie der erforderliche Druck, werden durch einschlägige Normen und projektspezifischen Spezifikationen festgelegt.

An atmosphärischen Leitungen, wie Ausblase-, Entlüftungs- und Entwässerungsleitungen ist eine Druckprobe nicht erforderlich. Diese Leitungen werden nur visuell überprüft, um sicherzustellen, dass sie vollständig hergestellt und montiert sind.

Rohrleitungen mit gleichen Druckstufen und Prüfmedien können zu Presskreisen zusammengeführt werden. Dies sollte bei der Planung der Druckprobe berücksichtigt werden, um Kosten und Zeit einzusparen.

Entsprechend der gültigen Vorschriften und Standards ist der Umfang aller Druckproben zu erfassen und zu planen. Dazu wird ein Prüf- und Spülprogramm erstellt. Inhalt des Programms sind die Anzahl der Prüfungen, der entsprechenden Prüfkreise und die geplante Dauer der Durchführung, sowie die erforderlichen Ressourcen. Des Weiteren ist aufzuführen inwieweit Dritte (z. B. TÜV bei abnahmepflichtigen Rohrleitungen, Kunde usw.) in den Prüfprozess mit einzubinden sind.

6.5.1 Vorbereitung der Druckprobe

Basis der Druckprobe ist ein vorläufig erstellter Prüfablaufplan, indem der Testkreis, die Druckstufe und das Medium spezifiziert sind. Bauteile, die nicht der Druckprüfung zu unterziehen sind (z. B. Ventile und Instrumente mit regeltechnischem Charakter) werden durch temporäre Zwischenstücke (Dummies) ersetzt. Jede Rohrleitung, die auf der Baustelle druckgeprüft wird, ist vor der Druckprobe zu begehen und auf Mängel bzw. Restarbeiten zu begutachten.

Die Rohrleitung sollte vollständig gehaltert sein, wobei eventuelle Federhänger oder Federstützen zu blockieren sind. Die zu prüfenden Rohrleitungen müssen frei von groben Verunreinigungen sein. Die entdeckten Mängel und Restarbeiten (Punch Punkte) sind zu dokumentieren und zu kategorisieren (Kategorie A bzw. B). Kategorie A bedeutet, dass die Druckprobe erst nach Beseitigung des Mangels durchgeführt werden kann. Kategorie B kann zu einem späteren Zeitpunkt behoben werden. Nach Beseitigung der Mängel bzw. Durchführung der Restarbeiten ist eine weitere Begehung zur Überprüfung erforderlich.

Ergänzend hierzu ist die Dokumentation der Rohrleitung auf Vollständigkeit und Richtigkeit hin zu überprüfen. Im Einzelnen sind das:

- Prüfart und Prüfdrücke
- Örtlichkeit/Lage der Druckprobenverschlüsse an Pumpen, Kompressoren, Steuerventilen, und Sicherheitsventilen
- Größe und Dicke der Druckprobenverschlüsse, sowie die Art der Dichtungen und des erforderlichen Anzugsmomentes bezüglich des Druckprobendruckes
- Position der Entlüftungs- und Entwässerungsstutzen und Anschluss der Füllleitung

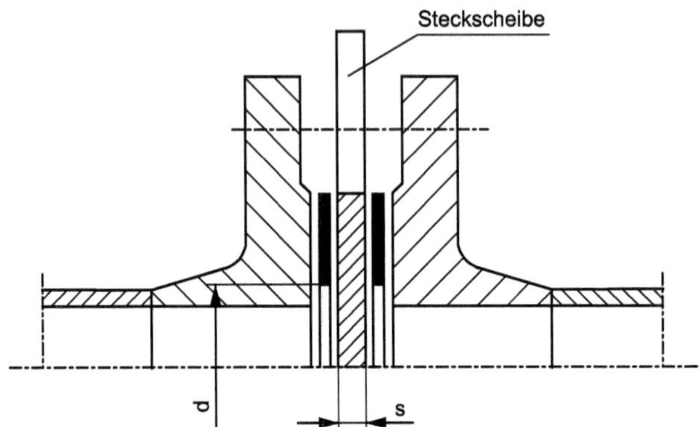

Abb. 6.23 Flanschverbindung mit Steckscheibe

Tab. 6.6 Vor- und Hauptprüfung von Kunststoff-Rohrleitungen

Nennweite DN	Prüfdauer in [h] Vorprüfung	Prüfdauer in [h] Hauptprüfung	Werkstoff
≤ 50	–	1	PVC (hart)
65 bis 150	12	3	PE (hart
200 bis 300	12	6	oder weich)
≤ 200	3	3	
250 bis 400	6	3	GFK
450 bis 700	12	12	GFK (aus-
≥ 700	12	21	gekleidet)

- Exakte Angaben von Schutzmaßnahmen für die im Testkreislauf befindlichen Regelventile und Instrumente
- Auflistung der ZfP's
- durchgeführte Wärmebehandlungen
- Zuordnung der Rohrleitungsmaterialien zu den gültigen Materialzertifikaten

Das Spülen und Trocknen der Rohrleitung ist in das Prüfprogramm zu integrieren und wird unmittelbar nach der Druckprobe durchgeführt.

Kompensatoren sind auszubauen bzw. entsprechend Herstellerangaben zu sichern.

Prozessausrüstungen sind vom Druckprobensystem bzw. Presskreis mittels Steckscheiben zu isolieren. Abb. 6.23 stellt eine Flanschverbindung mit Steckscheibe schematisch dar.

Die Steckscheiben müssen entsprechend der Belastung durch die Druckprobe ausgelegt und mit einer Kennzeichnung des zulässigen Drucks versehen sein. Die Anordnung der Steckscheiben ist auf dem Prüfplan zu markieren. Die Steckscheiben sind mit einer farbigen sichtbaren Fahne zu versehen.

Nach der Druckprüfung sind die Steckscheiben zu entfernen und die Flanschverbindung ordnungsgemäß wiederherzustellen. Die Rohrleitungen sind anschließend einer Dichtheitsprüfung zu unterziehen und die Flanschverbindungen abzuseifen.

Druckprüfungen bei weniger als 5 °C Lufttemperatur sind nur unter Beachtung einer ausreichenden Kerbschlagzähigkeit der Stähle zulässig.

Alle Verbindungen in einem System dürfen erst nach der Druckprüfung beschichtet oder gedämmt werden.

Für Kosten und terminliche Vorteile können die Rohrleitungsspools bereits in der Vorfertigung einer Druckprobe unterzogen werden. Dadurch besteht die Möglichkeit die Vorfertigungsnähte bereits in der Vorfertigung zu beschichten. Dazu werden die offenen Enden der Spools mit sogenannten „Pressure Test Plugs" während der Druckprobe verschlossen. Das erspart einiges an Zeit und Aufwand auf der Baustelle.

Bei unterirdischen Rohrleitungen mit Muffen-Verbindungen ist jedes Rohr vor dem Prüfen so mit Füllmaterial einzudecken, dass die Verbindungen frei bleiben und der Prüfdruck keine Lageveränderung der Rohre bewirken kann. Rohrenden, Bögen, Abzweigungen und Armaturen sind unter Berücksichtigung des Prüfdruckes zusätzlich zu sichern.

6.5.2 Kontrollen vor der Druckprobe

Üblicherweise erfolgt die Freigabe der Rohrleitung zur Druckprobe als formeller Akt. Dabei werden die montierte Rohrleitung und die dazugehörige Dokumentation geprüft. Die Überprüfung der Rohrleitung erfolgt mittels Begehung. Dabei wird der Fertigstellungsgrad und die Konformität zur Isometrie überprüft. Im Einzelnen werden folgende Punkte in Detail kontrolliert:

- Entlüftungen an den Hochpunkten
- Entleerungen an den Tiefpunkten
- Alle Schrauben/Muttern montiert
- Sind Dichtungen montiert
- Halterungen montiert
- Schweißnähte abgenommen und geprüft

Abweichungen und Mängel werden protokolliert und kategorisiert.

6.5.3 Prüfen mit Flüssigkeit

Wasserdruckproben werden mit frischem, sauberem Wasser durchgeführt.

Rohrleitungen durch die Flüssigkeiten fließen, die korrodierend in Wasserlösungen wirken, wie zum Beispiel Säure oder Schwefeldioxid, sind einer pneumatischen Prüfung oder einer Druckprobe mit einem leichten Öl zu unterziehen.

Grundsätzlich sollte jedoch eine Druckprobe mit Luft oder Öl, wenn möglich, vermieden werden.

Wenn eine brennbare Flüssigkeit verwendet werden soll, darf der Flammpunkt nicht unter 48 °C liegen.

6.5.3.1 Wasserdruckprobe

Zur Vermeidung von Lochfraß, Spannungskorrosion sowie Mikroben Korrosion ist nur Wasser zu verwenden, dass frei von Schmutz, Eisenoxiden und organischen Substanzen sind. In der Regel sollte der pH-Wert zwischen 6–8 liegen. Je nach Verwendung liegt der Chlorid-Ionengehalt unter 1000 ppm. bzw. bis maximal 1,0 ppm. Falls erforderlich kann dem Wasser ein Korrosionsinhibitor (z. B. 2 Vol.-% Natriumkarbonat) hinzugegeben werden.

Die Qualität des Wassers muss vor der Verwendung durch eine Analyse nach dem Chloridgehalt nachgewiesen werden. Wird das gleiche Wasser mehrmals verwendet, so sind Zwischenanalysen durchzuführen.

Die Wasserqualität ist für jede Rohrleitung zu spezifizieren. Gummierte Rohrleitungen und Kunststoffrohrleitungen haben niedrigere Ansprüche an die Wasserqualität als z. B. die Rohre eines Wärmetauschers. Hier sollte auf jedem Fall ein Korrosionsinhibitor dem Wasser zugeführt werden.

Bei Temperaturen über 30 °C sind Entkeimungsmittel einzusetzen. Zusätzlich ist durch eine spezielle Analyse die Keimzahl im Wasser festzustellen.

Werden dem Wasser Mittel (z. B. Glykol) zugemischt, die den Gefrierpunkt herabsetzen so ist vor dem Prüfen sicherzustellen, dass diese Zusätze **nicht** zu Korrosion führen können.

Bei niedrigen Rohrwandtemperaturen der Rohrleitungen ist die Möglichkeit eines möglichen Sprödbruches zu erwägen.

Der höchstzulässige Betriebsdruck und der Prüfdruck werden in der Rohrleitungsliste vorgegeben.

Berechnung des Prüfdrucks erfolgt nach EN 13480-5 (97/23/EG) und dem jeweiligen höheren der folgenden Werte:

- dem 1,25fachen Wert der Höchstbelastung des Druckgeräts im Betrieb unter Berücksichtigung des höchstzulässigen Betriebsdrucks und der höchstzulässigen Temperatur oder
- dem 1,43fachen Wert des höchstzulässigen Betriebsdrucks.

In Anlehnung an EN 13480-5 beträgt der Prüfdruck also mindestens dem höheren der beiden wie folgt ermittelten Werte:

$$p_{test} = \frac{1,25\ PS\ f_{test}}{f} \text{ oder } p_{test} = 1,43\ PS$$

Formel 6.11 Prüfdruck nach EN 13480-5

Dabei ist

f_{test} zul. Spannung für Auslegungsbedingungen bei Prüftemperaturen, in N/mm^2;
f zul. Spannung für Auslegungsbedingungen bei Auslegungstemperatur, in N/mm^2;
PS Auslegungsdruck, in bar;
P_{test} Prüfdruck in bar.

Berechnung des Prüfdrucks nach ASME B31.3:

Flüssigkeit als Prüfmittel:

Prüfdruck = 1,5facher höchstzulässiger Betriebsdruck unter Berücksichtigung der höchstzulässigen Temperatur.

Nach ASME B31.3 para 345.4.2 wird der Prüfdruck wie folgt ermittelt:

$$PT = \frac{1{,}5P\,x\,ST}{S}$$

Formel 6.12 Prüfdruck nach ASME B31.3 / 345.4.2

Dabei ist

P Design Druck
PT Prüfdruck
S Stress Value bei Design-Temperature
ST Stress Value bei Prüf-Temperatur

Das System ist vom Leitungstiefpunkt aus mit Flüssigkeit zu füllen und auf den vorgeschriebenen Prüfdruck zu bringen. Während des Füllens ist das System vollständig zu entlüften. Bei Prüfdrücken größer als 50 bar, ist der Enddruck in Druckstufen von ca. 10 bar/min aufzubringen.

Die Rohrleitungen müssen außen während der Druckhaltezeit trocken sein.

Zur Kontrolle des Leitungsprüfdruckes werden mindestens zwei Druckmessgeräte benutzt, vorzugsweise an den jeweils entgegengesetzten Enden des Rohrleitungssystems. Es sind nur kalibrierte Messgeräte zu verwenden, damit ein Anzeigen des tatsächlichen Druckes gewährleistet ist. Der Messbereich sollte den zweifachen Prüfdruck abdecken, jedoch nicht unter dem 1,5fachen oder über dem 4fachen Prüfdruck liegen. Alle Messgeräte sind vor der Druckprobe zu kalibrieren und nach der Druckprobe neu zu kalibrieren.

Bei Druckprüfungen mit sehr hohem Drücken werden zwei Druckmessgeräte an der Druckprobenpumpe installiert.

Falls der Prüfdruck über eine längere Zeit hinweg gehalten werden muss und die Gefahr besteht, dass das Prüfmedium in den Rohrleitungen einer Aufwärmung (Thermalausbreitung) unterliegt, sind entsprechende Vorsichtsmaßnahmen zu treffen, um einen übermäßigen Druckaufbau zu vermeiden.

Nach Abtrennen der Prüfpumpe ist eine visuelle Prüfung auf Undichtigkeiten durchzuführen.

Wird bei Frostgefahr mit Wasser geprüft, so ist das System nach dem Prüfen umgehend zu entleeren.

Zum Auffinden von Undichtigkeiten darf vor dem Prüfen mit Flüssigkeit eine Prüfung mit Luft durchgeführt werden. Der Prüfdruck beträgt dabei max. 0,2 bar.

6.5.3.2 Prüfen von Kunststoff-Rohrleitungen

Bei Kunststoff-Rohrleitungen sind eine Vor- und eine Hauptprüfung entsprechend Tab. 6.6 durchzuführen. Die Vorprüfung mit dem vorgeschriebenen Prüfdruck hat den Zweck, die Volumenänderung der Kunststoffrohre (durch Druck, Zeit und Temperatur) zum Stillstand zu bringen. Nach der Vorprüfung ist das System zu entspannen.

Das Prüfen ist gemäß 6.5.3 „Prüfen mit Flüssigkeit" durchzuführen. Die Druckerhöhung beträgt max. 10 bar/min.

Bei ausgekleideten GFK-Rohrleitungen muss die Auskleidung vor der Druckprüfung geprüft werden. Diese Prüfung ist entweder als Dichtheitsprüfung mit einem Druck von 0,5 bar oder als Funkeninduktionsprüfung auszuführen. Die Laminierung erfolgt erst nach der Prüfung.

Die Prüfdauer beträgt mindestens 10 min. Es darf während dieser Zeit kein Druckabfall im System auftreten.

Bei Nennweiten kleiner oder gleich DN 50 darf die gesamte Länge des zu prüfenden Systems 30 m nicht überschreiten.

Während der Vorprüfung ist der Druckabfall alle 2 h durch entsprechende Druckerhöhung auszugleichen. Mit der Hauptprüfung ist frühestens 2 h nach der Vorprüfung zu beginnen. Der während der Hauptprüfung eintretende Druckabfall darf nicht ausgeglichen werden. Die Werte der Tab. 6.7 Zulässiger Druckabfall bei Kunststoff-Rohrleitungen sind einzuhalten.

6.5.4 Stressdruckprobe Fernrohrleitungen

Stressdruckproben sind Wasserdruckproben an Rohrleitungen, bei denen die Beanspruchung durch den Druck bis an die Streckgrenze der Rohre und Bogen geht. Üblicherweise werden Stressdruckproben an unterirdisch verlegten Rohrleitungen durchgeführt, um die Spannungen, die beim Verlegen der Rohre entstanden sind, abzubauen.

Stressdruckproben werden an Fernleitungen mit besonderen Sicherheitsansprüchen durchgeführt. Die Sicherheitsansprüche leiten sich in der ersten Linie aus dem durchzuleitenden Medium ab.

Die Prüfung sollte nach Möglichkeit bei einer Umgebungstemperatur von mehr als 5 °C erfolgen. Nach dem Füllen mit Wasser ist eine Temperaturangleichung zwischen dem eingefüllten Wasser und der Umgebungstemperatur mit einer ausreichenden Beruhigungszeit zu berücksichtigen. Die Rohrleitung ist beim Füllen vollständig zu entlüften.

Tab. 6.7 Zulässiger Druckabfall bei Kunststoff-Rohrleitungen

Werkstoff	Zulässiger Druckabfall	Zulässiger Druckabfall
	Rohre ≤ DN 50	**Rohre > DN 50**
PVC (hart)	0,5 bar / h	0,2 bar / Prüfdauer
PE (weich)	0,1 bar / 5 min	0,2 bar / h
PE (hart)	0,1 bar / 5 min	0,1 bar / h
GFK	0,2 bar / Prüfdauer	0,2 bar / Prüfdauer
GFK (ausgekleidet)	0,2 bar / Prüfdauer	0,2 bar / Prüfdauer

Vor und nach dem Stresstest ist die Rohrleitungen mittels eines Kalibriermolches (Kalibriescheibe = 0,98 × Rohrinnendurchmesser abzüglich 10 mm) zu überprüfen.

Zu prüfende Rohrleitungsabschnitte sollten ungeachtet des Höhenniveaus nicht länger als 15 km betragen und ein Gesamtvolumen von weniger als 6000 m^3 aufweisen. Die Höhendifferenz zwischen dem Hochpunkt und der niedrigsten Stelle ist entsprechend der anzuwendenden Prüfspezifikation zu bestimmen. Unabhängig vom vorgenannten Volumen und der Länge der Rohrleitung wird die Länge des Druckprobenabschnittes durch den Höhenunterschied maßgeblich mitbestimmt.

Als Faustformel für den maximalen Höhenunterschied zur Festlegung des Druckprobenabschnittes kann folgender Ansatz gewählt werden.

Der Ansatz basiert auf der Annahme, dass max. 5 % des Prüfdruckes bei einer 100 %igen Ausnutzung der Streckgrenze die Höhendifferenz bestimmen.

Beispiel

Der gewählte Höhenunterschied h [m] ergibt sich aus einer Rohrleitung Da = 604,6 mm, Wd = 11,7 mm aus S. 235 (K = 235 N/mm²) wie folgt:

$$h = 10x\,\frac{Wd\,x\,K}{Da}$$

◀

Formel 6.13 Faustformel Höhenunterschied

Demzufolge wäre der maximale Höhemunterschied des Druckprobenabschnittes ca. 45 m.

Im Anschluss an die Druckprüfung ist eine Dichtheitsprüfung mit reduziertem Druck durchzuführen.

6.5.5 Pneumatische-Druckprobe

Wenn eine Druckprobe mit Flüssigkeit nicht durchgeführt werden kann, z. B. Rohrleitungen mit gasförmigen Medien, deren Unterstützungskonzept für die Lasten einer mit

Wasser gefüllten Leitung nicht konzipiert sind oder aus prozesstechnischen Gründen, ist die Druckprobe mit gasförmigen Medien durchzuführen.

Mögliche Gasqualitäten sind:

- komprimierte Luft (durch einen mobilen Kompressor) ohne definierten Taupunkt
- trockene Luft (z. B. Instrumentenluft) mit definiertem Taupunkt
- Stickstoff unter hohem Druck (150 bis 200 bar) mit einer Reinheit von 99,5 % N2
- trockener Stickstoff unter niedrigem Druck mit einer Reinheit von 99,5 % N2
- Luft- und Inertgase müssen frei von Staub und Öl sein.

Für die durchzuführende Gasdruckprüfung ist eine detaillierte Prozessbeschreibung zu erstellen und von einer unabhängigen Prüforganisation freizugeben.

Notentspannungsleitungen sind zu errichten und mit einem kalibrierten Sicherheitsventil zu versehen. Bauteile, die eine Gefährdung durch plötzliches Lösen darstellen können, sind zu sichern (z. B. Anketten von Handarmaturen).

Bei längstnahtgeschweißten Rohrleitungsteilen sind die Längsnähte unter Einschluss aller Stoßnähte 100 % Ultraschall zu prüfen. Die Art der Prüfung und der durchgeführte Prüfumfang sind in den Materialzertifikaten zu bescheinigen.

Die Erhöhung des Prüfdruckes ist erst dann durchzuführen, wenn das Prüfmittel und die Rohrleitung die gleiche Temperatur haben. Die Gasdruckprüfung ist unterhalb 49 °C durchzuführen. Rohrleitungen, die einer starken Sonneneinstrahlung ausgesetzt sind, sind mit Vlies abzudecken.

Vor dem Prüfvorgang ist der Bereich, indem die Gasdruckprobe stattfindet, zu räumen und abzusperren. Die Absperrung beinhaltet nicht nur die offiziellen Wege, vielmehr sind auch Baulücken oder ähnliches, die ein Eindringen in den abgesperrten Bereich ermöglichen, zu sichern.

Die Absperrung erfolgt mit Warnschildern. Es ist darauf zu achten, dass die Warnschilder in der landesüblichen Sprache ausgeführt sind. Die Absperrung ist laufend zu kontrollieren. Während des Prüfvorganges sind speziell eingewiesene Sicherheitsposten, außerhalb des abgesperrten Bereiches zu positionieren.

Ergänzend zu der Absperrung ist ein Begehungsplan zu erstellen, aus dem hervorgeht, wie der abgesperrte Bereich sicher umgangen werden kann.

Die Absperrung ist so lange aufrecht zu halten, bis der Druck vollständig abgesenkt ist.

Die Druckerhöhungen sind nach Tab. 6.8 Druckstufen Gasdruckprüfung vorzunehmen und mit dem zuständigen Sachkundigen bzw. Sachverständigen abzustimmen. Der Druckanstieg beträgt max. 6 bar/h.

Der maximale Prüfdruck beträgt das 1,1 fache des höchstzulässigen Betriebsdruckes.

Druckstufe 1 dient zum Auffinden größerer Undichtigkeiten. Bei Druckstufe 1 ist eine Prüfung mit schaumbildender Flüssigkeit (Nektal Test) durchzuführen. Ab Druckstufe 2 beschränkt sich das Prüfen auf eine Sicht- und Geräuschkontrolle.

Tab. 6.8 Druckstufen Gasdruckprüfung

Druckstufe	Max. Prüfdruck	Haltezeit	Druckabfall	Nektal Test
		Min	**% vom Betriebsdruck**	
1	0,2 bar			X
2	40 % des Betriebsdruck			
3	80 % des Betriebsdruck			Druckmessgerät
4	100 % des Betriebsdruck			
5	110 % des Betriebsdruck	15–30	<2 %	

Solange der Druck größer als der zulässige Betriebsdruck ist (Druckstufe 5), darf der abgesperrte Bereich nicht betreten werden. Das gilt auch für den Sachkundigen bzw. Sachverständigen.

Beispiel

Zul. Betriebsdruck PB = 10 bar; Prüfdruckfaktor f = 1,1
⇒ Prüfdruck P = PB · f = 10 bar · 1,1 = 11 bar.
Aus der Tab. 6.8 *ergeben sich danach folgende Druckstufen:*

1. *0,2 bar*
2. *4,0 bar*
3. *8,0 bar*
4. *10,0 bar*
5. *11,0 bar*

Während der Haltezeit darf der Druckabfall nicht stärker als 2 % ausfallen. ◀

Wird das Prüfen eines Systems mit schaumbildender Flüssigkeit verlangt, so sind alle Schweiß-, Flansch- und Schraubverbindungen, und alle Stopfbuchsen ringsum mit schaumbildender Flüssigkeit zu benetzen. Flanschverbindungen sind ringsum mit Klebeband (in das ein kleines Loch zu stoßen ist) abzudichten, um das Auffinden von Undichtigkeiten zu erleichtern.

Während der Prüfung darf das System nicht mechanisch belastet werden. Es ist darauf zu achten, dass während des Füllens und Prüfens keine plötzliche Temperaturerhöhung auftreten kann. Werden undichte Stellen festgestellt, so ist der Druck sofort zu reduzieren.

Zum Messen des Prüfdrucks sind zwei unabhängige Manometer zu verwenden. Ein Manometer ist am Hochpunkt anzubringen. Die Druckmessungen sind so zu positionieren, dass das Ablesen des Druckes aus einer sicheren Entfernung oder von einer geschützten Stelle aus möglich ist. Das Prüfmanometer muss geeicht sein und über einen gültigen Kalibrierungsbericht verfügen. Kalibrierungsnummer und Manometer Nummer sind im Prüfbericht anzugeben.

Tab. 6.9 Anzeigebereiche und Ablesegenauigkeit von Prüfmanometern

Anzeigebereich	Ablesegenauigkeit	Art des Messgerätes
1ooo bis 0 mbar	0,5 mbar	Vakuum Messgerät
0 bis 25 bar	0,1 bar	
0 bis 160 bar	0,5 bar	Druckmessgerät
0 bis 400 bar	1 bar	
>400 bar	1 bar	

Für die Ablesegenauigkeit der Manometer gilt Tab. 6.9.

6.5.6 Maßnahmen nach der Druckprüfung

Nach Beendigung einer Prüfung mit Gas ist sicherzustellen, dass durch Ablassen des Prüfmediums keine Gefährdung entsteht, z. B. durch das Verdrängen von Luftsauerstoff aus der Atmosphäre.

Nach dem Prüfen mit Flüssigkeit ist das System vollständig zu entleeren. Die Belüftungsarmaturen sind voll zu öffnen, um eine Vakuumbildung zu verhindern. Das vollständige Entleeren ist durch Ausblasen mit Pressluft zu unterstützen.

Leitungen, die keiner anschließenden Dichtheitsprüfung unterzogen werden, sind nach der vollständigen Entleerung mit Luft oder Inertgas zu trocknen.

Werden die Leitungen nach der Druckprüfung gereinigt, so sind die Anforderungen von Abschn. 6.5.8 Spülen und Reinigen zu beachten.

Dichtungen, die nach der Prüfung auszubauen sind, müssen durch fabrikneue Dichtungen ersetzt werden.

6.5.7 Dichtheitsprüfung

Eine Dichtheitsprüfung ist durchzuführen, wenn nach der Druckprüfung an einem System Flanschverbindungen gelöst wurden.

Die Dichtheitsprüfung ist im Anschluss an die Druckprüfung und der Reinigung und Wiederherstellung durchzuführen. Die Dichtheitsprüfung kann aber auch zu einem späteren Zeitpunkt in Verbindung mit den Anfahrvorbereitungen durchgeführt werden. Wurde die Druckprüfung mit einem Prozessmedium durchgeführt, ist keine Dichtheitsprüfung erforderlich.

6.5.7.1 Dichtheitsprüfung mit Überdruck

Der zu prüfende Rohrleitungsabschnitt muss vollständig zurück gebaut worden sein (z. B. Sicherheitsventile, Regelventile, Messblenden, Siebe). Behälter, Wärmeaustauscher, Pumpen und Instrumenten-Prozessleitungen sind mit in die Dichtigkeitsprüfung einzubeziehen. Tanke sind von den zu prüfenden Rohrleitungen zu trennen.

Als Prüfmittel kommen Luft oder Inertgase infrage. Der Prüfdruck beträgt 0,2 bis 0,5 bar bei einer Prüfdauer von mindestens 10 min. Die zu prüfenden Verbindungen (u. a. Flanschverbindungen, Stoffbuchsen) sind mit schaumbildender Flüssigkeit zu benetzen.

Die Rohrleitungen müssen dicht sein. Undichtigkeiten, die sich durch Bildung von feinem Schaum bzw. Wasseraustritt zeigen, sind nicht zulässig. Werden Undichtigkeiten festgestellt, so ist die Prüfung nach Beseitigung der Undichtigkeiten zu wiederholen.

6.5.7.2 Dichtheitsprüfung mit Unterdruck

Eine Dichtheitsprüfung mit Unterdruck ist dann durchzuführen, wenn erhöhte Anforderungen an die Dichtheit von Rohrleitungen (z. B. bei Kälteanlagen) gestellt werden.

Der Dichtheitsprüfung muss eine Druckprüfung gemäß Abschn. 6.5 Druckproben vorausgegangen sein.

In dem zu prüfenden Rohrleitungsabschnitt müssen Sicherheitsventile, Ventile und Instrumente eingebaut sein. Wärmeaustauscher, Pumpen und Instrumenten-Prozessleitungen sind mitzuprüfen.

Der Prüfdruck beträgt bei Rohrleitungen −1 bis −1,5 mbar, in Kälteanlagen −2,5 bis −5,5 mbar. Vor dem Prüfen sind die Rohrleitungen zu trocknen. Die Druckminderung kann entsprechend der Leistung der Vakuumpumpe erfolgen. Zu Beginn und Ende der Prüfung sind Lufttemperatur und Prüfdruck schriftlich zu dokumentieren.

6.5.7.3 Maßnahmen nach der Dichtheitsprüfung

Kaltwerdende Schraubverbindungen (z. B. in Kälteanlagen) sind nachzuziehen, wenn die Betriebstemperatur erreicht wurde und die Schraubverbindungen anschließend wieder auf Lufttemperatur erwärmt wurden. Danach darf die Dämmung aufgebracht werden.

In Rohrleitungen von Kälteanlagen ist nach der Dichtheitsprüfung das Kältemittel einzufüllen.

Die Druck- und Dichtheitsprüfungen sind mit Zeit-Druck-Diagrammen aufzuzeichnen.

6.5.8 Spülen und Reinigen

Nachdem die Druckprobe erfolgreich abgeschlossen wurde, müssen die Rohrleitungssysteme ausgespült werden, um alle Fremdkörper wie Sand, Metallstücke, Schweißschlacke usw. zu entfernen, da sonst die Leitungen, Schieber usw. blockieren werden könnten bzw. die beweglichen Teile von Pumpen und Kompressoren beschädigt werden könnten.

Folgende Maßnahmen sind durchzuführen bzw. zu berücksichtigen:

- Planung/Einteilung der Spülvorgänge durch Festlegung der Rohrsysteme die gleichzeitig gespült werden können und der Rohrsysteme, die nacheinander zu spülen sind.
- Spülabschnitte sind in den P&IDs zu kennzeichnen.
- Zur Vorbereitung des Rohrsystems/Spülabschnittes sind alle Blindflansche, Steckscheiben und temporäre Füllanschlüsse, usw. so zu installieren, dass eine hohe Durchflussrate sichergestellt wird, um eine gute Reinigungsleistung zu erzielen.
- Messblenden und Durchflussmessgeräte dürfen erst installiert werden, nachdem das Rohr gespült und gereinigt wurde.
- Regelarmaturen und Sicherheitsventile sind auszubauen und durch Zwischenstücke während des Spülens zu ersetzen.
- Alle Verbindungen zu Pumpen, Kompressoren, Turbinen (Saug- und Druckseite) müssen gelöst werden damit keine Spülflüssigkeit eintreten kann. Die Ansaugleitungen von Pumpen und Kompressoren müssen, wie vom Hersteller empfohlen, gereinigt werden.
- Es ist zu beachten, dass einige Geräte wie z. B. Behälter/Apparate und Heizspiralen besondere Reinigungsverfahren benötigen. Hierzu sind die entsprechenden Betriebshandbücher der Hersteller hinzuzuziehen.
- Es ist zu prüfen, ob und welche Armaturen (Klappen/Schieber, etc.) durch Ausbau der Inneneinbauten in den Spülkreislauf mit einbezogen werden können.
- Rohrleitungen, die an Behältern ohne Einbauteile angeschlossen sind, können zusammen mit diesen Behältern gespült werden, die Behälter müssen jedoch nach derartigem Spülen immer manuell von innen gereinigt werden. Diese Art der Reinigung gewährleistet jedoch keine komplette Säuberung des entsprechenden Behälters und sollte daher vermieden werden.
- Leitungen, die mit Temperaturaustauschern verbunden sind, müssen so gespült werden, dass keine Spülflüssigkeit in das Innere der Austauscher gelangen kann.
- Absperrventile und andere Ventile, die während des Spülvorgangs nicht ausgebaut werden müssen, sind vorher auf ihre Absperr-Dichtigkeit hin zu prüfen, unter Umständen auszubauen und in der Werkstatt separat zu reinigen. (z. B. Ventile von speziellen Trocknern und an Reaktoren).
- Während des Befüllens und Entleerens sind Entlüftungsleitungen offen zu halten, um einen Überdruck oder ein Vakuum zu vermeiden.
- Als generelle Regel wird das Reinigen von oben nach unten durchgeführt und folgt dem normalen Verlauf der Rohrleitung. Die Reinigungsflüssigkeit wird mit provisorischen Rohrleitungen und/oder Schlauchverbindungen eingefüllt.
- Die endgültige Reinigung von Kolonnen und Behältern wird während der Endabnahme manuell ausgeführt.
- Wenn mit Hochdruck-Wasserspritzen oder Heißdampf-Reinigern gearbeitet wird, sind alle erforderlichen Sicherheitsmaßnahmen zu berücksichtigen.
- Akkumulatoren werden extra gewaschen, indem man sie mit Wasser füllt und wieder entleert.

- Instrumentenluft-Leitungen und Gewinderohre werden zur Reinigung mit Luft ausgeblasen.

Jede Rohrleitung ist nach der Druckprüfung zu reinigen. Einzelne Rohrleitungen dürfen für das Reinigen (Reinheitsgrad 2 bis 6) zu einem „System" zusammengeschlossen werden. Für die verschiedenen Durchflussstoffe und Rohrklassen sind die Reinheitsgrade in der Rohrleitungsspezifikation festgelegt. Die Reinheitsgrade sind in Tab. 6.10 definiert.

Rohrleitungen, die keiner Druck- oder Dichtheitsprüfung unterliegen und Rohrleitungen, für die kein Reinheitsgrad angegeben ist, sind nach Grad 1 zu reinigen.

Sicherheitsventile und Ausrüstungen (Behälter, Tanks, Pumpen, Maschinen) aus austenitischem CrNi-Stahl, Nickel und Nickellegierungen sind durch Steckscheiben von dem zu reinigenden System zu trennen. Schmutzempfindliche Armaturen sind auszubauen.

Die Auswahl der Reinigungsmittel ist unter Berücksichtigung der für die Druck- und Dichtheitsprüfungen vorgesehenen Prüfmittel und der Prozessmedien vorzunehmen.

- Mit Wasser spülen
- Mit Ausblasen mit Druckluft oder Dampf
- Strahlen
- Beizen

Tab. 6.10 Reinheitsgrade

Reinheitsgrad	Bezeichnung des Reinheitsgrads	Reinigungsverfahren
1	Frei von grobem Schmutz	Vor der Montage Abklopfen (in Schräglage), Ausblasen mit Luft oder Ausfegen
2	Frei von losem anhaftendem Schmutz (schmutzfrei)	Vor der Montage Reinigen gemäß Grad 1, nach der Montage Ausblasen mit gasförmigem Reinigungsmittel
3	Frei von losem anhaftendem Schmutz (schmutzfrei)	Vor der Montage Reinigen gemäß Grad 1, nach der Montage Spülen mit Wasser oder anderen, dem Prozessmedium verträglichen Flüssigkeiten (z. B. Kältemaschinenöl)
4	Schmutzfrei und frei von losem Zunder	Vor der Montage Reinigen gemäß Grad 1, nach der Montage Ausblasen mit Dampf
5	Metallisch rein	Strahlen oder Beizen
6	Frei von Fett und organischen Stoffen	Nach Vereinbarung
7	Keimfrei	Nach Vereinbarung

Beim Spülen mit Wasser ist eine Durchflussgeschwindigkeit von mindestens 2–3 m/s, beim Ausblasen mit Druckluft oder Dampf 10 m/s zu berücksichtigen.

Durchflussgeschwindigkeit der Reinigungsmittel sind auf jedem Fall den Rohrdurchmessern anzupassen. Offene Rohrenden, aus denen das Reinigungsmittel austritt, sind entsprechend zu sichern.

Rohrleitungssysteme, in denen das Spülen nicht zum gewünschten Ergebnis führt, können auch unter Verwendung von Reinigungsmolchen gereinigt werden.

Für das Reinigen von Rohrleitungen aus Stahl mittels Strahlen (z. B. mit Quarzsand, Stahlschrot oder Stahlkorn) ist der Reinheitsgrad in Anlehnung an EN ISO 12944-4 festzulegen.

Die Funktionstüchtigkeit der Armaturen ist nach dem Reinigen zu prüfen.

Weitere alternative Verfahren zum Reinigen oder Spülen ist das so-genannte „Shock blowing“ wobei Druckluft gegen eine Berstscheibe geleitet wird. Die Berstscheibe ist für einen bestimmten Druck spezifiziert. Bei Überschreiten dieses Druckes berstet die Scheibe. Die plötzlich entstehende Entspannung zieht somit die Verunreinigungen aus dem Rohr.

Bei Frostgefahr sind Reinigungsarbeiten mit Wasser einzustellen und die Rohrleitungen sind zu entleeren.

Ein System gilt als gereinigt, wenn das Reinigungsmittel keine sichtbaren Schmutzteile mehr mit sich führt. Durch Strahlen gereinigte Systeme sind visuell zu kontrollieren.

Nach den Spül- und Reinigungsarbeiten sind die Rohrleitungssysteme fertigzustellen, durch die sogenannte Wiederherstellung. Dazu gehören folgende Tätigkeiten:

- Fertigstellung sämtlicher Arbeiten, die aufgrund von protokollierten Ausnahmeregelungen, wie z. B. Punch Punkte der Kategorie B, bei der Druckprobe und dem Ausspülen noch offen waren.
- Entfernen aller Test-Blindflansche und Einsetzen der endgültigen Dichtungen.
- Installation der Saugfilter an den Pumpen sowie Einbau aller Messblenden.
- Schließen sämtlicher Entlüftungs- und Entwässerungsleitungen
- Anschließen der endgültig im System verbleibender Instrumente.

Nach der Wiederherstellung der Rohrleitung ist eine erneute Begehung mit anschließender Abnahme durchzuführen und zu protokollieren.

6.5.9 Trocknung

Nach der Wasserdruckprobe sind die Rohrleitungen zu entleeren und zu trocknen. Falls die Entleerung nicht durch die reine Gravitation erfolgen kann, d. h. Entleerungsstutzen an den Tiefpunkten, ist die Entleerung mittels Molches zu gewährleisten. Dabei wird ein

Molch in die Leitung gesetzt, und mittels Pneumatik durch die Rohre getrieben, sodass am anderen Ende das Wasser durch eine Öffnung austreten kann.

Die kostengünstigste Methode ist die Trocknung mit ölfreier Luft unter Verwendung mobiler Kompressoren mit nachgeschalteter Trocknungseinheit, oder Vakuumtrocknungsanlagen. Dabei kann ein Taupunkt bis zu −20 °C erreicht werden. Sind niedrigere Taupunkte erforderlich, erfolgt die Trocknung mit Stickstoff. Hierbei können Taupunkte bis zu −70 °C erreicht werden.

Auf jedem Fall sollte sichergestellt werden, dass die Trocknung nur einmal pro System erfolgt. Das Ziel ist demnach, die Trocknung unmittelbar vor Verwendung des Systems durchzuführen. Um mögliche Korrosionen durch Restfeuchte zu vermeiden ist das System bis zur Trocknung zu inertisieren.

6.5.10 Kontrolle und Prüfungen

Neben den zu Beginn in den Abschn. 6.3.8 und 6.5 behandelten zerstörungsfreien Prüfungen und Druck- sowie Dichtheitsprüfungen, sind während der Montage der Rohrleitungen baubegleitend Sichtkontrollen und Überprüfungen durchzuführen, wie z. B. die Übereinstimmung mit der Isometrie. Eine Rohrleitung gilt als fertig errichtet und geprüft, wenn nachfolgend aufgeführte Arbeiten entsprechend den Spezifikationen ausgeführt wurden.

- System gespült
- System entleert und getrocknet
- Steckscheiben entfernt
- Druckabsicherungseinrichtungen montiert
- Federhänger entsichert
- Regelarmaturen montiert
- Mängelliste geschlossen
- Korrosionsschutz vollständig
- Dichtheitsprüfung durchgeführt
- Dämmung vollständig
- Begleitheizung vollständig
- Kennzeichnungen angebracht

6.6 Korrosionsschutz

Korrosionsanfällige Oberflächen von Bauteilen, die nicht isoliert und beschichtet werden, sind durch einen geeigneten Anstrich gegen Korrosion zu schützen. Hierunter fallen hauptsächlich:

- Stahlbau-Strukturen
- Behälter
- Rohrleitungen

Die Reihenfolge der Anstricharbeiten erfolgt unter Berücksichtigung der Freigabe der entsprechenden Bauteile. Dazu zählt nicht nur die Fertigstellung des Bauteils, sondern ganz wichtig, auch die Überprüfung, ob und in welchem Umfang Arbeiten in diesem Bereich noch durchzuführen sind, die zu eventuellen Beschädigungen des Anstriches führen können.

Zur Festlegung des Anstrichsystems sind die Umgebungsbedingungen zu analysieren. Befindet sich die Anlage in den Bereichen eines Seewassergebietes, können die in der Luft befindlichen Chloride in Verbindung mit Regen oder Tau die Bauteile angreifen. Des Weiteren ist zu überprüfen, ob angrenzende, in Betrieb befindliche Anlagen Produkte produzieren (z. B. Säuren, Chlor usw.) die Korrosionen an den Bauteilen hervorrufen bzw. beschleunigen können.

Der Anstrich wird nicht nur als Korrosionsschutz verwendet, sondern in einigen Fällen als UV-Schutz (GFK-Bauteile), Kennzeichnung von Medien in Rohrleitungen, als Signalfarbe oder sogar als architektonische Maßnahme.

Der Korrosionsschutz für kälte isolierte Rohrleitungen, Ausrüstungen erfolgt nach AGI Q 151 oder nach DIN EN ISO 12944-1 bis DIN EN ISO 12944-7.

Bei Kältedämmung muss das Dämmobjekt in jedem Fall korrosionsgeschützt sein.

6.6.1 Oberflächenvorbereitung

Entscheidend für die Haftung des Anstriches ist die Vorbereitung der anzustreichenden Oberfläche. Die zu beschichtenden Oberflächen müssen frei von Verunreinigungen (z. B. Schweißschlacke, Schweißspritzer, Staub, Öl, Fett, Salze, Zementschlämme, Rost, alte Beschichtungen) sein. Oberflächenfehler (z. B. Risse, Dopplungen, Grate, tiefe Rostnarben) sind mit geeigneten Verfahren zu beseitigen. Scharfe Kanten (z. B. Sägeschnitte, Brennschnitte) sind durch Schleifen ausreichend abzurunden.

Öl, Fett, Bohrmittel, Schneidmittel und Konservierungsmittel sind vor jeder weiteren Oberflächenvorbereitung vorzugsweise durch Hochdruckwaschen mit milden alkalischen Reinigungsmitteln sorgfältig zu entfernen. Die so gereinigten Oberflächen sind mit Wasser aus Trinkwasserqualität abzuspülen. Die Reibflächen von Verbindungen (z. B. bei Stahlkonstruktionen) mit hochfesten Schrauben sind nach der Oberflächenvorbereitung bis zum Verschrauben angemessen zu schützen.

Lose anhängende Walzhaut, Rost oder Überreste von alter Farbe können von der Oberfläche mittels Drahtbürsten, Schleifpapier oder durch Hämmern entfernt werden. Diese Methoden sind relativ grob, sodass fest haftende Rostpartikel an der Oberfläche verbleiben und mitunter eine weitere Behandlung durch z. B. rotierende Drahtbürsten benötigen.

Methoden für das Säubern der Oberfläche mit Handwerkszeugen sind in der amerikanischen Norm SSPC – SP2 und der schwedischen Normen ST2 – B, C oder D beschrieben.

Maschinelle Werkzeuge sind wirksamer und weniger arbeitsaufwendig als Handwerkszeuge bei dem Entfernen der Walzhaut, des Rostes und den Farbresten. Ein hundertprozentiges Entfernen wird aber auch hierbei nicht erreicht.

Die bei weitem häufigste und effektivste Methode ist das Sandstrahlen.

Tab. 6.11 unterscheidet unterschiedliche Reinheitsgrade der Oberflächen.

Vor dem Sandstrahlen sind die Oberflächen zu reinigen. Schweißperlen oder Schlackereste sind zu entfernen. Schweißkanten und scharfe Ecken sollten gebrochen werden.

Tab. 6.11 Oberflächen Reinheitsgrade

Schwedische Norm SIS 55900	Amerikanische Norm SSPC-SP	Englische Norm BS 7079	DIN 55928	
Sa 1	Sp-7 brush-off blast cleaning		Sa 1	Die Oberfläche ist frei von losem Zunder, Rost und Beschichtungen
Sa 2	Sp-6-63 commercial blast cleaning	3. Qualität	Sa 2	Nahezu aller Zunder, Rost und Beschichtungen sind entfernt. Auf der Oberfläche dürfen nur so viele fest haftende Reste von Zunder, Rost und Beschichtungen verbleiben, dass keine zusammenhängende Schicht mehr besteht
Sa 2 ½	Sp-10 near white blast cleaning	2. Qualität	Sa 2 ½	Zunder, Rost und Beschichtungen sind so weit entfernt, dass Reste lediglich als leichte Schattierungen infolge Tönung von Poren sichtbar bleiben
Sa 3	Sp-5 white metal blast cleaning	1. Qualität	Sa 3	Zunder, Rost und Beschichtungen sind vollständig entfernt
St 2	Sp-2 hand tool cleaning		St 2	Zunder, Rost und Beschichtungen werden manuell entfernt Z.B. durch Bürsten, Schleifen oder Hämmern
St 3	Sp-3 power tool cleaning		St 3	Zunder, Rost und Beschichtungen werden maschinell entfernt. Der Untergrund ist metallisch glänzend, jedoch nicht poliert

Das Strahlen von Stahl verursacht eine bestimmte Rauheit auf der Oberfläche.

▶ ***Diese Rauheit ist ein entscheidendes Kriterium für die Haftung des Anstriches.***

Die Oberflächenrauhigkeit wird in der ISO 8503-1 angegeben.

6.6.2 Filmdicke

Das Einhalten der Filmdicke bzw. Beschichtungsdicke ist entscheidend für die Wirkung des Korrosionsschutzes.

Alte Weisheiten wie „viel hilft viel" sind nicht zielführend, da es hierbei zu Einschlüssen von Lösungsmittel führen kann, und somit zu einem Verlust der Haftung.

Die erforderliche Schichtdicke, die für eine bestimmte Oberfläche empfohlen wird, hängt von der Art der Farbe und der Art der Oberflächenbeschaffenheit ab. Empfohlene Schichtdicken für bestimmte Produkte werden durch den Hersteller angegeben.

6.6.3 Behandlung von Schweißnähten

Schweißnähte sind ein kleiner, aber extrem wichtiger Teil einer Stahlkonstruktion oder des Rohrleitungsbau, Häufig sind sie der am meisten vernachlässigte Teil, wenn es um Korrosionsschutz geht. Mehrheitlich entsteht die Korrosion in der Umgebung der Schweißnähte. Während der Errichtung der Anlage werden Schweißnähte geprüft und gelten, nach erfolgreicher Prüfung, als fehlerfrei. Aus Sicht des Korrosionsschutzes ist dies nicht der Fall, denn der Zustand der Schweißnaht ist entweder eine unbehandelte Decklage oder eine blechebene geschliffene Oberfläche für eine US-Prüfung. In beiden Fällen ist eine Nacharbeit der Schweißnaht vor dem Anbringen des Korrosionsschutzes empfehlenswert.

Um gut streichbar zu sein, sollte ein Gegenstand gleichmäßig, frei von Einbränden, scharfen Kanten oder Unterhöhlungen sein. Alle Schweißperlen sollten entfernt sein, da sie nicht nur die Farbschicht durchdringen, sondern sich auch im Laufe der Zeit lösen. Schlacke Reste sind ebenfalls zu entfernen, da sie alkalisch wirken. Wenn möglich sollten Schweißnähte vorbehandelt werden, um alle Verunreinigungen und scharfen Kanten zu entfernen. Schweißnähte müssen ebenfalls die erforderliche Rauheit erreichen. Alle Einschlüsse müssen durch Überschweißen bzw. so beigeschliffen werden, dass eine gleichmäßige Oberfläche ohne scharfen Kanten erreicht wird. Ein Polieren der Fläche wiederum ist unerwünscht, da sich dadurch die Haftung des Anstriches reduzieren würde.

6.6.4 Kontrollen und Prüfungen

Während und nach den durchgeführten Arbeiten sind diverse Kontrollen und Prüfungen durchzuführen. In der Regel werden solche Prüfungen in den Qualitätsplänen aufgeführt. Dabei ist zu beachten, dass die Vorgaben der Hersteller mitberücksichtigt werden.

Folgende Punkte sind beispielhaft bei Korrosionsschutzarbeiten zu berücksichtigen:

▶ ***Beim Beschichtungsaufbau sind die Oberflächenvorbereitung und die Herstellung des Reinheitsgrades permanent zu überwachen.***

Je nach anzuwendender Norm sind Kontrollflächen anzulegen. Dabei sind die Lagen der Kontrollflächen zu dokumentieren bzw. in den Zeichnungen zu vermerken. Während des Anlegens der Kontrollflächen ist die Lufttemperatur in °C, die Luftfeuchtigkeit in % und die Oberflächentemperatur des Bauteils zu messen und zu protokollieren.

6.7 Dämmung

Rohrleitungen, Behälter und Tanke sind die entscheidenden Bestandteile industrieller Prozesse. Durch die Rohrleitungen strömen Flüssigkeiten bzw. Gase von bzw. zu den Behältern und Tanke. Eine effektive Dämmung ist für industrielle Prozesse ausfolgenden Gründen zwingend erforderlich:

- Sicherung einer konstanten Prozesstemperatur
- Reduzierung von Wärme-, Kälteverlusten und damit auch Verbesserung der Energieeffizienz und Verringerung von CO2-Emissionen
- Berührungsschutz zum Schutz vor heißen Oberflächen
- Vermeidung von Kondensat im Falle der Wärmedämmung von Rauchgaskanälen an der Innenseite und dadurch ausgelöste Korrosion der Kanäle
- Vermeidung von Schwitzwasserbildung an der Ummantelung der Dämmung im Falle von Kälte oder s. g. Schwitzwasserisolierung
- Schutz vor Schallemissionen der z. B. durch schnell fließende Medien in den Leitungen entsteht
- vorbeugender Brandschutz
- Schutz vor Einfrieren von Wasserleitungen, u. U. in Verbindung mit Begleitheizungen

Die erforderlichen Dämmdicken werden in den meisten Fällen gemäß den Vorgaben des Kunden/Betreibers der Anlage und den prozesstechnischen Rahmenbedingungen auf Basis der VDI 2055 berechnet und in der Isometrie, Rohrleitungslisten und/oder Konstruktionszeichnungen aufgeführt.

Die Ausführung der Dämmung auf der Baustelle erfolgt in den meisten Fällen nach dem, vom Kunden bzw. vom Konstrukteur der Anlage vorgebenden Normen und Standards bzw. anlagenspezifisch erstellten Spezifikationen.

Die Dämmung ist erst nach erfolgreich abgeschlossener Druckprüfung der Ausrüstungen und Rohrleitungen zu montieren.

▶ ***Die Dämmung ersetzt keinen Korrosionsschutz!***

D. h. die Dämmung ist, sofern spezifiziert, erst nach Auftragen des erforderlichen Korrosionsschutzes zu montieren.

Alle Verbindungen (geschraubt, geflanscht, geschweißt, laminiert) dürfen erst nach der Druckprüfung gedämmt werden. Armaturen und Flanschverbindungen, an denen Steckscheiben angeordnet waren, dürfen erst nach erfolgter Dichtheitsprüfung gedämmt werden.

Die zu dämmenden Flächen müssen sauber, trocken und frei von grobem Rost und Zunder sein.

Armaturen und Flanschenpaaren sind mit leicht demontierbaren Dämmkappen zu versehen, da eine einfache De- und Remontage zu Wartungszwecken erforderlich ist.

Die Montage der Dämmung hat so zu erfolgen, dass eine homogene Dämmung entsteht. Die Nähte müssen geschlossen, ohne Spalte ausgeführt werden.

Im Falle von Kältedämmung sind die Nähte (mit Ausnahme der 1. Naht bei mehrlagiger Dämmung) sorgfältig mit Fugenfüller auszufüllen.

Das Dämmmaterial ist durch Bindedraht, Bänder etc. vor dem Verrutschen und „Durchsacken" zu sichern.

Es ist darauf zu achten, dass die Dämmstoffe gegen Feuchtigkeit und Regen geschützt werden. Bei Arbeitsunterbrechung, insbesondere über Nacht, sind nicht verkleidete Dämmungen temporär durch geeignete Maßnahmen, z. B. Folie oder Planen, zu schützen.

Bei den Dämmarbeiten ist darauf zu achten, dass das Personal nicht über bereits isolierte Rohrleitungen oder auch Kabelpritschen läuft. Nicht selten verbleiben diese Kosten für Beschädigungen beim Auftraggeber, da die Beweispflicht für die Ursache etwaige Schäden beim ihm liegt.

6.7.1 Wärmedämmung

Als Wärmedämmung wird die Dämmung von Analgenteilen bezeichnet, deren Temperatur über der Umgebungstemperatur liegt.

Die Auswahl eines Dämmsystems wird in der Betriebstechnik vor allem durch die vorherrschenden Prozessparameter, sowie durch das geforderte Wärmeschutzniveau bestimmt. Erfolgt die Auslegung der Dämmung nur nach Kriterien des Berührungsschutzes, bleiben enorme Einsparpotentiale ungenutzt. Bei der Auslegung des Dämmsystems durch die Vorgabe maximaler Wärmeverluste sind prozesstechnische Parameter die ausschlaggebenden Größen. Oftmals werden hier allerdings traditionelle Pauschalwerte, wie die oft verwendeten 150 W/m^2, angesetzt.

Des Weiteren besteht gemäß VDI 2015 die Möglichkeit die Dämmung nach wirtschaftlichen Parametern (Vergleich der Investitionskosten der Dämmung und deren Abschreibung mit den zu erwartenden Energieeinsparungen durch die Dämmung) auszulegen.

Aufgrund der steigenden Energiekosten wird diese Berechnungsweise zukünftig immer mehr an Bedeutung erlangen.

Die Auswahl des Dämmmaterials erfolgt unter folgenden Gesichtspunkten:

- thermische Eigenschaften (Wärmeleitzahl und deren Temperaturabhängigkeit)
- Anwendungsgrenztemperatur
- mechanische Eigenschaften
- chemische Verträglichkeit und Beständigkeit
- Beständigkeit gegen Feuchte
- Feuerbeständigkeit
- Kosten

Abb. 6.24 zeigt den typischen Aufbau einer Rohrleitungsisolierung einmal mit Mineralwolle, zum anderen mittels vorgefertigter Halbschale.

Bei der Auswahl des, um die Dämmung liegenden, Wetterschutzmantels sind folgende Überlegungen wichtig:

- Wirksame Feuchtigkeitsabweisung
- Korrosionsbeständigkeit gegenüber Chemikalien in der Umgebungsluft
- Beständigkeit gegenüber mechanischer Beanspruchung
- Mechanische Widerstandsfähigkeit

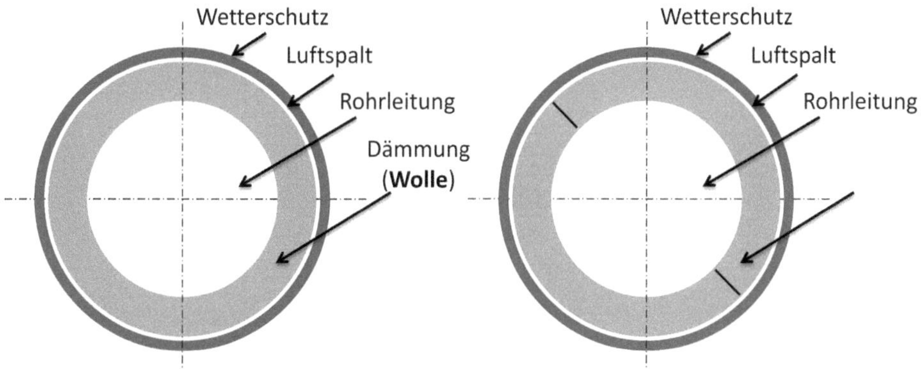

Abb. 6.24 Aufbau eine Rohrleitungsisolierung

- Berücksichtigung des Brandverhaltens
- Kosten

6.7.1.1 Begleitheizung

Mitunter ist es erforderlich in die Wärmedämmung eine Begleitheizung zu integrieren.

Eine Begleitheizung hat die Aufgabe Bauteile bzw. die darin befindlichen Medien, vor Auskühlung zu bewahren (Viskosität, Stabilität, Gefahr des Auskristallisierens usw.). Dabei geht es zum einem um Medien, die nicht alleine durch ihre Dämmung, vor zu hohen Wärmeverlust geschützt werden, und zum anderen um Medien, die aufgrund der Umgebungsbedingungen Gefahr laufen einzufrieren.

Dazu gibt es folgende Arten von Begleitheizungen:

- Elektrische Begleitheizung (siehe Abschn. 6.8.4.1)
- Dampfbegleitheizung
- Begleitheizung mit Glykol
- Begleitheizung mit Warmwasser/-öle

Die Art der Begleitheizung, sowie die entsprechende Auswahl der Isolierung müssen in Kombination untereinander in der Lage sein, die prozesstechnischen Vorgaben (Temperatur) zu erfüllen.

Das Hauptziel der Begleitheizung ist es, die Wärmeverluste zwischen Innentemperatur der Rohrleitung bezogen auf die Umgebungstemperatur zu kompensieren.

▶ ***Einfach gesehen bildet die Begleitheizung eine Barriere gegen den von außen entstehendem Wärmeverlust.***

Die Art der Beheizung hängt demnach von der Beheizungsintensität und dem Energiebedarf ab.

Abb. 6.25 zeigt den Aufbau der Isolierung bei der Verwendung einer Begleitheizung. Bei der Festlegung der Isolierung ist zu berücksichtigen, dass im Falle einer Isolierung und bei Verwendung von Halbschalen, der Innendurchmesser der Halbschale größer als der Außendurchmesser des zu isolierenden Rohres gewählt wird.

Ein weiteres Kriterium bei der Wahl der Begleitheizung erfolgt unter dem Gesichtspunkt, eines Anlagenstillstandes. Besteht die Gefahr, dass die Medien in der Rohrleitung aufgrund der Umgebungsbedingungen einfrieren können, empfiehlt sich in der Regel eine elektrische Begleitheizung, da Dampf und Warmwasser bei einem Anlagenstillstand üblicherweise nicht verfügbar sind. Wird Dampf oder Warmwasser als wärmendes Medium der Begleitheizung bestimmt, so richtet sich die Entscheidung zwischen beiden Medien nach Größe des Wärmeverlustes.

Es gibt verschiedene Möglichkeiten die Wärmedämmung zu montieren:

- Dämmung auf direkt aufgebrachtem Heizleiter (nicht zu empfehlen)
- Dämmung auf Heizleiter, der mit Aluminiumfolie oder Klebeband aufgebracht ist

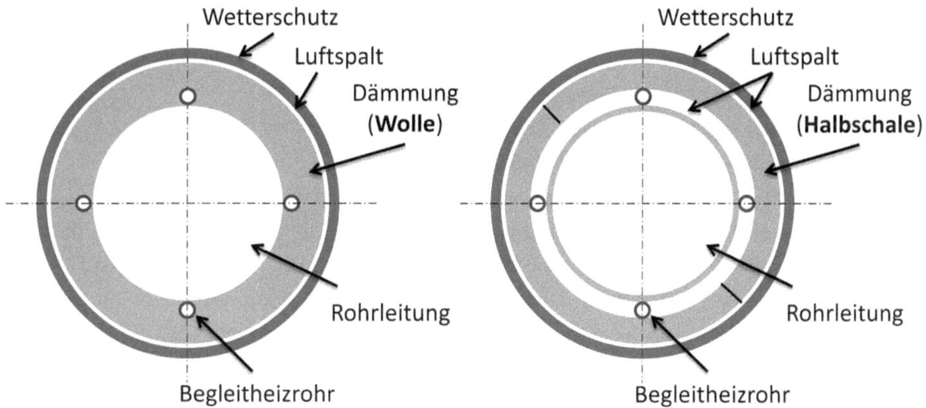

Abb. 6.25 Isolierung mit Begleitheizung

- Dämmung mit auf der Rohrleitung aufgebrachter Vordämmung
- Dämmung mit vorgefertigten Dämmschalen

Bei einer Dampfbegleitheizung ist sicherzustellen, dass die Einspeisung von Dampf immer am höchsten Punkt der Rohrleitung erfolgt, und dass das Kondensat am tiefsten Punkt abgeleitet werden kann.

Bei der Verwendung von Warmwasser als Heizmedium, erfolgt die Einspeisung am tiefsten Punkt und die Entnahme am höchsten Punkt. Hierdurch wird sichergestellt, dass das Begleitheizsystem auch entlüftet werden kann.

6.7.2 Kältedämmung

Als Kältedämmung wird die Dämmung von Anlagenteilen bezeichnet, deren Temperatur unterhalb der Umgebungstemperatur liegt.

Kältetechnische Anwendungen spielen in der Industrie eine bedeutende Rolle.

▶ ***Kälteschutz ist ein umgekehrter Wärmeschutz***

Im Prinzip gelten die gleichen Aussagen für die Wärmedämmung auch für die Kältedämmung. Es ist nur zu beachten, dass der Energiefluss umgekehrt ist, d. h. es kommt zu einer Zuführung von Energie in die Anlagenteile.

Des Weiteren ist ein wichtiger Bestandteil der Kältedämmung die Vermeidung bzw. Verhinderung von Kondensat an der Außenseite der zu dämmenden Teilen, oder an der Ummantelung der Dämmung.

Im Normalzustand nimmt Luft einen bestimmten Anteil von Feuchtigkeit an. Je wärmer die Luft, umso höher die Bereitschaft Feuchtigkeit aufzunehmen. Wir diese Luft abgekühlt, wird die Feuchtigkeit an die Umgebung abgegeben.

Überträgt man dieses physikalische Gesetz auf Dämmungen im Kältebereich, müssen die Dämmschichtdicken so dimensioniert werden, dass die Taupunkttemperatur auf der Dämmstoffoberfläche niemals unterschritten wird.

Um Tauwasser zu verhindern, muss also in jedem Fall gewährleistet sein, dass die Oberflächentemperatur auf der Dämmung mindestens gleich oder höher ist als die Taupunkttemperatur bei definierten Umgebungsbedingungen. Des Weiteren ist die Vermeidung beziehungsweise Verzögerung von Eindringen von Feuchtigkeit in die Dämmung aufgrund des Dampfdruckgefälles innerhalb der Dämmung zu Vermeiden oder hinauszuzögern.

Eine durchfeuchtete Dämmung kann zu erheblichen Korrosionsschäden an den gedämmten Anlagenteilen und letztendlich zu einer kompletten Dysfunktion der Dämmung – mit Eisbildung an und in der Dämmung – führen.

Durch die Verwendung eines möglichst geschlossenzelligen (z. Schaumglas, Polyurethan oder Polystyren) Dämmmaterials mit einer hohen Dampfdiffusionsdichte (z. B. Schaumglas) und das Aufbringen einer Dampfbremse (metallische Folie oder Mastiks) auf der Außenseite der Dämmung kann dieses vermieden bzw. hinausgezögert werden,

Die Auswahl des Dämmmaterials erfolgt unter folgenden Gesichtspunkten:

- thermische Eigenschaften (Wärmeleitzahl und deren Temperaturabhängigkeit)
- Anwendungsgrenztemperatur
- Dampfdiffusionsfaktor
- Geschlossenzelligkeit
- Fähigkeit zur Aufnahme von Wasser
- mechanische Eigenschaften
- chemische Verträglichkeit und Beständigkeit
- Beständigkeit gegen Feuchte
- Feuerbeständigkeit
- Kosten

Wird die Dichtheitsprüfung kältegedämmter Rohrleitungen mit Betriebsmedium unter Betriebsbedingungen (Arbeitstemperatur) durchgeführt, so sind Armaturen und Flanschen provisorisch (z. B. mit Mineralfaser-Matten) zu dämmen, um eine Vereisung zu vermeiden.

Bei der Verarbeitung ist darauf zu achten, dass die Verarbeitungsrichtlinien des Herstellers beachtet werden und die auf den Dämmstoff abgestimmten Hilfsmittel (Korrosionsschutz, Kleber, Beschichtungsstoffe usw.) eingesetzt werden.

Die Halterungen der Rohrleitungen sind mit Kälteschellen auszuführen. Wenn in den Kälteschellen ein anderer Dämmstoff als für die Rohrleitungsdämmung eingesetzt wird, ist die Verträglichkeit der eingesetzten Hilfsstoffe (Korrosionsschutz, Kleber, Beschichtungsstoffe usw.) für beide Dämmstoffe sicherzustellen.

Weiterführende Literatur

- DIN 4140: Dämmarbeiten an betriebs- und haustechnischen Anlagen. Ausführung von Wärme- und Kältedämmung. Stand: März 2008 bzw. neueste Fassung
- VDI-Richtlinie 2055: Wärme- und Kälteschutz für betriebs- und haustechnische Anlagen. Berechnungen. Gewährleistungen, Mess- und Prüfverfahren, Gütesicherung, Lieferbedingungen. Stand 2009 (Teil 1) bzw. 2010 (Teil 3)

6.7.3 Wetterschutz

Bei der Auswahl des um die Dämmung liegenden Wetterschutzmantels sind folgende Überlegungen wichtig:

- Wirksame Feuchtigkeitsabweisung
- Korrosionsbeständigkeit gegenüber Chemikalien in der Umgebungsluft
- Beständigkeit gegenüber mechanischer Beanspruchung
- Mechanische Widerstandsfähigkeit
- Berücksichtigung des Brandverhaltens
- Kosten

Für den Wetterschutz sind Bleche aus feuerverzinktem Stahlblech, Alu-Zink beschichtete Bleche, Edelstahlbleche oder Aluminiumbleche beschichtet oder unbeschichtet als Ummantelungen zu verwenden.

In Sonderfällen kann auch die Ummantelung mittels PVC-Folien oder aus Epoxid-Harzen sinnvoll sein.

Die Anlieferung der Bleche kann in Rollen oder Tafeln erfolgen. Für große Flächen (z. B. Tanks oder gerade Flächen) können auch profilierte Bleche verwendet werden.

Die vorgeschriebenen Blechdicken dürfen nicht unterschritten werden. Ummantelungen aus Aluminium oder Aluminiumlegierungen dürfen in Anlagen, in denen Natronlauge hergestellt oder verarbeitet wird, nicht verwendet werden.

Die Ummantelung ist stabil und rutschfest anzubringen, sodass keine Schäden an den Ausrüstungen entstehen können.

Die Überlappung der Längsstöße sollte mind. 50 mm betragen. Die Überlappung und Anordnung der Nähte sollte so erfolgen, dass das Eindringen von Wasser (Regen/Reinigung) vermieden wird (Dachziegeleffekt). Silikon oder Dichtband kann keine ordnungsgemäße Anordnung der Überlappungen/Nähte ersetzen!

Bei Ummantelungen von Rohrleitungen und Bögen sind nur die Längsstöße zu verschrauben. Bei waagerecht verlaufenden Rohrleitungen sind die Längs-Stöße der

Ummantelung, um ca. 100 mm versetzt, im Bereich von ca. „08.00Uhr“ bzw. „4:00Uhr“ anzuordnen.

Rohrbogen sind mit einzelnen, gleich breiten Segmenten zu ummanteln. Die Rundstöße dürfen “Sicke in Sicke” ausgeführt werden. Die Längsstöße der Segmente sind ausreichend zu überlappen. Bei Rohrbögen mit Nennweiten ≤ DN 15 kann auf die Ummantelung mit Segmenten verzichtet werden.

Die Abstände der Blechschrauben untereinander sollten ca. 100 mm (bei Ortschäumung) bis 150 mm (bei Wärmedämmung) betragen. Die Ummantelung von Kältedämmungen sollte lediglich mit Bändern befestigt werden.

Bei Verwendung von Schrauben und Niete ist eine Beschädigung der Dampfbremse durch Anordnung des Blechmantels mit einem Luftspalt zur Dämmung zu vermeiden. Der Abstand des Blechmantels zur Dämmung kann durch Zwischenlage von z. B. Noppenfolien- oder Zackenblechstreifen erreicht werden. Eine Zwischenlage aus Dämmmaterial, z. B. Dämmfilz ist nicht zu empfehlen, da dies zu Durchfeuchtung des Dämmfilzes und damit zur vermehrten Korrosion führen wird.

Bei rotierenden oder Vibrationen ausgesetzten Ausrüstungen sind Kunststoffscheiben oder Federringe zur Sicherung der Schrauben mit einzubauen und/oder eine zusätzliche Sicherung mittels Spannbändern vorzusehen.

Bei gedämmten Behälterköpfen ist die Ummantelung entsprechend der Bodenform, z. B. in Zeppelinform auszuführen. Kleinere Durchmesser können auch in halbrunder Form oder mit s. g. „Chinesenhüten“ verkleidet werden.

Für begehbare Flächen sind die Ummantelung und die Unterkonstruktion ausreichend zu versteifen. Evtl. ist auch eine Verwendung eines druckfesteren Dämmmaterials (z. B. Tankdachdämmplatten) sinnvoll. Begehbare Flächen sind durch farbige Markierungen zu kennzeichnen.

Kunststoffbeschichtete Bleche sind mit entsprechender Sorgfalt zu behandeln. Sichtbar bleibende Schnittkanten sind mit einem geeigneten Schutzlack zu überziehen. In Sonderfällen (z. B. bei korrosiver Atmosphäre) sind die Bleche vor dem Runden an den Längs- und Rundstößen ca. 10 mm breit nach innen abzukanten.

Für die Ummantelung großer Flächen sind versteifte oder profilierte Bleche zu verwenden.

Bei Ausrüstungen und Rohrleitungen im Freien, die mit Unterbrechungen betrieben werden, ist es empfehlenswert zur Ableitung von Kondenswasser den Blechmantel mit einem Abstand zum Dämmmaterial (Zwischenlage von Noppenfolien- oder Zackenblechstreifen unterhalb der Rundnähte) zu montieren. desweitern sind Bohrungen von min. 10 mm Durchmesser im Abstand von ca. 300 mm in die Tiefpunkte der Ummantelung vorzusehen.

An Flanschverbindungen ist die Ummantelung nur so weit heranzuführen, dass die Schrauben unbehindert ausgebaut werden können.

Die Enden der Ummantelung können mit zwei- oder mehrteiligen Stirnscheiben abzuschließen. Die Stirnscheiben sind in Sicken einzulegen oder in die Ummantelung einzufalzen. Stirnscheiben dürfen die zu dämmende Oberfläche nicht berühren. Bei Elektrokabelheizung sind die Stirnscheiben so auszuführen, dass das Begleitheizkabel nicht beschädigt werden kann.

Die Dämmkappen der Flansche und Armaturen sollten die anschließende Rohrleitungsdämmung um mindestens eine Dämmdicke überragen.

An Stutzen, Rohrunterstützungen, Aufhängungen und anderen Durchdringungen ist die Ummantelung sauber auszuschneiden und abzudichten.

Bei einer Ortschäumung mittels Polyurethans sind alle Stöße der Ummantelung und die Durchdringungen so abzudichten, dass die Ummantelung die Funktion einer Dampfbremse erfüllt.

Bei der Dämmung von Anlagenteilen mit einer Begleitheizung, insbesondere bei elektrischen Begleitheizungen, sind die Begleitheizungen mittels Aluminiumfolie oder Blechstreifen abzudecken, damit keine Dämmmaterialien zwischen Heizträger und den Anlagenteilen geraten kann.

6.7.4 Schallschutz

Umweltschutz wird auch durch den Schallschutz praktiziert. Als Grundlage für eine angenehme Arbeitsatmosphäre unterstützen Schallschutzmaßnahmen die Gesundheit und die Arbeitsatmosphäre von Personen. Lärm entsteht zum einen durch Betriebsgeräusche von Maschinen, Pumpen und anderen technischen Installationen und zum anderen auch durch Medien, die mit hohen Geschwindigkeiten durch Leitungen strömen.

Die Dämmung der zu dämmenden Anlagenteile erfolgt in den meisten Fällen mit einer kombinierten Wärme-/Kälte-Schalldämmung.

Dies ist in den meisten Fällen eine Kombination von Dämmmaterialien mit höherer Masse, Verwendung von federnden, schwingungsdämpfenden Elementen (S-/Omegabügeln) bei den Stegen der Unterkonstruktion, Verwendung von massehaltigen, schwingungsarmen Ummantelungen (z. B. Stahlblechen mit aufgebrachter „Entdröhnung aus Schwerspatfolie). Es ist insbesondere auf eine spaltfreie Ausführung des Blechmantels zu achten, da schon kleine Spalten in der Dämmung und der Ummantelung zu einer erheblichen Reduzierung der schalldämmenden Wirkung führen können.

Für die Schaldämmung von Turbine, Apparaten, Maschinen und Pumpen werden häufig Einhausungen oder Hauben verwendet, wie z. B. durch Billfinger Gerber GmbH beschrieben.

„Schalldämmende Hauben mindern die von Maschinenoberflächen abgestrahlten Geräusche. Ein zusätzlicher Vorteil ist der Schutz von Maschinen oder die Abschottung elektrischer Einrichtungen vor schädlichen Umgebungseinflüssen. Maßgebend für die erzielbare Schalldämmung, insbesondere im tieffrequentierten Bereich, ist im Wesentlichen die Masse der Außenschale. Bei hochfrequenten Geräuschen, wie sie bei Turbinen und Turboverdichtern auftreten, ist eine Konstruktion ohne Fugen und Undichtigkeiten zur Erzielung hoher Pegelminderungen erforderlich.

Standardhauben erreichen Schallreduzierungen um bis zu 30 dB. Mit Spezialkonstruktionen lassen sich bis zu 55 dB Pegelreduzierungen realisieren. Die akustische Auslegung erfolgt grundsätzlich frequenzabhängig unter Berücksichtigung des Schallspektrums der Maschine, um die Auflagen für die zulässigen Geräusche am Arbeitsplatz oder in der Nachbarschaft zu erfüllen.

Schallhauben können in Gebäuden oder im Freien aufgestellt werden, sie können in begehbarer und nicht begehbarer Ausführung geliefert werden. Falls erforderlich können auch elektrische Zusatzeinrichtungen, Zwangsbelüftung, Beleuchtung und anderes Zubehör integriert werden." (10) (Abb. 6.26)

6.7.5 Brandschutz

Der Brandschutz ist eine vorbeugende Maßnahme zum Schutz von Menschen, Gebäuden und Anlagen.

Auf der Webseite „Baunetzwissen, Beton" werden die Ziele des Brandschutzes wie nachfolgend aufgeführt beschrieben:

„Die wesentlichen Ziele der Brandschutzplanung sind:

Abb. 6.26 Schallschutzhaube (Bild: Gerber-Bilfinger GmbH)

die Vorbeugung der Entstehung eines Brandes und der Ausbreitung von Feuer und Rauch im Falle eines Brandes die Ermöglichung wirksamer Löscharbeiten der Schutz der Gesundheit und des Lebens der Nutzer und der Retter durch Ausbildung ausreichend geschützter Rettungswege der Schutz der Gebäudesubstanz, des Inventars und der Betriebsbefähigung der Schutz der Umwelt vor giftigen Brand- bzw. Reaktionsgasen.

„Um diese Ziele erreichen zu können, ist die Beachtung verschiedener Randbedingungen erforderlich. Dazu gehören neben dem Nutzungskonzept, den Arbeits- und Betriebsabläufen für das Gebäude (z. B. Anzahl der Nutzer, Häufigkeit und Intensität ortsunkundigen Besucherverkehrs, Materialflüsse bei Produktionen) auch die Gebäudegeometrie wie z. B. die Fläche, die interne Zugänglichkeit und die Höhe. Die Planung von Löscharbeiten erfordert zudem die Berücksichtigung der Grenzabstände zu benachbarten Gebäuden, die Anbindung an die öffentlichen Verkehrswege und die Aufstell- und Bewegungsfläche für die Feuerwehr." (11)

Aufgabe der vorbeugenden Branddämmung ist es, einen Puffer (Standsicherheit der Konstruktion) für die Zeit nach Ausbruch eines Brandes zu schaffen, um Evakuierungsmaßnahmen durchzuführen und zu vermeiden, dass der Bau bis zur Brandbekämpfung durch die Einsatzkräfte größeren Schaden erleidet.

„Je nach Beanspruchung und Funktion des Bauteils (z. B. Traglast, Anforderung an die Begrenzung der Wärmeabstrahlung) müssen unterschiedliche Bauteile die Feuerwiderstandsdauer unter besonderen Anforderungen einhalten. Die Ermittlung der erforderlichen Feuerwiderstandsdauer kann in Anlehnung an DIN 18230, durch geeignete Simulationsberechnung oder durch Brandversuche durchgeführt werden." (11)

Des Weiteren werden durch Abschottungen die Ausbreitung eines Brandes u. U. entlang einer Kabeltrasse oder Rohrleitung von einem Raum (Brandabschnitt) in den anderen verhindert bzw. verzögert.

Geeignete Dämmmaterialien sind nicht brennbare Dämmmaterialien, z. B. Mineralfaser, oder Schaumglas für Prozessanlagen bzw. Vermiculite haltige Betone, Promatverkleidungen oder feuerhemmende Anstriche für Stahlkonstruktionen.

Die Klassifizierung des Brandschutzes von Anlagenteilen erfolgt nach Brandklassen, z. B. F30, F90, F120 etc.

Die Zahlen in der Klassifizierung geben an, in welchem Zeitraum in Minuten gemessen, die Anlagenteile ihre Funktionsfähigkeit im Falle eines Brandes durch die Brandschutzmaßnahme behalten.

Es ist darauf zu achten, dass nur bauaufsichtlich zugelassene Brandschutzsysteme oder Brandabschottungen zur Anwendung kommen.

Diese Systeme sind wie spezifiziert zu verwenden. Evtl. notwendige Änderungen können zum Erlöschen der Zulassung führen und sind mit dem Hersteller, der Feuerwehr und den bauaufsichtlich zuständigen Behörden abstimmen und genehmigen zu lassen.

Tab. 6.12 stellt die Brandklassen nach den bauaufsichtlichen Bezeichnungen und der DIN EN 13501 gegenüber.

Tab. 6.12 Brandklassen

Bauaufsichtliche Bezeichnung	Brandklassen nach DIN EN 13501 Teil 1	Bemerkung
Nicht brennbar	A1 A2 – s1 d0	Kein Rauch/kein Abtropfen
Schwer entflammbar	B, C –s1 d0 B, C – s3 d0 B, C – s1 d2 B, C – s3 d2	Kein Rauch/kein Abtropfen Kein Rauch Kein Rauch
Normal entflammbar	D – s3 d0 D – s3 d2 E – d2	Kein Abtropfen
Leicht entflammbar	F	

6.7.6 Kontrolle und Prüfungen

Zur Qualitätskontrolle der Dämmung sollte gemeinsam mit dem ausführenden Unternehmer ein Quality-Inspektion-Plan (QIP) erarbeitet werden. Inhaltlich sollten nachfolgende Punkte, als Mindestanforderung erfasst werden, und baubegleitend überwacht werden:

- Eingangskontrolle der Dämmmaterialien
- Zustand des Untergrundes vor Aufbringen der Isolierung
- Kontrolle der homogenen, ohne offene Fugen aufgebrachten Dämmung
- Kontrolle der Dämmdicke
- Kontrolle des Wetterschutzmantels
- Kontrolle der Dampfbremse (bei Kältedämmungen)

Die Kontrollen sollten in Übereinstimmung mit der VDI 2055 und den vereinbarten Standards und Spezifikationen erfolgen.

6.8 Elektrotechnik

Die Elektrotechnik stellt die elektrische Versorgung der Anlage sicher. Im Vergleich zu anderen Gewerken auf der Baustelle, wie z. B. die Rohrleitungsmontage, benötigt die E-Technik einen geringeren Personalaufwand, ist aber nicht minder unwichtig. Während Rohrleitungen der Beförderung von Gasen, Dämpfen und Flüssigkeiten zu Maschinen und Apparaten dienen, sind es bei der Elektrotechnik die Leitungen bzw. Kabeln, durch die die elektrische Energie geleitet wird. Alle mechanisch bewegten Geräte wie Rührwerke oder Trockner und fast alle Maschinen (außer dampfgetriebene) werden durch Elektromotoren angetrieben.

Durch die Kabel werden die elektrischen Verbraucher und Einrichtungen mit Strom versorgt. Je nach Größe der Anlage werden mehrere hundert Kilometer Kabel ober- und unterirdisch verlegt.

Elektrische Einrichtungen bzw. Verbraucher sind u. a.:

- Schalthäuser / Schaltanlagen
- Transformatoren
- Elektromotoren
- Elektrische Heizsysteme
- Beleuchtungen

Durch die Kabel werden die elektrischen Verbraucher und elektrischen Einrichtungen mit Strom versorgt.

In der E-Technik wird zwischen Kabel und Leitung unterschieden. Die Unterscheidung ist wie folgt:

▶ ***Eine Leitung besteht aus einem Leiter mit Isolierung.***

▶ ***Ein Kabel besteht aus mehreren Leitungen.***

Zum Vergleich können die Abb. 6.27 Leitungsarten und Abb. 6.28 Kabelarten hinzugezogen werden.

6.8.1 Verlegen von Kabeln

Das Verlegen und die Verlegearten von elektrischem Kabel werden in der DIN VDE 0 100-520 geregelt.

Während der Installation von Kabel sind fremde Einflüsse, resultierend aus einer thermischen und/oder mechanischen Beanspruchung zu vermeiden. Im Allgemeinen sind Kabel bei Temperaturen zwischen 5 °C und 70 °C zu verlegen. Hierbei bezieht sich die Temperatur auf das Kabel und nicht auf die Umgebungstemperatur. Sind die Kabeltemperaturen kleiner als 5 °C, so ist das Kabel anzuwärmen. Dabei ist darauf zu achten, dass die Kabeltemperatur während des gesamten Installationsvorgangs nicht unter den Vorgabewert sinkt. Grundsätzlich sind die Herstellerangaben zur Verlegung einzuhalten.

Mechanische Belastungen entstehen durch das Ziehen des Kabels beim Verlegen, durch das Biegen und durch die Befestigung mittels Schellen und Binder.

Die Zugbelastung beim Verlegen darf 50 N/mm^2 bei fester Installation und 15 N/mm^2 für ortsveränderliche Betriebsmittel, wie z. B. Hallenkrane nicht überschreiten.

Leitungen					DIN VDE 0281 T. 1/04.85 DIN VDE 0282 T. 1/04.85
Isolierte Leitungen für feste Verlegung					
Bezeichnung	Abbildung	Kurzzeichen		Aderzahl	Verwendung
		alt	neu		
Kunststoff-Fassungsadern		NYFA NYFAF	HO5V-U HO5V-K	1	Verdrahtung in Leuchten
Gummiaderleitung mit erhöhter Wärmebeständigkeit		N2GAFU	HO5SJ-K	1	Verdrahtung in Leuchten, in Schalt- und Verteileranlagen. Verlegung in Rohren in trockenen Räumen bis 180°C
Kunststoffaderleitungen		NYA NYAF	HO7V-U HO7V-R HO7V-K	1	Verdrahtung in Schalt- und Verteileranlagen. Verlegung in Rohren in trockenen Räumen
Stegleitungen		NYIF	—	2 ... 5	Verlegung in oder unter Putz in trockenen Räumen
Mantelleitungen		NYM	—	1 ... 5	Verlegung auf, in und unter Putz in trockenen und feuchten Räumen und im Freien
Bleimantelleitungen		NYBUY	—	1 ... 5	Verlegung auf, in, unter und über Putz in trockenen und feuchten Räumen und im Freien

Abb. 6.27 Leitungsarten (Bild: Landesamt für Natur, Umwelt und Verbraucherschutz Nordrhein-Westfalen)

Beispiel

Bei der Verlegung eines fünfadrigen Kabels mit 1,5 mm² Querschnitt zum Anschluss an eine stationäre Maschine beträgt die maximale Zugspannung 375 N. $(5 \times 1{,}5\ mm^2 \times 50\ N/mm^2 = 375\ N)$. ◀

Bei zu hohen Zugkräften wird durch das Fließen des Materials der Querschnitt des Leiters reduziert. Ein verringerter Leiterquerschnitt führt zu einer höheren Stromdichte und somit zur Erwärmung des Leiters.

Die zulässigen Biegeradien werden in der DIN VDE 0298-3 geregelt. Demzufolge sind die zulässigen Biegeradien z. B. für mehradrige kunststoffisolierter Kabel viermal dem Kabeldurchmesser. Der kleinste zulässige Biegeradius ist der Radius, mit der geringsten Krümmung, die ein Kabel bei der Verlegung erhalten darf, ohne Schaden zu nehmen.

Kabelarten

DIN VDE 0271/06.86
DIN VDE 0100 T.540/05.86

Kabelbezeichnungen

Kurzz.	Erklärung	Kurzz.	Erklärung
N	genormte Ausführung, folgende Buchstaben in der Reihenfolge des Kabelaufbaus angefügt	B	Bewehrung aus Stahlband
A	Leiter aus Aluminium	CW	konzentrischer, wellenförmiger aufgebrachter Leiter
H	Schirmung (Höchstädter-Kabel)	F	Bewehrung aus Stahlflachdraht
E	Mehrmantelkabel, einzeln mit Metall- und Korrosionsschutz umgebene und verseilte Adern	FO	Bewehrung aus Stahlflachdraht - offen
K	Bleimantel	R	Bewehrung aus Stahlrunddraht
KL	gepreßter, glatter Al-Mantel	RO	Bewehrung aus Stahlrunddraht - offen
E	Schutzhülle mit eingebetteter Schicht (Bewicklung aus Kunststoff)	Gb	Gegen- oder Haltewendel aus Stahlband mit mindestens 50 % Bedeckung
Y	Schutzhülle in Form eines Mantels aus thermoplastischem Kunststoff	Z	Bewehrung aus Z-förmigem Stahlprofildraht
		A	Schutzhülle bzw. äußere Schutzhülle aus Faserstoffen
		Y	Mantel aus PVC

Kabelarten (Auswahl)

Niederspannungskabel bis U_0/U = 0,6/1 kV

Bezeichng.	Abbildung	Erklärg./Verwendg.
NKBA 0,6/1 kV		Massekabel mit äußerer Schutzhülle, Leitungsnetze
NYY 0,6/1 kV		Kunststoffkabel, im Freien und in der Erde, Ortsnetze
NAYY 0,6/1 kV		Al-Kabel, im Freien, in der Erde, im Wasser, Ortsnetze
NYCWY NAYCWY 0,6/1 kV		Al-Kabel mit konzentrischem Cu-Leiter, Verwendung wie NAYV
NAKLEY 0,6/1 kV		Massekabel mit PVC-Schutzhülle und Al-Mantel als PEN-Leiter, Verwendung wie NAYY

Mittelspannungskabel U_0/U = 17,3/30 kV

Bezeichng.	Abbildung	Erklärg./Verwendg.
NKBA NAKBA 3,6/6 kV 6/10 kV	Aufbau wie Niederspannungskabel mit dickerer Isolierung	Massekabel, Innenräume, Erdverlegung in Netzen
NYFGb 3,6/6 kV		Kunststoffkabel mit Stahldrahtbewehrung, Industrienetze

Kabelangaben über Leiterform und Leiteraufbau

Abbildung	Kurzz.	Erklärung
	SM	sektorförmiger Leiter, mehrdrähtig
	SE	sektorförmiger Leiter, eindrähtig
	RM	runder Leiter, mehrdrähtig
	RE	runder Leiter, eindrähtig

Zuordnung[1] des Schutz- oder PEN-Leiters zum Außenleiter (Auszug)

Querschnitt in mm² von

Außenleiter		Schutz- oder PEN-Leiter	
1,5	35	1,5	16
2,5	50	2,5	25
4	70	4	35
6	95	6	50
10	120	10	70
16	150	16	70
25	185	16	95

[1] Zuordnung gilt für isolierte Starkstromleitungen und 0,6/1 kV-Kabel mit 4 Leitern

Abb. 6.28 Kabelarten (Bild: Landesamt für Natur, Umwelt und Verbraucherschutz Nordrhein-Westfalen)

Werden die minimalen Biegeradien nicht eingehalten, kann es zu Materialstreckungen bzw. Stauchungen kommen. Hierbei wird wiederum der Querschnitt verändert, was gleichzeitigt zu einer Änderung der elektrischen Eigenschaft führt.

Bei der Befestigung der Kabel durch Schellen und Binder ist sicherzustellen, dass keine Kabelquetschungen entstehen. Bei beweglichen Anschlüssen sind die Klemmleisten dahingehend zu überprüfen, dass die erforderliche Zugkraft aufgenommen werden kann, um ein Lösen der Leiter zu vermeiden, auf der anderen Seite aber keine Beschädigung des Kabels erreicht wird.

Da mehrere Kilometer Kabel in einer verfahrenstechnischen Anlage verlegt werden, werden die Kabel auf Kabeltrommeln angeliefert.

Die Kabeltrommel sollte möglichst nah an den Einsatzort transportiert werden. Ein Rollen der Trommel ist nach Möglichkeit zu vermeiden. Ist es nicht möglich, die Kabeltrommel in der Nähe des Einbauorts zu platzieren, erfolgt das Kabelabziehen über die Führungsrollen der Trommel.

Grundsätzlich ist das Ziehen von Kabel über harte und scharfe Kanten unzulässig. Das Kabel ist beim Verlegen von der aufgebockten Kabeltrommel grundsätzlich entgegen der markierten Pfeilrichtung abzuziehen.

Kommt es zu Unterbrechungen beim Abrollen der Kabel, sollte die Kabeltrommel ebenfalls zu Stillstand kommen. Die Kabelzugwinde muss mit einer Zugkraft-Messanzeige oder einer einstellbaren Zugkraft-Abschaltung ausgerüstet sein. Ein weiteres Abrollen, ohne die erforderliche Zugspannung kann zum Abknicken des Kabels führen und ist somit zu vermeiden.

Vor und während der Kabelverlegung ist die Oberfläche hinsichtlich Beschädigungen zu kontrollieren.

Die Zugbeanspruchung der Kabel soll möglichst geringgehalten werden. Die nachstehenden Zugbeanspruchungen für Kabel sollten nicht überschritten werden. Es gelten jedoch grundsätzlich die Angaben der Hersteller.

Die Enden geschnittener Kabel sind sofort gegen Eintritt von Feuchtigkeit und Schmutz zu schützen.

6.8.1.1 Verlegen von unterirdischen Kabeln

Unterirdische Kabel können in Gräben, Kanälen, Formsteinen oder Schutzrohren verlegt werden.

Die Regelüberdeckung richtet sich im Allgemeinen nach der Abhängigkeit der jeweiligen Funktion des Kabels. So sind folgende Mindestüberdeckungen als Richtwerte für Kabelgräben einzuhalten.

- Kabel unter Fahrbahnen und Verkehrsflächen 1,30 m
- Kabel unter Gehwegen 0,60 m
- 110 kV Kabel1,20 m

Die Kabelgrabensohle sollte eben und steinfrei hergestellt werden. Und mit einer Sandschicht versehen werden.

Bei übereinander angeordneten Kabellagen im Kabelgraben, sollte die Verlegetiefe für die oberste Kabellage 0,6 m betragen. Geringere Verlegetiefen sind unter Umständen an einzelnen Stellen (z. B. Kreuzungen von Kabeln) zulässig. Bei Kreuzungen von Kabeln sind die Kabellagen durch eine 10 cm dicke Sandschicht voneinander zu trennen. Die Sandschicht muss mindestens mit einer Länge von 0,5 m über die Kreuzung hinausragen.

Niederspannungskabel dürfen ohne Abstand voneinander verlegt werden. Gruppen von Hochspannungs-, Niederspannungs- und Schwachstromkabel sind durch Betonriegel oder Ziegelsteine voneinander zu trennen.

Alle Öffnungen von Formsteinen und Schutzrohre, auch die nicht benutzten Öffnungen, sind gegen Eindringen von Sand und Feuchtigkeit abzudichten.

Die Kabel sind vor dem Einbetten mit Sand auf Durchgang und Isolationswiderstand zu prüfen. Jede eingebettete Kabellage ist mit Ziegelsteinen, Betonplatten oder Kunststoffplatten abzudecken. Die weitere Verfüllung oberhalb der letzten Abdeckung sollte in Lagen von ca. 300 mm Dicke erfolgen. Verdichtungsgeräte (z. B. Schnellschlagstampfer oder Vibrationsplatten) dürfen erst ab 0,75 m oberhalb der letzten Abdeckung eingesetzt werden. Ein Einschlämmen der Kabel ist nicht erlaubt.

Zur Sicherung gegen zukünftige Erdarbeiten ist ein Trassenwarnband in den Graben oberhalb der Kabel bzw. Kabelrohre auszulegen. Bei Parallelverlegung mehrerer Kabel oder Rohre sollte der Minimalabstand zwischen zwei Trassenwarnbändern von 20 cm nicht überschritten werden.

Ideal für den Bauablauf wäre es, wenn die unterirdischen Kabel, in offener Bauweise, quasi oberirdische verlegt werden könnten. Gerade wenn mehrere Kabel parallel verlegt werden, erhöht dies die Produktivität der Arbeiten. Allerdings ist hierbei zu beachten, dass der Bereich, in dem die Kabel ungeschützt liegen, über einen längeren Zeitraum nicht aufgeschüttet wird, und somit die Kabel schutzlos gegen äußere Einflüsse sind. Demzufolge ist dieser Bereich zu umzäunen, um das unkontrollierte Überqueren der Kabeltrasse zu vermeiden. An speziellen Übergängen sind Behelfspodeste aus Gerüstmaterial zu errichten, wie in Abb. 6.29 linksseitig zu erkennen ist.

6.8.1.2 Verlegen von oberirdischen Kabeln

Oberirdische Kabel können auf Kabelträgern (Pritschen oder Wannen), in Schutzrohren oder auf Schellen verlegt werden.

Es ist darauf zu achten, dass Kabel Prozessausrüstungen und andere Ausrüstungen in Bezug auf deren Bedienung und Wartung nicht beeinträchtigen.

Transportwege dürfen durch die Kabel nicht verbaut werden.

Kabel und Kabelbündel auf waagerechten Kabelträgern sind auszurichten und im Abstand von ca. 3 m an Abzweigungen sowie vor und hinter jedem Bogen zu befestigen. Kabel und Kabelbündel auf senkrechten Kabelträgern sind im Abstand von ca. 600 mm zu befestigen. Kleine Kabel dürfen zu Bündeln zusammengefasst werden. Hochspannungskabel

Abb. 6.29 Unterirdische Kabeltrasse

und Kabel mit mehr als 40 mm Außendurchmesser sind einzeln zu befestigen. Die Kabel dürfen maximal in drei Lagen verlegt werden.

Kabel, die von Haupttrassen zu Verteilern oder örtlichen Verbrauchern abgezweigt werden, können auf Stichkabelpritschen, in Kabelwannen oder Schutzrohren verlegt werden.

Bei der Verlegung von Kabeln in Schutzrohren sind die Schutzrohre als offenes System (ohne Bögen) anzuordnen.

Durch entsprechenden Schutz oder geeignete Werkstoffe ist Kontaktkorrosion (z. B. zwischen Zink und Aluminium) zwischen Schutzrohren, Verbindungselementen und Schellen zu vermeiden. Schutzrohre aus Metall sind rechtwinklig abzuschneiden und sauber zu entgraten, um eine Beschädigung des Kabelmantels zu verhindern. Bögen werden unter Verwendung von Biegematrizen, und unter Berücksichtigung des zulässigen Biegeradius des Kabels, kalt gebogen.

Die Schutzrohre sind mit Schellen zu befestigen.

In Ländern mit starker Sonneneinstrahlung sollte für Kabeltrassen außerhalb von Gebäuden ein UV-Schutz vorgesehen werden. Kabeltrassen-Abschnitte, die sich ständig im Schatten von Gebäuden oder Ausrüstungen befinden, erfordern keinen UV-Schutz. Einzelheiten sind entsprechend den klimatischen Bedingungen festzulegen.

Der Sonnenschutz ist auf der Baustelle (z. B. aus Aluminiumblech) entsprechend der Breite des Kabelträgers anzufertigen und mit geeigneten Halterungen zu befestigen. Der Sonnenschutz muss demontierbar sein und einen ausreichenden Abstand zu den Kabeln haben.

6.8.2 Verlegen von Kabel durch Gewässer

Müssen Kabel durch Gewässer verlegt werden sind die Auflagen der zuständigen Behörden zu beachten. Eine wesentliche Gefährdung besteht in befahrenen Gewässern durch das Auswerfen der Bootsanker. Um die Kabel vor Beschädigungen hierdurch zu schützen, wird das Kabel in Rinnen verlegt. Die Rinnen werden nach dem Bagger- oder Einspülverfahren hergestellt. Zur Kennzeichnung einer Kabelkreuzung sind bei schiffbaren Gewässern Ankerverbotstafeln erforderlich.

Kabelverlegungen durch Wassergräben werden meistens im Baggerverfahren hergestellt. Die Mindestüberdeckung beträgt dabei 1,50 m. Darüber hinaus ist sicherzustellen, dass das Kabel bzw. Kabelrohr nicht aufgeschwemmt wird, und ist ggf. durch Betonreiter zu sichern.

6.8.3 Kabelträgersysteme

Die Lage der Kabeltrassen ist in Installationsplänen oder in einem Modell festgelegt. Trotzdem kommt es immer wieder vor, dass die geplante Trassenführung durch geplante und/oder vorhandene Rohrleitungen behindert wird. Hier ist jeweils eine Einzelfallentscheidung erforderlich. Es gilt den jeweiligen geringsten Aufwand für die Korrekturmaßnahme zu ermitteln.

Die Kabelträger sind auf der gesamten Trassenlänge so miteinander zu verschrauben, dass eine leitende Verbindung besteht. Das Kabelträgersystem ist an mehreren Stellen mit dem Erdungssystem zu verbinden.

6.8.4 Schalthäuser, Schaltanlagen

Die Installation der elektrischen Ausrüstungen wie Schaltanlagen, Transformatoren und Akkumulatoren erfolgt erst dann, wenn die Umgebungsbedingungen geprüft und die Freigabe zur Installation vorliegt. Sämtliche Bauarbeiten und Innenausbauarbeiten wie Türen und Fenster, Fliesen verlegen und Putzarbeiten sind abgeschlossen. Die Lüftungs- und Klimaanlagen sind funktionsfähig und der Schaltraum ist staubfrei gereinigt. Bei Installation der Schaltschränke sollte die Luftfeuchtigkeit deutlich unter 80 % gehalten werden.

Das Aufstellen der Schaltschränke erfolgt entsprechend der Aufstellungsplanung. Die Kabel sind übersichtlich in die Schaltschränke einzuführen und entsprechend der Norm zu befestigen. Ein Kreuzen von Kabeln und Kabeladern ist zu vermeiden. Die Einführungen an den Schränken sind gemäß der vorgeschriebenen Schutzart abzudichten. Des Weiteren sind die Aderenden mit aufsteckbaren Markierungstüllen aus Kunststoff zu schützen.

Jede Schaltanlage ist zu erden. Dazu ist eine Verbindung an den dafür vorgesehenen Stellen mit dem Erdungsnetz herzustellen. Schaltanlagen, die länger als 10 m sind, erhalten eine Verbindung mit dem Erdungsnetz an mindestens zwei unterschiedlichen Stellen.

Allein der Begriff staubfrei erfordert auf einer Baustelle ein hohes Maß an Disziplin und verzehrt viel Zeit auf der Zeitachse bis zur Abnahme und Übergabe. Um den aufwendigen Arbeiten rund um die Haustechnik entschlossen entgegenzutreten, hat sich in der letzten Zeit immer mehr der Einsatz von modularen Schalthäuser durchgesetzt. Dabei erfolgt eine Verlagerung der Baustellenarbeiten in die kontrollierte Arbeitsumgebung einer Vorfertigungshalle, in der die Arbeitsbedingungen den Qualitätsanspruch der Schalthäuser gerecht werden.

„E-House trägt dazu bei, die Zeit bis zur Inbetriebnahme zu verkürzen und die Ziele von Nachhaltigkeitsprojekten effizient zu erreichen. Ihre kompakte Bauweise schont Ressourcen und vereinfacht den Gerätetransport. E-Häuser sind außerdem wiederverwendbar, transportfähig und können am Ende ihres Lebenszyklus mit neuer Ausrüstung ausgestattet werden. E-Houses unterstützen und beschleunigen Ihre Nachhaltigkeitsprojekte. Damit können Sie Ihre Ziele effizient erreichen.“ (12)

Im Gegensatz zu der Massivbauweise kann bei dem modularen Ansatz eine Kosten- und Zeitersparnis realisiert werden, Qualitätsvorteile wurden bereits erwähnt. Die für diese Entscheidung relevante Kosten-Nutzen-Rechnung wird während der Constructability Untersuchung erarbeitet. (Siehe Abschn. 11.2.6. ff.) (Abb. 6.30)

6.8.4.1 Elektrische Begleitheizung

Eine Begleitheizung ist für die Rohrleitung oder Ausrüstung erforderlich, wenn die Temperatur des durchfließenden Mediums gesteuert werden soll. Es gibt Begleitheizungen die mit Dampf, Warmwasser oder Glykol arbeiten, aber nicht die Möglichkeit einer kontrollierten und genauen Temperaturregelung bieten. Diese werden üblicherweise als Schutz vor Einfrieren der Leitungen verwendet. Ist die Temperatur des Mediums bzw. Produktes aber sensible zu regeln, verwendet man am häufigsten die elektrische Begleitheizung.

Dabei unterscheidet man zwischen folgenden Haupttypen

- Heizkabel/Heizleitungen
- Kabel mit festem Widerstand
  - Einadrige-Kunststoff-Heizleitungen (EKL)
  - Mineralisolierte Heizkabel
- selbstbegrenzenden Heizbändern
- Parallel-Heizbänder

Bei der Installation der elektrischen Begleitheizung spricht man von zwei unterschiedlichen Bereichen, und zwar von der Heißverkabelung (hot cabling) und Kaltverkabelung (cold cabling).

Die Heißverkabelung ist der Teil der elektrischen Begleitheizung, die einen direkten Kontakt mit der zu beheizende Komponente hat. Die Kaltverkabelung ist der Teil, der

Abb. 6.30 Modulares Schalthaus – Mittel und Niederspannungsanlage (Bild: Siemens AG)

den Strom bis zu dem Anschlusskasten führt, an dem die Heißverkabelung beginnt (Abb. 6.31).

Der Aufwand und die Dauer für die Installation der Begleitheizung, insbesondere des heißen Teils, übt einen direkten Einfluss auf die Rohrleitungsmontage und Isolierarbeiten aus. Ab einem bestimmten Umfang von zu beheizenden Systemen (Annahme >5 % der Rohrleitungen) sind diese Leistungen im Detail zu planen.

Als Aufwandabschätzung kann folgender, grober Ansatz dienen. Ein Team aus zwei Arbeitern schafft durchschnittlich 8–12 Meter Rohr pro Stunde zu verkabeln. Für die Herstellung eines Anschlusses benötigt das Team 2,5 h. Es wird alle 60 Meter ein Anschluss zugrunde gelegt.

Aus Sicht der Terminplanung ist die Festlegung der Dauer für die Installation der Begleitheizung und die Verknüpfung mit der Rohrleitungsmontage, sowie den Dämmarbeiten unerlässlich, um einen Inbetriebnahme-gesteuerten Zeitplan zu erreichen.

Das Ablaufschema (Abb. 6.32) verdeutlicht den Aufwand und die Koordination der Arbeiten. Bevor mit der Montage der Begleitheizung begonnen wird, ist sicherzustellen, dass keine Schweißarbeiten an diesem Rohrstrang noch zu erfolgen sind.

Mit einem Megger-Test lässt sich die Unversehrtheit einer elektrischen Isolierung zwischen den Leitern und einer Bezugserde beurteilen. Der Test deckt Spannungsverluste, Beschädigungen der Begleitheizung und mögliche Mängel an der Isolierung auf.

6.8.5 Kontrollen und Prüfungen

Die auf der Baustelle zusammengebauten und verdrahteten Ausrüstungen sind vor der Inbetriebnahme zu prüfen und zu justieren. Der Umfang der Prüf- und Justierarbeiten

Abb. 6.31 Elektrische Begleitheizung

wird unter Berücksichtigung von Herstellervorschriften und lokalen Vorschriften festgelegt. Die Prüfungen selbst sind nach den Angaben der Hersteller durchzuführen. Werden Mängel festgestellt, so ist die Prüfung nach Behebung der Mängel zu wiederholen.

Zum Prüfen sind nur Messgeräte einzusetzen, deren Genauigkeit mindestens eine Klasse besser ist als die der zu prüfende Ausrüstung. Für Durchgangsprüfungen sind Geräte mit einem Prüfstrom von 10 mA zu verwenden.

6.8.5.1 Sichtkontrolle

Die erste Prüfung nach der Installation von steuerungstechnischen Ausrüstungen ist die Sichtkontrolle. Hierbei wird die Installation wie folgt geprüft:

- handwerklich einwandfreie Ausführung
- Vollständigkeit
- richtigen Einbau
- Zugänglichkeit
- Bedienbarkeit
- Ablesbarkeit
- Sauberkeit
- entfernte Transportsicherungen
- eventuelle Beschädigungen

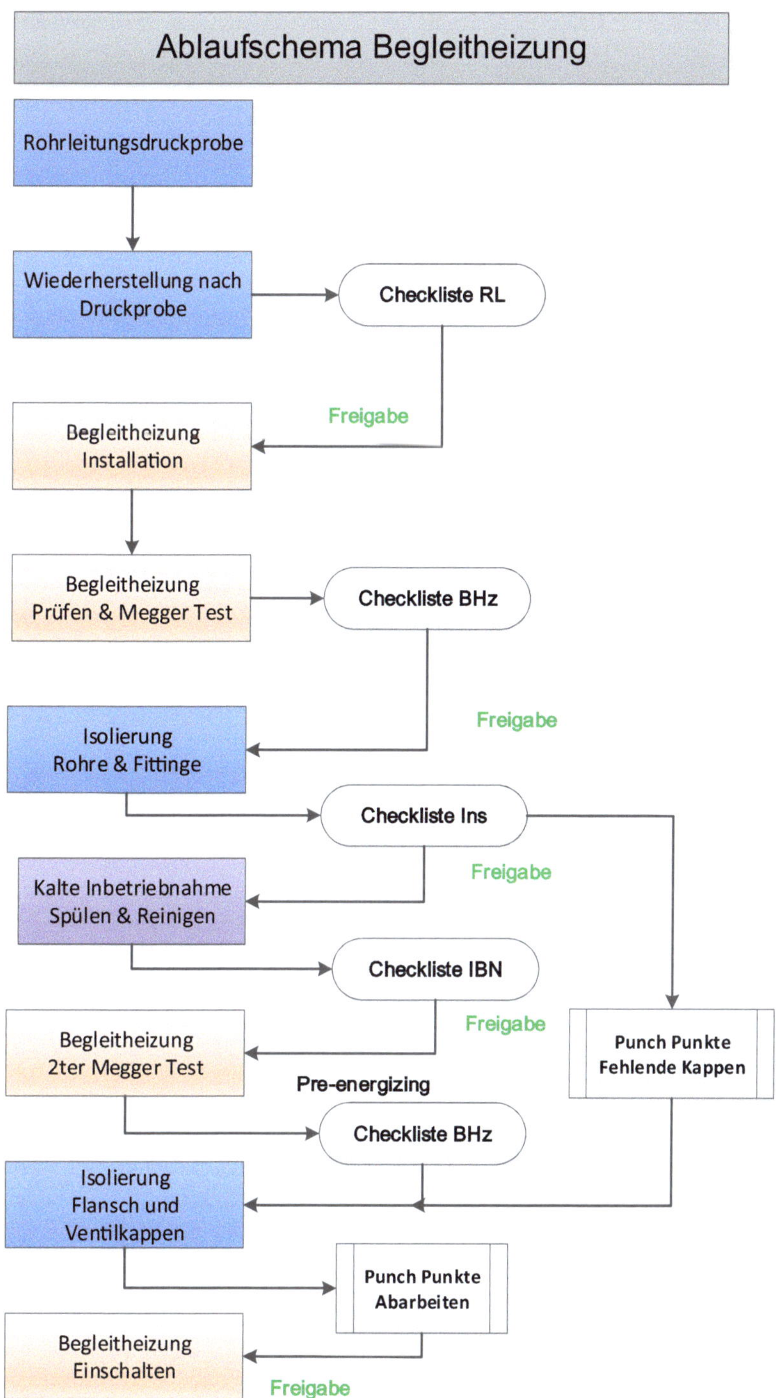

Abb. 6.32 Ablaufschema Begleitheizungsmontage

Kabelanschlüsse sind auf Konformität mit dem Klemmenplan und auf festen Kontakt zu kontrollieren. Bei Gleichstrom-Ausrüstungen sind die Anschlüsse auf richtige Polarität zu überprüfen.

Kenndaten von Geräten und Sicherungen sowie Kabelmarkierungen sind auf Übereinstimmung mit der technischen Dokumentation zu überprüfen.

Weitere Punkte die baubegleitend zu überprüfen sind, sind:

- Ordnungsgemäße Verlegung des Kabels
- Sind alle aktiven Teile durch Isolierung oder Abdeckung gegen direktes Berühren geschützt?
- Beschädigungen an der Isolierung auf?
- Ordnungsgemäße Befestigung der Kabeltrassen oder -pritschen
- Eignung des Kabels/Leitung für ihre Verwendung
- Sind die elektrischen gegen Staub und Feuchte geschützt?
- Einstellung Motorschutzeinrichtung
- thermischer Überbeanspruchung an ihrer Isolierung
- richtige Polarität bei Gleichstrom-Ausrüstungen
- Abdichtung von Kabeldurchführungen (Wand bzw. Decke)
- Einwandfreier Zustand der Schutzkontakte
- Abstände zu Wärme erzeugenden Ausrüstungen
- Kontrolle der mechanischen Funktion

Alle beweglichen Teile von Ausrüstungen (z. B. Hebel, Seilzüge) sind nach dem Einbau auf richtiges Funktionieren zu kontrollieren. Geräte mit Handbetätigung sind mehrmals zu betätigen, ihre Auslöseglieder sind auszurasten.

Bei Motoren sind eventuell vorhandene Transportsicherungen zu demontieren. Des Weiteren ist der Füllstand der Schmiermittel zu überprüfen. Nach der Handdrehkontrolle ist jeder Motor kurz einzuschalten und auf richtige Drehrichtung zu kontrollieren.

6.8.5.2 Prüfen der elektrischen Schutzmaßnahmen

Vor dem Einschalten der Betriebsspannung sind die elektrischen Schutzmaßnahmen (z. B. Schutz-Erdung, Nullung, Schutzleitungssystem, FI-Schutzschaltung, FU-Schutzschaltung, Standortisolierung) durch Messen des Schleifenwiderstands zu prüfen. Bei Hauptstromleitern, die über mehrere Kontakte (z. B. bei einer Steuerung) geführt werden, sind die Kontakte an den Ausgangsklemmen zu überbrücken.

Den Prüfungen muss eine eingehende Sichtkontrolle aller für die Schutzmaßnahmen wichtigen Ausrüstungsteile vorausgehen.

6.8.5.3 Prüfen des Isolationswiderstandes

Ausrüstungen, Stromschienen und Kabel sind auf ihren Isolationszustand durch Messen des Isolationswiderstands zu prüfen. Die Prüfung kann sich auf ein komplettes System

(z. B. die gesamte Beleuchtungsanlage), Teile eines Systems (z. B. einzelne Stromkreise) oder einzelne Ausrüstungen (z. B. Hochspannungsmotoren) beziehen.

Vor der Isolationsprüfung von Elektronik-Ausrüstungen sind die Elektronikeinheiten (Steckkarten) abzutrennen bzw. herauszuziehen.

Bei Schaltern mit Isolierflüssigkeit sind Proben der Flüssigkeit auf Durchschlagsspannung zu prüfen.

6.8.5.4 Prüfen der elektrischen Funktion

Schutzeinrichtungen (z. B. Bimetall-Relais, Überstrom- und Kurzschlussschutz-Relais, Zeitrelais) sind zu kontrollieren und einzustellen.

Verriegelungs- und Schalteinrichtungen sind auf richtiges Funktionieren zu kontrollieren. Zum Prüfen der Steuer-, Melde- und Messkreise auf Durchgang und richtiges Funktionieren sind die Hauptstromkreise vom Netz zu trennen.

Vor der Drehrichtungskontrolle sind die Motoren auf phasengerechten Anschluss zu kontrollieren.

Zum Prüfen der Beleuchtungsanlage sind alle Lampen einzuschalten. Sofern vorgeschrieben, ist die Beleuchtungsstärke zu messen.

Zum Prüfen von Elektronik-Ausrüstungen sind nur die vom Hersteller zugelassenen Messeräte zu verwenden.

Elektronik-Ausrüstungen sollten mindestens 24 h vor der Prüfung unter Spannung gesetzt werden, um eine angemessene Aufwärmung zu erreichen.

Über die durchgeführten Prüfungen sind Abnahmeprotokolle zu erstellen.

6.9 Mess-, Steuer- und Regeltechnik (MSR)

Die Mess- und Regeltechnik, oder auch umgangssprachlich als Instrumentierung bezeichnet, beschäftigt sich mit Automatisierung der verfahrenstechnischen Anlage und wird inhaltlich bei Wikipedia wie folgt, kurz und bündig beschrieben.

„Dabei befasst sich die Messtechnik mit Geräten und Methoden zur Messung physikalischer Größen wie beispielsweise Länge, Masse, Kraft, Druck, elektrischer Strom, Temperatur oder Zeit. Die fortlaufend gemessene Größe wird, je nach Anwendung, üblicherweise als ein elektrisches Signal zur weiteren Verarbeitung gebildet.

Die Steuerungstechnik baut auf der Messtechnik auf um mit Hilfe einer Informationsverarbeitung der gemessenen Messwerte Stellglieder, sogenannte Aktuatoren, zur Beeinflussung von physikalischen Größen anzusteuern. Für die Steuerungstechnik charakteristisch ist, dass die durch Aktuatoren beeinflussten physikalischen Größen nicht auf die gemessene Messgröße rückwirken. Es liegt somit in der Steuerungstechnik immer ein sogenannter offener Wirkungsweg vor. Der offene Wirkungsweg wird auch als offene Steuerkette bezeichnet.

Die Regelungstechnik erweitert die Verfahren der Steuerungstechnik um eine Rückkopplung der beeinflussten Größe, Führungsgröße oder Ist-Wert genannt, zu einem geschlossenen Regelkreis. Von der beeinflussten Größe wird mittels der Messtechnik ein Ist-Wert ermittelt, mit einem vorgegebenen Referenzwert oder Soll-Wert verglichen und die Führungsgröße durch den Regler so beeinflusst, dass die Abweichung zwischen Ist-Wert und Soll-Wert minimal wird." (13)

Demzufolge werden in der Anlage physikalische Größen mittels Messgeräte ermittelt. Messen ist der Vergleich einer unbekannten mit einer bekannten, definierten physikalischen Größe. Das Landesumweltamt NRW beschreibt das Messen hingegen wie folgt:

„Eine Einrichtung zum Messen nicht elektrischer Größen besteht grundsätzlich aus drei Teilen (Messkette). Ein Aufnehmer, heute vielfach auch Sensor genannt, als das erste Glied, erfasst den Messwert und gibt ein entsprechendes Messsignal ab.

Das Messsignal wird zur Aufbereitung dem zweiten Glied, einem Mess-umformer, zugeführt. Bei der elektrischen Messung ist das Messsignal eine elektrische Größe, die für eine Weiterverarbeitung oder eine Anzeige bereitgestellt werden kann. Ist das Messsignal für die Weiterverarbeitung zu groß oder zu klein, so ist eine Anpassung oder eine Nachverstärkung erforderlich. Ist das Messsignal für den Anzeiger nicht geeignet, so muss das Signal umgewandelt werden. Man spricht dann von einer Messwertumwandlung. Wird der Messwert einer Steuerung oder zentralen Leitwarte zugeführt, so wird er oft entkoppelt, damit keine Störungen in die Steuerung oder Leitwarte eingebracht werden können; man spricht dann von einer galvanischen Trennung.

Heute werden oft Messwertaufnehmer und Messumformer in ein gemeinsames Gehäuse montiert, so dass man von einer Messeinrichtung sprechen kann. Als Ausgang stehen verschiedene Gleichspannungen / Gleichströme zur Verfügung." (14)

Die Messgeräte werden nach technischen Vorgaben im Feld installiert. Die Signale mehrerer Instrumente werden über Kabel an die Verteilerbox im Feld übermittelt. Von dieser Verteilerbox laufen die Signale über ein Stammkabel zu den Rangierverteilungen.

Zu dem Leistungsumfang MSR gehören u. a. folgende Arbeitsgänge:

- Installation der Instrumente
- Montage von Messfühlern und Analysemessgeräten
- Montage von Steuerungsventile
- Montage von Verteilerkästen
- Montage und Verdrahtung von Rangierverteilungen
- Ausstellen und Verdrahten von Schaltschränken
- Verlegen und Verbinden von Kabel (Stammkabel, Fiberoptic usw.)
- Verdrahten von Feldinstrumenten
- Verlegen von Analyseleitungen und Prozessleitungen
- Verlegen von pneumatischen Signalleitungen
- Durchführen von Kontrollen und Prüfungen

Die Montage bzw. Installation erfolgt entsprechend den vertraglichen Spezifikationen und dem Stand der Technik.

Auf der Baustelle sind besondere Augenmerke bei der MSR-Technik auf die Kontrolle und Prüfung der Arbeiten zu legen.

6.9.1 Kontrollen und Prüfungen

Die erste Prüfung nach der Installation von steuerungstechnischen Ausrüstungen ist die Sichtkontrolle. Hierbei wird die Installation wie folgt geprüft:

- handwerklich einwandfreie Ausführung
- Vollständigkeit
- richtigen Einbau
- Zugänglichkeit
- Bedienbarkeit
- Ablesbarkeit
- Sauberkeit
- entfernte Transportsicherungen
- eventuelle Beschädigungen

Kabelanschlüsse sind auf Konformität mit dem Klemmenplan und auf festen Kontakt zu kontrollieren.

Kenndaten von Geräten und Instrumenten sowie die Kabelmarkierungen sind auf Übereinstimmung mit der technischen Dokumentation zu überprüfen.

Weitere Punkte die zu überprüfen wären, sind:

- Ordnungsmäßige Verlegung des Kabels
- Sind alle aktiven Teile durch Isolierung oder Abdeckung gegen direktes Berühren geschützt?
- Beschädigungen an der Isolierung auf?
- Ordnungsgemäße Befestigung der Kabeltrassen oder -pritschen
- Eignung des Kabels/Leitung für ihre Verwendung
- Sind die elektrischen gegen Staub und Feuchte geschützt?
- Einstellung Motorschutzeinrichtung
- thermischer Überbeanspruchung an ihrer Isolierung
- richtige Polarität bei Gleichstrom-Ausrüstungen
- Abdichtung von Kabeldurchführungen (Wand bzw. Decke)
- Einwandfreier Zustand der Schutzkontakte
- Abstände zu Wärme erzeugenden Ausrüstungen
- Kontrolle der mechanischen Funktion

Bei Motoren sind eventuell vorhandene Transportsicherungen zu demontieren. Des Weiteren ist der Füllstand der Schmiermittel zu überprüfen. Nach der Handdrehkontrolle ist jeder Motor kurz einzuschalten und auf richtige Drehrichtung zu überprüfen.

Sofern nicht anders vorgeschrieben, dürfen auf Prüfungen von Ausrüstungen, die bereits beim Hersteller geprüft wurden, verzichtet werden.

Die auf der Baustelle zusammengebauten und verdrahteten Ausrüstungen sind jedoch vor der Inbetriebnahme zu prüfen und zu justieren. Der Umfang der Prüf- und Justierarbeiten wird unter Berücksichtigung von Herstellerangaben und lokalen Vorschriften festgelegt.

6.9.1.1 Dichtheitsprüfung

Instrumenten-Prozessleitungen, Zuluftleitungen und pneumatische Signalleitungen sind auf Dichtheit zu prüfen.

Für das Prüfen von Zuluftleitungen mit Nennweiten von ≥ DN 15 wird entsprechend Abschn. 6.5 verfahren.

Zum Prüfen von Zuluftleitungen und pneumatischen Signalleitungen ist trockene und ölfreie Luft oder Stickstoff zu verwenden. Zum Prüfen von Instrumenten-Prozessleitungen dürfen auch Flüssigkeiten verwendet werden. Bei Frostgefahr sollte nicht mit Wasser geprüft werden. Wird bei Frost oder Frostgefahr mit Wasser geprüft, so ist das System nach dem Prüfen umgehend zu entleeren und zu reinigen. Die Verwendung von Inhibitoren im Wasser, zur Senkung des Gefrierpunktes, ist im Vorfeld mit den Prozessverantwortlichen abzustimmen. Vor dem Prüfen muss das Prüfsystem gereinigt werden. Beim Prüfen mit Luft oder Stickstoff sind alle Verbraucher vom Prüfsystem zu trennen.

6.9.2 Funktionsprüfung

Für die Prüfung pneumatischer Ausrüstungen darf nur trockene und ölfreie Luft verwendet werden. Der Zuluftdruck ist auf den vom Hersteller vorgeschriebenen Wert einzustellen.

Mit einem simulierten Eingangssignal ist die Nullpunkt-Einstellung, das Ausgangssignal und das richtige Funktionieren der angeschlossenen Ausrüstungen (z. B. Transmitter, Anzeiger, Regler, Schreiber, Alarm) zu kontrollieren.

Das Ausgangssignal oder die Anzeige ist bei steigendem und fallendem Eingangssignal in den Stellungen 0, 25, 50, 75 und 100 % zu kontrollieren. Bei Abweichungen von den vorgeschriebenen Toleranzen sind die Ausrüstungen zu justieren. Justierte Ausrüstungen sind zu kennzeichnen (z. B. mit einem farbigen Aufkleber).

Untereinander verbundene Regelkreise sind gemeinsam zu prüfen, dabei wird die Verkabelung und die Funktion der Instrumente Loop Checks überprüft.

Im Allgemeinen ist der Loop Check eine Durchgangsprüfung von Signalen. Aufgrund unterschiedlicher Anforderungen und Komplexitäten lassen sich die Loop Checks in drei unterschiedliche Ebenen enteilen.

Dabei gehört der Loop Check 1 noch zu den Tätigkeiten, die bis zur Mechanischen Fertigstellung durchzuführen sind.

Der Loop Check 2 und 3 sind Tätigkeiten, die während der Inbetriebnahme erfolgen. Die Funktionsprüfungen finden dabei in 3 Stufen statt.

Über die durchgeführten Prüfungen sind Abnahmeprotokolle zu erstellen.

6.9.2.1 Loop Check 1

Der Loop Check 1 wird auch umgangssprachlich als „Durchklingeln" verstanden. Hierbei wird überprüft, ob das Signal von dem Instrument, also aus dem Feld, auch am Rangierschrank ankommt.

Ist die Prüfung vom Feld zum Rangierschrank nicht möglich, erfolgt die Prüfung zuerst bis zur Verteilerbox oder Schaltschrank, siehe Abb. 6.33.

Sollte aus welchen Gründen auch immer, der Loop Check 1 nicht durchgeführt werden können, ist die Nichtdurchführung als Punch Punkt (Restarbeit oder offener Punkt) aufzunehmen.

Ziel ist es, sicherzustellen das die Kabel bzw. Signalleitungen nicht beschädigt sind. Des Weiteren dient der erfolgreich durchgeführte Loop Check 1 als Voraussetzung für die Durchführung des Loop Test 2.

Im Rahmen des Loop Check 1 ist gleichzeitig das Kalibrierungszertifikat des Instruments zu überprüfen.

6.9.2.2 Loop Check 2

Beim Loop Check 2 handelt es sich um eine Überprüfung des gesamten Regelkreises, unter Einschluss aller Instrumente. Alle Steuerungs- und Überwachungsfunktionen werden geprüft. Wasser oder Prozessmedien und Betriebsbedingungen wie Druck und Temperatur simulieren den Betrieb. Dabei wird die einwandfreie Kalibrierung entsprechend den geforderten Prozesswerten sichergestellt.

Abb. 6.34 zeigt, dass der Loop Check 2 eine vollständige Funktionsprüfung der Instrumente, vom Feld bis in die Warte, beinhaltet.

6.9.2.3 Loop Check 3

Der Loop Check 3 bildet einen vollständigen Regelkreis, einschließlich der dort integrierten logischen Funktionen, ab. Die logischen Funktionen können Verriegelungen, Sicherheitsfunktionen oder auch das Zusammenschalten von Signalen zwischen den Systemen sein.

Dabei werden insbesondere die Sicherheitsfunktionen getestet.

- ESD (Emergency Shut Down) – Hierbei werden durch Simulation Ursachen vorgegeben, die ein sofortiges Abschalten der Anlage nach sich zieht.
- F&G (Feuer & Gas) – Die F&G Test werden entsprechen Ursache und Wirkung durchgeführt.

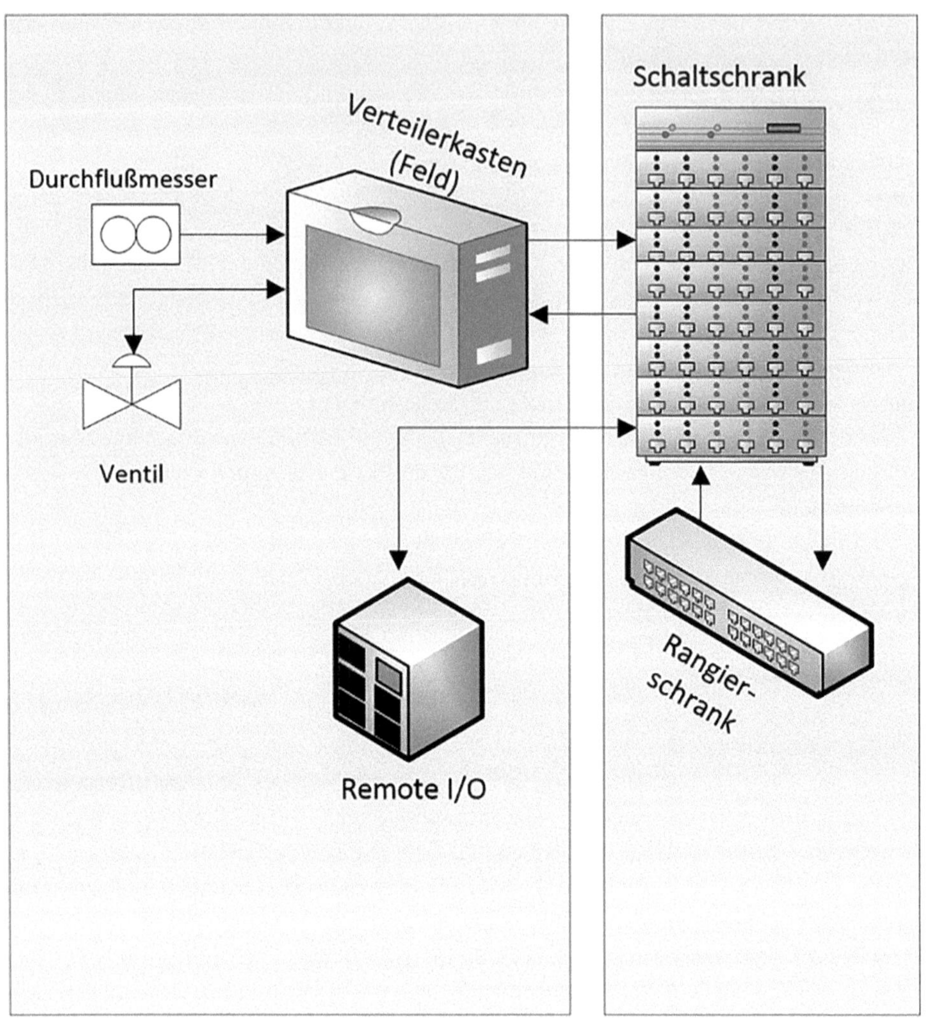

Abb. 6.33 Loop Check 1

6.10 Winterbaumaßnahmen

Arbeiten unter gefrorenen Bedingungen stellen gewisse Herausforderungen an die ausführenden Firmen und deren Personal. Im vorherigen Kapitel ist das Betonieren unter kalten Bedingungen bereits angesprochen worden.

Als erstes, und das ist der wichtigste Schritt, ist festzulegen wann und ab welchen Temperaturen, Maßnahmen einzuleiten sind.

Sobald die Definition von gefrorenen Bedingungen festgelegt wurde, die selbstverständlich Vertragsbestandteil werden, sind machbare Maßnahmen zu definieren. Parallel

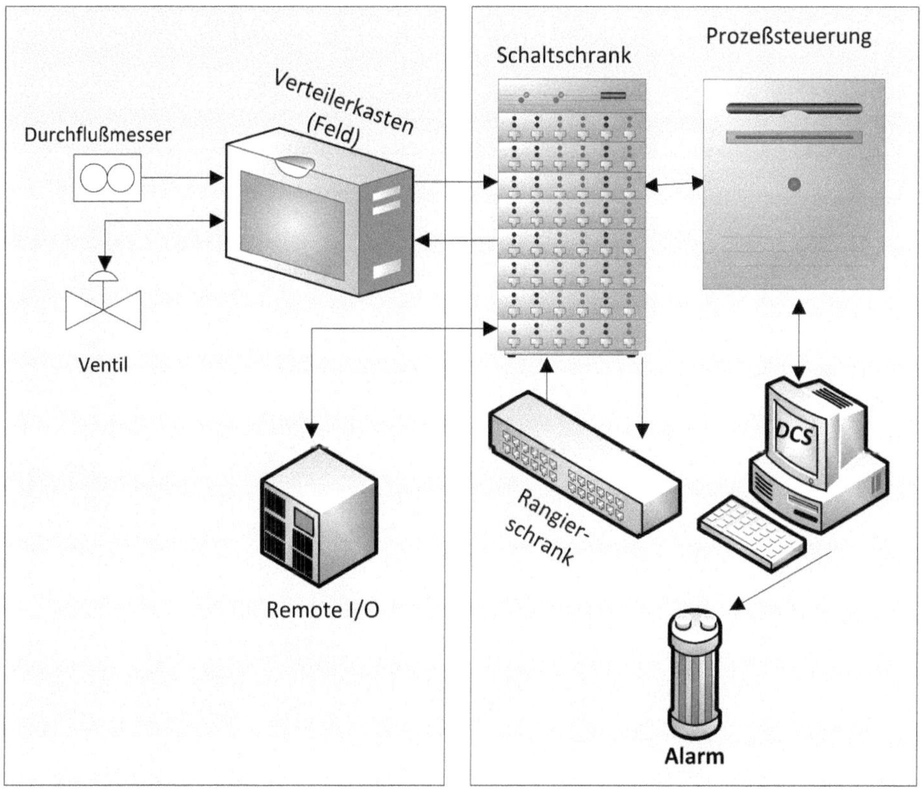

Abb. 6.34 Loop Check 2

dazu, sind die möglichen Auswirkungen auf den Terminplan zu beschreiben und die daraus resultierenden Verzögerungen zu vereinbaren.

Beispiel

Zum Beispiel könnte eine Vereinbarung so gestaltet werden, dass bei Temperaturen unterhalb −10 °C die Produktivität um 25 % sinkt. Das bedeutet, dass bei 20 Tagen unterhalb −10 °C eine Bauzeitenverlängerung von 5 Tagen entsteht. So kann basierend auf historischen Temperaturwerten ein Puffer im Terminplan frühzeitig berücksichtigt werden. ◀

Starke Schneefallereignisse vor oder während der Bau- und Montagearbeiten können zu unsicheren Arbeitsbedingungen führen und die ordnungsgemäße Ausführung der Arbeiten erschweren. Das Entfernen von Schnee aus dem Anlagenbereich ist erforderlich, damit das Arbeiten, unter den gegebenen Umständen, sicher und effizient bleibt. Die Zufahrtsstraßen und Lagerflächen sind ebenfalls vom Schnee zu räumen. Für die Lagerung

Abb. 6.35 Winter

des Schnees sollte bereits zu Projektbeginn eine Klärung herbeigeführt werden. Frühzeitig ist zu klären, welche Maßnahmen im Baufeld erforderlich sind, und wer diese Leistung zu erbringen bzw. zu vergüten hat (Abb. 6.35).

Straßen und Fußgängerwege zu Arbeitsbereichen, Kantinen und Büros sind eisfrei zu halten.

Gerüste, die der Kälte ausgesetzt sind, sind ebenfalls eisfrei zu halten, ansonsten sind sie zu sperren. Des Weiteren ist täglich zu überprüfen, inwieweit herunterfallende Schneelasten und Vereisungen die Personen auf der Baustelle gefährden können.

6.11 Zusammenfassung

Die Montage besticht durch die unterschiedlichen Anforderungen ihrer Gewerke unter unterschiedlichsten klimatischen Bedingungen. Wie auch beim Bau ist das Zusammenspiel der einzelnen Gewerke von entscheidender Bedeutung.

Ausrüstungen müssen installiert werden. Welche Hebegeräte eignen sich dazu am besten? Diese entscheidende Frage sollte frühzeitig mit einer hohen Treffsicherheit beantworten werden, um sicherzustellen, dass diese Geräte am Markt zur gewünschten Zeit verfügbar sind.

Rohrleitungen bilden die Adern der Anlage und verbinden die Ausrüstungen. Unterschiedliche Verlegearten und Prüf-Varianten erfordern eine detaillierte Überwachung zur Sicherstellung der Funktion und Qualität.

Des Weiteren sind die Rohrleitungen gegen Umgebungseinflüsse und Prozess orientierten Einflüssen mittels Korrosionsschutzes und/oder Isolierung zu schützen.

Eine Pumpe benötigt eine Stromversorgung, um Medien durch Rohrleitungen von einem Behältnis in das nächste zu transportieren und wird dabei mittels der MSR-Technik überwacht und gesteuert.

Kenntnisse der einzelnen Gewerke, sowie ihre Bedeutung auf die sequenziell nachfolgenden Gewerke, versetzen den Planer als auch den Überwachenden in die Lage gezielte Vorhersagen zu tätigen. Machbarkeitsuntersuchungen beschränken sich nur selten auf eine Tätigkeit. Lohnt sich der Einsatz modularer Bauweise, gänzlich oder in Teilen? Nicht immer sind erforderliche Montagegeräte verfügbar. Alternativen müssen aufgezeigt und umgesetzt werden.

Die Arbeiten sind auf engem Raum zu erbringen und bedürfen einer sequenziellen Planung. Immer kürzere Projektdauern schieben die Herstellung der Gewerke ineinander. Mitunter ist die Auswahl des richtigen Schweißverfahrens wie z. B. bei baustellengefertigten Tanken entscheidend für die Terminkette.

Grundlegende Kenntnisse über Produktivitätskennzahlen der einzelnen Montageverfahren versetzen den Planer in die Lage den Montageablauf vorzuplanen. Diese Kenntnisse dienen des Weiteren dem Abwickler vor Ort, Störungen während der Abläufe frühzeitig zu erkennen und gezielt Korrekturmaßnahmen einzuleiten.

Grundlagen der Planung und Steuerung 7

Für den Anlagenbau gibt es keine wiederkehrenden Kochrezepte, sondern lediglich Ablaufbeschreibungen, die aus bekannten Prozessen und Abläufen resultieren. Diese können als Basis verwendet werden, ersetzen aber die nicht die Macht der eigene Gedanken. Detaillierte Analysen sind entsprechend der jeweils kommenden Anforderungen zu tätigen.

Von daher sollte man stets darauf vorbereitet sein, dass zum einen alles wesentlich anders läuft als angenommen, zum anderen kalkulierte Erwartungen sich als unrealistische Hoffnungen erweisen. Denn wie bereits Murphy schon feststellte:

> ***„If there's more than one possible outcome of a job or task, and one of those outcomes will result in disaster or an undesirable consequence, then somebody will do it that way.“***

Wenn also etwas schiefgehen kann, dann geht es schief. Man sollte sich jedoch davon nicht entmutigen lassen. Es gibt keine Erfolgsgarantien für die Abwicklung von Projekten. Jedoch können durch die Sorgfalt bei der Projektplanung und Steuerung die Erfolgschancen beträchtlich erhöht werden.

Aber es muss nicht so sein. Auch Werner Zimmer-Henrich hatte diesbezüglich seine Ideen:

> ***„Ein Denkfehler, schon bei der Planung entdeckt, kann mit wesentlich weniger Zeitaufwand und geringerem Terminverzug behoben werden, als wenn er erst in einer späteren Phase des Projektes erkannt wird.“ (36 S. 28)***

Gehen wir einen Schritt zurück in die Vergangenheit. 1930 wurde das Empire State Building mit 102 Stockwerken und einer Höhe von 381 Meter mit 60.000t Stahl in nur 18 Monaten vollständig gebaut. Abb. 7.1 zeigt den beeindruckenden Baufortschritt von Juli

T. Günther, *Baustellenmanagement im Anlagenbau*,
https://doi.org/10.1007/978-3-662-69329-2_7

Abb. 7.1 Terminplan Empire State Building (Bild: Daniel Ahmad)

1930 bis November 1930. Emails, Mobiltelefone, 3D-Modelle und GPS Tracking Systeme standen den Planern und Ausführenden nicht zur Verfügung. Der Stahl traf nach nur 8 Stunden seiner Fertigung aus Pennsylvania auf der Baustelle ein und wurde unmittelbar eingebaut. Die Liefersequenz entsprach hierbei exakt der Sequenz der Montage.

► ***Hier stellt sich nun die Frage, in welchem Zeitraum das gleiche Gebäude in unserem Jahrhundert hätte erbaut werden können?***

Die Herausforderung der Planung besteht also darin, den gesamten Projektablauf, beginnend von der ersten Idee über die Ausführung bis zur Fertigstellung und zum Vertragsende, im Voraus zu denken.

Eine **realistische** Planung ist für den Anlagenbauer aus zweierlei Gründen von wesentlicher Bedeutung. Zum einen stellt die Planung sicher, dass das Projekt in der vorgegebenen Zeit realisiert werden kann und bildet die Basis für die Terminkontrolle, zum anderen dient sie auch als eine der entscheidenden Vertragsgrundlagen für die Nachunternehmer.

Weitere Ansprüche an die Planung sind, dass sie logisch und nachvollziehbar ist, und das Wesentliche, in ihrer Komplexität überschaubar ist. Hierüber hat sich bereits René Descartes im 17. Jahrhundert Gedanken gemacht. Einer seiner Grundsätze lautet:

> *„Jedes Problem (jede Schwierigkeit) ist in so viele Einzelprobleme aufzuteilen, wie es (sachlich) möglich und nötig ist, um jedes Einzelproblem für sich (selbstständig) behandeln zu können“.*

Auf diese Art und Weise wird ein Projekt in eine Vielzahl von unterschiedlichen Prozessen und Phasen unterteilt, die in einer abwicklungstechnischen sinnvollen Reihenfolge ablaufen. Doch was genau bedeuten Prozesse und Phasen?

7.1 Leistungsprozesse

Prozesse sind Verkettungen von Vorgängen innerhalb eines geschlossenen Systems. Unter Leistungsprozesse sind alle Prozesse, die zur Erfüllung einer vertraglichen Leistung, wie z. B. der Bau und Montage einer schlüsselfertigen Anlage benötigt werden, zu verstehen.

Leistungsprozessen sind auch die Prozesse, in denen die Vorbereitungen für die physische Errichtung der Anlage realisiert werden.

Zu den Leistungsprozessen eines EPC-Auftrages zählen, wie Abb. 7.2 zeigt, die

- Engineering-Prozesse
- Beschaffungsprozesse
- Ausführungsprozesse der unterschiedlichen Gewerke

Da die Prozesse aufgrund technischer Abhängigkeiten, oder der Gesamtprojektdauer nicht immer nacheinander stattfinden können, wird ein Projekt in unterschiedliche Phasen eingeteilt. Trivial dargestellt finden Engineering-Prozesse in der Engineering-Phase statt, Beschaffungsprozesse in der Beschaffungsphase usw. statt. Die unterschiedlichen Phasen orientieren sich zwar an den Leistungsprozessen, inhaltlich erfolgt aber eine engmaschige Verknüpfung von Teilprozesse Phasen übergreifend.

Die Leistungsprozesse eines EPC-Auftrages, wie in Abb. 7.2 dargestellt, werden je nach Komplexität in Gewerke unterteilt. Die Tätigkeiten innerhalb dieser Gewerke werden in Vorgängen dargestellt, deren zeitliche Abfolge durch technische und kapazitiv bedingte Sequenzen unter Berücksichtigung etwaigen Vorlaufzeiten bestimmt ist.

So wird der Beschaffungsvorgang bereits in der Engineering-Phase begonnen und reicht bis in die Ausführungsphase herein.

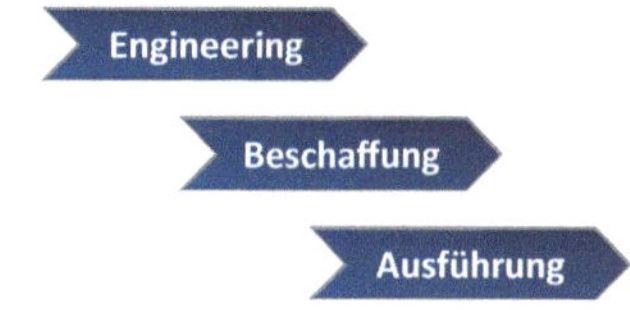

Abb. 7.2 Leistungsprozesse eines EPC-Auftrages

Anmerkung

Mitunter wird in der Literatur das Engineering auch als Planung, wie z. B. Rohrleitungsplanung, bezeichnet. Um hier eine Verwechselung dieser Begriffe zu vermeiden, wird die Planung nur als das Planen von Prozessen verwendet. Die Planung als Festlegung von technischen Sachverhalten wird als Engineering bezeichnet.

Jeder dieser Leistungsprozesse hat eine Vielzahl von Vorgängen (oder Teilprozesse), die entsprechend den Kapazitäten oder dem Ressourcenbedarf, nochmals in weitere Teilvorgänge unterteilt werden können, die sich aber in ihren Tätigkeiten nicht weiter unterscheiden müssen, wie z. B. beim Beschaffungsvorgang die Unterteilung in Materialbeschaffung und Beschaffung von Leistungen.

Da jede Teilleistung durch einen Teilvorgang herzustellen ist, lässt sich für jede Teilleistung eine Leistungsprozesskette definieren. Prozessketten können auch als der Weg zum Ziel verstanden werden.

Abb. 7.3 stellt die Phasen und Prozesse eines EPC-Auftrages schematisch dar.

Beispiel

Die Leistungsprozesskette zur Herstellung von Rohrleitungen, basierend auf P&IDs, setzt sich aus den Planungsprozessen, dem Erstellen von

- *P&ID*
- *Isometrie*
- *Materialauszug,*

dem Beschaffungsprozess des Rohrleitungsmaterials

- *Anfrage*
- *Bestellvorgang*
- *Lieferung/Transport zur Baustelle,*

der Vergabe der Montageleistungen an einen Nachunternehmer sowie den eigentlichen Ausführungsprozessen zusammen wie

- *Vorfertigung*
- *Grobmontage*
- *Schweißen*
- *Prüfen*

Die Zwischenziele beinhalten die Dokumente, also die Isometrie und das erforderliche Material zur Herstellung der Rohrleitung. Als Ziel des Ausführungsprozess gilt die Rohrleitung als funktionsfähige Einheit. ◄

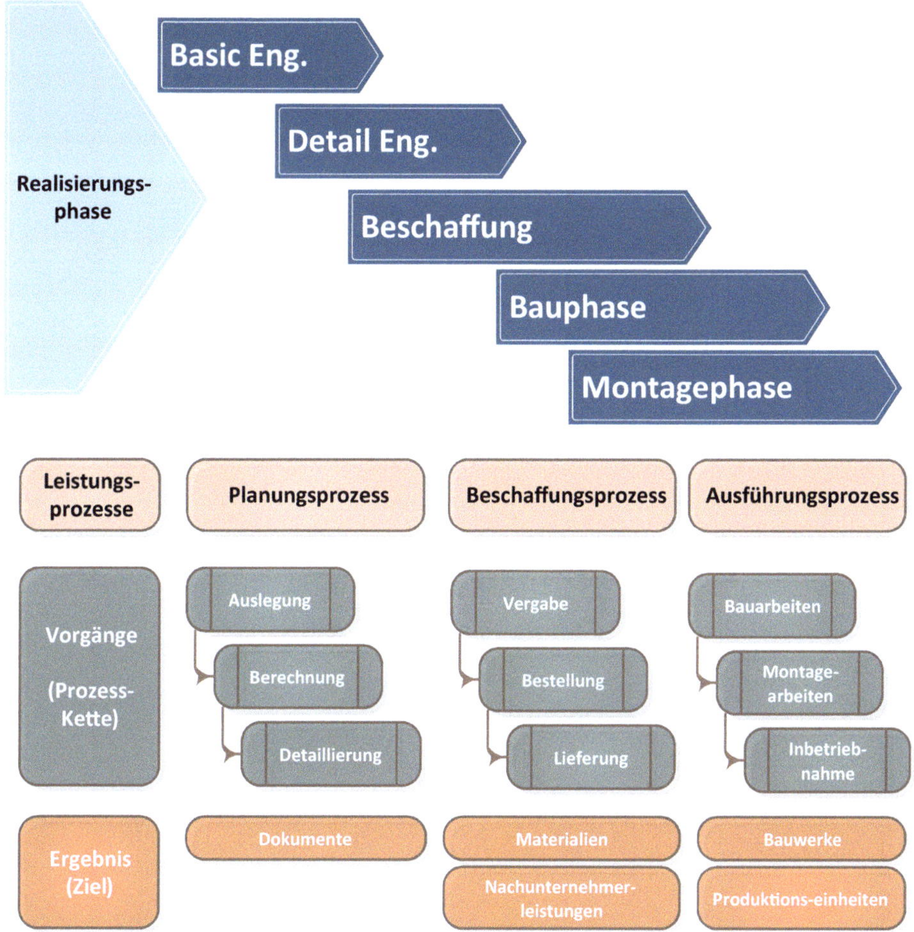

Abb. 7.3 Vereinfachte Darstellung der Prozesse und Phasen

Abb. 7.4 stellt die Prozesskette von Vorgängen zur Herstellung einer Rohrleitung verteilt über unterschiedlichen Projektphasen schematisch dar.

Die Bau- und Montage ist also Bestandteil der letzten Phase eines Projektes.

Allerdings, und darauf wird an dieser Stelle entschieden hingewiesen, ist sie nicht isoliert von den anderen Phasen und Prozesse zu betrachten.

▶ ***Nur wer den Bau und die Montage als integraler Bestandteil eines EPC-Projektes versteht und akzeptiert, wird dieses erfolgreich abwickeln können.***

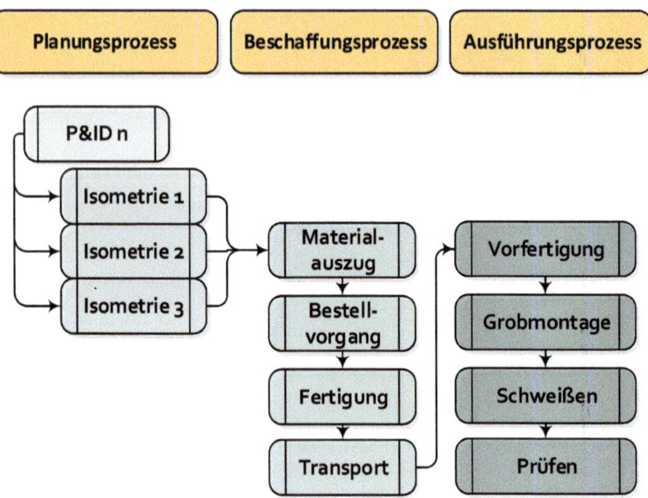

Abb. 7.4 Prozesskette von Vorgängen zur Herstellung einer Rohrleitung verteilt über unterschiedlichen Projektphasen

7.2 Planungsvoraussetzungen

Zu den Aufgaben des Bau- und Montagemanagement zählen nicht nur die Aktivitäten während der Ausführung auf der Baustelle, sondern bereits die anfallenden Planungsarbeiten während der Planungsphase im Stammhaus. Der gesamte Bau- und Montageablauf ist sorgfältig zu planen, um eine Grundlage für den späteren Steuerungsprozess auf der Baustelle zu erhalten.

Womit beschäftigt sich die Planung im Anlagenbau aus der Sicht der Bau- und Montage?

In erster Linie natürlich mit der Arbeitssicherheit, dem Gesundheitsschutz sowie dem Schutze der Umwelt. Da bereits zu diesem Thema eine umfangreiche Sammlung von Fachliteratur existiert, sei an dieser Stelle, ergänzend zu Abschn. 14.8.7 Arbeitssicherheit, auf weiterführende Literatur hingewiesen.

Im weiteren Verlauf beschränkt sich die Planung (und Steuerung) auf folgende Hauptgebiete, und zwar;

- Termine
- Kosten
- Qualität

wobei die Reihenfolge keine Aussage über die Wertigkeit der einzelnen Aufgaben darstellen soll.

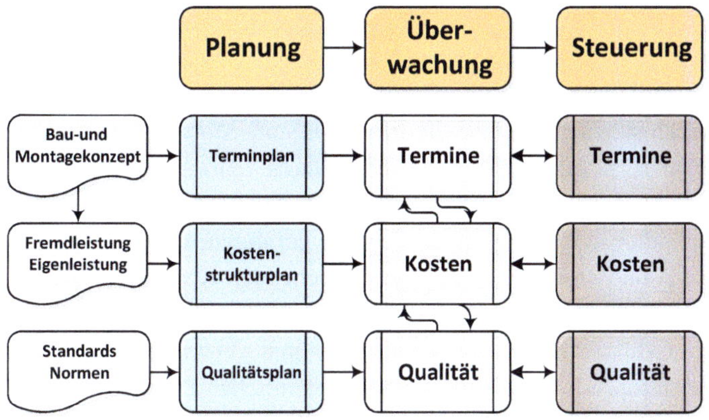

Abb. 7.5 Planung, Überwachung und Steuerung

Wie Abb. 7.5 zeigt, sind die Planung und die Steuerung untereinander durch Überwachungsaktivitäten eng miteinander verbunden. Eine effektive Steuerung kann nur erfolgen, wenn die Planung die entsprechenden Plandaten liefern kann. Eine sinnvolle Planung wiederum, kann nur erstellt werden, wenn Erkenntnisse darüber vorliegen, was zu steuern ist.

Aus planungstechnischer Sicht ist das Bau- und Montagekonzept die Grundlage einer zielorientierten Planung für eine erfolgreiche Steuerung.

Hierfür werden die grundlegenden Abwicklungsstrategien und das Vergabekonzept für die Bau- und Montageleistungen erarbeitet und detailliert beschrieben. Machbarkeiten werden untersucht, technisch bedingte Sequenzen, Abhängigkeiten und Wertigkeiten von Vorgängen untereinander werden spezifiziert. Die Verfügbarkeiten von Unterlagen und Materialien werden auf Plausibilität überprüft und ggf. angepasst. Der Einsatz erforderlicher Ressourcen wird in Relation zueinander gesetzt. Die Ziele der Prozessketten werden ermittelt und in unterschiedliche Teilprozesse aufgebrochen, die die Leistungsprozesskette wiederum beeinflussen, schwerpunktmäßig den Beschaffungsprozess und den Engineering-Prozess. Es erfolgt also eine montagegerechte Planung.

Während der montagegerechten Planung werden Prozesse aus dem Engineering-Prozess und/oder dem Beschaffungsprozess zeitlich auf die montagebedingten Sequenzen in den Maßen abgestimmt, um einen optimierten Montageablauf zu erreichen. Diese Abstimmung erfolgt innerhalb der Projektgruppe einvernehmlich zwischen den jeweils beteiligten Disziplinen, mit der Zielsetzung das terminliche als auch wirtschaftliche Optimum für das Projekt zu erreichen.

Weitere Baustellenprozesse, wie z. B. Transport des Rohrleitungsmaterials zum Einbauort, Vorhalten erforderlicher Gerüste, Einsätze von Hebegeräten usw. unterliegen wiederum einer weiteren Kapazitätsplanung und sind daher gesondert zu untersuchen und darzustellen.

▶ ***Die Summe der Ausführungsprozessketten aller einzelnen Teilleistungen ergibt zusammen den Bau- und Montageablauf.***

Neben den technischen Abläufen, die das Bau- und Montagekonzept beschreibt, sind auch die Kosten zu planen. Kosten entstehen durch Leistungen, die für das Projekt erbracht werden müssen. Dabei erfolgt eine Einteilung in Fremdleistungen und Eigenleistungen. Fremdleistungen sowie der Umfang der eigenen Leistungen sind zu erfassen und zu bewerten und anschließend den entsprechenden Kostenarten zuzuordnen. In der Regel existiert ein Kostenstrukturplan bereits aus der Angebotskalkulation.

Die Angebotskalkulation ist hinsichtlich der nun vertraglichen Leistungen zu überprüfen und bei Bedarf anzupassen. Analog zu sämtlichen Planungstätigkeiten sind auch die Kosten detailliert zu ermitteln und aufzustellen. Der Kostenstrukturplan ist wie die WBS dazu da, übersichtliche Pakete zu schnüren. Kosten für ähnliche Leistungen sind entsprechend möglicher Vergabepakete zusammenzufassen und zu budgetieren. Hierbei ist es empfehlenswert, eine feine Struktur zu wählen. Je feiner die Struktur, umso genauer können die Kosten zugeordnet werden. Die hierbei festgelegte Struktur wird während der gesamten Projektlaufzeit beibehalten. Im weiteren Verlauf dient die Kostenstruktur als Basis für Hochrechnungen wie z. B. „Cost to Complete", eine Vorhersage, wie sich die Kosten bis zur Vertragserfüllung weiterentwickeln. Bei Festlegung der Kostenstruktur, insbesondere bei Fremdkosten, ist die erwartete Vergabestrategie mit zu berücksichtigen. Die Vergabestruktur der Teilleistungen wiederum wird von der Marktsituation und den verfügbaren Ressourcen wesentlich mit beeinflusst.

Die Gliederung der Teilleistungen berücksichtigt somit die Aufteilung des Projekts nach Arbeitspaketen, Gewerken und Losen.

Vertragliche Spezifikation, landesspezifische Normen sowie der Unternehmensstandard bilden die Basis für den Qualitätsplan.

Während der Abwicklung der Baustelle sind die Planungsdaten Grundlage für den Steuerungsprozess, indem sie kontinuierlich auf ihre Übereinstimmung mit dem aktuellen Stand zu vergleichen sind. Bei Abweichungen sind geeignete Maßnahmen zu definieren und umsetzen. Auch Zimmermann sieht in seinem Buch über Bauablaufstörungen ein komplexes System an Prozessen.

> *„Innerhalb eines Leistungsprozesses, einer Leistungsprozesskette und den unterschiedlichen Prozessketten innerhalb des gesamten Bauablaufs, verbunden mit den Steuerungsprozessen, bestehen bestimmte Abhängigkeiten, wodurch sich ein komplexes System an Elementen und deren Beziehungen zueinander ergibt." (37 S. 26)*

7.3 Planungsarten

Die Philosophie der Bau- und Montageplanung einer verfahrenstechnischen Anlage beinhaltet einige Parallelen zur Produktionsplanung.

Ein Teil davon sind die hierarchischen Planungsebenen wie sie Abb. 7.6 zeigt.

Gabler Wirtschaftslexikon beschreibt die einzelnen Punkte der Produktionsplanung wie folgt:

„Primärbedarfsplanung
Gegenstand der Primärbedarfsplanung ist die Festlegung der in der Planungsperiode herzustellenden Mengen der absatzbestimmten Produkte (= Primärbedarf) ….
Sekundärbedarfsplanung
Im Rahmen der Sekundärbedarfsplanung (Mengenplanung, (Material-) Bedarfsplanung, …) sind die für die Herstellung des Primärbedarfs benötigten Einsatzgütermengen (= Sekundärbedarf) zu bestimmen.…
Termin- und Kapazitätsplanung
An die Sekundärbedarfsplanung schließt sich die Termin- und Kapazitätsplanung an. Sie zerfällt in die Schritte Durchlaufterminierung, Kapazitätsplanung und Kapazitätsabgleich.
Gegenstand der Durchlaufterminierung ist die grobe Festlegung vorläufiger Start- und Endtermine der einzelnen für die Herstellung von Zwischen- und Endprodukten notwendigen Arbeitsgänge auf Basis geschätzter Plan-Durchlaufzeiten. Vorläufig sind die Termine zum einen deshalb, weil die Planung zunächst ohne Berücksichtigung der Kapazitätssituation erfolgt. Zum anderen ergeben sich die endgültigen Bearbeitungstermine erst aus der Ablaufplanung. Diese wird aber im Konzept der hierarchischen Produktionsplanung erst nach der Termin- und Kapazitätsplanung durchgeführt. Die Durchlaufterminierung kann nach den (auf der Netzplantechnik basierenden) Verfahren der Vorwärts-, Rückwärts- oder doppelten Terminierung erfolgen.
Im Rahmen der Kapazitätsplanung wird die aus der Durchlaufterminierung resultierende Kapazitätsnachfrage dem tatsächlichen Kapazitätsangebot der einzelnen Arbeitssysteme im Zeitablauf gegenübergestellt. Dazu werden die im Rahmen der Durchlaufterminierung erstellten auftragsbezogenen Terminpläne in anlagenbezogene Terminpläne, die die Belastung der einzelnen Arbeitssysteme im Zeitablauf zeigen, überführt. Dabei wird für jedes

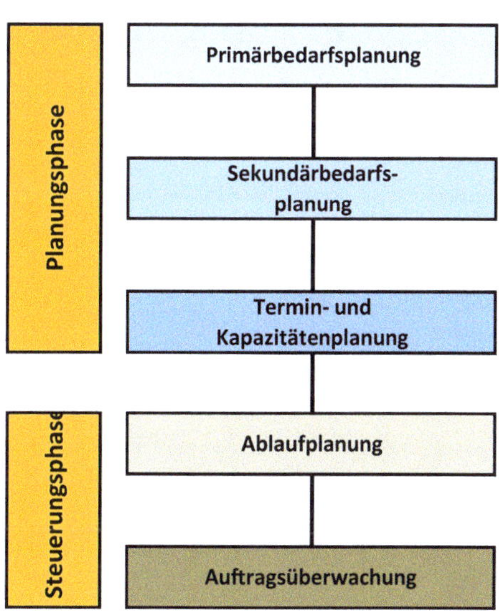

Abb. 7.6 hierarchischen Planung (und -steuerung)

betrachtete Arbeitssystem und jede Teilperiode (i.d.R. jeden Tag oder jede Woche) die kumulierte zeitliche Belastung durch alle im Rahmen der Durchlaufterminierung für die jeweilige Teilperiode eingeplanten Arbeitsvorgänge ermittelt und grafisch dargestellt. Man spricht daher auch von (Ressourcen-) Belastungsdiagrammen, Kapazitätsbedarfsprofilen oder Kapazitätsgebirgen ....
Ablaufplanung
Im Rahmen der Ablaufplanung (Reihenfolgeplanung, ...) sind für die einzelnen Arbeitsgänge der bislang nur mit groben Start- und Endterminen versehenen freigegebenen Fertigungsaufträge die genauen Bearbeitungstermine auf den einzelnen Bearbeitungsstationen des Produktionssystems festzulegen ....
Auftragsüberwachung
Im Rahmen der Auftragsüberwachung ist der Fertigungsablauf im Hinblick auf die Planeinhaltung zu überwachen. Bei Störungen des planmäßigen Fertigungsablaufs (z. B. aufgrund von Personal-, Maschinen- oder Lieferausfällen) sind geeignete gegensteuernde Maßnahmen vorzusehen.“ (38)

Zusammenfassend ist für eine Baustelle folgendes aus Sicht der Planung zu erarbeiten.

- welche Leistungen im Planungszeitraum herzustellen sind (Primärbedarfsplanung),
- welche Ressourcen (Personal und Geräte) dafür wann benötigt werden (Sekundärbedarfsplanung),
- zu welchen Zeitpunkten die Herstellung von Teilleistungen erfüllt sein muss und unter Berücksichtigung der verfügbaren Ressourcen (Termin- und Kapazitätsplanung)
- welche technisch bedingten Sequenzen einzelnen Leistungen abgearbeitet werden sollen (Ablaufplanung)

7.3.1 Primärbedarfsplanung

Gegenstand der Primärbedarfsplanung sind die Erfassungen, Auflistungen und Beschreibungen der zu erbringenden Leistungen, während eines Ausführungszeitraumes, zur Erreichung eines Ergebnisses oder eines Zwischenergebnisses.

Zum einen beinhaltet die Primärbedarfsplanung die Leistungen die vertraglich beschrieben sind. In einem EPC LSTK Auftrag ist es die Errichtung der Anlage. Zum anderen fallen Leistungen an, die vertraglich nicht explizit beschrieben sind, aber eine Voraussetzung für die Erbringung der vertraglichen Leistung sind, also sogenannte Nebenleistungen.

Beispiel

Laut Vertrag ist die verfahrenstechnische Anlage im Festpreis zu planen und schlüsselfertig zu errichten. Dazu ist es erforderlich die Bau- und Montagearbeiten auszuschreiben und zu vergeben. Die Bau- und Montageleistungen werden laut Vertrag geschuldet. Die Vergabe dieser Leistungen muss nicht explizit im Vertrag genannt werden, da sie eine notwendige Voraussetzung für die Erbringung der Montageleistungen darstellt.

Die Vergabe, als zu erbringende (Neben-) Leistung der Bau- und Montagearbeiten, basiert auf umfangreichen technischen und kommerziellen Anforderungen und Dokumente die explizit erstellt werden.

Somit ist das Erstellen der Ausschreibung und der Vergabeprozess durch die Primärbedarfsplanung zu erfassen. ◀

Festzuhalten ist, dass sämtliche erforderlichen Leistungen, die für die Errichtung der Anlage erforderlich sind, vertraglich beschriebene oder nicht beschriebene, aber erforderliche Nebenleistungen, die Leistungsprozesse bilden, die in einem definierten Ausführungszeitraum herzustellen sind.

Die Leistungsprozesse werden vorerst mit vorläufigen oder durch Erfahrung vorhandenen Kennzahlen bewertet, um einen ersten Eindruck über das Arbeitsvolumen zu erreichen.

7.3.2 Sekundärbedarfsplanung

Im Zuge der Sekundärbedarfsplanung sind die für die Herstellung des Primärbedarfs benötigten Ressourcen (Personal. Geräte, Verfügbarkeit von Material und Dokumenten) zu ermitteln. Hierbei wird zwischen Eigenleistung (als Vorprodukt, z. B. Erstellung techn. Vergabeunterlagen) und fremdbezogenen Leistungen (als Zwischenprodukt, z. B. der nach den techn. Unterlagen herzustellende Leistungsumfang) unterscheiden.

Eigenleistungen sind die Leistungen, die der Anlagenbauer durch eigene Ressourcen erbringt.

Als Fremdleistungen sind Leistungen des Primärbedarfs zu verstehen, die während der Projektabwicklung von Dritten erbracht werden. Weitere Merkmale dieser Leistungen sind, dass auch sie geplant, gesteuert und überwacht werden müssen. Diese Leistungen werden bei Subunternehmer mittels Werks- oder Werkliefervertrages eingekauft. Leistungen von Drittanbieter wie Telefondienste, Bereitstellung von Räumen usw. fallen nicht unter den Primärbedarf und sind somit bei der Sekundärbedarfsplanung nicht zu berücksichtigen.

Die Eigenleistungen und Fremdleistungen werden im Rahmen der Sekundärbedarfsplanung spezifiziert und größenmäßig erfasst. In diesem Rahmen wird nun der der Bedarf der erforderlichen Ressourcen ermittelt. Die erforderlichen Ressourcen wiederum werden mit den eigenen freien Ressourcen und/oder mit den verfügbaren Marktkapazitäten verglichen. Das hieraus resultierende Ergebnis gibt Aufschluss darüber, inwieweit der sekundäre Bedarf durch die am Markt agierenden Firmen abgedeckt werden können. Ist zu erwarten das einzelne Firmen die gewünschten Ressourcen nicht eigenständig abdecken können, sind mehrere Firmen einzubinden, dabei wird die Anlage in unterschiedliche Lose eingeteilt. Somit ist die Losgrößenplanung ein weiterer wesentlicher Bestandteil der Sekundärplanung.

Beispiel

Für die Errichtung der Anlage sind 9000t Stahlbau erforderlich. Der Leistungsprozess Stahlbaulieferung hat eine Ausführungsdauer von 12 Monaten. Demzufolge müssen im Durchschnitt 750t Stahlbau und in der Spitze ca. 1125t pro Monat oder mehr gefertigt und geliefert werden. Bei einem konservativen Ansatz würde ein Stahlbaufertiger mit einer Leistungskapazität von ca. 3000t pro Monat in Betracht kommen. Verfügt der lokale Beschaffungsmarkt nur über kleine bis mittelständische Stahlbaufertiger, die vielleicht nur 1000t pro Monat produzieren können, würde eine Vergabe an mehrere Stahlbaufertiger sinnvoll erscheinen. Dazu ist der Leistungsumfang in funktionelle Lose zu teilen. Hierbei sollte die örtliche Trennung der Stahlbaumontage, die erforderlichen Sequenzen und der Zeitraum mit in die Überlegung einfließen. ◀

Unter einem Los (engl. Lot) versteht man dabei die Teilmenge oder die Anlagenteile, die unabhängig und räumlich getrennt von anderen Teilen errichtet werden können. Erfolgt die Unterteilung entsprechend geographischen Gesichtspunkten wie z. B. von Prozessanlagen und Nebenanlagen spricht der Anlagenbauer von einem vertikalen Schnitt (Abb. 7.7).

Bei einem horizontalen Schnitt erfolgt die Unterteilung nach Gewerken (Abb. 7.8). Diese erfordert einen höheren Koordinationsaufwand seitens des Anlagenbauers, bezogen auf eine vertikale Trennung, da sich mehrere Firmen in einem Baufeld bewegen.

Nachfolgende Abbildung (Abb. 7.9) stellt die vertikale und horizontale Trennung als Kombination schematisch dar.

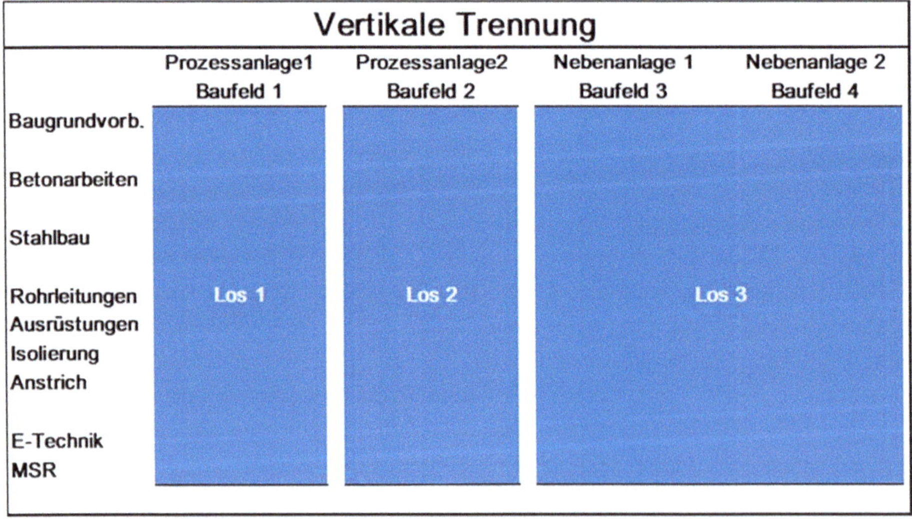

Abb. 7.7 Vertikale Trennung

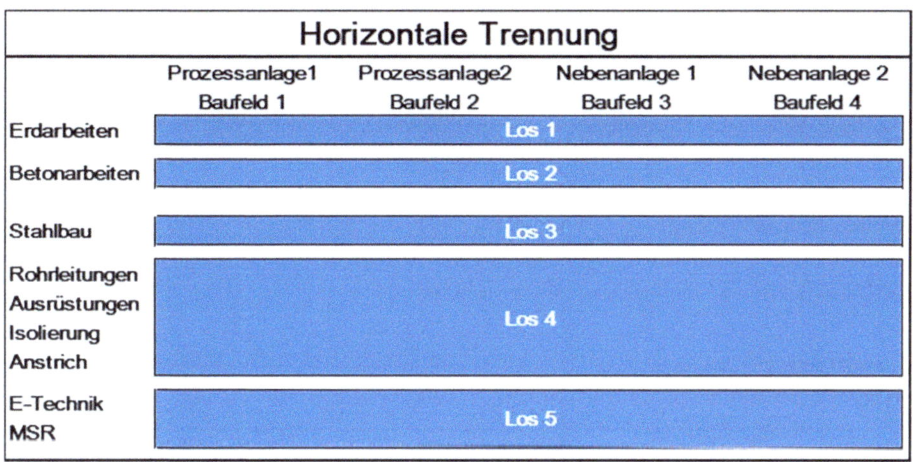

Abb. 7.8 Horizontale Trennung

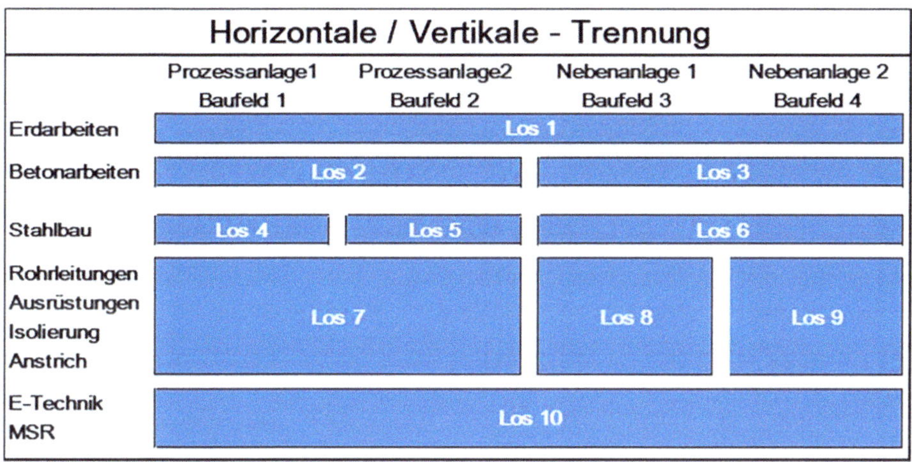

Abb. 7.9 vertikale und horizontale Trennung

Die Treiber für die Aufspaltung der Leistungen in einzelne Lose sind unterschiedlichster Natur.

Risiko

Je weniger Subunternehmer auf der Baustelle agieren, desto geringer sind Baubehinderungsanzeigen aufgrund der begrenzten Platzverhältnisse. Je größer ein Projekt ist, desto größer ist die Abhängigkeit von einem einzelnen Generalunternehmen. Mehrer eingebunden Firmen wiederum reduzieren das Risiko für den Anlagenbauer bei Nicht-Performance oder möglicher finanzieller Schieflage eines Nachunternehmens.

Wirtschaftlichkeit
In der Regel ist das Multikontraktorenkonzept auf den ersten Blick wirtschaftlicher, da die Kostenstruktur kleiner Unternehmen günstiger sind als bei größeren Unternehmen. Allerdings trägt der Anlagenbauer dann ein deutlich höheres Risiko, welches auch in die Kostenbewertung einfließt

Koordinationsaufwand
Ein weiterer Gesichtspunkt ist, inwieweit der Anlagenbauer befähigt ist, diese Anzahl von Schnittstellen zu bedienen und zu koordinieren.

Ressourcenverfügbarkeit
Bei allen Überlegungen ist die treibende Größe die Antwort auf die Ressourcenlage. Die Anlagen bauen in letzter Instanz Menschen. Diese müssen für ihre Arbeiten qualifiziert und verfügbar sein. Wird der Anlagenbauer dieser Aufgabe nicht gerecht, ist die Unternehmung zum Scheitern verurteilt. Deswegen sollte bei allen vorangegangenen Überlegungen immer wieder die Ressourcenfrage eindeutig geklärt werden (siehe hierzu Kap. 13 Ressourcen- und Bedarfsermittlungen).

Bevor Leistungen horizontal getrennt werden, ist eine detaillierte Überprüfung und Risikoanalyse zu tätigen. Bei der horizontalen Trennung besteht das permanente Risiko darin, dass sich die Nachunternehmer gegenseitig behindern, da einige Abläufe parallel laufen. Baubehinderungsanzeigen, wegen Effizienzverluste und Wartezeiten, durch die Nachunternehmer sind nur noch eine Frage der Zeit. Des Weiteren ist eine besondere Aufmerksamkeit bei solch einer Trennung auf die Nutzung der vorhandenen Infrastruktur zu legen. Welcher Nachunternehmer kann wann, welche Transportwege oder Kranstandflächen benutzen? Diese Zuordnung von Nutzungsrechten sollte klar und deutlich definiert werden, die dort vereinbarten Zeiten sind selbstverständlich von allen Beteiligten einzuhalten.

Zusammenfassend empfiehlt sich ein horizontaler Schnitt durch die Anlage nur dann, wenn es die Ressourcen erfordern.

▶ ***Wie auch immer die Trennung erfolgt, ob horizontal oder vertikal, die gleichen Grenzen sind auch in der Terminplanung abzubilden.***

In der Primärbedarfsplanung wurden die erfassten Leistungsprozesse mit Arbeitszeitwerten bewertet. Für dieses Arbeitsvolumen findet in der Sekundärbedarfsplanung erstmalig ein Abgleich zwischen den gewünschten Ressourcen und tatsächlich vorhandenen Ressourcen statt. Die ersten Zeitfenster für die Prozessketten werden somit gebildet, und dienen als Grundlage für die weiterführende Termin- und Kapazitätenplanung.

7.3.3 Termin- und Kapazitätsplanung

Nachdem die Sekundärplanung erste Ergebnisse liefert, werden Termine von Vorgängen und Teilvorgängen spezifiziert. Dabei werden unter Berücksichtigung der verfügbaren Ressourcen, mittels iterativen Prozesses, die Vorgangsdauern definiert und die Ressourcenkurven geglättet.

Unter der Voraussetzung, dass sämtliche Prozessketten bekannt sind, werden diese mit Start- und Endtermine versehen. Den einzelnen Vorgängen werden die erforderlichen Ressourcen zugeordnet. Die Aufsummierungen gleichartiger Ressourcen, verschiedener Vorgänge, die aber parallel laufen, werden mit den tatsächlich verfügbaren Ressourcen verglichen. Aufgrund der nun verfügbaren Information können Bedarfskurven bzw. Histogramme erstellt werden, aus denen der erforderliche Bedarf bezüglich der verfügbaren Kapazitäten ersichtlich ist. Abweichungen oder auch Verbesserungspotential werden deutlich erkennbar.

Sollte die Nachfrage an Ressourcen größer als das Angebot sein, sind die Start- und Endtermine der betroffenen Vorgänge so zu verschieben, dass die resultierenden Spitzen der Nachfragekurve unter den verfügbaren Ressourcen bleiben. Darüber hinaus ist es ebenfalls sinnvoll, selbst wenn die Nachfrage kleiner als das Angebot ist, mögliche Spitzen der Ressourcenkurve zu glätten. Spitzen bei den Ressourcen haben einen negativen Einfluss auf die Produktivität und somit auch auf die Kosten.

Die Bestimmung des Bedarfs an Personal und Geräte sowie die erste Festlegung der Vorgangsdauern erfolgt hier auf einer mittleren Terminplanebene, des sogenannten Level 2 (vgl. 8.3 Numerische Ebenen). Die Festlegung erfolgt auf Basis geschätzter Planwerte und Planzeiten nach den Verfahren der Vorwärts- (Bottom Up), Rückwärtsterminierung (Top Down) oder aus der Kombination von beiden.

Sollten im weiteren Verlauf die Verschiebung von Vorgängen, auch mittels Erkenntnisse aus der später erstellten detaillierten Ablaufplanung, nicht zum gewünschten Ziel, also einer bleibenden Unterdeckung von Ressourcen führen, sind weitere Untersuchungen mit dem Schwerpunkt die verfügbaren Ressourcen zu vergrößern, zu tätigen. Dies kann zum einen durch Vergabepakete nach Losen erfolgen, zum anderen durch die Erweiterung des Marktes. Zusätzlich zum lokalen Beschaffungsmarkt wird der globale Markt hinzugezogen.

Die Verlängerung von Vorgangsdauern als Reaktion auf einen Ressourcenengpass sollte grundsätzlich die letzte aller Möglichkeiten sein.

7.3.4 Ablaufplanung

Mitentscheidend für eine spätere zielorientierte Steuerung ist die Ablaufplanung. Im Rahmen der Ablaufplanung sind für die einzelnen Vorgänge die groben Start- und

Endterminen detaillierter zu spezifizieren und Abhängigkeiten untereinander zu verknüpfen. Dabei ist zu unterscheiden, dass Teilvorgänge in denselben, immer wiederkehrenden Sequenzen ablaufen oder die Teilvorgänge in unterschiedlicher Reihenfolge, technisch oder terminlich (z. B. ein kritischer Liefertermin als Vorgänger) bedingt, ablaufen.

Für die Ermittlung der Ablaufplanung komplexer Prozesse sind die Prozesse so lange in Teilprozesse zu untergliedern, bis eine sinnvolle Verknüpfung der Sequenzen gegeben ist. Entscheidend bei der Ablaufplanung ist es, eine Struktur zu erstellen, die im späteren Ausführungszeitraum, das Überwachungspersonal in die Lage versetzt anhand der Ablaufplanung, die Baustelle zu steuern.

Leider gibt es keine Formel, mit der die Ablaufplanung prozessorientiert aufgestellt werden kann.

Für die Festlegung der Detailtiefe der Ablaufplanung müssen einige Fragen beantwortet werden, damit eine entsprechende Detaillierung erfolgen kann.

- Was will ich überwachen?
- Welchen Aufwand benötigt ein Soll/Ist-Vergleich?
- Wieviel Aktivitäten bzw. Vorgänge kann ich überwachen?
- Wie groß ist das zu überwachende Baufeld?
- Wie ist die Qualität und Termintreue möglicher Nachunternehmer?
- Sind die Ausführungstermine eng oder eher konservative?

Im Detail wird in Kap. 9 auf die Ablaufplanung eingegangen.

7.3.5 Auftragsüberwachung

Im Rahmen der Auftragsüberwachung ist der gesamte Bau- und Montageablauf im Hinblick auf die Einhaltung der Vorgaben für Arbeitssicherheit, Umweltschutz, Gesundheit, Kosten, Qualität und Termine zu überwachen. Bei Abweichungen und Störungen sind geeignete gegensteuernde Maßnahmen vorzusehen. Siehe Kap. 18 Überwachung und Steuerung.

7.4 Zusammenfassung

Eine zielorientierte Planung ist im Anlagenbau mindestens genauso wichtig wie in jedem anderen industriellen Prozess oder im privaten Sektor.

Zusammenfassen soll die Planungsphilosophie nach dem vorher beschriebenen Muster anhand einer Urlaubsreise noch mal verdeutlich werden.

Zu Beginn einer Urlaubsplanung werden bestimmte Anforderungen an den Urlaub bezüglich

- Kosten
- Termine
- Qualität

gestellt.

Die Grobterminierung, die Vorauswahl der Hotelkategorien oder Buchungsklasse des Ferienfliegers, haben einen direkten Einfluss auf die Kosten.

Eigenanreise und/oder Selbstverpflegung bilden die Grundlage für Fremd- oder Eigenkosten.

Während der Primärbedarfsplanung, dem Erfassen von Leistungen, wird bei einer Urlaubsreise der Umfang von Sehenswürdigkeiten oder die Anzahl von Golfrunden geplant. Nach dem die Primärbedarfsplanung abgeschlossen ist, wird nun im Rahmen der Sekundärbedarfsplanung die Kosten für Eintrittsgelder und Greenfees ermittelt und mit dem verfügbaren Budget verglichen. Nach dem der iterative Prozess des vorhandenen Budgets an die Anzahl der Sehenswürdigkeiten oder Golfrunden angepasst wurde, erfolgt nun die Zuordnung zu der Aufenthaltsdauer.

Sollte das Budget oder die Aufenthaltsdauer nicht ausreichend sein, kann entsprechend der Losbildung eine Verteilung auf zwei Urlaubsreise in Betracht gezogen.

Abb. 7.10 zeigt nochmals die einzelnen (Teil-)Planungsphasen mit den dazugehörigen Ergebnissen.

Aufgabe der Primärbedarfsplanung ist es ist, sämtliche erforderlichen Leistungen, die für die Errichtung der Anlage erforderlich sind, vertraglich beschriebene oder nicht beschriebene, aber erforderliche Nebenleistungen, die die Leistungsprozesse bilden, und in einem definierten Ausführungszeitraum herzustellen sind, zu erfassen.

Die Leistungsprozesse werden vorerst mit vorläufigen oder durch Erfahrung vorhandenen Kennzahlen bewertet, um einen ersten Eindruck über das Arbeitsvolumen zu erreichen.

Für dieses Arbeitsvolumen findet in der Sekundärbedarfsplanung erstmalig ein Abgleich zwischen den gewünschten Ressourcen und tatsächlich vorhandenen Ressourcen statt. Die ersten Zeitfenster für die Prozessketten werden somit gebildet, und dienen als Grundlage für die weiterführende Termin- und Kapazitätenplanung, in der erstmalig ein Ressourcenabgleich stattfindet.

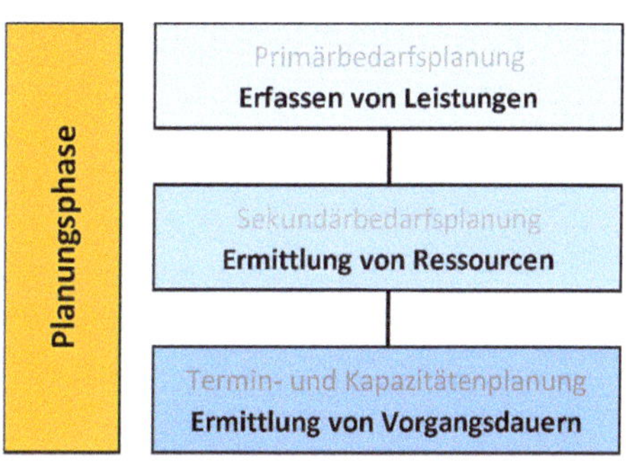

Abb. 7.10 Planungsphasen im Anlagenbau

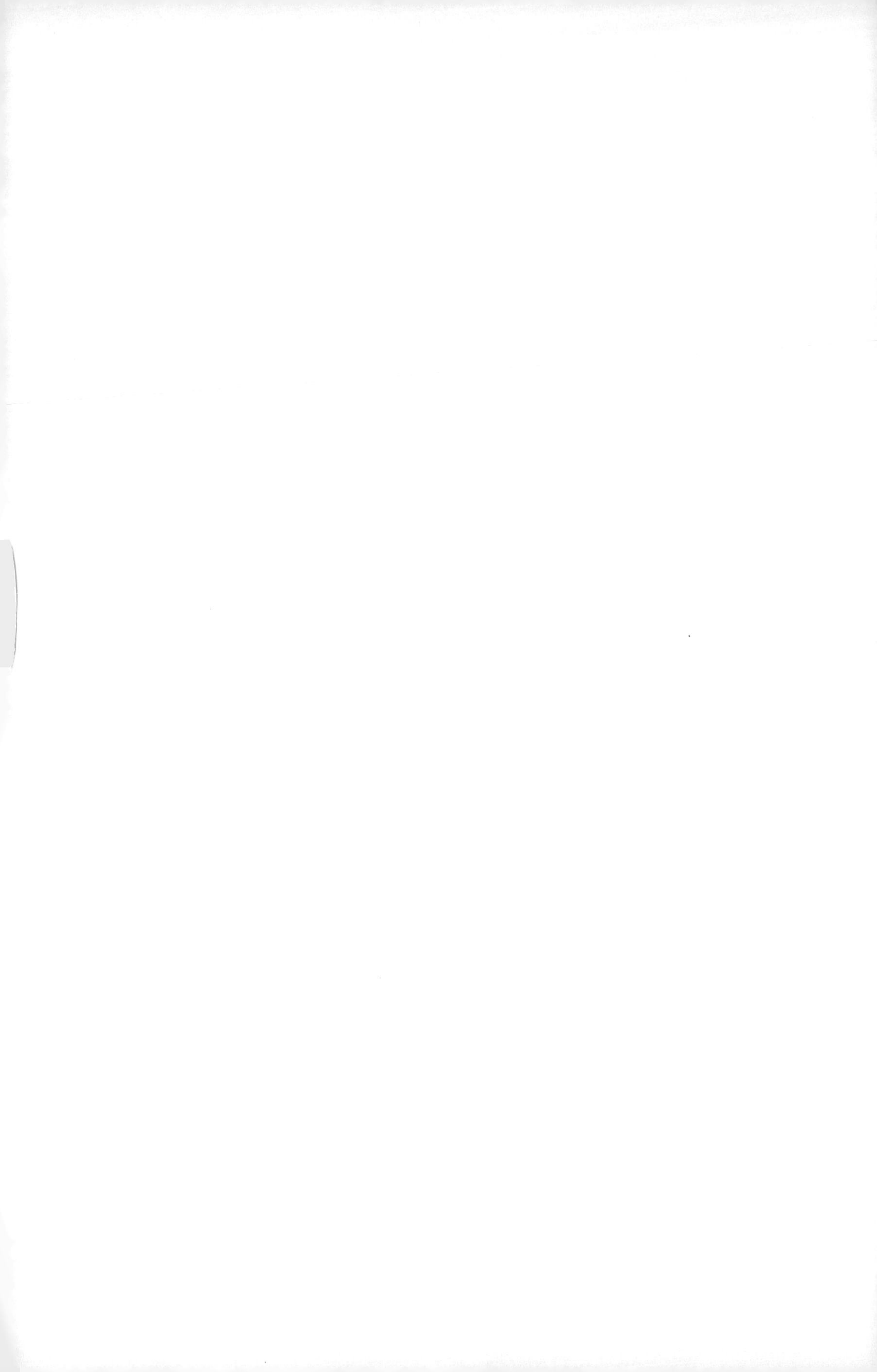

8 Grundlagen der Terminplanung

Die Festlegung der Abläufe und die Planung der Termine ist ein wesentlicher Bestandteil des Baustellenmanagement. Eine sorgfältig durchgeführte Terminplanung ist die entscheidende Größe, gegen die bei der späteren Abwicklung gesteuert wird. In der Termin- und Ablaufplanung werden die wesentlichen Leistungsprozesse zeitlich fixiert. Vorgänge werden mit Ressourcen beladen. Die erforderlichen Ressourcen werden über die Zeitachse kumuliert dargestellt. Ressourcenspitzen werden beseitigt. Somit entsteht ein Terminplan, der hinsichtlich der erforderlichen Kapazitäten und Dauern optimiert ist.

Der Bau- und Montageablauf kann in Termin- und Ablaufplänen grafisch oder tabellarisch dargestellt werden. Der Terminplan zielt dabei mehr auf die zeitliche Lage von Anfangs-, End- und Zwischenterminen ab, der Ablaufplan hingegen zeigt die zeitliche Abfolge der einzelnen Leistungsprozesse.

Die Darstellung des Terminplans erfolgt in Form von Balkenplänen dem sogenannten Gantt Diagramm. In einem Balkenplan sind die Ereignisse als Punkte, die Vorgänge als Balken abgebildet, woraus die zeitliche Lage im Projektverlauf, sowie die Dauer der jeweiligen Vorgänge ersichtlich ist. Zudem werden in einem vernetzten Balkenplan Vorgänge und Ereignisse über Anordnungsbeziehungen miteinander verknüpft, sodass die gegenseitigen Abhängigkeiten sichtbar dargestellt werden, um bei etwaigen Verschiebungen einzelner Vorgänge, die Auswirkungen auf weitere Vorgänge berücksichtigen zu können.

Der kritische Weg, auf dem alle Vorgänge liegen, die keinen Gesamtpuffer haben, lässt sich hier ebenfalls durch eine besondere Kennzeichnung der Anordnungsbeziehungen darstellen.

Mithilfe der Verknüpfungen können somit die Leistungsprozessketten abgebildet werden.

Entscheidend für jeden Termin- oder Ablaufplan ist, dass ein gemeinsames Verständnis aller Projektbeteiligten über deren Verwendung und Inhalt erreicht wird. Der

T. Günther, *Baustellenmanagement im Anlagenbau*,
https://doi.org/10.1007/978-3-662-69329-2_8

Terminplan sollte also leicht von den verantwortlichen Personen zu interpretieren sein, damit mögliche Ursache bzw. Störungen und deren Wirkungen frühzeitig erkannt werden können.

Wie wird jedoch ein Terminplan erstellt?

Diese Frage ist zuerst mit Gegenfragen zu beantworten.

- Wofür benötige ich einen Terminplan?
- Für wen benötige ich einen Terminplan?
- Was soll der Terminplan beinhalteten?

In Anlehnung an die „AACE International Recommended Practice No. 37R-06" die als Leitfaden für Anlagenbetreiber und Anlagenbauer dient, werden in den folgenden Kapiteln die unterschiedlichen Ebenen (Level) eines Terminplan oder eines Ablaufplans in ihrer unterschiedlichen Detailtiefe beschrieben. Des Weiteren richtet sich diese Aufteilung auch an die jeweiligen Adressaten.

Zuerst ist jedoch ein klares Verständnis für die wichtigsten Begrifflichkeiten in der Terminplanung anzustreben.

8.1 Vorgänge und Ereignisse

Ereignisse sind klar definiert, messbar und beschreiben einen bestimmten Zustand. Laut der Webseite, projektmanagement-definition.de ist ein Ereignis folgendes:

> *„Ein Ereignis ist der Beginn oder das Ende eines Vorganges. Es hat keine zeitliche Ausdehnung, im Gegensatz zu dem Zustand, den es hervorruft. Für das Projekt und das Projektmanagement ist der Eintrittszeitpunkt des Ereignisses und somit das Erreichen eines Zustands wichtig."* (39)

Ein Ereignis ist z. B. die Übergabe des Baufeldes an den Anlagenbauer.

Ein Vorgang ist ein Ablauf einer oder mehrerer klar definierter Handlungen und verfügt jeweils über einen Anfang und ein Ende, die zeitlich versetzt sind. Im Gegensatz zu einem Ereignis, verbraucht ein Vorgang Zeit, d. h. die Dauer des Vorganges ist immer größer null, und verbraucht während dieser Zeit Ressourcen. Vorgänge sind messbar und kontrollierbar, und können aus mehreren Aufgaben oder Teilvorgängen bestehen. Ein Vorgang kann z. B. das Verlegen einer Rohrleitung sein, während dessen Teilvorgänge das Ausrichten, Schweißen usw. beinhalten.

Die zeitliche Verknüpfung der Ereignisse und Vorgänge erfolgt unter Berücksichtigung folgender Gesichtspunkte:

- Technisch
- Vertraglich
- Organisatorisch

- Planerisch
- Rechtlich

Technische Schnittstellen existieren zwischen einzelnen Gewerken aufgrund technischer Abhängigkeiten. Z. B. kann erst ein Kompressor-Fundament berechnet und dimensioniert werden, wenn die Angaben des Kompressor Hersteller, wie Maße und Lastangaben, vorliegen.

Vertragliche Schnittstellen beinhalten das Wirksamwerden von Leistungen, wenn z. B. die Erbringung einer Leistung mit einer Zahlung verknüpft ist, oder eine Zahlung die Voraussetzung einer Leistungserbringung ist. Oft ist die Erbringung der ersten Zahlung des Kunden, der Auslöser, dass der Vertrag effektiv wird.

Organisatorische Schnittstellen beinhalten das Steuern von Leistungsprozessen, sodass z. B. vorgesehene Leistungen an dem vereinbarten Termin ausgeführt werden können. Die Lieferung einer schweren Ausrüstung wird zeitgleich mit der Beschaffung des erforderlichen Hebegerätes angestrebt.

Rechtliche Schnittstellen existieren im Regelfall aufgrund gesetzlicher Vorschriften, z. B. Baugenehmigung mit dazugehörigen Auflagen oder Planfeststellungsbeschlüsse.

Die Abhängigkeit zweien Vorgängen, innerhalb eines Projektterminplans, lassen sich durch vier mögliche Verknüpfungsformen der Anordnungsbeziehung, wie Abb. 8.1 zeigt, schematisch darstellen.

- Die Ende-Anfang-Verknüpfung ist eine Anordnungsbeziehung vom Ende eines Vorgangs zum Anfang seines Nachfolgers. *Die Arbeiten des Vorganges müssen abgeschlossen sein, bevor der Nachfolgevorgang beginnen kann.*
- Die Anfang-Anfang-Verknüpfung ist eine Anordnungsbeziehung vom Anfang eines Vorgangs zum Anfang seines Nachfolgers. *Die Arbeiten mindesten zweier Vorgänge beginnen gleichzeitig.*
- Die Ende-Ende-Verknüpfung ist eine Anordnungsbeziehung vom Ende eines Vorgangs zum Ende seines Nachfolgers. *Die Arbeit der Folgeaktivität kann nicht abgeschlossen werden, bevor die Arbeit der Vorgängeraktivität beendet ist.*
- Die Anfang-Ende -Verknüpfung ist eine Anordnungsbeziehung vom Anfang eines Vorgangs zum Ende seines Nachfolgers *(kommt meistens nur bei einem „top down" Ansatz vor).*

Des Weiteren können zeitliche Verschiebungen innerhalb der Vorgangsverknüpfungen hinzugefügt werden. So kann zum Beispiel, wie in Abb. 8.2 dargestellt, bei der Herstellung eines Fundamentes auf die Aushärtungszeit als Vorgang im Terminplan verzichtet werden, indem die Nutzung des Fundaments als Ende-Anfang-Verknüpfung plus einer Woche (hier die Aushärtungszeit des Betons) definiert ist.

Diese Abhängigkeiten in der Ablaufplanung sind für die Steuerung der Baustelle von besonderer Bedeutung. Störende Faktoren oder Abweichungen zeigen unmittelbar den direkten Einfluss auf die Zwischentermine bzw. den Endtermin an. Zum einem dienen

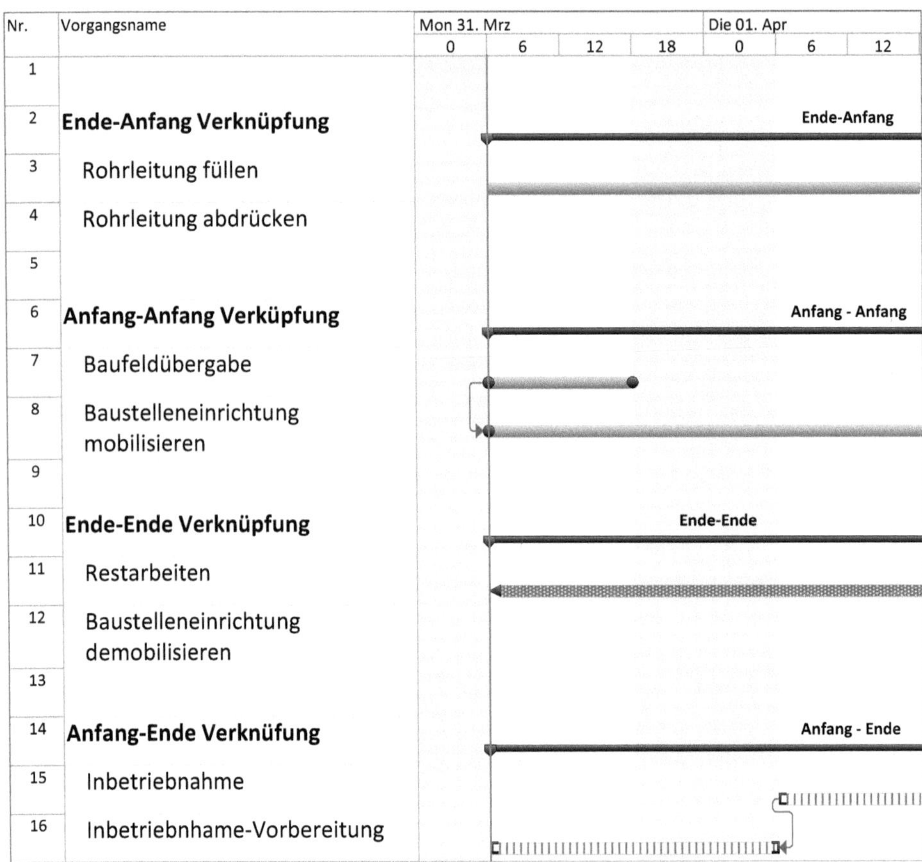

Abb. 8.1 Vorgangsverknüpfungen

Nr.	Vorgangsname	Vorgänger	T-2	T-1	KW 14 T1	T2	T3	T4	T5
1	**Ende-Anfang Verknüpfung**					Ende-Anfang			
2	Fundament herstellen								
3	Pumpe montieren	2EA+1 Tag							

Abb. 8.2 Zeitlich versetzte Vorgangsverknüpfung

sie zur Ermittlung der kritischen Pfade, zum anderen zeigen sie die Auswirkungen auf den weiteren Ablauf auf. Für das Abweichungsmanagement bieten sie klare Argumente bei der Anmeldung von Ansprüchen, durch Dritte einwirkenden Behinderungen bzw. Störungen.

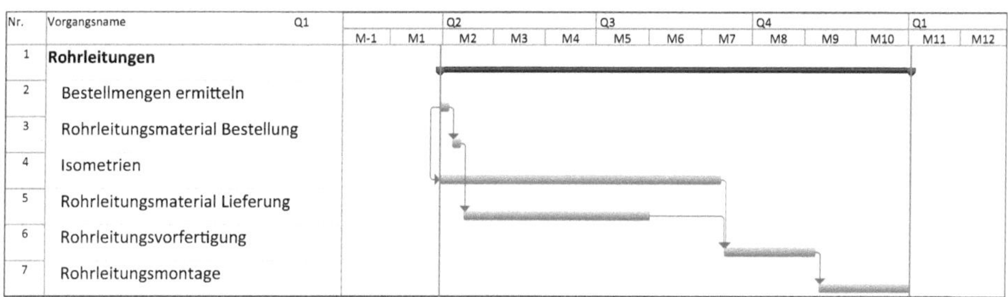

Abb. 8.3 Erreichen des Prozessziels Rohrleitungsmontage

Ordnet man den Vorgängen

- Zuständigkeiten,
- Dauern,
- definierte In- und Outputs, und
- Ressourcen

zu, spricht man von Prozessen. Prozesse sind Verknüpfungen von Aktivitäten zur Erstellung eines Arbeitsergebnisses, dem sogenannten Prozessziel. Prozesse können aus mehreren Teilprozessen bestehen. Einem Teilprozess gehen mitunter mehrere andere Teilprozesse voraus, und erfordern bestimmte Inputs unterschiedlicher Beteiligter. In Abb. 8.3 wird die Rohrleitungsmontage als Prozessziel bestimmt. Dem Prozessziel sind andere Teilprozesse vorgelagert. So muss primär das zu verbauende Rohrleitungsmaterial ermittelt und bestellt werden. Die Zuständigkeit für die Bestellung liegt in der Regel innerhalb der Einkauforganisation. Die Dauer für die Herstellung und Lieferung und die Verfügbarkeit der Isometrie bestimmen den Beginn der Rohrleitungsvorfertigung. Verfügbare Ressourcen (Personal) haben einen direkten Einfluss auf die Montage und bestimmen somit den Fertigstellungstermin der Rohrleitung.

8.2 Einführung Terminplanebenen

Missverständnisse entstehen häufig bei der Definition der einzelnen Terminplanebenen, die die Detailtiefe und den Nutzen, der durch den Terminplan bereitzustellenden Informationen, begrenzen. Die unterschiedlichen Ebenen orientieren sich an dem Informationsanspruch der beteiligten Parteien und Projektteilnehmer.

So ist zum Beispiel der Anspruch an die Detailtiefe der Informationen zur Steuerung eines Nachunternehmers wesentlich umfangreicher als zur Unterstützung des Berichtswesens für den Auftraggeber.

Der Auftraggeber ist hauptsächlich an den vertraglichen Meilensteinen und Fertigstellungstermine interessiert. Nachunternehmen sind auf Arbeitsebene zu überwachen und zu kontrollieren. Diese wiederum kontrollieren und überwachen ihre Lieferanten mit einem weiteren Detailierungsgrad.

Im Großanlagenbau verfügen die meisten Unternehmen über eine eigene entwickelte Systematik für den planerischen Aufbau der Projekte, sowie dem dazugehörige Berichtswesen. Von daher gibt es eine Vielzahl von anerkannten Methoden und Definitionen der unterschiedlichen Ebenen der Terminpläne. Im Folgenden werden drei der allgemein anerkannten Methoden behandelt:

- Numeric Schedule Levels,
- Engineering, Procurement, Construction (EPC) Schedule Levels, und
- Beschreibende Methodik

Die erste und zweite Methode richtet sich nach den unterschiedlichen Detailierungsgraden (= Ebenen bzw. Level). Die dritte Methode versucht den Anspruch an den Terminplan zu reflektieren, und wird demzufolge nach seiner Verwendung benannt.

In der Regel basiert das numerische Verfahren auf den Ebenen des Projektstrukturplans (Work Break Down Structure = WBS):

Level 0 Dargestellt wird das Gesamtprojekt in Form eines einzigen Balkens über die gesamte Projektzeit von Anfang bis Ende. Funktionell gibt es kaum praktische Anwendungen für einen Zeitplan, der nur einen einzigen Balken beinhaltet.

Level 1 Dieser stellt den Zeitablaufplan für das Projekt durch die Hauptkomponenten dar. Zum Beispiel kann ein Zeitplan für eine Prozessanlage in Prozessbereiche, Nebenanlagen, Dienstleistungen und Baustelleneinrichtung unterteilt werden. Ein Level 1 Terminplan wird normalerweise als Balkendiagramm angezeigt und beinhaltete die wichtigsten Meilensteine.

Level 2 Jede Aktivität bzw. Komponente der ersten Ebene ist weiter nach Ebene 2 unterteilt. Zum Beispiel werden die Nebenanlagen in Hilfssysteme wie Wasser-, Gas-, Entwässerungs- und Sanitärsysteme usw. unterteilt. In den meisten Fällen werden Level 2 Terminpläne als Balkendiagramm dargestellt. Meilensteine sind in der Regel enthalten.

Level 3 Level 3 ist die erste Ebene, die eine sinnvolle kritische Pfad Analyse (CPM) und Betrachtung zulässt, da die Einzelheiten weder zu grob noch zu detailliert zusammengefasst werden.

Stufen 4-X Die weitere Unterteilung(en) des Zeitplans spiegelt die Anforderungen der Anwender wider. Bei der Notwendigkeit weiterer Gliederungsebenen benutzt der Planer in der Regel Segmente des Gesamtplans, die weiter unterteilt werden. Des Öfteren beinhaltet ein Termin Plan Level 4 einen sogenannten vorausschauenden „Look-Ahead" und/oder einen „Look-Back" Teil, der zuletzt abgeschlossenen Arbeiten.

8.3 Numerische Ebenen

Die numerischen Ebenen eines Termin- bzw. Ablaufplans unterliegen keiner allgemein gültigen Norm. Die unterschiedlichen Levels dienen hauptsächlich dazu, unterschiedlichen Zielgruppen zu ermöglichen, die Kommunikation, die Überwachung und Steuerung, sowie das Berichtswesen auf die jeweiligen Anforderungen anzupassen.

Im Folgenden werden die Merkmale der einzelnen Ebenen und die entsprechende Verwendung des Terminplans beschrieben. Führungsebenen und Projektteilnehmer, die Informationen aus den verschiedenen Ebenen verwenden, werden identifiziert.

Level 1 beinhaltet den höchsten Grad an Zusammenfassung der Projektinformationen, während Level 5 die detailliertesten Angaben beinhaltet. Wie bereits erwähnt, wird diese Methode in fast allen Branchen an Projekte unterschiedlicher Größe und Komplexität angewendet.

8.3.1 Level 1

Level 1 ist ein sogenannter High-Level-Terminplan, der die wichtigsten Meilensteine, Zusammenfassung von Tätigkeiten und die Hauptphasen des Projektes widerspiegelt. Dieser Terminplan repräsentiert zusammenfassende Aktivitäten einer Ausführungsphase, insbesondere Engineering, Beschaffung, Bau- und Montage sowie die Inbetriebnahme und Start-up-Aktivitäten.

Er unterstützt bei der Definition von Notwendigkeiten zur Durchführung von Kurskorrekturen. Der Level 1 Terminplan dient hauptsächlich der Information des „Top Managements“. Umgangssprachlich wird er auch als Project Master Schedule (PMS) bezeichnet und meistens auf nur einer Seite dargestellt.

Im Allgemeinen wird er bei Großprojekten verwendet.

8.3.2 Level 2

Level 2 Terminpläne sind in der Regel erforderlich, um das Zusammenspiel der unterschiedlichen Gewerke während der Projektlaufzeit darzustellen. Sie reflektieren die Schnittstellen zwischen den wichtigsten Leistungen der Projektbeteiligten, damit die ineinandergreifenden Leistungen termingerecht abgeschlossen werden können. In der Regel erfolgt die Darstellung in Form eines Balkendiagramms, selten in Form eines Netzplans. Im Level 2 sind die vom Kunden zu erbringenden Leistungen mit aufzuführen und nachzuhalten.

8.3.3 Level 3

Level 3 Terminpläne werden in der Regel erstellt, um die Ausführung der Leistungen für jede der Vertragsparteien darzustellen. Der Terminplan sollte die Schnittstellen zwischen den wichtigsten Arbeitsgruppen, Fachrichtungen, Gewerke oder der in der Ausführung Beteiligten reflektieren. Level 3 Pläne beinhalten ausreichend genügend Details, um kritische Aktivitäten zu identifizieren. Die Pläne unterstützen die Projektbeteiligten bei der Identifizierung von Vorgängen, die möglicherweise Einfluss auf das Ergebnis einer Phase oder Arbeitsabschnitts haben könnten. Dieser Plan ist ein Steuerungsinstrument der Projektleiter und Disziplinverantwortlichen eines Projektes. Mittels Level 3 wird die Critical Path Methode (CPM) durchgeführt.

8.3.4 Level 4

Level 4 Terminpläne werden benötigt, um die Erstellung von Arbeitspaketen nachzuverfolgen. Dieser Detaillierungsgrad reflektiert die Fertigstellung von Schlüsselaktivitäten. Der Level 4 Plan wird für die tägliche Koordination der Arbeit verwendet.

8.3.5 Level 5

Level 5 Terminpläne definieren die Anforderungen von Aufgaben für den Abschluss von Einzeltätigkeiten in einem detaillierten Zeitplan.

Dieser Terminplan, in der Regel als Arbeitsstundenplan, reflektiert die tägliche oder wöchentliche Arbeitsanforderung. Abhängig von diesen Anforderungen werden die Level 5 Pläne in der Regel einen Tag bzw. eine Woche im Voraus vorbereitet. Sie dienen der Planung und Nutzung der Ressourcen (Arbeit, Geräte und Materialien) in Stunden-, Tages- oder Wocheneinheiten.

8.4 EPC-Levels

Die Terminplanebenen bezogen auf ein EPC-Modell können, unabhängig wie groß oder komplex das spezifische Projekt geplant ist, aus nur drei formalen Ebenen bestehen. Der Detaillierungsgrad eines EPC-Projektes ist unmittelbar mit der entsprechenden Phase des Projektes verbunden. Mit anderen Worten, die Genauigkeit des EPC-Terminplans hängt von der Genauigkeit des Leistungsumfanges ab.

Da sich das Projekt stetig in den folgenden Projektphasen weiterentwickelt, und somit genauere Informationen bezüglich des Leistungsumfanges zur Verfügung stehen, wird der Detaillierungsgrad des Terminplans diesen Phasen angepasst. Zum Beispiel könnte ein EPC-Terminplan in einer frühen Projektphase, das Detail-Engineering im Level 3 widerspiegeln, aber die Beschaffung und Bau- und Montagephase nur mittels Level 1 oder 2.

8.4.1 EPC-Level 1

Auch der EPC-Level 1 Plan fasst das Gesamtprojekt zusammen, und zeigt primär die Start- und Zieldaten der wichtigsten Projektphasen und wesentlichen Vertragsmeilensteine.

8.4.2 EPC-Level 2

EPC-Level 2 Pläne beinhalten detaillierte Aktivitäten der zuvor in Ebene 1 dargestellten Zusammenfassungen. Dies zeigt meistens ein Herunterbrechen der unterschiedlichen Gewerke und Disziplinen in kritische Beschaffungsaktivitäten, der wichtigsten Elemente der Bau- und Montage sowie den Anforderungen für die Inbetriebnahme. Im EPC-Level 2 Terminplänen werden erstmals logische Zusammenhänge und Verknüpfungen dargestellt.

8.4.3 EPC-Level 3

Im EPC-Level 3 Terminplan kann erstmalig die kritische Pfad Analyse effektiv angewendet werden. Neben den Start- und Endtermine der Gruppierung der zu erbringenden Leistungen oder Aktivitäten werden auch Prüfungs- und Genehmigungsverfahren dargestellt.

Die meisten EPC-Terminpläne werden nicht detaillierter als Level 3 dargestellt. Level 3 ist die gängigste Methode der Anlagenbauer, wobei eine weitere Detaillierungstiefe, insbesondere in der Bau- und Montageaufführung Risiken minimieren würden, da Abweichungen frühzeitiger erkannt werden können.

EPC-Level 4 sind detaillierte Arbeitspläne und aufwendig in der Pflege. In der Regel werden die Terminpläne von Lieferanten und Nachunternehmer erstellt und gepflegt.

8.5 Beschreibenden Ebenen

Im Anlagenbau werden auch anstelle der numerischen Ebenen beschreibende Ebenen verwendet, um den gewünschte Detailierungsgrad des Terminplans zu definieren. Allerdings können die beschreibenden Ebenen aufgrund der inkonsistenten Nummerierung, oder der Interpretation des beschreibenden Begriffs zu Missverständnissen führen.

8.5.1 Master Schedule

Ein Master Schedule ist ein zusammengeführter Plan, der mehrere artgleiche Aktivitäten oder Teile eines Projektes beinhaltet, die als eine Einheit überwacht und gesteuert werden können. Diese Methode verwendet beschreibende Worte, um den gewünschte Detailierungsgrad zu definieren und um Ähnlichkeiten und markanten Merkmale des Terminplans zu beschreiben:

8.5.2 Program/Project Summary Schedule

Der Summary Schedule enthält nur wenige Details und dient hauptsächlich als Übersicht des Gesamtprojektes dem Topmanagement.

Üblicherweise beinhaltet die Zusammenfassung die Hauptphasen und die Meilensteine. Der Projektverantwortliche erstellt die Grundlage für die Erstellung des Terminplans. Der Summary Schedule zeigt artgleiche Aktivitäten oder Teile eines Projektes auf der Zeitachse an. Zweck dieser Darstellung ist es, einen allgemeinen Überblick über die Phasen und Bereiche des Projekts zu verschaffen.

8.5.3 Milestone Schedule

Projekt-Meilensteine werden während der Entwicklung der konzeptionellen Basis des Projekts bestimmt und sind in diesem Plan dargestellt. Die Darstellung der Meilensteine erfolgt entweder in tabellarischer oder grafischer Form. Diese Art der Planung enthält normalerweise nur die Meilensteine an denen Vorgänge angrenzen (z. B. für Zahlungsvorgänge) und wird zu Planungszwecken verwendet. Die Einhaltung der Meilensteine während der Ausführungsphase wird damit überwacht. Die Absicht dieses Plans ist es, einen kurzen Überblick über die erreichten Ziele bzw. Ereignisse aufzuzeigen.

8.5.4 Project Level Schedule

Der „Project Level Schedule“ ist ein auf Vorgängen und Arbeitsergebnis konzentrierter Plan.

In der Regel ist er nach den wichtigsten Projektphasen und deren Besonderheiten aufgebaut. Die Aktivitäten des Engineerings, der Beschaffung und der Bau- und Montage werden als Netzplan oder Balkendiagramm dargestellt. Die CPM -Technik wird hier verwendet, um den kritischen Pfad zu identifizieren. In der Regel bietet dieser Plan unterschiedliche Ebenen zur Separierung von Arbeitspaketen, wodurch der Fortschritt der entsprechenden Arbeitspakete überwacht werden kann. Der Zweck dieses Plans ist es, spezifische Termine, anhand ihrer Abhängigkeit innerhalb der verschiedenen Arbeitspakete, detailliert darzustellen.

8.5.5 Project Control Schedule

Der „Project Control Schedule“ ist ein detaillierter CPM-Plan, in dem die geplante Abfolge zur Erfüllung der Leistungen dargestellt wird. Des Weiteren werden die Leistungen entsprechend ihren Zuständigkeiten und Verantwortlichkeiten aufgezeigt und dienen somit der Projektleitung zur Steuerung. In der Regel wird der Plan in Form einen Balken Diagramms oder in Tabellenformat dargestellt.

Der Bau- und Montagephase werden entsprechend der geplanten Sequenzen folgende Anforderungen zugeordnet:

- Erforderliche Personalstärke
- Erforderliche Maschinen und Geräte
- Zugangs.- und Arbeitsplatzbeschränkungen
- Leistungen der Subunternehmer
- Lieferanten Spezialisten

Darüber hinaus sind die Schlüsseldokumente an bzw. von

- Prüfstellen
- Lieferanten
- Subunternehmer

für die Bau- und Montage sowie der Inbetriebnahme darzustellen.

Jeder Disziplinverantwortliche des Projektteams ist für die rechtzeitige Bereitstellung seiner zu erbringenden Leistungen verantwortlich. Der „Project Control Schedule“ muss den gesamten Projektumfang beinhalten, um die Schnittstellen zu identifizieren und möglichen Auswirkungen, Verzögerungen und/oder Störungen auf andere Disziplinen und/oder Vertragspartner aufzuzeigen. Des Weiteren wird er für die Fortschritts und Leistungsmessung verwendet. Dieser Plan wird auch für die Analyse der „Was-wäre-wenn-Szenarien“ verwendet und zeigt die Auswirkungen möglicher Verzögerung auf die Fertigstellungstermine auf.

8.5.6 Look ahead Schedule

Aus dem Gesamtprojektterminplan kann ein detaillierter Balkenplan generiert werden, der die Aktivitäten aufzeigt, die in einem definierten, noch kommenden Zeitraum anfallen. Der „Look ahead Schedule“ zeigt die Prioritäten der einzelnen Disziplinen auf, die regelmäßig zu überprüfen sind, sodass der aktuelle Fortschritt mit den aktuellen Terminen abgeglichen werden kann, um mögliche Konflikte und Störungen zu verhindern.

Im Allgemeinen dauern die vorauszuschauenden Zeiträume von zwei bis drei Wochen bis zu 90 Tagen.

Betrachtungen von Stillstandsarbeiten in Raffinerien und Prozessanlagen werden üblicherweise sehr viel detaillierter, und auch in Kürzen Zeiträume gemessen. Nicht selten erfolgt die Betrachtung in Minuten oder Stunden anstelle von Tagen. Zweck ist es den Verantwortlichen vor Ort ein Instrument zur Verfügung zu stellen, mit dem die tägliche Arbeit bezogen auf den erforderlichen Fortschritt gemessen werden kann.

8.5.7 Task Lists

Um die tägliche Arbeit entsprechend der geplanten Vorgaben zu bewältigen, werden des Öfteren Arbeitslisten mit detaillierten Aufgaben erstellt.

8.5.8 Supporting Data

Zusätzlich zu den genannten Plänen werden Leistungen auch über folgende Dokumente geplant und gesteuert:

- Request for Information (Informationsanfragen)
- Punch Listen
- Analyseberichte

8.6 Übersicht

Terminpläne, Ablaufpläne als Balkendiagramm oder Netzwerkdiagramme auf einer Zeitachse oder als Buch, in welcher Form auch immer, haben ihre eigene Daseinsberechtigung. Tab. 8.1 versucht die unterschiedlichen Formate entsprechend ihrer Detailtiefe und Verwendung zu strukturieren.

Die eigentliche Hauptaufgabe des Terminplans besteht in der Planung und Steuerung der Vorgänge.

Darüber hinaus eignet sich der Terminplan für die graphische Unterstützung des Berichtswesens. Unterschiedliche Funktionen im Unternehmen, als auch im Projekt, haben unterschiedliche Ansprüche. Während das Top Management grob über den Status informiert werden möchte, benötigt der Vorarbeiter eine detaillierte Planung für seine Arbeiten. Idealerweise werden alle Beteiligten aus einem Terminplan versorgt. Tab. 8.2 versucht dieser Anforderung gerecht zu werden.

In Tab. 8.3 hingegen dient als Planungshilfe für die Erstellung eines Terminplans.

Tab. 8.1 Terminplanebenen entsprechend Verwendung und Formate

Numerisch	Format	Verwendung
Level 1	• Netzwerkdiagramm (auf einer Seite) • Balkenplan (auf einer Seite) • Aktualisierung erfolgt über Level 2	• Kundenforderung mittels Anfrage (ITB) • Zugeständnis des Anbieters mit seinem Angebot • Vertragsbestandteil • Basis Machbarkeitsstudie
Level 2	• Balkendiagramm • zeitskaliertes Netzwerkdiagramm • Zusammenfassung (Aktivitäten und Logik) von Level 3 • Aktualisierung erfolgt über Level 3	• Vertragsbestandteil • Entwicklung und Erstellung für Angebote • Entwicklung und Erstellung für Mobilisierung • Aufzeigen des kritischen Pfads • Darstellung Schlüsseltermine für den Fortschrittsplan (Rev. 0) • Bau- und Montageablaufplan, unter Berücksichtigung der Constructability • Methoden, Disziplin- und Ressourcenabhängigkeiten • Überwiegend Ende-Start Logiken
Level 3	• Zeitskaliertes Netzwerkdiagramm • Balkendiagramm mit logischen Verknüpfungen • Aktualisierung der Vorgänge bzw. über Level 4	• Analyse des kritischen Pfads (CPM) • Integration von Herstellerangaben, Fertigung- und Lieferterminen • Darstellung von Bau- und Montagesequenzen, • Fertigstellung von Systemen und Inbetriebnahme • Bewertung mit Ressourcen (kritische und allgemeine Abhängigkeiten) • Einarbeitung von Kosten • Zur Ausschreibung an Nachunternehmer
Level 4	• Zeitskaliertes Netzwerkdiagramm • Balkendiagramm mit logischen Verknüpfungen • Aktualisierung der Vorgänge	• Darstellung und Verfolgung einzelner Termine • Abgleich mit Feldüberwachung und Subunternehmer-Input • Koordinierung der Gewerke • Einarbeitung von detaillierten Vorgaben für Kolonnen (Crews)
Level 5	• Balkendiagramm mit logischen Verknüpfungen • Tabellen, Listen • Aktualisierung der Vorgänge	• Weitere Detailierung Level 4 • Einzelne Vorgänge (=Aufgaben) für die kommenden 2 bis 3 Wochen • Entwickelt für die Vorarbeiter-Ebene • Vorgänge werden auf Vorarbeiterebene verfolgt • wöchentliche Überprüfung

Tab. 8.2 Terminplanebenen Zielgruppen

Numerisch	Beschreibungen	Zielgruppe	Genauigkeit
Level 1	Executive Schedule	Top Management	Grob
	Project Master Schedule (PMS)		
	Project Milestone Schedule		
Level 2	Management Schedule	Top Management	Niedrig
	Project Summary Schedule	Projektleitung	
Level 3	Progress Schedule	Projektleitung	Medium
	Integrated Project Schedule	Baustellenleitung	
	Project Control Schedule (PCS)		
Level 4	Functional Intermediate Schedule	Abschnittsleitung	Hoch
	Working Schedule	Vorarbeiter	
Level 5	Look Ahead Schedule	Baustellenleitung	Fein
	Detail Work Schedule/Plan	Abschnittsleitung	
		Supervision	
		Vorarbeiter	

Abb. 8.4, 8.5 und 8.6 zeigen die unterschiedliche Detailtiefe der entsprechenden Ebene auf. Im Level 1 wird die Bau- und Montage übergeordnet dargestellt, lediglich in der Unterteilung Prozessanlage und Nebenanlagen, während im Level 2 bereits eine weitere Aufsplitterung in den Prozessanlagen und Nebenanlagen, entsprechend den Gewerken, durchgeführt wurde. Der Level 3 strukturiert hingegen den einzelnen Gewerken noch detaillierter.

Die Verwendung

Neben den Vorgaben für die Planung und Kontrolle der Vorgänge, dient der Terminplan auch dazu, die Parteien zu schützen.

Vertragliche Meilensteine dienen dazu, den Parteien ein Instrument in die Hand zu gegeben, frühzeitig Terminabweichungen entgegenzuwirken. Zum einem können diese Meilensteine zahlungsauslösende Ereignisse sein, um die jeweilige Partei zu motivieren diesen Termin einzuhalten damit Geld fließt. Eine andere Methode wäre diesen Meilenstein mit einer Vertragsstrafe zu Verbinden. Tab. 8.4 zeigt einige Beispiel auf, wie diese Meilensteine vorteilhaft für das Projekt genutzt werden können.

Tab. 8.3 Terminplanebenen: inhaltliche Gegenüberstellung

Numerisch	Inhalt
Level 1	• Zusammenfassung von Meilensteinen und der Gruppierungsebenen • Darstellung der Hauptbeschaffungsaktivitäten und der Gesamtinbetriebnahme • Dauer der Hauptaktivitäten der Bau und Montage: 20 % bis 40 % des Auftrags, in der Regel 6 bis 18 Monate (10 % bis 30 % des Auftrags, in der Regel 3 bis 12 Monate)
Level 2	• Unterteilung nach z. B. Erdarbeiten, Fundamente, Rohrleitungen, Prozess-Ausrüstungen • Unterteilung in Bereiche (Prozessanlage/Nebenanlage) • Einstufung nach Vergabepaketen • Basierend auf der Machbarkeitsstufe • Berücksichtigung von widrigen Witterungsbedingungen • Ausrüstung & Material mit langen Lieferzeiten • Kritische Inbetriebnahme Sequenzen • Dauer der Hauptaktivitäten der Bau und Montage: 10 % bis 20 % des Auftrags, in der Regel 3 bis 9 Monate (5 % bis 15 % des Auftrags, in der Regel 2 bis 6 Monate)
Level 3	• Unterteilung nach Räumlichkeiten (vertikal und/oder horizontal) oder Prozesssysteme • Level 2 (Erdarbeiten, Fundamente, Rohrleitungen, Prozess-Ausrüstungen usw.) unterteilt in Komponententeile • Berücksichtigung von widrigen Witterungsbedingungen • Detaillierte Liefer-Sequenzen • Integrierter, detaillierte Ablauf der Inbetriebnahme • Dauer der Hauptaktivitäten der Bau und Montage: 2 % bis 5 % des Auftrags, in der Regel 3 bis 12 Wochen (1 % bis 3 % des Auftrags, in der Regel 2 bis 6 Wochen)
Level 4	• Unterteilung nach Räumlichkeiten (vertikal und/oder horizontal) oder Prozesssysteme • Level 3 (Erdarbeiten, Fundamente, Rohrleitungen, Prozess-Ausrüstungen usw.) unterteilt in Fragmente und Aktivitäten der Subunternehmer und/oder Gewerke • Berücksichtigung von widrigen Witterungsbedingungen • Detaillierte Beschaffungs- und Inbetriebnahme-Aktivitäten • Dauer der Hauptaktivitäten der Bau und Montage: 1 % bis 3 % des Auftrags, in der Regel 2 bis 6 Wochen (1 % bis 2 % des Auftrags, in der Regel 2 bis 4 Wochen)
Level 5	• Die Arbeiten werden den Baustellenkolonnen zugewiesen • Heruntergebrochen auf spezifische Detailabläufe, sodass die Arbeiten im Einzelnen geplant werden und dass Materialien und Zeichnungen diesen Arbeiten zugeordnet werden können • Dauer der Aktivitäten: ein paar Tagen bis zu drei Wochen

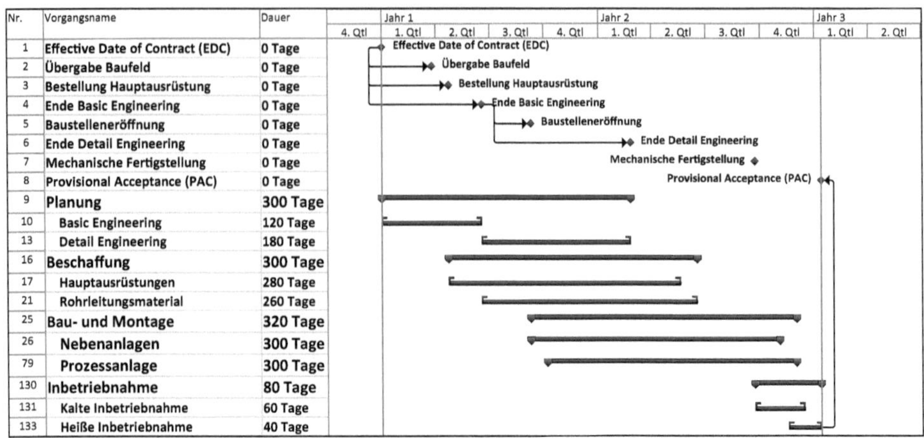

Abb. 8.4 Executive Schedule Level 1

Meilenstein (1) motiviert den Nachunternehmend fristgerecht zu mobilisieren und z. B. einen Teil seiner Anzahlung oder einen fixen Betrag zu erhalten. Der Vorteil für den Anlagenbauer bzw. für das Projekt ist, das mit den vertraglichen Leistungen begonnen werden kann.

Meilenstein (2) motiviert den Anlagenbauer terminkritische Arbeiten abzuschließen, damit mit den nachfolgenden Arbeiten vorangegangen werden kann. Auch hierbei ist der Geldfluss die Motivation.

Anders sieht es bei Meilenstein (3) aus. Die Fertigstellung des Untergrunds ist eines der wichtigsten Ereignisse auf der noch jungen Projektschiene. Nach dem der Untergrund geschlossen ist, ist eine ausreichende Zugänglichkeit zum Baufeld für alle weiteren Gewerke gegeben. Die Motivation besteht hier in einer Vertragsstrafe, da das nicht rechtzeitige Rückverfüllen für gestörte Bauabläufe sorgt und zu finanziellen Schäden führen kann.

Die Liste ist im Sinne des Projektes weiterzuentwickeln.

▶ ***Es gilt aber zu bedenken, dass nicht nur Rechte, sondern auch Pflichten hier berücksichtigt sind.***

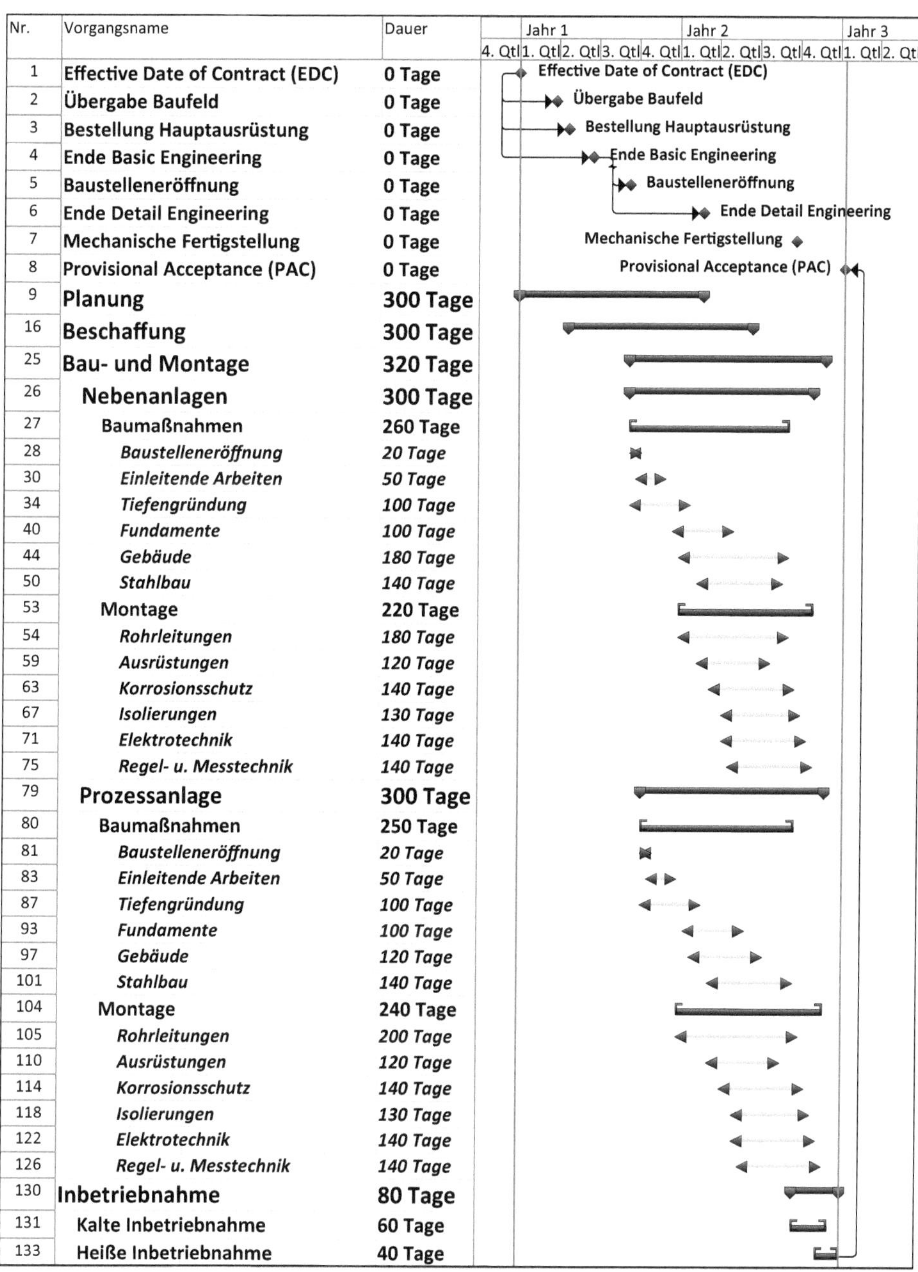

Nr.	Vorgangsname	Dauer
1	**Effective Date of Contract (EDC)**	**0 Tage**
2	**Übergabe Baufeld**	**0 Tage**
3	**Bestellung Hauptausrüstung**	**0 Tage**
4	**Ende Basic Engineering**	**0 Tage**
5	**Baustelleneröffnung**	**0 Tage**
6	**Ende Detail Engineering**	**0 Tage**
7	**Mechanische Fertigstellung**	**0 Tage**
8	**Provisional Acceptance (PAC)**	**0 Tage**
9	**Planung**	**300 Tage**
16	**Beschaffung**	**300 Tage**
25	**Bau- und Montage**	**320 Tage**
26	**Nebenanlagen**	**300 Tage**
27	**Baumaßnahmen**	**260 Tage**
28	***Baustelleneröffnung***	***20 Tage***
30	***Einleitende Arbeiten***	***50 Tage***
34	***Tiefengründung***	***100 Tage***
40	***Fundamente***	***100 Tage***
44	***Gebäude***	***180 Tage***
50	***Stahlbau***	***140 Tage***
53	**Montage**	**220 Tage**
54	***Rohrleitungen***	***180 Tage***
59	***Ausrüstungen***	***120 Tage***
63	***Korrosionsschutz***	***140 Tage***
67	***Isolierungen***	***130 Tage***
71	***Elektrotechnik***	***140 Tage***
75	***Regel- u. Messtechnik***	***140 Tage***
79	**Prozessanlage**	**300 Tage**
80	**Baumaßnahmen**	**250 Tage**
81	***Baustelleneröffnung***	***20 Tage***
83	***Einleitende Arbeiten***	***50 Tage***
87	***Tiefengründung***	***100 Tage***
93	***Fundamente***	***100 Tage***
97	***Gebäude***	***120 Tage***
101	***Stahlbau***	***140 Tage***
104	**Montage**	**240 Tage**
105	***Rohrleitungen***	***200 Tage***
110	***Ausrüstungen***	***120 Tage***
114	***Korrosionsschutz***	***140 Tage***
118	***Isolierungen***	***130 Tage***
122	***Elektrotechnik***	***140 Tage***
126	***Regel- u. Messtechnik***	***140 Tage***
130	**Inbetriebnahme**	**80 Tage**
131	**Kalte Inbetriebnahme**	**60 Tage**
133	**Heiße Inbetriebnahme**	**40 Tage**

Abb. 8.5 Management Schedule Level 2

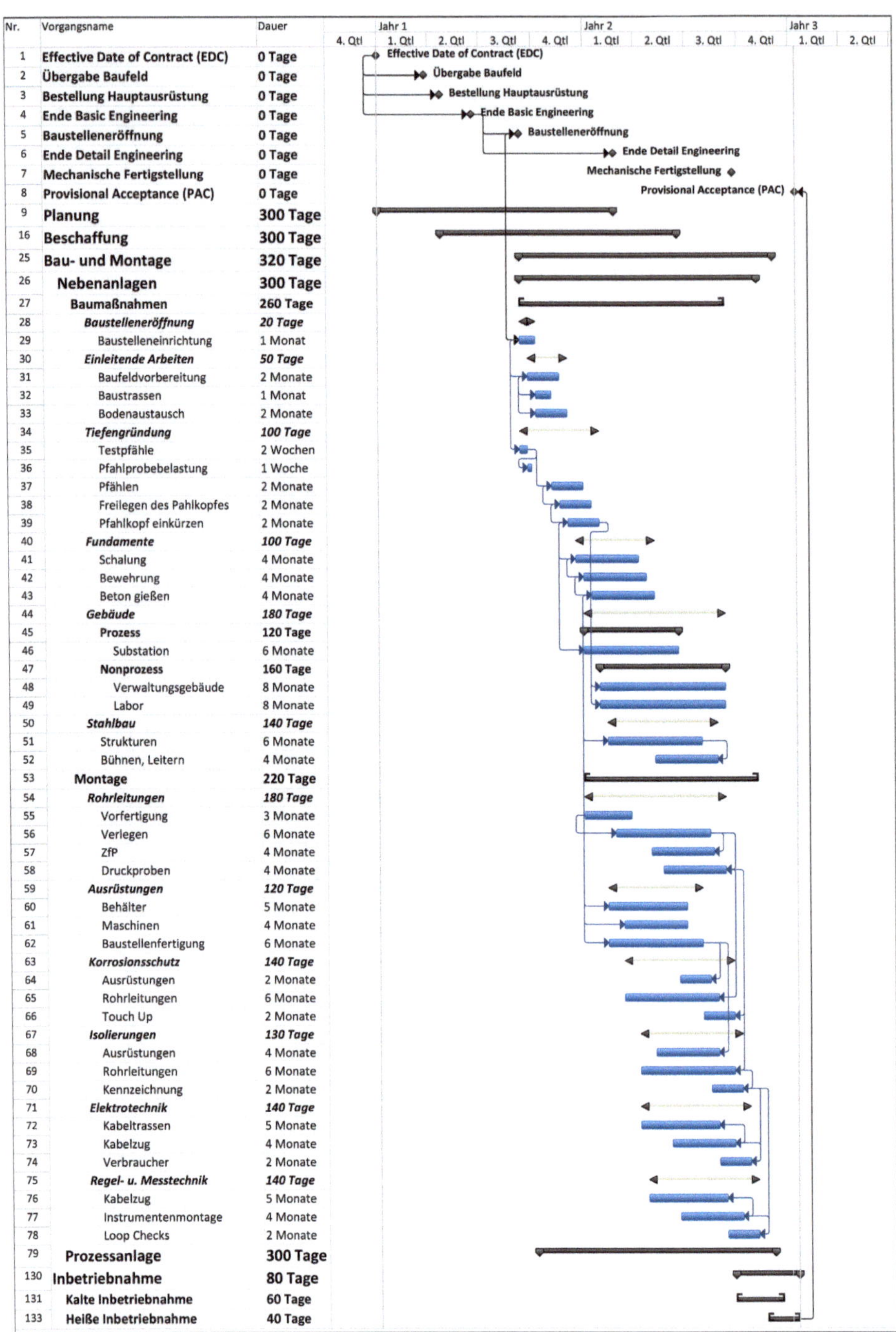

Nr.	Vorgangsname	Dauer
1	**Effective Date of Contract (EDC)**	**0 Tage**
2	**Übergabe Baufeld**	**0 Tage**
3	**Bestellung Hauptausrüstung**	**0 Tage**
4	**Ende Basic Engineering**	**0 Tage**
5	**Baustelleneröffnung**	**0 Tage**
6	**Ende Detail Engineering**	**0 Tage**
7	**Mechanische Fertigstellung**	**0 Tage**
8	**Provisional Acceptance (PAC)**	**0 Tage**
9	**Planung**	**300 Tage**
16	**Beschaffung**	**300 Tage**
25	**Bau- und Montage**	**320 Tage**
26	**Nebenanlagen**	**300 Tage**
27	**Baumaßnahmen**	**260 Tage**
28	***Baustelleneröffnung***	***20 Tage***
29	Baustelleneinrichtung	1 Monat
30	***Einleitende Arbeiten***	***50 Tage***
31	Baufeldvorbereitung	2 Monate
32	Baustrassen	1 Monat
33	Bodenaustausch	2 Monate
34	***Tiefengründung***	***100 Tage***
35	Testpfähle	2 Wochen
36	Pfahlprobebelastung	1 Woche
37	Pfählen	2 Monate
38	Freilegen des Pahlkopfes	2 Monate
39	Pfahlkopf einkürzen	2 Monate
40	***Fundamente***	***100 Tage***
41	Schalung	4 Monate
42	Bewehrung	4 Monate
43	Beton gießen	4 Monate
44	***Gebäude***	***180 Tage***
45	**Prozess**	**120 Tage**
46	Substation	6 Monate
47	**Nonprozess**	**160 Tage**
48	Verwaltungsgebäude	8 Monate
49	Labor	8 Monate
50	***Stahlbau***	***140 Tage***
51	Strukturen	6 Monate
52	Bühnen, Leitern	4 Monate
53	**Montage**	**220 Tage**
54	***Rohrleitungen***	***180 Tage***
55	Vorfertigung	3 Monate
56	Verlegen	6 Monate
57	ZfP	4 Monate
58	Druckproben	4 Monate
59	***Ausrüstungen***	***120 Tage***
60	Behälter	5 Monate
61	Maschinen	4 Monate
62	Baustellenfertigung	6 Monate
63	***Korrosionsschutz***	***140 Tage***
64	Ausrüstungen	2 Monate
65	Rohrleitungen	6 Monate
66	Touch Up	2 Monate
67	***Isolierungen***	***130 Tage***
68	Ausrüstungen	4 Monate
69	Rohrleitungen	6 Monate
70	Kennzeichnung	2 Monate
71	***Elektrotechnik***	***140 Tage***
72	Kabeltrassen	5 Monate
73	Kabelzug	4 Monate
74	Verbraucher	2 Monate
75	***Regel- u. Messtechnik***	***140 Tage***
76	Kabelzug	5 Monate
77	Instrumentenmontage	4 Monate
78	Loop Checks	2 Monate
79	**Prozessanlage**	**300 Tage**
130	**Inbetriebnahme**	**80 Tage**
131	**Kalte Inbetriebnahme**	**60 Tage**
133	**Heiße Inbetriebnahme**	**40 Tage**

Abb. 8.6 Progress Schedule Level 3

Tab. 8.4 Beispiel Vertragliche Meilensteine

Nr.	Beschreibung	Definition	Parteien	Ereignis
1	Mobilisierung Nachunternehmer	Nachunternehmer ist auf der Baustelle mobilisiert und nimmt die vertraglichen Arbeiten auf.	Anlagenbauer. <=> Nachuntern.	Zahlungsauslösend
2	Fertigstellung Tiefengründung	Alle Pfahlarbeiten abgeschlossen	Kunde <=> Anlagenbauer	Zahlungsauslösend
3	Fertigstellung Untergrund	Alle unterirdischen Arbeiten abgeschlossen und rückverfüllt.	Anlagenbauer <=> Nachuntern.	Vertragsstrafe

8.7 Zusammenfassung

Terminpläne existieren in den unterschiedlichsten Formen. Sie dienen zum einen dazu, den Verantwortlichen im Unternehmen einen Überblick über den Status der einzelnen Projekte zu geben, zum anderen als detaillierte Ablaufplanung um Prozesse und Teilprozesse terminorientiert zu steuern und abzuschließen.

In dem Terminplan werden Vorgänge geplant und Meilensteine fixiert. Vorgänge werden untereinander verknüpft und mit Ressourcen bewertet. Früheste- und Späteste-Termine bilden den Rahmen, indem die Leistungen zeitlich zu erbringen sind.

Die Detailplanung erfolgt entsprechend dem Kenntnisstand der entsprechenden Projektphase. Abweichungen, zusätzliche Erkenntnisse usw. lassen den Terminplan über die gesamte Projektlaufzeit „leben".

Unterschiedliche Verwendungen des Terminplans, mannigfache Anwendungen wie beispielsweise in Tab. 8.1 dargestellt erfordern eine flexible jedoch standardisierte Form und Darstellung der Termine.

Wie immer der Terminplan auch letztendlich bezeichnet wird, entscheidend ist, dass alle Projektbeteiligten das gleiche Verständnis über inhaltliche Darstellung und verwendeten Zweck haben.

Ablaufplan

9

In Ablauf- und Terminpläne der Bau und Montage werden die Reihenfolge und die Zeiträume widergespiegelt, in denen Leistungen zu erbringen sind. Dazu ist es primär erforderlich, die Sequenzen der einzelnen Gewerke untereinander zu bestimmen und in Relation zu setzen. Den Sequenzen ist der Bedarf der erforderlichen Ressourcen zuzuordnen, und mit den gesamten verfügbaren Ressourcen zu vergleichen. Aus der Zuordnung verfügbarer Ressource ergeben sich die Dauern für die einzelnen Vorgänge.

Zur Ermittlung der Ressourcen können zwei unterschiedliche Verfahren angewendet werden, der „Top Down Ansatz“ oder der „Bottom Up“ Ansatz.

Der „Top Down Ansatz“ erfolgt meistens unter Verwendung eines Dreisatzes. Bei der Vorgabe des Ausführungszeitraums und bekanntem Output lassen sich die erforderlichen Ressourcen schnell ermitteln. Für Plausibilitätsprüfungen und Verwendung in einem Terminplan der Stufe 2 eine gute und sinnvolle Methode. Sind weitere detaillierte Untersuchungen zu tätigen, sollte die Größe der Ressource über ihren Bedarf her bestimmt werden, also Bottom Up“. Auf die Ressourcenermittlung wird in Abschn. 13.1.1 näher eingegangen.

Grundsätzlich sei darauf hingewiesen, dass die Ermittlung und Zuordnung der für das Projekt erforderlich Ressourcen auch als Teil einer Machbarkeitsuntersuchung zu sehen ist. Sollten die erforderlichen Ressourcen, aus welchen Gründen auch immer, nicht in der benötigten Menge zur Verfügung stehen, sind Probleme vorprogrammiert und im schlimmsten Fall sind die Termine nicht zu halten.

9.1 Rahmenbedingungen als Einflussfaktoren

Bei der Planung sind des Weiteren auch die Umgebungsbedingungen zu berücksichtigen. Die wesentlichen Rahmenbedingungen eines Projektes, die die Planung entscheidend beeinflussen sind, wie oder ob die Anlage in einen bestehenden Anlagenkomplex integriert

T. Günther, *Baustellenmanagement im Anlagenbau*,
https://doi.org/10.1007/978-3-662-69329-2_9

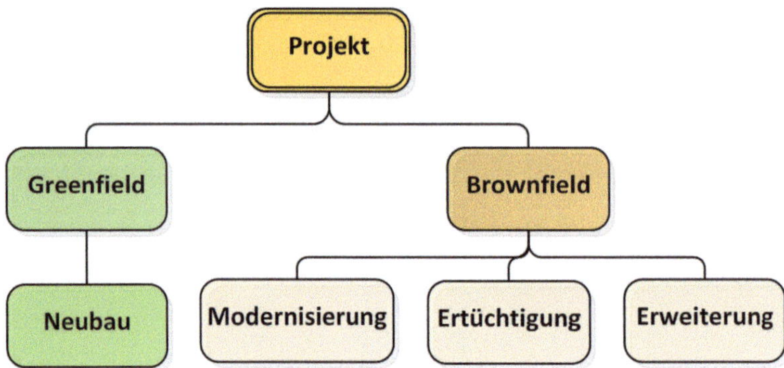

Abb. 9.1 Projektarten

wird oder auf der „grünen Wiese". Des Weiteren bilden die äußeren klimatischen Bedingungen als auch kulturelle Aspekte wichtige Einflussfaktoren.

Gemäß Abb. 9.1 beinhalten Projekte des Anlagenbaus nicht nur den Neubau einer Anlage, sondern auch das Erweitern, Ertüchtigen (Kapazitätssteigerung) und Modernisieren (Reduzierung von Emissionen, Aufwertung von Produkten usw.) von bestehenden Anlagen oder Teilen.

9.1.1 Greenfield/Grassroot

„Greenfield" bedeutet, dass die Anlage auf der „grünen Wiese" also auf unerschlossenem Gelände gebaut wird. Hierbei handelt es sich meistens um Neuanlagen oder um Anlagen, die umgesiedelt werden. Ergänzend zu dem eigentlichen Bau der Anlage kommt noch die Anbindung der Anlage(n) an die vorhandene Infrastruktur hinzu, oder die Errichtung einer neuen Infrastruktur.

Vorteile:

- Keine Rückbau- oder Demontagearbeiten
- In der Regel großzügige Freiflächen
- Optimierung der Aufstellungsplanung
- Möglichkeiten für zukünftige Anlagenerweiterungen

Nachteile:

- Keine vorhandenen Nebenanlagen (Strom, Wasser, usw.)
- Fehlende Infrastruktur (Zufahrten, Anbindung an öffentliche Netze, usw.)
- Umfangreiche Erdarbeiten (abhängig vom Geländeniveau)

9.1.2 Brownfield

„Brownfield“ bedeutet, dass die Anlage innerhalb eines bereits bestehenden Industriegeländes errichtet wird. Im Allgemeinen ist die Errichtung einer Brownfield-Anlage aufwendiger als die Errichtung einer gleichartigen Greenfield-Anlage. Im Bereich der Baumaßnahmen oder Montagearbeiten befinden sich produzierende Anlagenteile. Hier ist besondere Sorgfalt erforderlich, da die bestehenden Anlagenteilen eine Gefährdung darstellen können. Abhängig von den jeweiligen Medien kann eine Beschädigung dieser Anlagenteile zu gravierenden Unfällen führen, von der Gefährdung von Personen bis hin zu schweren Umweltschäden.

Schwierigkeiten sind bereits im Untergrund zu erwarten. Hier sind mögliche Kontaminierungen zu berücksichtigen, die durch den Betrieb vorherigen oder angrenzenden Anlagen verursacht sein könnten. Des Weiteren besteht bei Brownfield-Projekten die Gefahr, dass im Untergrund Fundamente, Rohrleitungen, Kabel usw. vorhanden sind, die auf den ersten Blick nicht ersichtlich sind.

Der Anlagenbauer ist in solchen Fällen gut beraten, eventuelle Kontaminierungen und/oder das gesamte Bodenrisiko vertraglich auszuschließen.

Im Verhältnis zu Greenfield-Anlagen ist die Produktivität der Bau- und Montagetätigkeiten bei Brownfield-Anlagen niedriger anzusetzen. Dies wird durch umfangreiche, jedoch sinnvolle sicherheitstechnische Vorgaben des Anlagenbetreibers hervorgehoben. Des Weiteren kann die Zugänglichkeit zu der Baustelle, durch Freihalten von Rettungsgassen und/oder für den Betrieb des Tagesgeschäftes, beeinträchtigt werden.

Nicht selten sind die Unterlagen des Betreibers über den Untergrund unvollständig bzw. nicht auf dem aktuellen Stand. So ist des Öfteren der Einsatz von Baumaschinen bei Aushubtätigkeiten eingeschränkt, bzw. sind verstärkt Handausschachtungen (Such-Schachtungen) durchzuführen, um unbeabsichtigte Beschädigungen von unterirdischen Kabeln und Rohrleitungen zu vermeiden. Ist verstärkt mit Behinderungen im Untergrund zu rechnen, stellt das Ausheben eines umlaufenden Grabens um das Baufeld eine bewerte Methode dar. Dadurch wird ein Überblick über Kabel und Rohrleitungen gewonnen, die in das Baufeld laufen, oder aus ihm herauskommen.

Viele Arbeiten benötigen einen Erlaubnisschein. Zum einen handelt es sich um sogenannte Schachtscheine in denen sicherheitsrelevante Maßnahmen für jegliche Arbeiten im Untergrund aufgeführt sind, zum anderen, Erlaubnisscheine für Brenn- und Schneidarbeiten, die mitunter täglich neu zu beantragen sind. Der daraus resultierende organisatorische Aufwand sollte nicht unterschätzt werden, Ebenso sollte frühzeitig untersucht werden, welche zusätzlichen Maßnahmen vom Betreiber gefordert werden. Der Einsatz von Brandwachen bei Brenn- und Schneidarbeiten kann um bis zu 15 % den Personalaufwand bei der Rohrleitungsmontage erhöhen.

Da bei Brownfield-Projekten eine Infrastruktur bereits vorhanden ist, sind die neu zu errichtenden Anlagenteile in den bestehenden Komplex zu integrieren. Erforderliche Einbindungsarbeiten finden größtenteils in einem Anlagenstillstand, dem sog. „Shut Down“

statt. Da ein Stillstand der Anlage immer mit einem Produktionsstopp gleichzusetzen ist, besteht die Möglichkeit von heißer Einbindung bzw. „Hot Taps“. Hier werden neue Rohrleitungen in vorhandenen, in Betrieb befindlichen Rohrleitungen eingebunden. Bei toxischen und/oder explosiven Medien sind dabei besondere Maßnahmen zu treffen.

Zusammenfassend sind die Vorteile bzw. Nachteile bei Brownfield Projekten folgende:

Vorteile:

- Vorhandenen Nebenanlagen (Strom, Wasser, usw.) sofern die Kapazität ausreicht
- Ausgeprägte Infrastruktur (Zufahrten, Anbindung an öffentliche Netze, usw.)

Nachteile:

- Möglicher Rückbau- oder Demontagearbeiten
- Begrenzte Freiflächen
- Mögliche Kontaminierungen
- Geringere Produktivität

9.1.2.1 Revamp

Bei einem Revamp wird der größte Teil der erforderlichen Arbeiten während des Betriebes der Anlage durchgeführt. In der Regel handelt es sich um Modernisierungs- oder Ertüchtigungsarbeiten. Da die bestehende Anlage bereits produziert, ist es im Interesse des Anlagenbetreibers diesen Zustand möglichst lange aufrecht zu halten.

9.1.2.2 Shut Down

Bei einem Anlagenstillstand, dem sogenannten Shut Down, werden die betroffenen Anlagenteile heruntergefahren, um Prüfungen oder Arbeiten an der Anlage durchzuführen, die während des Betriebes zu gefährlich oder nicht machbar wären.

Anlagenstillstände kosten Geld, und sollten möglichst von kurzer Dauer sein. Hoher Personalaufwand auf engsten Raum ist daher der typische Charakter von Stillstandarbeiten. Um diesen Personalaufwand möglichst effektiv, unter Berücksichtigung der Arbeitssicherheit, zur Zufriedenheit aller Beteiligten durchzuführen, sind die Stillstandarbeiten im Detail zu planen. Detailplanung bedeutet hier eine Level 5 Planung, wie sie in Abschn. 8.3.5 detailliert beschrieben wird.

Bei der Planung von Stillstands-Arbeiten werden 3 Phasen unterschieden:

- Arbeiten vor dem Stillstand
- Arbeiten während dem Stillstand
- Arbeiten nach dem Stillstand

9.1.2.3 Shut Down Vorbereitungen

Frühzeitig, bevor die eigentlichen Stillstands Arbeiten beginnen, ist das Sicherheitskonzept für das Herunterfahren der Anlage zu erstellen. Ein wesentlicher Teil des

Sicherheitskonzeptes ist die Isolation (im Sinne von Trennung) der Systeme an den Prüfungen stattfinden, oder an denen gearbeitet werden muss.

Die Isolation ist eine Methode die das Durchfließen von Medien (Flüssigkeit oder Gas) durch Rohrleitungen und Ausrüstungen verhindert, um eine gefahrlose Überprüfung oder Arbeiten an der Rohrleitung gewährleisten zu können Die Isolation wird durch eine oder mehre Absperrungen realisiert.

Eine Absperrung wird in der Regel durch ein Absperrventil erreicht. Wenn keine Absperrarmatur vorhanden ist, erfolgt die Trennung der Systeme durch Abstecken. Abstecken (Blinding) erfolgt unter Verwendung von Steckscheiben.

Bei der Verwendung von Absperrarmaturen ist es aus Sicherheitsgründen erforderlich, dass die Absperrarmatur im geschlossenen Zustand verriegelt werden kann, und somit gegen unbeabsichtigtes Öffnen gesichert ist.

Mitunter ist es erforderlich zwei unabhängige Absperrungen zu berücksichtigen. Dazu bietet sich das sogenannte „Double block and bleed" (DB&B) an. Hierbei kann es, wie in Abb. 9.2 dargestellt um eine Anordnung von einer Erst- und Zweitabsperrung mit einer dazwischen liegenden Entlüftung handeln. Alternativ gibt es diese Anordnung auch als ein Bauteil, welches die gleichen Bedingungen wie die Anordnung erfüllt.

9.1.2.4 Shut Down Arbeiten

Sind Arbeiten oder Prüfungen an den Rohrleitungen und/oder Prozessausrüstungen zu tätigen, sind diese von den durchfließenden Produkten zu entleeren und zu reinigen.

Des Weiteren benötigen sämtliche Arbeiten während eines Stillstandes Arbeitserlaubnisscheine.

Die wesentlichen Erlaubnisscheine sind die konditionierten Freigaben für die Begehung von Ausrüstungen und die Erlaubnis für Schneid-, Brenn-, Heißarbeiten.

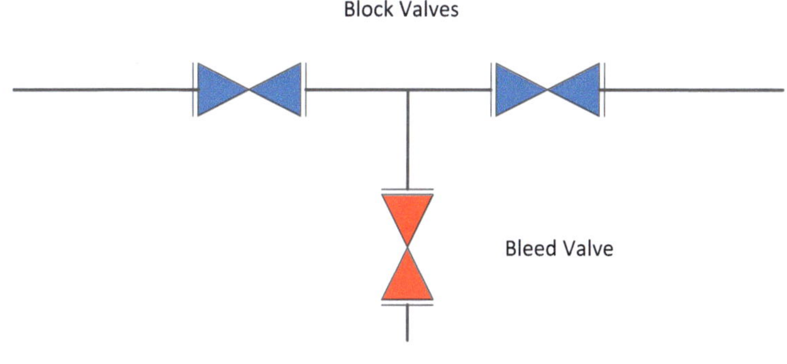

Abb. 9.2 Double block and bleed

Da in der Regel die größte Gefahr durch Heißarbeiten erfolgt, sollte im Vorfeld sorgfältig untersucht werden, welche Arbeiten während des Stillstandes durchzuführen sind, und vor allem, welche alternativen Montageverfahren angewendet werden können.:

Mögliche Alternativen, die im Vorfeld zu überprüfen sind, wären:

- Ist die Arbeit während eines Stillstandes durchzuführen
- Können Kaltarbeiten (Sägen, Schrauben usw.) Heißarbeiten (Schneiden, Brennen, Schweißen usw.) ersetzen
- Müssen die Arbeiten auf dem Montageplatz in der Anlage durchgeführt werden.
- Können die Arbeiten auf sicheren Montageplätzen außerhalb der Anlage ausgeführt werden?

Für die Ausführung der Arbeiten sind folgende Überlegungen durchzuführen:

- Durchführung einer Risikobetrachtung unter der Berücksichtigung von Risikominimierung
- Erstellung von detaillierten Job Cards (siehe Kap. 12.2), auf denen die erforderlichen Arbeiten einschließlich aller Sicherheitsvorkehrungen beschrieben werden.

Falls Heißarbeiten nicht vermieden werden können, sind besondere Schutzmaßnahmen vorzusehen, wie z. B.:

- Arbeitsumgebung mittels funkenresistenten Materials zu schützen
- Einsatz von Brandwachen
- Einsatz von Gasmelder

Grundsätzlich sind bei Heißarbeiten die Bedingungen entsprechend der Arbeitserlaubnis zwingend einzuhalten. Die Erlaubnisscheine spezifizieren den Mindeststandard an persönlicher Schutzausrüstung, die für diese Tätigkeit erforderlich ist. Darüber hinaus werden zusätzliche Sicherheitsmaßnahmen wie Gasmelder, Brandwachen usw. festgelegt.

9.1.3 Klimatische Bedingungen

Klimatischer Bedingungen haben nicht nur einen Einfluss auf die Produktivität und Kosten, sondern auch auf die Psyche der Betroffenen.

Gibt es das perfekte Klima für Menschen?

Im Allgemeinen nicht. Diese Frage beantwortet ein Personenkreis aus dem hohen kanadischen Norden mit Sicherheit anders als die Bewohner im Mittleren Osten. Von daher ist auch bei der Besetzung der Baustelle darauf zu achten, dass nach Möglichkeit eine hohe Anzahl der Projektbeteiligten klimaerprobt sind.

Die wesentlichen klimatischen Beeinflussungen erfolgen durch

- Kälte
- Hitze
- Niederschlag
- Permafrost
- Windgeschwindigkeiten
- Luftfeuchtigkeit

In Abschn. 5.5 Betonbau wurde auf den Temperatureinfluss beim Betonieren hingewiesen.

Für den Ablaufplan stellen die klimatischen Bedingungen einen wichtigen Punkt dar, der im Detail betrachtet werden muss. Nachfolgend sind Beispiels aufgeführt, die einen direkten Einfluss auf die Ablaufplanung ausüben.

Beispiele

Beeinträchtigung der Versorgung der Baustelle während der Schneeschmelze bzw. des Dauerfrostes. Welche Transportfenster stehen zur Verfügung?

Hohe Windgeschwindigkeiten können die Hebevorgänge beeinflussen. Entstehen dadurch terminliche Auswirkungen?

Extrem hohe Außentemperaturen minimieren den Baufortschritt. Lassen sich Leistungen während der Nacht erbringen und welchen Einfluss hat die Nachtschicht auf geplante Hebevorgänge?

Ist die Zugänglichkeit zum Baufeld während der Regenperiode (z. B. Monsun) sichergestellt, und wie wirkt sich der Monsun auf den Fortschritt aus?

Welchen Einfluss hat eine hohe Luftfeuchtigkeit auf die Produktivität?

Extrem starker Schneefall bedeutet neben einer direkten Gefährdung auch eine Einschränkung des Fortschrittes und der Zugänglichkeit. Der Schnee muss geräumt werden, was wiederum Zeit und Kosten in Anspruch nimmt. ◀

Vorgenannte Beispiele zeigen mögliche Auswirkungen auf die Terminschiene auf. Eine Auswertung sogenannter historischer Wetterdaten, sowie ein entsprechender angepasster Maßnahmenkatalog sollte Bestandteil eines jeden Bau- und Montagekonzeptes sein.

Abb. 9.3 zeigt Europas größte LNG-Anlage die von Linde Engineering in Melkoya, Nähe Hammerfest, Norwegen unter extremen winterlichen Bedingungen, modular errichtet wurde.

9.1.4 Kulturelle Bedingungen

Das Arbeiten mit unterschiedlichen Kulturen lässt sich zwar in einem Projekt oder auf der Baustelle nicht bewerten bzw. planen, sollte aber grundsätzlich nicht außer Acht

Abb. 9.3 Baustelle unter winterlichen Bedingungen – LNG Plant (Bild: Linde AG)

gelassen werden. Mitunter können Missverständnisse entstehen, die sich negativ auf den Baustellenablauf auswirken können. Daher sollte im Vorfeld jede Möglichkeit in Betracht gezogen werden, diese Auswirkungen, oder Teil dessen zu eliminieren. Mitglieder in internationalen Baustellenteams sollten detailliert auf ihre Aufgabe vorbereitet werden.

Workshops, in denen die grundlegenden Unterschiede der involvierten Kulturen aufzeigen, fördern das gegenseitige Verständnis und minimieren Missverständnisse, die zu Verzögerungen im Bauablauf führen können.

Nachfolgend sind Beispiele aufgeführt, die zu Kommunikations- oder Interpretationsproblemen auf internationalen Baustellen führen können.

Beispiel

Die spanische Übersetzung für das Wort „morgen" bedeutet mañana. Frag man auf einer Baustelle in Lateinamerika, wann diverses Arbeiten abgeschlossen sind, und man erhält die Antwort „mañana", bedeutet dies nicht unbedingt „innerhalb der nächsten 24 h".

Ein Kopfschütteln hervorgerufen durch Inder bedeutet eine Zustimmung, während in Europa das Kopfschütteln als Ablehnung aufgefasst wird.

Das Zeichen „Alles in Ordnung" (Daumen und Zeigefinger bilden einen Kreis) bedeutet in der westlichen Welt „Alles in Ordnung" Ein Japaner würde bei diesem Zeichen gerne über Geld reden, der südliche Franzose meint das Gegenteil, in Osteuropa und Russland handelt es sich dabei um ein vulgäres Zeichen. ◀

Neben den kulturellen Missverständnissen kann es auch zu sprachlichen Schwierigkeiten kommen. Obwohl auf internationalen Baustellen „Englisch" gesprochen wird, gibt es Länder und Regionen in den die englische Sprache nicht so weit verbreitet ist. Hierbei bietet es sich an, kurze Sätze, verstärkt mit aktiven Verben zu verwenden. Wichtiges sollte wiederholt und zusammengefasst werden.

9.2 Bau- und Montagesequenzen

Die Bau- und Montageplanung beinhaltet die Festlegung sämtlicher Prozesse und Teilprozesse, die in Summe die gesamten Prozesskette abbilden. Eine Optimierung der Prozesskette sollte zu Beginn der Betrachtung nicht auf Lasten von kostbaren Ressourcen aufgestellt werden. Gerade im Anlagenbau führt ein optimierter Einsatz von Ressourcen als alleinige Maßnahme in den seltensten Fällen zum gesetzten Ziel. Dazu sind die Projekte und Aufgaben zu komplex. Durch die Ermittlung und Festlegung sinnvoller Sequenzen zu einer Prozesskette lässt sich zwar ein Optimum darstellen, wird aber nie den Optimierungsgrad einer Serienfertigung erreichen.

▶ ***Wie wird also die Prozesskette festgelegt?***

Zuerst ist ein Strukturplan (=engl. Work Breakdown Structure, WBS), entsprechend den vertraglichen Leistungen zu entwickeln. Abb. 9.4 zeigt einen Strukturplan über die typischen Gewerke bzw. Teilgewerke, die zur Errichtung einer verfahrenstechnischen Anlage erforderlich sind. (Dieser WBS dient auch zur Vergabestrategie. Dabei können die Gewerke einzeln vergeben werden, oder in Paketen bis hin zu einem Generalunternehmer für Bau und Montage.)

Im nächsten Schritt wird die Anlage in geografischen Einheiten, unterteilt. Geografische Einheiten sind übersichtliche und räumlich voneinander getrennte Flächen, in denen, unabhängig von anderen Einheiten, gearbeitet werden kann.

▶ ***Hier gilt das Prinzip, je komplexer die Anlage, desto detaillierter die Unterteilung.***

Nach der räumlichen Trennung erfolgt die Zuordnung der Gewerken.

Systeme, wie z. B. Rohrleitungen, die raumübergreifen sind, werden separat erfasst. Der Montagebeginn dieser Systeme erfolgt zunächst unter folgenden montagetechnischen Gesichtspunkten,

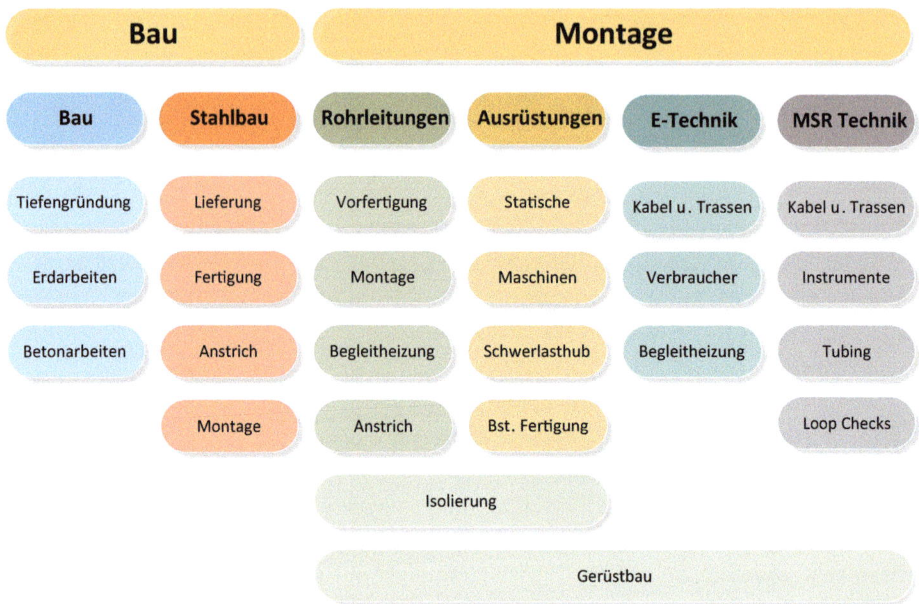

Abb. 9.4 WBS Bau- und Montage

- Zugang
- Reihenfolge
- Aufwand bzw. Montagedauer.

Anschließend erfolgt die Betrachtung aus Sicht der Inbetriebnahme, also wann werden diese Systeme benötigt, bzw. wann sind sie fertigzustellen.

Wie Abb. 9.5 zeigt, verbinden Rohrleitungen auf Rohrbrücken Nebenanlagen und Prozessanlagen untereinander. Aus Sicht der Inbetriebnahme sind die Nebenanlagen zuerst fertigzustellen. Für die voranschreitenden Inbetriebnahme Aktivitäten der Prozessanlage sind grundliegende Betriebsmittel wie Luft, Wasser, Dampf usw. erforderlich. Rohrbrücken werden demzufolge zuerst benötigt. Die Errichtung der Rohrbrücke erfolgt über die Arbeitsschritte Erdarbeiten, Betonarbeiten und Errichtung des Stahlbaus. Diese Arbeiten werden räumlich geplant. Das Belegen der Rohrbrücke mit Rohrleitungen erfolgt zuerst unter Nutzung der montagetechnischen Grundregeln.

> ***Zuerst die großen Durchmesser danach die kleineren. Zuerst der Stahl, dann die GfK Rohrleitungen.***

Da nicht alle Rohrleitungen zum gleichen Tag fertig werden müssen, erfolgt ungefähr nach 2/3 der Gesamtrohrleitungsmontage die Fertigstellung der Rohrleitungen

Abb. 9.5 Rohbrücken innerhalb der TDI-Anlage von Bayer Dormagen (Bild: Bayer AG)

entsprechend der notwendigen Verfügbarkeit der Systeme. Dazu werden sämtliche Rohrleitungen bezüglich ihrer Medien und Aufgabe in Systeme zusammengefasst. Das System Kühlwasser beinhaltet die Leitungen, die Wasser für den Kühlprozess transportieren. Andere System wie z. B. Feuerlösch, Dampf, Gas usw. runden das Bild ab. Die Systeme werden gemeinsam zwischen Montageplaner und Planer der Inbetriebnahme definiert und sequenziert. Diese Struktur und Reihenfolge bilden den „roten Faden" der Prozesskette.

Die Systeme werden im weiteren Verlauf den geografischen Einheiten zugeordnet. Welche Rohrleitung (aus welchem System) verläuft von A nach B über welche Rohrbrücke?

Erschwerend kommt nun hinzu, dass die Systeme nicht immer in den Grenzen von geografischen Einheiten und Strukturen hereingepresst werden können. Das System Synthese-Gas befindet sich z. B hauptsächlich in der Prozessanlage Synthese, während das Kühlwasser durch alle Prozessanlage und Nebenanlage laufen kann.

Bei der Verlegung des Kühllaufsystems sind neben den Rohrbrücken auch teilweise die Untergründe betroffen.

Bei der Planung ist nun so vorzugehen, dass die Untergrundarbeiten und Rohrbrücken mit ausreichendem Vorlauf ausgeführt werden. Untergrundarbeiten schränken grundsätzlich die Beweglichkeit im Baufeld ein.

Erschwerend könnte noch hinzukommen, dass die erforderlichen Ressourcen nicht durch einen Nachunternehmer abgedeckt werden können. Also müssen bestimmte Leistungen als Teilleistungen an mehrere Nachunternehmer vergeben werden. Man spricht somit von einer Losgrößenvergabe. Das bedeutet, dass bei gleichen Gewerken mehrere Nachunternehmer erforderlich sind.

▶ ***Sollte bei der Errichtung der Anlage mehrere Nachunternehmer gleicher Gewerke eingebunden sein, so sollte mindestens die unterste Ebene des Strukturplans dieses wiederspiegeln.***

Ergänzend ist hinzuzufügen, das für jeden Nachunternehmer eigene Montagesequenzen zu bilden sind. Nachdem diese Grundlagen ermittelt und bearbeitet wurden, erfolgt die Terminierung. Dazu werden die Gewerke bzw. Teilgewerke in der zeitlichen Abhängigkeit zueinander betrachtet.

Ziel ist es hierbei, die erforderlichen Bau- und Montageleistungen so lange in Teilaufgaben bzw. Vorgänge zu zerlegen, bis diese eine überschaubare Größe erhalten. Den einzelnen Vorgängen sind Start- und Endtermine zuzuordnen. Des Weiteren sind die Abhängigkeiten der Teilleistungen untereinander zu erfassen und deren Abhängigkeiten zum Planungsprozess (=Verfügbarkeit von Unterlagen) und Beschaffungsprozess (=Verfügbarkeit von Materialien) darzustellen.

Abb. 9.6 zeigt eine typische Struktur eines Terminplans.

Je nach Größe des Projektes erfolgt wie bereits beschrieben die Einteilung in geografischen Einheiten. Die erste Ebene ist das Projekt. Das Projekt wird wiederum in die entsprechenden Prozessanlagen unterteilt, wobei eine räumliche Trennung dieser Prozessanlagen unterstellt wird, und den geografischen Einheiten zugeordnet. Parallel dazu werden die die Nebenanlagen aufgeführt.

Die Prozessanlagen und Nebenanlagen werden weiterhin entsprechend ihrer räumlichen Trennung in Bau- und Montageabschnitte unterteilt. Die weitere Unterteilung verlässt nun die räumliche Trennung und bezieht sich auf die Systeme. Eine Prozessanlage verfügt in der Regel über mehrere Systeme, die über die Grenzen der geografischen Einheiten hinausgehen.

Aus Sicht der Planung erfolgt nun die Festlegung welche geografische Einheit zuerst errichtet wird. Unter Berücksichtigung des Top Down Ansatzes (Inbetriebnahme Sequenzen) werden einzelne Systeme / geografischen Einheiten mit Prioritäten versehen, und unter Zugrundelegung nachfolgend aufgeführter Gesichtspunkte definiert.

- Verfügbarkeit von technischen Unterlagen
- Verfügbarkeit von Material, Lieferzeiten
- Verfügbarkeit von Arbeitsfronten
- Inbetriebnahme Sequenzen
- Montagetechnische Bedingungen

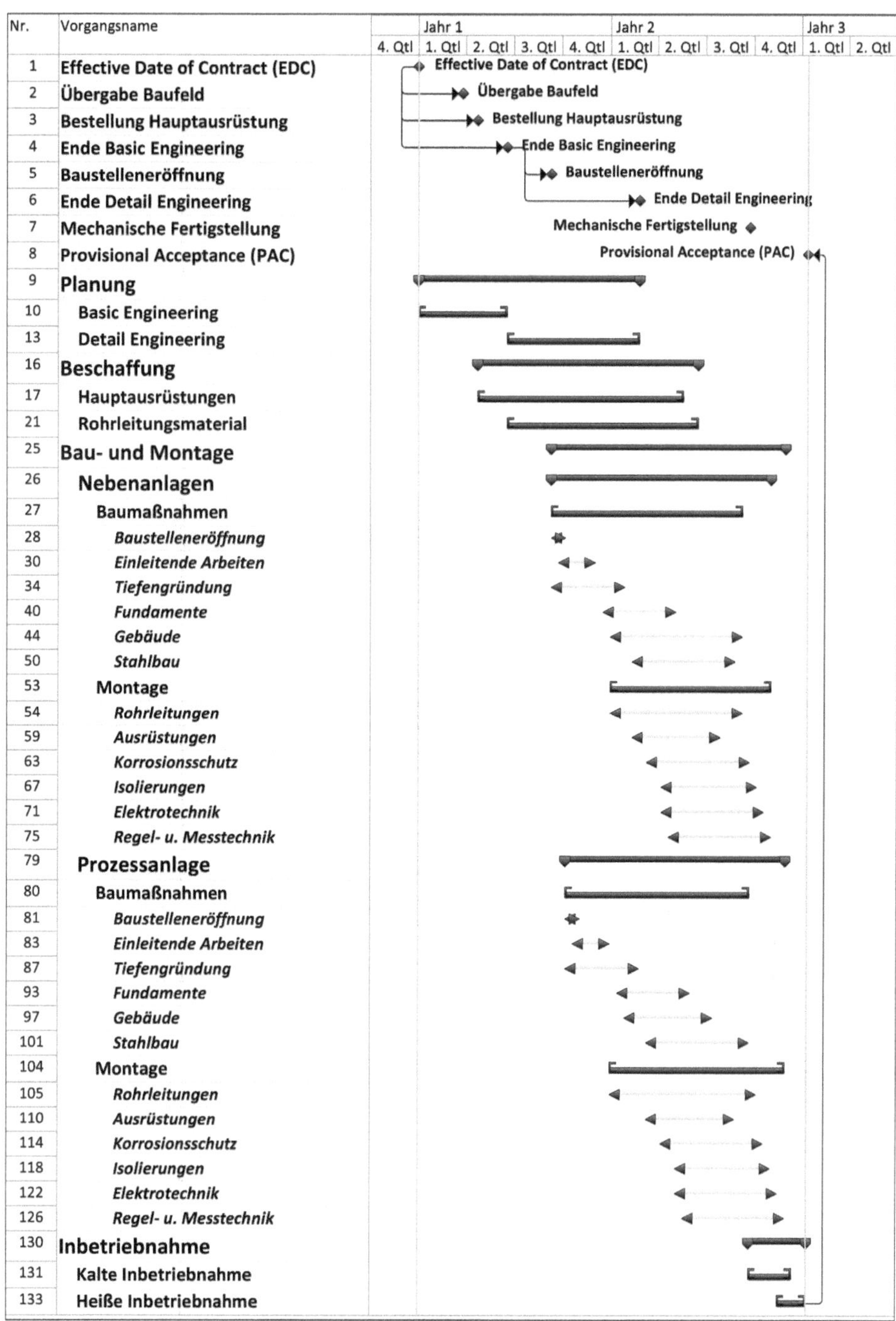

Abb. 9.6 Terminplan Bau- und Montage

Zu Beginn der Ausführungsphase wird erstmal nach der Devise „Massenfertigung“ gearbeitet. Hier heißt es, entsprechend den verfügbaren Materialien und den dazugehörigen Zeichnungen zu arbeiten. Der Start der Bau- und Montagearbeiten richtet sich demzufolge nach der Verfügbarkeit von Dokumenten und Materialien. Ausgehend von einer ausreichenden Auslastung der Nachunternehmer, ist der Bau- und Montagebeginn so früh wie möglich und so spät wie nötig zu wählen. Sollte der Starttermin zu früh gewählt werden, kommt ein weiterer Einflussfaktor ins Spiel.

Dieser nicht unwesentliche Einflussfaktor ist ein möglicher Anstieg der Montagekosten aufgrund von Änderungsarbeiten und Mehrkosten, da das Engineering zu einem zu frühen Termin noch nicht ausgereift. Untersuchungen im „The Alberta Report, COAA Major Projects Benchmarking Summary” haben ergeben, dass der Fortschritt der Planung einen direkten Einfluss aufsteigende Bau- und Montagekosten hat.

Der erreichte bzw. geplante Fortschritt des Engineerings zu Beginn der Ausführungsphase (Bau und Montage) ist dabei eine entscheidende Kennzahl. Der Trend zeigt, dass je vorangeschrittener das Engineering ist, desto geringer fallen die Kostenerhöhungen während der Ausführungsphase aus. Kostenerhöhungen ergeben sich aus:

- Änderungsarbeiten
- Revisionen von Zeichnungen
- Wartezeiten aufgrund von fehlenden Zeichnungen
- Effizienz-Verluste durch nicht vollständiges Material
- Usw.,

Dieser Trend setzt sich bis zu einem bestimmten Zeitpunkt fort. Der optimale Wert stellt sich bei etwa 60 % Fortschritt des Engineerings ein. Dieses Ergebnis spiegelt die Erkenntnis, unter anderem auch aus Studien des Construction-Industry-Institut (CII), Universität von Texas, Austin, wider. Diese Ergebnisse sollen statistisch signifikant sein, was wiederum bedeuten würde, dass eine enge Beziehung zwischen dem Planungsstand vor Baubeginn und steigenden Bau- und Montagekosten besteht. (40 S. 26).

Die Empfehlung geht hier von einem Fertigstellungsgrad des Engineerings zu Beginn der Bau- und Montage von 60 % aus.

Abb. 9.7 zeigt die prinzipiellen Abhängigkeiten der Bau- und Montagegewerke untereinander, anhand einer Zeitachse, die nur den Bau- und Montageablauf widerspiegelt. (Die Zeitachse ist exemplarisch mit 25 Monaten gewählt, sodass ein Monat eine Wertigkeit von 4 % besitzt. Kürze Montagezeiträume können somit linear angepasst werden.) Je nach Gewerk ist sicherzustellen, dass die vorherigen Gewerke einen ausreichenden Vorlauf erhalten, um dem Nachfolgegewerk die notwendigen Arbeitsfronten bereitzustellen.

Nach der Herstellung der Tiefengründung folgen die Betonarbeiten für die Fundamente. Nach ca. 4–6 Wochen sollten die ersten Stahlbauteile für die Rohrbrücken installiert werden. Nach ca. 20 % Fortschritt werden die ersten Stahlbaustrukturen für die

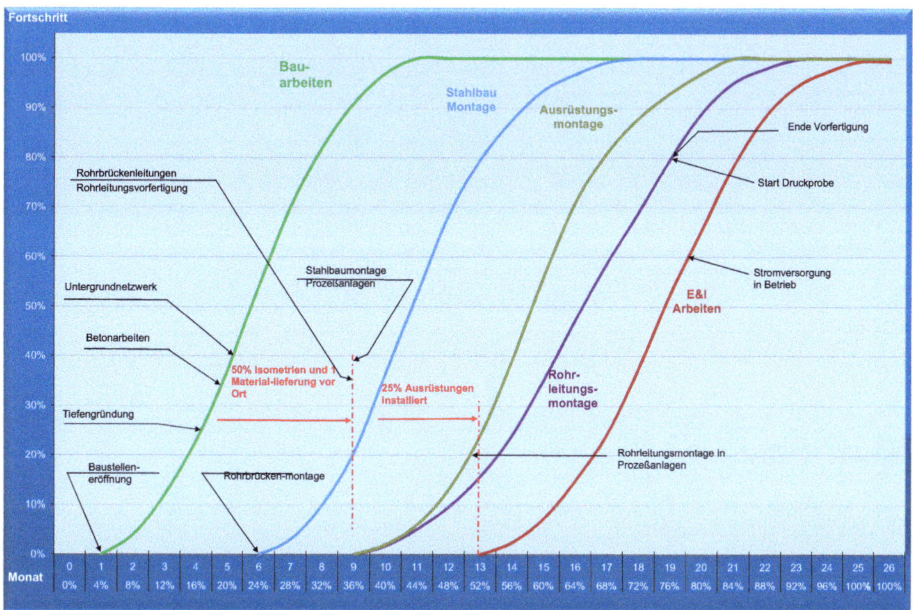

Abb. 9.7 Zeitliche Abhängigkeit der Gewerke

Prozessanlagen errichtet. Dieser Zeitpunkt bietet sich, sofern die erste Bestellung von Rohrleitungsmaterial auf der Baustelle eingetroffen, für den Beginn der Rohrleitungsmontage auf den Rohrbrücken und der Rohrleitungsvorfertigung an. Dazu ist aber, als weitere Vorbedingung, die Verfügbarkeit von ungefähr 50 % der Isometrie erforderlich. Nur dadurch kann eine ausreichende Auslastung der Rohrleitungsmontage und Vorfertigung erreicht werden. Die Rohrleitungsmontage in den Prozessanlagen beginnt idealerweise, wenn ein Viertel der Ausrüstungen verfügbar ist. Üblicherweise erfolgt zur Hälfte der Baustelle der Beginn der Elektroarbeiten.

Neben den logischen Sequenzen, das natürlich erst das Fundament zu bauen ist, bevor der Stahlbau montiert werden kann, hat auch die Machbarkeit (Constructability) einen Einfluss auf die Prozesskette.

So sind ausreichend Zugänge zu den Arbeitsplätzen bzw. –bereichen sicherzustellen. Eine Unterbrechung der Stahlbaumontage muss berücksichtigt werden, wenn eine Ausrüstung montiert werden muss, die nach Fertigstellung des Stahlbaus nicht mehr eingebracht werden kann.

Arbeitsfronten für Bereiche mit einer hohen Leistungserbringung bzw. einer langen Montagezeit wie baustellengefertigte Tanke, sind frühzeitig zu beginnen.

Eine alte Grundregel des Anlagenbauers, die nach wie vor Gültigkeit besitzt, lautet:

▶ ***Von „schwer“ nach „leicht“ und von „innen“ nach „außen“.***

Abb. 9.8 Ausrüstungsgerüst einer Bayer Anlage (Bild: Bayer AG)

Die Berücksichtigung montagebedingte Sequenzen soll sicherstellen, dass eine Reihenfolge gewählt wird, die ein Zubauen der Baustelle verhindert. So werden Rohrbrücken stets zu Beginn montiert, da sie in der Regel im Mittelpunkt des Anlagenkomplexes liegen. Ausrüstungen, die in einem Stahlgerüst angeordnet sind wie Abb. 9.8 zeigt, sind bereits während der Stahlbaumontage zu installieren. Verspätete Eintrefftermine der Ausrüstungen auf der Baustelle führen zu deutlichen höheren Aufwendungen für die Montage, oder üben einen negativen Einfluss auf die Termine aus.

9.3 Zusammenfassung

Projekte bestechen durch ihre Einmaligkeit, unabhängig ob es sich um einen Neubau, eine Erweiterung oder Modernisierung einer Anlage handelt. Die Baustellenabwicklung eines Projektes, bedingt durch die technischen Ansprüche, als auch durch die lokalen und klimatischen Bedingungen, erfordert jedes Mal eine individuelle Planung.

Wie bereits eingangs beschrieben, hat das Baustellenmanagement sämtliche Projektphasen bis zur mechanischen Fertigstellung zu berücksichtigen. Ziel ist es dabei:

- Abläufe vorherzusagen
- Schwierigkeiten zu erkennen

- Lösungen zu erarbeiten
- Alternativen aufzeigen und implementieren.

Montagesequenzen werden optimiert, um die kostbaren Ressourcen in dem Maße zu nutzen, wie sie verfügbar sind. Machbarkeitsuntersuchungen dienen der zielgerichteten und wirtschaftlichen Fertigstellung der Anlage.

Die Festlegung der Ablaufplanung wird durch weitere Annahmen, die zu dokumentieren sind, untermauert. Diese Dokumente sind z. B.:

- Baustelleneinrichtungsplanes
- Montagespezifikation und Anweisungen
- Kapazitäten Planung und Personaleinsatzplanung
- Krankonzept einschl. Alternativen
- Montagewegplanung
- Montagetechnologien
- Montagebeschreibungen
- Montageabläufe
- erforderliche Montage- und Transportfreiräume
- Model Review
- Baustellenordnung

10 Bau- und Montagekonzept

Das Bau- und Montagekonzept ist die Gebrauchsanweisung für die Errichtung der Anlage. In diesem Konzeptpapier laufen alle Ideen, Untersuchungen und Festlegungen zusammen, die einen Einfluss auf den Bau und die Montage ausüben. Dieses Dokument dient der Kalkulation die „richtigen“ Kosten zu ermitteln, zeigt dem Engineering die Montagesequenzen auf, nach denen sich zu richten ist, stellt das Basiselement für die Terminplanung dar, und geleitet das Baustellenmanagement durch die Baustelle. Wobei hier nur die wichtigsten Punkte aufgeführt wurden.

Oftmals wird das Montagekonzept mit dem international üblichen „Construction Plan“ verglichen. Selbstverständlich beschreibt auch der „Construction Plan“ die Philosophie wie die Anlage zu bauen ist, das gibt der Name schon her, aber er ist meistens ein gefordertes Vertragsdokument des Kunden. Also werden auch Sicht des Anlagenbauers in dem Construction Plan Lösungen aufgezeigt. Kritische Wege und Fragen, die insbesondere die eigene Abwicklung betreffen haben dort keinen Platz.

Doch wohin mit den Überlegungen die zeitkritisch sind, die kostenrelevant sein können, die Risiken aufzeigen und die internen Probleme offenbaren?

Diese Punkte sind im Bau- und Montagekonzept zu behandeln.

▶ ***Das Bau- und Montagekonzept ist primär als internes Dokument zu verstehen und zu behandeln.***

Damit auch der Kunde wichtige Informationen, Vorgehensweisen oder Vertragspunkte im Allgemeinen erhält, ist eine externe (reduzierte) Version des Bau- und Montagekonzeptes zu generieren, der in dieser Form als Construction Plan verwendet werden kann, und meistens als Anlage des Hauptvertrages eingefordert wird. Es ist sorgfältig darauf zu achten, dass die Informationen und Vorgehensweisen, und auch die Annahmen in dem Konzeptpapier nicht an den Kunden weitergereicht werden, um nicht als

T. Günther, *Baustellenmanagement im Anlagenbau*,
https://doi.org/10.1007/978-3-662-69329-2_10

Bringschuld des Anlagenbauers verstanden zu werden, und bei nicht Eintreffen oder Abweichungen, womöglich Ansprüche gegen den Anlagenbauer generiert werden können. Dieses bereinigte Dokument kann somit unter dem Begriff „Construction Plan" mit dem Kunden geteilt werden.

Ein weiteres wichtige Dokument aus Sicht der Bau und Montage ist der sogenannte Constructability Report, der im Kap. 11 intensiv behandelt wird.

▶ ***Der Constructability Report ist nicht mit dem Bau- und Montagekonzept zu verwechseln.***

Das Bau- und Montagekonzept ist wie der Name schon sagt ein Konzept. In ihm werden Überlegung und Informationen gesammelt. Es wird in der Angebotsbearbeitung erstmalig generiert und durchläuft die unterschiedlichste Projektphasen, bis zur Fertigstellung der Anlage. Es ist selbsterklärend, dass alle Varianten nicht in der frühen Angebotsphase abschließend behandelt werden. Es können Ideen und Strategien aufgezeigt werden, aber nicht in Detail abschließend ausgearbeitet werden, wie z. B. Modularisierung, Ortbeton versus Fertigbetonteile.

Diese und viele weitere Punkte werden im Rahmen der Constructability Untersuchung auf den Prüfstand gestellt und mittels einer Kosten-Nutzen-Rechnung bewertet.

Nachfolgend ist ein Beispiel aufgeführt, wie die Struktur eines Montagekonzeptes aussehen könnte, und wie es inhaltlich zu füllen ist.

10.1 Allgemeiner Teil

Der allgemeine Teil beinhaltet ein Kurzprofil über das Projekt, um den Betrachter einen ersten Überblick über das Bauvorhaben zu bieten.

Kunde

Wer ist der Kunde, ist er aus vorangegangen Aufträgen bekannt oder Neukunde? Ist der Kunde projekterfahren oder bezieht er externe Unterstützung durch eine Beratungsfirma (PMC = Project Management Consultant)? Diese Informationen können, müssen aber nicht, einen Einfluss auf die Baustellenorganisation ausüben.

Standort

Hier wird ein Kurzportrait des Landes informativ aufgeführt. Die landesüblichen Sprachen oder auch die Amtssprache werden aufgeführt, um abzuschätzen inwieweit Dolmetscherleistungen in Anspruch zu nehmen sind. Ein Hinweis auf die führende Religion kann wichtige Verhaltensformen unterstützen. Aus gesundheitlicher Sicht ist die Erkenntnis über die ärztliche Versorgung innerhalb der Region, in der die Anlage gebaut wird, ein wesentlicher Faktor bezüglich der Personalverantwortung gegenüber den Mitarbeitern.

Die Anreise zur Baustelle, in welcher Form und wie lange ist eine nützliche Information für die Kalkulation, um die entsprechenden Kosten zu erfassen.

Klimatische Voraussetzungen
Die klimatischen Bedingungen, insbesondere die historischen Daten bezüglich Temperaturen, Schneefall und Windaufkommen üben einen Einfluss auf Kosten und Termine aus. Hier sollte eine Grundlage für die Kalkulation und Terminplanung geschaffen werden, indem der Anlagenbauer seinem Kunden die Basis seiner Annahmen mitteilt, um mögliche Abweichung, auch aus Sicht des Risikomanagements, nachweisbar dokumentieren zu können.

Die Einflüsse in das Projekt werden u. a. auch in dem Kap. 11 Constructability behandelt.

Politische Situation
Aufträge im Anlagenbau werden nicht immer in Ländern mit einer Rechtsstaatlichkeit, wie wir sie aus Deutschland herauskennen, generiert.

Je mehr Informationen über die politische Situation vorliegen, umso gezielter können Disclaimer in den Verträgen erstellt werden, oder Maßnahmen definiert werden, die zum Wohle der Mitarbeiter dienen.

Unterbringungsmöglichkeiten (Personal)
Die Unterbringung des Personals ist eine wesentliche Kostenposition in der Kalkulation, und welcher Transportaufwand ist zu betreiben damit das Personal die Baustelle erreicht?

Bietet die vorhandene Infrastruktur ausreichend Übernachtungsmöglichkeiten, oder ist eine temporäre Lösung anzustreben? Ist ein Camp zu errichten, wenn ja, wie sehen die Rahmenbedingungen aus, wie ist die Bauzeit, und welche baurechtlichen Voraussetzungen sind zu erfüllen (Gesundheitsschutz, Brandschutz usw.)? Hier sind bereits im frühen Projektstadium Antworten zu finden, damit die Unterkünfte auch zu Baubeginn verfügbar sind.

Verpflegung
Es soll nicht unerwähnt bleiben, dass die Verpflegung ein wesentlicher Faktor für das Wohlbefinden der Mitarbeiter darstellt.

Beispiel

Eine Baustelle in Ölfeld von Tengiz im westlichen Kasachstan beherbergt ca. 6.000 Mitarbeiter. Erfahrungen haben gezeigt, dass jeder zweite Mitarbeiter ein Ei zum Frühstück verzehrt und ein halbes Ei in den anderen Hauptmahlzeiten pro Mahlzeit verarbeitet wird. Mathematisch gesehen ist das 1 Ei pro Mitarbeiten und Tag. Also in der Woche 42.000 Eier. Diese Menge ist in ein entlegenes Gebiet wöchentlich zu liefern, was schon eine Herausforderung darstellt. Genauso verhält es sich mit der Beschaffung.

Was war die Lösung. Da die Montagefirma die Aufgabenstellung frühzeitig erkannt hat, wurde eine Legefarm kurzfristig erworben, um die Baustelle exklusive zu beliefern. ◀

Dieses Beispiel soll verdeutlichen, dass insbesondere bei der Montageplanung über den Tellerrand zu blicken ist, und unkonventionelle Lösungen anzustreben sind.

10.1.1 Termine

Vertragliche Meilensteine
Bei den vertraglichen Meilensteinen ist anzugeben, welche Termine pönalisiert sind, und welche Termine als zahlungsauslösend gelten. Darüber hinaus sind wichtige Termine für die Abwicklung, wie z. B. Baufeldübergabe durch den Kunden, zu benennen.

Weitere Termine, die für den Projektverlauf entscheidend sind, aber nicht zwingend mit dem Kunden werden sollten, sind die Termine, wann die ersten Zeichnungen für den Bau- und/oder Montagebeginn verfügbar sind.

Hierbei ist ein besonderer Augenmerkt auf die Verantwortlichkeit der Termine zu legen. Ist der Kunde verantwortlich, so werden die Informationen vertraglich fixiert, und werden in der externen Version hervorgehoben. Handelt es sich aber um interne Termine sind diese auch intern zu behandeln.

Wichtig unter diesem Punkt ist auch eine erste Einschätzung der Termine, inwieweit bzw. unter welchen erforderlichen Maßnahmen die Termine realisiert werden können.

10.2 Sequenzen

Aufwand bedingte Sequenzen
Bei den aufwandbedingten Sequenzen ist zu ermitteln, welche Gewerke oder Teilgewerke einen hohen Aufwand für die Errichtung benötigen. Bei großen Tanken (z. B. > 20.000 m^3), die auf der Baustelle gefertigt werden fallen Bauzeiten von 15 Monaten oder mehr an. Diese Gewerke sind einer separaten Planung zu unterziehen, um möglichst früh mit dem Baubeginn zu starten. Da bedeutet mitunter auch eine separate Vergabe.

Grundsätzlich sind alle Arbeiten, die nach der ersten Analyse auf dem kritischen Pfad liegen, unter diesem Punkt aufzuführen und zu steuern.

Engineering bedingte Sequenzen
Darunter ist die Reihenfolge zu verstehen, in der die erforderlichen Dokumente erstellt werden können. Zum Beispiel ist die Lastenberechnung von Rohrbrücken frühzeitiger

durchführbar, da die Lasten bekannt sind bzw. geschätzt werden können, als die Berechnung von Betontischen auf denen Kompressoren stehen. Hierzu ist es erforderlich, dass der Kompressor ausgelegt und vergeben wird. Erst nach der Vergabe können die Herstellerinformationen in das Bauwerk einfließen. Diesen Grundsätzen ist bei der Terminplanung und Ressourcenplanung strikt zu folgen.

Grundsätzlich sind alle Arbeiten, die nach der ersten Analyse ein Puffer (free float) kleiner als 4 Wochen auf den Endtermin haben, unter diesem Punkt aufzuführen und zu überwachen.

Montagetechnischen Sequenzen
Siehe Abschnitt. 9.2 Bau- und Montagesequenzen.

Inbetriebnahme technischen Sequenzen
Selbstverständlich übt auch die Inbetriebnahme einen wesentlichen Einfluss auf die Ablaufplanung der Bau und Montage aus. In der Regel erfolgt die Inbetriebnahme von Systemen und Subsystemen entsprechend einer festen Reihenfolge.

10.3 Leistungsumfang

Der Leistungsumfang ist in Form von Kennzahlen grob zu umschreiben, sodass eine Überblickt über das Projekt kurzfristig generiert werden kann wie nachfolgende Tabelle (Tab. 10.1) beispielhaft zeigt.

Tab. 10.1 Übersicht Massen

Title	Subtitel	Einheit	Menge	Info
Pfähle	Rammpfähle	[lfd. m]		Ø Durchmesser Ø Länge
	Bohrpfähle			
Erdbewegung		[m³]		
Beton	Fundamente	[m³]		
	Hochbau	[m³]		
Ausrüstungen		[Stck.] / [t]		
Rohrleitungen	Verlegen	[t]		Ø Durchmesser
	Schweißen	[dia inch]		
Anstrich		[m²]		
Isolierung		[m²]		
Elektrotechnik	Kabel	[m]		
	Verbraucher	[Stck.]		
MSR	Messstellen	[Stck.]		

Hierbei werden nur die Hauptmassen der einzelnen Gewerke angegeben.

Diese Tabelle ist während der weiteren Projektlaufzeit regelmäßig zu pflegen und zu aktualisieren, damit frühzeitig eine Tendenz aufgezeigt werden kann, in welche Richtung sich das Projekt mengenmäßig entwickelt.

10.4 Baustelleneinrichtung

Für die Baustelleneinrichtung ist eine Baustelleneinrichtungsplan zu erstellen, der folgende Informationen beinhaltet.

Ein Baustelleneinrichtungsplan sollte über folgende Informationen verfügen.

- Zugangspunkte für Personal und Materialtransporte
- Temporäre Straßen
- Büroflächen
- Parkplätze
- Lagerflächen und Lagerhäuser für Material
- Werk- und Fertigungsstätten
- Vormontageplätze
- Abstellfläche für Großgeräte
- Anschlusspunkte für Strom, Wasser und Abwasser
- Sammelpunkte und Fluchtwege

Weitere Details insbesondere die Ermittlung der Flächen sind entsprechen Abschn. 13.5 zu ermitteln.

10.4.1 Baustellenbüros

Der Umfang für die Baustellenbüros ist unter Berücksichtigung des Organigramms und der Personaleinsatzplanung zu bestimmen.

10.4.2 Materiallager

Aufgrund der Witterungsbedingungen sind klimatisierte Lagerhallen für Dichtungen, Gummierungsmaterial, Kälteisolierung usw. zu Errichten.

Die Lagerung der Kabel hat in überdachten Lagern zu erfolgen, um die Kabel vor übermäßiger Sonneneinstrahlung zu schützen.

10.4.3 Werkstätten

Je nach Abwicklungsstrategie kann die Rohrleitungsvorfertigung extern erfolgen oder auf der Baustelle. Im Falle einer Baustellenfertigung ist der entsprechend Bedarf zu ermitteln und zu beschreiben.

10.4.4 Andere Einrichtungen

Andere Einrichtungen können sich aus der Abwicklungsstrategie oder der Constructability-Untersuchung ergeben. Darunter fallen z. B. örtliche Betonmischanlagen, Fertigungseinrichtungen für baustellengeschweißte Tanke oder ein erweiterter Vormontageplatz auf denen Strukturen vormontiert werden können.

10.4.4.1 Baustromversorgung

Bei der Baustromversorgung ist festzulegen, ob der Strom bauseits durch den Kunden beigestellt wird, oder durch den Anlagenbauer bzw. durch seine Nachunternehmer beigestellt wird.

Die Unterverteilung ist dahingehend vorzuplanen, um etwaige Kollisionen mit der Herstellung der Flächen zu vermeiden.

10.4.4.2 Wasserversorgung

Das erforderliche Volumen an Wasser ist vorab abzuschätzen. Dabei haben sich Richtwerte wie 100 Liter pro Mann und Tag, 150 Liter pro m^3 Beton bewährt. Das Druckproben Wasser lässt sich aus den entsprechenden Volumen der Rohre und Tanke ermitteln.

Festzulegen ist zum einen die Wasserqualität und wer die Baustelle mit Wasser versorgt. Die Entnahmepunkte sind auf dem Baustelleneinrichtungsplan sichtbar zu kennzeichnen.

10.4.4.3 Abwasser/Wasserentsorgung

Die Abwasserentsorgung ist im Detail zu spezifizieren.

10.4.4.4 Abfallbeseitigung

Der Umgang mit Abfall, und eventuell der Umgang mit kontaminierten Stoffen ist zu spezifizieren.

10.4.5 Zugänglichkeit/Straßen

Die Zugänglichkeit zur Baustelleneinrichtung ist unter Berücksichtigung der Verkehrsdichte und der Verkehrslasten zu untersuchen. Ebenso sind die maximalen Abmessungen der anzuliefernden Bauteile mit einzubeziehen.

10.5 Baustellenleitung und -überwachung

Das Überwachungskonzept ist in Anlehnung an das Vergabekonzept zu beschreiben.

Welche Besonderheiten bringt das Projekt mit? Ist der Kunde proaktiv, sodass Überwachungsleistungen konsolidiert ausgeführt werden können, gleiches gilt für die Nachunternehmer. Auf jedem Fall ist sicherzustellen, dass die Baustellenorganisation ausreichen besetzt ist, um sich mit dem Kunden **und** mit dem Subunternehmer auf Augenhöhe zu bewegen. Dazu ist die Baustellenorganisation so zu strukturieren, dass sich Counterparts auf allen Seiten bilden können, um eine direkte Kommunikation mit dem jeweiligen Entscheidungsträger zu führen.

Siehe auch Kap. 15 Baustellenorganisation.

10.6 Materialverwaltung

Die Verantwortung und Zuständigkeit in der Materialverwaltung kann unterschiedlicher Detailtiefe erfolgen. Zum einem kann die Materialübergabe bereits am Hafen des Bestimmungsland erfolgen, sodass die Zollabfertigung in der Zuständigkeit des Nachunternehmers liegt, zum anderen kann der Anlagenbauer das Material täglich auf der Baustelle ausgeben.

Hierzu ist frühzeitig eine Strategie zu erarbeiten die Zuständigkeit für

- Zollabfertigung
- Transport im Baustellenland
- Entladen
- Wareneingangskontrolle
- Lagerung
- Warenausgang
- Lagerführung

beinhaltet. Siehe auch Abschn. 14.5

10.7 Bauarbeiten

Das Baukonzept ist unter Berücksichtigung der Vorgaben und Abhängigkeiten, resultierend aus dem Montagekonzept zu erstellen. Die Aufteilung in Erd-, Tief-, Beton-, Hoch- und Stahlbau kann erforderlich/zweckmäßig sein.

Zu beachten sind dabei:

- Platzverhältnisse auf der Baustelle
- besondere klimatische Einflüsse
- möglichst optimaler Ablauf der Arbeiten unter Beachtung der Sicherheitsanforderungen (z. B. frühzeitiges Verlegen von Untergrundinstallationen wie Kühlwasser-, Feuerlöschwasser-, Prozessabwasserleitungen, Gebäudeentwässerung, E-MSR- und Kommunikationskabel etc. zur Vermeidung von Störungen während der Montageausführung)
- Gestellung von Gerüsten
- Verfügbarkeit spezieller Baugeräte (z. B. Pfahlmaschinen)
- Einsatz lokaler Materialien unter Beachtung der Liefertermine
- Lieferungen und Leistungen des Kunden
- Einschaltung und Einfluss lokaler Behörden/Gewerkschaften
- besondere Anforderungen an die Baudokumentation (u. a. Montagezeichnungen und/oder Montagestatik für die unterschiedlichen Bauzustände während der Ausführung)

Werden die Bauarbeiten durch den Kunden ausgeführt, so ist Art und Umfang der Ausführung von Gesamt-/Einzelleistungen zum vereinbarten Übergabetermin zu beschreiben.

10.7.1 Erd- und Tiefbauarbeiten

Zusätzlich zu den vorgenannten Angaben, sind nachfolgend aufgeführte Punkte zu berücksichtigen und etwaige Einflüsse in das Projekt zu beschreiben.

- Beschaffenheit des Baugrundes und Höhe des Grundwasserspiegels (Bodengutachten)
- Vorgesehene Maßnahmen zur Bodenverbesserung (z. B. Rüttelpfähle, Schotterpfähle, Bodenauflast, Bodenaustausch etc.)
- Vorgesehene Pfahlgründung (z. B. Bohr-, Ramm-, Fertig- oder Ortbetonpfähle)
- Art und Umfang erforderlicher Grundwasserabsenkung
- Art und Umfang von Prozess-, Ver- und Entsorgungsrohrleitungen, E-MSR- und Kabeltrassen für Kommunikationssysteme im Untergrund und deren Reihenfolge der Installation in Abhängigkeit von den Montagebelangen (Vermeidung von Montageaktivitäten über offene Gräben)

10.7.2 Betonarbeiten

Bezüglich der Bauarbeiten sind nachfolgende Punkte zu berücksichtigen.

- Art der Betonherstellung (Transportbeton, Mischanlage)
- Art der Betonzuschlagstoffe, des Bindemittels (Zement-Typ) und des zulässigen Wasserzementwertes mit Hinweis auf den anzuwendenden Standard unter Berücksichtigung des klimatischen Einflusses
- Art und Dauer der Betonnachbehandlung
- Art der Schalung (z. B. System-, Großflächen-, Gleit- und/oder Kletterschalung),
- Zu verwendende Betonstahlgüte und den anzuwendenden Standard (z. B. Biegerollendurchmesser, Betondeckung etc.)
- Einsatz von Betonfertigteilen
- Besondere Schutzmaßnahmen für erd- oder grundwasserberührende Betonflächen
- Art der Oberflächenbeschaffenheit (z. B. Besenstrich bei späterem Säureschutz etc.)
- Art und Umfang von Diffusionssperren unter erdberührenden Betonflächen (z. B. bei späterem Säureschutz, Ableitflächen oder Auffangwannen nach WHG, etc.)
- Zeitpunkt der Oberflächenbefestigung (möglichst vor Beginn der Rohrleitungsmontage zur sicheren Einrüstung und zur Montage der Rohrleitungs-, etc.)

10.7.3 Hochbauarbeiten/Ausbauarbeiten

Nachfolgend aufgeführte Punkte sind bei den Hochbauarbeiten oder Ausbauarbeiten zu berücksichtigen, um etwaige Einflüsse in das Projekt zu beschreiben

- Säureschutz unter Berücksichtigung des Bereitstellungszeitpunktes (z. B. Plattierung der Aufstandsflächen von Ausrüstungen und Unterstützungen etc.)
- besondere anlagenbedingte Anforderungen (z. B. Angriff durch Chemikalien, Schall-, Wärme-, Kälteschutz, dynamische Lasten/Vibration etc.)
- besondere konstruktionsbedingte Anforderungen (z. B. Standsicherheit während der unterschiedlichen Bauzustände bei der Ausführung
- Bauunterbrechungen für die Durchführung von Schwermontagen
- Art und Umfang Wand- und Dachverkleidung (z. B. Mauerwerk, Putz, Trapezblech etc.)
- Art und Umfang der Ausbaugewerke (Raumbuch)

10.7.4 Stahlbauarbeiten

Die Stahlbauarbeiten sind wie folgt konzeptionell zu überdenken und festzulegen.

- Lokale Fertigung (z. B. Stahlkonstruktionen) mit Details zur Überwachung in der Werkstatt und zum Transport zur Baustelle (z. B. Fertigung und Lieferung nach Montageerfordernissen, Festpunkte vor Feldern, Stützen, Riegel, Binder und Pfetten vor Dachsparren, sowie zum Lieferzustand (Grund-, Endbeschichtet, verzinkt etc.)

mit Hinweis für die weitere Rohrleitungs-, Ausrüstungs- und E-/MSR – Montage (schweißen, klemmen, schrauben etc.)

- Zeitpunkt der Gitterrostverlegung:
  - vor Ausrüstungs- und Rohrleitungsmontage (Vorteil: sichere Montage; Nachteil: Montageschäden möglich, Nacharbeiten an Rohrdurchführungen, ggf. Austausch erforderlich)
  - onach Ausrüstungs- und Rohrleitungsmontage (Vorteil: Fertigung nach Aufmaß, keine Änderungen; Nachteil: zusätzliche Kosten und hohe Gerüstbaukosten
- Bauunterbrechungen für die Durchführung von Schwermontagen
- Feuerschutzisolierung (Art der Verarbeitung festlegen, Umfang feststellen etc.)

10.8 Montagearbeiten

10.8.1 Allgemeines

Das Montagekonzept ist unter Berücksichtigung der Randbedingungen und Abhängigkeiten zu den Bauarbeiten und anderen Gewerken zu betrachten. Die Art des baulichen Umfeldes (Betonplatte, Betonbühne, Gitterrostbühne, geschlossenes Gebäude, Apparategerüst aus Stahlkonstruktion oder Betonfertigteilen) ist zu beschreiben.

Dabei gilt es insbesondere folgende Punkte zu beachten:

- Platzverhältnisse auf der Baustelle (Haupttreiber für die Ressourcenermittlung)
- besondere klimatische Einflüsse
- möglichst optimaler Ablauf der Arbeiten unter Beachtung der Sicherheitsanforderungen
- Lieferungen und Leistungen des Kunden
- Gestellung von Gerüsten
- Besondere anlagenbedingte Anforderungen
- Einfluss lokaler Behörden/Gewerkschaften
- besondere Anforderungen an die Montagedokumentation (Zeitpunkt der Übergabe der Zeichnungen und/oder Statik für die unterschiedlichen Montagezustände während der Ausführung)
- die Nutzung von permanenten Hebezeugen und Kranen (z. B. Turmdrehkran) für die Montage
- Wartung/Präservation von montierten Anlagenteilen
- Verfügbarkeit von Druckprobenmedien
- Demontage und Entsorgung von Altanlagenteilen

Gibt es für die Montage mehrere Möglichkeiten (z. B. einteilige oder mehrteilige Anlieferungen von Ausrüstungen), so muss eine bereichsübergreifende Analyse durchgeführt werden, um die technisch und wirtschaftlich günstigste Vorgehensweise zu ermitteln.

10.8.2 Montage der Prozessausrüstungen und Maschinen

Für die Hubmontage der Ausrüstungen und Maschinen sind folgende Untersuchungen anzustellen.

- Verfügbarkeit und Einsatz spezieller Hubgeräte (z. B. Schwerlastkräne)
- Hebestudien für überschwere Ausrüstungen und besondere Hebearbeiten (z. B. auf größere Höhen)
- mehrteilige Anlieferung (von z. B. Kolonnen), wenn einteilige Anlieferung nicht möglich oder nicht sinnvoll ist
- Bestückung von Kolonnen mit Bühnen, Leitern, Rohrleitungen, Einbauten, Isolierung (pre-dressing) in liegendem Zustand vor der Aufstellung (Bedarfstermine für die Anbauteile/Gewerke)
- Vorgehen bei baustellengeschweißten Ausrüstungen (Behälter, Tanks, Kugeln, Öfen)
- Zwischentransporte auf der Baustelle
- Anlieferungszustand von Ausrüstungen und Maschinen (Pumpen mit oder ohne Motoren, Öleinheiten, Luftkühler usw.)

10.8.3 Montage der Rohrleitungen

Bei der Rohrleitungsmontage sind konzeptionell folgende Untersuchungen durchzuführen und die entsprechende Vorgehensweise festzulegen.

- Koordination und Vorgehen bei der Verlegung von Untergrundleitungen,
- Ort und Umfang der Vorfertigungen, Zwischenlagerung einschl. der erforderlichen Zwischentransporte
- Vorgabe der Schweißverfahren
- Einsatz von Rohrbiegemaschinen
- geforderte Materialprüfung (z. B. Durchstrahlung, Ultraschall, Biegeproben, Materialverwechselung
- Fertigung und Montage von Rohrhalterungen und -unterstützungen
- Reinigung, Abdrücken, trocknen soweit erforderlich, ggf. inertisieren und prüfen auf Dichtheit von Rohrleitungssystemen
- Durchstrahlungsprüfungen, Organisation, Absperrungen, Zeitaufwand pro Naht
- Qualitätsanforderungen für Druckprobenmedien (Korrosion-inhibitoren, Glykol für Winterbaumaßnahme einschl. Entsorgung))
- Absperrungen bei Druckproben mit Gas
- anlagespezifische Besonderheiten (z. B. Hochdruck, Legierung, Kunststoffrohre)

10.9 Korrosionsschutz

Für den Korrosionsschutz sind folgende Untersuchungen anzustellen.:

- Optimierung (Kosten, Zeit) zum Ort (Herstellerwerk-Baustelle) der Ausführung der Korrosionsschutzarbeiten
- Korrosionsschutz (Sandstrahlen und Grundanstrich) auf der Baustelle oder außerhalb
- Deckbeschichtung von Armaturen,
- Verantwortung für die Beschaffung der Materialien
- Einsatz lokal hergestellter Beschichtungsstoffe
- Auswahl und Beschaffung des Strahlmittels
- Anlieferungszustand von Stahlkonstruktionen, Prozessausrüstungen, Maschinen und Rohrleitungsteilen

10.10 Dämmung

Für die Dämmarbeiten sind folgende Untersuchungen anzustellen.:

- Optimierung (Kosten, Zeit) durch Materialauswahl (Matten, Schalen, Ortschaum), zum Ort (Lieferung vorgefertigter Ummantelungen oder Baustellenfertigung)
- Vormontage auf der Baustelle
- Materialwahl (Wolle, Schaum, Alu-, Zink- oder VA-Blech, Kunststoff),
- Einsatz lokal hergestellter Dämmstoffe, Ummantelungen,
- Geplanten Umfang des Detail Engineerings feststellen, entsprechende Vorgaben für LV und Vergabe definieren,

10.11 Elektrotechnik und MSR-Arbeiten

Für die Elektrotechnik und MSR-Arbeiten sind folgende Untersuchungen anzustellen:

- Verantwortung für die Beschaffung von Montage- und Standardmaterial
- Erforderliche Prüfungen (Loop-check, Funktion, Verriegelung, Isolation, Widerstand, Beleuchtung, Drehrichtung etc.)
- anlagespezifische Besonderheiten

10.12 Andere Montagearbeiten

Abhängig von der Art der Anlage können auch noch Angaben zu folgenden Montageaktivitäten erforderlich werden:

- Gummierung und Spezialbeschichtungen
- Ausmauerungen (auch Schnittstelle mit Maschinen-, Rohrleitungs-, E+L Montage, Reihenfolge)
- Inbetriebnahme-Vorbereitungen

10.13 Gerüstbau

Zusätzlich zu den allgemeinen Angaben gemäß Abschn. 12.1 sind Angaben zu machen über:

- Art der Gerüste (System, Standard, Vorschrift)
- Gestellung der Gerüste
- Vorhaltezeit / Mitbenutzung

10.14 Vergabekonzept

Unter diesem Punkt ist das während der Angebotsbearbeitung angestrebte Vergabekonzept zu beschreiben.

Zu der vorgesehenen Vergabe sind auch die Art und Weise wie die Leistungen abgerechnet werden zu definieren. Sind zum Beispiel Gebäude nach einem Pauschalfestpreis abzurechnen, da hierfür ausreichende Informationen vorliegen, oder erfolgt die Abrechnung zu den Einheitspreisen der Leistungsverzeichnisse?

10.15 Arbeitssicherheit und Qualitätskontrolle

Anzugeben ist in Kurzform das für die Baustelle vorgesehene Konzept der Arbeitssicherheit und das des Qualitätsmanagements. Insbesondere sind landesspezifische Angaben zu ermitteln und zu beschreiben. Die daraus möglichen Einwirkungen auf Kosten und Termine sind darzustellen. Relevante Vertragsauszüge und sich daraus ergebende Forderungen sind in diesem Konzeptpapier zu integrieren.

10.16 Prüfungen und Freigabe der Bau- und Montagearbeiten

Anzugeben ist in Kurzform:

- ab welchem Bearbeitungsstatus technische Unterlagen für die Ausführung der Arbeiten auf der Baustelle freigegeben sind (IFC Issue For Construction)
- welche Zwischenprüfungen vor der Fortführung der Bau- und Montagearbeiten durchzuführen sind (z. B. Behördenabnahmen/Prüfingenieur, Bewehrungsabnahme, Rohbauabnahme, Stahlbauabnahme)
- welche Prüfungen (Art und Umfang) durch die Inbetriebnahme und/oder dem Lizenzgeber durchzuführen sind

10.17 Zusammenfassung

Während der Angebotsbearbeitung, in der Planungsphase und auch während der Steuerung, ist die Bau und Montage zwar durch Individualismus geprägt, aber Strategien, Abwicklungsabläufe und Festlegungen, die den Bau und die Montage beeinflussen sind zu dokumentieren. Doch wohin mit den ganzen Ideen und Informationen?

Dazu dient das Bau- und Montagekonzept. Es ist ein Fundus aus verschiedenen Dokumenten.

▶ ***Das Bau- und Montagekonzept ist der rote Faden, der sich durch die gesamte Abwicklung zieht.***

In ihm werden die wesentlichen Festlegungen aller Gewerke, ob Termine, Kosten oder Qualitätsansprüche betreffend, detailliert beschrieben. Vom Vergabekonzept der Bau und Montageleistungen über die Baustelleneinrichtung bis hin zu den Prüfungen und Abnahmen der Bau- und Montagearbeiten.

Dieses Konzept bildet die interne Grundlage für die Bau und Montage, und wird im Stammhaus erstellt. Es dient der Baustelle als primäre Informationsquelle um ausreichende Informationen über das geplante Vorgehen auf der Baustelle bereitzustellen.

Constructability 11

Eines der magischen Begriffe im internationalen Großanlagenbau ist sicherlich das Wort „CONSTRUCTABILITY".

Eine Suche im „Oxford Dictionaries" nach dem Begriff führte zu keinem Ergebnis.

Das Construction-Industry-Institut (CII), Universität von Texas, Austin, ist ein Zusammenschluss von mehr als 130 führenden Anlagenbetreiber, Engineering-Unternehmen, Auftragnehmer und Zulieferer aus dem öffentlichen und privaten Sektor. Ihrer Auffassung nach ist „Constructability" folgendes:

> "Constructability is the process of doing everything possible to make construction easy, to improve quality, safety and productivity, to shorten construction schedules and to reduce rejection and rework."

(Constructability ist der Prozess, indem alles Erforderliche zu unternehmen ist, um die Bau- und Montage einfach zu gestalten, die Qualität, Sicherheit und Produktivität zu verbessern, die Bauzeiten zu verkürzen und Nacharbeiten zu vermeiden oder zu verringern.)

Wie bereits auch Edward D. Wright feststellte, wurden Constructability Untersuchungen bereits in der Vergangenheit durchgeführt, ohne großes Aufsehen darüber zu verlieren.

Über Jahre hinweg hat erfahrenes Montagepersonal wertvolle Hinweise gegeben, um die Montage von Anlagen einfacher zu gestalten. Die Legende besagt, dass Hamid, einer der Vorarbeiter beim Bau der großen Pyramide, sich beim Pharao beschwert hat. Hamid deutete gegenüber dem Pharao an, dass die Steinblöcke zum Bau der Pyramide zu groß und zu schwer geplant werden, sodass dadurch der Einbau in ihre endgültigen Positionen sehr schwierig wäre und er dafür zu viele Männer benötige. Durch die unsicheren Arbeitspraktiken fielen zudem immer wieder Arbeitskräfte aufgrund von Arbeitsunfällen aus. Ferner beklagte Hamid auch die Qualität der Kanten durch das Brechen der Blöcke

T. Günther, *Baustellenmanagement im Anlagenbau*,
https://doi.org/10.1007/978-3-662-69329-2_11

im Steinbruch. Die Kanten der Blöcke erforderten dadurch zu viel Nacharbeit vor Ort. Die Termintreue bei der Auslieferung der Blöcke sei ebenfalls sehr bescheiden, und führe auf der Baustelle immer wieder zu Verzögerungen.

Der Pharao bestand nun aufgrund dieser Beschwerde auf ein intensives Constructability-Programm. Er brachte Hamid mit den Planern und den Lieferanten der Blöcke zusammen. Die Planer wurden gezwungen die Blöcke in einer montagegerechten Größe zu planen. Der Steinbruch musste seine Qualität verbessern und zudem pünktlich ausliefern.

Danach wurden die weiteren Pyramiden um 13,05 % der Zeit schneller gebaut und wiesen auch noch eine Kosteneinsparung von 31,12 % aus.

Diese Verbesserungen hielten so lange an, bis die Unterlagen im Laufe der Zeit verloren gingen und den Bau und die Montage wieder in ihre alten Gewohnheiten zurückfiel. (41).

Dem erneut entgegenzuwirken, wurde das Constructability Programm wieder ins Leben gerufen. Die Philosophie, die hinter dem Programm steht, ist die, durch **erfahrenes** Baustellenpersonal einen Einfluss auf die Planung der Anlage in einem frühen Projektstadium zu gewinnen. Das soll nicht automatisch bedeuten, dass nur die Kosten zur Herstellung der Anlage zu optimieren sind. Vielmehr ist das Ziel ein Optimum des Zusammenspiels von Kosten, Terminen, Qualität und Arbeitssicherheit zu erreichen.

▶ ***Constructability ist kein Ereignis, sondern ein begleitender Prozess.***

Wie nachfolgendes Diagramm (Abb. 11.1 Kosten-Beeinflussungsdiagramm) darstellt, ist der Zeitpunkt einer Maßnahme entscheidend für die Beeinflussbarkeit und der Höhe der entstehenden Kosten. Der maximale Nutzen wird erzielt, wenn die Festlegungen bereits in der Angebotsphase in das Projekt einfließen. Mit voranschreitender Projektlaufzeit reduzieren sich die Möglichkeiten korrigierend in die Planung einzugreifen.

Je eher die „Constructability"-Untersuchungen also durchgeführt werden, umso einfacher lassen sich die Ergebnisse der Untersuchungen in dem Projekt implementieren. Nachfolgend sind die 7 Kernelemente der Constructability zusammenfassend aufgeführt:

- Die Sequenzen zu Erstellung von Engineering-Unterlagen und die Bestellvorgänge werden entsprechend den Erfordernissen der Bau- und Montage angepasst.
- Der Ausführungsstandard ist so auszulegen, dass ein effizientes Bauen und Montieren möglich sind.
- Elemente werden standardisiert und wo immer möglich wiederholt.
- Der Umfang der Vormontage ist im Voraus zu planen und die konstruktive Möglichkeit von Modulen zu berücksichtigen, um die Montage, den Transport und die Installation zu erleichtern.
- Die Planung begünstigt den Zugang der Arbeitskräfte, Materialien und Ausrüstungen.

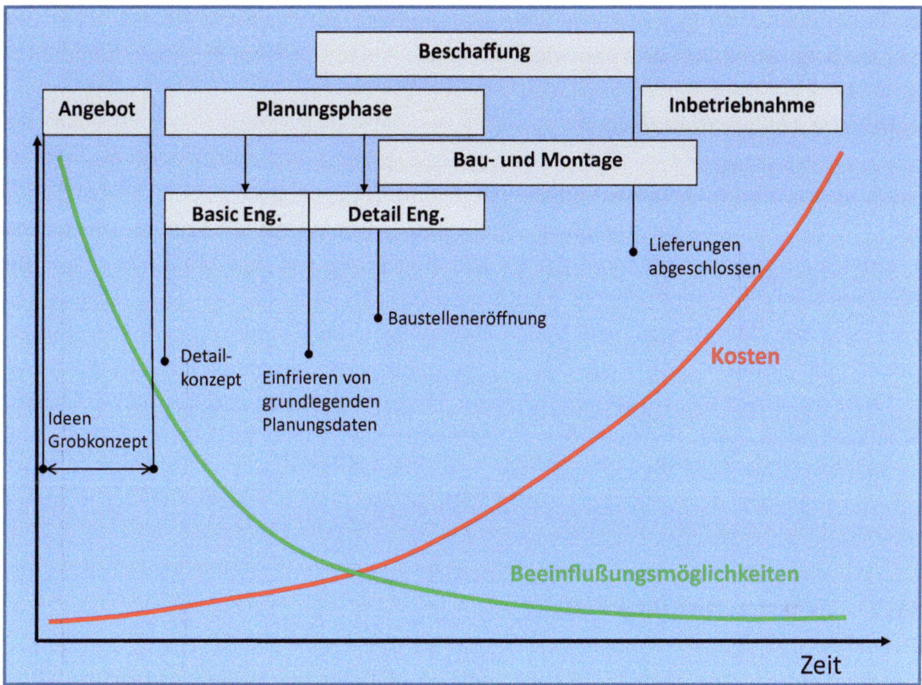

Abb. 11.1 Kosten-Beeinflussungsdiagramm

- Die Planung erleichtert die Bau- und Montage unter widrigen Umgebungsbedingungen durchzuführen, falls vorhanden.
- Technische Daten sind im Detail von den beteiligten Parteien überprüft worden und dienen dazu, den Bau- und Montageablauf zu vereinfachen.

Studien haben gezeigt, dass in einem Projekt Kosteneinsparungen direkt in der Projektphase angefallen sind, in der die Constructability durchgeführt wurde. Je früher die Umsetzung also erfolgte, desto größer waren die Einsparungen.

Möglicher Potentiale sind:

- Verbesserung der Arbeitssicherheit
- Reduzierung der Bau- und Montagekosten
- Qualitätsverbesserung
- Signifikante Termineinsparungen
- Erhöhung der Produktivität
- Reduzierung von Schnittstellen die zu Bauablaufstörungen führen
- Reduzierung von Ausführungszeiträumen
- Weniger Änderungen und somit geringe Kosten

Im Rahmen einer Constructability Untersuchung sind auch bewerte Abläufe zu hinterfragen. indem standardisierte und wiederkehrende Abläufe auf den Prüfstand kommen.

▶ ***Bewerte Abläufe hinterfragen***

Die Constructability Untersuchungen bei einem Anlagenbauer haben Auswirkungen auf viele Bereiche des Unternehmens. Nicht immer werden Änderungen in den Arbeitsschritten und Abläufen während der Projektabwicklung von den Mitarbeitern mit Begeisterung aufgenommen. Hierzu gehört eine Projektkultur, die den Projekterfolg klar im Fokus hat. Mehrkosten und Mehraufwendungen im Engineering, die zu Kostenreduzierung der Montage dienen, dienen primär nur einem, dem Projekterfolg.

Es ist ratsam die Constructability Untersuchungen unter der Führung eines erfahrenen Montageplaners oder Baustellenleiter durchzuführen. Von entscheidender Bedeutung ist allerdings, ob diese Person auch das entsprechende Mandat hat, die Ergebnisse der Untersuchungen konsequent und zeitnah umzusetzen.

11.1 Constructability Ablauf

Wie sieht nun die Constructability Untersuchung in ihrem eigentlichen Ablauf aus.

Abb. 11.2 zeigt wie die vorhandenen Informationen ermittelt werden und in den Constructability Prozess einfließen. Als Voraussetzung für eine Constructability Untersuchung sollten u. a. Marktkenntnisse über Lohnkosten, berufliche Qualifikation, Verfügbarkeit von Ressourcen und Materialkosten vorliegen. Informationen aus dem Vertrag sowie gewonnenen Eindrücke aus der Baustellenbesichtigung bilden weitere Säulen der Constructability Untersuchung. Sämtliche Erkenntnisse aus dem vorgenannten, werden mit den standardisierten Bau- und Montagetechniken, sowie den Standardsequenzen zur Herstellung der Anlage zusammengefahren. Dabei sollte auch bereits Bewährtes hinterfragt werden. Werden aufgrund der Überprüfungen und neuen Erkenntnisse Abläufe, Methoden oder Spezifikation angepasst bzw. verändert, sind diese bezüglich ihrer Auswirkung auf Kosten, Termine und Qualität hin zu überprüfen. Sind die Auswirkung als Ganzes negativ, sollte mit dem erprobten Standard weiter verfahren werden. Bei neutraler oder positiver Auswirkung sind mögliche Alternativen untereinander erneut bezüglich der Kosten, Termine und Qualität hin zu überprüfen.

Liegen keine weiteren Alternativen mehr vor, sollte zielorientiert mit der Umsetzung der Maßnahme begonnen werden.

In der praktischen Umsetzung wird im frühen Projektstadium, also bereits in der Angebotsphase ein Constructability-Meeting einberufen.

In dieser Besprechung werden die ersten Ideen gesammelt, also ein reines Brainstorming. Es gibt keine Tabu-Themen, alles kann/soll hinterfragt werden. Die aufkommenden Punkte werden in diesem Meeting auch nicht bewertet, sondern nur gesammelt und kategorisiert.

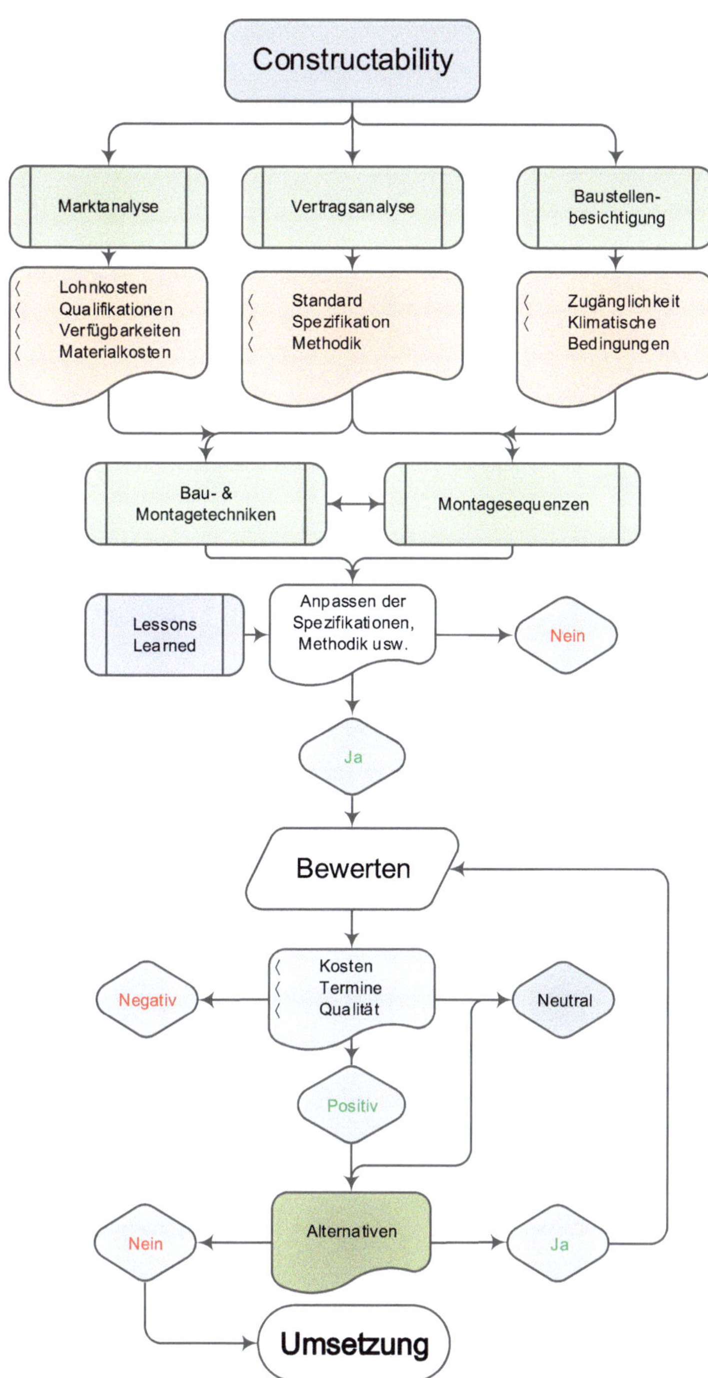

Abb. 11.2 Ablaufschema Constructability

Im weiteren Verlauf werden diese Punkte untersucht und bewertet. Die weitere Durchführung der Constructability orientiert sich an vorhandenen Checklisten.

Es ist zu vereinbaren, das elementare Festlegungen zu bestimmten Zeitpunkten zu realisieren sind. Als Möglichkeiten bieten sich die standardisierten „Model Reviews“ wie 30 % und 60 % an. Insbesondere sollte das Model Review mit dem Fertigstellungsgrad 60 % berücksichtigt werden, da die Baustelle ungefähr zu diesem Zeitpunkt eröffnet wird und die Aktivitäten auf der Baustelle starten. Maßnahmen aus der Constructability Untersuchung sollten hier in die Planung einfließen bzw. bereits eingeflossen sein. Abweichungen und Änderungen kosten von nun an viel Zeit und Geld.

11.2 Ausgewählte Beispiele

11.2.1 Infrastruktur

Der Zugang zur Baustelle ist großzügig zu gestalten, das gilt zum einen für die Materialtransporte als auch für die Personaltransporte. Wenn nicht genügend Parkplätze vorhanden sind, ist ein Shuttle Service einzusetzen, damit die Arbeiter ohne großen Zeitverlust zu Baustelle gelangen können.

Je nach Lage der Baustelle und deren Witterungsbedingungen sollten befestigte Wege und Flächen frühzeitig für Transporte und Personen angelegt werden.

11.2.2 Fundamente/Stützen

Fundamente sollten, wo immer möglich, standardisiert werden. Besonders bei Rohrbrücken bietet sich diese Vorgabe an. Durch die Standardisierung besteht die Möglichkeit auf kostengünstige vorgefertigte Blöcke zurückzugreifen. Von daher ist es zu empfehlen, bereits frühzeitig Kontakt zu den lokalen Betonwerken zu suchen, um vorgefertigte Betonteile einzusetzen.

Besteht die Möglichkeit Betonfertigteile zu verwenden ist eine technisch wirtschaftliche Betrachtung erforderlich. Bei der Wirtschaftlichkeitsuntersuchung sind die Höhe der Arbeitslöhne eine treibende Größe, da der Arbeitsaufwand auf der Baustelle deutlich höher ist als in einem Betonfertigwerk. Je höher die Stückzahl der Fertigteile ist, desto lohnender wird der Einsatz dieser Fertigteile. Es ist allerdings auch zu berücksichtigen, dass der Geometrie bei Fertigteilen Grenzen gesetzt sind. Zum einen ist es das Gewicht, zum anderen die Transortabmessungen.

Des Weiteren sprechen Gründe wie Wetterbedingungen und Qualität für die Fertigteile. Gründen dagegen findet man wiederum bei der Betrachtung des Terminplans. Das Design der Fertigteile ist deutlich früher abzuschließen als das Design für Ortbetonteile. Je früher das Design abgeschlossen ist, desto schlechter sind Änderungen aus anderen Gewerken zu implementieren. Änderungen an bereits gefertigten Betonteilen sind

Abb. 11.3 Abgeknickte Bewehrung von Stützen

kostenintensive und sollten bei einer Kosten-Nutzen-Analyse mit ins Kalkül gezogen werden.

Bei aufgehenden Strukturen spielt bei der Berücksichtigung auch die Wetterverhältnisse, besonders der Wind eine Rolle. So bietet die Bewehrung eine Windangriffsfläche, hat aber nicht die notwendige Stabilisation, um diesen Kräften entgegenzuwirken. Von daher ist sorgfältig zu prüfen, wie diese Strukturen während des Baus zu sichern sind, damit ein Abknicken, wie in Abb. 11.3 dargestellt vermieden.

11.2.3 Stahlbau

Die Einbindung von lokalen Stahlbaulieferanten aus abwicklungstechnischer Sicht sollte grundsätzlich angestrebt werden. Kürzere Wege sind in der Ausführungsphase bei Änderungen ein wesentlicher Pluspunkt. Allerdings dürfen auch die wirtschaftlichen Aspekte und die verfügbaren Ressourcen bei der Wahl des Beschaffungsmarktes nicht außer Acht gelassen werden.

Einige Anlagenbauer streben die Maximierung vom feuerverzinkten Stahlbau an. Andere Anlagenbauer wiederum befürworten den Einsatz von angestrichenem Stahlbau. Oft hat auch der Endkunde eine Meinung dazu. Die Gründe hierfür sind meist unterschiedlicher Natur. Der Einsatz von galvanisiertem Stahlbau vermeidet einen späteren Aufwand für die Behebung möglicher Montageschäden am Anstrich. Angestrichener Stahlbau wiederum bietet dem Anlagenbauer, insbesondere bei den Rohleitungshalterungen mehr Flexibilität bei korrigierenden Maßnahmen.

Ein Weiterer wesentlicher Punkt ist die Minimierung der Vielfältigkeit von Verbindungselemente. Je weniger unterschiedliche Typen zum Einsatz kommen, umso geringer ist das Risiko von Fehlmaterialien.

11.2.4 Aufstellungsplanung

Während einer Constructability-Untersuchung wird festgestellt, dass der Aufstellungsplatz einer Kolonne von Rohrbrücken umgeben wird, also kein direkter Zugang vorhanden ist. Da der Liefertermin der Kolonne relative spät ist, müssen die Rohrbrücken entsprechend ihrem natürlichen Ablauf montiert werden, und können nicht auf die Kolonne warten. Somit muss die Kolonne über die Rohrbrücke gehoben werden. Dadurch ist ein Kran mit einer wesentlich höheren Kapazität für den Hebevorgang erforderlich, der eigens für den Hubvorgang zu mobilisieren ist. Zu prüfen wäre, inwieweit eine Änderung der Aufstellungsplanung möglich ist, oder die Rohrbrücke höherzusetzen, sodass eine Durchfahrt der Kolonne unter der Rohrbrücke erfolgen kann. Diese Alternativen sind kostenmäßig zu bewerten, sodass eine Kostenvergleich als Entscheidungshilfe fungieren kann.

11.2.5 Elektrotechnik

Die Belegung von Kabel in Kabeltrassen ist zu maximieren. Die Verteilerkästen sind an gut zugänglichen Stellen zu positionieren, idealerweise in Gruppen, um den Aufwand an Gerüsten zu minimieren. Das gleiche gilt für den Verlauf der Kabelrohre.

Eine weitere Überlegung, insbesondere bei größeren Anlagen, kann sich auf die Anzahl der Schalthäuser beziehen. Durch geschickte Anordnungen mehrerer Schalthäuser kann der Umfang und Aufwand für die Kabelverlegung reduziert werden, was sich wiederum positiv im Terminplan widerspiegelt.

11.2.6 Stromversorgung

Aus Sicht der Bau und Montage sind zwei wesentliche Einflussfaktoren hervorzuheben, die unweigerlich ein Einfluss auf das Projekt ausüben.

Das ist zum einen das Verlegen von Kabeln im Untergrund während des Baubeginns, und zum Bauende, die Fähigkeit zur Einspeisung von Strom. Die Selbstversorgung der Baustelle ist, wie auch in Abb. 9.7 Zeitliche Abhängigkeit der Gewerke“ hervorgehoben, ein wesentlicher Projektmeilenstein.

Das bedeutet, dass diese beiden Aktivitäten (Kabelverlegung und Schalthäuser) für den Baustellenablauf (terminlich) kritisch sind, und somit ein Risiko darstellen.

Entsprechend der Philosophie des Risikomanagement sind demzufolge Alternativen zu betrachten und zu bewerten, um im günstigsten Fall eine Risikominimierung für das Projekt zu erreichen.

11.2.6.1 Kabel im Untergrund

Wie bereits mehrfach erwähnt ist die Baustellenzugänglichkeit ein Faktor, der die Produktivität sämtlicher Subunternehmer mitprägt. Die Vermeidung oder Reduzierung von Wegezeiten ist anzustreben. Gerade offene Gräben üben hier einen negativen Einfluss aus. Dafür gibt es zwei Möglichkeiten (oder eine Kombination aus beidem), die Kabel schneller und früher zu verlegen, oder weniger Kabel zu verlegen, damit die Gräben zeitnah rückverfüllt werden können. Die Kabelverlegung möglichst früh zu beginnen und dabei den Untergrund zu priorisieren, sollte Bestandteil jeder Constructability Untersuchung sein.

Doch wie verhält es sich mit weniger Kabel, wenn die Anzahl der Verbraucher konstant ist?

Hier kommen die modularen Schalthäuser ins Spiel, in dem durch gezieltes Platzieren zusätzlicher Schalthäuser in der Nähe von Hauptverbraucher Einsparpotenziale generiert werden. Lief die ursprüngliche Planung auf ein Schalthaus hinaus (z. B. Im Norden der Anlage), wäre nun zu prüfen, welche Auswirkungen weitere Schalthäuser (z. B. Westen & Osten) auf die Kabelwege haben.

Das Schalthaus wird konventionell in massiver Bauweise errichtet (Abb. 11.4). Sämtliche Verbraucher werden von diesem Schalthaus versorgt. Die Hauptkabeltrasse verläuft unter den Rohrbrücken.

Überlegung führen nun dahin, die Kabelwege auf der Baustelle zu minimieren (siehe Abb. 11.5). Dazu werden nun 3 modulare Schalthäuser geplant.

Die Anzahl der im Graben verlaufenden Kabel (Abb. 11.6.) reduziert sich, der Graben wird schmaler und ist somit temporär besser zu überbrücken. Die Wege zu den einzelnen Verbrauchern werden deutlich kürzer. Weniger zu verlegende Kabel reduzieren die Materialkosten (insbesondere für Kupfer), die Kabelzugkosten und die dazugehörigen Tiefbaukosten. Aufgrund des reduzierten Arbeitsaufwandes können ebenfalls Einsparungen auf der Terminschiene erreicht werden. Ein Weiterer nicht zu unterschätzende Punkt, ist die Zugänglichkeit auf der Baustelle zu den jeweiligen Arbeitsplätzen der anderen Nachunternehmer. Je weniger Kabel im Untergrund verlegt werden, desto geringer wird die Anzahl der Gräben, wodurch wesentliche Behinderungen im Bauablauf der übrigen Gewerke entstehen. Das bedeutet, die Produktivität auf der Baustelle wird im Ganzen verbessert.

Im Gegensatz zu den offenen Verlegeart können die Kabel auch in geschlossene Systeme verlegt werden, wie Abb. 11.7 zeigt. Dadurch verbessert sich die Zugänglichkeit auf der Baustelle und reduziert mögliche Schäden an den Ummantelungen der Kabel, da diese in der offenen Bauweise ungeschützt im Baufeld liegen.

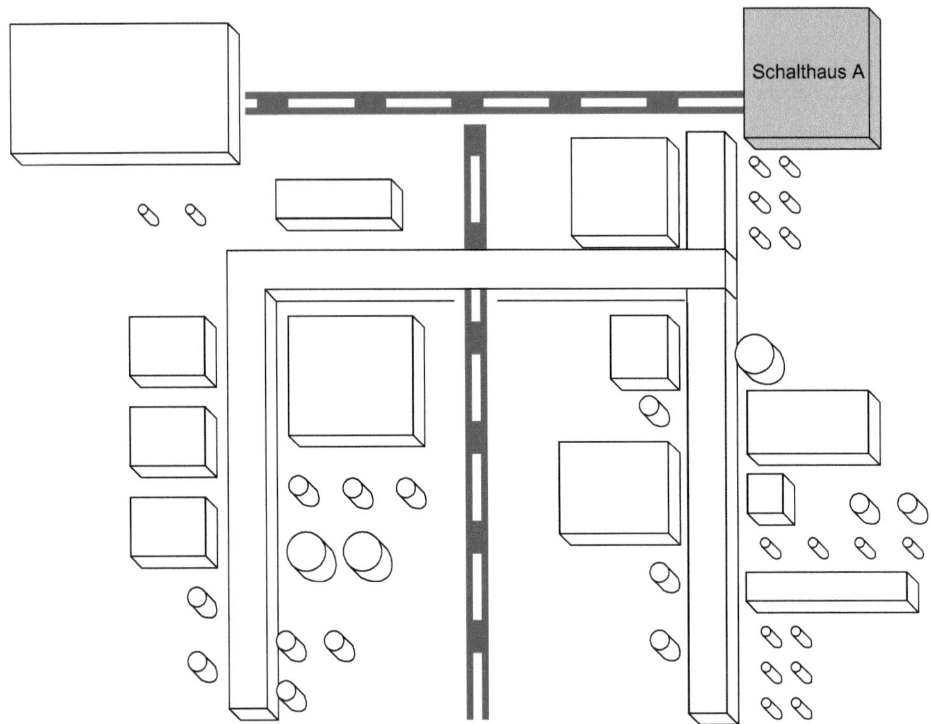

Abb. 11.4 Prinzip Skizze: Ein Schalthaus

11.2.6.2 Einspeisung (Substation energized)

Diese Aktivität ist für den weiteren Montageablauf von essenzieller Bedeutung (siehe S-Kurven Abb. 9.7). In diesem Projektstadium (ca. 75 % der Gesamtbauzeit) fangen die Inbetriebnahme-Vorbereitungen an, Maschinen müssen getestet werden. Das heißt „es wird terminlich eng" auf der Baustelle. Verzögerungen wirken sich unmittelbar auf die weitere Prozesskette aus und gefährden womöglich den Endtermin.

Sollte hier eine terminliche Entspannung möglich sein, ist diese grundsätzlich in Erwägung zu ziehen. Da sich der größte und längste Aufwand auf die reinen Bauarbeiten der Schalthäuser bezieht, sind die wesentlichen Überlegungen hier anzusetzen.

Sind die Schalthäuser konservativ, also in massiver Bauweise herzustellen, oder wird auch hier dem aktuellen Trend der Modulbauweise gefolgt.

Die Errichtung des Schalthauses in massive Bauweise dauert in der Regel schon um die 9 Monate, bis es staubfrei der E-Technik für weitere Arbeiten, wie Schaltschrank-Installation, Verkabelung usw., übergeben werden kann. Dabei sind Unwegsamkeit während der Planung durch den Architekten noch nicht berücksichtigt. Das gleiche gilt für die äußeren Einflüsse wie Witterung und Behinderungen durch andere Nachunternehmer während des Bauablaufes.

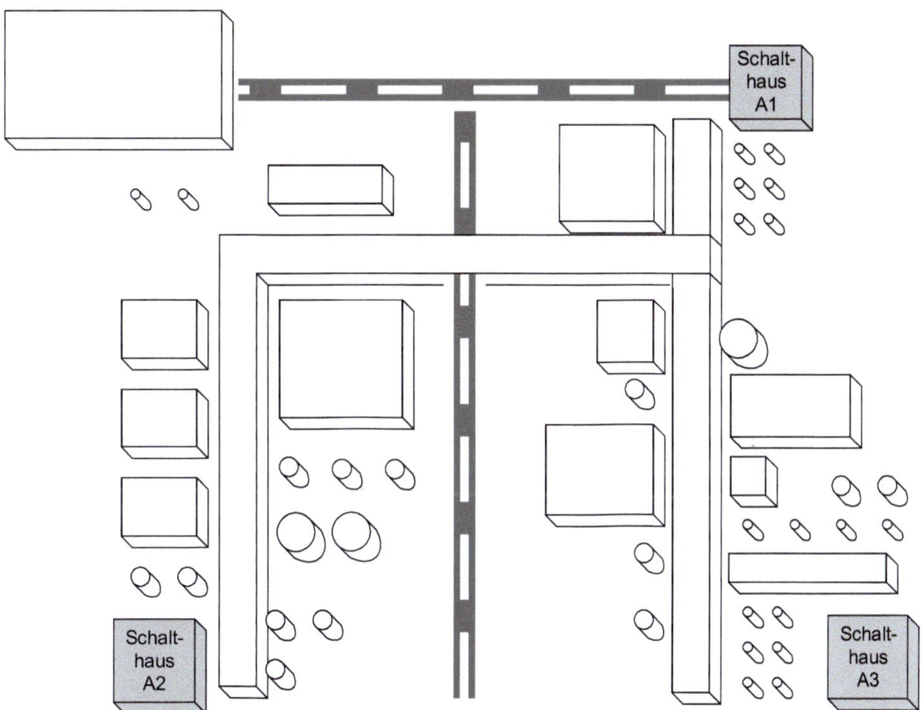

Abb. 11.5 Prinzip Skizze: Drei Schalthäuser

Abb. 11.6 Unterirdische Kabeltrasse

Abb. 11.7 Unterirdischer Kabelkanal (Bild: Siemens AG)

Laut Siemens Energy beträgt die Einsparung bei der modularen Bauweise bis zu 50 % der Montagezeit (33), wie Abb. 11.8 zeigt, insbesondere durch parallel verlaufende Tätigkeiten.

„Reduzierung der Investitionsausgaben.
Als standardisierte Lösung bietet E-House das Potenzial für erhebliche Einsparungen. Die Planungskosten können um bis zu 50 % gesenkt werden. Als vorgefertigtes Elektrogebäude wird das E-House vollständig integriert und vorgetestet geliefert. Dadurch wird die Anwesenheit von Arbeitern auf der Baustelle reduziert, und die Installationszeit wird erheblich verkürzt. E-House-Nutzer profitieren zudem von einem optimierten Platzbedarf dank Modularität und kompakter Bauweise. Allein dies summiert sich zu einer Gesamteinsparung von bis zu 20 % der Gesamtbetriebskosten (TCO) im Vergleich zu herkömmlichen Stromverteilungsstationen. (42) (Abb. 11.9).

Reduzierung der Betriebskosten.
Unabhängig von der CAPEX-Reduzierung ermöglichen Siemens E-Houses auch eine potenzielle OPEX-Reduzierung, z. B. einen reduzierten Energieverbrauch von HLK-Systemen dank des optimierten Gebäudevolumens und Systemdesigns“ (42) (Abb. 11.10).

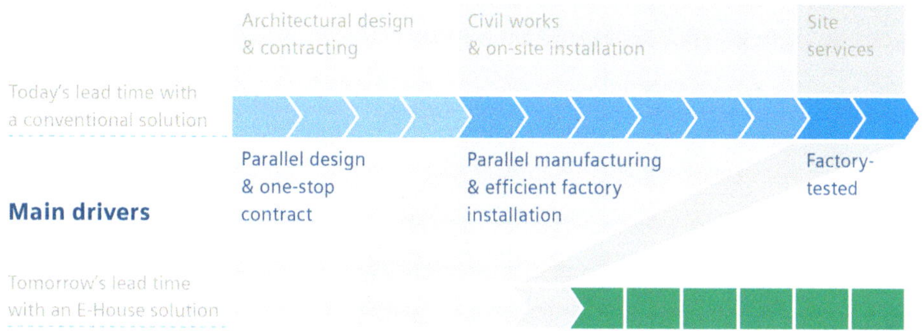

Abb. 11.8 E House Reduced Construction Time (Bild: Siemens AG 2023)

Abb. 11.9 Kosten Einsparpotential E House (Bild: Siemens AG 2023)

Abb. 11.10 E House – Optimierter Platzbedarf (Bild: Siemens AG 2023)

Wie sehen die Termin- und/oder Kosten-Einsparungen im Detail aus.

Termine

Durch den Einsatz modularen Schalthäuser erfolgt eine deutliche Einsparung bei den Terminen. Nebenbei wird auch schonend mit den Ressourcen auf der Baustelle umgegangen.

Inwieweit die Einsparung der Termine sich auf den wichtige Baustellentermin „Eigene Stromversorgung" auswirkt, hängt von dem Zeitpunkt der Bestellung ab, und der Fertigungszeit der Schalthäuser. Des Weiteren müssen sämtliche Einbauteile wie Schaltschränke auch verfügbar sein. Nur vollständige und vorgeprüfte Schalthausmodule versprechen letztendlich eine Terminvorteil auf der Baustelle. Dabei ist mit zu berücksichtigen, dass ggf. die Feldverkabelung vorzuziehen ist, um den Vorteil der Termineinsparung bei den Schalthäuser auf die gesamte Stromversorgung zu transferieren.

Es gilt auch zu bedenken, dass die Planung aus Sicht der Elektrotechnik zum Fertigungsbeginn der Module abgeschlossen sein sollte, was wiederum einen früheren Termin erfordert als bei der massiven Bauweise. Das bedeutet, dass die Verbraucherliste einzufrieren ist, sodass die Niederspannungsverbräuche fixiert werden können. Auch die Qualität des Engineerings ist zu verbessern, da die modulare Bauweise grundsätzlich Änderungsarbeiten nicht so gerne sieht, und zu deutlicheren Terminverzügen führen kann als bei der massiven Bauweise.

▶ **Der Vorteil der modularen Bauweise liegt eindeutig bei dem Bau und der Montage, stellt allerdings an das Engineering höhere Anforderung hinsichtlich Qualität und Ressourceneinsatz**

Kosten
Nachfolgende, überschlägige Aufstellung gibt einen groben Eindruck über die prozentuale Kosten-/Massenverteilung bei dem Bau eines Schalthauses in massiver Bauweise. Die Basis der dargestellten Werte ist eine Anlage, die in Land mit hohen Lohnkosten errichtet wurde (Tab. 11.1).

Die Einsparung der Massen/Kosten ist äquivalent mit der Einsparung von Ressourcen. Ein wesentlicher Vorteil für das Projekt, insbesondere im frühen Projektstadium, da die Ressourcen somit für das Projekt gewinnbringender an anderer Stelle eingesetzt werden können.

Erdarbeiten
Die Erdarbeiten für die modulare Bauweise können bis zu 50 % reduziert werden, da die modulare Bauweise kompakter ist, also mit einer geringeren Fläche bzw. umbauten Raum auskommt. Des Weiteren ergibt sich eine Ersparnis aufgrund des unterschiedlichen Gründungskonzeptes, da die Module auf Sockel stehen entfällt die Bodenplatte.

Betonarbeiten
Aufgrund des Entfalles von Bodenplatten, Balken, Träger. Wände und Zwischendecken reduziert sich der Betonanteil massenbereinigt um 70 %. Stellt aber mit 2,5 % der Gebäudekosten einen vergleichbaren geringen Wert dar.

Tab. 11.1 Bauarbeiten Schalthäuser

Bauarbeiten	Kostenanteil	Massenreduzierung
Erdarbeiten	5,0 %	−50 %
Betonarbeiten	2,5 %	−70 %
Schalung Fundamente	16,5 %	−90 %
Schalung Aufgehende Strukturen	47,5 %	−80 %
Bewehrung	5,0 %	−66 %
Ziegel und Betonsteine	8,0 %	−100 %
Dach	6,0 %	−100 %
Estrich	2,0 %	−100 %
Sonstige Bauarbeiten	7,5 %	−100 %
Gesamt		**−83,9 %**

Schalarbeiten (Fundamente und aufgehende Strukturen).
Ander sieht es bei den Schalarbeiten aus, besonders wenn die Schalthäuser in Ländern mit hohen Lohnkosten gebaut werden.

Der Anteil der Schalarbeiten beläuft sich auf fast zwei Drittel der Herstellkosten.

Durch den Wegfall der Bodenplatten, Balken, Träger. Wände und Zwischendecken kann somit eine Ersparnis von fast 80 % erreicht werden, wie gesagt Lohnkosten abhängig.

Bewehrung
Analog zu den Beton- und Schalarbeiten, reduziert sich der Aufwand für die Bewehrung ungefähr um zwei Drittel, wobei die Wertigkeit am Gebäude bei ca. 5 % liegt.

Ziegel
Der Aufwand bei Ziegel findet bei der modularen Bauweise nicht statt und kann somit mit einer Einsparung von 100 % berücksichtigt werden. Die Wertigkeit liegt hier bei ca. 6 % der Gesamtkosten.

Dach
Der Aufwand für das Dach findet bei der modularen Bauweise nicht statt und kann somit mit einer Einsparung von 100 % berücksichtigt werden. Die Wertigkeit liegt hier bei ca. 8 % der Gesamtkosten.

Estrich
Der Aufwand für Estrich entfällt gänzlich. Die Wertigkeit liegt hier bei ca. 2 % der Gesamtkosten.

Sonstiges
Unter Sonstiges fallen nicht näher betrachtete Leistungen wie,

- Bodenfliesen
- Gebäudeentwässerung
- Herstellen von Fugen
- Oberflächenbearbeitung von Betonflächen
- Tragkonstruktionen
- Türen und Fenster
- Wassersperren

Auf der anderen Seite ist ein deutlich erhöhter Aufwand an Stahlbauleistungen zu berücksichtigen.

Die Kostenersparnis bei den Bauarbeiten ist enorm, ist aber gegen weitere Gewerke zu bilanzieren. Die Elektrotechnik und Mess- und Regeltechnik sind in Vergleich mit einzubeziehen. Des Weiteren sind Zusatzkosten bei den Modulen für Stahlbau, also Treppen und Bühnen zu berücksichtigen. Bei der Installation der HVAC-Anlage wird in der modularen Bauweise eine Ersparnis von ~ 20 % berücksichtigt.

Dem gegenüber sind weitere Leistungen zu bilanzieren. Nachfolgende Tabelle wurde mit fiktiven Zahlen bewertet, um die Wertigkeit der einzelnen Gewerke untereinander zu reflektieren.

Beispiel Vergleichsrechnung massive Bauweise versus modulare Bauweise

Siehe (Tab. 11.2) ◀

Obwohl diese Ansätze auf einer Bewertung eines Landes mit einer hohen Kostenstruktur (hohe Stundenlöhne) basieren, ist die Tendenz aber eindeutig zu erkennen.

▶ ***Der Einsatz von modularen Schalthäuser kann bis zu einem Drittel der Herstellungskosten einsparen.***

Tab. 11.2 Kostenvergleich Schalhäuser massiv – modular

	Massive Bauweise	*Module*	*Ersparnis*
Bauarbeiten	*10.000.000 €*	*2.500.000 €*	*–7.500.000 €*
Stahlbauarbeiten			
Stahlbauträger, (L&M)		*250.000 €*	*250.000 €*
Cladding (L&M)		*350.000 €*	*-350.000 €*
Gitterroste (L&M)		*800.000 €*	*800.000 €*
Elektroarbeiten			
Transformator	*100.000 €*		*–100.000 €*
Stromverteilung	*600.000 €*		*–600.000 €*
Kabelverlegung	*50.000 €*		*–50.000 €*
Kabelanschlüsse	*50.000 €*		*–50.000 €*
MSR-Montage			
Geräte Installation	*300.000 €*		*–300.000 €*
Kabelverlegung	*50.000 €*		*–50.000 €*
Kabelanschlüsse	*120.000 €*		*–120.000 €*
HVAC	*2.000.000 €*	*1.600.000 €*	*–400.000 €*
Modul Installation			
Modul Fertigung		*3.000.000 €*	*3.000.000 €*
Transport		*100.000 €*	*100.000 €*
Installation		*500.000 €*	*500.000 €*
Summe	***13.270.000 €***	***9.100.000 €***	***–4,870.000 €***

11.3 Modularisierung (PPMOF)

Grundsätzlich ist der Ansatz anzustreben, die Arbeiten von der Baustelle fernzuhalten, um in einem kontrollierten Arbeitsraum diese Leistungen zu erbringen.

Die Vorteile sind vielseitig:

- Reduzierung von (knappen) Ressourcen)
- Verbesserung der Arbeitssicherheit, da kontrolliertes Umfeld
- Bessere Qualität => weniger Nacharbeiten
- Höhere Effizienz und Effektivität
- Schutz gegen Witterungseinflüsse
- Vorgetestet funktionale Einheiten

Allerdings gibt es auch Einschränkungen und Nachteile wie:

- Hohe Transportkosten
- Begrenzte (Transport-) Dimensionen
- Höhere Hebekapazitäten am Einbauort
- Geringere Flexibilität beim Terminplan

um nur einige zu nennen.

Der Bereich der ausgelagerten Montage zieht sich von der klassischen Rohrleitungsvorfertigung bis hin zu Megamodulen mit mehreren tausend Tonnen Gewicht. Nachfolgende Abbildung zeigt eine schematische Übersicht dazu (Abb. 11.11).

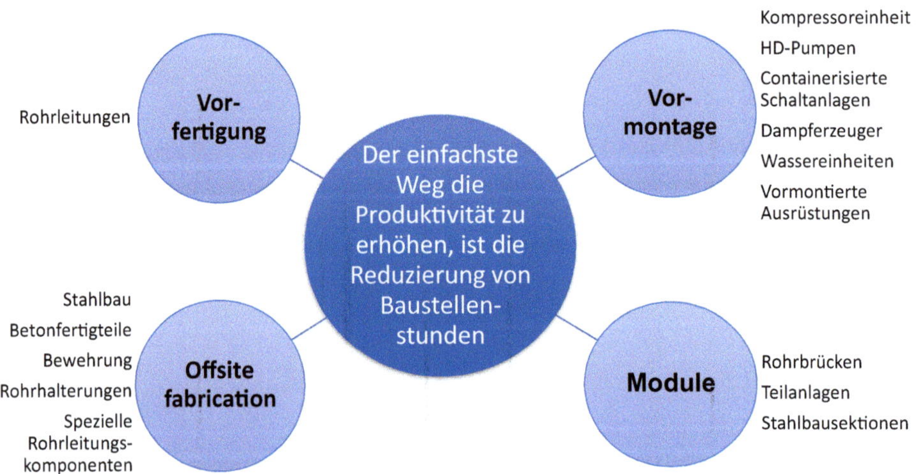

Abb. 11.11 PPMOF Schema

Wie werden die Überlegungen zur Modularisierung auf den Weg gebracht?

Als erstes steht die Machbarkeit im Vordergrund. Sind in der Region keine Arbeitskräfte verfügbar, kann die Anlage nicht vor Ort aus Einzelteilen errichtet werden. Ähnlich verhält es sich bei extremen klimatischen Bedingungen und bei allen Offshore Projekten.

Die modulare Bauweise bietet einen Zeitvorteil auf der gesamten Zeitschiene, wenn z. B. aufgrund fehlender Erteilung lokaler Genehmigungen nicht mit den Bauarbeiten begonnen werden kann bzw. darf, und diese Erteilung mitunter mehrere Monate in Anspruch nimmt. (Natürlich unter der Voraussetzung das die Erteilung der Genehmigung nur eine Formsache ist.)

Neben einer technisch wirtschaftlichen Analyse sind auch die Eckpunkte der Terminplanung zu berücksichtigen. So gibt es bei der modularen Fertigung feste nicht verschiebbare Termine, wenn es um großvolumige Seetransporte geht. Ist das Schiff bestellt, ist dieser Termin einzuhalten. Weitere Überlegungen betreffen den Starttermin der Modulfertigung. Zu diesem Termin ist das Engineering abzuschließen. Änderungen sind nur aufwendige durchzuführen. Sollte ein Zweifel darüber bestehen rechtzeitig das Engineering abzuschließen, wäre es vielleicht besser die Anlage doch vor Ort aus Einzelteilen zu bauen, sofern es eine Wahlmöglichkeit gibt. Ist die Modularisierung unumgänglich, ist das Materialmanagement und das Engineering den Erfordernissen der Module anzupassen.

Doch was bedeutet eigentlich Modularisierung?

International wird häufig die Abkürzung PPMOF verwendet. Das bedeutet:

- Prefabrication (Vorfertigung)
- Preassembly (Vormontiert
- Modularization (Modulbauweise)
- Offsite Fabrication, (Vormontage Baustelle)

Kurz herum betrifft es alle die Arbeiten, die nicht auf der Baustelle stattfinden sollen.

11.3.1 Vorfertigung

Eine Vorfertigung erfolgt in einer spezialisierten Einrichtung. In den meisten Fällen handelt es sich um die Vorfertigung von Rohrleitungen, sogenannte Spools. Dabei werden Rohrleitungsteile wie Rohre, Flansche, Bögen, Reduzierung und T-Stücke miteinander verschweißt. Die Geometrie bzw. die Abmessung der Spools ist auf Transportgrößen beschränkt.

11.3.2 Vormontage

Das Ziel der Vormontage ist, in einer kontrollierten Umgebung vorgefertigte Komponenten, unterschiedlicher Disziplinen zu einer Einheit zusammenzubauen, und diese Einheit als ganzen zu installieren. Die Vormontage findet in der Regel auf der Baustelle bzw. in Baustellennähe statt, und zwar in Bereichen von wo es zum Einbauort keine Beschränkungen hinsichtlich des Transportes dieser Einheit gibt.

11.3.3 Modularisierung

Ob eine Anlage aus Einzelteilen vor Ort oder modular gebaut wird, wird bereits in der Angebotsphase entschieden. Die Grundlage für die Entscheidung ist

- die Verfügbarkeit von Arbeitskräften,
- klimatische Bedingungen,
- Lohnkosten oder
- die Dauer von Erteilung von Betriebserlaubnissen
- als auch eine Kombination der genannten Einflüsse.

Ist einmal entschieden worden die Anlage modular zu bauen, ist diese Entscheidung unumkehrbar.

Abb. 11.12 zeigt ein Modul einer LNG-Anlage, das auf einem externen Modulyard in Cardiz, Spanien gefertigt wurde, und nun zu seinem Bestimmungsort nach Melkoya Nähe Hammerfest, Norwegen transportiert wird.

11.3.4 Offsite Fabrication

Externe-Fertigungen bezieht sich auf die Herstellung, Fertigung und Montage von Bauteilen, die an einem anderen Ort als ihrem eigentlichen Montageort gefertigt werden. Solche Bauteile werden an einem anderen Ort vorgefertigt und zur Baustelle transportiert oder auf der Baustelle vorgefertigt und dann an ihren endgültigen Standort eingebracht.

Abb. 11.12 Anlagen-Modul: LNG plant for Melkoya on a barge (Bild: Linde AG)

11.4 Zusammenfassung

Während der Constructability-Studie werden neben umfangreichen montagetechnischen und logistischen Betrachtungen auch standardisierte Abläufe, von erfahrenem Baustellenpersonal hinterfragt. Während des Constructability-Prozesses werden die Faktoren

- Arbeitssicherheit
- Termine
- Kosten
- Qualität

in **einer Funktion** betrachtet.

Ziel ist es hierbei aus einer Funktion mit vier (Un?) Bekannten ein optimales Ergebnis zu generieren.

Standarisiertes Vorgehen reduziert Fehler und gleichzeitig die Nacharbeiten, die Kosten und Termine verbrauchen.

Grundsätzlich gilt es die Arbeitssicherheit zu verbessern, Termine zu verkürzen, Kosten zu reduzieren und die Qualität zu verbessern. Arbeiten werden durch mögliche Modularisierung, sei es ein kleines Pumpenmodul oder Module, die mehrere Tausend Tonnen wiegen, von der Baustelle in kontrollierte Arbeitsumgebungen verlagert. Dadurch werden die permanent zu knappen Ressourcen auf der Baustelle geschont.

Es wird der gesamte Constructability Ablauf durchleuchtet und anhand ausgewählter Beispiele die Wichtigkeit der Maßnahmen untermauert.

Ziel ist es hierbei aus einer Funktion mit vier (Un?) Bekannten ein optimales Ergebnis zu generieren.

12 Beschreibung von Tätigkeiten

Die Anforderungen an das im Anlagenbau tätige Fachpersonal ist anspruchsvoll und vielseitig. Die Verwendung unterschiedlichster Materialien und verschiedener Tätigkeiten erschweren das Tagesgeschäft. Die Arbeitsweise ist den klimatischen Bedingungen anzupassen und mitunter sind kritischen Termine einzuhalten.

Der Ausbildungsstandard des Personals ist von Projekt zu Projekt unterschiedlich. Um diesen Tatsachen gebührend zu begegnen sind wiederkehrende Arbeitsgänge zu standardisieren und den Anforderungen entsprechend im Detail zu beschreiben.

Dazu werden für die einzelnen Arbeiten auf der Baustelle die Abläufe und Arbeitsgänge beschrieben. Hierfür hat sich der englische Begriff „Method Statement" eingebürgert und ersetzt die „alte" Arbeitsanweisung.

Diese Anweisung ist ergänzend zu der Gefährdungsbeurteilung zu sehen und ersetzt diese nicht. Für terminkritische Arbeiten sind ergänzend bzw. auf dem Method Statement basierend Job Cards zu erstellen, die die erforderlichen Leistungen der terminkritischen Arbeiten und die dafür erforderlichen Ressourcen beinhaltet.

12.1 Method Statements

Entscheidend für ein gutes Method Statement ist, dass der Inhalt kurz und präzise beschrieben wird. Nur die notwendigsten Arbeiten sind zu benennen. Es beschreibt die Prozesskette von der Anlieferung auf der Baustelle, über die Durchführung der Arbeiten bis zum Abschluss der Arbeiten auf der Baustelle.

Das Method Statement beschreibt die Arbeitsgänge bezüglich ihrer Tätigkeiten und Maschineneinsatzes, beinhaltet die zu berücksichtigen Arbeitssicherheitsaspekte, beschreibt das Ergebnis der Arbeiten und die erforderlichen Abnahmen. Ziel ist es auch, allen Beteiligten nicht nur den Eindruck zu vermitteln, zu wissen was sie tun, sondern

T. Günther, *Baustellenmanagement im Anlagenbau*,
https://doi.org/10.1007/978-3-662-69329-2_12

sie konsequent durch die Arbeiten zu geleiten. Darüber hinaus wird dem Überwachungspersonal für die Termin- und Qualitätskontrolle ein Steuerungselement an die Hand gegeben.

▶ **Ein Method Statement ist keine vertragliche Leistungsbeschreibung, sondern eine hilfreiche Beschreibung der Arbeiten für die Ausführenden vor Ort.**

Nachfolgend (Abschn 12.1.1. bis 12.1.7) ist eine zu empfehlende Struktur eines Method Statements aufgeführt.

12.1.1 Zweck und Anwendbarkeit

Informative ist eine allgemeine Beschreibung des technischen Verfahrens, bzw. der Tätigkeit zu erstellen. Der Zweck und das zu erreichendes Ziel ist kurz zu beschreiben.

Des Weiteren ist darzustellen, wie diese Anweisung in der Arbeitsablauf integriert wird.

12.1.2 Referenzen

- Anzuwendende Standards
- Gesetzliche Vorgaben
- Gültige Zeichnungen zw. Dokumente

12.1.3 Definitionen

Hier sind Begriffe zu definieren, um eine Verwechselung und/oder Fehlinterpretationen von Begriffen zu vermeiden.

12.1.4 Verantwortlichkeiten

Die Verantwortlichkeiten sind in der Anweisung klar zu regeln. Insbesondere wenn bestimmte Vorleistungen durch andere Parteien zu erbringen sind.

12.1.5 Ablaufbeschreibung

Wenn es sich um besondere Montageverfahren handelt, ist als erstes das Verfahren im Allgemeinen zu beschreiben.

Im weiteren Verlauf sind die Arbeitsschritte und Arbeitsgänge aufzuführen.
Zu den Arbeitsschritten sind die spezifischen Informationen wie;

- Personaleinsatz
- Maschineneinsatz
- Materialeinsatz
- Wasser- und Energiebedarf
- Erforderliche Werkzeuge
- Vorbereitende Maßnahmen bzw. Voraussetzungen

zum umschreiben.

12.1.6 Qualitätskontrolle

Für die Qualitätskontrolle sind Zwischenstände aufzuführen, an denen Test und/oder Prüfungen durchgeführt werden.

Diese Aufstellung ersetzt nicht die Anforderungen, die sich aus dem Qualitätsplan ergeben und sind daher additiv zu sehen.

Wenn für das Verfahren Proben oder Testarbeiten durchzuführen sind, sind diese zu benennen und die entsprechenden Prüfungen aufzuführen.

Baubegleitende Tests wiederum ergeben sich aus den Qualitätsplan.

12.1.7 Arbeitssicherheitsmaßnahmen

Im Detail sind die erforderlichen Ansprüche an die Arbeitssicherheit hervorzuheben. Dazu zählt insbesondere die Arbeiten, die mittels Erlaubnisscheines freizugeben sind, oder die Arbeiten allgemein verrichtet werden können. Sind Erlaubnisscheine erforderlich, so sind diese zu benennen, wie z. B.

- Schachterlaubnis
- Heißarbeiten
- Beengte Räume
- Kritische Hebevorgänge
- Strahlungen
- Usw.

Falls ein besonderes Training für die Ausübung erforderlich ist, ist dieses ebenfalls zu beschreiben.

Des Weiteren ist anzugeben welche persönliche und/oder speziellen Schutzausrüstungen verwendet werden müssen.

12.1.8 Beispiel Method Statement

*Beispiel Method Statement anhand des Aufbaus einer Betonmischanlage (**Anmerkung**: Kein Anspruch auf Vollständigkeit da dieses Beispiel nur zur Veranschaulichung dient.)*

Zweck
Der Zweck des Aufbaus einer mobilen Betonmischanlage (Mobilmix 2,25) ist die Herstellung von hochwertigem Beton und um eine Unabhängigkeit von den lokalen Betonhersteller zu sichern.

Aufbaubeschreibung
Die Grundeinheit ist eine geschweißte Stahlkonstruktion. Die Plattformen für die Waage und den Mischer werden durch Treppen und Bühnen miteinander verbunden. Auf der Mischplattform wird der LIEBHERR-Doppelwellenmischer DW 2.25 mit horizontalen Achsen mit einem Fassungsvermögen von 2,25 m3 Beton/Takt installiert. Der Beton wird von einer automatisierten Steuerung hergestellt.

Der elektromotorisch betriebene Doppelwellenmischer mit horizontalen Wellen kann 2.250 l Beton pro Charge produzieren. Die Grundausrüstung und der Steuercontainer werden auf einem Stahlrahmen installiert, der gleichzeitig als Fundament dient. Diese Einheit kann als Einzeleinheit auf einem Anhänger bewegt werden.

Der Transportbeton wird durch einen hydraulischen Austragsschieber in einen Betonmischer-LKW oder einen Muldenkipper geladen und zum Einbauort transportiert.

Grundstoffe wie Zement werden in den entsprechenden Silos gelagert.

Falls Wasser über einen Einspeisepunkt mit mindestens 6 bar zur Verfügung steht, wird das Wasser (0,6m^3/min) direkt der Anlage zugeführt. Wasser mit niedrigem Druck und geringer Kapazität (3 bar, 200 l/min) muss in einem Puffertank von 25 m3 gesammelt werden, der hinter dem linearen Vorratsbehälter installiert ist. Von hier aus pumpt eine Pumpe des neben dem Tank platzierten Behälters das Wasser zur Wasserwaage, die an elektrischen Wägezellen aufgehängt ist. Die maximale Wägekapazität der Wasserwaage beträgt 600 kg. Das Wasser wird von der Wasserwaage über eine elektrische Pumpe in den Mischer geleitet.

Die Luftversorgung der Anlage wird durch einen Zylinderkompressor durch die installierten Luftaufbereitungseinheiten sichergestellt. Die elektromagnetischen Pneumatik-Ventile des Luftsystems müssen über ein Steuerungssystem gesteuert werden.

Die Anlage basiert auf einem automatisierten Systembetrieb.

Referenzen
- *Herstellerangabe*
- *Installationsanweisung Liebherr*
- *Betriebshandbuch*
- *Baustelleneinrichtungsplan (Aufstellung und Lagerflächen)*

- *QA QC Plan*
- *Arbeitssicherheitsplan*
- *Beton-Spezifikationen*
- *Usw.*

Definitionen

- SGUSicherheits-, Gesundheits- und Umweltschutz

Verantwortlichkeiten

Der Baustellenleiter ist für sämtliche Baustellenaktivitäten verantwortlich. Er hat sicherzustellen, dass sämtliche Vorschriften hinsichtlich Sicherheit und Qualität implementiert sind und eingehalten werden.

Die QA/QC Manager ist für die Überwachung der Qualität verantwortlich und hat sicherzustellen, das ausreichende Betonproben gezogen und ausgewertet werden, sowie die dazugehörige Dokumentation begleitend erstellt wird.

Der Sicherheitsbeauftragte stellt sicher, dass die SGU-Vorschriften eingehalten werden.

Baustellen Planung und Vorbereitung

Der Aufbau der Betonmischanlage erfolgt entsprechen Baustelleneinrichtungsplan.

Die Fläche ist entsprechend vorzubereiten. Eine Achslast von 10 t pro Achse ist zu gewährleisten.

Für die Anlieferung der Komponenten ist sicherzustellen, dass ein ungehinderter Zugang erfolgt. Kollisionen mit andere Baustellentransporten wir Sandlieferungen sind zu koordinieren und zu vermeiden.

Die Installation wird durch Kräne mit einer Hebekapazität von bis zu 160t unterstützt.

Installationsanweisung

In der Regel wird auf die Installationsanweisung des Herstellers zurückgegriffen und als Anlage diesem Dokument beigefügt.

Betrieb der Anlage

Der Betrieb der Anlage erfolgt entsprechend des Betrieb-Handbuches.

Dieses Beispiel soll im Ansatz verdeutlichen, dass sämtliche Arbeiten, die auf der Baustelle stattfinden, bewusst durchzuführen sind. Nicht nur Rohrleitungsmontagen oder Aufstellen von Kompressoren stehen in Mittelpunkt der Arbeiten, sondern allen Gewerken und Tätigkeiten sind mit der erforderlichen Sorgfalt zu begegnen. In dem Beispiel wurde die Errichtung der Mischanlage exemplarisch aufgeführt. Unterlaufen bei der Errichtung Fehler, kann es zu Unfällen kommen oder zu Unterbrechungen der Betonherstellung. Ein Method Statement unterstützt dabei die Ausführenden und Überwachenden bei ihren Arbeiten durch die Bereitstellung notwendiger Informationen.

Aus diesem Grunde sind für alle Arbeitsabläufe Method Statements zu erstellen. Das hört sich im ersten Moment aufwendig an, aber viele Bau- und Montagefirmen verfügen über einen Unternehmensfundus, aus dem diese Anweisungen gezogen werden können, sodass nur eine Anpassung an die spezifischen Gegebenheiten des Projektes durchzuführen ist. Verfügen die Firmen über keine Standards, ist die Firma vielleicht nicht die richtige.

▶ ***Der Anspruch an die Method Statements kann nur der sein, dass eine sorgfältige Arbeitsbeschreibung, unter Berücksichtigung der einzusetzenden Ressourcen, eine wesentliche Zuarbeit zur Baustellenvorbereitung ist.***

12.2 Job Cards

Als weitere Dokumente für die Bau und Montage, vor Allem wenn die Arbeiten im Detail zu planen und steuern sind, wie z. B. für Arbeiten während Anlagenstillständen, sind sogenannte Job Cards zu erstellen. Die Job Cards basieren auf den Method Statements, beschreiben allerdings die Tätigkeiten wesentlich genauer. Wird z. B. ein Method Statement für die Demontage und Montage von Rohrleitungen erstellt, ist diese Anweisung für das gesamte Projekt anzuwenden, im Gegensatz zu den Job Cards, die speziell für eine bestimmte Rohrleitung zu erstellen ist.

Die Job Cards helfen nicht nur den Ausführenden vor Ort, sondern versetzten bei ihrer Erstellung den Montageplaner in die Lage oder in die Verantwortung die kritischen Arbeiten bereits im Vorfeld detailliert zu erfassen. Dadurch erhält die Baustellenplanung eine deutlich bessere Qualität.

Eine Job Card besteht aus einem Deckblatt, auf dem die wichtigsten Informationen aufgeführt sind, und aus weiteren Seiten in Form einer Checkliste, sodass die Anforderungen an erforderlichen Arbeiten spezifiziert werden können. Abb.12.1

Das Deckblatt der Job Card verleiht dem Betrachter einen Überblick über die Komplexität der Arbeit. Insbesondere das Hervorheben der kritischen Aktivitäten, sowie die Dauer der Arbeiten erleichtern die Feststellung des Ist-Status, sodass bei Abweichung schnell reagiert werden kann, um korrigierende Maßnahmen einzuleiten.

Die weiteren Punkte sind als Checklist zu verstehen, die Punkt für Punkt festzulegen sind, und vor dem Start der auszuführenden Arbeiten auf Vollständigkeit zu prüfen sind.

12.3 Zusammenfassung

Method Statement und Job Cards sind vor der Baustelleneröffnung bzw. vor Beginn der spezifischen Arbeiten zu erstellen und zu prüfen.

DECKBLATT JOB CARD - Mechanische Montage -						
JOB CARD Nr.	**Subsystem**	**Anlage**	**System**	**Revision**	**Datum**	**Seite**
47	Mitteldruck		Dampf	1	03-01-2024	1/ 6
Beschreibung		**Bemerkungen**				
Leitungsaustauch während Anlagenstillstand		Verfügbare Zeit: 5 Tage				
Leistungsumfang		**Kritische Aktivität**			**S/D No**	
Vollständige Demontage und Remontage der MD Dampfleitung einschließlich aller Nebenarbeiten bis zur IBN-Bereitschaft		Rohrleitungsmontage innerhalb von 2 Tagen.				

Gewerk	**Aktivität**	**Code**	**Arbeitsstunden**	**Ja/Nein**	**Starttermin**	**Endtermin**
Gerüstbau	Auf und Abbau von Gerüsten		60 h	Ja	0,0 Tage	5,0 Tage
Demontagearbeiten	Ausbau komplette Rohrleitung		96 h		0,0 Tage	0,0 Tage
Kranarbeiten	Demontageunterstützung		20 h	Ja	0,0 Tage	1,0 Tage
Bauarbeiten	Fundament sanieren		10 h	Ja	1,0 Tage	1,2 Tage
Stahlbau	Rohrleitungsunterstützungen		40 h	Ja	2,2 Tage	2,7 Tage
Rohrleitungsbau	Montieren und Schweißen		200 h	Ja	1,0 Tage	3,0 Tage
Kranarbeiten	Montageunterstützung		40 h	Ja	2,0 Tage	2,7 Tage
Kranarbeiten	Baustellentransporte		10 h	Ja	1,0 Tage	3,0 Tage
Begleitheizung	entfällt			Nein		
Prüfungen	OFR, US, DS und Druckprobe		20 h	Ja	3,0 Tage	4,0 Tage
MSR Technik	Einbau und Anschluß Steuerungsventile		20 h	Ja	4,0 Tage	4,2 Tage
Verschraubungen	Steuerungsventile		20 h	Ja	4,2 Tage	4,4 Tage
Mechanische Arbeiten	Keine, aber 2 Monteure Standby		2 h	Ja	2,5 Tage	3,0 Tage
Anstrich	System: Grundierung	RAL Farbe: 7000	10 h	Ja	4,0 Tage	4,2 Tage
Isolierung	Typ: Wärme	Dicke: 60 mm	40 h	Ja	4,6 Tage	5,0 Tage
	Gesamte Mannstunden		588 h			

Arbeitssicherheitsbestimmungen		**ACTION**	**Ja/Nein**		**WHO**
Medium Reinigung	Dampf Ausblasen				
Steckscheiben System (Abstecken an Behältern und Rohrleitungen)	P&ID 200+201				
Bohren und Kaltschnitte (Sägen)	nicht erforderlich				
Arbeitserlaubnisschein	Heißarbeiten Durchstrahlungsprüfung				
Hebestudie	Erforderlich	Durch Krandienstleister			
Arbeitsanweisung / Method Statement	Erforderlich	MS 010, MS 025, MS 030			
Sicherheitsanalyse	Erforderlich	Job Safety Analysis			

Zusätzliche Qualitätsanforderungen		**Dokument Nr.**
Druckprobenkreis	xxx1-5	
Demontage Isometrien	yyy 5-9	
Isometrie IFC	zzz 5-9	
Rohrleitungspläne	aaa 1-2	
Inspektions Code	Klassifizierung DGL Kategorie 3	

Subunternehmer	**Job Card geprüft durch AG**	**Job Card geprüft durch Betreiber**
Name:	Name:	Name:
Datum:	Datum:	Datum:
Unterschrift:	Unterschrift:	Unterschrift:
Arbeiten vollständig beendet durch Subunternehmer	**Arbeiten vollständig beendet Geprüft und Freigegeben durch Auftraggeber**	**Arbeiten vollständig beendet Freigabe durch Betreiber**
Name:	Name:	Name:
Datum:	Datum:	Datum:
Unterschrift:	Unterschrift:	Unterschrift:

Abb. 12.1 Deckblatt Job Card

Hier werden zwei Fliegen mit einer Klappe geschlagen. Zum einen werden die erforderlichen Arbeitsgänge erfasst und beschrieben. Neben den Standardabläufen (Betonarbeiten, Rohrleitungsmontagen usw.) werden projektspezifische Abläufe beschrieben, wie z. B. das Errichten einer Betonmischanlage. Das Beschreiben dieser Tätigkeiten verlangt eine detaillierte Untersuchung, ggfs. eine zusätzliche Einbindung Sachkundiger, um die Arbeitsgänge zu verstehen. Dadurch wird der Bau der Anlage vorgedacht und strukturiert beschrieben. Zum anderen können die Sequenzen der Terminplanung inhaltlich besser aufeinander abgestimmt.

Die Job Cards basieren auf den Method Statements, beschreiben allerdings die Tätigkeiten wesentlich genauer. Wird z. B. ein Method Statement für die Demontage und Montage von Rohrleitungen erstellt, ist diese Anweisung für das gesamte Projekt anzuwenden, im Gegensatz zu den Job Cards, die speziell für eine bestimmte Rohrleitung zu erstellen ist.

Eine Job Card besteht aus einem Deckblatt, auf dem die wichtigsten Informationen aufgeführt sind, und aus weiteren Seiten in Form einer Checkliste, sodass die Anforderungen an erforderlichen Arbeiten spezifiziert werden können.

Job Cards sind eine wesentliche Steuerungsmethode bei sehr kritischen Arbeiten, die z. B. während eines Anlagenstillstands anfallen (Abb. 12.2–12.6).

Projekt	JOB CARD No.	Seite 1 von 5
1.	**Job Card**	
	Deckblatt erstellt	Ja / Nein
2.	**Involvierte Gewerke**	
I.	Demontagearbeiten	Ja / Nein
II.	Rohrleitungsbau	Ja / Nein
III.	Stahlbau	Ja / Nein
IV.	Mechanische Montage	Ja / Nein
V.	Einbauten	Ja / Nein
VI.	Behältermodifikationen	Ja / Nein
VII.	MSR Technik	Ja / Nein
VIII.	Elektroarbeiten	Ja / Nein
IX.	Bauarbeiten	Ja / Nein
X.	Gerüstbau	Ja / Nein
XI.	Kranarbeiten	Ja / Nein
XII.	Hubarbeiten	Ja / Nein
XIII.	Transport	Ja / Nein
XIV.	Wärmebehandlung	Ja / Nein
XV.	Katalysatoren Befüllung	Ja / Nein
XVI.	Chemische Reinigung	Ja / Nein
XVII.	Schrauben/Bolzen	Ja / Nein
XVIII.	Schrauben- Drehmoment	Ja / Nein
XIX.	Korrosionsschutz	Ja / Nein
XX.	Gummierungsarbeiten	Ja / Nein
XXI.	Isolierung	Ja / Nein
XXII.	Zerstörungsfreie Prüfungen	Ja / Nein

Abb. 12.2 Job Card Seite 1

Projekt	JOB CARD No.	Seite 2 von 5
3.	**Allgemeine Dokumente**	
a.	Plot Plan Markierung	Ja / Nein
b.	Demontage P&ID	Ja / Nein
c.	Montage P&ID	Ja / Nein
d.	Baustellenprüfungen und Kommentare	Ja / Nein
e.	Job Card - Kommentierung durch Betreiber	Ja / Nein
f.	Arbeitssicherheitsanalyse vor Arbeitsaufn.	Ja / Nein
4.	**Leistungsumfang**	
I.	Demontagearbeiten	
a.	Demontagebeschreibung	Ja / Nein
b.	Demontage Isometrie	Ja / Nein
c.	Mengengerüste	Ja / Nein
d.	Ausrüstungszeichnung für Demontage	Ja / Nein
e.	Brennschnitt	Ja / Nein
f.	Kaltschnitt	Ja / Nein
g.	Heiße Einbindung (Hot tap)	Ja / Nein
h.	Method Statement & Sicherheitsanalyse	Ja / Nein
II.	Rohrleitungsarbeiten	
a.	Job Cards Tie-in Liste	Ja / Nein
b.	Isometrie Neubau	Ja / Nein
c.	Mengengerüst pro Isometrie	Ja / Nein
d.	Liste der Rohrleitungsspools	Ja / Nein
e.	Halterungen/Unterstützungen Zeichnungen	Ja / Nein
h.	QA/QC Dokumentation	Ja / Nein
i	Punch Liste	Ja / Nein
III.	Stahlbauarbeiten	
a.	Montagezeichnungen	Ja / Nein
b.	Installationsanweisung	Ja / Nein
c.	QA/QC Dokumentation	Ja / Nein
d.	Punch Liste	Ja / Nein
IV.	Mechanische Arbeiten	
a.	Installationszeichnungen	Ja / Nein
b.	Installationsbeschreibung, Montagedoku	Ja / Nein
c.	QA/QC Dokumentation	Ja / Nein
d.	Punch Liste	Ja / Nein

Abb. 12.3 Job Card Seite 2

Projekt	JOB CARD No.	Seite 3 von 5
V.	Einbauten Ausrüstungen	
a.	Demontagezeichnungen Ausrüstungen	Ja / Nein
b.	Montagezeichnungen Ausrüstungen	Ja / Nein
c.	Modifikationszeichnungen Ausrüstungen	Ja / Nein
d.	Montagevorschrift Einbau Böden	Ja / Nein
e.	Mengengerüst	Ja / Nein
f.	Test & Prüfungen nach Wiederherstellung	Ja / Nein
g.	QA/QC Dokumentation	Ja / Nein
h.	Punch Liste	Ja / Nein
VI.	Behältermodifikationen	
a.	Modifikationszeichnungen Ausrüstungen	Ja / Nein
b.	Montage-Anweisung Modifikation	Ja / Nein
c.	Mengengerüst	Ja / Nein
d.	Test & Prüfungen nach Wiederherstellung	Ja / Nein
e.	QA/QC Dokumentation	Ja / Nein
f.	Punch Liste	Ja / Nein
VII.	Instrumentation	
a.	Demontagezeichnungen	Ja / Nein
b.	Installationszeichnungen	Ja / Nein
c.	Instrumenten-Spezifikation	Ja / Nein
d.	Vor-Kalibrierungs-Nachweis	Ja / Nein
e.	Kalibrieren neuer Instrumente	Ja / Nein
f.	Mengengerüst	Ja / Nein
a.	Demontagezeichnungen	Ja / Nein
b.	Installationszeichnungen	Ja / Nein
c.	Erdungszeichnungen	Ja / Nein
d.	Mengengerüst	Ja / Nein
e.	Kabelprüfungen / Megger-Test	Ja / Nein
f.	Erdungstest	Ja / Nein
g.	Beleuchtungstest	Ja / Nein
h.	QA/QC Dokumentation	Ja / Nein
i.	Punch Liste	Ja / Nein

Abb. 12.4 Job Card Seite 3

Projekt	JOB CARD No.	Seite 4 von 5
IX.	Bauarbeiten	
a.	Demontagezeichnungen	Ja / Nein
b.	Bauzeichnungen	Ja / Nein
c.	Method Statement	Ja / Nein
d.	Detailüberprüfung Fundamente	Ja / Nein
e.	Vergussarbeiten	Ja / Nein
f.	QA/QC Dokumentation	Ja / Nein
g.	Punch Liste	Ja / Nein
X.	Gerüstbau	
a.	Installationsskizzen, Lageplan	Ja / Nein
b.	Auf- und Abbau Koordination	Ja / Nein
c.	Koordination Gerüstmodifikationen	Ja / Nein
XI.	Kranarbeiten	
a.	Hebestudie (Kranstandfläche)	Ja / Nein
XII.	Hubarbeiten	
a.	Beschreibung, Method Statement	Ja / Nein
XIII.	Transportarbeiten	
a.	Transport Material spezifizieren	
b.	(Type, Abmessungen, Kapazitäten)	Ja / Nein
XIV.	Wärmebehandlung	
a.	Aufstellung Ausrüstungen und Materialien	Ja / Nein
b.	Wärmebehandlung Prozeduren	Ja / Nein
c.	QA/QC Dokumentation	Ja / Nein
c.	QA/QC Dokumentation	Ja / Nein
XVI.	Chemische Reinigung	
a.	Ablaufplanung einschl. Entsorgung	Ja / Nein
b.	Materialliste	Ja / Nein
c.	QA/QC Dokumentation	Ja / Nein
XVII.	Schrauben / Bolzen Vorspannung	
a.	Vorspann Anweisung / Tabelle	Ja / Nein
b.	Materialliste	Ja / Nein
c.	QA/QC Dokumentation	Ja / Nein
XVIII.	Schrauben-Drehmoment	
a.	Drehmoment Anweisung	Ja / Nein
b.	Materialliste	Ja / Nein
c.	QA/QC Dokumentation	Ja / Nein

Abb. 12.5 Job Card Seite 4

Projekt	JOB CARD No.	Seite 5 von 5
XIX.	Korrosionsschutz	
a.	Spezifikation Anstrichsysteme	Ja / Nein
b.	QA/QC Dokumentation	Ja / Nein
c.	Punch Liste	Ja / Nein
XX.	Gummierungsarbeiten	
a.	Weichgummi	Ja / Nein
b.	Hartgummi	Ja / Nein
c.	Vulkanisation	Ja / Nein
XXI.	Isolierung	
a.	Isolierungsspezifikation	Ja / Nein
b.	QA/QC Dokumentation	Ja / Nein
c.	Punch Liste	Ja / Nein
XXII.	ZfP	
a.	ZfP Programm einschl. Prüfquote	Ja / Nein
XXIII.	Steckscheiben Programm	Ja / Nein
c.	QA/QC Dokumentation	Ja / Nein
XIX.	Korrosionsschutz	
a.	Spezifikation Anstrichsysteme	Ja / Nein
b.	QA/QC Dokumentation	Ja / Nein
c.	Punch Liste	Ja / Nein
XX.	Gummierungsarbeiten	
a.	Weichgummi	Ja / Nein
b.	Hartgummi	Ja / Nein
b.	QA/QC Dokumentation	Ja / Nein
c.	Punch Liste	Ja / Nein
XXII.	ZfP	
a.	ZfP Programm einschl. Prüfquote	Ja / Nein
XXIII.	Steckscheiben Programm	Ja / Nein

Abb. 12.6 Job Card Seite 5

13 Ressourcen- und Bedarfsermittlungen

Entscheidend für eine ablaufoptimierte Baustellenabwicklung, unabhängig davon, ob man sich noch in der Planungsphase oder schon in der Ausführungsphase befindet, ist der permanente Kenntnisstand über den erforderlichen Bedarf an Ressourcen.

Der Bedarf an Ressourcen oder Flächen muss zu jederzeit an die aktuelle Situation anpassbar sein.

Steuern oder korrigierend eingreifen kann nur derjenige, der einen Überblick über die verfügbaren Ressourcen und Flächen hat, sowie Kenntnisse über den darüber hinaus gehenden Bedarf.

Diese Thematik kann nicht oft genug wiederholt werden.

▶ ***Eine Baustelle kann nur erfolgreich abgewickelt werden, wenn der erforderliche Bedarf an Ressourcen und Flächen gedeckt wird.***

Elementare Kriterien sind die Ressourcen, also Personal und Geräte. Diese Ressourcen werden benötigt, um Materialien zu bewegen und zu verbauen. Demzufolge müssen die Materialien den Ressourcen mengenmäßig, entsprechend der Produktivität, zugeführt werden. Störungen in diesem Ablauf bedeuten Störungen (hier Reduzierung) der Produktivität.

Anders als in der Serienfertigung der Automobilindustrie ist eine „just in time“ Lieferung auf Baustellen nicht empfehlenswert. Sinnvolle Ausnahmen bilden mitunter die Lieferungen von großen und schweren Ausrüstungen.

Die primären Faktoren hierzu sind:

- Ressourcen
  - Personal
  - Geräte

T. Günther, *Baustellenmanagement im Anlagenbau*,
https://doi.org/10.1007/978-3-662-69329-2_13

- Flächen
- Verbrauchsmaterialien

Es ist also sicherzustellen, dass für die Lagerung der erforderlichen Materialien auch entsprechende Flächen zur Verfügung stehen. Sollte diese nicht ausreichend sein, sind entsprechende Logistikkonzepte zu entwickeln, die z. B. eine „Just in time" Lieferung der zu verbauenden Materialien gewährleistet. (Siehe hierzu Kap. 7 das Beispiel Empire State Building).

Die Bedarfsermittlung des Personals orientiert sich zum einen an dem Terminplan, theoretischen Leistungskennzahlen und zum anderen an der Machbarkeitsanalyse der einzusetzenden Personaldichte. Wie bereits beschrieben, ist ein Personaleinsatz ohne die entsprechenden Geräte nicht effektiv und ist somit ebenfalls im Detail zu untersuchen.

Nicht unwichtig, jedoch mitunter unterschätzt, ist der Bedarf an Verbrauchsstoffen wie Wasser, Energie und technischen Gasen.

Um im Nachfolgenden die Inhalte etwas lebhafter zu gestalten, wurde ein Pseudoprojekt mit folgendem Projektvolumen in Betracht gezogen.

Beispielprojekt

Siehe Tab. 13.1 ◄

13.1 Ressourcen

In Kap. 7 Grundlagen der Planung und Steuerung wurden bereits die Zusammenhänge der Primärbedarfsplanung, der Sekundärbedarfsplanung und der Termin- und Kapazitätenplanung aufgeführt.

Abb.13.1 zeigt den Ablauf der Ermittlung und Zuordnung von Ressourcen wie sie in die Terminplanung einfließen.

Basis für die Ressourcenermittlung und Zuordnung im ersten Schritt sind Erfahrungswerte und projektspezifische Werte. Nicht immer liegen detaillierte Mengen und Massen zu Beginn eines Projektes vor. In den meisten Fällen sind jedoch die Mengen und Massen aus der Angebotsbearbeitung in erste Annäherung ausreichend. Liegen zu einem späteren Zeitraum detaillierte Erkenntnisse vor, sollte im Falle von Abweichungen eine mögliche Auswirkung auf die Ressource und somit vielleicht auch auf die Termine untersucht werden.

Die verfügbaren Mengen und Massen werden mit spezifischen Kennzahlen wie Arbeitszeitwerte, Produktivität, Effizienz und Länderfaktoren bewertet. Daraus lässt sich eine Anzahl von Mannmonaten ermitteln. Diese Ermittlung wird für alle Gewerke oder Teilgewerke durchgeführt.

Laut Vertrag sind Ecktermine für Teilleistungen vereinbart. Daraus ergeben sich als erste Annäherung Dauern für die einzelnen Gewerke.

Tab. 13.1 Beispiel Projekt

Titel	Untertitel	Einheit	Menge (Q)
A	B	C	D
Bauarbeiten			
Erdarbeiten	Cut & Fill	[m³]	**50.000**
Pfahlgründung	Bohrpfähle	[m]	**10.000**
Pfahlgründung	Rammpfähle	[m]	**20.000**
Beton	Gesamtaufwand	[m³]	**25.000**
Fundamente	Untergrund	[m³]	**5.000**
Fundamente	Strukturen	[m³]	**20.000**
Stahlbau			
Rohrbrücken		[t]	**750**
Stahlbau-Strukturen	> 100 kg/m	[t]	**500**
Stahlbau-Strukturen	40 - 100 kg/m	[t]	**500**
Stahlbau-Strukturen	< 40 kg/m	[t]	**250**
Ausrüstungsmontage			
Pumpen		[t]	**500**
Kompressoren	Feldmontage	[t]	**100**
Tanke	50t - 200t	[t]	**500**
Reaktoren, Kolonnen		[t]	**600**
Dampferzeuger	Reine Feldmontage	[t]	**800**
Rohrleitungsbau			
Gesamtaufwand		[t]	**1.000**
Iso freigegeben		[t]	
Vorfertigung	C-Stahl	[t]	**700**
Rohrbrücke	C-Stahl	[t]	**300**
Prozessanlage	C-Stahl	[t]	**700**
Rohrleitungsmontage	Kunststoff/GFK	[m]	**500**
Halterungsmontage		[t]	**180**
Isolierung			
Ausrüstungen	Kälte	[m²]	**500**
Ausrüstungen	Wärme	[m²]	**4.000**
Ausrüstungen	Schallschutz	[m²]	**1.000**
Rohrleitungen	Kälte	[m²]	**500**
Rohrleitungen	Wärme	[m²]	**7.000**
Rohrleitungen	Schallschutz	[m²]	**1.000**
Anstrich			
Rohrleitungen	3lagig	[m²]	**8.000**
Ausrüstungen	3lagig	[m²]	**4.500**
Stahlbau	Touch Up	[m²]	**35.000**
Tanke	3lagig	[m²]	**4.500**
Elektrotechnik			
Kabelzug	LV 100mm	[m]	**75.000**
Kabeltrasse	500-600	[m]	**7.500**
Verbraucher		[Stck.]	**200**
Mess- u. Regeltechnik			
Kabelzug	Fiberoptik	[m]	**50.000**
Instrumente (IO's)		[Stck.]	**2.500**
Gesamtaufwand			

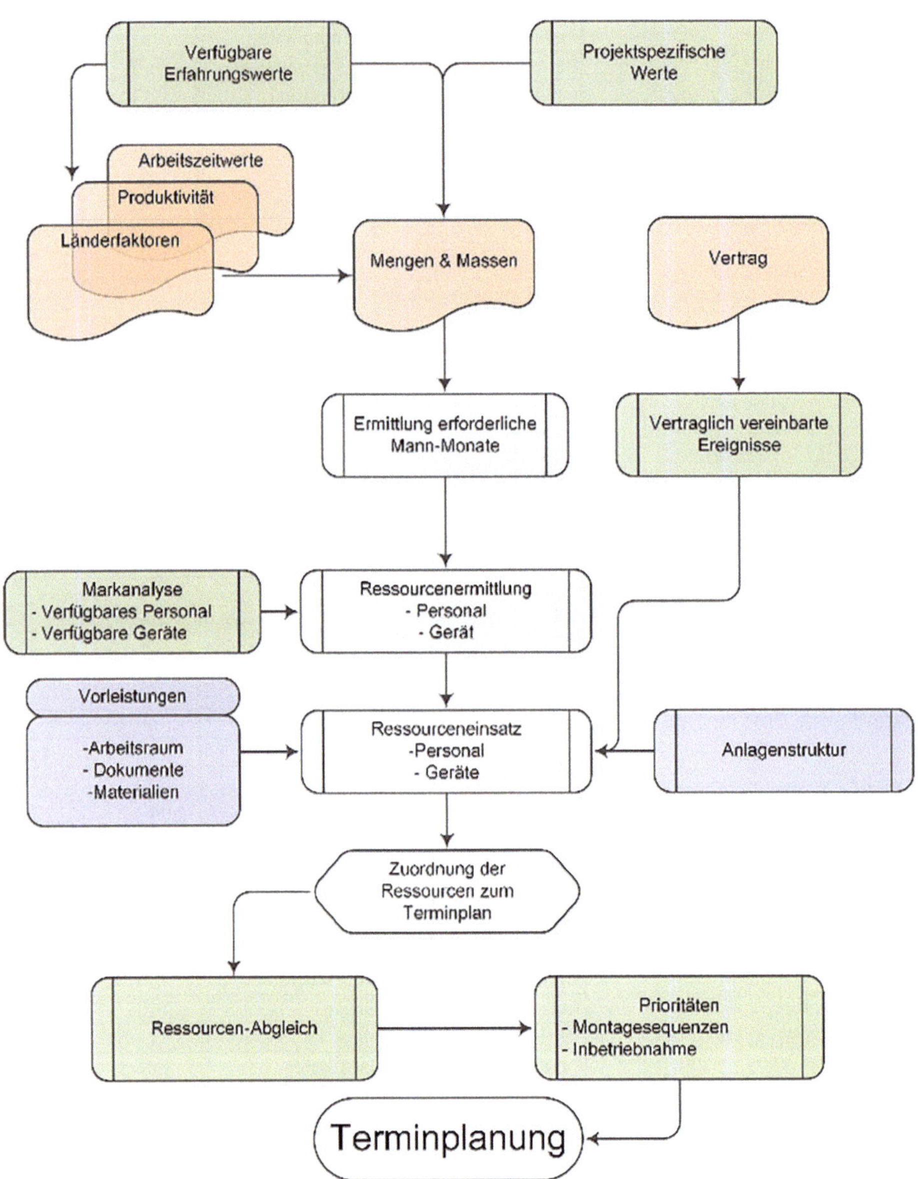

Abb. 13.1 Ablauf Ressourcenermittlung

Nun erfolgt anhand der angenommenen Dauern und Ressourcen eine detaillierte Betrachtung. Verfeinerte Sequenzen werden hinsichtlich der Einsätze von Kolonnen und Geräte untersucht. Die so ermittelten Werte sind gegen die Marktanalyse zu prüfen.

- **Sind auf dem Markt ausreichende Kapazitäten mit den geforderten Qualifikationen verfügbar?**
- **Bietet der lokale Markt ausreichend genügend Geräte an?**

Sollten diese beiden Fragen nicht mit einem eindeutigen „Ja" beantwortet werden können, ist es dringend empfohlen, sich auf zusätzliche Beschaffungsmärkte zu konzentrieren.

Nachdem die Ressourcen ermittelt wurden, erfolgt die Planung des Ressourceneinsatz. Parallel dazu erfolgt eine Plausibilitätsprüfung, indem der terminlich geplante Ressourceneinsatz und der sich daraus ergebene Arbeitsaufwand mit den arbeitstechnischen Voraussetzungen im Einklang ist. Dabei wird das rechtzeitige Vorhandensein von Dokumenten, Materialien und verfügbaren Arbeitsräumen überprüft. Können die Ressourcen mit ausreichenden Dokumenten, Materialien und Arbeitsfronten versorgt werden, sodass keine Wartezeiten (= Effizienz Verluste) entstehen.

▶ ***Die Kombination Dokumente, Materialien, Arbeitsfronten und Ressourceneinsatz ist als technische Symbiose zu verstehen.***

Nachfolgendes Schaubild zeigt den Ablauf der Ressourcenermittlung.

13.1.1 Ressourcenermittlung

Welche Bedingungen müssen für die Ermittlung der erforderlichen Ressourcen bekannt sein?

Zum einen sind Kenntnisse über die zu verbauenden Massen (Q = Quantitäten) erforderlich.

Laut Hauptvertrag sind entscheidende Ereignisse terminlich fixiert. Der Bau und die Montage der Anlage ist zu einem definierten Zeitpunkt fertigzustellen, der sogenannten Mechanischen Fertigstellung und die Baufeldübergabe vom Kunden an den Anlagenbau ist ebenfalls frühzeitig definiert. Somit liegen auch Erkenntnisse über die Dauer D (in Tagen) der Bau und Montage theoretisch vor. Erstmal ein guter Ansatz.

Nachdem die Bau- bzw. Montageverfahren bestimmt wurden, lassen sich die ersten Abschätzungen unter Berücksichtigung der entsprechenden Effizienz E, der jeweils gewählten Montageverfahren tätigen.

Darüber hinaus ist die Struktur des Bau- und Montageablaufplan, wie in Kapitel 9.2 beschrieben, zu definieren und in Vorgänge zu unterteilen. Die logische Verknüpfung der Vorgänge ist die wesentliche Voraussetzung einer zielorientierten Ressourcenermittlung. Anfangstermine und Endtermin der Vorgänge sind vordefiniert. Die Dauer eines Vorganges hängt nun von den zu verbauenden Mengen ab und von den eingesetzten Ressourcen, die diesem Vorgang zuzuordnen sind. Die Ressourcen auf der Baustelle bestehen aus Arbeitskräften und Geräten. Da bekanntlich 1.000 Personen nicht ein Haus an einem Tag bauen, erfolgt ein iterativer Prozess zwischen der Dauer und der Größe der einzusetzenden Ressource.

Die Effizienz hingegen variiert im Zusammenhang mit dem gewählten Montageverfahren wie. z. B. Hand- oder Automatenschweißung.

Die Ansätze für die Effizienz sind entweder dem Unternehmensfundus oder der Literatur zu entnehmen. (Ansätze aus der Literatur sollten nur als Richtwerte verwendet werden.)

▶ ***Jedes Unternehmen sollte auf Grundlage der Dokumentation eigener, abgeschlossener Projekte eine Sammlung an Leistungskennzahlen (KPIs) für die unterschiedlichen Gewerke und Faktoren im Zusammenhang mit verschiedener Randbedingungen (z. B. Witterung, Länder) zusammentragen und permanent pflegen.***

Auf Basis dieser Erfahrungswerte werden die Vorgangsdauern ermittelt.

Was ist nun die kleinste Einheit bei der Ermittlung der Ressource?

Im Anlagenbau bietet es sich an, die Ressourcenermittlung auf Basis von Kolonnen durchzuführen. Dies wird dadurch begründet, dass nicht nur die Anzahl von Arbeitskräften die treibende Größe ist, sondern auch die Anzahl von Montagegeräten bzw. eine Kombination aus beidem. Viele Gewerke benötigen bei ihrer Ausführung Hebegeräte. Während bei der Pfahlgründung eindeutig die treibende Kraft das Gerät ist, ist bei der Stahlbaumontage oder Rohrleitungsmontage die treibende Größe eine Kombination aus Kran und Personal. Wobei hierbei das Personal als Kolonne zu verstehen ist.

Geht man bei der Ressourcenermittlung von der Arbeitskolonne aus, ist je nach Aufgabenstellung, die Zusammensetzung der Kolonne als effektiv zu betrachten. Das heißt, der Kolonne wird ein Optimum an Output unterstellt.

Beispiel

Eine Rohrleitungsmontagekolonne besteht in der Regel aus 6 Personen, zwei Vorrichter, die die Rohrleitungsenden vorbauen, einem Schweißer, der die Schweißnaht herstellt, zwei Monteure, die die Rohrleitungsteile zum Montageort transportieren und grob ausrichten und einem Helfer. Je nach Region und fachlicher Ausbildung kann die Kolonnenstärke auf 8 oder mehr Personen anwachsen.

Hierbei geht man von dem optimalen Einsatz der Ressourcen aus. Zwei Vorrichtern richten eine Naht für den Schweißer in dem Zeitraum vor, die der Schweißer für die Herstellung eben solch einer Schweißnaht benötigt. Es wird ferner davon ausgegangen, dass die beiden Monteure weitere Rohrleitungsteile in dem gleichen Zeitraum zu einem anderen Einbauort transportieren, wobei ein Helfer als Springer fungiert. ◀

Entscheidend ist hierbei, dass es sich nicht um einen einmaligen Ablauf handelt, sondern um wiederkehrende und wiederholende Abläufe.

Einer Kolonne mit unterschiedlichen Anforderungen an die Qualifikation ihrer einzelnen Arbeiter wird ein effektives Zusammenspiel unterstellt. Die unterschiedlichen Arbeitsschritte einer Kolonne greifen, im Idealfall, nahtlos ineinander über. Mögliche Abweichungen vom Optimum werden durch entsprechende Faktoren bei der Festlegung der Effizienz berücksichtigt. Die optimale Effizienz der Kolone wird hierbei als Konstante verstanden. Eine höhere Anzahl von Arbeitern erhöht nicht automatisch den Output der Kolonne. Werden einer Rohrleitungskolonne zusätzliche Schlosser oder Helfer hinzugefügt, die Anzahl der Schweißer bleibt aber unverändert, bleibt ebenfalls die Leistung der Schweißer (Herstellung von Diainch) unverändert, also konstant.

Betrachtet wird nun die Kolonne als kleinste Einheit der Ressource (RK). Dabei wird die Kolonne als Ressource projektspezifisch auf ihre Zusammensetzung hin überprüft.

Sind in jedem Land unter unterschiedlichen klimatischen Bedingungen 5 Personen für eine Rohrleitungsmontagekolonne ausreichend, und/oder erfordern lange Transportwege mehr Personen?

Die Anzahl bzw. Besetzung der Kolonnen ist aus planerischen Gründen zu ermitteln. Die Aufsummierung der Personalstärke dient unter anderem der Festlegung der Baustelleneinrichtung.

Die Zusammensetzung der Kolonne dient in erster Linie der Klärung von Ressourcenfragen. Die Effizienz der Kolone wird wie gesagt. hierbei als Konstante verstanden. Eine höhere Anzahl von Arbeitern erhöht nicht automatisch den Output der Kolonne.

Die Dauer des Vorganges wird durch die auszuführende Menge Q [ME], der angenommenen Effizienz E [h/ME] mitbestimmt. Unter Berücksichtigung von

Formel 5.1 Effizienz ergibt sich folgender Ansatz:

$$Effizienz = E = \frac{D}{Q} = \frac{Input}{Output} = \frac{Arbeitsaufwand}{prod.St\ddot{u}ckzahl}$$

D = Dauer des Vorgangs [Tagen].
Q = auszuführende Menge [ME = m3, m2, t, Stck.]
E = Effizienz [h/ME].
Td = tägliche Arbeitszeit [h/d].

Da die Kennzahl Effizienz in der Regel den Aufwand auf h-Basis beinhaltet ist die Gleichung entsprechend der Einheit der Dauer anzupassen.

$$D = \frac{Q * E}{Td}$$

Formel 13.1 Vorgangsdauer

Mitunter sind Vorgänge aufgrund ihrer komplexen Zusammensetzung oder weil sie auf dem kritischen Pfad liegen detaillierter zu betrachten. Dadurch werden die Mengen bzw. Massen, die während einer Vorgangsdauer produziert werden in Teilmengen und somit in Teilvorgänge heruntergebrochen. Ein Vorgang verfügt somit über mehrere Teilvorgänge.

Im Rohrleitungsbau wäre die Vorgehensweise, dass z. B. Subsysteme in Isometrie unterteilt werden.

$$Q = n * q$$

Formel 13.2 Teilvorgänge (Mengen)

$$D = \frac{Q * E}{Td} = \frac{n * q * E}{Td}$$

n = Anzahl der Teilvorgänge.

Unter der Annahme, dass alle **Teilvorgänge parallel verlaufen,** also die Start- und Endtermine des Teilvorganges identisch mit denen des Vorganges sind ergibt sich:

Formel 13.3 Dauer Teilvorgänge

Wie bereits eingangs erwähnt, werden im Anlagenbau jeweils die Ressourcen von zwei Seiten betrachtet. Von daher erfolgt die Unterteilung der Ressourcen in die Ressource Personal (R_K), wie vorab beschrieben mit der Größenordnung Kolonne, und der Ressource Gerät (R_G). Die Ressourcen sollten grundsätzlich mit dem Ziel, Vorgangsdauern zu verkürzen, geplant und eingesetzt werden.

Da heißt, dass bei einem Ansatz mittels Formel 13–.3 Dauer Teilvorgänge auch die Verfügbarkeit der Ressource Gerät zu untersuchen ist. Die gesamte Vorgangsdauer D, wird nun in Abhängigkeit beider eingesetzten und verfügbaren Ressourcen betrachtet.

Als Treiber der Vorgangsdauer wird die Ressource R entweder die Anzahl der einzusetzenden Kolonnen (R_K) oder der Geräte (R_G) betrachtet, je nachdem, ob sich der Aufwandswert für eine Geräte- oder Arbeitsleistung bemisst.

$$\mathrm{D} = \frac{\mathrm{Q} * \mathrm{E}}{\mathrm{R} * \mathrm{Td}} = \frac{\mathrm{n} * \mathrm{q} * \mathrm{E}}{\mathrm{R} * \mathrm{Td}}$$

Formel 13.4 Ressourcenabhängige Dauer von Teilvorgängen

Wird beispielsweise das „Abtragen von Gelände“ betrachtet, wie im Beispiel in Abschn. 5.1 aufgeführt, ist die treibende Ressource der Einsatz der Geräte, da die Logistik maßgebend ist. Bei der Stahlbaumontage wird bei Bestimmung der Vorgangsdauer D, die Ressource Personal und Gerät berücksichtigt. So benötigt zum Beispiel jede Stahlbaukolonne ein Hebegerät. Bei dem Einsatz mehrerer Kolonnen ist hier der freie Arbeitsraum als Standfläche für die Krane zu berücksichtigen.

Wie bereits erwähnt besteht im Anlagenbau ein Vorgang aus mehreren Teilvorgängen, wie auch das Beispiel Rohrleitungsbau aufzeigt. Die Teilvorgänge lauten „Transport zum Einbauort", „Vorrichten der Rohrleitung" und „Schweißen der Rohrleitung". Wenn die Teilvorgänge auf die gleichen Ressourcen (Gerät) zurückgreifen, entsteht eine Einschränkung, die nicht mit verstärktem Einsatz kompensiert werden kann. So benötigt der Teilvorgang „Transport zum Einbauort" das gleiche Hebegerät wie der Teilvorgang „Vorrichten der Rohrleitung". Die Teilvorgänge sind also zeitlich versetzt. Es entsteht also eine Ende-Anfang-Verknüpfung innerhalb der Teilvorgänge.

Können dagegen mehrere Kolonnen bzw. Geräte eingesetzt werden, die parallel arbeiten, so dass alle Teilvorgänge gleichzeitig hergestellt werden können, ist der zeitliche Versatz gleich null.

Beispiel

Herstellung einer Rohrbrücke aus Stahl mit einer Länge von 50 m, 6 m breit und 8 m hoch und einem Gesamtgewicht von 60t.

Eine Stahlbaukolonne setzt sich in der Regel aus 5 Personen zusammen.

Annahme:

Menge Q: 60t.

Effizienz E: 20h/t.

Arbeitstag Td: 8h/Tag.

Geplante Dauer: 10 Tage.

Unter Berücksichtigung von Formel 13.4 *ergibt Voraussetzungen auch erfüllt Ressource von:*

$$D = \frac{Q * E}{RK * Td} = \frac{n * q * E}{RK * Td}$$

$$RK = \frac{Q * E}{D * Td} = \frac{60t * 20h/t}{10Tage * 8h/Tag} = 15$$

Demzufolge sind 15 Arbeitskräfte bzw. 3 Kolonnen einzusetzen. Die Stahlbaumontage wiederum erfordert, dass pro Kolonne mindestens ein Hebegerät erforderlich ist. Demzufolge ist RG = 3 Krane. ◀

Beispiel

Eine Rohrbrücke wird von A nach B errichtet. Hier ist im Detail zu prüfen, inwieweit der Einsatz von 3 Kranen realisiert werden kann, ohne eine gegenseitige Gefährdung bei überlappendem Schwenkbereich hervorzuheben.

Wirtschaftlich sinnvoll wäre es in diesem Fall die Errichtung der Rohrbrücke mit 1 Kolonnen (Rk = 5) zu planen.

Hieraus würde sich dann eine Dauer D von

$$D = \frac{Q * E}{RK * Td} = \frac{60t * 20h/t}{5 * 8h/Tag} = 30 \text{ Tage}$$

ergeben

Anhand des Beispiels soll verdeutlicht werden, dass die Dauer eines Vorganges immer unmittelbar mit der eingesetzten Ressource verknüpft ist. ◀

Übersteigt die Nachfrage von erforderlichen Ressourcen das Angebot an verfügbare Ressourcen, sind Maßnahmen des Ressourcenabgleichs (Ressourcen-Levelling) zu ergreifen, um zu einem realisierbaren Ablaufprogramm zu gelangen. Aber auch im umgekehrten Fall, d. h. bei einem Überangebot an verfügbaren Ressourcen, bezogen auf die Menge von erforderlichen Ressourcen, ist ein Ressourcenabgleich durchzuführen. Eine sinnvolle Maßnahme wäre z. B. eine vorübergehende Stilllegung nicht benötigter Ressourcen, um Kosten zu sparen, eine weitere Maßnahme wäre die Ressourcenauslastung, etwa durch das terminliche Vorziehen von Leistungen, zu entspannen.

Grundsätzlich sind zwei Wege des Ressourcenausgleiches zu unterscheiden:

- Bei einem Ressourcenüberangebot des Marktes ist die Ressourcennachfrage (also die Menge der erforderlichen Ressourcen) die treibende Größe bei der Terminplanung. Ihr entsprechend wird der Ressourcenabgleich mit dem Schwerpunkt, unwirtschaftliche Ressourcenspitzen zu eliminieren, durchgeführt.
- Bei einer Ressourcenunterdeckung des Marktes (die Ressourcennachfrage ist größer als das Ressourcenangebot) ist das Ressourcenangebot die treibende Größe bei der Terminplanung. Ihr entsprechend wird der Ressourcenabgleich mit dem Schwerpunkt, terminliche Abläufe zu optimieren, um somit Ressourcenspitzen zu vermeiden, durchgeführt.

Die Termin- und Kapazitätenplanung erfolgt primär anhand der verfügbaren Ressourcen, die Anpassung der Ressourcen während der Abwicklung, wie die Realität des Öfteren zeigt, erfolgt nach dem zweiten Weg.

13.1.2 Einfluss des Arbeitsraums auf den Ressourceneinsatz

Je nach Tätigkeit oder Gewerk ist jeder Vorgang oder Teilvorgang von dem verfügbaren Arbeitsraum abhängig. Unter Arbeitsraum ist die Freifläche zu verstehen, die ein Arbeiter oder die Kolonne benötigt, um ihre Tätigkeit ungehindertes auszuüben, als auch die Flächen, an denen Material zwischenzulagern ist, oder die als Standfläche für Geräte dienen. Verfügbarer Arbeitsraum wiederum bedeutet, dass der Arbeitsraum für die Kolonne freizugeben ist. Vorlaufende Gewerke sind in dem Maße abgeschlossen, dass die nachfolgenden Gewerke nicht behindert werden.

Der zeitliche Versatz von Vorgängen mit Anordnungsbeziehung, z. B. die Differenz zwischen dem Beginn des Vorgangs A und dem Beginn des vorhergehenden Vorgangs

B bei einer Anfangsfolge, ist sowohl von dem verfügbaren Arbeitsraum, als auch von den logistischen Rahmenbedingungen abhängig. Für die Errichtung des Stahlbaus müssen z. B. die Fundamente hergestellt und belastbar sein. Demzufolge bestimmen auch arbeitsorganisatorische und logistische Rahmenbedingungen den Einsatz der Ressourcen.

Die unterschiedlichen Gewerke benötigen einen spezifischen Arbeitsraum pro Kolonne bzw. pro Arbeiter, um eine gegenseitige Behinderung oder Gefährdung bei der Durchführung der Arbeiten zu vermeiden. Für Schalarbeiten kann z. B. ein notwendiger Arbeitsraum von 15 m2 pro Arbeiter angesetzt werden. Ebenso haben die (Transport-) Geräte einen bestimmten Wirkungsradius, der vom jeweiligen Gerätetyp abhängt (z. B. Schwenkbereich Kran).

▶ ***Der verfügbare Arbeitsraum, der sich für die Kolonnen, aber auch für die Maschinen und Geräte ergibt, ist von den jeweiligen Baustellenbedingungen abhängig und somit projektspezifisch zu ermitteln.***

Der verfügbare Arbeitsraum schränkt somit die Anzahl der einzusetzenden Kolonnen und (Transport-)Geräte ein.

Bei der Ermittlung der maximalen Größe der Ressource, sollte zusätzlich eine Plausibilitätsprüfung bezüglich der Verfügbarkeit von erforderlichen Vorleistungen getätigt werden. Stehen genügend Unterlagen und Materialien zur Verfügung.

Anmerkung:
Durch diese Überlegungen können bereits im Rahmen der Ablaufplanung mögliche Verzögerungen durch eine „Überbelegung“ der Baustelle ausgeschaltet werden, so dass ein reibungsloser Bauablauf geplant wird. Durch den Vergleich der tatsächlich vorhandenen Ressourcen mit den projektabhängigen, maximal einzusetzenden Kapazitäten, kann darüber hinaus überprüft werden, ob eine Beschleunigungsmaßnahme durch Aufstockung der Produktionsfaktoren noch möglich ist, oder ob die Kapazitäten bereits voll ausgenutzt sind.

Die Dauer des Vorgangs ist also davon abhängig, in welche Abschnitte die Vorgangsmenge unterteilt wird und mit welchen Kapazitäten bzw. in welcher Ablauffolge die Teilvorgänge ausgeführt werden können.

13.2 Personal

Anlagen werden durch Personen errichtet. Somit ist die Dauer für die Errichtung der Anlage unweigerlich mit der eingesetzten Ressource Personal verbunden.

Die Ressourcen sind für die einzelnen Teilvorgänge zu ermitteln. Die führende Größe ist zwar die Kolonne, wobei die Zusammensetzung der Kolonnen entsprechend den Anforderungen der Teilvorgänge, auch innerhalb einer Disziplin variieren kann.

Je nach Stadium und vorhandener Informationen führen unterschiedliche Betrachtungen zum Ziel. Für die ersten Machbarkeitsüberlegungen sind anhand von groben

Massenschätzungen, Untersuchungen durchzuführen. Primär ist der Bedarf an erforderlichem Personal zu bestimmen, der wiederum ein unbehindertes Arbeiten voraussetzt. Das Personal ist in einigen Ländern der treibende Kostenfaktor, bei dem Störungen im Ablauf, die Kosten am negativsten beeinflussen.

Unter Berücksichtigung der Produktivität und des zur Verfügung stehenden Arbeitsraum ist durch einen iterativen Prozess die eingesetzte Personalstärke zu ermitteln.

Dazu sind im nachfolgenden einige Schlüsselkennzahlen aufgeführt, die die Erfahrungen unterschiedlicher Literatur widerspiegelt, wobei sich die Werte nur am direkten Arbeitsstundenaufkommen orientieren.

Anmerkung:
Diese nachfolgenden Werte sind als Kalkulationswerte zur Ermittlung von Kosten gänzlich ungeeignet und dienen lediglich der besseren Darstellung von Sachverhalten. Viele Unternehmen verfügen hier über ein detailliertes Fachwissen.

Erdarbeiten
Die Erdarbeiten werden flächendeckend mit Großgeräten durchgeführt. Ein erster Ansatz von 0,05h/m3 bestimmt den zu erwarteter Aufwand. Die treibende Größe ist das einzusetzende Großgerät.

Tiefen- bzw.- Pfahlgründung
Die treibende Größe ist das einzusetzende Gerät. Bei Bohrpfählen kann bei einem durchschnittlichen Pfahldurchmesser von d = 600 mm und einer Pfahllänge von l = 12 m, mit einer Effizienz von 10 Pfähle pro Tag und Bohrwerk gerechnet werden.

Umgerechnet sind das 12 m/h. Bei Rammpfähle kann die Effizienz um 25 % auf 15 m/h erhöht werden. Annäherungsweise ist ein durchschnittlicher Wert für die Pfahlgründung von 12 m/h als Ansatz für die Terminplanung ausreichend.

Bauarbeiten
Die Bestimmung des erforderlichen Personals bei den Bauarbeiten ist in erster Linie abhängig von Einsatz des gewählten Verfahrens. Sind überwiegend Maschinen im Einsatz ist der Personalaufwand natürlich wesentlich geringer.

Als möglicher Näherungswert kann für die Herstellung des Betons ein Näherungswert von 10 h/m3 bei aufgehenden Strukturen angenommen werden, und ein Wert von 2,5h/m3 für normale Fundament im Untergrund.

Stahlbauarbeiten
Bei der Stahlbaumontage beträgt der durchschnittliche Wert bei mittelschweren Trägern ca. 40h/t.

Ausrüstungsmontage
Da die Ausrüstungsmontage in erster Linie von der Aufstellungsplanung und dem Anlieferungszustand abhängig ist, sind Vorhersagen bezüglich des Aufwandes schwierig.

Hier ist immer die Empfehlung den Aufwand der Ausrüstungsmontage projektspezifisch zu bewerten. Von daher ist der Ansatz 40h/t weder richtig noch falsch. Er dient lediglich einer Annahme, wenn keine Informationen vorhanden sind, um zu einem ersten Ansatz zu kommen.

Rohrleitungen
Bei der Rohrleitungsmontage kann in erster Annäherung ein Wert von 200h/t angesetzt werden.

Isolierungen
Bei der Isolierung ist ein Ansatz von 2h bis 3h/m2 nicht unüblich, bei Kälteisolierungen erhöht sich dieser Wert auf 4,5h/m2.

Anstrich
Der Anstrich sollte in 0,5h/m2 bis 0,7h/m2 hergestellt werden.

Elektromontage
Die Elektrotechnik ist sicherlich diesbezüglich schwierig zu „benchmarken". Ein möglicher Ansatz von 200h/Verbraucher könnte eine erste Indikation liefern. Allerdings ist der Aufwand für die Herstellung der Elektrotechnik bei weitem nicht so groß, wie bei den anderen, vorab genannten Gewerken. Entscheiden ist hierbei auch die Struktur der Anlage, die wiederum einen Einfluss auf die Längen der zu verlegenden Kabel hat.

Liegen Informationen über Kabellängen und Kabeltrassen vor, fließen diese Informationen mit in die Betrachtung ein, wobei dadurch der Wert pro Verbraucher sich auf 1/3 reduziert (75h / Verbraucher).

Mess- und Regeltechnik
Die Mess- und Regeltechnik verhält sich ähnlich wie die Elektrotechnik. Hier wäre ein übergeordneter Ansatz von 8h/Instrument zu wählen. Liegen auch hier Informationen über Kabellängen vor, fließen diese Informationen mit in die Betrachtung ein, wobei dadurch der Wert pro Instrument sich auf die Hälfte reduziert (4,0h / Instrument).

Beispiel

Um im Nachfolgenden die Werte etwas lebhafter zu gestalten, wurde das Projektvolumen des vorgenannten Pseudoprojekts in Betracht gezogen und mit den entsprechenden Effizienzen bewertet.

In der Tabelle ist die Menge Q der Hauptarbeiten in Spalte D aufgeführt.

Unter Anwendung von Formel 13.4 ergibt sich eine erforderliche Ressource von:

$$D = \frac{Q * E}{RK * Td} = \frac{n * q * E}{RK * Td}$$

◄

Erdarbeiten

$$D = \frac{\text{Q} * \text{E}}{\text{RG} * \text{Td}} = \frac{50.000\text{m}^3 * 0{,}12h/m^3}{(3 * 4) * 10h/Tag} = 50 \text{ Tage} = 2{,}3 \text{ Monate}$$

Wobei die Größe RG sich aus der Kolonnenstärke und der Anzahl der Geräte (4 Raupen) ergibt, sowie 3 Arbeiter pro Gerät.

Fundament, Untergrund

$$D = \frac{\text{Q} * \text{E}}{\text{RK} * \text{Td}} = \frac{5.000\text{m}^3 * 2{,}5h/m^3}{(6 * 4) * 10h/Tag} = 52 \text{ Tage} = 2{,}4 \text{ Monate}$$

Die Größe RK ergibt sich aus der Kolonnenstärke und der Anzahl der Kolonnen, in diesem Fall 6 Arbeiter pro Kolonne und 4 eingesetzte Kolonnen.

Bewertet man nun alle in der Tab. 13.2 *aufgeführten Arbeiten ergibt sich ein Gesamtaufwand von etwas mehr als 734.000 h.*

Unter Berücksichtigung einer 50h/Woche (4,35 Wochen pro Monat) fallen ungefähr 3.375 Mannmonate direkte Arbeit an.

Geht man von einem Bau- und Montagezeitraum von 22 Monaten aus, würden im Durchschnitt ungefähr 153 Arbeiter erforderlich sein, in der Spitze (Peak Faktor 1,5) also ungefähr 230 Arbeiter, die auf einem Baufeld mit den Abmessungen 200 m x 120 m also 12.000m² tätig sind. Das ergibt, dass jedem Arbeiter über 50m² Fläche zur Verfügung stehen.

Die Faustformel, dass ein Bauarbeiter ca. 15m² Arbeitsraum benötigt, um ungehindert und effektive arbeiten zu können wäre somit erfüllt. Weitere und detaillierte Betrachtungen hinsichtlich des Arbeitsraumes sind hier erstmal nicht mehr nötig.

Warum ist diese Tabelle bzw. diese Übung im frühen Projektstadium, also während der Angebotsphase zwingend durchzuführen?

▶ ***Neben den erforderlichen Ressourcen werden auch die Dauern der einzelnen Gewerke bzw. Teilgewerke definiert.***

Die Tabelle liefert also zwei wichtige Informationen:

▶ ***Die erforderlichen Ressourcen und die benötigten Zeiträume.***

Die Zeiträume der einzelnen Gewerke bzw. Teilgewerke können nun terminplanerisch erfasst werden, und bilden die erste Struktur des Bau- und Montageterminplanes ab. Die Starttermine der einzelnen Vorgänge sind gegen den Fortschritt des Engineerings (Dokumentenverfügbarkeit) und des Einkaufes (Materialverfügbarkeit) zu prüfen und mit den Beteiligten abzustimmen. Aus Sicht der Bau und Montage ist die Sequenz der Arbeiten dahingehend zu prüfen ob ausreichende Arbeitsfronten zur Verfügung stehen. Somit wird die Symbiose geschlossen.

Diese Termine sind Grundlage für die Angebotslegung der potenziellen Nachunternehmer. Die Effizienz der Arbeiter ist das unternehmerische Risiko des Nachunternehmers. Trotzdem sollte die Effizienz der Arbeiter erörtert werden, sei es nur, um sicherzustellen, dass der Nachunternehmer seine Aufgabenstellung richtig eingeschätzt hat.

Es sollten allerdings anstelle der Anzahl der Ressourcen, eine Leistungskennzahl zur Überprüfung der Leistungserbringung vereinbart werden.

Ob 120 oder 500 Arbeiter betonieren, ist nicht entscheidend. Entscheidend ist in dem vorgenannten Beispiel, dass im Durchschnitt 608m3 Beton pro Woche hergestellt werden (20.000m3 / 7,6 Monate / 4,35 Wochen) unabhängig von der Anzahl der Arbeiter.

Auch hier ist der Peak-Faktor von 1,5 zu berücksichtigen.

▶ ***Es wird im Vertrag vereinbart, dass der Subunternehmer durchschnittlich 608m^3 Beton pro Woche herstellen kann und bis zu 1.000m^3 Beton pro Woche als Spitzenleistung leisten kann.***

Anmerkung:
Da es sich um vorläufige Mengen handelt, die während einer Angebotsphase generiert wurden, sollten diese Zahlen für die Ressourcenbetrachtung nach oben korrigiert werden (Empfehlung Faktor 1,5). Sei es, dass es zu Massenmehrungen während der Ausführung kommt, oder nur um spätere Verzüge zu kompensieren.

Beispiel Grob-Terminplan Bau und Montage.

Werden die Daten aus Tab. 13.2 *in ein Terminplanprogramm übertragen und zum Teil miteinander verknüpft entsteht der erste grobe Terminplan für die Bau und Montage. Dieser Terminplan ist nun mit allen Beteiligten des Projektes abzustimmen, damit die für die Montage wichtigen Voraussetzungen auch erfüllt werden.* (Abb. 13.2)

Es ist von daher anzunehmen, dass die Treiber oder auch kritischen Pfade für den Terminplan eher in der Planungsphase und/oder der Beschaffungsphase liegen. Dahingehend sind weitere Untersuchungen zu tätigen, um den Gesamtterminplan zu optimieren. ◀

13.2.1 Ressourcenabgleich

Je nach Größe der Anlage werden die Gewerke bzw. Teilgewerke in Baufelder oder Baugruppen geographisch getrennt. Danach werden die Ressourcen den einzelnen Vorgängen, Teilvorgängen und Dauern im Terminplan zugeordnet. Die Aufsummierung der geplanten Ressourcen wird auf einer Zeitachse mit einer Zeiteinteilung pro „Monat" dargestellt. Anschließend erfolgt eine Überprüfung möglicher Ressourcenspitzen.

Aufgrund der vielfachen unterschiedlichen Anfangs- und Endtermine sind die einzelnen Vorgänge ressourcentechnisch zu optimieren. Hierbei werden sämtliche Vorgänge mit freiem Puffer so lange verschoben, bis unnatürliche Ressourcenspitzen abgebaut werden.

Tab. 13.2 Aufwandsermittlung

Titel	Untertitel	Einheit	Menge (Q)	Ist	Effizienz E	Aufwand	Kolonnenstärke	Geräte R_G	Anzahl R_K	Dauer (D)	Termin	Summe Personal	Bemerkung
A	B	C	D	E	F	G = D x F	H	I	J	K = G x H bzw. D / F / I	Späteste Fertigstellung	M = I * J	220 h / Monat
Erdarbeiten						**6.000 h**							
Oberbodenabtrag	Dicke=15cm	m^2	**30.000**		0,02 h/m^2	600 h	3	**4**	1	0,9 Monate	1,0 Monate		
Abtragen und Auffüllen		m^3	**40.000**		0,06 h/m^3	2.400 h	3	**4**	3	1,2 Monate	1,4 Monate		
Erdmassenbewegung	Baustelle <=> Deponie	m^3	**10.000**		0,06 h/m^3	600 h	3	**4**	1	0,9 Monate	1,5 Monate		
Bodenverdichtung 95%		m^2	**30.000**		0,08 h/m^2	2.400 h	3		2	1,8 Monate	**2,3 Monate**		
Bauarbeiten						**214.667 h**							
Pfahlgründung	Bohrpfähle (L=12m, ϕ=0,6m)	[m]	**10.000**		12,00 m/h_G	833 h	5	**2**		1,9 Monate	**4,2 Monate**		Gerät ist der Treiber 2 m pro Stunde und Gerät
Pfahlgründung	Rammpfähle (L=12m, ϕ=0,6m)	[m]	**20.000**		15,00 m/h_G	1.333 h	5	**1**		1,2 Monate	4,2 Monate		Gerät ist der Treiber 2,2 m pro Stunde und Gerät
Fundamente	Untergrund	[m^3]	**5.000**		2,50 h/m^3	12.500 h	6		4	2,4 Monate	6,6 Monate	**24**	Start Ende Pfahlgründung
Fundamente	Strukturen	[m^3]	**20.000**		10,00 h/m^3	200.000 h	6		20	7,6 Monate	**11,8 Monate**	**120**	Start Ende Pfahlgründung
Stahlbau						**61.250 h**							
Rohrbrücken		[t]	**750**		20,00 h/t	15.000 h	5		4	3,4 Monate	13,4 Monate	**20**	Start Monat 10
Stahlbau-Strukturen	> 100 kg/m	[t]	**500**		30,00 h/t	15.000 h	5		5	2,7 Monate	13,7 Monate	**25**	Start Monat 11
Stahlbau-Strukturen	40 - 100 kg/m	[t]	**500**		40,00 h/t	20.000 h	5		5	3,6 Monate	15,6 Monate	**25**	Start Monat 12
Stahlbau-Strukturen	< 40 kg/m	[t]	**250**		45,00 h/t	11.250 h	5		5	2,0 Monate	15,0 Monate	**25**	Start Monat 13
Ausrüstungsmontage						**88.400 h**							
Pumpen		[t]	**500**		50,00 h/t	25.000 h	6		4	4,7 Monate	14,7 Monate	**24**	Start Monat 10
Kompressoren	Feldmontage	[t]	**100**		60,00 h/t	6.000 h	6		5	0,9 Monate	14,9 Monate	**30**	Start Monat 14 (Lieferzeit)
Tanke	50t - 200t	[t]	**500**		30,00 h/t	15.000 h	4		5	3,4 Monate	13,4 Monate	**20**	Start Monat 10
Reaktoren, Kolonnen		[t]	**600**		4,00 h/t	2.400 h	5		2	1,1 Monate	15,1 Monate	**10**	Start Monat 14 (Lieferzeit)
Dampferzeuger	Reine Feldmontage	[t]	**800**		50,00 h/t	40.000 h	6		4	7,6 Monate	17,6 Monate	**24**	Start Monat 10
Rohrleitungsbau						**253.000 h**							
Gesamtaufwand		[t]	**1.000**									**0**	
Iso freigegeben		[t]										**0**	Monat 12
Vorfertigung	C-Stahl	[t]	**700**		100,00 h/t	70.000 h	3		20	5,3 Monate	17,3 Monate	**60**	Start Monat 12
Rohrbrücke	C-Stahl	[t]	**300**		80,00 h/t	24.000 h	6		6	3,0 Monate	15,0 Monate	**36**	Start Monat 12
Prozessanlage	C-Stahl	[t]	**700**		200,00 h/t	140.000 h	6		17	6,2 Monate	20,2 Monate	**102**	Start Monat 14
Rohrleitungsmontage	Kunststoff/GFK	[m]	**500**		2,00 h/m	1.000 h	6		1	0,8 Monate	15,8 Monate	**6**	Start Monat 15
Halterungsmontage		[t]	**180**		100,00 h/t	18.000 h	4		3	6,8 Monate	20,8 Monate	**12**	Start Monat 14
Isolierung						**35.000 h**							
Ausrüstungen	Kälte	[m^2]	**500**		4,50 h/m^2	2.250 h	4		1	2,6 Monate	15,6 Monate	**4**	Start Monat 13
Ausrüstungen	Wärme	[m^2]	**4.000**		3,00 h/m^2	12.000 h	4		4	3,4 Monate	15,4 Monate	**16**	Start Monat 12
Ausrüstungen	Schallschutz	[m^2]	**1.000**		3,00 h/m^2	3.000 h	3		2	2,3 Monate	15,3 Monate	**6**	Start Monat 13
Rohrleitungen	Kälte	[m^2]	**500**		4,50 h/m^2	2.250 h	3		2	1,7 Monate	16,7 Monate	**6**	Start Monat 15
Rohrleitungen	Wärme	[m^2]	**7.000**		1,50 h/m^2	10.500 h	3		3	5,3 Monate	20,3 Monate	**9**	Start Monat 15
Rohrleitungen	Schallschutz	[m^2]	**1.000**		5,00 h/m^2	5.000 h	3		2	3,8 Monate	18,8 Monate	**6**	Start Monat 15
Anstrich						**12.975 h**							
Rohrleitungen	3lagig	[m^2]	**8.000**		0,70 h/m^2	5.600 h	3		3	2,8 Monate	17,8 Monate	**9**	Start Monat 15
Ausrüstungen	3lagig	[m^2]	**4.500**		0,50 h/m^2	2.250 h	3		2	1,7 Monate	16,7 Monate	**6**	Start Monat 15
Stahlbau	Touch Up	[m^2]	**35.000**		0,05 h/m^2	1.750 h	3		2	1,3 Monate	14,3 Monate	**6**	Start Monat 13
Tanke	3lagig	[m^2]	**4.500**		0,75 h/m^2	3.375 h	3		2	2,6 Monate	17,6 Monate	**6**	Start Monat 15
Elektrotechnik						**42.750 h**							
Kabelzug	LV 100mm	[m]	**75.000**		0,25 h/m	18.750 h	4		4	5,3 Monate	20,3 Monate	**16**	Start Monat 15
Kabeltrasse	500-600	[m]	**7.500**		1,20 h/m	9.000 h	3		3	4,5 Monate	19,5 Monate	**9**	Start Monat 15
Verbraucher		[Stck.]	**200**		75,00 h/Stck.	15.000 h	5		3	4,5 Monate	20,5 Monate	**15**	Start Monat 16
Mess- u. Regeltechnik						**20.000 h**							
Kabelzug	Fiberoptik	[m]	**50.000**		0,20 h/m	10.000 h	4		2	5,7 Monate	20,7 Monate	**8**	Start Monat 15
Instrumente (IO's)		[Stck.]	**2.500**		4,00 h/Stck.	10.000 h	4		3	3,8 Monate	21,8 Monate	**12**	Start Monat 18
Gesamtaufwand						**734.042 h**							

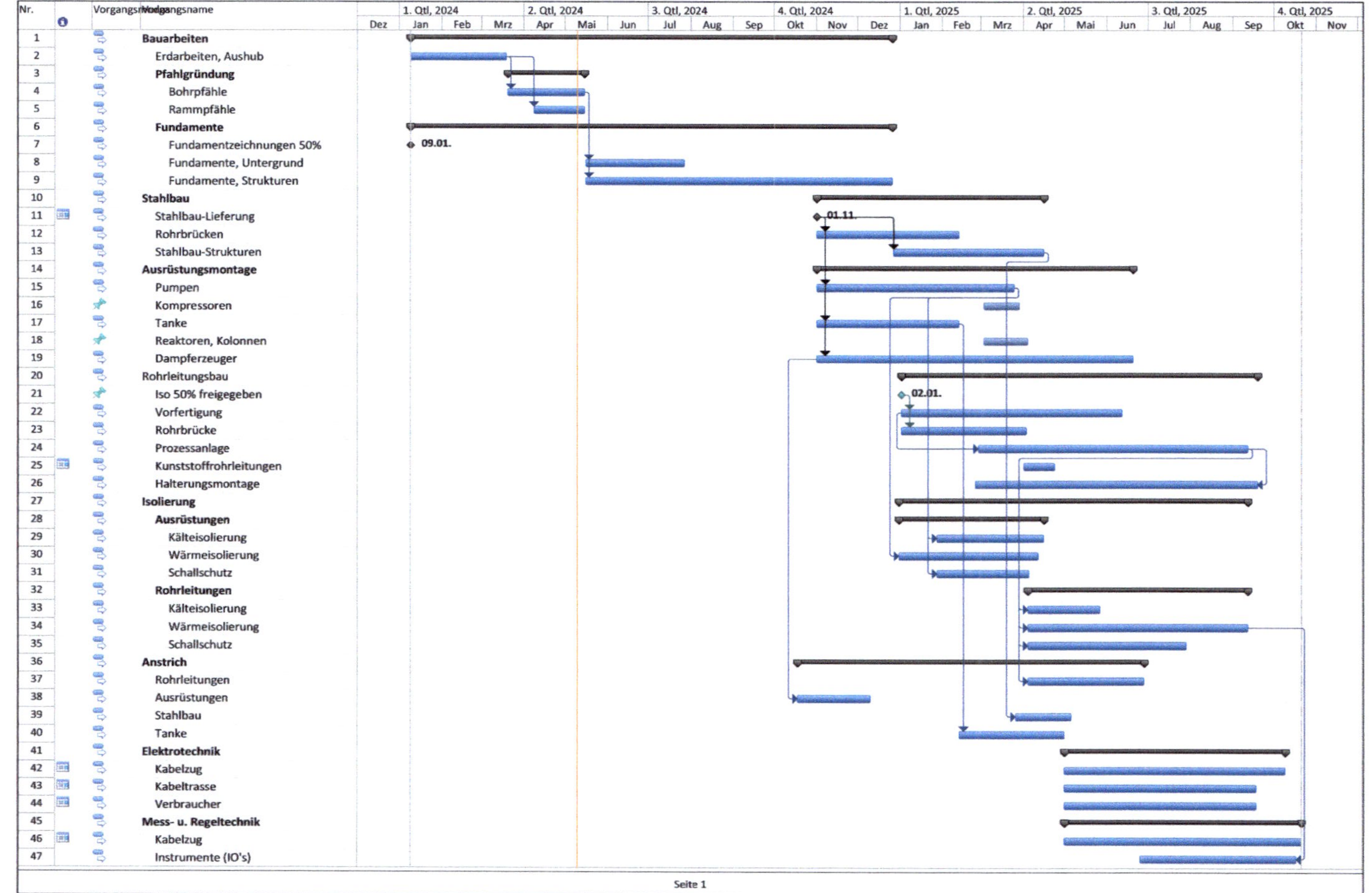

Abb. 13.2 Grobterminplan Bau und Montage Beispiel Projekt

13.3 Geräte, Werkzeuge

Geräte sind eine wichtige Ressource, die die Taktgeschwindigkeiten der Baustelle entscheidend mitbestimmten. Neben der Auswahl der Geräte entsprechend ihrer Effizienz, ist der weitere entscheidende Faktor, die Anzahl der Geräte. Geräte kosten Geld, besonders die Geräte, die auf der Baustelle „stehen“ und nicht effektive genutzt werden. Auf der anderen Seite verursacht das Baustellenpersonal ebenfalls Kosten, wenn es nicht optimal, aufgrund fehlender Geräte, ausgelastet ist.

Beispiel

Ein Kettenzug (1,5t) ist mit das am häufigsten genutztes Werkzeug auf der Baustelle und kostet weniger als 100 €. Sind nicht genügend Kettenzüge vorhanden, oder muss erst eine halbe Stunde ein Kettenzug gesucht werde, entstehen sehr schnell Kosten die um ein Vielfaches höher liegen als die reinen Anschaffungskosten. ◀

Dieses Beispiel lässt sich natürlich nicht auf einen 1.000t Kran transferieren. Wie bereits erwähnt, sollte die Anzahl der einzusetzenden (Groß)Geräte detailliert durch eine Ressourcenplanung ermittelt werden.

Geräte mit niedrigen Kostensätzen, wie aus unserem Beispiel der Kettenzug, sollten in ausreichenden Mengen verfügbar sein.

Ordnungshalber sollte an dieser Stelle auch auf die Bedeutung der Zustände der zum Einsatz kommenden Geräte hingewiesen werden. Je älter die Geräte, desto höher ist die Ausfallwahrscheinlichkeit.

13.4 Verbrauchsstoffe

In einigen Regionen der Welt ist Wasser mittlerweile ein kostbares Gut. Entsprechend der erforderlichen Menge und Qualität sind Überprüfungen bezüglich der Kosten und der Organisation durchzuführen.

Kann das Wasser aus einem bestehenden Netz in unmittelbare oder mittelbare Entfernung entnommen werden, oder muss das Wasser mit Tankwagen herangeschafft werden?

Der Wasserbedarf der Baustelleneinrichtung wird primär von dem Verbrauch der Personen bestimmt. Erfahrungswerte von 100 l pro Person und Tag sind nicht unüblich.

Weitere Wasserverbräuche fallen wie folgt an:

Beton	0,3m^3/m^3 Beton
Befeuchten	0,05m^3/m^3 Beton
Wasserdruckprobe	1m^3 / t Rohr
Wasserverbrauch personenbezogen	0,1m^3/Tag

Weiter Verbrauchstoffe wie

- Strom
- Technische Gase
- Schweißzusatzwerkstoffe
- Usw.

sind bezüglich ihrer Verfügbarkeit zu prüfen und zu bewerten.

13.5 Flächen

Die Dimensionierung der Baustelleneinrichtung gehört zu den wesentlichen Aufgaben während des Planungsprozesses. Nachfolgend werden die Hauptmerkmale der Baustelleneinrichtung dahingehend beschrieben, dass die notwendigen Elemente der Baustelleneinrichtung, sowie deren Kapazität, Größe, Anzahl und Anordnung ermittelt werden können.

Freiflächen werden für die Lagerung nachfolgend aufgeführter Materialien verwendet.

13.5.1 Zufahrtsstraßen und Verkehrswege

Zufahrtsstraßen und Verkehrswege sind in Abhängigkeit von dem erwarteten Verkehrsaufkommen zu planen und zu dimensionieren.

Die Dimensionierung richtet sich nach der Größe der Baustellentransportfahrzeuge, kann aber auch maßgeblich von den Dimensionen der größten, anzuliefernden Ausrüstungsteile mitbestimmt werden.

Otto Schach beschreibt in seiner Publikation „Baustelleneinrichtung“ die Baustraßen wie folgt.

Baustraßen mit einem zweispurigen Richtungsverkehr sollten eine Breite von mindestens 5,5 m, üblicherweise 6,0 bis 6,5 m haben. Für Fahrzeuge mit Überbreite ist auch hier ein Zuschlag zu machen. Die Einrichtung eines zweispurigen Richtungsverkehrs empfiehlt sich ab einer Verkehrsdichte von 10 Fahrzeugen pro Stunde. (43).

Der Anteil der Verkehrswege an der erforderlichen Gesamtfläche kann bis zu 25 % betragen und ist daher nicht zu unterschätzen.

Nachfolgens sind einige Lagerflächen, ohne Anspruch auf Vollständigkeit, aufgeführt, sowie ca. Werte für deren Ermittlung.

13.5.2 Parkplätze

In einigen Ländern wie z. B. USA ist der Parkplatz für die Fahrzeuge des eingesetzten Personals, ein wesentlicher Bestandteil der Gesamtfläche. Er sollte auch in unmittelbarer

Nähe zu den Büros liegen, da ein Gehen (vom Parkplatz zum Büro) nicht immer zumutbar ist.

13.5.3 Zuschläge für Beton/Mischanlage

Erfolgt die Herstellung des Betons auf der Baustelle mittels Mischanlage ist für die Mischanlage als solche, sowie für die Lagerung des Sandes und der Zuschläge, wie Kies oder Split notwendige Flächen vorzusehen. Bei der Planung ist auf die ausreichende Rangierfläche der an- und abfahrenden Transporter zu achten.

Mischanlagen mit einer Kapazität von 40m3/h benötigen eine Fläche von ca. 500m2.

13.5.4 Lagerflächen Bewehrungsstahl

Die Lagerung des Bewehrungsstahls sollte möglichst nah am Einsatzort erfolgen. Der Lagerplatz ist so zu bemessen, dass auch die erforderlichen Biegearbeiten stattfinden können. Es sollte bei der übergeordneten Zuordnung der Flächen berücksichtigt werden, dass die Lagerflächen des Bewehrungsstahls nach Beendigung der Arbeiten z. B. für Lagerung von Rohrleitungsteilen benutzt werden können.

13.5.5 Lagerflächen Stahlbau

Die Lagerung des Stahlbaus erfolgt unter dem Gesichtspunkt der Verfügbarkeit. Bauteile, die vormontiert werden, sollten im Bereich des Einbauortes gelagert werden. Je nach Stückgewicht kann der Bedarf ca. 1–3 m2 pro Tonne betragen.

13.5.6 Lagerflächen Ausrüstungen

Die Montage der Ausrüstungen sollte „Just in Time“ erfolgen, da jeder Umweg über ein Zwischenlager zusätzliche und auch vermeidbare Kosten hervorruft. Da dies aber nicht immer möglich ist, sollte bei der Baustelleneinrichtungsplanung eine Fläche für die Zwischenlagerung vorgesehen werden. Ein Ansatz von 5 m2/t liefert die ersten Richtwerte.

13.5.7 Lagerflächen Rohrleitungsmaterial

Rohrleitungsmaterial wie vorgefertigte Leitungen und Halterungen benötigen ca. 3-5m2 pro Tonne.

13.5.8 Lagerflächen Gerüstbau

Je nach Größe der Anlage kann der Lagerplatz für Gerüstbaumaterial schon 500m2 betragen.

13.5.9 Büroanlage

Die Auslegung der Büroanlage erfolgt unter Berücksichtigung aller auf der Baustelle zum Einsatz kommender Personen.

Sie besteht aus:

- Büroräume
- Besprechungsräume
- Sanitäreinrichtungen
- Tee- oder Kaffeeküchen
- Umkleideräume
- Sanitätsraum

Der durchschnittliche Platzbedarf pro Arbeitsplatz im Büro kann mit 6-8m2 angesetzt werden.

13.6 Zusammenfassung

Die Ergebnisse der Bedarfsermittlung führen in der Organisation eines Anlagenbauers immer wieder zu Diskussionen.

Die ersten Bedarfsermittlungen werden im Rahmen der Angebotskalkulation durchgeführt. Meistens sind sie auch die wichtigsten. Üblicherweise wird mit dem Abwicklungskonzept des Angebotes auch der erforderliche Bedarf an Flächen und Verbrauchsmedien genannt. Einmal im Vertrag spezifiziert, und später als zu gering empfunden, führt zu Diskussionen mit dem Kunden, oder auch zu höheren Kosten.

Zu Beginn der Auftragsabwicklung wird der Bedarf aus der Angebotsbearbeitung verifiziert und dem vertraglichen Leistungsumfang angepasst.

Die Ermittlung der Ressourcen, im speziellen Personal und Geräte, dienen einer terminlich orientierten Abwicklung. Es ist dabei selbsterklärend, dass die Kosten für die Ressourcen mit dem Budget im Einklang stehen sollten. Die Verfügbarkeit der Ressourcen ist das entscheidende Thema für die Abwicklung. Hierbei handelt es sich um einen iterativen Prozess. Leistungen fallen hinter ihre Planwerte zurück. Kompensationen können nur mit einem erhöhten Ressourcenaufwand erreicht werden.

Weitere mitbestimmende Faktoren sind die Geräte, Werkzeuge und Verbrauchstoffe. Eine Baustelle will versorgt werden. Engpässe in der Versorgung bedeuten gleichzeitig Engpässen im Baufortschritt.

Eine Anlage wird aus tausenden von Einzelteilen zu einer funktionierenden Einheit zusammengebaut. Diese Einzelteile müssen in ausreichender Menge auf der Baustelle und im Baufeld gelagert werden. Der Nachschub „just in time" sollte durch eine planbare Lagerung von Materialien entsprechend den Montagesequenzen ersetzt werden. Die erforderlichen Freiflächen müssen dafür verfügbar sein. Mangelnder Platzbedarf hat einen direkten Einfluss auf den Leistungsfortschritt und sollte vermieden werden.

Baustelleneinrichtung 14

Laut Mahlstedt ist die Baustelleneinrichtung neben ihrer Funktionalität auch ein Aushängeschild für den Anlagenbauer.

„Die Baustelleneinrichtung ist Grundlage für wirtschaftliche und sichere Bauprozesse. Sie bestimmt auch die Qualität der Arbeit und Arbeitsbedingungen, bringt damit Unternehmenskultur und Wertschätzung gegenüber den Beschäftigten zum Ausdruck und beeinflusst deren Motivation und Einsatzbereitschaft. Eine gute Baustelleneinrichtung demonstriert auch Außenstehenden Qualität und Kultur der am Bau Beteiligten

Die rechtlichen Regelungen für den Arbeitsschutz werden maßgeblich durch die Arbeitsstättenverordnung (ArbStättV) bestimmt. Die Arbeitsstättenverordnung beschreibt keine detaillierten Schutzmaßnahmen und Verhaltensvorgaben für die Gestaltung von Arbeitsstätten, sondern allgemeine Schutzziele und Anforderungen. Auf der Grundlage der Gefährdungsbeurteilung können die Unternehmen diesen Spielraum nutzen, um ihre Arbeitsschutzmaßnahmen optimal an die betriebliche Situation anzupassen." (44).

Unter dem Begriff Baustelleneinrichtung werden alle nicht permanenten Einrichtungen verstanden. Die Baustelleneinrichtung ist in der Regel nicht ein fester Bestandteil des Auftrages zur Errichtung einer Anlage, sondern beinhaltet vielmehr die temporären Einrichtungen, die für die Bau und Montage einer Anlage erforderlich sind. Dazu gehören neben den Büroräumen, die Unterkünfte der Arbeiter, sowie die Sanitäreinrichtungen als auch die Lagerflächen für das Material und die Fertigungseinrichtungen für die Baustellenfertigungen. Des Weiteren ist die erforderliche Infrastruktur, wie Zugänglichkeiten, Sicherung und Versorgung Bestandteil der Baustelleneinrichtung.

Nachdem die Anlage errichtet ist, sind die Flächen der Baustelleneinrichtung in ihren Ursprungszustand zurückzubauen, sofern vertraglich nicht anderweitig geregelt.

Bereits in der Angebotsphase ist die Baustelleneinrichtung zumindest überschlägig zu planen. Neben den zu ermittelnden Kosten für Mobilisierung, Unterhalt und Demobilisierung, sind besonders die erforderlichen Flächen von großer Bedeutung.

T. Günther, *Baustellenmanagement im Anlagenbau*,
https://doi.org/10.1007/978-3-662-69329-2_14

▶ Ausreichend verfügbare Lagerflächen im Bereich des Baufeldes dienen der Optimierung des Bau- und Montageablaufes.

Keine verfügbaren Flächen im Bereich des Baufeldes bedürfen einer gesonderten Logistik, die sich negative auf die Kosten und die Dauer auswirken kann. Ein entscheidender Faktor sind auch die Wegezeiten des Personals zwischen Baufeld und Baustelleneinrichtung.

Es ist empfehlenswert sich die erforderlichen Flächen bereits im Hauptvertrag mit dem Kunden vertraglich zusichern zu lassen.

14.1 Planung der Baustelleneinrichtung

Die Planung der Baustelleneinrichtung erfolgt auf Grundlage des ermittelten Bedarfes für Personen, Geräte und Lagerflächen.

Die Festlegung der Zuordnung von Flächen erfolgt unter dem Gesichtspunkt der Größe der vorhandenen Freiflächen sowie deren Nutzungsmöglichkeit.

Des Weiteren sind Gegebenheiten zu prüfen, die die Verwendung dieser Flächen beschränken, wie z. B.

- Untergrundbeschaffenheit
- max. Flächenbelastung
- max. Transporthöhe
- Wegezeiten

Die Baustelleneinrichtung ist mit Energien und unterschiedlichen Medien (Wasser, Luft etc.) zu versorgen. Dafür ist zu prüfen:

- Welche Energien und Medien sind verfügbar?
- Wo sind die Anschlüsse der Hauptverteiler?
- Welche Kapazitäten stehen zur Verfügung?

In die Ermittlung des Medienbedarfes fließen die Abwicklungsstrategien, wie Baustellenvorfertigung und/oder externe Vorfertigung mit ein.

Analog zur Terminplanung wird ein Mobilisierungsplan für die Baustelle erstellt. Dieser Plan wird im Detail von den Nachunternehmer erstellt, wobei die Rahmenbedingungen durch den Anlagenbauer vorgegeben werden. Wichtig ist dabei, von beiden Seiten die Voraussetzungen für eine zügige Mobilisierung zu schaffen. Der Mobilisierungsplan definiert zu welchem Zeitpunkt, welche Teile der Einrichtung funktionell verfügbar sein müssen, z. B. können die Hallen für die Rohrleitungsvorfertigung zu einem späteren Zeitpunkt errichtet werden als die Flächen und Zufahrten zur Mischanlage für die Betonherstellung.

Bestandteil der Baustelleneinrichtungsplanung ist eine Gefährdungsanalyse, da die Baustelleneinrichtung unter das Arbeitsplatzschutzgesetz fällt.

Eine Arbeitsstätte im Sinne der Arbeitsstättenverordnung (ArbStättV) sind die Orte, an denen sich Arbeitsplätze befinden und zu denen ein Zugang im Rahmen der Ausübung der beruflichen Tätigkeit erfolgt.

Besonders hervorzuheben ist, dass frühzeitig eine Besichtigung der Baustelle und der Flächen für die Baustelleneinrichtung erforderlich ist. Ein visueller Eindruck vor Ort liefert wesentlich mehr Erkenntnisse über die Infrastruktur als „Google Earth". Wenn die Baustellenbesichtigung noch nicht im Rahmen der Angebotsbearbeitung erfolgte, ist sie spätestens bei Auftragseingang nachzuholen, wie im nachfolgenden Abschn. 14.2 beschrieben. Die Baustelleneinrichtung ist der Umschlagplatz für die angelieferten Materialien, die in der Anlage verbaut werden. Fehler, die bei dieser Planung entstehen, ziehen sich durch den gesamten Projektablauf. Das für die Baustelleneinrichtung erforderliche Planungsbudget, ist nur ein Bruchteil der Kosten, die entstehen, wenn es zu Störungen im Bauablauf kommt.

14.2 Baustellenbesichtigung

Bereits während der Angebotsbearbeitung sollte das Baufeld besichtigt werden damit Kenntnisse über das Umfeld gewonnen werden. Zugänglichkeiten zum Baufeld, Lagerbedingungen und verfügbare Flächen bilden wichtige Faktoren, die die Abwicklungsstrategie als auch die Kosten mit beeinflussen.

Die in Tab. 14.1 aufgeführten Punkte können als technische Checkliste für eine Baustellenbesichtigung und das soziale Umfeld dienen.

14.3 Baustelleneinrichtung

Wie bereits erwähnt sind die Flächenangaben frühzeitig in der Angebotsphase dem Kunden zu nennen, damit sie vertraglich zugesichert werden können, oder mögliche Auswirkungen auf den Projektablauf kostenmäßig und terminlich bewertet werden können.

Eine erste Annäherung erfolgt nach den folgenden Erfahrungswerten in dem von dem Grundriss des Bauvorhabens ausgegangen wird (Tab. 14.2).

Darüber hinaus sind beeinflussende Faktoren wie:

- Baustellenvorfertigung Rohrleitungen
- Einsatz von Modulen
- Verwendung von SKIDs
- Personalunterkünfte/Camp
- Usw.

mit zu berücksichtigen.

Tab. 14.1 Checkliste Baustellenbesichtigung

1,0	Allgemeines
1,1	Zustand der Zufahrtsstraßen
1,2	Maximale Durchfahrtshöhe
1,3	Kurvenradius
1,4	Zugangskontrolle
1,5	Anzahl der Tore
1,6	Einzäunung erforderlich
1,7	Schienennetz
1,8	Zugang zum Wasser (Abladen, RoRo)
1,9	Flughafen
2,0	**Baustelle**
2,1	Art des Baugrunds
2,2	Bodengutachten verfügbar
2,3	Baustraßen erforderlich
2,4	Verfügbarkeit von Strom, Wasser und Luft
2,5	Telekommunikationssysteme
2,6	Regularien des Betreibers
2,7	Zugangsregelungen
2,8	Arbeitssicherheit
2,9	Arbeitserlaubnisscheine
3,0	Einbindung in bestehende Anlagen
3,1	Rohrleitungen
3,2	Elektrische Anschlüsse
3,3	Weitere, parallellaufende Projekte
3,0	**Baustelleneinrichtung**
3,1	Entfernung zur Baustelle
3,2	Größe
3,3	Baustraßen erforderlich
3,4	Verfügbarkeit von Strom, Wasser und Luft
3,5	Telekommunikationssysteme
3,6	Containerbauweise
3,7	Parkplätze
3,8	Security
4,0	**Camps**
4,1	Entfernung zur Baustelle

(Fortsetzung)

Tab. 14.1 (Fortsetzung)

4,2	Shuttle Service
4,3	Flächen
4,4	Medizinische Versorgung
4,5	Lokale Camp Betreiber
4,6	Energien, Wasser, Abwasser
5,0	**Baustellenbedingungen**
5,1	Baufeldvorbereitungen
5,2	Roden von Pflanzen und Bäumen
5,3	Grundwasserspiegel
5,4	Störkanten im Untergrund
5,5	Terrain (Eben oder Gefälle)
5,6	Entsorgungsmöglichkeiten Aushub
5,7	Ableiten von Oberflächenwasser
5,8	Gefahr möglicher Kontaminierungen
6,0	**Klimatische Bedingungen**
6,1	Temperatur (min., max.)
6,2	Niederschlag
6,3	Wind, Windrichtung
7,0	**Lokale Bedingungen**
7,1	Gewerkschaftseinflüsse
7,2	Monopole
7,3	Visabeschränkungen
7,4	Lokaler Anteil
7,5	Verfügbarkeit von Nahrungsmittel
7,6	Marktsituation
7,7	Verfügbarkeit von Fachkräften
7,8	Verfügbarkeit von Nachunternehmer
7,9	Verfügbarkeit von Materialien
8,0	**Verfügbarkeit von Verbrauchsstoffen**
8,1	Verfügbarkeit von Beton (Transportbeton)
8,2	Verfügbarkeit von Montagegeräte
8,3	Freizeitgehalt
8,4	Schulen
8,5	Einkaufsmöglichkeiten
8,6	Öffentliche Verkehrsnetze

Tab. 14.2 Erfahrungswerte Größe Baustelleneinrichtung

Größe Baufeld	Größe Baustelleneinrichtung
<10.000 m^3	2,0 × Grundriss
10.001 m^2–50.000m^2	1,7 × Grundriss
50.001 m^2–100.000m^2	1,5 × Grundriss
100.001 m^2–250.000m^2	1,2 × Grundriss
>250.000 m^2	1,0 × Grundriss

Bei der Festlegung der Lagerflächen gilt:

▶ Je mehr Material auf der Baustelle gelagert werden kann, desto höher ist die Flexibilität im Bau- und Montageablauf.

In Anlehnung an das Beispielprojekt in Abdchn. 13.5 werden die erforderlichen Flächen bestimmt. Die Baustelleneinrichtung beinhaltet alle Freiflächen einschließlich der überdachten Flächen. Je nach Abwicklungsstrategie ist eine Baustellenvorfertigung z. B. für Rohrleitungen oder Tanke zu berücksichtigen.

In unserem Beispiel gehen wir davon aus, dass die Vorfertigung für die Rohrleitungen extern stattfindet, und die Vorfertigung der Tanke auf der Baustelle.

Unterkünfte (Camp) für das Personal werden nicht vorgesehen, da davon ausgegangen wird, dass das Personal in der umliegenden Infrastruktur untergebracht werden kann. Sinnvoll ist es auch, wenn bei der Auflistung der Flächen, gleichzeitig der erforderliche Bodendruck angegeben wird.

14.4 Baustelleneinrichtungsplan

Die Flächen, die dem Projekt für die Baustelleneinrichtung zur Verfügung stellen, sind bezüglich ihrer Verwendung entsprechend Tab. 14.3 zuzuordnen. Ein Baustelleneinrichtungsplan stellt die einzelnen Flächen als nummerierte Cluster dar, und übernimmt Tab. 14.3 als Legende (siehe Abb. 14.1). Darüber hinaus sind noch folgende Informationen in den Baustelleneinrichtungsplan zu integrieren.

- Zugangspunkte für Personal und Materialtransporte
- Temporäre Straßen
- Büroflächen
- Parkplätze
- Lagerflächen und Lagerhäuser für Material
- Werk- und Fertigungsstätten
- Vormontageplätze
- Abstellfläche für Großgeräte

Tab. 14.3 Beispiel Auflistung erforderlichen Flächen

	Beschreibung	*zul. Bodendruck*	Fläche
1	*Unterkünfte*	*5 t/m²*	*n. e*
2	*Deponie Mutterboden*	*10 t/m²*	*10.000 m²*
3	*Pufferfläche Bodenaustausch*	*10 t/m²*	*5.000 m²*
4	*Kantine*	*10 t/m²*	*500 m²*
5	*Büroanlage Nachunternehmer*	*10 t/m²*	*1.500 m²*
6	*Erste Hilfe Station*	*10 t/m²*	*100 m²*
7	*Übungsräume*	*10 t/m²*	*100 m²*
8	*Lagerfläche Gerüstbau*	*10 t/m²*	*2.500 m²*
9	*Lagerhaus für Werkzeuge und Verbrauchsstoffe*	*10 t/m²*	*500 m²*
10	*Parkfläche, LKWs, Baugeräte und Krane*	*10 t/m²*	*1.500 m²*
11	*Müllentsorgung und Schrott*	*10 t/m²*	*500 m²*
12	*Betonmischanlage*	*10 t/m²*	*800 m²*
13	*Lagerfläche Betonfertigteile*	*10 t/m²*	*200 m²*
14	*Lagerfläche (System-)Schalung*	*10 t/m²*	*500 m²*
15	*Lagerfläche Bewehrung*	*10 t/m²*	*500 m²*
16	*Lagerfläche Stahlbau*	*10 t/m²*	*4.000 m²*
17	*Lagerhalle Rohrleitungsmaterial*	*10 t/m²*	*400 m²*
18	*Freifläche Rohrleitung Edelstahl*	*10 t/m²*	*200 m²*
19	*Freifläche Rohrleitung C-Stahl*	*10 t/m²*	*200 m²*
20	*Offener Schweißplatz*	*10 t/m²*	*50 m²*
21	*Vorfertigungshalle Edelstahl*	*10 t/m²*	*120 m²*
22	*Vorfertigungshalle C-Stahl*	*10 t/m²*	*120 m²*
23	*ZfP Prüfungen Vorfertigung*	*10 t/m²*	*120 m²*
24	*Sandstrahlen*	*10 t/m²*	
25	*Freifläche C-Stahl Spools*	*10 t/m²*	*4.000 m²*
26	*Freifläche Edelstahl-Spools*	*10 t/m²*	*2.000 m²*
27	*Freifläche Halterungen*	*10 t/m²*	*750 m²*
28	*Vorfertigungshalle Halterungen*	*10 t/m²*	*120 m²*
29	*Vorfertigung Isolierung*	*10 t/m²*	*500 m²*
30	*Lagerfläche Isolierung*	*10 t/m²*	*500 m²*
31	*Lagerhalle Anstrichmaterial*	*10 t/m²*	*250 m²*
32	*Lagerfläche Ausrüstungen*	*10 t/m²*	*2.000 m²*
33	*Pre-dressing Ausrüstung*	*20 t/m²*	*2.000 m²*
34	*Lagerfläche E&I*	*10 t/m²*	*1.500 m²*

(Fortsetzung)

Tab. 14.3 (Fortsetzung)

	Beschreibung	*zul. Bodendruck*	Fläche
35	*Vorfertigungshalle E&I*	*10 t/m²*	*120 m²*
36	*Kalibrierung Instrumente (Halle)*	*10 t/m²*	*60 m²*
37	*Lagerhalle E&I mit Ventilation/Heizung*	*10 t/m²*	*200 m²*
38	*Lagerfläche Tankmontage*	*10 t/m²*	*1.200 m²*
39	*Lagerfläche*	*10 t/m²*	*0 m²*
	Total Area		***44.610 m²***

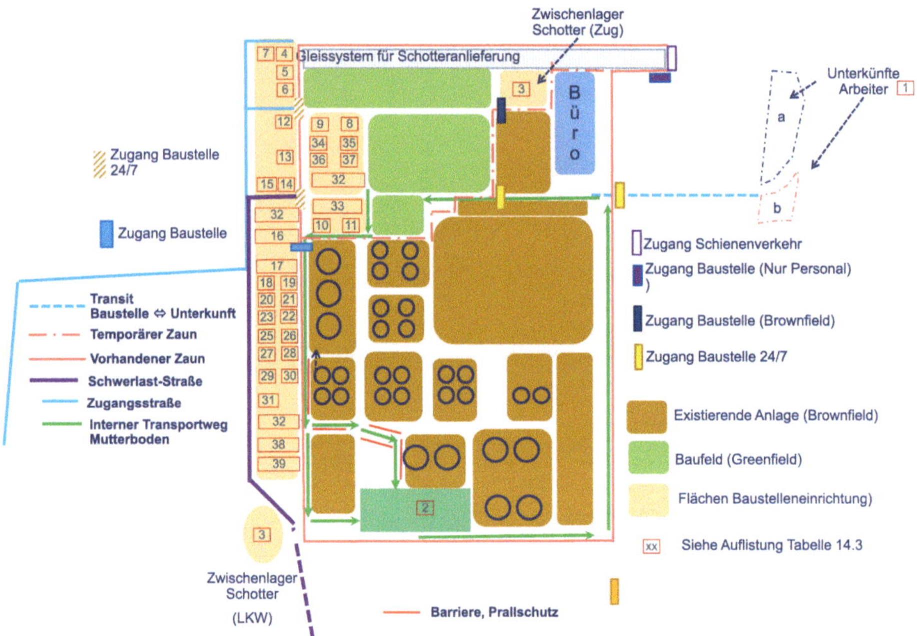

Abb. 14.1 Entwurf Baustelleneinrichtungsplan

- Anschlusspunkte für Strom, Wasser und Abwasser
- Sammelpunkte und Fluchtwege

Abb. 14.1 zeigt den Entwurf eines Baustelleneinrichtungsplanes der z. B. zusätzlich als Layer über eine online zur Verfügung stehen Luftaufnahme gelegt werden kann.

Im nachfolgenden werden die einzelnen Einrichtungen beschrieben, mit entsprechenden Hinweisen worauf zu achten ist.

14.4.1 Büro

Die erforderlichen Büroräume sind in der Regel für den Auftraggeber, den Anlagenbauer und die Nachunternehmer zu errichten. Dabei sollte berücksichtigt werden, dass neben den Büroräumen auch angemessene Sanitäreinrichtungen installiert werden. Ebenso sind für die Arbeiter des Nachunternehmers ausreichende Umkleidemöglichkeiten zu berücksichtigen. Eine ausreichende Größe und Anzahl von Besprechungsräumen gehören zu der Baustelleneinrichtung wie auch die Kaffee- oder Teeküchen und Pausenräume.

Es ist sinnvoll aufgrund von kurzen Wegen und schnellen Entscheidungen räumliche Nähe zwischen den drei Parteien herzustellen. Es ist aber auch sinnvoll, dass eine gewisse Distanz gewahrt wird, da nicht alles reibungslos laufen wird, und jede Partei erstmal ihre eigenen Probleme zu lösen hat, bevor sie kommuniziert werden, besonders wenn es um Kosten und Termine geht.

Für die Lagerung der Dokumentationen empfiehlt es sich auf feuerfeste Container zurückzugreifen.

Je nach Witterungsbedingungen sind Klimaanlagen und/oder Heizung für die entsprechenden Büroräume einzukalkulieren.

14.4.2 Lagerflächen

Das Materiallager besteht aus Freilager (nicht eingezäunt, eingezäunt, überdacht) und provisorischen Lagerräumen (z. B. abschließbar, klimatisiert, trocken). Größere Materiallager sind in nummerierte Lagerorte zu unterteilen, um die Auffindbarkeit der eingelagerten Materialien sicher zu stellen. Die Lagerflächen sind so auszuführen, dass sie mit Gabelstaplern oder anderen Hebezeugen befahren werden können. Im Bereich von Hallen ist es empfehlenswert, die Zufahrten mit Beton oder Asphalt zu belegen. Bei den Lagerflächen im Freilager ist der Untergrund mit einer Schotterschicht zu verfüllen, soweit keine befestigte Fläche mit entsprechender Oberflächenentwässerung vorhanden ist. Befestigte Flächen sind mit Gefälle so anzuordnen, dass sie nicht überflutet werden können. Je nach Witterungseinflüssen sind die Flächen an ein Entwässerungssystem anzuschließen.

Die Größe der Lagerflächen ist entsprechend Abschn. 13.5 Bedarfsermittlung Flächen abzuschätzen.

14.4.2.1 Freiflächen

Freiflächen werden für die Lagerung nachfolgend aufgeführten Materialien verwendet.

- Zufahrtsstraßen und Verkehrswege
- Zuschläge für Beton
- Mischanlage
- Lagerflächen Bewehrungsstahl

- Stahlbau
- Ausrüstungen
- Rohrleitungsmaterial
- Kabeltrommel
- Gerüstbau
- Isolierung
- Seecontainer

14.4.2.2 Lagerhallen

In Lagerhallen bzw. geschlossenen Räumen werden hauptsächlich Maschinen, Kleinteile und Materialien, die besonders vor Diebstahl zu schützen sind, eingelagert. Des Weiteren werden die Materialien eingelagert, die witterungsbedingt zu schützen sind, d. h. sie werden in klimatisierten oder beheizten Räumen gelagert.

14.4.2.3 Fertigungseinrichtungen

Abhängig von der Abwicklungsphilosophie, dem geografischen Standort der Anlage oder sonstiger logistischer Überlegungen kann ein großer Teil der Vorfertigung auf die Baustelle verlagert werden. Je nach Aufwand der vorzufertigen Rohrleitungen sind Überlegungen an die Einrichtungen der Vorfertigungsstätten wie z. B. Hallenkrane, zustellen.

Sollten die Rohrleitungsvorfertigung auf der Baustelle erfolgen, sind weitere entsprechende Einrichtungen vorzuhalten Dazu gehören Einrichtungen zum Sandstrahlen, Lackier- oder Anstricheinrichtungen mit den entsprechenden Trocknungszonen (Abb. 14.2).

14.4.3 Infrastruktur

Entscheidend für die Planung der Baustelleneinrichtung, neben der Bedarfsplanung, ist eine funktionierende Infrastruktur. Die Infrastruktur muss den logistischen Anforderungen genügen. Die Zugänglichkeit zu jeder Stelle der Baustelleneinrichtung ist zu jedem Zeitpunkt zu gewährleisten. Das beinhaltet den gesamten Baustellenverkehr, seien es die ankommenden Lieferungen oder die vorgefertigten Teile, die zum Einbauort transportiert werden.

Ein weiterer Schwerpunkt ist die Versorgung der Baustelleneinrichtung mit Medien. Dazu gehören die Planung und Verteilung von Strom, Wasser und der Telekommunikation.

Je nach Witterungseinfluss sind Arbeiten wie Schneeräumen, Enteisung von Straßen und Flächen oder das Bewässern von Flächen bei trockenen Witterungsbedingungen, zwecks Verringerung bzw. Vermeidung von Staubbildungen von Beginn an zu planen.

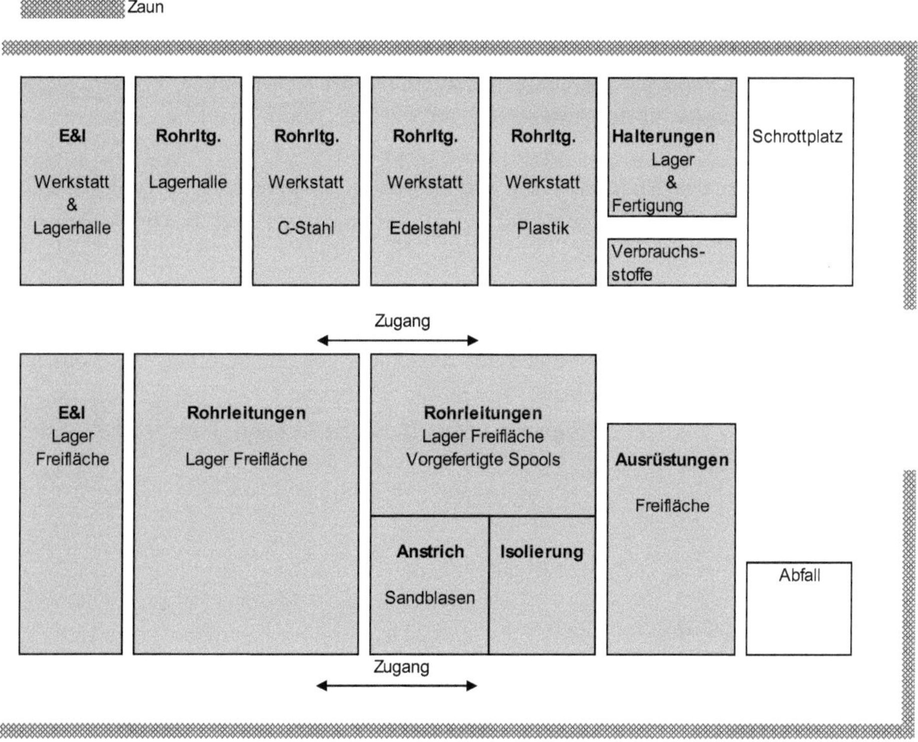

Abb. 14.2 Typische Anordnung Lager- und Vorfertigungsstätte

14.4.4 Besondere Bedingungen

Lagerräume, in denen brennbare Materialien gelagert werden, sind mit einer ausreichenden Anzahl von Feuerlöschgeräten auszustatten. Die örtlichen Brandschutzbestimmungen sind hierbei zu beachten.

Chemikalien erfordern für das Lagern in der Regel besondere Maßnahmen, wie z. B. doppelte Böden oder Wannen. Besonders zu beachten sind:

- Gesetzliche Vorschriften,
- Maximale Lagerzeit,
- Brennbarkeit,
- Chemische Reaktionsfähigkeit,
- Explosionsgefahr,
- Bildung von giftigen Dämpfen,
- Maximale Lagertemperaturen.

14.5 Materialverwaltung

Unter den Begriff „Materialverwaltung“ versteht man den Umschlag aller Arten von Materialien, die permanent in der Anlage verbaut werden. Temporäre Materialien sind gesondert zu verwalten.

Die Verwaltung des Materials und der Ausrüstungsgegenstände auf der Baustelle ist eine wesentliche Voraussetzung für einen reibungslosen und flexiblen Bau- und Montageablauf.

Bei der verbrauchsgesteuerten Disposition wird der Materialbedarf mithilfe von Prognoseverfahren auf Basis der verfügbaren Materialien, bezogen auf die erforderlichen Einzelteile zur Errichtung funktionierenden Systemen, abgeglichen. Die entscheidenden Kennwerte sind dabei der Istbestand, sowie der Sollbestand zum jetzigen als auch zu einem künftigen Zeitpunkt (Prognose unter Berücksichtigung kommender und zugesagter Lieferungen).

14.5.1 Ablauf

Auch bei der Verwaltung des Materials sind frühzeitig Festlegungen zu treffen. Und zwar:

- Wer lädt die ankommenden Materialien ab?
- Wer stellt das Personal und die Geräte?
- Wer erfasst und lagert das Material ein?
- Wer errichtet die Materiallager und betreibt den Materialfluss?

Viele Fragen die auch mit Kosten verbunden sind. Deswegen ist das Konzept des Materialmanagement frühzeitig zu konzipieren und festzulegen. Insbesondere ist das Vergabekonzept der Montageleistungen unmittelbar mit dem Konzept des Material Management verbunden.

Wird die Rohrleitungsmontage von einem Nachunternehmer durchgeführt, kann die Verantwortung und Umsetzung des Material Management für das Rohrleitungsmaterial an den Rohrleitungsbauer übertragen werden. Gibt allerdings das Vergabekonzept eine vertikale Trennung bei der Vergabe vor, also mindestens zwei Rohrleitungsfirmen, die beauftragt werden, ist das Materiallager ausnahmslos vom Anlagenbauer zu betreiben, sodass zu jedem Zeitpunkt sichergestellt wird, dass beide Rohrleitungsfirmen mit ausreichenden Materialien versehen werden.

Nachfolgende Tabelle kann eine mögliche Vereinbarung zwischen dem Anlagenbauer und seinen Nachunternehmer bezüglich der Materialverwaltung darstellen (Tab. 14.4).

Tab. 14.4 Aufgabenteilung AG-AN Material Management

Nachunternehmer	Anlagenbauer
Organisation des Materiallagers	
Bereitstellung von Freilagerflächen und Lagerhallen in ausreichender Größe sowie klimatisierter Räume	
Vorhalten eines Sperrlagers für beschädigte Materialien, oder Materialien ohne Zertifikate	
Beschaffung und Errichtung der erforderlichen Lagereinrichtungen	
Bereitstellung von Personal und Geräten für Be- und Entladen	
Bereitstellung einer Materialmanagement Organisation, einschließlich Lageristen in ausreichender Anzahl	Bereitstellung eines Material Manager zwecks Erfassung der Materialflüsse und förmliche Übergabe an den Nachunternehmer
Herstellung der Versorgung (Strom, Wasser, Internet) des Materiallagers	
Wareneingang	
Wareneingangskontrolle: Vollständigkeitsprüfung und Unversehrtheit	Teilnahme
Verwalten der Material Zertifikate	Stichprobenprüfung
Erfassen und Berichten von Abweichungen	Weiterleiten von Abweichungen an Lieferanten
Material Planung	
Erstellung aktueller Materialbilanz	Zuordnung des Rohrleitungsmaterials zur Isometrie
Reservieren des zugeordneten Materials	
Erstellung Fehlteilliste	Abarbeiten der Fehlteilliste
Materialfluss	
Materialausgabe mittels Ausgabeschein	Freigabe der Materialausgabe
Materialrücknahme und Einbuchung nicht benötigter Materialien	
Materialübergabe an Anlagenbauer für nicht mehr benötigte Materialien	Veräußerung überschüssigen Materials

14.5.2 Materiallager

Wie bereits zu Beginn definiert wurde, ist die Montage der Zusammenbau von Einzelteilen zu einer funktionierenden Einheit. Diese Einzelteile werden beschafft und zur Baustelle geliefert. Nach dem Eintreffen auf der Baustelle sind diese Einzelteile einzulagern.

Das Materiallager besteht aus Freiflächen und provisorischen Lagerräumen (z. B. abschließbar, klimatisiert, trocken). Größere Materiallager sind in nummerierte Lagerorte zu unterteilen, um die Auffindbarkeit der eingelagerten Ausrüstungen zu verbessern.

Von daher ist die termingerechte Fertigstellung des Materiallagers ein wesentlicher Meilenstein im Terminplan. Beim Eintreffen der ersten Lieferung auf der Baustelle sollte das Materiallager gebrauchsfähig sein. Dies beinhaltet nicht nur die Verfügbarkeit von Lagerflächen und Lagereinrichtungen, vielmehr ist sicherzustellen, dass die entsprechende Infrastruktur auch funktionsfähig ist. Dazu zählt neben Strom und Wasser auch die Verfügbarkeit der Telekommunikationsdienste.

Für eine einwandfreie Lagerung und Kontrolle sind nachfolgend aufgeführte Voraussetzungen zu erfüllen:

- sichere Konservierung von verschiedenen Materialien gegen Feuchtigkeit oder aggressive Atmosphäre
- kontinuierliche Bestandskontrolle um eine exakte Übersicht über das verfügbare Material, zu jeder Zeit, zu gewährleisten
- sichere Lagerung in umzäunten und verschlossenen Lagern
- Vermeidung von Diebstählen
- frühzeitige Erkennung von Beschädigungen vor Montagebeginn

14.5.3 Lagerbedingungen

Bei der Einlagerung der Materialien sind die Herstellerangaben zu berücksichtigen und zu erfüllen. Nachfolgend sind allgemeine Hinweise für die Einlagerungen aufgeführt.

Es ist selbsterklärend, das sämtliche Lagerplätze einzuzäunen und mit verschließbaren Toren zu versehen sind. Falls erforderlich sollte ein permanenter Wachschutz installiert werden, der die Materialien gegen Diebstahl schütz. Nicht immer ist das entscheidende Kriterium für einen permanenten Wachschutz, der monetäre Wert der einzelnen Materialien, sondern der Schaden, der aus der nicht Verfügbarkeit des Materials resultiert. Gestörte Abläufe aufgrund von Fehlmaterialien rufen einen wesentlichen höheren Schaden hervor als der Wert des eventuell entwendeten Materials.

Je nach Umgebungsbedingungen sind empfindliche Teile gegen klimatische Einflüsse (Luftfeuchtigkeit, Sonneneinstrahlung) oder gegen Staubeinwirkung zu schützen. Dies erfolgt meistens in geschlossenen Räumen, die je nach Bedarf zu klimatisieren sind.

Rohrleitungsmaterial

Rohre sind ebenerdig auf Träger und/oder Kanthölzer zu lagern. Rohrleitungsmaterialien sind getrennt nach verschieden Materialklassen (C-Stahl, Edelstahl), ab Materialeingang, zu lagern. Sämtliche Materialien, außer C-Stahl, sind durch eine angebrachte

Farbkodierungen am Ende des Rohres, zu identifizieren. Armaturen und Flansche größer als 2“ sind in einem geschützten separaten Lager zu lagern.

Ausrüstungen
Ausrüstungsteile von Druckbehältern sind auf Kanthölzer, mit einem Mindestbodenabstand von 200 mm zu lagern.

Rotierende Ausrüstungen
Bei der Einlagerung von rotierenden Ausrüstungen (Pumpen, Turbinen, Ventilatoren, Motoren, Ausbläser) ist folgendes zu beachten:
Sämtliche nicht geschützten Oberflächen sind gegen Verunreinigungen zu schützen

- Sämtliche Wellen sind mindestens einmal pro Woche mehrere Male zu drehen, um einen permanenten Schutzfilm (Öl) auf den Wellen und in den Lagern zu gewährleisten.
- Einlass und Auslass (Flanschflächen) der Flansche sind mit Abdeckband (Tape) zu schützen

Geschlossenes Lager
Das geschlossen Lager dient zur Einlagerung für:

- Kleinmaterial, Rohre, Rohrleitungsteile (Fittings), Ventile kleiner 2“, Bolzen usw.
- Edelstahl-Fittings und Flansche
- Dichtungen
- zu schützenden Materialien wie Katalysatoren und Chemikalien
- Instrumente

Isolierung
Thermisches Isolierungsmaterial ist in Regalen, sortiert nach Abdeckungsmaterial, Rohrdurchmesser und Isolierdicke zu lagern und gegen Feuchtigkeit zu schützen.

Für eine einwandfreie Lagerung und Kontrolle sind nachfolgend aufgeführte Voraussetzungen erforderlich:

- sichere Konservierung von verschiedenen Materialien gegen Feuchtigkeit oder aggressiven Atmosphären
- kontinuierliche Bestandskontrolle um eine exakte Übersicht über das verfügbare Material, zu jeder Zeit, zu gewährleisten
- sichere Lagerung in umzäunten und verschlossenen Lagern
- Vermeidung von Diebstählen
- frühzeitige Erkennung von Beschädigungen, vor Montagebeginn

14.5.4 Wareneingang

Sobald Materialien angeliefert werden, sind dieses Materialien auf Beschädigungen und der tatsächlich gelieferten Menge hin zu überprüfen.

Für einen kontrollierten Wareneingang sollte nach Möglichkeit das ankommende Material und die Ausrüstungsgegenstände auf einer eigens dafür vorgesehenen Fläche gelagert werden bzw. von Bestandsmaterialien getrennt werden, bis der Wareneigang vollständig abschlossen ist. Sollte bei größeren und nicht sofort überprüfbaren Lieferungen, wie zum Beispiel Gitterboxpaletten mit Kleinteilen, eine exakte Kontrolle nicht sofort möglich sein, so hat die Annahme der Lieferung mit dem Vermerk „Vorbehaltlich der späteren Überprüfung auf Vollständigkeit" zu erfolgen. Dieser Vermerk ist auf den Versandunterlagen zu dokumentieren.

Der Materialeingang sollte unmittelbar nach Erhalt des Materials in dem dafür vorgesehenen EDV-System eingepflegt werden.

Etwaiger Abweichungen der Liefermengen sowie Schäden oder Mängel der gelieferten Ware sollten umgehend dokumentiert und zur Anzeige gebracht werden. In der Regel verfügt hier der Anlagenbauer über interne Regularien, die zum einen korrigierende Schritte einleiten, und zum anderen die Schadensregulierung mit den Lieferanten und/oder mit den Versicherungen beschreiben.

Insbesondere sind folgende Punkte bei der Wareneingangskontrolle zu berücksichtigen und ggf. zu dokumentieren:

- Vollständigkeit der Lieferungen
- Abweichungen gegenüber Versandunterlagen
- Transportschäden
- Offensichtliche Mängel
- Ordnungsgemäßer Verschluss aller Bauteile
- Prüfen von Typenschildern

14.5.5 Warenausgang

Sämtliche Materialien, die vom Anlagenbauer an seine Nachunternehmer übergeben werden, sind zu dokumentieren.

Dabei ist es empfehlenswert dem Nachunternehmer, wenn möglich, die Verwendung des Materials vorzuschreiben. Bei Rohrleitungsmaterialien sollte eine Zuordnung der Materialien zu den entsprechenden Rohrleitungen (Isometrie) erfolgen. Dieser gezielte Warenausgang vereinfacht die Verwaltung des Bestandes. Mögliche Fehlteile sind leichter zu erkennen und können somit frühzeitiger nachbestellt werden.

Zuviel entnommenes Material ist an das Warenlager zurückzugeben oder bei der nächsten Materialausgabe zu verrechnen. Materialverschnitt (z. B. von Rohren, Kabeln) bleibt Eigentum des Auftraggebers. Die Baustellenleitung entscheidet darüber, ob der Verschnitt noch verwendbar ist oder als Schrott anzusehen ist. Der Verschnitt ist getrennt nach Werkstoffen an einer dafür vorgesehenen Stelle zu lagern.

Obwohl mit Warenausgang der Materialien der Gefahrenübergang und somit die Gefahr des plötzlichen Untergangs an den Nachunternehmer übergeht, sollte sich der Anlagenbauer zu mindestens moralisch noch in der Verantwortung sehen. Auch hier gilt, dass wenn Materialien, aus welchem Grund auch immer, bei dem Nachunternehmer beschädigt oder verloren gehen, das Hauptrisiko beim Anlagenbauer verbleibt. Es kann zwar der Nachunternehmer für die Wiederbeschaffung und/oder Ersatzmaßnahmen in Haftung genommen werden, wobei das Risiko möglicher Terminverzügen der Gesamtanlage der Anlagenbauer zu tragen hat.

14.5.6 Materialverfügbarkeit

Um einen reibungslosen Montageablauf zu gewährleisten, d. h. frühzeitiges Bereitstellen des Materials, sind nachfolgend aufgeführte Dokumente, bzgl. der Materialeingangskontrolle und des Materialausganges, grundsätzlich zu prüfen und anzugleichen.

- Ausrüstungsliste
- Bestellungen, Anforderungen und Spezifikationen
- Inspektionsberichte
- Berichte der Terminkontrolle
- Material Empfangsbestätigungen, Materialausgangsbescheinigungen
- Einlagerungsbedingungen entsprechend Lieferantenempfehlungen/-erfordernissen

Je nach Länge des Bau- und Montagezeitraumes empfiehlt es sich, regelmäßige Inventuren durchzuführen. Frühzeitiges Erkennen von Fehlbeständen und/oder Fehlbuchungen garantieren zeitnahe Korrekturmaßnahmen, die sich wiederum positiv auf die Materialverfügbarkeit und den Montageablauf niederschlagen.

14.5.7 Zertifikate

Bei Wareneingang der Materialien auf der Baustelle ist sicherzustellen, dass die entsprechenden Materialzertifikate vorhanden und zuordnungsbar sind. Materialien, die nicht über die entsprechenden Materialzertifikate verfügen, sind gesondert zu lagern. Hier spricht man von sogenannten Quarantänen.

Eine wesentliche Regel besagt:

▶ **Materialien ohne entsprechende Zertifikate werden nicht eingebaut.**

14.6 Arbeitsstättenverordnung

Baustellen sind Arbeitsstätten, deren geographische Lage sich ständig ändert und die meistens einem starken Einfluss der Witterung unterworfen sind. Wenn auf ihnen ortgebundene Arbeitsplätze oder solche in umschlossenen Räumen vorhanden sind (z. B. Montage in einem Gebäude) gelten ähnliche Anforderungen, wie sie auch für permanente Arbeitsplätze gelten.

Die rechtlichen Regelungen für den Arbeitsschutz werden maßgeblich durch die Arbeitsstättenverordnung (ArbStättV) bestimmt. Die Arbeitsstättenverordnung beschreibt keine detaillierten Schutzmaßnahmen und Verhaltensvorgaben für die Gestaltung von Arbeitsstätten, sondern allgemeine Schutzziele und Anforderungen.

14.7 Sicherheitskonzept Baustelle und Baustelleneinrichtung

Für jede Baustelle ob im Ausland oder in Deutschland ist ein Sicherheitskonzept für die Baustelle zu erstellen. Dieser Sicherheitsplan regelt die notwendigen Vorkehrungen zur Minderung von Sicherheitsrisiken. Absolute Sicherheit auf Baustellen kann nicht erreicht werden, allerdings ist ein akzeptables Restrisiko anzustreben. Auftretende Bedrohung sind zu bewältigen und gleichzeitig die Ziele des Projektes zu berücksichtigen.

Beispiel

Bei einer Pipeline-Baustelle kommt es immer wieder vor, insbesondere am Wochenende, dass der Diesel aus Baumaschinen entwendet wird. Die Wander-Baustelle erstrecht sich durchschnittlich über eine Länge von 25 km. Der Schaden durch den Dieseldiebstahl beläuft sich Woche für Woche auf knapp 2.000 € pro Woche, zusätzlich der Kosten, die durch Ausfallzeiten von Menschen und Geräten entstehen, bis die Baumaschine wieder betankt und einsatzbereit sind. Selbst bei Einbindungen eines Sicherheitsunternehmen lässt sich der Schaden nicht gänzlich eliminieren.

In solchen Fällen ist unter wirtschaftlichen Gesichtspunkten (Kosten Sicherheitsdienst versus Kosten für Ausfallzeiten und Diesel) eine Entscheidung zu fällen. ◂

Sicherheitsmaßnahmen, die aufgrund einer Risikoanalyse implementiert werden, basieren nicht immer auf einer vorhersehbaren Bedrohung und/oder quantifizierbaren Risiken. Schätzungen und Annahmen müssen getroffen werden, um die Wahrscheinlichkeit und die Folgen des Risikos entgegenzuwirken.

14.7.1 Schutzmaßnahmen

Um den Zugang zur Baustelle und zur Baustelleneinrichtung zu kontrollieren sind diverse Schutzmaßnahmen, allein oder in Kombination zu implementieren.

Zugangskontrolle

Grundsätzlich ist ein System zu implementieren, welches den Zugang zur Baustelle und Baustelleneinrichtung regelt und gleichzeitig Unbefugten den Zugang zur Baustelle verwehrt. Dabei handelt es sich neben dem Personenverkehr auch um die Bewegung von Materialien. In einer verfahrenstechnischen Anlage werden Materialien verbaut, die mitunter hohe Vermögenswerte darstellen, und sind daher besonders zu schützen.

Zu der Zugangskontrolle gehören Türen, Tore, und Drehkreuze die elektronisch gesichert sind. Das Sicherheitspersonal regelt den Zugang an den Schranken.

Jede Person, die die Baustelle an einem Zugangskontrollpunkt betritt, muss sich einer mündlichen und/oder visuellen Kontrolle einschließlich derer Gepäckstücken, Taschen, und Behältnissen unterziehen. Gleiches gilt, falls die Baustelle mittels Fahrzeuge befahren wird.

Zäune

Ein Zaun oder eine Mauer begrenzt einen Bereich und erreicht eine „optische“ Sicherheit. Zäune und Mauern schrecken jedoch meistens nur ab oder verzögern den Zugang, verhindern können Sie ihn aber nicht vollständig.

Bei Standardzäunen sollte die Höhe des Zauns auf mindestens 2,1 m belaufen. In gefährdeten Bereichen oder in Krisenregionen sollte eine Höhe von mindestens 4,6 m gewählt werden.

Barrieren und Prallschutz

Die Wirksamkeit einer Barriere und eines Prallschutz hängt davon ab, wie lange sie einer entgegenwirkenden Kraft standhält. Zum Beispiel sollte ein Prallschutz, wie in Abb. 14.1 skizziert, zum Schutz der vorhandenen Tanken verwendet werden, der einen Aufprall eines LKWs mit einer Ladung von 30 t standhält.

Videoüberwachung

Videoüberwachungen bieten sich als weitere Schutzmaßnahmen insbesondere während der Dunkelheit an. Die Hersteller von Videoüberwachungssystemen geben die Beleuchtungsstärke an, die für minimale Funktion und maximale Leistung erforderlich ist.

Baustellenbeleuchtung, Sicherheitsbeleuchtung

Die Sicherheitsbeleuchtung kann andere Sicherheitsmaßnahmen wie Barrieren, Zäunen und Videoüberwachung ergänzen. Es unterstützt das Sicherheitspersonal auch während der Dunkelheit.

14.8 Baustellenordnung

Aus Sicherheitsgründen und zur Aufrechterhaltung der Ordnung auf der Baustelle ist eine Baustellenordnung zu erstellen.

Um einen reibungslosen Baustellenablauf, sowie die Arbeitssicherheit und den Gesundheitsschutz der auf der Baustelle tätigen Personen zu gewährleisten, muss die Baustellenordnung von allen Beteiligten eingehalten und umgesetzt werden. Sie gilt somit für alle auf der Baustelle tätigen Personen. Die Baustellenordnung beinhaltet, unter anderem die Zugangsbedingungen für permanentes Personal, sowie für Lieferanten, Besucher usw.

Folgende Mindestanforderungen sollten von einer Baustellenordnung erfüllt werden:

14.8.1 Allgemeines

Lage der Baustelle
In der Baustellenordnung sind die Flächen zu spezifizieren, die zur Baustelle gehören und auf denen die Baustellenordnung ihre Gültigkeit besitzt.

Telefonliste
In der Telefonliste sind neben den Notfallnummern, auch die Anschriften und Rufnummern von den Baustellen-Verantwortlichen aufzuführen.

Baustellenorganisationsplan
Im Baustellenorganisationsplan sind die verantwortlichen Personen darzustellen, sowie die Koordination und Überwachung von Arbeitssicherheit und Gesundheitsschutz. Es ist klar zu benennen, welche Weisungsbefugnisse den einzelnen Personen zustehen.

Berichterstattung
Die Vorgehensweise bei Arbeitsunfällen und Schadensfälle ist zu beschreiben. Die gesetzlich vorgeschriebene Meldepflicht an Behörden und Berufsgenossenschaften bleibt davon unberührt.

Personal
Verhaltensanweisungen für das Personal.

Arbeitszeitregelung
Regelung der Arbeitszeit.

Liste der auf der Baustelle tätigen Firmen
Sämtliche auf der Baustelle tätigen Firmen sind aufzulisten. Die Firmenanschrift, als auch die Kontaktdaten der Firmenverantwortlichen sind aufzuführen.

14.8.2 Arbeitsstätten

Baustelleneinrichtung/Baustellenverkehr
Der regelmäßig aktualisierte Baustelleneinrichtungsplan mit Angabe der Baustelleneinrichtungsflächen, Materiallagerplätze, Abstellplätze für Maschinen und Geräte, Verkehrswege, Schwertransportwege, Verkehrsbeschränkungen, Flucht- und Rettungswege, Feuerwehrzufahrten und PKW-Stellplätze usw. ist mit allen verantwortlichen Personen zu teilen.

Unterkünfte und soziale Anlagen
Die nach der jeweils gültigen Arbeitsstättenverordnung erforderlichen Sanitärräume, Pausen- und Bereitschaftsräume sind zur Verfügung zu stellen.

Erste-Hilfe
Organisation der Ersten Hilfe sowie Hinweise auf die Meldekette bei Unfällen.

Baustromversorgung, Baustellenbeleuchtung
Die Stromversorgung erfolgt entsprechend dem Baustelleneinrichtungsplan.

Ordnung, Sauberkeit und Hygiene
Regelungen für Arbeitsbereiche, Unterkünfte und sanitären Anlagen.

Rauschmittelmissbrauch
Regelungen des Alkohol- und Drogenmissbrauchs.

14.8.3 Arbeitssicherheit

Unterweisung
Erstmalig auf der Baustelle eingesetztes Personal ist vor Beginn der Arbeiten über die besonderen Bedingungen auf der Baustelle zu unterweisen.

Arbeitsmedizinische Vorsorge
Regelungen über erforderliche arbeitsmedizinische Vorsorgeuntersuchungen.

Erdarbeiten
Beschreibung über die durchzuführenden Maßnahmen zur Feststellung der Lage von Versorgungsleitungen und Fremdlasten (Gefahrstoffe, Kampfmittel).

Baumaschinen und Geräte
Bei Maschinen, Geräten, Werkzeugen, elektrischen Anlagen und Betriebsmitteln sowie überwachungsbedürftigen Anlagen, die einer Prüfpflicht unterliegen, sind die entsprechenden Nachweise, Aufbauanleitungen, Zulassungsbescheide, Erlaubnisse, Prüf- und Kontrollbücher an der Baustelle vorzuhalten.

Montagearbeiten
Regelungen, bei welchen Montagearbeiten eine Montageanweisung, in der die erforderlichen Sicherheitsmaßnahmen, und die zum Einsatz kommenden Maschinen, Geräte und Werkzeuge erkennbar sind, zu erstellen ist.

Gerüste
Regelungen über einzusetzenden Arbeits-, Schutz- und Traggerüste.

Umgang mit Gefahrstoffen
Regelungen zum Umgang mit Gefahrenstoffen.

Persönliche Schutzausrüstung
Auflistung der erforderlichen Persönliche Schutzausrüstung für Personen.

Lärm- und Vibrationsarbeitsplätze
An Arbeitsplätzen, bei denen Lärm- und/oder Vibrationsexpositionen auftreten, sind Ermittlungen zu den Belastungen der Arbeitnehmer durchzuführen.

14.8.4 Brand- und Explosionsschutz

Allgemeines
Regelungen über Arbeitsbereiche mit z. B. erforderlichen Brand- bzw. Explosionsschutzmaßnahmen.

Brandfall
Verhalten im Brandfall.

14.8.5 Umweltschutz

Abfall
Regelungen über die Entsorgung von Abfällen.

Lärm
Regelungen und Maßnahmen bei Arbeiten, bei denen voraussichtlich der Beurteilungspegel von 85 dB(A) überschritten wird.

Gewässerschutz
Verhalten beim Umgang mit wassergefährdenden Stoffen.

14.8.6 Sicherung der Baustelle

Fotografieren
Regelungen zum Fotografieren und Filmen auf der Baustelle.

Besucher
Zutrittsregelungen.

Besonderheiten der Baustelle
Aufführen von Besonderheiten auf der Baustelle.

Arbeiten in Gruben
Regelungen zum Thema, Arbeiten in Gruben.

Arbeiten in kontaminierten Bereichen
Regelungen zum Thema, Arbeiten in kontaminierten Bereichen.

Biologische Arbeitsstoffe
Regelungen zum Thema, Biologische Arbeitsstoffe.

Arbeiten in Lastbereichen
Regelungen zum Thema, Arbeiten in Lastbereichen.

Gefährdungen durch angrenzende Produktionsstätte
Regelungen zum Thema, Gefährdungen durch angrenzende Produktionsstätte.

14.8.7 Arbeitssicherheit

Da bereits auf die umfangreiche Literatur über das Thema Arbeitssicherheit hingewiesen wurde, sind im nachfolgenden einige Begriffe definiert, und Punkte aufgeführt, um ein klareres Verständnis von Baustellenabläufen aus Sicht der Arbeitssicherheit zu unterstützen.

14.8.8 Definitionen

- Ein **Unfall** bedeutet einen Vorfall oder eine Kette von Ereignissen, die von außen auf den Körper einwirken und eine Gesundheitsschädigung herbeiführen und/oder eine schädigende Wirkung auf die Umwelt, auf Materialien und das Vermögen ausübt.
- **Barrieren** sind technische, betriebliche oder organisatorische Maßnahmen, um die Wahrscheinlichkeit einer Gefahrensituation zu reduzieren, und mögliche Schäden und Unannehmlichkeiten nach einem Ereignis zu reduzieren.
- **Einstufungen** zufällige Ereignisse werden als Grundlage für die Planung, Auslegung und Anwendung von Sicherheitsbarrieren mit definierten Risikoakzeptanzkriterien, unternehmensinterne Anforderungen und behördlichen Vorschriften verwendet
- **FAR** ist eine internationale Abkürzung für die „Fatal Accident Rate" (FAR). FAR ist eine statistische Zahl der Todesopfer pro 100 Mio. Arbeitsstunden.
- **IR** bedeutet individuelles Risiko. Das IR gibt die jährliche Wahrscheinlichkeit von FARs an.
- **Risiko** ist eine mögliche Gefahr einer negativen Abweichung. Die Eintrittswahrscheinlichkeit ist größer 0 % und kleiner 100 %.
- **Risikoakzeptanzkriterium** ist die obere Grenze für ein akzeptables Risiko für Personen, Umwelt und Vermögen
- Die **Risikoanalyse** ist die Verwendung von Analysemethoden und verfügbaren Informationen, um mögliche Unfälle zu identifizieren und die damit verbundenen Risiken einzuschätzen.

14.8.9 Risiko Analyse

Das Ziel einer Risiko- und Notfall-Analyse ist es, eine Entscheidungsgrundlage, für akzeptable Lösungen in Bezug auf Sicherheit zu erkennen und zu identifizieren, sowie entsprechende Gegenmaßnahmen zur Verringerung dieser Risiken zu beurteilen und zu entwickeln. Durch die Risikoanalyse wird zudem der Mindeststandard für die Baustelle definiert.

14.8.10 Persönliche Schutzausrüstung

Jede Baustelle hat einen Mindeststandard an persönlicher Schutzausrüstung wie z. B.:

- Schutzhelm, Sicherheitsbrille mit Seitenschutz und Sicherheitsschuhe müssen immer getragen werden.
- Auf Bühnen oder Gerüsten ohne Geländer müssen Sicherheitsgurte angelegt werden.

- Bei bestimmten Arbeiten sind Gummihandschuhe und, oder Atemschutzgeräte erforderlich.
- Arbeitshandschuhe sind bei den meisten Arbeiten zu tragen.

14.8.11 Werkzeuge und Geräte

- Müssen in einem guten Zustand sein und regelmäßig gewartet werden.
- Dürfen nur von qualifizierten Personen benutzt werden.
- Werkzeuge und Schutzvorrichtungen dürfen nicht verändert werden.
- Werkzeuge dürfen nur für ihren vorgesehenen Zweck verwendet werden.

14.8.12 Absperrungen

Absperrungen sind erforderlich:

- an Baugruben und Ausschachtungen, in mindestens 1,5 m Abstand von Dachkanten oder ähnlichen Absturzmöglichkeiten.
- in Bereichen von Überkopfarbeiten, in denen Werkzeuge oder Materialien herunterfallen können, und in Bereichen von Hebemanövern.
- alle Bühnen- und Deckenöffnungen müssen abgedeckt oder abgesperrt sein und mit einem befestigten Warnschild versehen werden.

14.8.13 Leitern

- Angelehnte Leitern müssen angebunden oder von einem zweiten Mann gehalten werden.
- Stehleitern müssen ganz gespreizt sein und auf einem ebenen und festen Untergrund aufgestellt werden.
- Bei Arbeiten auf Leitern in über 2 m Höhe ist ein Sicherheitsgurt zu tragen. Die Fangleine ist an einem ausreichend stabilen Konstruktionsteil zu befestigen.
- Die obersten drei Sprossen einer Leiter dürfen nicht benutzt werden.

14.8.14 Ordnung und Sauberkeit

- Alle Geräte und Materialien sind nur an den dafür vorgesehenen Plätzen zu lagern.
- Schrott und andere Abfälle sind in die dafür vorgesehenen Behälter zu entsorgen. Behälter für brennbare oder gesundheitsschädliche Stoffe müssen einen festen Deckel haben.

- Während der Arbeit sind Werkzeuge und Arbeitsplatz ggf. wiederholt zu säubern.
- Kabel und Schläuche sind entweder in etwa 1 m Höhe aufzuhängen oder, wenn nicht anders möglich, außerhalb von Gehwegen auf dem Boden zu verlegen.
- Material, Werkzeuge und Geräte sind so zu lagern, dass sie weder umkippen noch rollen noch fallen können.
- Die Zugänge zu den Arbeitsplätzen und sämtliche Durchgänge sind jederzeit freizuhalten.
- Abfälle sind regelmäßig und täglich zu entsorgen.
- Am Ende des Arbeitstages ist der Arbeitsplatz aufgeräumt zurückzulassen.

Ein sauberer Arbeitsplatz fördert nicht nur die Sicherheit, sondern auch den Baustellenfortschritt. Dazu sind folgende Punkte zu beachten:

- Material sicher lagern.
- Kleine Teile in Kästen oder Schachteln aufbewahren.
- Werkzeuge, Elektrodenenden und Späne gehören nicht auf den Boden.
- Gehwege sind immer freizuhalten.
- Auf der Werkbank sollen sich nur das zu bearbeitendes Werkstück und die dazu benötigten Werkzeuge befinden.
- Berücksichtigung des Brandschutzes bei der Materiallagerung.

14.9 Baustellensicherheit

Die Bewachung der Baustelle und deren Einrichtungen ist eine notwendige Aufgabe, um die Wertgegenstände zu schützen. Entwendete Teile führen nicht nur zu finanziellen Schäden, sondern auch zu Terminverzügen resultierend aus der Dauer des Wiederbeschaffungsprozesses. Es wird daher empfohlen für die Bewachung der Baustelle ein Sicherheitsunternehmen einzubinden, um deine Bewachung 24/7 zu gewährleisten.

Die Sicherung der Baustelle geht zum Teil übergangslos in die Arbeitssicherheit über und sollte daher auch organisatorisch bei der Arbeitssicherheit angesiedelt sein.

Die Hauptaufgaben des Bewachungspersonals besteht in:

- Vermeidung von Zugängen unberechtigter Personen
- Kontrolle des kommenden und gehenden Personals, Besucher und Baustellenverkehrs.
- Überwachung von eingeführtem und ausgeführtem Material, Werkzeuge, Ausrüstungen Verbrauchsstoffe usw.

Des Weiteren sind spezielle Regeln auf den Baustellen strengstens einzuhalten, wie z. B.:

- Das Mitbringen jeglicher Art von Waffen
- Das Mitbringen von Tieren (Ausnahme: Wachhunde)
- Verkaufen und/oder in Umlauf bringen von Alkohol und Drogen
- Verkaufen und verteilen von Zeitungen, politischen Propagandamaterials, und/oder religiöser, moralischer Natur.
- Mitbringen von Fotoapparaten und Videokamera ohne schriftliche Freigabe
- Herstellen oder reparieren sämtlicher Gegenstände für den privaten Gebrauch

Nachfolgende Punkte zeigen den Mindeststandard auf, und sind jeweils an den Projektbedarf und den lokalen Gegebenheiten anzupassen.

- Das Sicherheitspersonal nimmt nur Anweisungen von der beauftragenden Partei an.
- Jeglicher Personenverkehr wird entsprechend der Baustellenordnung kontrolliert und freigegeben.
- Besucher sind bei dem Betreten der Baustelle zu registrieren. Zur Identifikation wird ein Besucherausweis ausgestellt, der sichtbar zu tragen ist. Jeder Besucher erhält eine Sicherheitsbelehrung.

14.10 Zusammenfassung

Die Baustelleneinrichtung, meistens temporär, ist der Mittelpunkt bei der Errichtung einer Anlage. Von hier aus werden die Fäden der Bau- und Montageabwicklung gezogen, sämtliche Materialien und Verbrauchsstoffe werden eingelagert und, die Baustelle unterliegt dem Arbeitsplatzschutzgesetz.

Die Baustelleneinrichtung ist frühzeitig und unter Berücksichtigung von möglichem Gefährdungspotential zu planen und zu errichten. Sie muss die logistischen Ansprüche erfüllen. Je nach Größe der Baustelle beherbergt sie mehrere tausend Personen und ist Umschlagplatz von tausenden Tonnen von Materialien. Ohne Regeln wird es nicht funktionieren. Diese Regeln werden in der Baustellenordnung konzentriert behandelt und aufgestellt. Arbeitssicherheitsaspekte sowie die Baustellensicherheit werden dabei vorrangig behandelt.

Baustellenorganisation 15

Das Baustellenmanagement ist für die physische Erstellung der Anlage zuständig, die in der Regel durch nationale oder internationale Nachunternehmer errichtet wird.

Die Arbeiten vor Ort beginnen mit der Übernahme des Baufeldes von Kunden/Betreiber und dauern mitunter bis zur erfolgreichen Inbetriebnahme der Anlage.

Mit Erreichen der mechanischen Fertigstellung und Beginn der kalten Inbetriebnahme geht in der Regel die Verantwortung der Baustelle an die Inbetriebnahme-Leitung über. Restarbeiten werden weiter unter der Zuständigkeit des Baustellenleiters erledigt.

Mit Beginn der Errichtung der Baustelleneinrichtung wird die Baustelle personell besetzt.

Während der frühen Baustellenphase, idealerweise noch vor Baustellenbeginn, ist es zwingend erforderlich, dass die Baustellenmannschaft sich mit den vertraglichen und technischen Dokumenten im Detail auseinandersetzt.

▶ ***Die vertraglichen Grundlagen, sowie der Terminplan sollten jeder Führungskraft der Baustellenmannschaft, neben den fachspezifischen Dokumenten, bekannt sein.***

Unter Leitung des Baustellenleiters, hat frühzeitig das sogenannte „Kick Off Meeting" mit den Nachunternehmern zu erfolgen, um eine terminkonforme Mobilisierung der Nachunternehmer zu gewährleisten.

Während der Baustellenvorbereitung werden viele Informationen gesammelt. Nicht immer sind die Personen, die die Baustelle planen, auch die Personen, die die Baustelle abwickeln. Von daher ist es wichtig, als erster Schritt Informationen für die Baustelle an die Verantwortlichen in Form eines Baustellensteckbriefes zu übergeben. (Selbstverständlich ist und bleibt das Montagekonzept das führende Dokument.)

Nachfolgende Tabelle vermittelt einen Überblick über Informationen und Unterlagen die als Mindestvoraussetzung vorliegen sollten.

T. Günther, *Baustellenmanagement im Anlagenbau*,
https://doi.org/10.1007/978-3-662-69329-2_15

15.1 Baustellenteam

Die Gesamtverantwortung der Baustelle über Erfolg oder Misserfolg obliegt dem Baustellenleiter. Bei der Erfüllung seiner Aufgaben wird der Baustellenleiter durch zusätzliches Baustellenpersonal unterstützt. Entsprechend der Komplexität und des Arbeitsvolumen der Baustelle können Funktionen, wie Abb.15.1 dargestellt, auch in Personalunion ausgeführt werden, oder bei Großprojekten sogar durch mehrere Personen. Nicht selten verfügt dann die Baustellenmannschaft über hundert oder mehr Personen. Entscheidend ist bei dem Baustellenteam ein homogenes Gefüge zu erreichen.
Die Hauptaufgaben der Baustellenleitung ergeben sich wie folgt:

- Überwachung auf Einhaltung der Arbeitssicherheit
- Sicherung der Qualität
- Termin-, Fortschrittskontrolle (Planung)
- Kostenkontrolle
- Vertragsmanagement der Nachunternehmerverträge
- Verwaltung der Baustelle
- Überwachung der Bau- und Montagearbeiten
- Materialverwaltung
- Leitung des technischen Büros

Das technische Büro wird in der Regel durch das Engineering besetzt. Die Hauptaufgaben bestehen in der Unterstützung des Baustellenpersonals hinsichtlich Fragen zum Engineering, als auch die Erstellung des „as built".

In den seltensten Fällen verfügt der Anlagenbauer über ausreichendes Stammpersonal um die Baustellenmannschaft zu besetzten. Die Lücke ist durch verfügbares Personal vom Arbeitsmarkt zu schließen. Dazu dient der lokale Markt als auch der internationale Arbeitsmarkt.

Um die Komplexität der einzelnen Aufgabenstellungen gerecht zu werden, besonders für Personen die Schlüsselpositionen besetzen, ist eine intensive Einarbeitungszeit erforderlich. Dabei gilt es sich mit den projektspezifischen Gegebenheiten, wie.

- Verträge
- Terminpläne
- Bau- und Montagekonzept
- 3-D Modell
- Spezifikation
- Qualitätsplan
- Abnahme und Prüfungen

Tab. 15.1 Inhalt Baustellensteckbrief

Meilensteine	
Mobilisierung	Datum
Start Erdarbeiten	Datum
Start Betonarbeiten	Datum
Start Stahlbaumontage	Datum
Start Ausrüstungsmontage	Datum
Start Rohrleitungsmontage	Datum
Start Isolierungsarbeiten	Datum
Start Korrosionsarbeiten	Datum
Start Elektrik und Instrumentierung	Datum
Start Druckproben	Datum
Mechanische Fertigstellung	Datum
Start Anfahrvorbereitungen	Datum
Indikation der zu verbauenden Massen	
Erdarbeiten	m^3
Betonarbeiten	m^3
Stahlbaumontage	t
Ausrüstungsmontage	t
Rohrleitungsmontage	t
Isolierungsarbeiten	m^2
Korrosionsschutz	m^2
Elektrik und Instrumentierung	Verbraucher
Instrumentierung	Messstellen
E&I	Kabel km
Druckproben	Stck
Anlagen	
Terminplan Level 3	
Lage- und Aufstellungsplan	
P & ID	
Bau- und Montagekonzept	
Baustellenordnung	
Nachunternehmerverträge	
Spezifikationen	

(Fortsetzung)

Tab. 15.1 (Fortsetzung)

QA / QC Plan	
SGU-Plan	
Baustellenorganigramm	
Personaleinsatzplanung	
Nachunternehmerliste	
Constructability Report	
Effizienzkennzahlen	
Produktivitätskennzahlen	

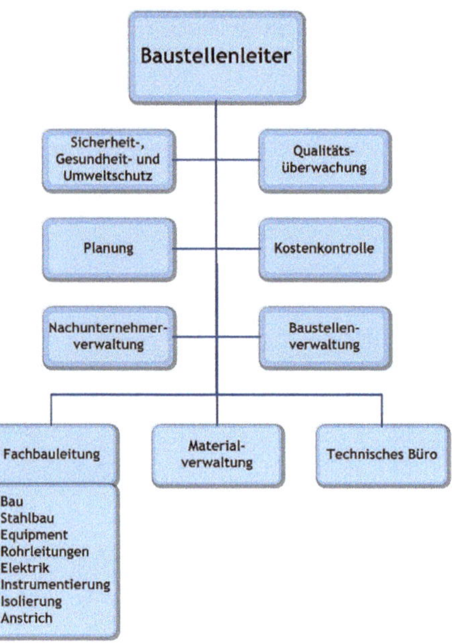

Abb. 15.1 Typisches Baustellenorganisationsorganigramm

vertraut zu machen. Dazu sollte ein Plan für eine gezielte Einarbeitung (im Neudeutsch „Onboarding“) erarbeitet sein und vorliegen. Die Einarbeitung sollte wenn möglich im Stammhaus erfolgen.

15.2 Funktionsbeschreibungen

Nachfolgend aufgeführte Funktionsbeschreibungen gegeben einen Überblick über die auf der Baustelle erforderlichen Arbeiten aus Sicht der Baustellenüberwachung. Dabei werden die Bau- und Montagearbeiten durch vertraglich gebundenen Nachunternehmer von Dritten durchgeführt.

Darüber hinaus, können je nach Vertragsinhalt auch weitere Funktionen hinzukommen, die hier nicht explizit aufgeführt wurden.

Wie bereits mehrfach erwähnt, erfordert auch die Besetzung einer Baustelle durch Personen einer detaillierten Betrachtung. Unterschiedliche Länder, Klimazonen oder auch lokale Regularien haben neben dem vertraglichen Leistungsumfang ebenfalls einen Einfluss auf die Baustellenfunktionen.

15.2.1 Baustellenleiter

In den meistens Fällen ist der Baustellenleiter der Vertreter des Projektleiters auf der Baustelle.

In der Verantwortung des Baustellenleiters liegt die fristgerechte Fertigstellung der Anlage, innerhalb des vorgesehenen Budgets mit der vertraglich zugesicherten Qualität.

Damit ist eigentlich schon alles gesagt. Allerdings ist je nach Anlage die Aufgabenstellung so komplex, dass der Baustellenleiter ohne die Hilfe und Mitwirkung weiterer Fachkräfte, die ihm gestellten Aufgaben nicht bewältigen kann.

Der Baustellenleiter, als eine der wesentlichen Schlüsselpersonen im Anlagenbau, sollte von daher frühzeitig vor Baubeginn, auf seine kommende Aufgabe vorbereitet werden.

Während der detaillierten Einarbeitungsphase sind Einflussmöglichkeiten in bereits laufenden Prozessen noch gegeben. Dazu gehört die Überprüfung des Bau- und Montageablaufplans sowie die dazugehörige Baustellenorganisation. Ein erfahrener Baustellenleiter hat sicherlich seine eigene Vorstellung bezügliche der Besetzung der erforderlichen Positionen auf der Baustelle.

Des Weiteren erfolgt eine Prüfung der geplanten Baustelleneinrichtung durch den Baustellenleiter, ob die Funktionalität hinsichtlich der Anforderungen gegeben ist.

Während der Vorbereitungsphase werden Anweisungen und Pläne für die Verwendung auf der Baustelle erstellt. Diese Anweisungen regeln das Miteinander bei den folgenden Themen:

- Arbeitssicherheit, Sicherheit, medizinische Versorgung auf der Baustelle
- Qualitätskontrolle (alle Gewerke)
- Anmeldung der Baustelle
- der Beziehung zwischen Stammhaus und Baustelle über
  - Kommunikation und Koordination
  - technische Aspekte
  - Beschaffung
  - Fortschrittsermittlung und Kontrolle
  - Personaleinsatzplanung und Gestellung

Während der Bau- und Montagephase liegen die Verantwortungen des Baustellenleiters in der:

- Baustellenorganisation und Arbeitssicherheit
- Koordination sämtlicher Bau- und Montagetätigkeiten gemäß:
  - Einhaltung des Budgets
  - Einhaltung des Terminplans
  - Festlegung der mengenmäßigen und qualitativen Kontrolle der durchzuführenden Arbeiten
- Pflege einer engen und positiven Geschäftsbeziehung zum Kunden
- Pflege eines effizienten Kontaktes zu den lokalen Behörden
- Pflege einer positiven Atmosphäre zu allen im Projekt involvierten Parteien
- Erstellung von Berichten
- Überprüfung, ob die Arbeitsmethoden der Nachunternehmer im Einklang mit den speziellen Arbeitsanweisungen sind
- Steuerung der eigenen Bau- und Montageüberwachung
- Überprüfung, ob sämtliche Subunternehmerkapazitäten ausreichen, um die gesetzten Ziele zu realisieren.

Die vorgenannten Aufgaben und Zuständigkeiten können zum Teil auf weitere Schultern verteilt werden.

Allerdings liegt und bleibt die Verantwortung beim Baustellenleiter.

In nicht seltenen Fällen, besonders bei größeren Projekten oder Projekten die suboptimal laufen, befindet sich der Projektleiter ebenfalls auf der Baustelle. Bei solchen Konstellationen ist es im Sinne einer reibungslosen Abwicklung von entscheidender Bedeutung, dass eine klare Rollenverteilung zwischen Baustellenleiter und Projektleiter vorliegt.

▶ ***Ein Schiff wird nur vom Kapitän gesteuert, unabhängig davon, ob sich der Reeder (= Projektleiter) an Bord befindet oder nicht.***

15.2.2 SGU-Fachkraft

Die SGU (Sicherheit, Gesundheit und Umweltschutz) Fachkraft oder der HSE-Manager stellt eine weitere wesentliche Schlüsselfunktion auf der Baustelle dar. Unabhängig von einem permanenten Verbesserungspotential auf deutschen oder europäischen Baustellen, gibt es Ländern, in denen der SGU-Standard bei weiten nicht den uns bekannten Standard erreicht. Was bei uns selbstverständlich ist, in vielen Ländern leider noch eine Frage der Notwendigkeit und sogar des Budgets. Hier sollte der Anlagenbauer auch seine Fürsorgepflicht gegenüber anderen Personen in Detail nachkommen.

Denn als wesentliche Regel und als Mindeststandard sollte folgendes gelten.

▶ ***Jede Person, die auf der Baustelle zum Einsatz kommt, unabhängig der Nationalität und der Religion, soll die Baustelle mindestens in dem Zustand verlassen, wie sie betreten wurde.***

Sämtliche Baustellen-Sicherheits-Bestimmungen werden durch den SGU-Beauftragten eingeleitet.

Er ist verantwortlich für die Einhaltung der allgemein gültigen und der lokalen Vorschriften. Dazu erstellt er

- den für die Bau- und Montageaktivitäten relevanten SGU-Plan und definiert entsprechend des Plans das Arbeitssicherheitsprogramm (Arbeitssicherheitsvorschriften, Sicherheitstraining, Arbeitssicherheitsanreize).
- das Gesundheitsschutzprogramm
- das Umweltschutzprogramm

Des Weiteren wird das SGU-Konzept der Nachunternehmer durch ihn überprüft.

Evakuierungspläne und das entsprechend Training werden durch den SGU-Beauftragten organisiert und durchgeführt.

Zu seinen Aufgaben gehören im Einzelnen:

- Absprache mit der Baustellenleitung und Teilnahme an den Bau- und Koordinationsbesprechungen mit allen beteiligten Unternehmen zu sicherheitstechnischen Fragen
- Durchsetzen der Baustellenordnung
- Kontrolle der Einhaltung der sicherheitstechnischen Vorschriften durch die Nachunternehmer auf der Baustelle
- Anpassung von sicherheitstechnischen Maßnahmen an mögliche Veränderungen im Bau- und Montageablauf
- Fortschreibung des SiGe-Plans und die zugehörigen Dokumente
- Führen eines Sicherheitstagebuches
- sicherheitstechnische Beratung zur Vorbereitung und Durchführung von „gefährlichen Arbeiten" und Begleitung dieser Arbeiten im Rahmen der vereinbarten Einsatzzeiten
- Erarbeitung der Unterweisungsgrundlagen für die allgemeine Baustelleneinweisung der Mitarbeiter
- Festlegung der erforderlichen Arbeitserlaubnisscheine
- Festlegungen zu Sicherheitskennzeichnungen, Absperrungen und Abschottungen
- Einweisung der Verantwortlichen der beteiligten Firmen in den sicherheitstechnischen Ablaufplan
- Kontrolle der Baustelle mit folgenden Schwerpunkten:
  - Tragen und Gebrauch der erforderlichen persönlichen Schutzausrüstungen
  - Verwendung von Absturzsicherungen und Sicherung von Öffnungen gegen Hineinstürzen
  - Vorhandensein der erforderlichen Erste-Hilfe-Einrichtungen und Feuerlöscher

- Einhaltung der Baustellenordnung besonders in Bezug auf Verkehrs- und Lagerflächen
- Freihalten der Zufahrt für Rettungsfahrzeuge und Feuerwehr
- Überschneidung von Kranschwenkbereichen
- sachgerechtes Anschlagen von Lasten
- sicherheitstechnischer Zustand der Baustromversorgung
- Qualität und Umfang der erforderlichen Beleuchtung
- Brauchbarkeit und Standsicherheit der Gerüste
- Schutzmaßnahmen für Schlechtwetter
- ordnungsgemäßer Zustand der Schutzeinrichtungen für den öffentlichen und Anliegerverkehr
- sicherheitsgerechte Ausführung von Gruben, Gräben und Böschungen
- Sicherheitsmaßnahmen bei der Montage von Profiltafeln auf Flachdächern
- Durchführung „Gefährlicher Arbeiten“ entsprechend den Festlegungen des Erlaubnisscheins.

15.2.3 Qualitätssicherungen

Die Nichteinhaltung der erforderlichen Qualität ist oft Nährboden für unerwartete terminliche Verzüge und/oder verdeckter Kosten. Von daher ist es selbsterklärend, dass die Überwachung und Sicherstellung der Qualität auf der Baustelle eines der obersten Gebote sind. Diese Sicherstellung ist die Hauptaufgabe des QA/QC Manager. Dazu setzt er den Qualitätsplan auf der Baustelle um und stellt die Einhaltung der dort genannten Regeln sicher.

Des Weiteren

- erstellt er, als Teil der Projekt-Qualitätssicherung, den Bau- und Montage Qualitätsplan (einschl. Audits Programme).
- überprüft die QS-Anweisungen der Subunternehmer auf Übereinstimmungen mit den vertraglichen Anweisungen.
- leitet die Audits (intern/extern) um sicherzustellen, dass die Verantwortlichen in Übereinstimmung mit ihren Arbeitsanweisungen arbeiten.
- empfiehlt und leitet er korrigierende Maßnahmen ein, um interne (oder externe) Fehler zu verhindern.

15.2.4 Planungsingenieur

Der Planungsingenieur (im neudeutsch Scheduler) ermittelt den aktuellen Fortschritt der Bau- und Montageaktivitäten und vergleicht diesen mit den Plandaten. Er versorgt den Baustellenleiter mit den notwendigen Informationen, damit dieser die entsprechenden Entscheidungen fällen kann.

Seine Hauptaufgaben sind wie folgt definiert:

- Anfertigung und Pflege der Bau- und Montagefortschrittsbewertung unter Berücksichtigung des Leistungsumfanges der auszuführenden Arbeiten, sowie den erforderlichen Mitteln, die der Erfüllung dieser Aufgabe dienen
- Überprüfung auf Übereinstimmung zwischen dem allgemeinen Level 3 Plan und dem Level 4 Plan der Nachunternehmer (vgl. Abschn. 8.3 Numerische Ebenen)
- Aufzeigen der Entwicklung (Soll/Ist) der erwarteten Trends oder möglichen Abweichungen und deren Einfluss auf den übergeordneten Terminplan
- Erstellung von Status- und Leistungsumfangsberichte und Aktualisierung des geschätzten Personalaufwandes, der Fortschrittskurven und der Histogramme
- Vorbereitung und Zusammenstellung sämtliche Fortschrittsdaten, die für den monatlichen Baustellenfortschrittsbericht benötigt werden
- Zuarbeit zum Risikomanagement hinsichtlich Einhaltung der Termine

Auf der Baustelle ist der Planungsingenieur verantwortlich für die Überwachung sämtlicher Montagetermine und Fortschrittsaktivitäten, gemäß den Vertragsvorschriften und der, mit dem Montageteam, abgestimmten Vorgehensweise. Er ermittelt die erforderlichen Mittel (Manpower, Ausrüstung, Spezialwerkzeuge…) für die Bau- und Montagephase in Zusammenarbeit mit dem Baustellteam. (Die hier ermittelten Werte fließen in den vorgenannten Terminplan ein.)

Eine weitere wesentliche Funktion ist die Zusammenarbeit mit dem Material Manager und der Baustellenleitung bezüglich der Materialverfügbarkeit unter Vorhersage kritischer Lieferengpässe.

15.2.5 Kostenkontroller

Der Kostenkontroller ist verantwortlich für die Implementierung eines umfassenden Kostenüberwachungssystems, einschließlich des dazugehörigen Berichtswesens, und der Darstellung der Übersicht über sämtliche Bau- und Montagekosten.

Seine Hauptaufgaben liegen in der

- Erstellung und dem Vorschlagen korrigierende Handlungen zwecks Vermeidung von Kostenüberschreitungen
- Förderung von Lösungen die zu einer Reduzierung der Bau- und Montagekosten führen
- Überprüfung der Nachunternehmerkosten
- Laufende Pflege des Budgets sowie Aktualisierung entsprechend den genehmigten Änderungen
- Vorbereitung von Änderungsmitteilungen

- Überwachung und Erstellung der Kostenvorhersage über die Entwicklung der Bau- und Montagekosten
- Darstellung antizipierter Kosten aus Risiken und Claims

15.2.6 Manager Nachunternehmer

Der Manager des Nachunternehmervertrages, üblicherweise als Subcontract Manager bezeichnet, ist verantwortlich für die vertragskonforme Umsetzung der Nachunternehmerverträge bezüglich sämtlicher Kosten, Leistungen und Vertragsbedingungen.

Seine Hauptaufgaben liegen in der

- Bilanzierung der Bau- und Montagekosten durch die Nachunternehmer
- Überprüfung möglicher Zusatzansprüche der Nachunternehmer auf Richtigkeit und vertraglicher Anspruchsgrundlagen
- Abwicklungsrisiken (Termin, Kosten) aufzeigen und bewerten
- Mehransprüche (aktiv/passiv) mit dem Nachunternehmer verhandeln
- Ausstehende Leistungen zu bewerten
- Kostenprognosen erstellen
- Führung der Korrespondenz mit den Nachunternehmer
- Überprüfung der Schlussrechnungen der Nachunternehmer

15.2.7 Baustellenverwalter

Eine Baustelle ist mitunter nichts anderes als eine Unternehmung auf Zeit. Je nach Situation muss die Baustelle sich selbst versorgen bzw. koordinieren. Sei es nur die Anmeldung der Baustelle, um einen Telefonanschluss oder eine Postadresse zu erhalten. Nichts erledigt sich von allein. Von daher ist die Funktion des Baustellenverwalters nicht zu unterschätzen.

Der Baustellenverwalter

- erstellt das Buchungssystem.
- bucht und belegt Eingänge innerhalb der Buchführung und der Konten
- eröffnet Bankkonten.
- bucht und belegt Eingänge innerhalb des Kassen- und Sparbuches.
- erstellt Bilanzen,
- erstellt Vorhersagen und Aussagen über Geldeingänge und Geldausgänge.
- leitet den Zahlungsverkehr des Personals.
- bezahlt lokale Gehälter.

Neben dieser viele unscheinbaren Aufgaben, die aber für die Gesamtfunktion einer Baustelle unerlässlich sind, ist er für den allgemeinen kaufmännischen Bereich verantwortlich, sowie für das Funktionieren der Baustelle im Sinne:

- Empfangs- und Schreibsekretariat,
- Arbeitsbeziehung zu örtlichen Behörden,
- Buchhaltung,
- Baustellen-Einkäufe,
- Übersetzer,
- medizinischer Einrichtungen,
- Beschaffung von Sicherheitspersonal,
- Anstellung von Bürogehilfen, Poststelle, und Fahrer.
- des Büroservice wie, Telekommunikation, E-Mail-Service, Büroreinigung, Übersetzungen und Sekretariat.
- der Organisation von Unterkünften

15.2.8 Materialverwalter

Der Materialverwalter oder Material Manager ist für die Lagerverwaltung verantwortlich. Die Lagerverwaltung schließt den Wareneingang, die Einlagerung und die Materialausgabe ein. Der lokale Einkauf und die Auswahl der lokalen Lieferanten werden mit begleitet.

Zu seinen Hauptaufgaben gehört:

- die Materiallogistik auf der Baustelle
- der Material Ein- und Ausgang
- die Lagerverwaltung
- die Wareneingangskontrolle und Materialverfolgung
- das Materialberichtswesen
- die Verwaltung von Versicherungsfällen, Materialrückfluss
- die Überwachung des Lagerpersonal auf der Baustelle,
- die Verwaltung der Materialabnahme-Zertifikate.
- die Prüfung der Lagerbedingungen gemäß den Lieferantenanforderungen
- die Instandhaltung des eingelagerten Materials
- die frühzeitige Erkennung eventueller Materiallieferprobleme
- die Erstellung von Schadensberichten bei Transportschäden

15.2.9 Technisches Baustellenbüro

Ein 100 % Engineering sollte zwar immer das Ziel sein, ist aber definitiv nicht erreichbar. Hier sind die paar Prozentpunkte die fehlen, zu steuern.

Dazu gehören hauptsächlich Unterstützungsleistungen an das Baustellenüberwachungspersonal bei der Abarbeitung von Baustellenmodifikationen, abschließende Klärung eines Mängelberichtes (NCR) sowie die richtige Interpretation von Zeichnungen und/oder Spezifikationen.

Des Weiteren ist die Pflege des As Built Zustandes der Anlage ein wesentlicher Bestandteil der hier getätigten Aufgaben.

15.2.10 Fachbauleitung

Eine wesentliche Funktion auf der Baustelle bilden die Fachbauleiter oder der sogenannte Superintendent. Sie sind die Personen, die fachlich mit dem Nachunternehmer die Erstellung der Anlage hautnah im Feld miterleben.

Die Hauptfunktion besteht darin, sämtliche notwendigen Maßnahmen zu ergreifen, um sicherzustellen, dass die von ihm zu beaufsichtigen Arbeiten streng nach den vertraglichen Richtlinien erfolgt. Des Weiteren ist sicherzustellen, die erbrachten Leistungen, wie

- SGU-Anforderungen,
- der technischen Vertragsanforderungen, Spezifikationen
- der technischen, finanziellen und geplanten vertraglichen Anforderungen und Vereinbarungen,
- der allgemeine Stand der Technik (einwandfreie Ingenieurleistungen)

eingehalten werden.

Die Fachbauleiter bewerten die Nachunternehmer bezüglich der Qualifikation des eingesetzten Personals, sowie deren Personalstärke und den Zustand der Geräte. Sie überwachen den geplanten Fortschritt und empfehlen Maßnahmen und korrigierende Eingriffe, falls Unstimmigkeiten und Verzögerungen bei Terminen eintreten.

15.2.11 Teilbauleiter

In der Verantwortung des Teilbauleiter liegt ein bestimmter Teil der Baustelle. Dieser wird meisten durch die geographischen Grenzen der Baufelder bestimmt, also einem vertikalen Schnitt durch die Anlagen. Das wäre z. B. die Unterteilung in Prozessanlagen und Nebenanlage wie Abb. 7.7 Vertikale Trennung) zeigt. Demzufolge würden 3 Teilbauleiter, und zwar jeweils ein Teilbauleiter für die Prozessanlagen und ein Bauleiter für die Nebenanlage eingesetzt werden.

Die Teilbauleiter tragen die Gesamtverantwortung für ihren Teilbereich und sind direkt dem Baustellenleiter unterstellt. Sie sind ebenfalls Schlüsselpersonen, die einen wesentlicher Einfluss auf Erfolg oder Misserfolg ausüben können.

Während der Bau- und Montagephase liegen die Verantwortungen der Teilbauleiter in der:

- Organisation und Arbeitssicherheit seines Baufeldes
- Koordination sämtlicher Bau- und Montagetätigkeiten innerhalb seines Baufeldes gemäß:
  - Einhaltung des Budgets
  - Einhaltung des Terminplans
  - Festlegung der mengenmäßigen und qualitativen Kontrolle der durchzuführenden Arbeiten
- Pflege einer positiven Atmosphäre zu allen im Projekt involvierten Parteien
- Koordination mit den Fachbauleitern bezüglich Ressourcen und Termine
- Erstellung von Berichten
- Überprüfung, ob die Arbeitsmethoden der Nachunternehmer im Einklang mit den speziellen Arbeitsanweisungen sind
- Steuerung der eigenen Bau- und Montageüberwachung
- Überprüfung, ob sämtliche Subunternehmerkapazitäten ausreichen, um die gesetzten Ziele zu realisieren

15.3 Berichtswesen

Arbeiten auf der Baustelle unterliegen strikten Regularien. So gibt es neben den gesetzlichen Vorschriften, den vertraglich einzuhaltenden Bedingungen auch interne Regelungen. Eine dieser internen Regelung ist das Berichtswesen.

Unterschiedliche Ansprüche und Ziele an das Berichtswesen erfordern auch unterschiedliche Berichte. Banken, die ein Großprojekt zu finanzieren haben, sicherlich andere Anforderungen an das Berichtswesen, als ein Nachunternehmer der vielleicht 50 Personen auf der Baustelle beschäftigt.

Baustellen sind mitunter tausende von Kilometern entfernt. Eine Vorort-Überprüfung ist somit nur durch eine zeitintensive Reise durchzuführen.

Doch wie stellt man am anderen Ende der Welt sicher, dass die Aktivitäten auf der Baustelle auch in die richtige Richtung laufen?

Zum einen kann durch das Reporting der Baustelle Rückschlüsse auf den Stand der Baustelle gezogen werden, zum anderen sollte dieses Reporting auch dazu dienen, sicherzustellen, dass die Betroffenen sich mit der Problematik auseinandersetzen und aus den gegebenen Sachverhalten die notwendigen Schlüsse ziehen. Ein weiterer Aspekt des Verfassens von Berichten ist, dass dort auch Informationen gesammelt werden, die eventuell zu einem späteren Zeitpunkt von Bedeutung sein können, wie z. B. eine Unterstützung einer möglichen Beweislast gegenüber dem Kunden und/oder Nachunternehmer bei strittigen Fragen.

Die Berichte sind periodisch zu erstellen. Dazu dienen:

- Baustellentagebücher
- Wochenberichte
- Monatsbericht
- Abschlussbericht

Wobei alleine durch den Namen des Berichtes schon der Zyklus definiert ist.

15.3.1 Baustellentagebuch

Die fortlaufende Berichterstattung erfolgt mittels „Baustellen-Tagebuch". In der Regel ein Formblatt oder eine Eingabemaske eines digitalen Tagebuches, das unter dem jeweiligen Tagesdatum die wesentlichen Ereignisse sowie Abweichungen vom „Normalen/ Geplanten" festhält.

Jedes Mitglied der Baustellenmannschaft hat die Aufgabe bzw. Pflicht, relevante Ereignisse oder Beobachtungen in das Baustellen-Tagebuch einzutragen. Die Einträge werden, mitunter zu einem späteren Zeitpunkt, für die Klärung von vertraglichen Differenzen verwendet.

Das Baustellentagebuch ist täglich zu pflegen.

15.3.2 Wochenberichte

Der Baustellen-Wochenbericht ist eines der wichtigsten Dokumente und sollte grundsätzlich als **internes** Dokument verstanden werden. Der Wochenbericht dient der Hauptkommunikation zwischen Baustelle und Stammhaus. Potenzielle Abweichungen, auch in einem frühen Stadium, sind bereits in dem Wochenbericht anzuzeigen. Eine Weitergabe an Dritte ist daher nichts empfehlenswert, zu mindestens nicht in ungekürzter Form.

Der wöchentliche Baustellenbericht lässt sich in zwei Themenbereiche unterteilen:

- Highlights der Woche
- Kennzahlen im Kennzahlensystem und deren Auswertung

15.3.2.1 Highlights

In dem Teil „Highlights" der Woche" ist eine Zusammenfassung der jeweils aktuellen Baustellensituation zu erstellen. Des Weiteren sind besondere Entwicklungen und Vorkommnisse auf der Baustelle in der vorangegangenen Woche zu berichten.

Darunter fallen u. a. die

Tab. 15.2 Beispiel Areas of Concern

Nr	*Beschreibung der Abweichung*	*Ursache*	*Einzuleitende Maßnahme*
1	*Die erbrachte Leistung der Pfahlgründung im Berichtszeitraumes liegt hinter den Plandaten*	*Die auf der Baustelle vorhandenen Maschine sind anfällig und fallen des Öfteren aus*	*Die Leistungen kann durch Einsatz zusätzlicher oder besserer Maschinen erhöht werden*

Tab. 15.3 Beispiel Bericht Kritischer Pfad

Nr	*Beschreibung der Abweichung*	*Auswirkung*	*Bewertung*
1	*Die erbrachte Leistung der Pfahlgründung im Berichtszeitraumes liegt weiter hinter den Plandaten. Delta wird größer*	*Bei nicht rechtzeitiger Fertigstellung der Pfahlgründung, ergibt sich eine Behinderung der Fundamentarbeiten, woraus eine weiter Behinderung der Stahlbauarbeiten und der Aufstellung der Ausrüstungen erfolgen kann*	*Die nicht rechtzeitige Fertigstellung der Pfahlgründung kann zu Mehrforderungen der nachfolgenden Subs führen. Des Weiteren besteht die Gefahr, dass ein Gesamtverzug von bis zu 3 Monaten entstehen kann*

- Planung und Verfolgung besonderer Einzelereignisse
- Maßnahmen zur Verbesserung von Abläufen
- Usw.

Diese Themenbereiche sind des Weiteren entsprechend möglichen erwarteten Abweichungen wie folgt zu unterteilen:

Areas of Concern (Problembereiche)

Abweichungen (gegenwärtige und erwartete) die einen negativen Einfluss auf die Terminschiene haben **können**. Die Abweichung wird kurz beschrieben und die mögliche Ursache wird angegeben. Zusätzlich sind die einzuleitenden Maßnahmen zu definieren, sodass eine Umsetzung der Maßnahmen, falls erforderlich, diskutiert werden kann. ◄

Beispiel Areas of Concern

Siehe Tab. 15.2

Sollte im darauffolgenden Berichtszeitraum keine Besserung eintreten, und der Verzug der Arbeiten sich Richtung kritischer Pfad bewegt, ist diese Abweichung gesondert zu berichten.

Tab. 15.4 Beispiel Focus Point

Focus Point		***Aktion***	***Verantw.***	***Termin***	***Status***
1a	*Einsatz zusätzlicher Maschinen für die Pfahlgründung.*	*Beschaffung einer zusätzlichen Maschine durch Anlagenbauer*			*Ab-geschlossen*
1b		*Bestellung ausgelöst.*			*in Bearbeitung*
1c		*Zurzeit keine weiteren freien Kapazitäten verfügbar.*			*Maßnahmen greifen noch nicht*

Laut Definition gibt es nur einen kritischen Pfad, und zwar die Prozesskette mit der längsten Dauer. Aus reiner Managementsicht bietet es sich allerdings an, ein Zeitraum zu definieren, z. B. 4 Wochen, in dem alle Prozessketten untersucht werden, die innerhalb der letzten 4 Wochen des Projektes enden.

Umgangssprachlich spricht man dann auch von den kritischen Pfaden. ◄

Kritische Pfade
Abweichungen (gegenwärtige und erwartete) die einen negativen Einfluss auf die Terminschiene **haben**.

Beispiel Kritischer Pfad

Siehe Tab. 15.3 ◄

Focus Point
Sollte sich die Verzugssituation nicht verbessern, sind zusätzliche Maßnahmen zu entscheiden und umzusetzen.

Die geeigneten Maßnahmen sind zur Behebung der Ursache umsetzen. Das bedeutet, dass ein besonderer Fokus auf die Umsetzung erfolgt. Dabei bekommt die Maßnahme einen Namen, also jemanden der sich explizit darum kümmert, sowie einen Termin, zu dem die Maßnahme umgesetzt werden soll. Der jeweilige Status der beschlossenen Maßnahme ist regelmäßig anzuzeigen.

Beispiel

Siehe Tab.15.4 ◄

15.3.2.2 Kennzahlen

Wöchentlich sind die für den Berichtszeitraum relevanten Kennzahlen zu berichten (siehe auch Beispiel Abb. 16.1 Kennzahlensystem-Übersicht), und graphisch darzustellen, in Anlehnung an die Abbildungen Abb. Abb. 18.6 S-Kurven Stahlbau-Zeichnungen und Abb. 18.7 Stahlbaumontage Fortschrittsbewertung ff.

Die entsprechenden Kennzahlen werden wöchentlich so umfangreich wie möglich erfasst und in das Kennzahlensystem eingepflegt.

Anhand der ermittelten Kennzahl erfolgt ein Soll/Ist-Vergleich mit den geplanten Leistungskennzahlen.

15.3.3 Monatsberichte

Im Monatsbericht ist die Situation auf der Baustelle zum Berichtstermin sowie die wesentlichen Ergebnisse und Ereignisse hinsichtlich der verschiedenen Gewerke und Disziplinen darzustellen. Der Monatsbericht ist ein interner Bericht über die Baustelle und ist unabhängig von weiteren auftragsbezogenen Berichten zu erstellen. Er dient der Information der Projektleitung und des Stammhauses, sowie dem Erfahrungsrückfluss. Externe Monatsberichte (von Nachunternehmer) können komplett oder in Form von einzelnen Kapiteln Bestandteil des internen Monatsberichtes werden, um Doppelarbeit zu vermeiden. Der Monatsbericht der Baustelle ist nicht mit dem Monatsbericht zu verwechseln, den die Projektleitung für den Kunden zu erstellen hat. Die Projektleitung bedient sich lediglich einiger Passagen für den Monatsbericht an den Kunden.

Der Monatsbericht ist in eine Zusammenfassung, einem Textteil, einen Statistikteil und in Anhänge mit Bildern zu gliedern. Ein externer Monatsbericht ersetzt in keinem Fall vollständig den internen Monatsbericht.

Die Zusammenfassung sollte die wesentlichen Ereignisse des Berichtszeitraumes beinhalten. Die Länge von einer DIN A4-Seite soll dabei allerdings nicht überschritten werden. Ferner sind begründete Prognosen für den Folgemonat und der kommenden vertraglichen Meilensteine zu erstellen.

Der Textteil ist in einen bau- und montagetechnischen Teil zu unterteilen. Inhaltlich sind folgende Punkte kurz zu beschreiben:

- Ausstehende Arbeiten
- Begonnene Arbeiten
- Fertiggestellte Arbeiten
- Abweichungen (Kosten und Termine)

Der Statistikteil dient in erster Linie dem Erfahrungsrückfluss und der Dokumentation des Errichtungszustandes der Anlage zum Berichtszeitpunkt und liefert somit wichtige Information für die Erfahrungsfundus des Unternehmens. Im Detail sind die folgenden Informationen bereitzustellen:

- Anzahl Baustellenleitung und Überwachungspersonal
- Wetterdaten (Wind, Temperatur, Niederschlag)
- Unfallgeschehen auf der Baustelle
- Transport-/Montageschäden
- Kosten der Baustelle (Zusatzarbeiten, Bestellungen vor Ort, Unterkunft, Fuhrpark etc.)
- Abgerechnete und noch erwartete Kosten (inkl. Zusatzaufträge, Schäden etc.)
- Fremdfirmen (Personal und Geräteeinsatz)
- Soll/Ist-Fortschritt pro Los und Gewerk
- Wesentliche Fortschritts-(S)-Kurven (Betonbau, Stahlbau, Rohrleitungsmontage u. a.)
- Soll/Ist-Termin-Darstellung der wesentlichen Bau- und Montagetermine.

15.3.4 Abschlussbericht

Für jede Baustelle ist nach Beendigung ein Abschlussbericht zu erstellen.

Dieser Bericht soll drei Kriterien erfüllen:

- die chronologische Zusammenfassung der Kosten-, Termin- und Fortschrittsentwicklung
- den Erfahrungsrückfluss
- die Zuarbeit zum Gesamtabschlussbericht der Projektleitung.

Im Vordergrund steht das Erkennen von Verbesserungspotentialen, die zur Verkürzung der Bau- und Montagezeiten und zu Kostensenkungen beitragen können. Die Darstellung von Verbesserungen hat in jedem Fall konstruktiv zu erfolgen, jegliche Polemik ist zu unterlassen. Im Vordergrund steht das Prinzip „Lessons Learnt".

Der Bau und Montage-Abschlussbericht ist eine Zusammenfassung der Monatsberichte, deren Statistik, wesentlicher Ereignisse, einer detaillierten Betrachtung der internen/externen Störungen sowie eine Bewertung der eingesetzten Nachunternehmer und des Kunden.

Zu betrachten sind u. a. die internen Prozesse, d. h. Abweichungen vom geregelten Ablauf durch

- unvollständiges bzw. verspätetes Engineering
- unvollständige, verspätete, fehlerhafte Lieferungen
- Vertragsgestaltung (Bau -und Montageverträge und Bestellungen)
- Bau- und montagerelevante Besonderheiten

Die Nachunternehmer werden bewertet und beurteilt. Dabei sind Punkte wie:

- Organisation/Management
- Qualitätssicherungsmaßnahmen

- Arbeitsvorbereitung
- Bau- und Montageausführung (Termintreue, Personalstruktur und Ressourcen, Effizienz, Qualifikation)
- Arbeitssicherheit (Vorfall-/Unfallgeschehen)
- Claimverhalten
- Berichtswesen (Abrechnung, Fortschritt etc.)

zu untersuchen.

Von wesentlicher Bedeutung ist auch die Darstellung, wie sich die Kosten über die Projektlaufzeit verhalten haben, wie z. B.:

- Kosten für Überwachungs-Personal
- Verbräuche / Kosten der Baustelle
- Zusatzaufträge
- Transport- / Montageschäden,

und inwieweit die Vorleistungen, also die Planung des Baustellenablaufes umgesetzt werden konnte. Dazu sind folgende Punkte auszuarbeiten:

- Termin- und Fortschrittsentwicklung
- Montagekonzept (Erfahrungen, Verbesserungspotenziale)
- Wesentliche Einflussgrößen auf die Baustellenabwicklung durch u. a. örtliche Gegebenheiten.

15.4 Zusammenfassung

Die Baustellenorganisation beinhaltet die Personen bzw. die Funktionen, die für die Errichtung der Anlage erforderlich sind. Dabei geht es primär wieder um die Faktoren:

- Arbeitssicherheit
- Termine
- Kosten
- Qualität

Darüber hinaus organisiert das Baustellenteam die Baustelle. Zur Baustelle gehören die Baustelleneinrichtung einschließlich des Materiallagers und natürlich das Baufeld, auf dem die Anlage errichtet wird.

Die Baustellenorganisation bildet das Bindeglied zwischen der Abwicklung vor Ort und dem Engineering bzw. der Beschaffung des Stammhauses. Auf der einen Seite führt sie Klärungen bei technischen Schwierigkeiten herbei, übt mitunter einen Druck auf die rechtzeitige Beistellung von Dokumenten und Materialien aus, und berichtet auf der anderen Seite den Status der Bau- und Montagearbeiten.

Des Weiteren steht sie den ausführenden Nachunternehmern beratend, und wenn es erforderlich ist, fordernd zur Seite.

Die Zusammensetzung und die Größe der Baustellenmannschaft reflektieren die Ansprüche an die Errichtung der Anlage. Dabei fließen Faktoren wie Ausbildungsstand der Nachunternehmer, das Nachunternehmerkonzept selbst und der Terminplan mit ein.

Baustellen sind mitunter tausende von Kilometern entfernt. Eine Vorort-Überprüfung ist somit nur durch eine zeitintensive Reise durchzuführen.

Doch wie stellt man am anderen Ende der Welt sicher, dass die Aktivitäten auf der Baustelle auch in die richtige Richtung laufen?

Dazu dienen die:

- Baustellentagebücher
- Wochenberichte
- Monatsbericht
- Abschlussbericht

Ein weiterer Aspekt des Verfassens von Berichten ist, dass dort auch Informationen gesammelt werden, die eventuell zu einem späteren Zeitpunkt von Bedeutung sein können, wie z. B. eine Unterstützung einer möglichen Beweislast gegenüber dem Kunden und/ oder Nachunternehmer bei strittigen Fragen.

Kennzahlen und Kennzahlen Systeme

16

In einem Projektzyklus werden viele Berichte unterschiedlichster Art erstellt. Aber wie der Name schon sagt, es wird berichtet. Laut Duden bedeutet das,

> „jemandem einen Sachverhalt, ein Geschehen sachlich und nüchtern darstellen und mitteilen". (45)

Eine Wertung des Verfassers sollte dabei nicht miteinfließen. Aber ist das überhaupt möglich? Von daher ist es grundsätzlich besser sich eigene Gedanken über das Projekt zu machen. Dafür sind die Wochen- oder Monatsberichte nach Auffassung des Autors nicht immer optimal geeignet. Zahlen sprechen dagegen eine deutlichere Sprache.

▶ ***Ein Kennzahlensystem bietet eine detailliertere Übersicht über den Bau- und Montagestatus.***

Im bisherigen Verlauf des Buches sind viele Festlegungen auf Basis von Erfahrungswerten und Annahmen getroffen worden. Die dabei zugrunde gelegten Kennzahlen sind nun in einem Kennzahlensystem zusammenzufassen, sodass ein Rückschluss auf die Annahmen zur Unterstützung der Steuerung erfolgen kann, und zum anderen ein Überblick über den Status des Projektes, Gewerkes oder Teilbereich darzustellen.

Dazu bedienen wir uns den bereits ermittelten Informationen aus Kap. 13 Ressourcen- und Bedarfsermittlungen und der Tab. 13.2 Aufwandsermittlung.

Das Kennzahlen System wird analog zu den Gewerken aufgebaut, und zwar von unten nach oben, also „bottom up". Hierzu bildet die WBS (siehe Abb. 4.2) die Grundlage und wird durch spezifische Baustellentreiber ergänzt. Diese Treiber sind in der Regel Teilgewerke (wie z. B. Druckproben bei der Rohrleitungsmontage), die aufgrund ihres Volumens, ihrer Komplexität oder ihrem Einfluss auf die kritischen Pfade ein besonderes Augenmerk bedürfen.

T. Günther, *Baustellenmanagement im Anlagenbau*,
https://doi.org/10.1007/978-3-662-69329-2_16

Darüber hinaus sollte das Kennzahlensystem auch die vertikale Unterteilung der verfahrenstechnischen Anlage widerspiegeln. Grundsätzlich ist das Kennzahlensystem den Leistungsumfängen der einzelnen Nachunternehmer anzupassen. Das bedeutet das bei einer Statusanalyse mittels Kennzahl, die verwendete Kennzahl sich nur auf einen Nachunternehmer bezieht, zumal unterschiedliche Nachunternehmer gleichen Gewerkes unterschiedliche Leistungskennzahlen haben können.

Beispiel

Die Rohrleitungsmontage besteht aus der Montage von Untergrundrohrleitungen, und oberirdischen Rohrleitungen aus Edelstahl und C-Stahl. Es wurde entschieden (hypothetisch) die Untergrundrohrleitungsmontage an Nachunternehmer A zu vergeben, die Montage der Edelstahlrohrleitungen an Nachunternehmer B, und den C-Stahl an Nachunternehmer C. Dem zu folgen, wird für jedes Teilgewerk, in diesem Fall jeweils eine eigene Kennzahl für die drei Fälle ermittelt. ◀

Bei Untergrundleitungen erfolgt die Betrachtung des Fortschritts anhand der laufenden Meter. Prozessrohrleitungen werden anhand von Diainch verfolgt. Damit die Teilgewerke und Gewerke untereinander vergleichbar sind, werden den einzelnen Tätigkeiten Arbeitszeitwerte zu geordnet. Die Arbeitszeitwerte haben die Einheit [Stunden], sollte aber nicht als reine Montagestunde verstanden werden, da sie im Verhältnis zu sehen sind, und nicht den direkten Aufwand widerspiegelt. Das ist auch nicht nötig, wenn man konsequent gewerkübergreifend mit den Arbeitszeitwerten umgeht. Liegen Arbeitszeitwerte auf Basis Westeuropa vor, liefern diese Werte in dem Kennzeichensystem die gleichen Ergebnisse, wie eine Anpassung an das entsprechende Land, wenn man z. B. alle Stunden mit einem Länder-Korrekturfaktor von 3,0 bewertet.

Es sollte nur Klarheit darüber herrschen, dass die Arbeitszeitwerte in dem Fall keine Montagestunden darstellen, sondern den Trend des Fortschrittes bilden.

16.1 Erstellung Kennzahlensystem

Bei dem Aufsetzen der Kennzahlen sind zuerst die Kennzahlen zu definieren, die für die Projektabwicklung relevant sind.

Dabei ist es wichtig, dass die Kennzahlen so auszuwählen sind, dass sie mindestens einmal pro Woche aufgemessen bzw. ermittelt werden können. Das bedeutet:

▶ ***Ein Kennzahlensystem ist mindestens einmal pro Woche zu aktualisieren.***

Man sprich in dem Zusammenhang auch von STIC, Short Term Intervall Control.

Die Kennzahlen werden übersichtlich in einem System kumuliert aufgeführt und nach Gruppen und Gewerken sortiert. Wichtige Vorleistungen, wie z. B. Material- und/oder Dokumentenverfügbarkeit ist indikativ anzugeben, damit das vorhandene Arbeitsvolumen bewertet werden kann.

Zum Beispiel könnten die folgenden Kennzahlen(-gruppen) verwendet werden.

Nachdem festgelegt wurde, welche Kennzahlen für das Projekt verwendet werden, fließen diese in das Kennzahlensystem ein. Dieses Kennzahlensystem, Abb. 16.1 zeigt dazu einen Ausschnitt, liefert dann für die Steuerung der Gewerke die entsprechenden Informationen und Vorgaben

In der Planungsphase wird das Kennzahlensystem mit den Istwerten beladen. Das bedeutet, die erwarteten Massen und die ermittelten Dauern werden in dem System hinterlegt. Somit kann in der Steuerungsphase der Soll-Ist-Vergleich durchgeführt werden. Das System liefert für die betrachtete Woche (hier 20.11.2023) die Planwerte, zum einen wie viel der tastsächlichen Menge bis zu dem Datum hätte abgearbeitet werden sollen „Plan kumuliert“ und welche Menge/Arbeiten in dem Berichtszeitraum „Soll pro Woche“ zu leisten sind. Dem gegenüber wird der aktuelle Wert (=Istwert) ermittelt und mit dem Sollwert verglichen. Empfehlenswert ist es, in dem System ein Revisionsfeld vorzusehen, da es in der Regel immer zu Abweichungen kommt, und somit eine Korrektur bei Bedarf eingegeben werden kann. Des Weiteren sollte ein Hinweis auf den Trend erfolgen. Dazu bietet es sich an, z. B. die Leistung der letzten drei Berichtszeiträume mit aufzunehmen. Dadurch wird der Empfänger dieser Aufstellung in die Lage versetzt den Trend zu erkennen und zu bewerten.

Das Kennzahlensystem ist analog zu Abb. 16.1 auf Basis der Kennzahlengruppen wie in Tab. 16.1 aufgeführt für das Projekt zu erstellen.

16.2 Kennzahlen

Das wichtigste vorweg, genommen, stimmen die Kennzahlen nicht, stimmt das gesamte System nicht und die Baustelle geht in einen Blindflug über.

Doch wie erreicht man in unterschiedlichsten Regionen, zu den verschiedensten klimatischen Bedingungen passende Kennzahlen.

Als erstes sollte ein Unternehmensfundus an Kennzahlen vorhanden sein, der aus den Erfahrungen abgewickelter Projekte entstanden ist. Dieser Kennzahlenkatalog beinhaltet die Kennzahlen und bietet Informationen zur Plausibilitätsprüfung.

Ist dies nicht der Fall, oder nicht ausreichend sind die Kennzahlen nach bestem Wissen und Gewissen zu ermittelt. Dabei kann auch auf die Projektkalkulation zurückgegriffen werden, indem die Angebote von Anbietern bezüglich ihrer Leistungskennzahlen ausgewertet werden. Bei gleichen Kennzahlen unterschiedlicher Anbieter können Durchschnittswerte gebildet werden.

KENNZAHLEMSYSTEM - BAUSTELLE											
									Vorgerige Wochen		
Gewerk	Kennzahlen	Einheit	Erwartung	20-11-23		Aktuelle Woche			"-1"	"-2"	"-3"
				Plan kumuliert	Aktuell kumuliert	Soll pro Woche	Rev. Soll pro Woche	Aktuell pro Woche	13-11-2023	06-11-2023	30-10-2023
Erdarbeiten	Oberbodenabtrag	m²	30,000	28,000	30,000	7,000	--	7,500	6,600	7,900	8,000
	Baufeld nivellieren (Abtragen und Auffüllen)	m³	40,000	30,000	24,000	7,500		9,000	8,000	7,000	0
	Erdmassenbewegung Baustelle <=> Deponie	m³	10,000	8,000	5,500	2,500		1,600	1,700	2,200	
	Bodenberdichtung 95%	m²	30,000	3,000	770	375	450	320	250	200	

Abb. 16.1 Kennzahlensystem-Übersicht

Tab. 16.1 Beispiel Kennzahlengruppen

Gewerk	Kennzahlen	Einheit
Baustellenvorbereitung	Oberboden entfernen und entsorgen	m^2
	Baufeld nivellieren (Abtragen & Auffüllen)	m^3
	Erdmassenbewegung Baustelle ⇔; Deponie	m^3
	Bodenverdichtung 95 %	m^2
Bauarbeiten	Pfahlgründung	m
	Bauzeichnungen (Beton) IFC	m^3
	Betonarbeiten – Fundamente	m^3
	Betonarbeiten – Strukturen	m^3
	Betonarbeiten – Gebäude	m^3
	Betonarbeiten – Infrastruktur	m^3
	Betonarbeiten – Paving	m^2
	Betonarbeiten – Gesamt	m^3
Stahlbau	Stahlbauübersichten	t
	Werkstatt-Zeichnungen	t
	Stahlbaufertigung	t
	Lieferung Baustelle	t
	Arbeitsvolumen (montierbare Einheiten)	t
	Stahlbaumontage	t
	Freigabe für nachfolgende Gewerke	t
Ausrüstungen	Maschinen	Anz.
	Statische Ausrüstungen < 50t	Anz.
	Statische Ausrüstungen > 50t	Anz.
	Baustellenfertigung	t
Rohrleitungen	Isometrie – IFC	DI
	Isometrie – 100 % Material verfügbar	DI
	Isometrie – max. 1 Fehlteil	DI
	Dia Inch – Vorfertigung	DI
	Dia Inch – Baufeld	DI
	Schweißer – Baufeld	Anz.
	Schweißer – Vorfertigung	Anz.
	ϕ DI pro Schweißer & Tag – Baufeld	DI/Tag
	ϕ DI pro Schweißer & Tag – Vorfertigung	DI/Tag
	Druckproben	Anz.

(Fortsetzung)

Tab. 16.1 (Fortsetzung)

Gewerk	Kennzahlen	Einheit
Begleit-Heizung	Heizkreise, Begleitheizung	Anz.
	Verfügbares Arbeitsvolumen	Anz.
Korrosionsschutz	Korrosionsschutz – Rohrleitungen	m2
	Korrosionsschutz – Ausrüstungen	m2
	Verfügbares Arbeitsvolumen	m2
Isolierung	Isolierung – Rohrleitung	m2
	Isolierung – Ausrüstung	m2
Elektroarbeiten	Kabeltrassen	m
	Kabel verlegen	km
	Verbraucher	Anz.
	Verbraucher getestet	Anz.
MSR-Arbeiten	MSR-Kabel	km
	Feld Instrumente	Anz.
	Installation Anschlusskästen	Anz.
	Signalprüfungen	Anz.
	Loop Checks	Anz.
Vor-IBN	RFC – Subsystems	Anz.
	Punch Punkte Cat. A	Anz.
	Punch Punkte Cat. B	Anz.

16.2.1 Kennzahlenkatalog

Die Kennzahlen sind durchschnittliche Annäherungswerte und sind nach Meinung des Verfassers für die Planung und Steuerung von Bau- und Montageaktivitäten ausreichend, wenn eine kontinuierliche Überprüfung und ein daraus resultierender Abgleich mit der Produktivität vor Ort erfolgt. Sie sind für eine Kostenkalkulation nicht geeignet, und sollten daher nur für eine Plausibilitätsprüfung verwendet werden (Tab. 16.2).

16.2.2 Zuschlagsfaktoren

Die in Abschn. 16.2.1 aufgeführten Kennzahlen sind Basiswerte bzw. Grundwerte und sind den Gegebenheiten entsprechend an das aktuelle Projekt anzupassen.

16.2.2.1 Länderfaktoren

Länderfaktoren (F_L) gleichen den Unterschied bezüglich der Produktivität in unterschiedlichen Regionen aus. Dabei wird insbesondere der Ausbildungsstand des Personals

Tab. 16.2 Kennzahlen Katalog

Titel	Untertitel	Einheit	Effizienz E	Kolonnenstärke	Geräte R_G	Bemerkung
A	B	C	F	H	I	220 h / Monat
Baustelleneinrichtung						
Bodenvorbereitung		[m^2]	0.15 h/m^2			
Abladen Materialien		[t]	2 h/t			
Bauzäune		[lfdm]	1 h/lfdm			
Lichtmasten		[Stck]	8 h/Stck			
Hauptstromverteiler Baufeld	ohne Zuführungskabel	[Stck]	16 h/Stck			
Erdarbeiten						
Vegetation entfernen		[m^3]	0.05 h/m^3			
Oberbodenabtrag	Dicke = 15 cm	[m^2]	0.02 h/m^2			500 m^2 pro Tag und Gerät
Abtragen und Auffüllen		[m^3]	0.06 h/m^3			
Erdmassenbewegung	Baustelle <=> Deponie	[m^3]	0.06 h/m^3			Abhängig von Entfernung Baustelle <=> Deponie
Rückverfüllung		[m^3]	0.15 h/m^3			
Bodenverdichtung 95 %		[m^2]	0.08 h/m^2			Zum Teil abhängig von Bodenklasse

(Fortsetzung)

Tab. 16.2 (Fortsetzung)

Titel	Untertitel	Einheit	Effizienz E	Kolonnenstärke	Geräte R_G	Bemerkung
A	B	C	F	H	I	220 h / Monat
Baugrundverbesserung						
Pfahlgründung	Bohrpfähle (L = 12 m, ϕ = 0,6 m)	[m]	12 m/hG			Gerät ist der Treiber Leistung pro Gerät vertraglich absichern
Pfahlgründung	Rammpfähle (Fertigteil) (L = 12 m, ϕ = 0,5 m)	[m]	15 m/hG			Gerät ist der Treiber Leistung pro Gerät vertraglich absichern
Pfahlbrechen	(L = 12 m, ϕ = 0,5 m)	[Stck]	6 h/Stck	2		manuell
Rütteldruckverdichtung	Säule (L = 10 m)	[m]	18 m/hG			
Rüttelstopfverdichtung	Säule (L = 3 m, ϕ = 0,7 m)	[m]	9 m/hG			
Hydraulisches Bindemittel	100m2 pro Tag	[m^2]	1,000 m^2/TagG			
Gebäude						
Messwarte		[m^2]	22 h/m^2			
Schalthaus	Massiv-Bauweise	[m^2]	18 h/m^2			
Lagerhaus	(reine Bauarbeiten)	[m^2]	15 h/m^2			

(Fortsetzung)

Tab. 16.2 (Fortsetzung)

Titel	Untertitel	Einheit	Effizienz E	Kolonnenstärke	Geräte R_G	Bemerkung
A	B	C	F	H	I	220 h / Monat
Verwaltungs-gebäude		[m²]	15 h/m²			
Kantine		[m²]	25 h/m²			
Sanitärräume		[m²]	20 h/m²			
Gebäude						
Schalung, Holz		[m²]	1 h/m²			0,8–1,2 m² Schalung pro m3 Beton-Untergrund 4,0–6,0 m² Schalung pro m³ Beton-Strukturen
Schalung, System		[m²]	0.60 h/m²			
Bewehrung Ø		[t]	22 h/t			abhängig vom Volumen
Beton vergießen Ø		[m³]	0.50 h/m³			100–120 kg Bewehrung
Fundamente	Untergrund	[m³]	4 h/m³	6		120–180 kg Bewehrung
Fundamente	Strukturen	[m³]	10 h/m³	6		
Vorgefertigte Betonteile	Rohrbrücke, Strukturen	[m³]	18 h/m³			
Vergießen	bis 50 mm	[m²]	0.90 h/m²			

(Fortsetzung)

Tab. 16.2 (Fortsetzung)

Titel	Untertitel	Einheit	Effizienz E	Kolonnenstärke	Geräte R_G	Bemerkung
A	B	C	F	H	I	220 h / Monat
Stahlbau						
Rohrbrücken		[t]	20 h/t	5		Kritische Grenze ist 150 t pro Wochen als maximale Gesamtleistung. Gilt auch für Großbaustellen.
Stahlbau-Strukturen	> 100 kg/m	[t]	30 h/t	5		
Stahlbau-Strukturen	40–100 kg/m	[t]	40 h/t	5		
Stahlbau-Strukturen	< 40 kg/m	[t]	45 h/t	5		
Bühnen, Leitern, usw.		[t]	120 h/t	5		
Ausrüstungsmontage						
Kranarbeiten		[Stck]				
Pumpen		[t]	50 h/t	6		Umrüstung Krankonfiguration 1–3 Tage
Kompressoren	Feldmontage	[t]	60 h/t	6		
Tanke	50t–200t	[t]	30 h/t	4		
Reaktoren, Kolonnen		[t]	4 h/t	5		Ø Ein Hub pro Tag und Kran
Dampferzeuger	Reine Feldmontage	[t]	50 h/t	6		

(Fortsetzung)

Tab. 16.2 (Fortsetzung)

Titel	Untertitel	Einheit	Effizienz E	Kolonnenstärke	Geräte R_G	Bemerkung
A	B	C	F	H	I	220 h / Monat
Skids	Modular	[Skids]	5 Skids/Tag	5		
Module	Modular	[Module]	3 Module/Tag	5		
Rohrleitungsbau						
Armaturenmontage	einschl. Antrieb	[Stck]	40 h/Stck			Einzelwerte
Ventile Ø		[Stck]	2 h/Stck			Einzelwerte
Schweißen – Vorfertigung	Ø 4", Schedule 40	[Diainch]	16 DI/Schweißer			Zuschlag: Edelstahl 1,25 – CrNi-Stähle 1,4
Schweißen – Baufeld	Ø 4", Schedule 41	[Diainch]	8 DI/Schweißer			Zuschlag: Edelstahl 1,25 – CrNi-Stähle 1,4
Vorfertigung	C-Stahl	[t]	100 h/t	3		Ø Kennzahl
Rohrbrücke	C-Stahl	[t]	80 h/t	6		Ø Kennzahl
Prozessanlage	C-Stahl	[t]	200 h/t	6		Ø Kennzahl
Vorfertigung	Edelstahl	[t]	150 h/t	3		Ø Kennzahl

(Fortsetzung)

Tab. 16.2 (Fortsetzung)

Titel	Untertitel	Einheit	Effizienz E	Kolonnenstärke	Geräte R_G	Bemerkung
A	B	C	F	H	I	220 h / Monat
Rohrbrücke	Edelstahl	[t]	120 h/t	6		Ø Kennzahl
Prozessanlage	Edelstahl	[t]	300 h/t	6		Ø Kennzahl
Rohrleitungs-montage	Kunststoff/ GFK	[m]	2 h/m	6		Ø Kennzahl
Halterungen – Vor-fertigung		[t]	75 h/t	2		Ø Kennzahl
Halterungsmontage		[t]	100 h/t	4		plus ca. 50 Dübel pro Tonne (=> 50h)
Gerüstbau	ØHöhe = 6 m	[m^3]	0.40 h/m^3			Einzelwerte
Zerstörungsfreie Prüfungen	Durchstrahlung	[Stck]	8 h/Stck	2		Ø 10–12 % Durchstrahlungsprüfungen (Industrie)
Druckprobe		[Stck]	0.30 Stck/Tag	4		Füllen, Druckprobe, Leeren & Trocknen
Dichtigkeitsprüfung		[Stck]	0.50 Stck/Tag	4		
Isolierung						
Ausrüstungen	Kälte	[m^2]	4.5 h/m^2	4		Ø Kennzahl
Ausrüstungen	Wärme	[m^2]	3 h/m^2	4		Ø Kennzahl

(Fortsetzung)

Tab. 16.2 (Fortsetzung)

Titel	Untertitel	Einheit	Effizienz E	Kolonnenstärke	Geräte R_G	Bemerkung
A	B	C	F	H	I	220 h / Monat
Ausrüstungen	Schallschutz	[m^2]	3 h/m^2	3		Ø Kennzahl
Rohrleitungen	Kälte	[m^2]	4.5 h/m^2	3		Ø Kennzahl
Rohrleitungen	Wärme	[m^2]	1.5 h/m^2	3		Ø Kennzahl
Rohrleitungen	Schallschutz	[m^2]	5 h/m^2	3		Ø Kennzahl
Anstrich						
Rohrleitungen	3lagig	[m^2]	0.70 h/m^2	3		Ø 120–150m^2 pro Tag (3 Kolonnen)
Ausrüstungen	3lagig	[m^2]	0.50 h/m^2	3		Ø Kennzahl
Stahlbau	Touch Up	[m^2]	0.05 h/m^2	3		Ø Kennzahl
Tanke	3lagig	[m^2]	0.75 h/m^2	3		Ø Kennzahl
Sandstrahlen		[m^2]	0.12 h/m^2	1		Ø Kennzahl

(Fortsetzung)

Tab. 16.2 (Fortsetzung)

Titel	Untertitel	Einheit	Effizienz E	Kolonnenstärke	Geräte R_G	Bemerkung
A	B	C	F	H	I	220 h / Monat
Elektrotechnik						
Kabelzug	LV 100 mm	[m]	0.25 h/m	4		Ø Kennzahl
Kabeltrasse	500–600	[m]	1.20 h/m	3		Ø Kennzahl
Verbraucher		[Stck.]	75 h/Stck.	5		Ø Kennzahl
Schalthaus	Modular	[Module]	3 Module/ Tag			
Mess- u. Regeltechnik						
Kabelzug	Fiberoptik	[m]	0.20 h/m	4		Ø Kennzahl
Instrumente (IO's)		[Stck.]	4 h/Stck.	4		Ø Kennzahl

bewertet. Als weiterer Punkt fließen die regulären klimatischen Bedingungen ein. Klimatische Einflüsse resultierend aus den Jahreszeiten werden in Abschn. 16.2.3 behandelt. Viele Unternehmen können aufgrund ihrer Erfahrung auf die Länderfaktoren zurückgreifen, bzw. die Faktoren aufgrund ihres Kennzahlenfundus herleiten.

Zusätzlich zu den internen Erkenntnissen bietet die „International Construction Benchmark Yearbook" eine Indikation an. Sie konzentriert sich in erster Linie auf Bau- und Montage-Benchmarking-Kosten und Arbeitsproduktionsraten.

Diese Datenbank enthält historische Leistungskennzahlen und Arbeitsstundenmodelle Diese Kennzahlen wurden über einen Zeitraum von zwei Jahrzehnten aus 100 Bereichen der Öl- und Gas-, Energie-, Industrie-, Prozessprojekte, Infrastruktur und allgemeinen Gebäude und Anlagen gesammelt.

16.2.3 Klimatische Einflüsse

Klimatische Einflüsse, die nicht durch die Länderfaktoren berücksichtig werden, sind separat zu ermitteln. Dabei ist nicht der Unterschied zwischen den einzelnen Klimaregionen zu ermitteln, sondern extreme Veränderung während der Bauzeit, bzw. den Jahreszeiten. Die aus diesen Einflüssen resultierenden Abweichungen in der Produktivität sind separat zu betrachten und von daher auch in dem Terminplan als auch in der Plan-Soll-Kurve des Fortschritts saisonal zu reflektieren.

Extreme Einflüsse können sein:

- Hohe Temperaturen
- Tiefe Temperaturen
- Starke Winde
- Sandstürme

16.2.3.1 Hohe Temperaturen

Bei der Ermittlung möglicher Produktionsverluste durch Hitze ist von einem sogenannten „Hitzeindex" auszugehen.

Der Hitzeindex (HI) ist ein Maß zur Beschreibung der gefühlten Temperatur auf Basis der Lufttemperatur sowie der relativen Luftfeuchtigkeit in schattigen Bereichen. Sie geht auf die Arbeiten des US-Amerikaners Robert G. Steadman aus dem Jahre 1979 zurück. (46) (Tab. 16.3)

Das entsprechende Arbeitsvolumen, also die direkten Arbeitsstunden sind durch den Quotienten entsprechend Tab. 16.4 zu dividieren.

16.2.3.2 Niedrige Temperaturen

Bei der Ermittlung möglicher Produktionsverluste durch Kälte ist von einem sogenannten „Kälteindex" auszugehen.

Tab. 16.3 Heat Index Chart (nach NOAA US Department of Commerce)

US-Heat Index (Metrische Version)[3]

	Temperatur (°C)																
	27	28	29	30	31	32	33	34	35	36	37	38	39	40	41	42	43
Relative Luftfeuchte (%)																	
40	27	28	29	30	31	32	34	35	37	39	41	43	46	48	51	54	57
45	27	28	29	30	32	33	35	37	39	41	43	46	49	51	54	57	
50	27	28	30	31	33	34	36	38	41	43	46	49	52	55	58		
55	28	29	30	32	34	36	38	40	43	46	48	52	55	59			
60	28	29	31	33	35	37	40	42	45	48	51	55	59				
65	28	30	32	34	36	39	41	44	48	51	55	59					
70	29	31	33	35	38	40	43	47	50	54	58						
75	29	31	34	36	39	42	46	49	53	58							
80	30	32	35	38	41	44	48	52	57								
85	30	33	36	39	43	47	51	55									
90	31	34	37	41	45	49	54										
95	31	35	38	42	47	51	57										
100	32	36	40	44	49	54											

Vorsicht Erhöhte Vorsicht Gefahr Erhöhte Gefahr

Tab. 16.4 Hitze-Quotient

Hitze-Index	*Verhältnis*	*Hitze-Quotient (Q_H)*
27–32	*50: 10*	*1,00*
32–3	*40: 10*	*0,80*
39–49	*30: 10*	*0,60*
50–53	*20: 10*	*0,40*
>54	—	*Arbeitsunterbrechung*

Wie schnell sich der Körper einer Person bei kaltem Wetter abkühlt, hängt ab von:

- *Lufttemperatur*
- *Windgeschwindigkeit*
- *Sonnenwärme*
- *verrichteter Arbeit*

und ob sie in der Lage ist, trocken zu bleiben oder nicht. (47)

Tab. 16.5 Cold Index (47)

<table>
<tr><th colspan="2">Sunny sky air temperature</th><th colspan="2">No noticeable wind</th><th colspan="2">Wind 8 km/h (5 mph)</th><th colspan="2">Wind 16 km/h (10 mph)</th><th colspan="2">Wind 24 km/h (15 mph)</th><th colspan="2">Wind 32 km/h (20 mph)</th></tr>
<tr><th>°C below zero*</th><th>°F below zero*</th><th>Max. work period</th><th>Number of breaks**</th><th>Max. work period</th><th>Number of breaks**</th><th>Max. work period</th><th>Number of breaks**</th><th>Max. work period</th><th>Number of breaks**</th><th>Max. work period</th><th>Number of breaks**</th></tr>
<tr><td>26 to 28</td><td>15 to 19</td><td>120 minutes</td><td>1</td><td>120 minutes</td><td>1</td><td>75 minutes</td><td>2</td><td>55 minutes</td><td>3</td><td>40 minutes</td><td>4</td></tr>
<tr><td>29 to 31</td><td>20 to 24</td><td>120 minutes</td><td>1</td><td>75 minutes</td><td>2</td><td>55 minutes</td><td>3</td><td>40 minutes</td><td>4</td><td>30 minutes</td><td>5</td></tr>
<tr><td>32 to 34</td><td>25 to 29</td><td>75 minutes</td><td>2</td><td>55 minutes</td><td>3</td><td>40 minutes</td><td>4</td><td>30 minutes</td><td>5</td><td colspan="2" rowspan="5">Non-emergency work should stop</td></tr>
<tr><td>35 to 37</td><td>30 to 34</td><td>55 minutes</td><td>3</td><td>40 minutes</td><td>4</td><td>30 minutes</td><td>5</td><td colspan="2" rowspan="4">Non-emergency work should stop</td></tr>
<tr><td>38 to 39</td><td>35 to 39</td><td>40 minutes</td><td>4</td><td>30 minutes</td><td>5</td><td colspan="2" rowspan="3">Non-emergency work should stop</td></tr>
<tr><td>40 to 42</td><td>40 to 44</td><td>30 minutes</td><td>5</td><td colspan="2" rowspan="2">Non-emergency work should stop</td></tr>
<tr><td>43 and below</td><td>45 and below</td><td colspan="2">Non-emergency work should stop</td></tr>
</table>

*All temperatures are approximate.

**Includes a normal break after two hours and the number of additional warm-up breaks needed.

Nachfolgende Tabelle gibt einen Aufschluss über die Produktivitätsverluste bei Kälte.

Tab. 16.5 stellt die maximale Dauer von ununterbrochenen Arbeiten dar, die sich aus einer Kombination von Temperatur und Windgeschwindigkeit ergibt, und der entsprechenden Anzahl von erforderlichen Aufwärmpausen bezogen auf eine 2 h Periode.

Das bedeutet, dass bei einer Temperatur von -30°C und einer Windgeschwindigkeit von 16 km/h maximal 55 min an einem Stück gearbeitet werden darf, und innerhalb einer 2 h-Periode 3 Pausen zum Aufwärmen zu gewährleisten sind. Dies könnte wie folgt aussehen,

55Min – Pause – 20Min – Pause – 25Min – Pause – 20Min

Bei einer maximalen Dauer von 30 min und 5 Pausen kann die Arbeitsfolge wie folgt aussehen.

30Min – Pause – 15Min – Pause – 10Min – Pause – 20Min – Pause – 25Min – Pause – 20Min

Eine Folge beinhaltet grundsätzlich 120 min. Ein Aufwärmpause besteht aus ca. 10 min. Wie sich die Produktivitätsverluste aufgrund der Pausenanzahl auswirken, zeigt Tab. 16.6, in der die Kälte-Quotienten ermittelt wurden, durch den die anfallenden direkten Arbeitsstunden zu dividieren sind.

Tab. 16.6 Kältefaktor

Maximale Arbeitsdauer	*Anzahl Aufwärmpause*	*Kälte-Quotient* (K_Q)
120 min	*1*	*1,0*
75 min	*2*	*0,92*
55 min	*3*	*0,86*
40 min	*4*	*0,80*
30 min	*5*	*0,75*

16.2.3.3 Wegezeiten

Wegezeiten (Wz) für das Personal sind ein wesentlicher Teil der Unproduktivität, und sind grundsätzlich bei der Effizienz bzw. Produktivität mit zu berücksichtigen.

In den Grundzeiten sind anteilmäßig die Zurücklegung einer Strecke zwischen Montageort und Sozialräume von 200 m berücksichtigt, sowie eine Höhe von bis zu 30 m.

Für waagerechte Fußwege wird für jede weiteren 100 m eine Wegezeit von 2 min/100 m angesetzt.

Für die Überbrückung wird je Höhenmeter 20 min/100 m aufwärts und 10 min/100 abwärts angesetzt.

Beispiel

Entfernung Baustelle – Montageort 500 m

Aufwandtechnisch zusätzlich zu berücksichtigen: 500 m – 200 m = 300

Wegezeit: 3 × 2 min = 6 min

Anzahl Wege pro Tag: 6 x (Arbeitsaufnahme und 2 Pausen (Frühstück, Mittag))

Zusätzliche tägliche Wegezeit: 6 × 6 min = 36 min

Zusätzlicher Wegezeitanteil bei einer 8 Stundenschicht: 7,5 %

Zusätzlicher Wegezeitanteil bei einer 10 Stundenschicht: 6,0 %

Das bedeutet, dass der Stundenaufwand für das Projekt um 7,5 % bzw. 6,0 % steigt, wenn die Baustelleneinrichtung nicht in unmittelbarer Nähe zum Baufeld liegt.

16.2.3.4 Transportweg

Für den Transportweg ist eine durchschnittliche Länge von 250 m in den Grundwerten enthalten. Bei längeren Transportwegen erhöht sich der Faktor dementsprechend linear.

Die Zuschläge beziehen sich auf den Stundenaufwand der mechanischen Gewerke wie, (Tab. 16.7)

- Ausrüstungen
- Rohrleitungen
- Isolierung
- Anstrich

Tab. 16.7 Transportzuschläge

Anlage	*Zuschlagsfaktor F_T*
Kraftwerke	*10 %*
Industrieanlagen	*8 %*

Des Weiteren wird unterstellt, dass in unmittelbarer Nähe zu den Montageorten ausreichende Flächen für die Zwischenlagerung von Materialien verfügbar sind. Ist dies nicht der Fall, und eine „Just in Time" Anlieferung erforderlich, ist eine Erschwernis von 10 % des Montageaufwandes hinzuzurechnen.

16.2.3.5 Höhenfaktoren

Nachfolgende Höhenfaktoren beziehen sich auf die mechanische Montage von Ausrüstungen und Rohrleitungen. Einfacher halber kann auch eine gemittelte Höhe bestimmt werden, und der dazu entsprechende Höhenfaktor verwendet werden (Tab. 16.8).

16.2.3.6 Gerüstbau

Die Zuschläge beziehen sich auf den Stundenaufwand der mechanischen Gewerke wie (Tab. 16.9),

- Ausrüstungen
- Rohrleitungen
- Isolierung
- Anstrich

Für die elektrische Installation wird unterstellt, dass die vorhandenen Gerüste mitverwendet werden, sodass sich für den Aufwand Elektroarbeiten und MSR-Technik ein zusätzlicher Zuschlag von 4 % auf den Stundenaufwand berücksichtigt wird.

Tab. 16.8 Höhenfaktoren

Montagehöhen	*Zuschlagsfaktor F_H*
Bis 30 m	*1,0*
von 31 m -60 m	*1,1*
von 61 m – 90 m	*1,2*
91 m – 120 m	*1,3*

Tab. 16.9 Zuschlagsfaktor Gerüstbau

Anlage	*Zuschlagsfaktor F_G*
Kraftwerke	*10 %*
Industrieanlagen	*8 %*

Tab. 16.10 Zuschlagsfaktor Baustelleneinrichtung

Anlage	*Zuschlagsfaktor* F_{BE}
Kraftwerke	*5 %*
Industrieanlagen	*3 %*

Es ist dabei von einer durchschnittlichen Höhe von 30 m ausgegangen worden, dazu gelten auch Gerüste auf einer Bühne, wenn das Gerüst einschließlich Bühnenhöhe 30 m nicht überschreitet. Bei größeren Höhen findet Tab. 16.8 Höhenfaktoren Anwendung.

16.2.3.7 Baustelleneinrichtung

Für die Baustelleneinrichtung ist ein pauschaler Ansatz für die Einrichtung und Räumung zu wählen. Die Berechnungsgrundlage sind die direkten Arbeitsstunden (Tab. 16.10).

16.2.3.8 Zuschläge für Erschwernisse

Nicht alle Baustellen haben das gleiche Konzept. Werden hauptsächlich Betonstrukturen verwendet, erhöht sich der Arbeitsaufwand für die Rohrleitungsmontage. Ähnliches gilt für die Aufstellungsplanung. Ist sie kompakt, können Erschwernisse für erhöhte Quertransporte entstehen und/oder aufgrund einer hohen Arbeiterdichte (Tab. 16.11).

Die Berechnungsgrundlagen sind die direkten Arbeitsstunden, die in diesem Bereich anfallen, bzw. von der Behinderung betroffen sind.

16.2.3.9 Zuschläge für Abweichungen

Nachfolgende Übersicht gibt eine grobe Vorstellung über die Aufwendungen für Änderungsarbeiten und Mehrarbeiten indikativ an. Diese Werte sind projektspezifisch zu hinterfragen und sollten in jedem Unternehmensfundus verfügbar sein. Faktor ($F_{Ä\&M}= 1+Z_{Ä}+Z_{M}$) (Tab. 16.12)

Der Faktor bezieht sich auf die jeweiligen direkten Arbeitsstunden.

16.2.3.10 Zusammenfassung und Fazit

Im folgenden Beispiel wird ein Anlagenbauprojekt, einfacher halber nur die Rohrleitungsmontage, mit folgenden Parametern betrachtet:

Tab. 16.11 Zuschlagsfaktor Behinderung

Art der Erschwernis	*Gewerk*	*Zuschlagsfaktor* F_B
Betonbauweise	*Rohrleitungen*	*5 %*
Quertransporte	*Rohrleitungen Ausrüstungen*	*8 %*
Hohes Arbeitsaufkommen in Gebäuden/Strukturen	*Rohrleitungen Elektroarbeiten MSR-Technik*	*7 %*

Tab. 16.12 Zuschläge für Abweichungen

Gewerk	*Zuschlag Änderungen*	*Zuschlag Mehrarbeit*
Baustellenvorbereitung	*2 %*	*5 %*
Pfahlgründung	*3 %*	*5 %*
Bauarbeiten	*5 %*	*5 %*
Stahlbauarbeiten	*4 %*	*5 %*
Ausrüstungsmontage	*4 %*	*5 %*
Rohrleitungsmontage	*4 %*	*5 %*
Anstrich	*4 %*	*5 %*
Isolierung	*3 %*	*5 %*
Elektroarbeiten	*5 %*	*5 %*
MSR-Technik	*8 %*	*5 %*

Beispiel

Dazu werden die entsprechenden Zuschläge ermittelt und aufaddiert (Tab. 16.13 und 16.14).

Das bedeutet, das in diesem Beispiel, aufgrund der genannten hypothetischen Rahmenbedingungen, eine Stundenerhöhung von fast 28 % anfällt. Diese nimmt ein Ausmaß an, welches weder terminlich noch kostenmäßig in einem Projekt zu kompensieren ist, wenn es in dieser Form nicht erfasst wird.

Grundsätzlich ist es zu empfehlen, die in diesem Kapitel behandelten Faktoren bei jeder Angebotsbearbeitung in Form einer Checkliste durchzugehen. Sei es, um sicherzustellen, dass die entsprechenden Zuschläge ermittelt werden, oder auch nur um zu dokumentieren, dass einige Faktoren für das Projekt nicht zum Tragen kommen. ◄

Tab. 16.13 Parameter Beispiel Projekt

Bauzeit 12 Monate – linearer Fortschritt	*Fortschritt pro Monat 8,33 %*
Lage der Baustelle Süd-Ost-Asien	*Länderfaktor FL=2,2*
Entfernung Baustellen Baustelleneinrichtung	*500 m*
Temperatur Sommer (1 Monate)	*34°C*
Luftfeuchtigkeit Sommer	*70 %*
Temperatur Winter (1 Monate)	*−34°C*
Windgeschwindigkeit Winter	*16 km/h*
Aufwand Rohrleitungsmontage (direkt)	*480.000h*
Erschwernis Aufwendige Quertransporte	*Aufwendige Quertransport*

Tab. 16.14 Zuschläge Beispielprojekt

Bauzeit 12 Monate – linearer Fortschritt	*Fortschritt pro Monat 8,33 %*
Aufwand Rohrleitungsmontage (direkt) (Länderfaktor bereits berücksichtigt)	*480.000h*
Aufwand pro Monat (direkt)	*(40.000h)*
Wegezeiten (10 h pro Tag) *Wz=6 %*	*28.800*
Zuschlag Sommer (Heat-Index 47) $Q_H = 0,6$ ***pro Monat***	*~26.600h*
Zuschlag Winter (Anz. Pausen: 4) $Q_K = 0,8$ ***pro Monat***	*10.000h*
Erschwernis Aufwendige Quertransporte $F_B = 5\,\%$	*24.000h*
Faktor für Abweichungen $\mathbf{F}_{\text{Ä\&M}} = \mathbf{9\,\%}$ *(Änderungen 4 % und Mehrarbeit 5 %)*	*43.200h*
Gesamt-Stundenaufwand	***612.600h***

16.3 Auswertungen Kennzahlensystem

Ergänzend zu der Kennzahlenübersicht (Abb. 16.1 Kennzahlensystem-Übersicht) sind Zusammenhänge grafisch darzustellen, und die Abhängigkeiten und Einflüsse zu visualisieren damit mögliche negative Einflüsse frühzeitig erkannt werden, und korrigierend entgegengewirkt wird.

In dem Kennzahlensystem sind die Sollzahlen über der Zeitachse zu hinterlegen, die dann die Datenpunkte der Sollkurve bilden. Demzufolge werden die Sollzahlen im Zusammenhang mit dem Terminplan ermittelt, sodass der Sollwert nicht linear, sondern entsprechend der Erwartung auf der Zeitachse angepasst wird.

Nachfolgende Abbildung (Abb. 16.2) soll am Beispiel des Prozesses Schweißen den Sachverhalt verdeutlichen. Es werden pro Berichtszeitraum die erwarteten Mengen bestimmt, und zwar, wie in diesem Beispiel, für die Vorfertigung, das Schweißen auf der Rohrbrücke und in der Prozessanlage. Diese drei Einzelwerte (der besseren Übersicht wegen nicht in dem Diagramm dargestellt) werden aufaddiert und als erwartete Leistung pro Woche dargestellt. Diese kumulierten Werte bilden die S-Kurve für die gesamte Schweißleistung. Durch diese Darstellung lässt sich im späteren Steuerungsprozess der Soll-Ist-Vergleich leicht und erkenntlich visualisieren.

Wird die S-Kurve aus Sicht der mathematischen Kurvenanalyse betrachtet, befindet sich die größte Steigung der S-Kurve zwischen den beiden Wendepunkten. Erfahrungen haben gezeigt, dass die S-Kurve durch die beiden Wendepunkte in ca. 3 gleiche große Bereiche auf der Zeitachse unterteilt werden kann. In dem ersten Bereich läuft die Baustelle an, fehlende Zeichnungen und Materialien erlauben nur einen geringen Fortschritt,

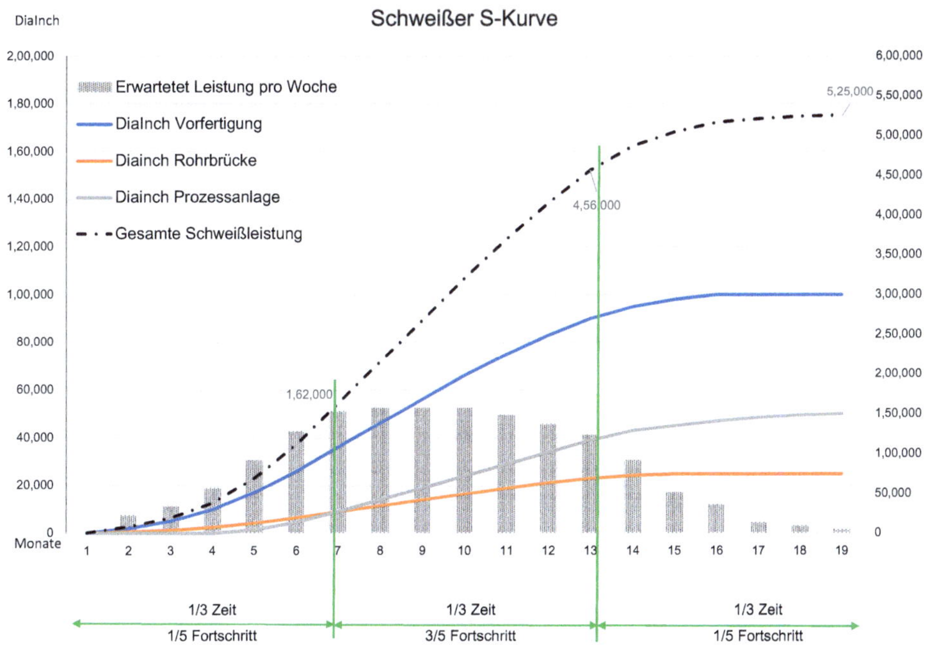

Abb. 16.2 S-Kurve Fortschrittverteilung

der sich kontinuierlich erhöht. Der letzte Bereich wird durch den bereits erreichten Fortschritt mitbestimmt. Arbeiten sind bereits fertiggestellt und die Anzahl der offenen Arbeitsfronten reduziert sich kontinuierlich und läuft gegen die 100 %-Grenze. Der mittlere Bereich ist der Bereich indem fast 60 % des Fortschrittes zu erbringen ist.

Als Annäherung für die Bestimmung der Soll-Leistungen kann folgende Aussage dienlich sein.

▶ ***Im mittleren Drittel der Tätigkeitsdauer werden drei Fünftel der Leistung erbracht.***

Die Baustelle erreicht zudem die maximale Flexibilität bezüglich des Ressourceneinsatzes. Das spiegelt sich auch in der hohen Produktivität während dieser Phase wider. Baustellenabläufe sind eingespielt, und die entscheidenden Voraussetzungen wie,

- Verfügbarkeit von Dokumenten,
- Materialverfügbarkeit,
- Verfügbarkeit von Arbeitsfronten,
- Mobilisierte Geräte,
- Mobilisiertes Personal

sind größtenteils erfüllt. Aus Sicht der Steuerung ist sicherzustellen, dass auch diese Leistung bzw. die hohe Produktivität in dem „Mittleren Drittel"-Zeitraum erbracht werden kann, da die in diesem Bereich verlorenen Fortschrittspunkte nur schwierig zu kompensieren sind.

16.4 Zusammenfassung

Für die Entscheidungsträger und Verantwortlichen eines Projektes ist es von großer Bedeutung ein klares Bild über den Status des Projektes zu haben.

▶ ***„Das Projekt läuft gut und ist fast fertig, und Geld bleibt auch noch übrig"***

Eine Aussage, die zwar gerne gehört wird, aber keine wesentliche Information beinhaltet.

Wie ist der tatsächliche Fortschritt, und zwar über alle Gewerke? Welche Kosten sind bereits angefallen, sind alle Rechnungen gestellt worden, oder fallen noch unerwartete Arbeiten an?

Die Hauptaufgabe besteht also darin, Istzustände aufzunehmen bzw. zu erkennen, diese zu interpretieren und mögliche Entwicklungen oder Konsequenzen als Tendenz aufzuzeigen.

Eine sachliche, klare und nachvollziehbare Aussage erhält man ausschließlich von Kennzahlen, die in dem Kennzahlensystem hinterlegt sind. Das sind zum einen die Planungskennzahlen und die Steuerungskennzahlen, also die Sollwerte und die gemessenen Istwerte.

Wichtig ist dabei, dass die Kennzahlen eindeutig, messbar und belegbar sein. Denn falls Kennzahlen nicht erreicht werden können, wirken sie demotivierend.

▶ ***KENNZAHLEN MÜSSEN SMART SEIN.***

(SMART: Specific, Measurable, Attainable, Realistic, Time-related.)

Dieses Kapitel fokussiert sich auf die Festlegung unterschiedlichster Kennzahlen, einschließlich der Faktoren, die einen Einfluss auf die Wertigkeit der Kennzahlen ausüben, sodass eine projektspezifische und regionale Anpassung der Kennzahlen erfolgt und dadurch die tatsächlichen Projektbedingungen reflektiert.

Budgetierung 17

Der Kostendruck bei der Abwicklung von Projekten im Anlagenbau ist mittlerweile ein ständiger Begleiter im Tagesgeschäft. Kaum eine Entscheidung kann aus rein technischer Natur getroffen werden, ohne die Wirtschaftlichkeit dieser Entscheidung im Auge zu behalten.

Zu Auftragsbeginn wird auf Basis der Angebotskalkulation eine Auftragseingangskalkulation durchgeführt. In Anlehnung an die Vergabepakete werden die Budgets gebildet und den entsprechenden Kostenpositionen zugeordnet. Die Kostenstruktur wird der WBS angepasst, um eine parallele Entwicklung der Kosten zum Fortschritt zu erreichen, das vereinfacht die Arbeiten. Dadurch entsteht ein projektspezifischer Kontenplan.

17.1 Projektspezifischer Kontenplan

Der für die Budgetierung aufgesetzte Kontenplan liefert im weiteren Projektverlauf die Struktur für den Baustellenkostenreport.

Dabei wird in erster Linie zwischen Eigenkosten und Fremdkosten unterschieden.

17.2 Eigenkosten

Unter „eigenen Kosten“ sind die Kosten zu verstehen die in dem Unternehmen bei eigener Wertschöpfung anfallen. Bei einem EPC Kontraktor sind das die Baustellenkosten für die eigene Bau- und Montageüberwachung, sowie die Kosten, die durch die erforderlichen Einrichtungen auf der Baustelle anfallen.

T. Günther, *Baustellenmanagement im Anlagenbau*,
https://doi.org/10.1007/978-3-662-69329-2_17

17.2.1 Personalkosten

Die Personalkosten sind zwischen den Kosten, die im Stammhaus anfallen (Vorbereitung der Baustelle und Unterstützung) und den Kosten auf der Baustelle zu unterscheiden.

17.2.1.1 Stammhaus

In der Regel werden die Inhouse-Kosten anhand eines Stundenvolumen und den dazu gehörigen internen Verrechnungssätze ermittelt. Diese Stundenvolumen, stellvertretend für die Kosten, sind über der Zeitachse, entsprechend dem Zeitpunkt der erforderlichen Leistungserbringung und der Anzahl der damit betrauten Personen, zuzuordnen.

17.2.1.2 Baustelle

Die Baustellenkosten für die Überwachungskosten werden üblicherweise als Eigenkosten betrachtet, da eine Aufsplittung in „Fremd“ und „Eigen“ nicht immer vorhersehbar und planbar ist. Dem folgend werden die Personalkosten sowohl für das interne Personal als auch für das extern beschaffte Personal in dem Personaleinsatzplan hinterlegt. Diesen Kosten sind auch die jeweiligen anfallenden

- Sozialversicherungsleistungen
- Steuern
- Unterkunftskosten einschl. Nebenkosten und Verwaltung
- Transportkosten
- Reisekosten

hinzuzurechnen.

17.2.2 Baustelleneinrichtung

Die Kosten für die Baustelleneinrichtung sind entsprechend ihrer einzelnen Positionen aufzuschlüsseln.

17.2.2.1 Baustellensicherheit

- Personal und Zeiterfassungssysteme
- Laufende Kosten für Baustellenbewachung
- Kosten für Zäune

17.2.2.2 Materialverwaltung

Unter Materialverwaltung sind sämtliche Materialien die durch den lokalen Einkauf, also Baustelleneinkauf, getätigt werden zu budgetieren.

17.2.2.3 Gebäude & Flächen
Unter dieser Position fallen Kosten an, für:

- Mieten
- Verwaltungskosten
- Bürobedarf
- Einrichtungen und Verbrauchsmaterialien
- EDV-Ausstattung (sofern nicht intern zur Verfügung gestellt wird)
- Herrichten der Fläche
- Asphaltieren von Zufahrten
- Temporäre und permanente Beleuchtung
- Elektrizität, Baustrom, usw.
- Rückbau und Wiederherstellung der Flächen nach Baustellenende

17.2.2.4 Sonstiges
Unter sonstige Kosten sind zu verstehen:

- Bewirtungskosten
- Baukasse
- Steuerberatungskosten Baustellenland
- Anwaltskosten, Beratungskosten Baustellenland
- Arbeitssicherheitskleidung
- Usw.

17.3 Fremdkosten

Fremdkosten, sind Kosten für Leistungen, die durch Dritte erbracht werden und demzufolge eingekauft werden müssen. Sie beinhalten die Kosten von den Nachunternehmern und von lokal beauftragten Dienstleistern. Die Fremdkosten lassen sich in einen direkten und indirekten Teil aufteilen. Grob dargestellt, beziehen sich die direkten Kosten auf die reine Herstellung der Anlage und sind mengen- und massenabhängig. Indirekte Kosten beinhalten die Kosten, die hauptsächlich Zeit abhängig sind und nicht in direkter Verbindung zu den Herstellkosten stehen.

17.3.1 Leistungsverzeichnisse

Pro Gewerk ist jedes einzelne Leistungsverzeichnis kostenmäßig zu bewerten. Bei mehreren Subunternehmern pro Gewerk ist die Aufteilung der Kosten analog zu der Vergabe aufzuschlüsseln. (siehe auch Abb. 4.3 Vergabekonzept).

17.3.2 Zusatzarbeiten

Analog sind zu den einzelnen Leistungsverzeichnissen, auch deren Anteil an den prognostizierten Zusatzarbeiten zu budgetieren.

17.3.3 Änderungsarbeiten

Analog sind zu den einzelnen Leistungsverzeichnissen, auch deren Anteil an den prognostizierten Zusatzarbeiten zu budgetieren.

17.3.4 Dienstleistungen von Lieferanten

Spezielle Arbeiten auf der Baustelle benötigen die Anwesenheit von Spezialisten der Lieferanten. Sei es aus Gewährleistungsansprüchen oder der Notwendigkeit des spezifischen Fachwissens. Auf jedem Fall fallen dabei hohe Kosten an, die zwecks weiterer Kontrolle bezogen auf die einzelnen Lieferanten budgetiert werden müssen. Das bedeutet:

▶ ***Für jeden Dienstleister eines Lieferanten wird ein Budget gebildet.***

17.4 Risiko

Hier werden die ermittelten und erwarteten Risiken aufgeführt, sodass in der Abwicklung beim Eintreten des Risikos eine Indikation der möglichen Kosten vorliegt. Insbesondere sei hier deutlich hervorzuheben:

▶ ***Die Kostenbewertung eines Risikos stellt kein frei verfügbares Budget dar.***

Vielmehr dient der Kostentopf übergeordnet auch für die Risiken, die zum Zeitpunkt der Bewertung noch nicht erkannt wurden, und wird mit jeder revidierten Risikoanalyse entsprechend der aktuellen Situation neu bewertet. Nicht verwendete Budget für Risken, die nicht eingetreten sind, oder deren Auswirkungen niedriger als die budgetierten Kosten anfielen, sind gegen die verbleibenden Risiken zu bilanzieren.

17.5 Zusammenfassung

In diesem Kapitel wird die Verantwortung der Projektbeteiligten bezüglich der Kosten in den Vordergrund gestellt.

Es wird kurz umschrieben welche Kostenarten zu erwarten sind, um ein grundlegendes Verständnis über die Kosten und jeweiligen Budgets zu erhalten.

Überwachung und Steuerung 18

18.1 Überwachung

Die Überwachung der Baustelle ist ein weiteres entscheidendes Kapitel für eine erfolgreiche Projektabwicklung.

Bei der Überwachung dreht es sich, wie bei der Planung, um die Hauptgebiete Termine, Kosten und Qualität. Ergänzend hierzu stellt die Überwachung der Arbeitssicherheit auf der Baustelle eine wesentliche Größe dar, die aber in diesem Kapitel nur ansatzweise berücksichtigt wird.

An dieser Stelle sei nochmals auf die umfangreiche vorhandene Literatur verwiesen.

Im Gegensatz zur Planung, wo die Herausforderung darin bestand, den gesamten Bau- und Montageablauf im Voraus zu planen, also vorauszudenken, vergleicht man bei der Überwachung Istzustände gegen Sollzustände. Die Hauptaufgabe besteht also in der Überwachung darin, Istzustände aufzunehmen bzw. zu erkennen, diese zu interpretieren und mögliche Entwicklungen oder Konsequenzen daraus als Tendenz aufzuzeigen.

Jede einzelne Kategorie hat somit einen direkten Einfluss auf den Erfolg oder Misserfolg eines Projektes. Erschwerend kommt hinzu, dass negative Abweichungen eines Hauptgebietes unweigerlich die eine oder andere, oder sogar alle drei Hauptgebiete negativ mitbeeinflussen.

Zeitprobleme bei der Abwicklung können die Kosten beeinflussen in dem Beschleunigungsmaßnahmen eingeleitet werden und/oder Vertragsstrafen anfallen.

Qualitätsprobleme können zu höheren Kosten und zu Terminverschiebungen aufgrund notwendiger Ersatzmaßnahmen führen.

Die Überwachung ist der permanente Abgleich zwischen einem definierten Soll und einem messbaren Ist. Er ist als iterativer Prozess zu sehen. Ziel der Überwachung ist es, Abweichungen frühzeitig festzustellen um entsprechend dagegen zu steuern.

T. Günther, *Baustellenmanagement im Anlagenbau*,
https://doi.org/10.1007/978-3-662-69329-2_18

Von der Definition her ist die Überwachung das Bindeglied zwischen Planung und Steuerung. Aus Sicht der Überwachung ergibt sich ein kontinuierlicher in sich wiederholender Prozess, der wie in Abb. 18.1 zu sehen ist, in einer endlosen Schleife endet.

In der Planungsphase wurden die entsprechenden Pläne strukturiert erstellt. Dieser Struktur folgend, werden die entsprechenden Istwerte auf der Baustelle ermittelt und mit den Sollwerten aus der Planung verglichen. Wird keine Abweichungen festgestellt, geht es in den nächsten Überwachungszyklus. Werden Abweichungen festgestellt sind diese zu korrigieren und geeignete Maßnahmen einzuleiten. Diese Maßnahmen sind im weiteren Verlauf nachzuverfolgen ob sie die gewünschte Wirkung erreichen.

Dieser Überwachungs-Prozess wird in der Regel einmal pro Woche durchlaufen bzw. an die projektspezifischen Notwendigkeiten angepasst.

18.2 Steuerung

Um einen wirkungsvollen Steuerungsprozess zu etablieren, muss zuerst die Basis geschaffen werden, indem Klarheit über folgende Fragen herrscht.

- Was will ich steuern?
- Wie kann ich steuern?
- Wann muss ich steuern?

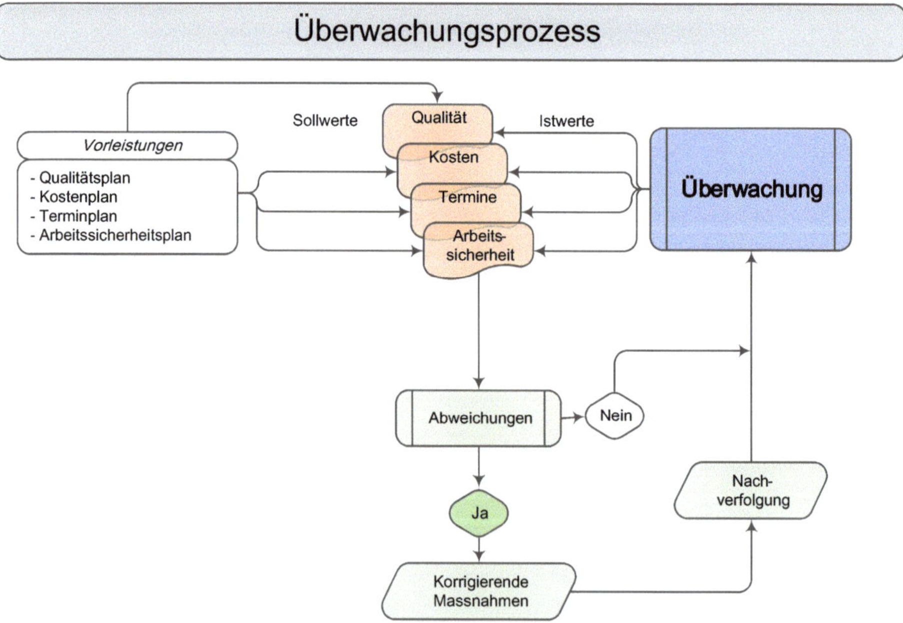

Abb. 18.1 Iterativer Überwachungsprozess

Was will ich steuern? Wo liegen meine Risiken? Entscheidend ist hierbei, dass die Ursprungsplanung als Basis für den Steuerungsmechanismus geeignet ist. Planung und Steuerung sollten die gleichen Kennzahlen verwenden, nur so können Abweichungen interpretiert und bewertet werden. Kennzahlen als Erfahrungswerte aus der Steuerung wiederum bieten eine solide Basis für die (späteren) Planungen.

Wie kann ich steuern? Welche Mittel habe ich? Ohne die erforderlichen Mittel ist eine ausreichende Steuerung nicht durchzuführen. Deswegen ist auch die Steuerung zu planen.

Wann muss ich steuern? Wie erkenne ich Abweichungen? Es müssen klare Ziele definiert werden. Um Abweichungen zu erkennen, müssen mindestens zwei messbare Größen miteinander verglichen werden.

All diese entscheidenden Fragen lassen sich primär folgenden Kategorien zuordnen:

- Termine
- Kosten
- Qualität
- Arbeitssicherheit

18.2.1 Kennzahlen als Steuerungsinstrument

Ohne sinnvolle Kennzahlen wäre eine zielführende Steuerung nicht denkbar. Anhand von Kennzahlen erfolgen Bewertungen, Beurteilungen und Einschätzungen von messbaren Ergebnissen.

Sie werden zur Analyse von Abweichungen und zur Erkennung der Ursachen herangezogen und dienen dem Aufzeigen von Risiken und Chancen.

„Eine Kennzahl ist eine Maßzahl, die zur Quantifizierung dient und der eine Vorschrift zur quantitativen reproduzierbaren Messung einer Größe oder eines Zustandes oder Vorgangs zugrunde liegt.

Voraussetzung dafür ist also, dass diese Sachverhalte messbar und zählbar sind.

Für Kennzahlen finden sich typischerweise Namen wie -anteil, -beiwert, -faktor, -grad, -index, -koeffizient, -quote, -verhältnis, -zahl und Ähnliches, die teilweise nach den messtechnischen Normen speziellen Typen von Kennzahlen vorbehalten sind.

Streng genommen wäre eine Kennzahl für sich genommen nicht aussagekräftig; gemeint ist immer eine Kenngröße, also das Produkt aus Zahl und Einheit." (48)

Durch die Verwendung von Kennzahlen kann ein Überblick über den Sachverhalt dargestellt werden. Kennzahlen dienen den Überwachenden bei der Analyse und der Steuerung.

Kennzahlen lassen sich grob gesehen, wie folgt gliedern;

- absolute Kennzahlen: z. B. Laufzeit eines Vorganges, Personalzahl, Anzahl Geräte oder zu verbauende Menge
- relative Kennzahlen (Verhältniskennzahlen): dimensionsbehaftete relative Kennzahlen: z. B. Dauer pro Stück, Leistung pro Zeiteinheit,

Absolute Kennzahlen geben eine durch ihre Einheit bezeichnete Menge oder Masse an. Die Kennzahlen finden ihre Verwendung als Durchschnittswerte, Einzel- oder Summenwerte. Man unterscheidet von daher zwischen Einzelwerten, Summen, Differenzen und Mittelwerte.

Beispiel

Einzelwerten	*Rohrleitungsgewicht einer Isometrie*
Summen	*Rohrleitungsgewicht einer Anlage*
Differenzen	*Noch zu verbauende Rohrleitungen*
Mittelwerte	*Durchschnittlicher Rohrleitungsdurchmesser*

„Relative Zahlen entstehen dadurch, dass zwei absolute Zahlen, die in einem sinnvollen Zusammenhang stehen, in Quotienten-Form (z. B. Stunde pro Tonne) zueinander in Beziehung gesetzt werden.

Der Vorteil von relativen Zahlen besteht darin, dass die Bedeutung einer einzelnen Größe in einen Bezug zu einer anderen Größe gesetzt werden kann. Sachverhalte werden erkennbar und ein Vergleich von Kennzahlen, beispielsweise im Rahmen eines Benchmarking-Projektes, wird möglich, ohne die absolute Höhe der Ausgangsdaten offen legen zu müssen.“ (49)

So können erbrachte Leistungen über einen festen Zeitraum miteinander verglichen werden, unabhängig davon, ob die gesamte zu erbringende Leistung bekannt ist oder nicht. Diese Kennzahlen bieten sich auch für das Berichtswesen gegenüber dem Kunden an, da die tatsächlichen Mengen und Massen der Anlage für diese Betrachtung nicht relevant sind.

Relative Zahlen kommen als unterschiedlichen Kennzahlen vor. Die Hauptgruppen bilden die,

- Gliederungszahlen
- Beziehungszahlen und
- Indexzahlen.

„Bei Gliederungszahlen ist der Zähler des Quotienten eine Teilmenge des Nenners (x Tonnen von y Tonnen, wobei y>x ist).

Bei Beziehungszahlen fehlt dagegen der Teilmengencharakter und es werden Größen gegenübergestellt, deren sachlogischer Zusammenhang wichtige Ursache-Wirkungs-Beziehungen verdeutlicht. So setzt sich die Gesamtproduktivität der Baustelle aus dem erreichten Fortschritt zum eingesetzten Personal und Gerät in Beziehung, um die erreichte Effizienz zu relativieren.

Indexzahlen sollen zeitliche oder leistungsbezogene Entwicklungen veranschaulichen. Dazu wird der Anfangs-, Mittel- oder Endwert einer Reihe als Basiswert gleich 100 gesetzt und alle anderen Werte im Verhältnis dazu umgerechnet." (49)

Nachfolgende Beispiele verdeutlichen den zweckgerichteten Einsatz der unterschiedlichen Kennzahlen. ◀

Beispiel

Gliederungszahl

Gliederungszahlen werden typischerweise in der Fortschrittsermittlung und Bewertung verwendet. Wenn 200 t Stahlbau von 1.000 t gesamt, montiert wurden liegt der Fortschritt bei 20 %.

Beziehungszahl

Wenn alle Schweißer auf der Baustelle zusammen 200 Nähte, mit einem durchschnittlichen Durchmesser von 4" schweißen, beträgt die Tagesleistung

800 diainch per Tag. Diese Beziehungszahl gibt Auskunft darüber, ob die tägliche Leistung ausreichend ist. Betrachtet man die Schweißleistung pro Tag und Kolonne, können Rückschlüsse auf die Funktionalität der Kolonne geschlossen werden. Aus Sicht der Steuerung die wirkungsvollste Kennzahl.

Indexzahl

Die Ursprungsplanung von Aktivitäten erfolgt in der Regel auf Basis Deutschland (=100 %). Erfolgen die Aktivitäten auf einer Baustelle außerhalb, wird der Aufwand mit dem landesspezifischen Faktor bewertet. Des Weiteren werden Erfahrungswerte und Nachkalkulationen aus abgewickelten Projekten immer auf den Basiswert zurückgerechnet, um eine Vergleichsmöglichkeit zu schaffen.

Kennzahlensysteme beinhalten Kennzahlen (KPIs – Key Performance Indikatoren), die in einer sinnvollen Beziehung zueinanderstehen. Die Kennzahlen innerhalb dieses Systems dienen alle dem gleichen Ziel der Projektsteuerung. Diesen vorhandenen Kennzahlen werden absolute Kennzahlen wie, tatsächliche Mengen, projektspezifisch zugeführt.

Bei der empirischen Herleitung muss man sich nicht nur auf eigene Erfahrungen und Beobachtungen stützen, sondern kann auch wissenschaftliche Hypothesen nutzen, die in der Praxis überprüft und bestätigt wurden.

Im allgemeinen Sprachgebrauch werden diverse Begriffe häufig synonym verwendet. Die häufigsten Begriffe sind „Aufwand" und „Bedarf" bzw. „Produktivität" und „Effektivität".

So wird z. B. bei der Aufwandsschätzung kein Aufwand, sondern ein Bedarf bestimmt. „Aufwand" im eigentlichen Sinne ist erst die Menge der tatsächlich eingesetzten

Ressourcen, der bei der Aufwandserfassung gemessen wird. Um Missverständnisse zu vermeiden, ist zu empfehlen, den Begriff Aufwand durch entsprechende Adjektive zu präzisieren und z. B. „geplanter Aufwand" oder „entstandener Aufwand" zu verwenden.

Die Produktivität P und Effizienz E unterscheiden sich darin, dass es sich um reziproke Werte handelt. Die Erhöhung der Produktivität zielt darauf ab, den Ausstoß basierend auf einem festen Maß an verfügbaren Ressourcen (Arbeitsaufwand) zu erhöhen, während die Erhöhung der Effizienz darauf abzielt, den Arbeitsaufwand für einen festen Ausstoß zu reduzieren.

Arbeitsaufwand ist der in Einheiten von Arbeitszeit bemessene Personaleinsatz zur Durchführung eines Vorgangs, Arbeitspakets oder Projekts. ◄

Formel 18.1 Effizienz

$$Effizienz = E = \frac{Input}{Output} = \frac{Arbeitsaufwand}{prod.Stückzahl}$$

Formel 18.2 Produktivität

$$Produktivität = P = \frac{Output}{Input} = \frac{prod.Stückzahl}{Arbeitsaufwand}$$

Formel 18.3 Effektivität

$$Effektivität = \frac{Output}{Zielvorgabe} = \frac{prod.Stückzahl}{Zielvorgabe}$$

Beispiel

Bei der Planung eines Bauvorhabens geht man von einer Effizienz eines Nachunternehmers von 10 h/m^3 aus. Anhand dieses Wertes werden die Dauern für den Vorgang geplant. Während der Bauphase stellt man fest, dass der Nachunternehmer mit 2 Mann in einer Woche bei 50 Arbeitsstunden 9 m^3 hergestellt hat.

Die Produktivität ist demzufolge 9 m^3/100 h. D. h. die Effizienz (11,11h/m^3) bleibt hinter der Erwartung zurück. ◄

Demzufolge könnte eine Einteilung der beiden Kennzahlen wie folgt erfolgen:

Die Effizienz ist eine Planungskennzahl basierend auf Erfahrungswerten, mit der Dauern von Vorgängen bei erwartetem Output bestimmt werden kann.

▶ ***Die Produktivität ist eine Steuerungskennzahl, mit der der Output über eine festgelegte Dauer und einem auf der Baustelle gemessenen Aufwand ermittelt wird.***

Viele Unternehmen verfügen über Kennzahlen, die aus abgewickelten Aufträgen generiert und angepasst wurden. Die Schlüsselkennzahlen (engl. Key Performance Indicators, KPIs) sind aus Sicht eines Anlagenbauers für die erfolgreiche Errichtung einer Anlage zwingend erforderlich. Dabei ist eine Unterteilung der Kennzahlen in Planungs- und Steuerungskennzahlen sinnvoll.

18.3 Termine und Fortschritt

Die Einhaltung der Termine ist der „Heilige Gral" des Baustellenmanagement.

Bei komplexen Projekten reicht es nicht aus, nur „aus dem Fenster" zu schauen, um einen subjektiven Eindruck der Terminsituation zu erhalten.

Die Kontrolle der Termine ist eine der schwierigsten Aufgaben während der Projektabwicklung.

Die Terminkontrolle fängt bereits in der Planung an. Die unterschiedlichen Levels der Terminplanung unterstützen die Terminkontrolle, indem sie die Aktivitäten in eine Detailtiefe herunterbrechen, die eindeutig zuordnungsbar ist, und somit messbar. Das Entscheidende an der Planung ist es, eindeutig messbare Größen zu definieren und zu planen. Das Gewicht liegt hier auf eindeutig messbar. Sollten keine klaren Regelungen vorliegen, wie eine Leistung definiert ist (also messbar), die in einem festen Zeitraum (Start/Ende) zu erbringen ist, können freie Interpretationen zu Verwässerungen führen.

Des Weiteren sollte berücksichtigt werden, dass die Ermittlung oder das Messen der Leistung nicht zu einem unnötigen Aufwand führt.

Beispiel

Der Treiber für die Rohrleitungsmontage ist das Schweißen. Beinhaltet die gesamte Rohrleitungsmontage 10.000 Schweißnähte, und stehen hierfür 10 Monate zu Verfügung sind pro Monat 1.000 Schweißnähte zu erbringen. Einfach dargestellt, 40 Schweißnähte pro Arbeitstag. Da Schweißnähte der Qualitätsüberwachung unterliegen, ist jede Schweißnaht mit dem Schweißdatum zu dokumentieren. Die Informationen über die Herstellung der Schweißnähte liegen also vor. Von daher ist es ein leichtes die Anzahl der Schweißnähte über einen bestimmten Zeitraum zu ermitteln. Eine sinnvolle Größe wäre die Anzahl der Schweißnähte pro Woche. (Je nach Erfordernis können auch der Durchmesser und die Wandstärke (zeitbeeinflussende Faktoren) in die Kennzahl integriert werden.)

Hier besteht nun die Möglichkeit mit geringem Aufwand abschätzen zu können, ob die erbrachte Leistung ausreichend ist. ◀

Die Vorgaben für die Termine erfolgen aus der Planung. Unterstellt, dass die Planung in messbaren Größen erfolgt, wie z. B. eine bestimmte Leistung in einem bestimmten Zeitraum zu erbringen ist, kann die Erbringung dieser Leistung auch terminlich überwacht werden. Dazu ist die erbrachte Leistung bezogen auf die insgesamt zu erbringende Leistung, also den Fortschritt, zu ermitteln. Allerdings stellt sich sehr oft die Fortschrittsermittlung als das Buch mit den „sieben Siegel" dar.

Obwohl sämtliche Parteien bestrebt sind, vertraglich einheitliche Maßstäbe zu definieren, ist die Interessenlage beim Fortschritt unterschiedlicher Natur.

Der Auftraggeber/Investor benötigt einen bestimmten Fortschritt, um mögliche Kredite bei den finanzierenden Banken abrufen zu können.

Der Nachunternehmer wird in der Regel nach Fortschritt, also geleisteter Arbeit bezahlt, und tendiert von daher zu einer positiven Auslegung des Fortschritts, während im Gegensatz beim Auftraggeber Fortschritt gleich Mittelabfluss bedeutet.

▶ ***Der Fortschritt ist der Quotient aus geleisteter Arbeit bezogen auf das gesamte Arbeitsvolumen.***

Allerdings ist hier zwischen physischem und funktionalem Fortschritt zu unterscheiden.

Der Anlagenbauer benötigt einen funktionalen Fortschritt um einzelnen Gewerke und die Nachfolgegewerke terminlich nicht zu gefährden.

Beispiel

Wenn der Rohrleitungsbauer eine Transferleitung von ca. 1.000 m fertig errichtet hat und nur noch die Einbindung in das bestehende System ausstehend ist, wäre aus Sicht des Rohrleitungsbauers ein Fortschritt von nahezu 99 % erreicht.

Aus Sicht des Anlagenbauers bzw. deren Inbetriebnahme ist der funktionale Fortschritt gleich null, da die Transferleitung noch nicht genutzt werden kann. ◀

18.3.1 Fortschrittsermittlung

Die Hauptaufgabe der Fortschrittsermittlung ist die Unterstützung des Projektes bezüglich der Projektabläufe in Hinblick auf die vertraglichen Vereinbarungen, als auch die Einhaltung von Plandaten. Die Fortschrittsermittlung ist ein wesentlicher Teil, um den Status des Projektes widerzuspiegeln. Der Betrachtungszeitraum der Fortschrittsermittlung beläuft sich auf Monatsbasis und beinhaltet sämtliche Leistungen, die erbracht werden. Zum Vergleich bezieht sich das Kennzahlensystem auf eine Wochenbasis und beinhaltet nur die Tätigkeiten, die für die direkte Steuerung betrachtet werden. Von daher sollten beide Verfahren differenziert betrachtet werden.

Die Grunddaten für die Fortschrittsermittlung erfolgen anhand eines Aufmaßes. Dabei kann das Aufmaß elektronisch aus der EDV generiert werden, oder es wird manuell vor Ort auf gemessen. Eine Kombination aus beiden ist der übliche Weg.

Es sind nur die Leistungen zu messen, für die Plandaten existieren. Das bedeutet aber nicht, wenn für Leistungen keine Plandaten vorliegen, sind diese Leistungen aus Sicht des Fortschrittes zu vernachlässigen. Im Gegenteil. Falls dieser Fall eintritt, ist umgehend die Basis zu revidieren und die neuen Erkenntnisse (=Leistungen) planerisch zu ergänzen. Das kann unter Umständen dazu führen, dass in einem Berichtszeitraum der Fortschritt sinkt, da sich die Werte für den 100 % Fortschritt deutlicher erhöht haben, als die Monatsleistung als Prozentpunkte hergibt.

Beispiel

Sind in der Rohrleitungsmontage 4000 Diainch von 8000 Diainch geschweißt, ist ein Fortschritt von 50 % erreicht. Wöchentlich werden 400 Diainch geschweißt.

Eine Neubewertung der Gesamtschweißleistung nach Ende des Detailengineering, hat ergeben, dass insgesamt 9000 Diainch zu schweißen sind. In der Berichtswochen wurden wie geplant 400 Diainch geschweißt, sodass insgesamt 4400 Diainch fertiggestellt sind. Die Basis ist allerdings auf 9000 Diainch angewachsen. Das bedeutet, dass der aktuelle Fortschritt, eine Woche später, trotz Erreichen der Plandaten nur noch bei 48,9 % liegt. ◀

Dieses Beispiel soll verdeutlichen, wie wichtig es ist, zu wissen welche Mengen zu verbauen sind. Von daher kann nur gefordert werden, grundsätzlich einen Zyklus oder feste Ereignisse festzulegen, um die Hauptmengen, in Anlehnung an Tab. 3.5 auf ihre Aktualität zu kontrollieren und ggf. anzupassen.

▶ ***Die 100 % Basis für den Fortschritt ist grundsätzlich aktuell(!) zu halten.***

▶ ***Nur so weiß der Betrachter wo das Projekt gerade steht.***

Der Fortschritt wird auf der Basis von Arbeitszeitwerten bestimmt. Gewerkeübergreifend werden die Arbeitsgänge mit Arbeitszeitwerten bewertet und aufaddiert. Dadurch wird eine Vergleichbarkeit unter den Gewerken erreicht, unabhängig ob die Aufmaß-Einheit m, m^2, m^3 oder t ist.

Arbeitszeitwerte (AZW.) haben als Einheit Stunden[h], stellen aber keine Zeitvorgabe und oder Aufwand da.

Beispiel

Es sind 500 m^3 Beton herzustellen. Die angenommene Effizienz (Referenzwert. Beinhaltet auch nicht näher beschrieben Leistungen) beträgt 40 h/m^3. 40 m^3 sind erstellt. Also 16,000 AZW von 20.000 AZW sind erledigt.

Es sind 50 t Stahlbau von 250 t montiert. Die Effizienz wird mit 20 h/t angesetzt. Also sind 1.000 h (=Arbeitszeitwerte) von 5.000 h (=Arbeitszeitwerte) abgearbeitet. (Es spielt für die Fortschrittsbewertung keine Rolle wieviel Stunden der Stahlbauer tatsächlich verbraucht hat.)

Ferner sind 10 t Rohrleitungen von 200 t montiert. Angenommene Effizienz 200h/t, also 2.000 h von 40.000 h AZW erreicht

(Einfacher halber wird in diesem Beispiel auf die Bestimmung von Zwischenfortschritten verzichtet.) ◀

(Tab. 18.1)

Tab. 18.1 Beispielrechnung Fortschrittsermittlung

Maschinen	Fortschritt [AZW]	Gesamt [AZW]t
Betonarbeiten	16.000	20.000
Stahlbau	1.000	5.000
Rohrleitungen	2.000	40.000
Gesamt	**19.000**	**65.000**
Gesamtfortschritt in %	**29,2 %**	**100 %**

Des Weiteren ist zu berücksichtigen, dass der ermittelte Fortschritt auch dazu dient, das Vergütungssystem mit dem Nachunternehmer mit Daten zu versehen. Das bedeutet, dass das Aufmaß (ausgehend von einem Einheitspreisvertrag zwischen den Parteien) inhaltlich den Fortschrittswerten entspricht.

Der **Weg(!)** der Fortschritts***ermittlung*** ist identisch mit dem Weg der Aufmaß***ermittlung.***

Beispiel

Wurde die Rohrleitungsmontage nach Gewicht geplant, so sollte der Fortschritt in der gleichen Einheit gemessen werden. Üblicherweise werden die Bau- und Montageleistungen mittels Einheitspreisvertrages vergeben. Dadurch ist für die Abrechnung der erbrachten Bau- und Montageleistungen ein Aufmaß erforderlich. Dieses Aufmaß kann gleichzeitig für die Fortschrittsbewertung herangezogen werden. Das bedeutet zwar, dass die Fortschrittsermittlung (in %) auf die gleichen aktuellen Werte zurückgreift, wie die Vergütung der Leistungen, muss allerdings nicht den gleichen monetären Wert (in %) aufweisen. Das liegt zum einen daran, dass die Arbeitszeitwerte im Unternehmensfundus des Anlagenbauers liegen, während die Einheitspreise von dem Nachunternehmer gebildet werden. Mehr dazu im Kapitel Kosten ◀

▶ ***Fortschritt und Vergütung sollten von ihrer Wertigkeit getrennt betrachtet werden.***

Analog zur Planung sind die Leistungen zu messen.

Die Ermittlung des Baustellenfortschritts orientiert sich in erster Linie an den Mengen der verbauten Massen.

Primär spricht man somit vom physischen Fortschritt.

Es gilt also:

$$Fortschritt = \frac{geleistete\,Arbeit}{gesamtes\,Arbeitsvolumen}$$

Formel 18.4 Fortschritt

Die geleistete Arbeit wird während eines Berichtszeitraums, oder relative nahe zu dem, erfasst.

Die Aufsummierung der geleisteten Arbeit bezogen auf das gesamte Arbeitsvolumen gibt den jeweiligen Fortschritt an.

Die Ermittlung des Fortschritts erfolgt getrennt nach Gewerken. Da gewisse Leistungen nicht in einem Berichtszeitraum abgeschlossen werden können, werden Leistungen in Teilleistungen unterteilt, oder in unterschiedliche Arbeitsschritte. Mitunter erfolgt die Bewertung einer Teilleistung auch nach geschätzten Werten.

Eine isolierte Betrachtung des Fortschrittes innerhalb der Gewerke, lässt den Gesamtfortschritt der Baustelle nur erahnen. Um die einzelnen Fortschritte untereinander vergleichbar zu gestalten, bedient man sich fachspezifischer Arbeitszeitwerte. Diese Arbeitszeitwerte reflektieren den identischen Aufwand unterschiedlicher Arbeiten. Eine Tagesleistung pro Isolierer, ist somit identisch mit einer Tageleistung eines Schweißers und wird über m2 pro Zeiteinheit gemessen.

Die Basisdaten werden von dem Terminplan geliefert und in dem Kennzahlensystem gepflegt.

Allerdings kann eine Fortschrittsbetrachtung für ein Projekt nicht auf Einzelwerten beruhen. Wie in der Planungsphase ermittelt und in dem Terminplan mittels Anordnungsbeziehungen verknüpft, ist auch bei der Steuerung die gesamte Prozesskette zu betrachten.

Im Einzelnen sieht das für die Gewerke wie im Folgenden aus.

18.3.1.1 Bauarbeiten

Die Bemessungsgrundlage der einzelnen Aktivitäten geht im Bereich Bauarbeiten über m2, m3 oder Stückzahlen. Basis ist das aktuelle Aufmaß bewertet mit den entsprechenden Arbeitszeitwerten. Die Fortschrittswerte werden anhand von Baueinheiten betrachtet.

Beispiel

(Siehe Tab. 18.2) ◀

Tab. 18.2 Fortschrittswerte Betonarbeiten

Betonarbeiten	*Einzelwert*	*Gesamtwert*
Sauberkeitsschicht	*10 %*	*10 %*
Schalung	*10 %*	*20 %*
Bewehrung	*45 %*	*65 %*
Eingebettet Teile Anker, Platten usw	*15 %*	*80 %*
Betonieren	*10 %*	*90 %*
Dokumentation	*5 %*	*95 %*
Abnahme (Punch Punkt frei)	*5 %*	*100 %*

18.3.1.2 Stahlbau

Die Betrachtung des Stahlbaus erfolgt primär nach Tonnen. Es ist bei der Fortschrittsbewertung festzustellen, dass nur fertige Funktionseinheiten bewertet werden. Fehlen bei einem Stahlgerüst sämtliche Verstrebungen wirkt sich das stark mindernd auf den Stahlbaufortschritt aus.

Beispiel

(Siehe Tab. 18.3) ◄

18.3.1.3 Ausrüstungen

Die Bemessungsgrundlage im Bereich Ausrüstungsmontage ist das Einzelgewicht der jeweiligen Ausrüstung. Die Gewichtung errechnet sich aus dem Einzelgewicht bezogen auf das Gesamtgewicht.

Grundlage ist die Ausrüstungsliste mit den entsprechenden Angaben. Erschwerend bei der Fortschrittsermittlung für Ausrüstungsmontage sind die vielen unterschiedlichen Bauteile. Ein Hubvorgang wird innerhalb eines Tages abgeschlossen. Unabhängig ob die Ausrüstung 50 t oder 500 t wiegt.

Allerdings wird für das Heben der 500 t ein verstärkter Kranstandplatz benötigt, und selbst der Aufbau des Kranes dauert 10 Tage länger. Wie sollen diese Nebenleistungen bei der Fortschrittsermittlung berücksichtigt werden? Die Empfehlung ist leider, gar nicht. Die Vorbedingungen sind planerisch zu erfassen, nachzuverfolgen, und zu steuern. Aus Sicht des Terminplans ist mit Ereignissen zu planen, wie. z. B. Kranstandfläche hergestellt, oder Kran einsatzbereit. Fortschritts relevant sind aber nur die Leistungen, die unmittelbar mit den Arbeiten der Ausrüstung zu tun haben. Dabei wird die Ausrüstungsmontage in drei Kategorien unterteilt.

- Maschinen (Pumpen, Kompressoren, usw.)
- Statische Ausrüstung (Behältern, Tanke usw.)
- Baustellenfertigung

Tab. 18.3 Fortschrittswerte Stahlbau

Stahlbaumontage	*Einzelwert*	*Gesamtwert*
Material abfassen	*5 %*	*5 %*
Stahlbau errichtet	*40 %*	*45 %*
Stahlbau ausgerichtet	*15 %*	*60 %*
Nachweis Anzugsmomente	*5 %*	*65 %*
Bühnen und Leiter	*15 %*	*80 %*
Dokumentation	*10 %*	*90 %*
Abnahme (Punch Punkt frei)	*10 %*	*100 %*

Beispiel

(Siehe Tab. 18.4, 18.5, und 18.6) ◀

18.3.1.4 Rohrleitungsvorfertigung / -montage

Bei der Rohrleitungsmontage bestehen unterschiedliche Möglichkeiten der Fortschrittsermittlung. Zum einen kann man Vorfertigung und Montage separat betrachten und mit jeweils eigenen Arbeitsschritten und Arbeitszeitwerten bewerten.

Grundlage für die Ermittlung sind die Massen der Isometrie. Die Fortschrittsbewertung sollte über eine vorhandene Datenbank mit entsprechenden Arbeitszeitwerten der relevanten Arbeitsschritte erfolgen. Basierend auf dem, durch die Datenbank ermittelten Aufwand pro Isometrie, bezogen auf den Gesamtaufwand, errechnet sich die Wertigkeit der einzelnen Isometrie. Der Bearbeitungsstatus und der Fortschritt werden somit festgelegt.

In dem Fall, dass Vorfertigung und Montage zusammengefasst werden, kann die Wertigkeit der Arbeitsschritte wie folgt aussehen.

Tab. 18.4 Fortschrittswerte Maschinen

Maschinen	*Einzelwert*	*Gesamtwert*
Aufstellung, Ausrichten, Verankern	*45 %*	*45 %*
Feinausrichtung	*30 %*	*75 %*
Freigabe Rohrleitungsanschluss	*10 %*	*85 %*
Abnahme (Punch Punkt frei)	*15 %*	*100 %*

Tab. 18.5 Fortschrittswerte Statische Ausrüstungen

Statische Ausrüstung	*Einzelwert*	*Gesamtwert*
Aufstellen, Ausrichten, Verankern	*60 %*	*60 %*
Freigabe Rohrleitungsanschluss	*10 %*	*70 %*
Reinigung und Verschließen	*20 %*	*90 %*
Abnahme (Punch Punkt frei)	*10 %*	*100 %*

Tab. 18.6 Fortschrittswerte Baustellenfertigung

Baustellenfertigung Tanke	*Einzelwert*	*Gesamtwert*
Baustellenfertigung	*70 %*	*70 %*
Druckprobe	*15 %*	*85 %*
Freigabe Rohrleitungsanschluss	*5 %*	*90 %*
Dokumentation	*5*	*95*
Abnahme (Punch Punkt frei)	*5 %*	*100 %*

Tab. 18.7 Fortschrittswerte Rohrleitungsmontage

Rohrleitungsmontage	*Einzelwert*	*Gesamtwert*
Material abfassen	*5 %*	*5 %*
Start Vorfertigung	*15 %*	*20 %*
Ende Vorfertigung	*20 %*	*40 %*
Start Montage	*10 %*	*50 %*
Ende Montage	*20 %*	*70 %*
Unterstützungen (komplett)	*10 %*	*80 %*
Abnahme/Druckprobe	*10 %*	*90 %*
Servicetest / Dichtheitsprüfung	*10 %*	*100 %*

Beispiel

Wie die einzelnen Arbeitsschritte prozentual bewertet werden, ist jeweils zwischen den Vertragsparteien festzulegen (Tab. 18.7). ◄

18.3.1.5 Anstrich

Die Fortschrittsbewertung erfolgt über eine Liste mit den anzustreichenden Flächen in m2. Die Einzelflächen bezogen auf die Gesamtfläche ergibt die Gewichtung.

Beispiel

(Siehe Tab. 18.8) ◄

18.3.1.6 Isolierung

Die Fortschrittsbewertung erfolgt über eine Liste mit den zu isolierenden Flächen in m2. Die Einzelflächen bezogen auf die Gesamtfläche ergibt die Gewichtung.

Nachfolgende Tabelle zeigt eine Übersicht welche Arbeitsschritte maßgeblich für die Fortschrittsermittlung sind, und mit welcher Wertigkeit diese zu bewerten sind.

Beispiel

(Siehe Tab. 18.9) ◄

Tab. 18.8 Fortschrittswerte Anstrich

Anstrich	*Einzelwert*	*Gesamtwert*
Grundanstrich (1 bzw. 2 Schichten	*30 %*	*35 %*
Deckanstrich	*40*	*75 %*
Ausbesserung Anstrich (Touch Up)	*15*	*90 %*
Abnahme (Punch Punkt frei)	*10 %*	*100 %*

Tab. 18.9 Fortschrittswerte Isolierungsarbeiten

Isolierung	*Einzelwert*	*Gesamtwert*
Vorfertigung Wetterschutz	*25 %*	*25 %*
Vorfertigung Kappen	*5 %*	*30 %*
Montage Isolierung	*50 %*	*80 %*
Montage Isolierkappen	*10 %*	*90 %*
Abnahme (Punch Punkt frei)	*10 %*	*100 %*

18.3.1.7 Elektroarbeiten

Abhängig von den verschiedenen Arbeiten umfasst die Montage von elektrischen Verbrauchern die Montage und die zugehörigen Prüfungen einschließlich der Funktionsprüfung. Jedes elektrische Gerät wird als ein einzelnes Gerät betrachtet.

Der Fortschritt der Tätigkeiten für die Elektroinstallation wird nach Arbeitszeitwerten gewichtet.

Für die Elektroarbeiten sind im Gegensatz zu anderen Gewerken Montagegruppen zu bilden. Eine Verfolgung nach Arbeitsschritten oder Teilarbeitsschritten, wie z. B. der Rohrleitungsmontage wäre zu aufwendig (Steuerung erfolgt über das Kennzahlensystem), da der Anteil der Elektroarbeiten am Gesamtfortschritt durchschnittlich nur um die 8 % beträgt (siehe Abb. 3.8 Beispiel: Aufteilung Wertigkeit der Gewerke).

Die Anpassung der Werte innerhalb der Elektroarbeiten erfolgt projektspezifisch.

Beispiel

(Siehe Tab. 18.10) ◄

18.3.1.8 Mess- und Regeltechnik

Im Bereich MSR geht die Bemessungsgrundlage über Stückzahlen, ausgenommen bei den Kabeltrassen und der Kabelverlegung, bei denen die Länge in m ausschlaggebend ist.

Tab. 18.10 Fortschrittswerte Elektroarbeiten

Elektroarbeiten	*Einzelwert*	*Gesamtwert*
Montage Kabeltrassen	*10 %*	*10 %*
Verlegen von Kabel	*25 %*	*35 %*
Montage elektrische Verbraucher	*10 %*	*45 %*
Schalthäuser	*25 %*	*70 %*
Erdung	*5 %*	*75 %*
Begleitheizung	*10 %*	*85 %*
Beleuchtung	*5 %*	*90 %*
Abnahme (Punch Punkt frei)	*10 %*	*100 %*

Abhängig von den verschiedenen Arbeiten umfasst die Fortschrittsbetrachtung im MSR-Bereich die Montage und die zugehörigen Prüfungen einschließlich der Funktionsprüfung. Jedes Instrument wird einzeln betrachtet.

Der Fortschritt der Tätigkeiten für die MSR-Montage wird nach Arbeitszeitwerten gewichtet.

Für die MSR-Arbeiten sind im Gegensatz zu anderen Gewerken Montagegruppen zu bilden. Eine Verfolgung nach Arbeitsschritten oder Teilarbeitsschritten, wie z. B. der Rohrleitungsmontage wäre auch hier zu aufwendig (Steuerung erfolgt über das Kennzahlensystem), da der Anteil der MSR-Montage am Gesamtfortschritt durchschnittlich nur um die 4 % beträgt (siehe Abb. 3.8). Des Weiteren befindet sich die MSR-Montage am Ende der Projektlaufzeit, sodass allein aus diesem Grund der MSR-Montage eine hohe Bedeutung innerhalb des Kennzahlensystem zukommt.

Die Anpassung der Werte erfolgt projektspezifisch.

Beispiel

(Siehe Tab. 18.11) ◀

18.3.2 Anwendung des Kennzahlensystems

Der Fortschritt ist in regelmäßigen Abständen, vorzugsweise wöchentlich zu überprüfen. Dazu wird das in der Planung aufgesetzte Kennzahlen System verwendet.

Obwohl das Kennzahlensystem von unten nach oben aufgebaut wurde, erfolgt die Nutzung in entgegengesetzter Richtung, nämlich von oben nach unten oder „Top Down".

Der erste Blick gilt der Gesamtkurve des Projektes. Hierbei sollte auch der wöchentliche Fortschritt ersichtlich sein, idealerweise als Säulendarstellung. Des Weiteren sind neben den Ist-Kurven auch die Soll-Kurven darzustellen, sodass eine Tendenz ersichtlich wird.

Wie Abb. 18.2 zeigt, schlängelt sich die Ist-Kurve entlang der Sollkurve. *(Die dargestellten Säulen zeigen den Fortschritt pro Woche, und stellen aus mathematischer Sicht*

Tab. 18.11 Fortschrittswerte MSR-Arbeiten

MSR-Arbeiten	*Einzelwert*	*Gesamtwert*
Verlegen von Kabel	*20 %*	*20 %*
Montage Instrumente	*10 %*	*30 %*
Feldarbeiten, Steuerungsleitungen	*15 %*	*45 %*
Messstelleneinrichtung	*30 %*	*75 %*
Signalprüfungen	*10 %*	*85 %*
Prüfungen Regelkreise	*5 %*	*90 %*
Abnahme (Punch Punkt frei)	*10 %*	*100 %*

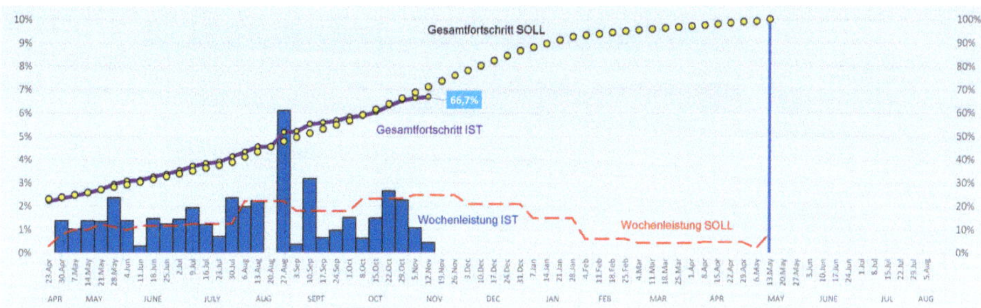

Abb. 18.2 Aktueller Projekt Status und Gesamttrend

die Steigung der Fortschrittskurve S-Kurve dar). Der Trend des Gesamtfortschrittes befindet sich erstmal noch im grünen Bereich. Betrachtet man allerdings den Fortschritt der letzten beiden Erfassungszeiträume, wird deutlich, dass der Fortschritt hinter den Plandaten zurückbleibt. Werden die letzten vier Zeiträume betrachtet, ist eindeutig eine negative Tendenz zu erkennen. Diese Entwicklung fordert von den Projektverantwortlichen ein sofortiges Eingreifen.

Der Zweite Blick geht nun Richtung Gewerke.

Hierbei fällt auf, dass der Fortschrittswert für die Stahlbaumontage nicht ins Gesamtbild passt. Eine Betrachtung der Abb. 18.4 „Zeitliche Abhängigkeit der Gewerke“ verdeutlicht dies.

Wird als Basis das treibende Gewerk „Rohrleitungsmontage“ betrachtet, also ein Fortschritt von ca. 73 % sollte die Ausrüstungsmontage bei ca. 90 % liegen und der Fortschritt E%I bei ca. 41 %. Der Stahlbau wäre anhand dieser Logik bereits abgeschlossen. Obwohl diese Abhängigkeiten nur indikativ sind, fällt dem sorgfältigen Betrachter bei Abb. 18.3 sofort auf, dass der Stahlbaufortschritt mit nur 89,2 % nicht im Soll liegen kann. Eine negative Auswirkung auf die darauffolgende Gewerke gilt es zu vermeiden (Abb. 18.4).

Den Erkenntnissen folgen, wird der Stahlbau nun im Detail betrachtet.

Dabei wird die gesamte Prozesskette untersucht, und zwar ob die Voraussetzungen wie Materialverfügbarkeit, Dokumente und Arbeitsfrontenverfügbarkeit erfüllt sind, die Teilleistungen entsprechend der wöchentlichen Produktivität erreicht werden, und die Abnahmen bzw. Prüfungen entsprechend der Planung durchgeführt werden.

Dieser Sachverhalt wird aus Sicht der Stahlbauverantwortlichkeit auf der Baustelle, repräsentative für die anderen Gewerke, dargestellt.

Jede Disziplin überwacht und überprüft, durch die Unterstützung des Kennzahlen-Systems, den wöchentlichen Fortschritt.

Bei den Stahlbauarbeiten werden die Arbeitszeitwerte für die Montage nach Tab. 18.2 ermittelt. Diese betragen rechnerisch 61.250 h, und dienen der Fortschrittsberechnung,

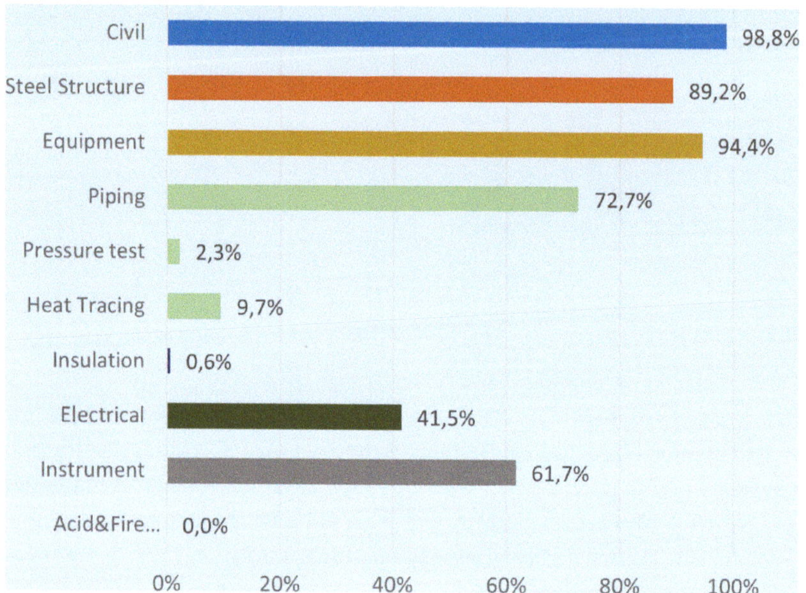

Abb. 18.3 Fortschritt pro Disziplin

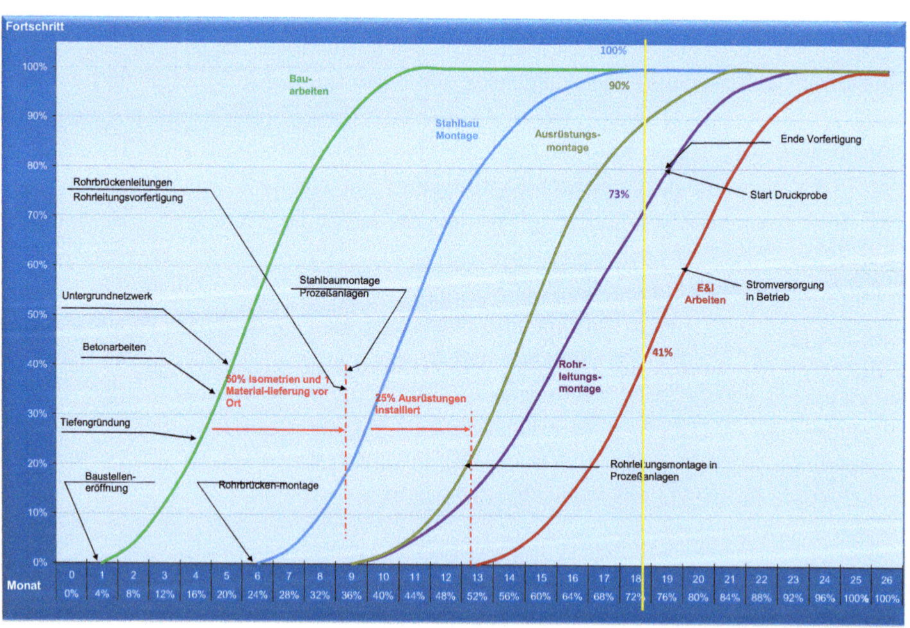

Abb. 18.4 Abhängigkeit der Gewerke

Tab. 18.12 Arbeitszeitwerte Stahlbau

Title	Beschreibung	Gewicht	h/t	AZW [h]
Rohrbrücken		750 t	20,00	15.000
Stahlbau-Strukturen	> 100 kg/m	500 t	30,00	15.000
Stahlbau-Strukturen	40–100 kg/m	500 t	40,00	20.000
Stahlbau-Strukturen	< 40 kg/m	250 t	45,00	11.250

Nachdem die Bedeutung des Arbeitszeitwertes klar ist, wird in der weiteren Vorgehensweise auf die Einheit der treibenden Größe, also Tonne, zurückgegriffen

um eine Vergleichbarkeit zu den anderen Gewerken herzustellen. Des Weiteren unterstützen sie die Analyse hinsichtlich der erforderlichen und tatsächlichen Ressourcen (Tab. 18.12).

Für die Montage des Stahlbaus wird folgendes benötigt.

- Stahlbauübersichten
- Werkstattzeichnungen
- Vorgefertigter Stahlbau
- Gelieferter Stahlbau
- Stahlbauzeichnungen

All dies lässt sich nun auf einen gemeinsamen Nenner bringen, und zwar auf die Einheit Tonne Stahlbau [t].

Auf jeder Stahlbauübersicht ist die Tonnage des Stahlbaus in [t] anzugeben, die auf der Zeichnung aufgeführt sind. Das gleiche gilt für die Werkstattzeichnungen. Der vorgefertigte und gelieferte Stahlbau basiert auf Lieferlisten, die wiederum in Tonnen angegeben werden.

Die vorherige Berechnung des Beispielprojektes hat ergeben, dass für den Stahlbau (Rohrbrücken und Strukturen) ein Zeitfenster von knapp 6 Monaten (118 Tagen) zur Verfügung steht (Abb. 18.5).

Als Planungsgrundlage liegen auf der Baustelle Fortschrittskurven für die Erstellung der Zeichnungen vor, wie in Abb. 18.6 S-Kurven Stahlbau-Zeichnungen“ dargestellt. Es ist nicht Aufgabe der Baustelle den Fortschritt bei der der Erstellung von Zeichnungen zu überwachen. Aber, und das ist deutlich hervorzuheben, ein Blick auf die Vorleistungen schadet nie. Im Gegenteil, da es bei terminlichen Abweichungen immer um ein frühmöglichstes Eingreifen geht, insbesondere dann, wenn der Betroffene und der Verantwortliche nicht derselbe ist.

Anmerkung

Wichtig ist auch in dem Zusammenhang, dass je eher die Baustelle von terminlichen Abweichungen erfährt, umso frühzeitigen können Anpassungen implementiert werden.

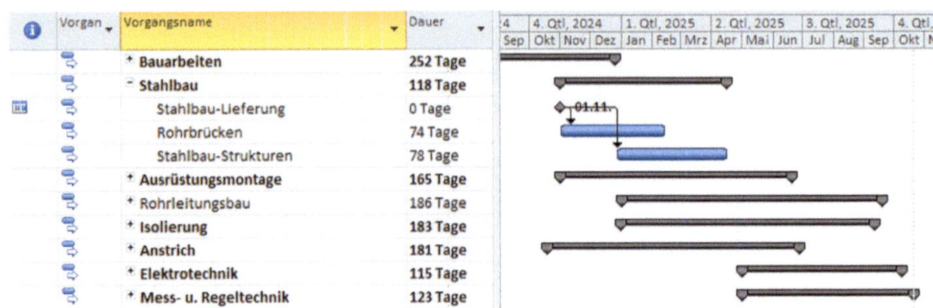

Abb. 18.5 Zeitfenster Stahlbaumontage

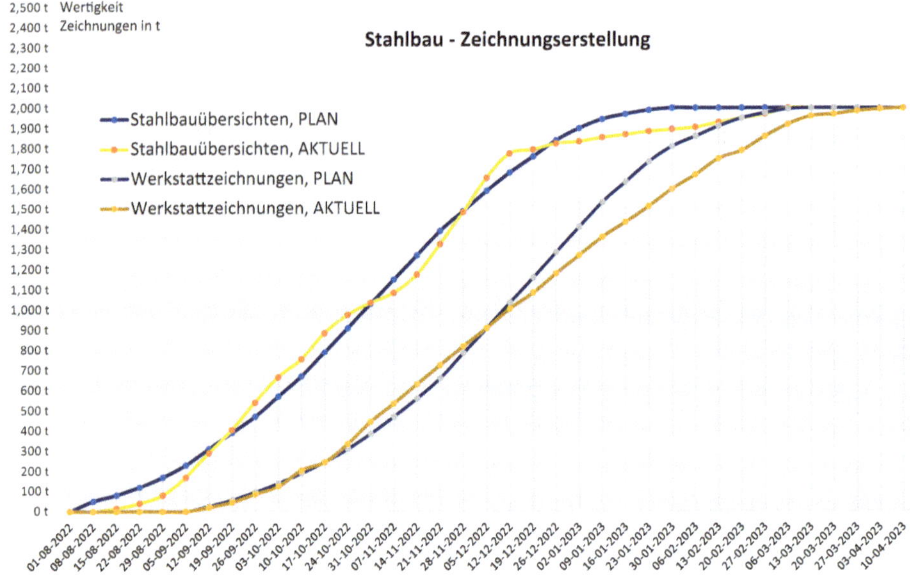

Abb. 18.6 S-Kurven Stahlbau-Zeichnungen

Sollten die Vorleistungen des Anlagenbauers nicht in dem vertraglichen Umfang fristgerecht erfolgen, ist der Nachunternehmer diesbezüglich frühzeitig zu informieren.

Wird z. B. der Stahlbau nicht rechtzeitig geliefert, dann stehen Arbeitskräfte und Geräte bereit und können nicht produzieren, Das bedeutete Wartezeiten.

Wartezeiten kosten Geld und bringen dem Projekt absolut nichts.

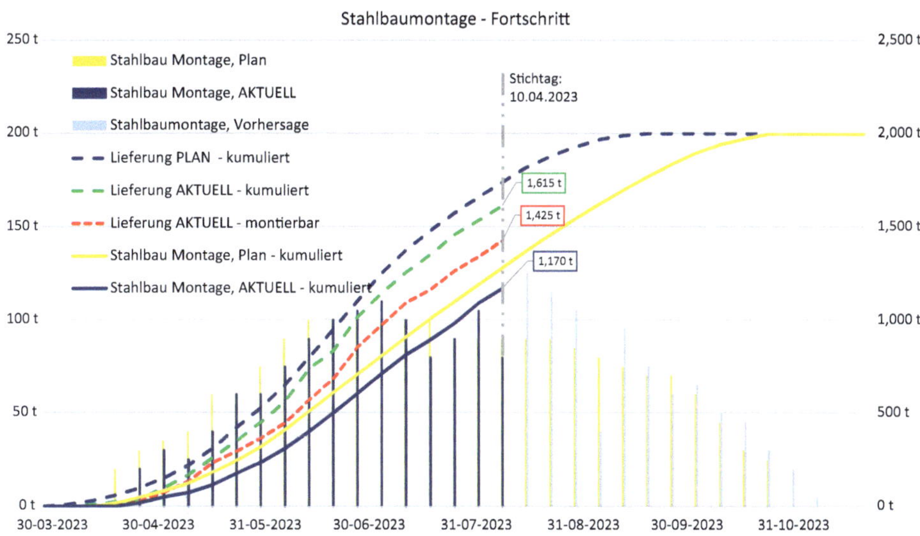

Abb. 18.7 Stahlbaumontage Fortschrittsbewertung

Das bedeutet, dass der Nachunternehmer seine Ressourcen den verfügbaren Vorleistungen anzupassen hat, um Kosten zu reduzieren. Hier gilt das Schadensminderungsprinzip.

Zurück zum Fortschritt, Abb. 18.7 zeigt den Istzustand des Stahlbaus. Dabei wird der gelieferte Stahlbau erfasst und analysiert. Eine Forderung an die Stahlbaulieferung war, dass der Stahlbau in funktionellen Einheiten geliefert wird, also vollständig. Der ermittelte Wert „Aktuelle Stahlbaulieferung“ wird hinsichtlich der Vollständigkeit und der Montierbarkeit untersucht und bewertet. Das bedeutet, dass die Vorleistungen (Workfronten) wie das Herstellen von Fundamenten, deren Abnahme und der Freigabe für die Stahlbaumontage erfolgt sind. Die Differenz des „montierbaren Stahlbau“ und der „aktuellen kumulierten Stahlbaumontage“ (1.425 t – 1.170 t = 255 t) gibt den Arbeitsvorrat für die kommenden Wochen an. Bei einem erwarteten Fortschritt von 125 t bezogen auf eine Arbeitsvorrat von 255 t wird die Flexibilität auf der Baustelle geringer. Es lässt sich also vermuten, dass auch im kommenden Berichtszeitraum die Sollvorgabe nicht erreicht wird. Idealerweise sollte der Arbeitsvorrat auf der Baustelle mindestens 3 bis 4 Wochenleistungen betragen, in dem konkreten Beispiel ca. 350–400 t.

Darüber hinaus verdeutlichen die Säulen (Leistung pro Woche), dass die Einhaltung der Stahlbautermine kritisch ist, da in den vorhergehende Berichtszeiträumen selten die Planzahlen erreicht wurden. Hier ist nun das Baustellenmanagement gefordert, die gesamte Prozesskette Stahlbaumontage eng zu begleiten, um weitere Störungen zu vermeiden. Zum einen sind die Voraussetzungen auf der Baustelle zu verbessern, um den Arbeitsvorrat „montierbarer Stahlbau“ zu erhöhen, und zum anderen ist die Fertigung bzw. die Lieferung des Stahlbaus intensiver zu überwachen, um auch hier Abweichungen zu vermeiden.

18.3.3 Kritischer Pfad

In vielerlei Hinsicht ist es die Hauptaufgabe des Baustellenleiters, die aus den unterschiedlichen Gewerken resultierenden Schnittstellen innerhalb der Baustellenorganisation zu steuern. Wenn jedes Gewerk seine Arbeiten ohne Vorgabe von einem anderen Gewerk erfüllen könnte, wäre die Aufgabe des Baustellenleiters relative einfach. Vielmehr sind es die Schnittstellen, die die Probleme verursachen. Auf diese Schnittstellen ist die kritische Pfad Analyse ausgerichtet. Trotz ihres Rufes als äußerst komplexe und zeitaufwendige Planungsmethode ist, die Critical Path Method (CPM) eigentlich ein einfaches Instrument zur Ermittlung der kritischen Pfade.

Im Gegensatz zu den üblichen Planungstechniken (Ereignislisten und einfache Balkendiagramme), konzentriert sich die CPM auf zwei deutlich hervorzuhebende Bereiche.

- Darstellung der Zusammenhänge und Abhängigkeiten zwischen den einzelnen Vorgängen
- Identifizierung der Ereignisse und/oder Vorgänge, die entscheidend für die rechtzeitige Fertigstellung der Anlage sind.

Zur Bestimmung des Kritischen Pfades wird jeder Vorgang bezüglich der Auswirkung seines Vorgängers und Nachfolgers betrachtet.

Jeder Vorgang verfügt über eine Dauer, wie in Abb. 18.8 dargestellt sowie einem

- Frühesten Anfang (Early Start = ES)
- Frühesten Ende Early (Finish = ES)
- Spätesten Anfang (Latest Start = LS)
- Spätesten Ende (Latest Finish = LF)

In Abb. 18.9 wird der kritische Pfad durch ACD bestimmt. Bei der Ermittlung der Werte werden die frühesten Termine (early) von links nach rechts bestimmt, die spätesten Termine (latest) hingegen von rechts nach links bestimmt.

Zur Ermittlung des kritischen Pfades werden die frühesten Termine untersucht. Bei einer Ende-Anfang Beziehung der Vorgänge ergibt sich der früheste Beginn von B aus dem frühesten Ende von A, also Tag 6. Das früheste Ende von B ist somit Tag 10. Be-

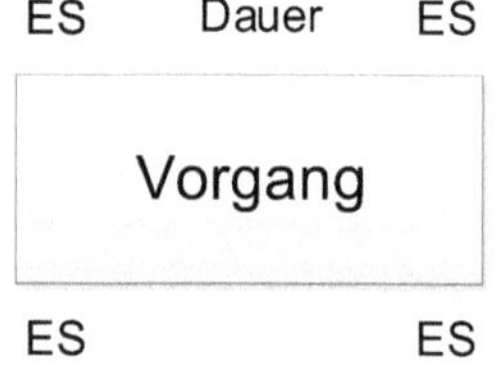

Abb. 18.8 Vorgang

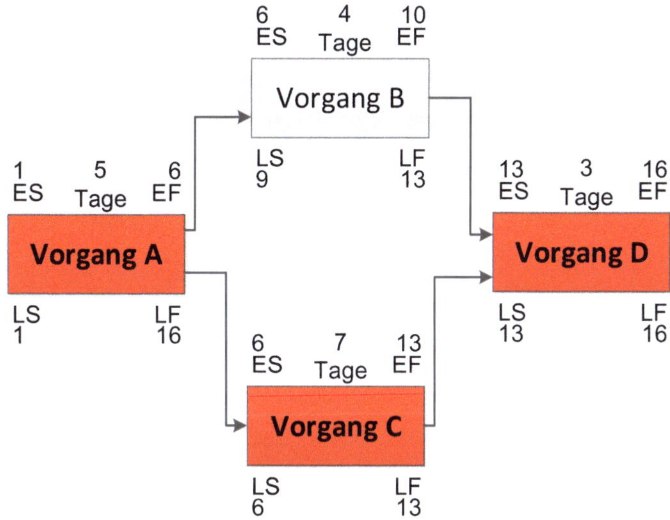

Abb. 18.9 Kritischer Pfad

trachtet man nun den frühesten Anfang von D, der wiederum als Vorgänger den Vorgang B und C besitzt, so kann Vorgang D erst dann starten, wenn Vorgang B und C beendet ist. Da Vorgang C erst nach 13 Tagen beendet ist, ist also der früheste Begin von D Tag 13. Die Gesamtlaufzeit beträgt also 16 Tage. Der kritische Pfad ist somit ACD.

Die Ermittlung des Zeitpuffers erfolgt durch die Betrachtung der spätesten Termine. Gestartet wird mit dem spätesten Ende, also LF = 16 des Vorganges D. Daraus ergeben sich die spätesten Termine für Vorgang B und C jeweils aus LS (von D) = 13. Durch die unterschiedliche Dauer der Vorgänge B und C ergeben sich ebenfalls unterschiedliche späteste Termine. An dem Knotenpunkt BC zu A wird der niedrigste Wert übertragen, also der von Vorgang C.

▶ ***Bei der Betrachtung von links nach rechts wird an einem Knotenpunk immer der Maximalwert verwendet. Bei der Betrachtung von rechts nach links, immer der Minimalwert.***

Der kritische Pfad kann auch als die treibende und entscheidende Prozesskette verstanden werden.

▶ ***Der kritische Pfad ist die Anordnung von Vorgängen mit der längsten (Gesamt) Dauer. Vorgänge, die auf dem kritischen Pfad liegen haben keinen Puffer. Verzögerungen der Vorgänge wirken sich unmittelbar auf den Endtermin aus.***

Entscheidend ist hier allerdings, dass die Aufgaben (=Vorgänge) identifiziert werden, die am wichtigsten für die Durchführung des Projektes sind. Änderungen in der Fertigstellungsterminkette, die als Funktion dieser Vorgänge zu verstehen sind, die (früher oder später) Auswirkungen auf den endgültigen Fertigstellungstermin haben. Hier unterstreicht die CPM diese entscheidenden Vorgänge, sodass die entsprechende Aufmerksamkeit auf diese Vorgänge geleitet werden kann.

Ist von der Verschiebung eines Vorgangs kein weiterer Vorgang betroffen, so besitzt dieser Vorgang einen freien Puffer.

▶ ***Der Freier Puffer, auch als „Free Float" bezeichnet, ist die Dauer, mit der ein Vorgang verspätet werden kann, ohne den frühesten Anfang des nachfolgenden Vorganges zu verzögern.***

Hat die Verschiebung eines Vorgangs aber Auswirkungen auf seine mittelbaren oder unmittelbaren Nachfolger und bleibt lediglich der Fertigstellungstermin unverändert, so handelt es sich um einen Gesamtpuffer.

▶ ***Der Gesamtpuffer eines Vorgangs setzt sich somit aus seinem eigenen freien Puffer, falls vorhanden, und der Freien Puffer der nachfolgenden Vorgänge, die mit ihm verknüpft sind, zusammen.***

Falls bei einem Vorgang die früheste und späteste Lage identisch sind, der Vorgang also keinen Verschiebungsspielraum hat, wird dieser Vorgang als kritisch bezeichnet. Die Summe der kritischen Vorgänge im gesamten Ablauf bestimmt den kritischen Pfad. Die Verschiebung oder Verlängerung eines Vorgangs auf dem kritischen Pfad hat somit eine Verschiebung des Fertigstellungstermins des Projekts zur Folge. Die Kompensation des kritischen Pfades ist nicht gleichbedeutend mit der Tatsache, dass der Fertigstellungstermin erreicht werden kann. Vielmehr entsteht durch die Beseitigung des kritischen Pfades ein weiterer kritischer Pfad, sodass man hier von einem iterativen Prozess zur Beseitigung der kritischen Pfade sprechen kann (Abb. 18.10 und 18.11).

Beispiel

Der kritische Pfad wird durch die Kette ACEGI bestimmt.

Die Dauern der auf dem kritischen Pfad liegenden Vorgänge werden summiert. Die hier dargestellte Mindestdauer des Projektes beträgt 25 Arbeitstage.

Nachdem ein kritischer Pfad erkannt wurde, sind korrigierende Maßnahmen einzuleiten. Dazu werden in der Regel sog. „Maßnahmenkataloge" erstellt, indem jede Maßnahme einer zuständigen Person zugeteilt wird, einschließlich einer klaren Terminvorgabe. Die Verfolgung dieser Maßnahme(n) ist regelmäßig und in kurzen Abständen zu tätigen. ◀

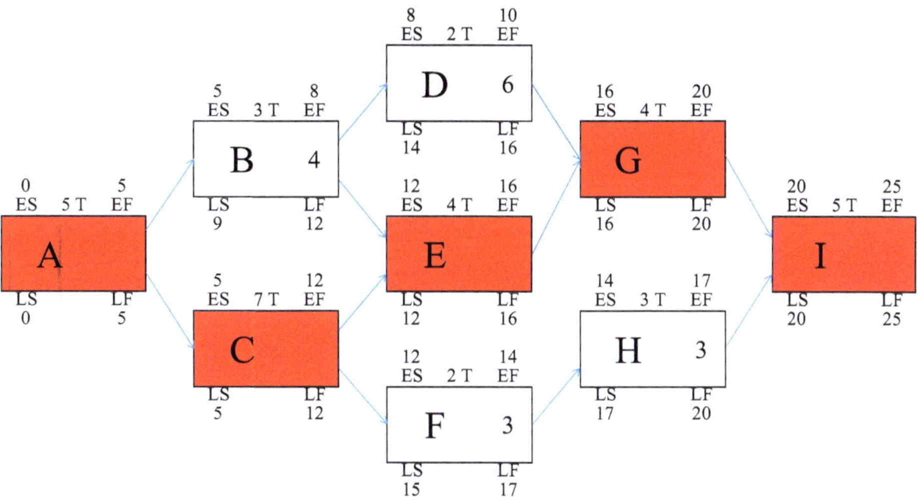

Abb. 18.10 Kritische Pfad Darstellung Beispiel

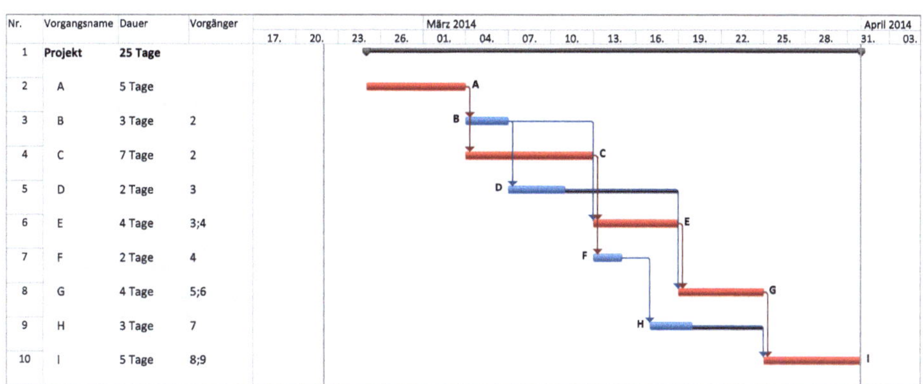

Abb. 18.11 Kritischer Pfad Darstellung Balkendiagramm

18.4 Kostenkontrolle

Eine Projektabwicklung ist eine Unternehmung auf Zeit. Ein Unternehmen wir mit der Absicht gegründet, Gewinne zu erwirtschaften. Gewinne werden realisiert, wenn die Einnahmen größer sind als die Ausgaben.

Von daher sind die Kosten ein ständiger Begleiter im Baustellenmanagement, wenn es gilt Entscheidungen zu treffen.

▶ ***Das Ziel ist es, das Projekt innerhalb des Budgets abzuwickeln.***

Um dieses Ziel zu erreichen ist es zwingend erforderlich einen Überblick über die Kosten zu erhalten und zu behalten. Wer bereits Baustellen abgewickelt hat, weiß, dass dies keine einfache Arbeit ist, da viele Kosten latent sind und erst zum Ende der Baustelle in Erscheinung treten, wie z. B. Mehrforderungen (Claims) der Nachunternehmer, oder die Kosten für das Abarbeiten der Punch Punkte, da nicht alle einem Verursacher eindeutig zuzuordnen sind.

Die Kostenkontrolle beinhaltet somit die Überwachung der Eigenkosten und Fremdkosten entsprechen des im Kap. 17 beschriebenen Kontenplan. Inhaltlich bedeutet das, dass zum einem die Budgets auf ihre Vollständigkeit und Aktualität zu überprüfen sind und zum anderen die noch zu erwarteten Kosten mit den vorhandenen Budgets abgeglichen werden.

Bei dem Bau und der Montage sind die Massen und Mengen die Kosten beeinflussenden Faktoren schlechthin.

Die indirekten Kosten verändern sich analog zu den Bauzeiten. Eine Bauzeitenverlängerung bedeutet automatisch höhere Kosten. Bei Großbaustellen können sich die Kosten für die Baustellenüberwachung, sowie das Vorhalten der Baustelleneinrichtung einschließlich aller Geräte, mitunter auf mehrere Millionen Euro pro Monat belaufen. Allein dies sollte schon ausreichende Motivation sein, die Baustelle termingerecht oder auch frühzeitiger fertigzustellen.

18.4.1 Kostenprognosen

Grundsätzlich sind die im Kap. 17 aufgestellten Budgets in regelmäßigen, wiederkehrenden Zyklen zu überprüfen. Plausibilitätsprüfungen anhand der verbauten Massen und den noch offenen Arbeiten sind kontinuierlich in diesen Prozess einzupflegen.

Je nach Komplexität des Zahlenwerkes und der Projektdauer, werden in regelmäßigen Abtständen Hochrechnungen über die noch zu erwartenden Kosten getätigt und somit Prognosen für die Gewinn- und Verlustrechnung zur Verfügung gestellt. Umgangssprachlich spricht der Anlagerbauer hierbei vom sogenannten „cost to complete“ oder „estimate to complete“.

Beispiel

Das Mengengerüst für die Rohrleitungsmontage wurde in der Angebotskalkulation anhand von Erfahrungswerten vergleichbarer Projekte generiert und kostenmäßig bewertet. Während der Projektbearbeitung wird dieses Mengengerüst mehrfach revidiert. Die erste maßgebliche Revision findet zu Beginn des Detail Engineerings statt, um eine Basis für den Einkauf der Rohrleitungsmaterialien zu haben, und um den Aufwand des Nachunternehmervertrages zu reflektieren. Je weiter das Detailengineering voranschreitet, umso genauer werden die Informationen über den tatsächlichen Bedarf. Demzufolge ist zu bestimmten Zeitpunkten das revidierte Mengengerüst kostenmäßig zu bewerten, um eine Tendenz der Kostenentwicklung aufzeigen zu können. ◀

An dieser Stelle sei nur kurz darauf hingewiesen, dass permanent wirtschaftliche Risiken durch Claims seitens der Nachunternehmer bestehen. Sei es nur die üblichen Änderungsarbeiten im Feld, oder gravierende Forderungen, die aus gestörten Abläufen sich generieren.

18.4.2 Eigenkosten

18.4.2.1 Stammhaus

Die Eigenkosten für die Bau und Montage sind in der Regel die Stunden die im Stammhaus für die Planung und Betreuung der Baustelle verwendet werden.

Während der Planungsphase werden Stundenvolumen dem Erstellen der Dokumente, wie z. B.

- Bau- und Montagekonzept
- Qualitätsplan
- Baustelleneinrichtung
- Technische Vergabe Dokumente
- Usw.

zugeordnet. Mit Fertigstellung der Dokumente lässt sich feststellen inwieweit die Stunden ausreichend gewesen sind.

Ein weiteres Stundenpaket wird für die Betreuung der Baustelle verwendet und über die Zeitachse verteilt, sodass eine monatliches Stundenbudget bestimmt werden kann.

Die verbrauchten Stunden werden einmal im Monat bilanziert und gegen den noch zu erwartenden Aufwand geprüft.

18.4.2.2 Baustellenüberwachung

Die Kosten für die Baustellenüberwachung werden einmal pro Monat überprüft. Basis ist der Personaleinsatzplan. In diesem Plan ist die Anzahl der eingesetzten Personen enthalten, und die entsprechenden Einsatzdauern der einzelnen Personen mit Start und Endtermin. Die voraussichtliche Arbeitszeit ist ebenfalls hinterlegt. Da die Anwesenheitszeiten elektronisch erfasst werden, werden zum Ende der Berichtsmonat die Stundenerfassung pro Mitarbeiter generiert und auf sachliche Richtigkeit überprüft. Nach erfolgter Prüfung durch die Baustellenleitung werden die Stunden in dem System hinterlegt und mit den Plandaten verglichen.

Baustellenstunden sind die teuersten Stunden im Projekt. Allein aus diesem Grunde sollte damit sorgfältig umgegangen werden. Eine Überschreitung des Stundenvolumens auf der Baustelle führt nicht automatisch zu einer besseren Qualität und der Einhaltung von Terminen. Im Falle von Terminverzügen auf der Baustelle wurde beobachtet, dass eine Neigung dazu besteht, die Baustelle mit zusätzlichem Personal zu versehen. Diese Maßnahmen erhöhen die Kosten, führen allerdings in den seltensten Fällen zu einer Verbesserung der terminlichen Situation. Hier sollte vielmehr der Ansatz von klaren Verantwortungen und präzisen Erteilungen von Arbeitsaufgaben gewählt werden, denn:

▶ ***Probleme lösen Kümmerer.***

18.4.2.3 Baustelleneinrichtung

Die laufenden Kosten für die Baustelleneinrichtung sind entsprechend ihrer Budgets regelmäßig zu überprüfen. (siehe Abschn. 17.2.2)

18.4.3 Fremdkosten

Aufwendiger gestaltet sich die Kostenkontrolle bei den Fremdkosten.

18.4.3.1 Direkte Kosten

Ein wesentlicher Faktor für die Kostenvorhersage ist der permanente Abgleich der zu verbauenden Massen, da diese sehr stark den Bau- und Montagepreis bestimmen.

Eine weitere Maßnahme ist der regelmäßige Austausch über noch zu erbringende Leistungen, die nicht in den Mengengerüsten enthalten sind, und somit auch noch nicht budgetiert sind. Dafür sollte einmal in Monat ein internes Gespräch mit den verantwortlichen Fachbauleitern oder Abschnittsleitern durchgeführt werden. Die möglichen Punkte sind aufzunehmen und kostenmäßig zu bewerten. Dabei werden diese Leistungen gegen das Risikopotential geprüft, um etwaige Doppelnennungen auszuschließen.

18.4.4 Mitlaufende Kalkulationen und Prognosen

Die im Kap. 17 aufgestellten Budgets werden anhand der verbauten Massen und den noch offenen Arbeiten kontinuierlich auf Plausibilität hin überprüft.

Nachfolgendes Schaubild stellt schematisch die Erwartung anfallenden Fremdkosten dar (Abb. 18.12).

Für die jeweiligen Prognosen sind die offenen Arbeiten kostenmäßig zu bewerten und mit dem Restbudget vergleichen. Insbesondere ist dabei darauf zu achten, dass zwischen Restbudget (Gesamtbudget abzüglich geleisteter Zahlungen) noch Rechnungen im Umlauf sind, die noch nicht erfasst sind.

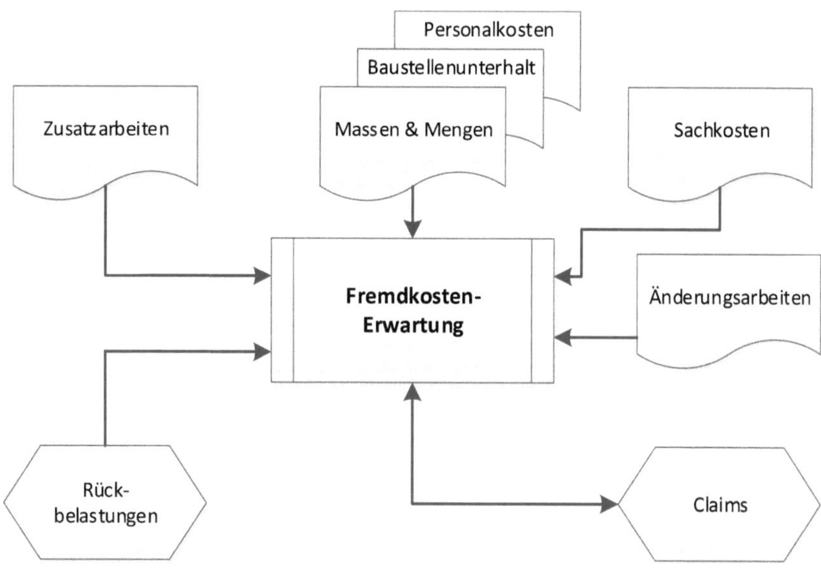

Abb. 18.12 Fremdkosten

18.4.5 Rechnungsprüfung

Die einfachste Art Kosten einzusparen, aber mitunter aufwendigste und emotionalste Arbeit ist die Rechnungsprüfung. Dass der Bau einer verfahrenstechnischen Anlage hoch komplex ist, spielt sich auch in der Rechnungslegung durch die Nachunternehmer wieder, insbesondre wenn es sich dabei um einen Aufmaß-Vertrag handelt. Fehlinterpretationen von Leistungsbeschreibungen und die Zuordnung von „günstigeren" Einheitspreise sind an der Tagesordnung.

Rechnungen sind grundsätzlich zeitnah zu prüfen, sodass eine Plausibilitätsprüfung mit dem physischen Fortschritt für jedem Abrechnungsmonat durchgeführt wird.

Es gilt grundsätzlich eine Überbezahlung der Nachunternehmer mittels der Aufmaß-Rechnungen zu vermeiden. Das der Nachunternehmer zu Projektbeginn Geld benötigt besteht außer Zweifel. Hierzu gibt es das Element der vertraglichen Vorauszahlung, Und nur dieses sollte dafür genutzt werden.

Idealerweise wird vor Rechnungsstellung gemeinsam das Aufmaß für den Rechnungszeitraum erstellt bzw. geprüft, sodass über den vertraglichen Anspruch Einvernehmen herrscht. Die Zuordnung der Einzelpreise zu den entsprechenden Positionen im Mengengerüst erfolgt entsprechend der vereinbarten Aufmaß-Richtlinie.

Es ist zu empfehlen, die Rechnung entsprechend nachfolgendem Fließbild zu prüfen (Abb. 18.13).

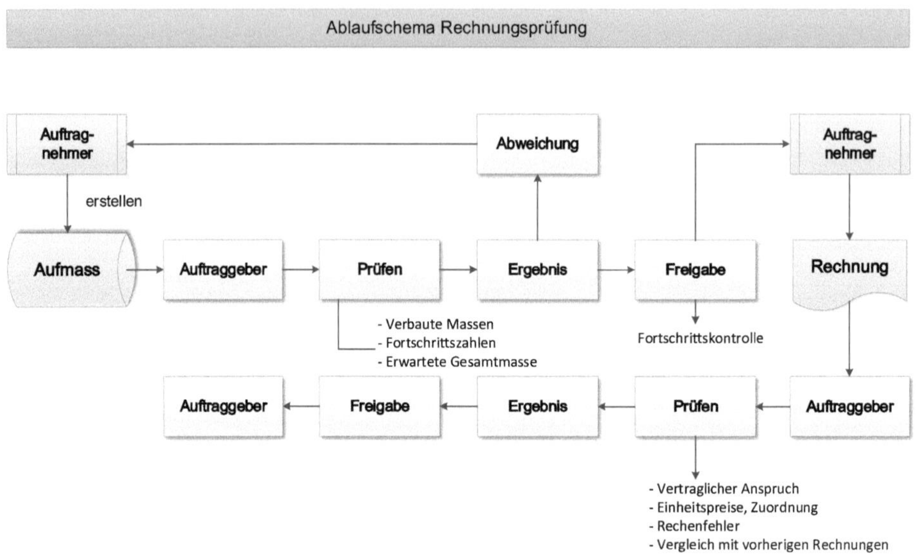

Abb. 18.13 Fließbild Rechnungsprüfung

18.5 Qualität

Die Überwachung der Ausführungsqualität auf der Baustelle erfolgt nach spezifischen Vorgaben.

Zur Sicherung der Qualität ist ein „Qualitätsplan (Quality Control Plan)" für die Baustelle zu erstellen.

Der Zweck eines solchen Handbuchs stellt sich wie folgt dar:

- Einrichten und Umsetzen eines effektiven Qualitätssystem, um die Vorgaben der ISO 9001 zu erfüllen
- Sicherstellen, dass die zum Einsatz kommenden Materialien und Produkte entsprechend den Spezifikationen hergestellt und/oder zusammengebaut werden bzw. bereitgestellt werden.
- Sicherstellen das alle Projektbeteiligten, einschließlich Lieferanten und Nachunternehmer die vertraglichen Qualitätsansprüche erfüllen.

Um eine effektive Qualitätsüberwachung zu gewährleisten, ist es zwingend erforderlich, dass die für die Qualitätsüberwachung verantwortlichen Personen sich mit den vertraglichen Spezifikationen ausreichend vertraut gemacht haben.

Die Qualitätsüberwachung für eine Baustelle fängt bereits mit der Auswahl der entsprechenden Nachunternehmer an. Potenzielle Nachunternehmer sind vor der Vergabe von Leistungen bezüglich ihrer Ausführungsqualität hin zu überprüfen. In der Regel findet diese Überprüfung im Rahmen eines Audits statt. Ein solches Audit sollte als Mindestanforderung, die Besichtigung einer aktuellen Baustelle des Nachunternehmers beinhalten. Allerdings sollte berücksichtigt werden, dass ein Baustellenaudit nur eine Momentaufnahme einer bestimmten Baustelle ist, die durch bestimmte Personen besetzt ist.

Ein weiterer Aspekt der Qualitätsüberwachung ist, dass unter allen Umständen sicherzustellen ist, dass der Nachunternehmer nur mit Zeichnungen und Spezifikation des letztgültigen Revisionsstandes arbeitet.

Die Überwachung der Qualität im Feld ist unter allen anderen Punkten die entscheidende Herausforderung, wo sich die Spreu von Weizen bei den Anlagenbauern trennt. Hier sei ausdrücklich darauf hingewiesen, dass die Feldüberwachung, wie der Name sagt, im Baufeld stattfindet.

Viele Arbeiten beinhalten Arbeitsschritte deren Qualität nur während der Ausführung überwacht werden können, wie z. B. die Einhaltung der Vorwärmtemperatur beim Schweißen oder die fachgerechte Reinigung der Oberfläche vor dem Anbringen des Korrosionsschutzes. Andere Arbeiten wiederum können nach Fertigstellung qualitativ überprüft werden.

Für die Überprüfung der einzelnen Arbeitsschritte diverser Gewerke ist der FQCP (Field Quality Control Plan) Bestandteil des Qualitätsplans. In dem FQCP werden sogenannte Inspektionspläne (ITP – Inspection Test Plan) integriert. In diesem Plan werden die Aktivitäten, Zuständigkeiten und Verantwortungen zur Qualitätssicherung beschrieben.

Eine Zuordnung der Verantwortungen und Tätigkeiten zwischen den beteiligten Parteien erfolgt wie in Tab. 18.13 dargestellt. Die Wertigkeit bzw. Intensivierung der Überprüfung wird den entsprechenden Parteien zugeordnet. Dabei reicht die Messlatte von der Stichprobe über den Nachweis-Punkt bis zum Haltepunkt. Zum Beispiel führt der Subunternehmer die Herstellung des Anstrichs (1) durch, die Überprüfungen erfolgen durch den Auftraggeber (C) und des Kunden (O) stichprobenartig. Unter Nr. 6 ist die Überprüfung der Innen-Beschichtung ein Haltepunkt, seitens des Kunden, d. h. der Kunde möchte sich selbst von dem Zustand der Innenbeschichtung überzeugen.

Ein Haltepunkt (H) und der Nachweis-Punkt (W) erfordert die Anwesenheit der zuständigen Parteien. Dazu ist eine rechtzeitige Einladung für die Zwischenprüfung schriftlich an die überprüfenden Parteien zu senden. Bei einem Nachweis-Punkt reicht die rechtzeitige Bekanntmachung, es ist dem Überprüfer freigestellt an der Prüfung teilzunehmen oder auch nicht. Der Prüfende führt die Prüfung wie geplant durch. Bei einem Haltepunkt ist die Anwesenheit des Überprüfenden während der Prüfung zwingend erforderlich, da hierbei der Prüfende auch einen Nachweis über das Ergebnis der Prüfung erbringen muss bzw. dieses zu bestätigen hat. Die Prüfung beginnt ***erst*** dann, wenn der Prüfende eingetroffen ist.

Tab. 18.13 Beispiel Inspection Test Plan Anstricharbeiten

Lfd. Nr	Inspektion	S	C	O
1	Anstrich	X	Bs	Bs
2	Überprüfen der Anschlussverbindung	X	Bs	Bs
3	Überprüfen der Flanschverbindung	X	R	Bs
3a	Dichtungen	X	R	Bs
3b	Schrauben	X	R	Bs
4	Flussrichtung	X	R	Bs
5	Zugänglichkeit und Bedienbarkeit von Handrädern	X	R	Bs
6	Überprüfung der Beschichtung (innen) vor Einbau	X	R	H
7	Entfernen von Transportsicherungen	X	R	Bs
8	Visuelle Prüfung auf Beschädigungen	X	R	Bs

Legende:
X = Execution (Ausführung, Durchführung)
Bs = By spot (Stichprobe)
R = Review (Überprüfen)
H = Hold point (Haltepunkt)
W = Witness point (Nachweispunkt)
S = Subunternehmer (Nachunternehmer)
C = Contractor (Auftragnehmer)
O = Owner (Auftraggeber)

18.6 Arbeitssicherheit, Gesundheits- und Umweltschutz

Ein entscheidender Faktor ist die Arbeitssicherheit auf Baustellen.

Das Thema Arbeitssicherheit, Gesundheits- und Umweltschutz kann in diesem Buch nicht entsprechend dem hohen Stellungswert behandelt werden. Hier soll der Leser nur mit der wichtigen Bedeutung und den grundlegenden Aspekten vertraut werden.

Für Baustellen in Deutschland ist ein Sicherheits- und Gesundheitsschutz-Koordinator (SiGeKo) in die Baustellenmannschaft zu integrieren. Gemäß Wikipedia ist die Gestellung eines SiGe Koordinators rechtlich definiert, und zwar wie folgt:

„Seit 1. Juli 1998 gilt die Verordnung über Sicherheit und Gesundheitsschutz auf Baustellen (Baustellenverordnung – BaustellV). Nach § 4 BaustellV Verordnung haben Bauherren als Veranlasser eines Bauvorhabens für eine wesentliche Verbesserung von Sicherheits- und Gesundheitsschutz der Beschäftigten auf Baustellen zu sorgen und die Maßnahmen nach § 2 und § 3 Abs. 1 BaustellV zu veranlassen. Diese Pflicht beinhaltet auch die Bestellung geeigneter Koordinatoren, sofern der Bauherr – mangels eigener Fachkenntnisse – die Aufgaben des Koordinators (siehe Regeln zum Arbeitsschutz auf Baustellen (RAB 30) – „Geeigneter Koordinator" -Ziffer 3) nicht selbst wahrnehmen kann." (50)

Auf internationale Baustelle erfolgen die Überwachungen und Koordinationen von dem HSE-Manager und seinem Team.

Basis für die HSE-Überwachung sind die lokalen Vorschriften, die Kundenvorgaben und der eigene Standard des Anlagenbauers.

Typische Standards im Anlagenbau sind die Zertifizierungen nach:

- OSHAS 18.001
- SCC
- ISO 14001

SCC bedeutet „Safety Certifikat Contraktor". Das SCC-Zertifikat ist eine gängige Forderung in der Petrochemie. Im Prinzip ist das SCC-Zertifikat keine Bestätigung das entsprechende Managementprozesse integriert sind. Vielmehr handelt es sich beim SCC-Zertifikat um eine Sammlung von Fragekatalogen deren Ursprung in den Niederlanden entstand. Ziel ist das entsprechende Baustellenpersonal auszubilden oder ausgebildet zu haben.

OHSAS (Occupational Health and Saftey Assessment System) 18.001 ist die Grundlage eines Arbeitsschutzmanagementsystems für den betrieblichen Arbeitsschutz im Unternehmen.

Die DIN EN ISO 14001 ermöglicht seit 1996 Organisationen bzw. Organisationseinheiten ihr Umweltmanagementsystem zertifizieren zu lassen.

„Ein Umweltmanagementsystem ist der Teil des gesamten übergreifenden Managementsystems, der die Organisationsstruktur, Zuständigkeiten, Verhaltensweisen, förmlichen Verfahren, Abläufe und Mittel für die Festlegung und Durchführung der Umweltpolitik einschließt.

Ein Umweltmanagementsystem beinhaltet grundsätzlich:

- *Umweltpolitik, -ziele und –programme*
- *Organisation und Personal*
- *Auswirkungen auf die Umwelt*
- *Aufbau- und Ablaufkontrolle*
- *Umweltmanagement-Dokumentation*
- *Umweltbetriebsprüfungen.*

Standardisierte Umweltmanagementsysteme sind durch die ISO 14001 und EMAS gegeben. (51)

Mit jeder Bautätigkeit sind Risiken und Gefahren verbunden. Der HSE-Plan beschreibt auf der Basis von Richtlinien, Grundsätzen und Verfahren die Vorgehensweise, die der Erkennung und Beseitigung vorhersehbaren Risiken und Gefahren dient. Von daher ist für jedes Projekt ein projektspezifischer HSE-Plan zu entwickeln, abzustimmen und umzusetzen.

In diesem Plan sind, unter Berücksichtigung der in Betracht kommenden Gesetze, Vorschriften, Umstände und der Beurteilung der Arbeitsbedingungen vor Ort, die jeweils erforderlichen Maßnahmen, die der Sicherheit und dem Gesundheitsschutz der Beschäftigten dienen, dargelegt.

Der Zweck des HSE-Planes und den dazugehörigen Anlagen ist es, den auf der Baustelle tätigen Beschäftigten die anerkannten Sicherheitsanweisungen und Richtlinien, als auch die Vorschriften und Maßnahmen zur Durchführung der geplanten Arbeiten zu vermitteln. Dabei ist es oberstes Ziel die Baustellenbeschäftigten so zu sensibilisieren, dass die Vermeidung von Unfällen die höchste Priorität besitzt. Das Einfließen der konsequenten Einhaltung der installierten HSE-Prinzipien und Regeln in den konkret gelebten Tagesablauf auf der Baustelle sollte das primäre Ziel sein.

Auf folgenden wesentlichen Grundlagen basiert die Erstellung eines HSE-Plans:

- Lokale Verordnungen und Gesetze
- Kundenanforderungen
- Unternehmensstandard

In den meistens Fällen werden vertragliche Dokumente mit Prioritäten versehen, um klare Regelungen, bei möglichen Widersprüchen gleicher Inhalte unterschiedlicher Quellen, zu haben. Bei der Arbeitssicherheit sollte bei möglicher Varianz ähnlicher Inhalte immer die mit den strengeren Vorschriften angewendet werden.

Schwerpunktmäßig beschäftigt sich der HSE-Plan mit

- Der Gefährdungsanalyse
- Persönlichen Schutzausrüstungen

Die Hauptaufgabe der HSE-Überwachung besteht darin, mögliche Gefahren, auf der Baustelle, frühzeitig zu erkennen, um sofortige Gegenmaßnahmen einzuleiten. Eine effektive Umsetzung der Arbeitssicherheit kann mitunter erreicht werden, wenn nachfolgende Punkte erfüllt bzw. eingehalten werden.

- Einsatz von kompetentem Führungspersonal und kompetenten Mitarbeitern, um sicheres Arbeiten sowie das Einhalten der Gesetze und Vorschriften zu gewährleisten.
- Erstellung eines projektspezifischen HSE-Plans.
- Unterweisung sämtlicher Beschäftigten bezüglich baustellen- und arbeitsspezifischer Gefährdungen.
- Permanente Analyse der Arbeitsbedingungen während der Ausführungsphase auf der Baustelle unter Zugrundelegung einer übergeordneten Gefährdungsbeurteilung. Die Sicherstellung wird durch regelmäßige Kontrollen erreicht.

Tab. 18.14 Anteilige HSE-Überwachung zur Beschäftigungszahl

Mitarbeiter	Sicherheitsfachmann	Sicherheitsfachkraft
< 10	0	Personalunion
>10	1	1
>50	1	1
>100	1	1
>200	1	2
>300	1	3

- Die Einführung eines Arbeitserlaubnisscheinsystems, z. B. für Aushub-, Abriss- und Heißarbeiten, Bodenöffnungen sowie Arbeiten in engen Räumen.
- Regelmäßige Inspektion der Baustelle sowie aller Maschinen, Geräte, Fahrzeuge, Werkzeuge, Lastaufnahmemittel, persönlicher Schutzausrüstung, sowie sonstiger Ausrüstung.
- Sicherstellung einer effektiven Kommunikation zwischen der Baustellenleitung und den HSE- Spezialisten.
- Konsequenter Umweltschutz auf der Baustelle.
- Die Meldung und Untersuchung von Zwischenfällen und Unfällen sowie eine statistische Auswertung, als Grundlage für Verbesserungsmaßnahmen.

Tab. 18.14 Anteilige HSE-Überwachung zur Beschäftigungszahl stellt eine gängige Empfehlung über das Verhältnis von Sicherheitsfachkräfte bezogen auf die Anzahl aller Beschäftigten auf der Baustelle dar.

18.7 Risikomanagement

Der Umgang mit Risiken ist nicht nur eine einmalige Erfassung von Risiken zu Beginn des Projektes, bzw. während der Projektkalkulationen, sondern eine wiederkehrende Übung, die sich über die gesamte Projektlaufzeit erstreckt.

Über die Laufzeit des Projektes verändern sich Bedingungen, zum positiven aber auch zum negativen. Daher ist es wichtig, sich die bereits identifizierten Risiken permanent vor Augen zu halten, und zusätzlich versuchen neue Risiken frühzeitig zu erkennen. Dazu werden in einem festgelegten Zyklus, bei längeren Projektlaufzeiten mindestens einmal im Quartal, ansonsten monatlich das Risk Register mit den entsprechenden Personen durchgesprochen, und die Risikoanalyse aktualisiert. Im Allgemeinen wird die Risikoaktualisierung nach den Regeln, wie im Abschn. 3.7 Risikomanagement beschrieben, umgesetzt. Dabei geht es auch darum, mögliche Chancen zu erkennen, sodass diese dann auch genutzt werden können. Das bedeutet, dass die gegenwärtigen Risiken und die erwarteten Voraussetzungen für kommende Risiken im Sinne der festgelegten Strategie (vgl. Abschn. 3.7.4 Risiko Strategien) behandelt werden.

Wurde einmal festgelegt, dass ein Risiko zu transferieren ist, dann ist das so! Soll z. B. das Bodenrisiko bei dem Betreiber/Eigentümer verbleiben, dann kann nicht zu einem späteren Zeitpunkt entschieden werden, dass der Anlagenbauer dieses Risiko übernimmt. Selbst bei möglichen finanziellen Anreizen durch den Betreiber ist hierbei Sorgfalt zu üben und entsprechend abzuwägen. Ein Kosten-Nutzen-Vergleich unter Einbeziehung einen „Worst-Case-Szenario" ist als Entscheidungshilfe in den meisten Fällen zwingend erforderlich.

18.8 Zusammenfassung

Die Überwachung und Steuerung der Baustelle ist die entscheidende Phase des Projektes. Hier fällt die Entscheidung wie gut oder wie schlecht die Planung war.

Selbst eine gute Planung verpufft wirkungslos, wenn während der Steuerungsphase kein Einfluss auf das Projekt ausgeübt wird.

Die Überwachung ist der permanente Abgleich zwischen einem definierten Soll und einem messbaren Ist. Ziel der Überwachung ist es Abweichungen frühzeitig festzustellen, als Tendenz aufzuzeigen damit entsprechende Gegenmaßnahmen frühzeitig eingeleitet werden.

Um einen wirkungsvollen Steuerungsprozess zu etablieren, muss zuerst die Basis geschaffen werden, indem Klarheit über folgende Fragen herrscht.

- Was will ich steuern?
- Wie kann ich steuern?
- Wann muss ich steuern?

Die Kunst ist es nun diese Fragen gezielt zu beantworten. Dafür ist es erforderlich, ein klares Bild von der Leistungsfähigkeit des Nachunternehmers, als auch von den eigenen Ressourcen zu haben sowie einen Überblick über die vorhandenen Risiken aber auch über mögliche Chancen.

Termine und Fortschrittsanalyse auf Basis von Kennzahlensystemen und graphischen Darstellungen erlauben den Anlagenbauer, insbesondere bei der Kritischen Pfad Methode, frühzeitig korrigierend einzugreifen, sodass eine kontinuierliche Absicherung des kritischen Pfades möglich wird.

Die Überwachung der Kosten und dem permanenten Abgleich mit der Prognose für die Gesamtkosten, setzen den Anlagenbauer in die Lage, finanzielle Freiräume auch als Steuerungsinstrument einzusetzen.

Wird der Qualitätsanspruch erfüllt, werden die Arbeitssicherheitsregeln eingehalten, passt der Fortschritt mit den Vorgaben und letztendlich reicht das Geld.

Hier ist es von großer Bedeutung „immer am Ball" zu bleiben. Der permanente Soll-Ist-Vergleich ist der Weg der kleinen Schritte, der letztendlich zum Erfolg führt.

Abweichungen 19

19.1 Abweichungsmanagement

Mit der Planung wurde festgelegt welche Leistungen in welchem Zeitraum zu erbringen und abzuschließen sind. Durch die Überwachung wurde festgestellt welche Leistungen in welchem Zeitraum erbracht wurden.

Ändern sich die Leistungen oder der Zeitpunkt der Leistungserbringung spricht man von Abweichungen. Diese Abweichungen können Änderungen sein, die keinen direkten Einfluss auf die Prozesskette haben, wie z. B. Massenmehrungen oder Massenminderungen. Änderungen, die einen direkten Einfluss haben, bezeichnet man als Störungen. Störungen sind demzufolge unplanmäßige Einwirkungen auf die geplante Prozesskette.

Wie ist mit solchen störenden Abweichungen umzugehen?

Zum einen werden die Abweichungen bezüglich ihrer Auswirkung auf die Prozesskette hin untersucht, zum anderen wird die Ursache der Abwicklung dahingehend ermittelt, um sie abzustellen und um mögliche Ersatzansprüche gegen Dritte zu prüfen und ggf. zu generieren.

Abweichungen von den Plandaten gehören auf der Baustelle zum täglichen Geschäft. Jede Abweichung stört den Arbeitsprozess, ist unerwünscht und muss beseitigt werden. Es ist zwar das Ziel die Anzahl von möglichen Abweichungen zu minimieren, aber gerade der Anlagenbau mit seiner Einzigartigkeit und Komplexität wird sich immer wieder mit Abweichungen konfrontiert sehen. Von daher ist es ratsam, frühzeitig ein Abweichungsmanagement zu etablieren, um gezielt die Behebung der Abweichungen anzugehen.

Die wichtigsten Teilprozesse des Abweichungsmanagement sind die Feststellung der Abweichung, deren Kategorisierung und die Implementierung von korrigierenden Maßnahmen. Damit bei der Feststellung einer Abweichung nicht gleich mit Kanonen auf

T. Günther, *Baustellenmanagement im Anlagenbau*,
https://doi.org/10.1007/978-3-662-69329-2_19

Spatzen geschossen wird, ist diese Abweichung bezüglich ihrer Auswirkung zu analysieren und zu bewerten. Hier liegt eigentliche die wahre Kunst. Vorhersagen mit negativem Ergebnis sind meistens unerwünscht, kein-Problem-Aussagen werden schnell von der Realität eingeholt. Also bleibt nur die sachliche Ermittlung, die durch Zahlen und Erfahrungswerte zu untermauern ist.

Abb. 19.1 zeigt das Abweichungsmanagement auf der Baustelle, von der Feststellung der Abweichung bis zur Überprüfung der korrigierenden Maßnahme bezüglich ihrer Effektivität.

Betrachtet werden in einem Berichtszeitraum die im Einzelnen ermittelten Fortschrittswerte. Die Fortschrittswerte sind hierbei Kennzahlen, die bereits in der Planung verwendet wurden, und die pro Zeiteinheit gemessen werden können. Danach erfolgt das Vergleichen der Fortschrittswerte mit den geplanten Daten (Soll/Ist-Vergleich). Wenn die Werte nicht passen, liegt eine Abweichung vor. Üblicherweise führt die Bekämpfung der schädigenden Ursache zu den besten Ergebnissen. Dazu wird eine Analyse der Abweichung getätigt. Die Einflüsse, die auf eine Abweichung störend einwirken, sind in der Regel begrenzt und übersichtlich. In den meisten Fällen handelt es sich, klimatische Einflüsse außer Acht gelassen, um:

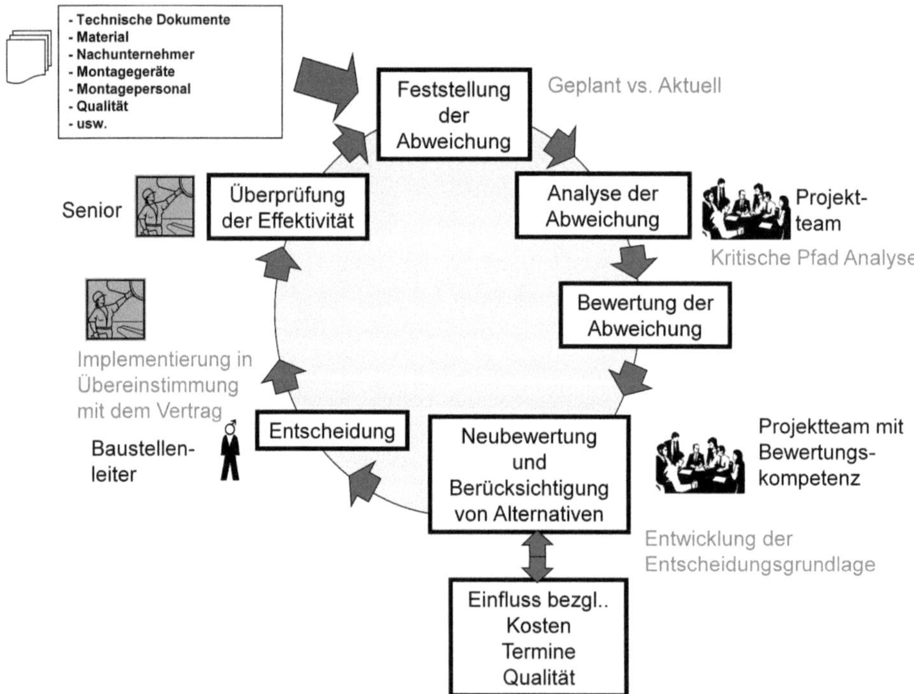

Abb. 19.1 Abweichungsmanagement auf der Baustelle

- Geringe Arbeitsfronten oder zu geringer Arbeitsraum
- Keine ausreichende Materialverfügbarkeit
- Zu wenige oder zu anfällige Montagegeräte
- Zu wenig oder schlechtausgebildetes Baustellenpersonal
- Keine ausreichende Verfügbarkeit von Dokumenten

Mitunter treten die Ursachen auch als Kombination zweier oder mehrerer Einflüsse auf.

Nachdem die Ursache analysiert wurde, erfolgt die Bewertung entsprechend der in Abschn. 19.4 aufgeführten Kategorien.

Die korrigierenden Maßnahmen sollte im Detail besprochen werden, ihre möglichen Erfolgsaussichten sind aufzuzeigen und dienen der Entscheidungsgrundlage. Entscheidend ist auch hier die Auswirkung auf Kosten, Termine und Qualität. Nachdem die Entscheidung gefallen ist, werden die Maßnahmen implementiert und bezüglich ihrer Effektivität überprüft und nachgehalten.

19.2 Ermittlung der Abweichungen

Im Allgemeinen wird zuerst durch einen permanenten Abgleich der Termine, Aktivitäten und Zwischenzielen ein Soll-Ist-Vergleich durchgeführt. Dazu sind die Fortschrittswerte laufend zu ermitteln. Wir sprechen also hier vom **Messen.**

Wenn die gemessenen Werte mit den Vorgaben des Terminplans **verglichen** werden, und Abweichungen zutage kommen, müssen diese Abweichungen **analysiert** werden. Die Ursachen sind zu beheben und korrigierende Maßnahmen einzuleiten. Die einzuleitenden Maßnahmen sind bezüglich ihrer Effektivität **nachzuverfolgen.**

Die Existenz von Abweichungen ist innerhalb des Projektes zu kommunizieren, da mehrere Projektbeteiligte davon betroffen sein könnten. Auch die Führung des Unternehmens hat ein wesentliches Interesse an den störenden Abweichungen und sollte auch diesbezüglich informiert werden. Diese Abweichungen werden demzufolge gezielt in **Berichten** zusammengefasst.

Das Abweichungsmanagement umfasst dementsprechend fünf wesentlichen Tätigkeiten.

- Messen
- Vergleichen
- Analysieren
- Nachverfolgen
- Berichten

19.2.1 Messen

Die Ermittlung des Baustellenfortschritts orientiert sich in erster Linie an die Mengen der verbauten Massen. Weitere Details zum Messen des Fortschrittes sind bereits in Kap. 18.3 detailliert beschrieben worden.

19.2.2 Vergleichen

Die ermittelten Fortschrittswerte werden mit den Plandaten verglichen. Zum einen wird der Gesamtfortschritt verglichen, zum anderen wird der Fortschritt des Berichtszeitraumes mit den Plandaten verglichen.

Die Überprüfung des Fortschritts des Berichtszeitraums, ist der Indikator, um frühzeitig Abweichungen zu erkennen.

Sollte bei einer Bauzeit von 24 Monaten und einem Gesamtprogress von angenommenen 60 % der geforderte Fortschritt von 4 % pro Woche nur 2 % pro Woche betragen, so stellt die Gesamtfortschrittskurve eine Abweichung von 2 %, allerdings auf 60 % bezogen, dar. Das heißt die Abweichung (Soll 64 %, Ist 62 %) liegt für den Betrachter nicht im kritischen Bereich. Das ist aber nur die halbe Wahrheit und verwässert die jeweilige Situation.

Fakt ist, dass nur die Hälfte der geplanten Leistung erbracht wurde, nämlich 2 % anstelle von 4 % der Wochenleistung. Werden nun diese Werte miteinander verglichen, ergibt sich eine ganz andere Größe, und zwar eine Abweichung von 50 %. Die Aufgabe oder die Kunst besteht nun darin, den geplanten Fortschritt im nächsten Berichtsmonat zu erreichen. Das heißt, dass erstmal die Wochenleistung verdoppelt werden muss, also von 2 % auf 4 %, um nicht weiter im Fortschritt zurückzufallen (vgl. auch Abb. 18.2). Mit anderen Worten, bedeutet das in diesem konkreten Fall eine Verdopplung des Outputs in dem kommenden Berichtszeitraums, bezogen auf den vorherigen Berichtszeitraums. Erst nach Erreichen der ursprünglichen Wochenleistung kann der entstandene Verzug in Angriff genommen werden.

Die hierbei festgestellten Abweichungen, sowie die daraus abgeleiteten Abweichungsanalysen, gehören zu den wichtigsten Instrumenten der Baustellensteuerung.

19.2.3 Analysieren

Störungen können nur sinnvoll behoben werden, wenn die entsprechenden Ursachen bekämpft werden. Von daher ist der wesentliche Bestandteil der Analyse festzustellen, was ursächlich Einfluss auf die Abweichungen hatte. Sollte der geplante Fortschritt nicht erreicht werden, mach es wenig Sinn mehr Personal auf die Baustelle zu schicken, wenn z. B. nicht ausreichend Material verfügbar ist.

Beispiel

Der gemessene Fortschritt der Betonarbeiten pro Berichtszeitraum liegt hinter den Erwartungen zurück. Anstelle der geplanten 1.000 m³ wurden nur 300m³ gegossen. ◄

Woran kann es liegen?

- *Sind zu wenige Arbeitskräfte auf der Baustelle?*
- *Hatte die Witterung einen negativen Einfluss auf die Baustelle?*
- *Gibt es Lieferengpässe beim Beton?*
- *Fehlt es an ausreichender Schalung?*
- *Ist nicht genügend Bewehrungseisen vorhanden?*
- *Liegt es an fehlenden Baufreiheiten?*
- *Fehlen Transportfahrzeuge?*
- *Sind nicht genügend Zeichnungen vorhanden?*
- *usw.*

Ohne eine detaillierte Ursachenforschung wird es schwierig geeignete Gegenmaßnahmen einzuleiten.

Jegliche Arten der Abweichungen sind zu untersuchen, wobei nicht immer korrigierende Maßnahmen erforderlich sind.

Sollten Lieferengpässe beim Beton die Ursache für die nicht Erbringung der geplanten Leistung während des Berichtszeitraums sein, allerdings die Schalung und Bewehrung in dem Umfang fertiggestellt ist, dass nur noch das Vergießen des Betons aussteht, sind in der Regel keine größeren Ersatzmaßnahmen erforderlich. In diesem konkreten Einzelfall, ist lediglich zu überwachen, dass im nächsten Berichtsmonat mehr Beton angeliefert und eingebaut werden muss. Es ist zu empfehlen solche Punkte in den entsprechenden Baubesprechungen anzusprechen und in einem Maßnahmenkatalog aufzuführen. Ein kontinuierliches Nachverfolgen und Abarbeiten solcher Listen sind zwingend erforderlich.

19.2.4 Nachverfolgen

Nachdem die Ursachen für Störungen im Bauablauf ermittelt wurden, die Störung aber noch keinen negativen Einfluss ausübt, ist die weitere Entwicklung sorgfältig zu beobachten.

Sollte wie im vorgenannten Beispiel, auch in den kommenden Berichtszeiträumen keine Verbesserung erkennbar werden, sind gezielt Maßnahmen einzuleiten.

Eine Maßnahme könnte z. B. die Einbindung eines weiteren Betonwerkes werden. Für solche Maßnahmen bietet es sich an, jemanden als „Kümmerer" zu benennen, da unterschiedliche Abteilungen involviert werden müssen. In diesem konkreten Fall wäre es z. B. der Einkauf für die Erstellung einer zusätzlichen Bestellung, sowie die Rechtsabteilung, die zu prüfen hat ob eine Vertragsverletzung aufgrund der geringen erbrachten Leistung vorliegt.

Eine korrigierende Maßnahme kann somit aus mehreren Aktivitäten bestehen, die auch chronologisch abhängig sein können. Die korrigierenden Maßnahmen sind zu terminieren und bezüglich ihres „Effektivität nachzuverfolgen.

19.2.5 Berichten

Das Berichten auf der Baustelle erfolgt entsprechend Kap. 15.3 Berichtswesen. Nicht immer wird das Berichten von den entsprechenden Projektbeteiligten als wichtiges Steuerungselement gesehen, sondern mehr als notwendiges Übel. Das Berichtswesen oder im neudeutschen „das Reporting", ist ein Instrument das als Frühindikator und auch als Entscheidungshilfe dienen kann, und somit auch genutzt werden sollte. Das Berichten, also das Niederschreiben von Sachverhalten dient auch dazu, dass sich die Verantwortlichen Gedanken über den jeweiligen Sachverhalt bilden. Denn hierbei gilt besonders, wer schreibt, denkt intensiver nach.

19.3 Einleiten korrigierender Maßnahmen

Nachdem im Abweichungsmanagement die Implementierung der korrigierenden Maßnahmen entschieden wurde, erfolgt nun die Umsetzung und Nachverfolgung.

Abb. 19.2 stellt diese Vorgehensweise schematisch dar.

Die eingeleitete Maßnahme wird verfolgt und berichtet. In der Regel werden die vereinbarten Maßnahmen in „Action List" der Baustelle übernommen. Die Umsetzungen von Maßnahmen werden bezüglich ihrer Auswirkung beobachtet und bewertet. Ist keine Besserung in Sicht, bzw. greifen die Maßnahmen noch nicht, die Auswirkung allerdings die negative Beeinflussung der Abläufe auf der Baustelle beibehält, kann die Abweichung zum kritischen Pfad „aufsteigen". In diesem Fall werden die Maßnahmen überprüft und erneut definiert. Das bedeutet, dass für die Implementierung der Maßnahme ein Verantwortlicher benannt wird. Die Maßnahme wird nun gezielt verfolgt und schwerpunktmäßig bezüglich ihrer Effektivität permanent überprüft.

19.4 Abweichungskategorien

Nachdem eine Abweichung festgestellt wurde, sind weitere mögliche Abweichungen und deren Auswirkungen zu ermitteln bzw. vorherzusagen. Je nach Größe der Auswirkung und dem daraus resultierenden Aufwand für die Beseitigung der Abweichung wird die Auswirkung kategorisiert.

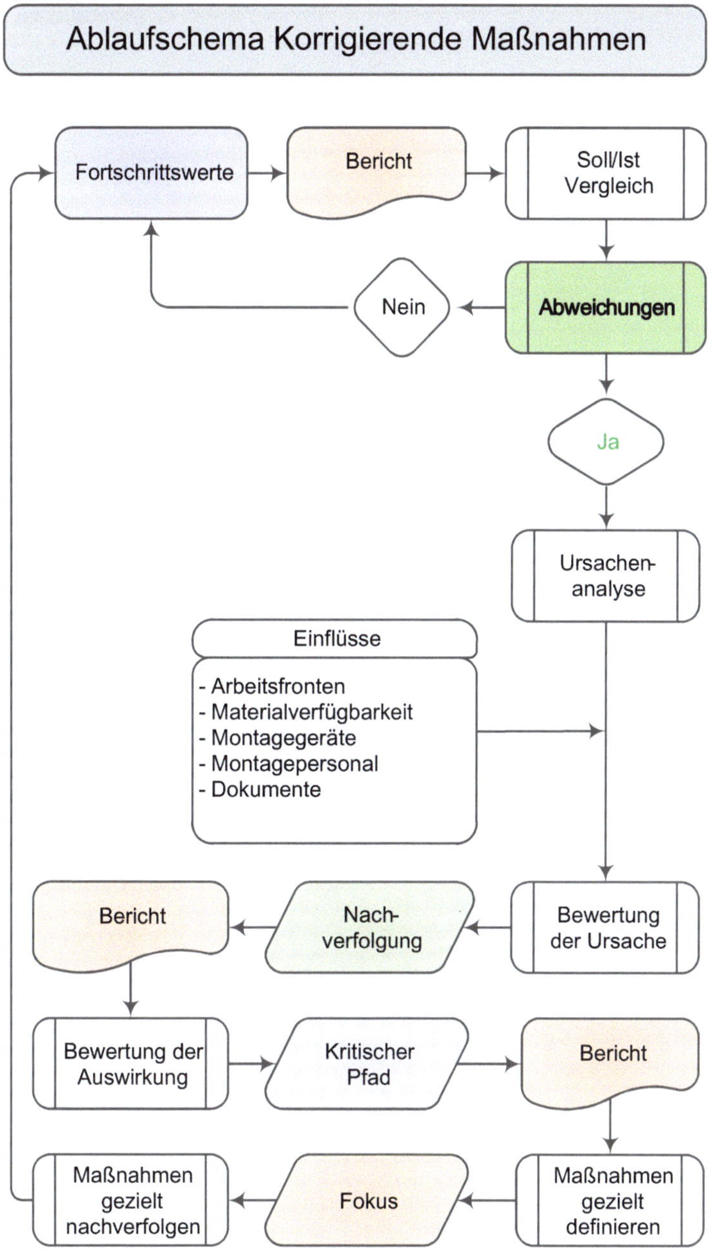

Abb. 19.2 Ablaufschema Korrigierende Maßnahmen

Die Kategorisierung erfolgt entsprechend der nachfolgend aufgeführten drei Kategorien.

- Kategorie 1 – Selbstheilung
- Kategorie 2 – Non-Invasive Therapie
- Kategorie 3 – Invasive Therapie

Nachdem die Abweichung bewertet wurde, erfolgt eine Zuordnung zu den Kategorien. Entsprechend der zugeordneten Kategorie werden korrigierende Maßnahmen ermittelt. Die Maßnahmen werden bezüglich ihrer Beeinflussung von Kosten, Termine und Qualität ebenfalls bewertet. Durch kritisches Abwägen werden die Entscheidungen für die Implementierung der Maßnahmen getroffen. Nachdem die Maßnahme eingeleitet wurde, erfolgt eine begleitende Überwachung der Effektivität. Sollte die eingeleitet Maßnahme nicht zu dem gewünschten Erfolg führen, wird erneut eine Analyse getätigt, mit der Zielsetzung Alternativen aufzeigen zu können.

19.4.1 Kategorie 1 – Selbstheilung

Kategorie 1 beinhaltet die Abweichungen die ohne größere Umstände zu kompensierend sind. Man kann auch von ***Selbstheilung*** sprechen.

Beispiel

Während eines Berichtszeitraums herrschen überdurchschnittlich schlechte Witterungsverhältnisse. Es wird aber davon ausgegangen, dass der daraus resultierende geringe Fortschritt im nächsten Berichtszeitraum kompensiert werden kann. Korrigierende Maßnahmen sind nicht erforderlich. ◀

19.4.2 Kategorie 2 – Non-Invasive Therapie

Die Kategorie 2 beinhaltet die Abweichung die nur durch Zuführung weiterer Mittel (in der Regel Kosten) kompensiert werden kann, es erfolgt somit eine ***Non-Invasive*** Therapie.

Beispiel

Der Fortschritt fällt aufgrund fehlender Arbeitsgeräte zurück. Ohne die Zuführung von weiteren Geräten lässt sich der Verzug nicht kompensieren. Des Weiteren werden zwecks Kompensierung Schichtarbeiten erforderlich. Die eingeleiteten Maßnahmen greifen. ◀

19.4.3 Kategorie 3 – Invasive Therapie

Abweichungen der Kategorie 3 haben einen direkten Einfluss auf den kritischen Pfad. Sämtlicher Zeitpuffer ist verbraucht. Zusätzliche Kosten entstehen. Die eingeleiteten Maßnahmen dienen der Schadensminimierung. Es handelt sich hierbei um eine ***invasive*** Therapie, eine Heilung kann erfolgen, aber zurück bleiben mindestens die Narben.

Beispiel

Während einer Abnahme werden Risse in einem Wärmetauscher festgestellt. Der Apparat ist dadurch nutzlos. Die Ersatzmaßnahme, Bestellung eines neuen Wärmetauschers, bedeutet zusätzliche Kosten. Die Lieferzeit der Neubestellung führt zu einem Verzug der nicht mehr kompensier werden kann. Dem Anlagenbauer drohen Pönalen. ◀

19.5 Arten von Abweichungen

Im Nachfolgenden werden die unterschiedlichen Abweichungsarten, wie

- Behinderung,
- Fehler,
- Schäden,
- Mängel,
- Zusatzleistungen

aufgeführt.

19.5.1 Behinderung

Tritt im Verlauf eines Prozesses ein Ereignis ein, dass den planmäßigen Ablauf stört, spricht man von Behinderung.

Behinderungen sind unverzüglich anzuzeigen. In der Folge von Behinderungen können erhebliche Mehrkosten entstehen.

Von Behinderungen wird gesprochen, wenn terminlich vereinbarte Vorleistungen nicht erfüllt werden. Die nachfolgenden Gewerke werden nicht in die Lage gesetzt ihre Leistungen uneingeschränkt zu erbringen. Die Gefahr von Behinderungsketten entstehen.

Eine typische Behinderungskette beginnt mit den fehlenden Lastangaben eines Ausrüstungsteils. Demzufolge kann die erforderliche Gründung nicht statisch berechnet werden. Da die Gründung nicht ausgelegt ist, können auch die entsprechenden

Stahlbaustrukturen nicht ausgeführt werden. Da weitere Ausrüstungsteile mit dem Stahlbau verankert sind, können auch diese nicht montiert werden. Ohne Ausrüstung ist eine sachgerechte Rohrleitungsmontage nicht machbar. Ohne Rohrleitungen können auch keine Instrumente installiert werden, usw.

Im schlimmsten Fall kann das Fehlen einer einzigen Lastangabe den Endtermin gefährden und somit die Gefahr von Vertragsstrafen nachziehen. Dieses Beispiel soll auch hervorheben, wie wichtig eine vollständige Verknüpfung sämtlicher Vorgänge im Terminplan ist. Meistens lassen sich durch geschickte Annahmen frühzeitig Behinderungsketten eliminieren, bevor sie eine wahre Behinderung darstellen. Sie müssen nur frühzeitig erkannt werden.

Allerdings gibt es eine weitaus größere Anzahl von kleineren Behinderungen im Tagesgeschäft.

Hier sollte die erforderliche Sensibilität und Disziplin unter allen Projektbeteiligten geschaffen werden, die die Einhaltung sämtlicher Zwischentermine gewährleistet.

19.5.2 Fehler

Ein Fehler ist zunächst eine Abweichung von einem erwünschten, idealen oder standardmäßigen Zustand oder Verfahren innerhalb eines Systems.

In der DIN EN ISO 9000 wird ein Fehler schlicht als die Nichterfüllung einer festgelegten Anforderung definiert, während Langmack etwas ausführlicher an das Thema herangeht.

„Fehler treten in jeder Organisation, jedem Betrieb und jeder Abteilung auf. Der fehlerfreie Zustand ist wohl das Ziel jedes Unternehmens, bleibt aber letztlich Utopie, hier können allenfalls Etappensiege errungen werden, ein Restrisiko bleibt immer. Auf diesem Weg haben einige Branchen, bei denen das Nichtauftreten von Fehlern eine besondere Rolle spielt, bereits große Fortschritte erzielt, als Beispiele seien hier die Luftfahrt oder die Kerntechnik genannt. Bei der Auseinandersetzung mit Fehlern geht es eigentlich immer um deren Beseitigung und zukünftige Vermeidung. Dieses ist gängige Praxis und Aufgabe der Vorgesetzten für ihren Verantwortungsbereich.

Das Problem, um das es im Folgenden gehen soll, hat seinen Ursprung darin, dass zwar über Fehler gesprochen und auch Maßnahmen vereinbart werden, letztlich aber die eigentlichen Schwierigkeiten bestehen bleiben. Es entsteht in den Betrieben ein Eindruck, der oft mit folgenden Worten zusammengefasst wird: „Wir beschäftigen uns ständig mit unseren Fehlern und stellen sie auch ab, für mehr ist keine Zeit“. Dabei wird übersehen, dass eine systematische Erfassung aller Fehler und Probleme oft zu neuen Erkenntnissen führt, die bisher so nicht gesehen wurden. Hier spielt auch die „Betriebsblindheit“ mit herein, die mit den Methoden des Fehlermanagements zum Teil überwunden werden kann. Im Folgenden sind einige Faktoren aufgezählt, die in der Praxis einer effektiven Fehlerbehandlung oft entgegenstehen:

Fehler werden nicht als solche erkannt. Fehler werden oft hingenommen als unvermeidbare Ereignisse, die im Rahmen des „Tagesgeschäftes“ bearbeitet werden.

Fehler werden nicht registriert. Wenn Fehler nicht aufgezeichnet werden, geraten sie schnell wieder in Vergessenheit, zudem kann das öfters Auftreten nur aus dem Gedächtnis heraus beurteilt werden und sich so einer späteren Auswertung entziehen.

Fehler werden tabuisiert. Manche Fehler können auf Probleme zurückgeführt werden, die im Allgemeinen bekannt sind, jedoch aus den verschiedensten Gründen nicht offen angesprochen werden.

In der folgenden Übersicht sind einige Fehlertypen aufgeführt, die nicht vernachlässigt werden dürfen und oft noch nicht ausreichend erfasst werden:

- *Fehler, die zu ihrer Beseitigung zusätzliche Arbeit erfordern, z. B. Baustellenmodifikationen*
- *Fehler, die die Produktsicherheit gefährden, z. B. Verstoß gegen Schallschutz oder Emissionsgesetze*
- *Fehler, die eine allgemeine Gefährdung bedeuten, z. B. nachlässiger Umgang mit gefährlichen Chemikalien*
- *Fehler, die auf Schwächen der Organisation hinweisen, z. B. fehlende Arbeitsmaterialien oder Informationen*
- *Fehler, die zu Beschädigungen führen, z. B. Falsche Handhabung von Maschinen*
- *Fehler, die zwar geringfügig erscheinen, in ihrem wiederholten Auftreten aber lästig sind. z. B. falsche Ablage von Dokumenten“ (51)*

Wie durch Langmack beschrieben, ist die Abschaffung von Fehler zwar das oberste Ziel, jedoch in der Praxis nur selten erreichbar. Die Komplexität des Großanlagenbaus bietet Fehlern einen guten Nährboden. Hier sollte das Bewusstsein dahingehend geschärft sein, mit einer bestimmten Anzahl von Fehler zu leben.

Ziel ist es die Anzahl von Fehlern zu minimieren. Dieses Ziel begleitet uns ein Leben lang. Sei es in der Schule, beim Sport und natürlich im Berufsleben. Während in der Schule schon mal „der Mut zur Lücke“ zum Erfolg führte, endet diese Einstellung im Großanlagenbau meistens in einem Fiasko. In der Schule stand das Lernen im Vordergrund, das Berufsleben ist eher sportlich zu sehen. Fehler, die gemacht werden, sind zu analysieren, um zukünftig vermieden zu werden. Abläufe sind wo immer möglich zu standardisieren. Deswegen spricht man im Sport auch von Training.

Dazu sollte ein Fehlermanagementsystem implementiert werden.

▶ ***Fehler sollen nicht akzeptiert werden, aber das Bewusstsein über das Vorhandensein von Fehlern und das offene Umgehen mit diesen Fehlern führen letztendlich zu Erfolg.***

19.5.3 Schaden

Schaden: durch einen schädigenden von außen einwirkendem Umstand entstehende materielle (seltener ideelle) Nachteile.

Schäden passieren auf Baustelle bzw. auf den Transportwegen dorthin. Sämtliche Schäden sind eindeutig zu dokumentieren. Meistens lassen sich bei Schäden die Verursacher ermitteln. Zwecks Weiterbelastung von Kosten oder im ungünstigsten Falle einer Neubeschaffung ist ein Schadensmanagement durchzuführen. In den meistens Fällen hat der Verursacher das Recht auf Nachbesserung. Diese kann in der Behebung des Schadens bestehen oder in der bereits erwähnten Neubeschaffung. Nicht immer ist das Interesse des Schadensverursacher und des Geschädigten gleich. So beschäftigen die entstandenen Schäden die Projektbeteiligten weit über das Projektende hinaus.

19.5.4 Mängel

Ein Mangel entsteht, wenn das Produkt nicht die zugesicherten Eigenschaften aufweist.

Komplexe Bauteile oder Maschinen werden in der Regel vor Versand zur Baustelle im Fertigungswerk bezüglich ihrer Konformität mit den Spezifikationen und Zeichnungen hin überprüft. Ziel ist es frühzeitig Mängel aufzudecken und diese bereits im dem Fertigungswerk zu beheben. Unnötige Mängelbeseitigung auf der Baustelle verursachen in der Regel nur höhere Kosten und terminliche Probleme.

Sollte allerdings die durch die Beseitigung von Mängeln verspätete Lieferung eine Behinderung in der Montagesequenz bedeuten, so sind die weiteren Schritte zu analysieren und zu bewerten. In dem Falle ist zu prüfen, inwieweit eine Behebung des Schadens auf der Baustelle erfolgen kann, um die Einhaltung der Montagetermine zu gewährleisten.

Mängel, die auf der Baustelle entstehen werden im Rahmen der Mechanischen Fertigstellung behandelt.

Entdeckte Mängel werden in einer Mängelliste (= Punch List) aufgeführt und werden entsprechend ihrer Auswirkung kategorisiert.

19.6 Kosten der Abweichung

Wo immer Abweichungen auch auftreten und herkommen, eines haben alle gemeinsam:

▶ ***Sie kosten Geld.***

Zur Überwachung und Feststellung der Kosten, die im Rahmen der Bau und Montage anfallen, ist mindestens einmal pro Monate der Kostenplan zu aktualisieren.

Der Kostenplan zeigt den monetären Wert der geleisteten Arbeit auf der Baustelle während des Berichtszeitraumes auf. Des Weiteren enthält er sämtliche Nebenkosten bzw. Forderungen aus Änderungsmitteilungen, Baubehinderungen usw. seitens der Nachunternehmer.

Einige Abweichungen erfordern die Einbindung vom Stammhaus, Lieferanten usw. Andere Abweichungen werden durch den Nachunternehmer behoben. Dafür, wenn es nicht die Verschuldung des Nachunternehmers ist, erhält der Nachunternehmer eine Kompensation.

Hierzu gibt es folgende Möglichkeiten, wie,

- Zusatzleistungen,
- Änderungsarbeiten,
- Stundenlohnarbeiten.

19.6.1 Zusatzleistungen

Zusatzleistungen sind die Leistungen, die neben den bereits vertraglich vereinbarten Leistungen zu erbringen sind.

Zu den Zusatzleistungen gehören auch Stundenlohnarbeiten für Tätigkeiten, die nach Aufwand abgerechnet werden.

19.6.2 Änderungsarbeiten

Änderungsarbeiten entstehen, wenn das Design während oder nach der Ausführung geändert wird. Ursächlich hierfür sind Planungsfehler oder Auslegungsfehler. Des Weiteren können Änderungsarbeiten durch Erweiterung des Leistungsumfanges, oder durch Schäden von Dritten wie Transportschäden, mangelhafte Lieferung usw. entstehen.

Die Änderungsarbeiten sind mittels Änderungsmitteilung detailliert zu dokumentieren und zu archivieren. Aus der Dokumentation müssen eindeutig die Ursache und der Verursacher hervorgehen. Beim Fremdverschulden sind die Kosten an den Verursacher zwecks Schadensregulierung weiter zu belasteten.

19.6.3 Stundenlohnarbeiten

Stundenlohnarbeiten sind Arbeiten, die nach Aufwand abgerechnet werden. Stundenlohnarbeiten werden in der Regel für solche Arbeiten verwendet, die nicht in der organisatorischen Verantwortung des Auszuführenden liegen. Dazu gehören Hilfestellungen durch die Nachunternehmer zu Unterstützung der Kalten und Heißen Inbetriebnahme.

Des Weiteren wird die Bezahlung nach Aufwand angewendet, wenn die Leistungsbeschreibung der Tätigkeiten, sowie der erforderliche Ausführungszeitraum nicht eindeutig abgeschätzt werden kann. Hier liegt der Vorteil darin, unnötige Risikozuschläge durch den Anbietenden, zu vermeiden.

19.6.4 Variation Order

Eine Variation Order in Bezug auf einen Nachunternehmervertrag ist eine Änderung der Qualität oder Quantität der vertraglichen Leistungen oder Teile davon.

Eine Variation Order kann von dem Auftraggeber als auch von dem Auftragnehmer initiiert werden.

Im Falle einer Variation Order ist zuerst die Abweichung zu beschreiben und der Gegenpartei zu melden. Bei Annahmen der Abweichung erfolgt die eigentliche Variation Order und wird als Vertragsänderung aufgenommen.

19.6.5 Extra Work Order

Extra Work Orders werden während der Baustellenabwicklung zur Vergütung von kleineren Abweichungen verwendet. Meistens erfolgt die Vergütung nach Aufwand zu vereinbarten Sätzen. Inhaltlich handelt es sich um Baustellenmodifikationen oder geringfügige Zusatzleistungen.

Die Extra Work Order wird vom Auftraggeber bei dem Nachunternehmer platziert.

19.6.6 Back Charge

Sollten während der Baustellenabwicklung Schäden durch die Nachunternehmer verursacht werden, die Kosten auf der Seite des Auftraggebers verursachen, so werden diese Kosten an die Verursacher zurückbelastest. Man spricht von sogenannten Back-Charge.

Eine Back Charge ist also ein Ersatzanspruch vom Auftraggeber an den Auftragnehmer bzw. Lieferanten.

19.7 Zusammenfassung

Abweichungen sind zu minimieren jedoch im Anlagenbau nicht vollständig zu eliminieren. Von daher sollte eine gewisse Akzeptanz vorhanden sein, um gezielt ein Abweichungsmanagement zu etablieren, denn Abweichungen sind Störungen in den Prozessketten die abzustellen sind. Abweichungen kosten Geld und verbrauchen Zeit, je eher sie erkannt werden, etwas weniger, je später sie erkannt werden, etwas mehr.

Abweichungen werden durch immer wiederkehrendes Messen von Istzuständen und dem Vergleichen mit der Sollvorgabe erkannt. Die erkannten Abweichungen sind entsprechend der Schwere ihrer Auswirkungen auf das Projekt zu kategorisieren. Ein detaillierte Analyse lässt die Ursache erkennen und gezielt korrigierende Maßnahmen einleiten.

Abweichungen haben neben den Ursachen auch Verursacher, die für die Abweichung die Verantwortung zu tragen haben.

Fertigstellung 20

Eine der häufigsten Fragen, die mitunter auch zu umfangreichen Unstimmigkeiten zweier Parteien führt, ist die Frage:

Bis wann habe ich meinen Vertrag zu erfüllen?

Im internationalen Anlagenbau kursieren unterschiedliche Begriffe, die gerne für die Definition des Zeitpunktes der Vertragserfüllung verwendet werden.

- Mechanical Completion
- Ready for Commissioning
- Ready for Start Up
- Initial Acceptance
- Provisonal Acceptance
- usw.

So interessant wie sich die Begriffe auch anhören, es ist ein wesentliches Risiko mit der Verwendung dieser Begriffe verbunden.

▶ ***Sie sind pönalisiert!***

Die Pönale belaufen sich auf 5 % – 10 % des Auftragswertes und sind somit mitentscheidend über den finanziellen Erfolg eines Projektes.

Deswegen gilt hier ein besonderer Grundsatz:

▶ **Pönalisierte Ereignisse müssen klar definiert und messbar sein**

Aus Sicht des Anlagenbauers empfehlen sich grundsätzlich die Ereignisse, die den Beginn eines Ereignisses beschreiben, und nicht die Ereignisse, die ein Ende beschreiben.

T. Günther, *Baustellenmanagement im Anlagenbau*,
https://doi.org/10.1007/978-3-662-69329-2_20

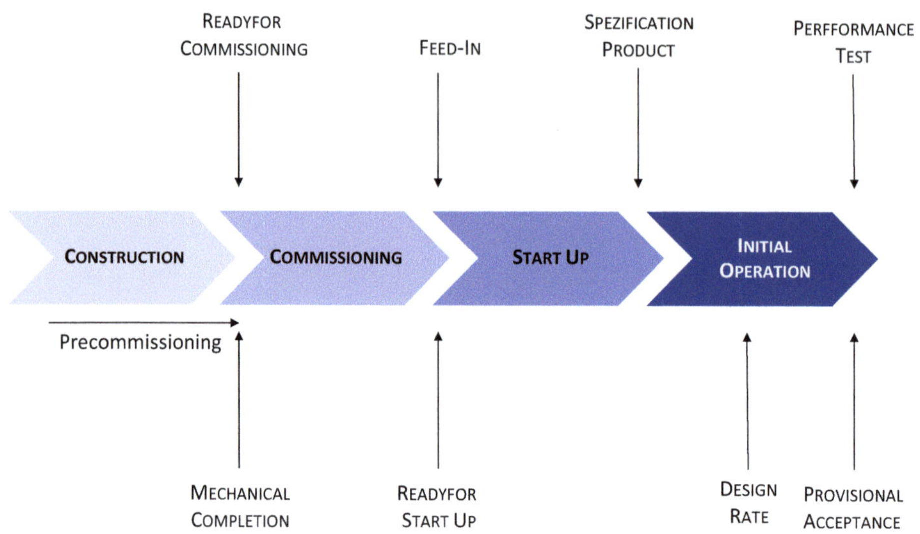

Abb. 20.1 Anfahrzeitachse einer Produktionsanlage

Abb. 20.1 stellt die Vielzahl der Begrifflichkeiten auf der Zeitachse von der Montage bis zum Leistungstest dar. Auf dieser Zeitachse sind die Ereignisse „Mechanische Fertigstellung" und die „Bereitschaft zur Inbetriebnahme" zeitgleich dargestellt. Während die Mechanische Fertigstellung sehr komplex ist was die Nachweisbarkeit betrifft, und zwar dass alle Leistungen erbracht vollständig erbracht sind, benötigt der Nachweis für die Bereitschaft der Inbetriebnahme nur eine Aktivität, die der Inbetriebnahme zuzuordnen ist.

Die Begrifflichkeiten bezeichnen Vorgänge und Ereignisse.

Zu den Vorgängen gehören

- Bau und Montage – Construction
- Kalte Inbetriebnahme – Pre-Commissioning
- Heiße Inbetriebnahmen- Commissioning
- Anfahren der Anlage – Start Up
- Erstbetrieb – Initial Operation

Die Ereignisse sind:

- Mechanische Fertigstellung – Mechanical Completion
- Bereitschaft zur Inbetriebnahme – Ready for Commissioning
- Anfahrbereitschaft -Ready for Start Up
- Einspeisung – Feed In
- Produktspezifikation – Specification Product

- Erreichen der Planwerte – Design Rate
- Leistungstest – Performance Test
- Vorläufige Akzeptanz – Provisional Acceptance
- Wesentliche Fertigstellung – Substantial Completion

20.1 Mechanische Fertigstellung

Die Mechanische Fertigstellung bezeichnet den Zustand einer Anlage bei dem sämtliche Hauptmontagearbeiten vollständig, regelkonform und nachweisbar abgeschlossen worden sind.

Obwohl die Mechanische Fertigstellung als Ereignis definiert wird, erstreckt sich die Fertigstellung in der Regel über einen längeren Zeitraum.

Alle erforderlichen Arbeiten und Prüfung werden in einem sogenannten MC Handbuch beschrieben und definiert. Bestandteile eines MC Handbuches sind:

- Formblätter
- Prüflisten
- Prüfprotokolle

Des Weiteren regelt das MC Handbuch die Vorgehensweise der einzelnen Teilabnahmen durch oder mit dem Auftraggeber, wie z. B.:

- physischen Überprüfungen
- Tests
- Simulationen
- Spülen und chemische Reinigungen
- Trocknen
- Umgang mit offenen Punkten
- Mängel
- Restarbeiten
- Art und Umfang der Dokumentation

Die Feststellung der mechanischen Fertigstellung erfolgt systemweise. Dazu wir das Projekt in Systeme unterteilt. Die Systeme werden wiederum in Betriebssysteme („Operational System") und Nicht-Betriebssysteme („Non-operational System") klassifiziert.

Betriebssysteme sind Systeme, die eine funktionierende Einheit bilden, und innerhalb von Prozessanlagen oder Nebenanlagen auftauchen. Bei den Nebenanlagen wären das z. B. die Systeme Instrumentenluft, Kühlwasser, Speisewasser usw. Die Betriebssysteme benötigen eine Inbetriebnahme.

Nicht-Betriebssysteme können Flächen mit Säureschutz sein, oder diverse Kabeltrasse. Sie haben eins gemeinsam, sie benötigen keine Inbetriebnahme.

Die chronologische Reihenfolge zur Fertigstellung der Anlage wird durch die Inbetriebnahme-Sequenzen definiert, also durch die Systeme bzw. Subsysteme.

Abb. 20.2 zeigt den Ablauf zur Feststellung der Mechanischen Fertigstellung, um die Voraussetzungen für die vorbereitenden Arbeiten der Inbetriebnahme zu erreichen.

Nachdem ein System fertiggestellt wurde, wird es auf die Konformität hin überprüft. Eine Begehung vor Ort stellt sicher, dass die Anforderungen aus Spezifikationen und

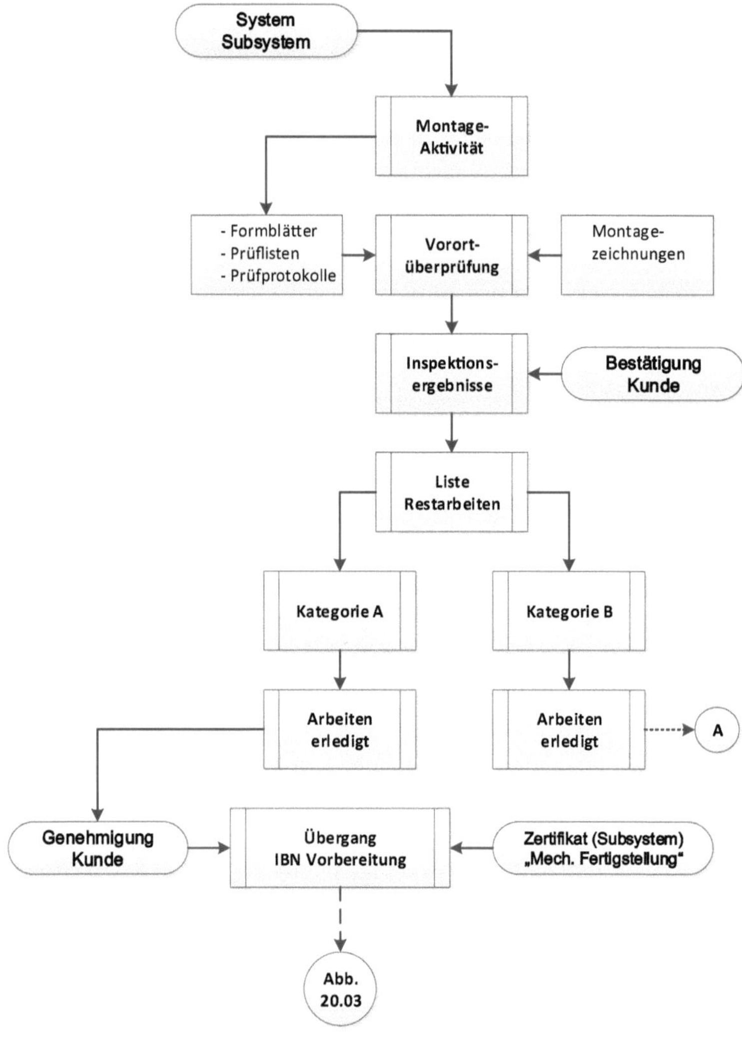

Abb. 20.2 Ablaufschema Mechanische Fertigstellung

Zeichnungen eingehalten wurden, sowie die Funktion des Systems gegeben ist. Standardisierte Prüflisten erleichtern die Kontrolle. Abweichungen, die während der Kontrolle festgestellt werden, werden in einer Mängel und Restarbeitsliste (engl. Punch List) aufgeführt. International spricht man vom sogenannten „punchen“.

Die Mängel und Restarbeiten, die während der Überprüfung aufgefallen sind, werden entsprechend ihrer Bedeutung kategorisiert. Die gängigsten Kategorien sind die Kategorie A, Kategorie B und mitunter die Kategorie C.

Kategorie A beinhaltet die Restarbeiten und Mängel, die eine weitere Verwendung des Systems aus Sicht der Inbetriebnahme verhindern. Es sind hauptsächlich Punkte, die zum einen das Funktionieren der Einheit nicht gewährleisten und/oder einen Sicherheitsmangel darstellen. Ein System darf erst dann in Betrieb genommen werden, wenn keine Punch Punkte der Kategorie A mehr offen sind.

Kategorie B beinhaltet die Restarbeiten und Mängel, die keinen signifikanten Einfluss auf die Funktionalität des Systems ausüben. Klassische Punkte sind Ausbesserungen am Anstrich. Die Inbetriebnahme kann, trotz dem Vorhandensein von B-Punkten, begonnen werden.

Nachdem System für System fertiggestellt und abgenommen wurde, wird mit der Fertigstellung des letzten Systems der sogenannte „Finale MC“ erreicht.

Sind die Vorbereitungen zur Inbetriebnahme, auch als „Kalte Inbetriebnahme“ bezeichnet, per Vertragsdefinition Bestandteil der Mechanischen Fertigstellung, bedeutet das Erreichen der Mechanischen Fertigstellung gleichzeitig die Feststellung der Inbetriebnahme-Bereitschaft (Ready for Commissioning, RfC).

Das bedeutet, das mit den Inbetriebnahme Arbeiten begonnen werden kann.

20.2 Vorbereitungen zur Inbetriebnahme

Die Vorbereitungen zur Inbetriebnahme beinhalten die Herstellung der Funktionalität einzelner Komponente und Systeme. Anlagenteile werden noch nicht als Ganzes gesehen.

Für die Vorbereitungen der Inbetriebnahme ist ein entsprechender Plan zu erstellen, in den sämtlichen Prüfungen und Vorgehensweisen definiert sind.

Für Projekte, die über mehrere Prozessanlagen und Nebenanlagen verfügen, sind die Sequenzen der Vorbereitungen für die Inbetriebnahme der einzelnen Teilanlage im Detail zu definieren.

Abb. 20.3 stellt die weiteren Arbeiten dar, nachdem die Mechanische Fertigstellung nach Abb. 20.2 erreicht wurde.

Ein wesentlicher Bestandteil zur Herstellung der Funktionalität ist die Reinigung der Rohrleitungssysteme entsprechend ihrer prozessspezifischen Vorgabe. Hierbei erstreckt sich das Spektrum vom einfachen Spülen, über chemische Reinigung bis hin zum Ausblasen mit Dampf.

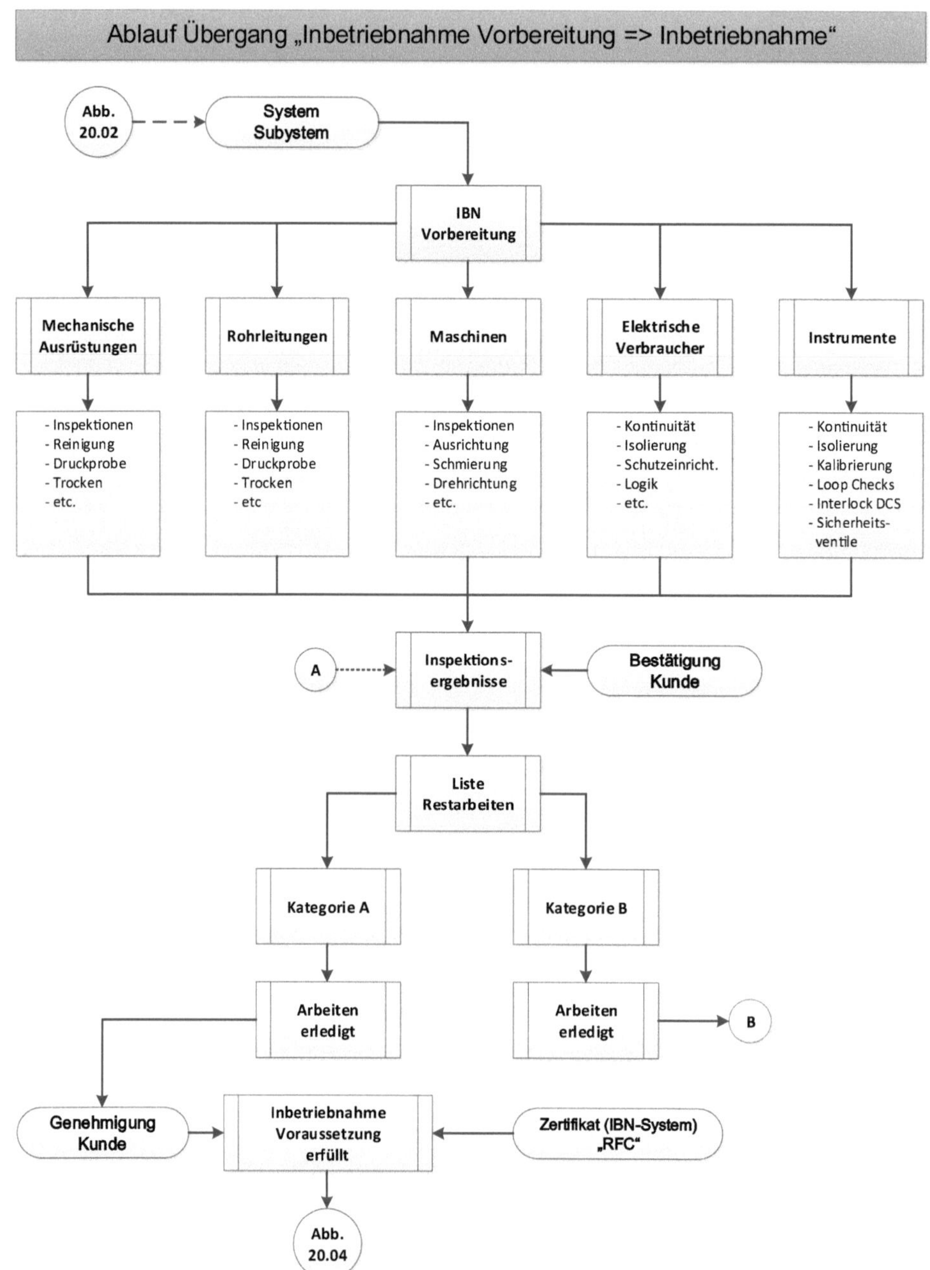

Abb. 20.3 Ablaufschema Inbetriebnahme Vorbereitung

Des Weiteren werden Maschinentestläufe und Drehrichtungskontrollen durchgeführt. Ölspülungen an den Schmierölsystemen zählen ebenso zu den Vorbereitungen der Inbetriebnahme. Kolonnen werden z. B. mit Katalysatoren gefüllt, bei Prozessöfen wird die Ausmauerung getrocknet.

Ergänzend zu den bereits getätigten FATs (Factory Acceptance Test) werden einige Funktionsprüfung der Mess- und Regeltechnik auf der Baustelle erneut durchgeführt. Hier werden schwerpunktmäßig umfangreiche Tests an Sicherheitseinrichtungen oder an sehr komplexen Regelkreisläufen, mittels der sogenannte „Loop Checks 3“ oder „Class A Loops“ durchgeführt, um die logischen Funktionen zu überprüfen. Demzufolge sprich man dann von sogenannten SATs (Site Acceptance Test).

Nach der Durchführung der Test werden die noch offenen Arbeiten und Mängel in der Liste für Restarbeiten dokumentiert. Auch hierbei werden die offenen Punkte nach den Kategorien A und B kategorisiert. Ergänzend sind die Restarbeiten bzw. offenen Punkte der Kategorie B aus der vorherigen Phase (Mechanische Fertigstellung) entsprechend den Ansprüchen der Inbetriebnahme erneut zu bewerten. Das kann unter Umständen bedeuten, das vorhandene Kategorie B Punkte unter dem Gesichtspunkt der Inbetriebnahme zu Kategorie A Punkten aufsteigen.

Um das nächste Stadium zu erreichen, also die Inbetriebnahme sind alle Punch Punkte der Kategorie A zu schließen.

20.2.1 Dampfblasen

Die Reinigung der Rohrleitungssysteme durch Dampfblasen wird in erster Linie für Dampfsysteme angewendet, wie z. B. Dampferzeuger, Dampfturbinen usw.

Ziel ist es, sämtliche fremden Substanzen oder Verschmutzungen in dem Rohleitungssystem zu beseitigen.

Aufgrund der Problematik der Kondensierung, oder Abführen des Kondenswassers, ist diese Reinigungsmethode mit Vorsicht zu betrachten. Kondensat-Rückstände in den Rohrleitungen können beim Dampfblasen zu einem Wasserschlag führen, der beträchtlichen Schäden an den Rohrleitungen zu Folge haben kann.

Das Dampfblasen bedient sich einfacher physikalischer Gesetze. Durch das Einspeisen von Dampf wird die Rohrleitung stark erhitzt. Eine Unterbrechung der Dampfzufuhr verursacht eine Abkühlung der Rohrleitung. Dampfzufuhr bedeutet Ausdehnung der Rohrleitung, Dampfunterbrechung bedeutet Schrumpfen der Rohrleitung. Durch das Dehnen und Schrumpfen lösen sich unerwünschte Partikel im Inneren der Rohrleitungen wie z. B. Zunder, der während der Herstellung der Rohre entsteht.

Vor Beginn des Dampfblasens sind sensible Bauteile wie Steuerungsventile, Messgeräte, Siebe usw. aus den Rohrleitungen zu entfernen und durch sogenannte Dummies zu ersetzen.

Für den Ausblasevorgang sind temporäre Schalldämpfer zu benützen, um die Umwelt vor erhöhter Lärmbelästigung zu schützen.

Nach dem Dampfblasen sind die ausgebauten Bauteile wieder einzubauen.

Inwieweit ein Dampfblasen erfolgreich war, stellt man fest, indem Aluminiumplatten an den Entlüftungsventilen angebracht werden. Mögliche Verunreinigungen prallen an die Aluminiumplatte und hinterlassen dort ihre Spuren. Die Häufigkeit der Einschläge in die Aluminiumplatte lässt einen Rückschluss auf die Reinheit des Rohrleitungssystems zu.

Das Dampfblasen ist erfolgreich durchgeführt, wenn die Aluminiumplatte maximal zwei Einschläge pro cm^2 aufweist, wobei der maximalen Durchmesser des Einschlages nicht größer als 0,3 mm sein darf.

Vor dem Dampfblasen sind diverse Überprüfungen zu tätigen, um mögliche Schäden an den Rohrleitungen zu vermeiden. Dazu gehören:

- Überprüfung der Rohrhalterungen auf Vollständigkeit
- Sicherstellen, dass alle Rohrleitungen druckgeprüft wurden
- Ausbau sämtlicher Inline-Geräte und Ersetzung durch Dummies
- Sicherstellen, dass alle Entlüftungsleitungen über entsprechende Entwässerungen verfügen
- Anbringen von temporären Druckmessern
- Einrichten eines Sicherheitssystems
- Sicherstellen das ausreichende Schutzmaßnahmen während des Dampfblasens getroffen werden.

20.2.2 Chemische Reinigung

Zweck des Beizen ist das Befreien der Innenoberflächen von Rohrleitungen von Zunder, Rost, Anlauffarben und Ablagerungen.

Beim Beizen lassen sich drei grundlegende Zielsetzungen unterscheiden:

- Entfernen von Oxiden auf austenitischen Stählen
- Abtragbeizen von austenitischen Stählen
- Entzundern von unlegierten und niedriglegierten Stählen

Die Eintrittsleitungen in empfindliche Maschinen, wie Kompressoren oder Turbinen, sowie spezielle Rohrleitungen aus verfahrenstechnischen Gründen, müssen gegen die Ablösungen von Rost, Zunder, Schweißperlen etc. geschützt werden. Durch das Beizen sollen die vorgenannten Verunreinigungen vorzeitig gelöst und ausgespült werden.

Je nach Verunreinigungsgrad kann das Dampfblasen sehr zeitaufwendig werden. Um Zeit zu sparen können die Rohrleitungssysteme durch das Umlaufbeizen vorab gereinigt werden. Das bedeutet aber nicht, dass das Umlaufbeizen das Dampfblasen ersetzen kann.

Vor dem Beizen sind Schlackenreste, festhaftende Schweiß- und Schleifspritzer, Schmutz und andere Verunreinigungen sorgfältig durch Bürsten oder Schleifen zu entfernen.

Die Rohrleitungen sind vor dem Beizen von den Ausrüstungen zu lösen und mit Blindflanschen zu verschließen. Alle Armaturen, Mess- und Regelkomponenten müssen aus dem Beizsystem entfernt und durch Passstücke ersetzt werden. Einschweißarmaturen im Beizkreislauf sind vollständig zu öffnen. Packungen, die nicht säurebeständig sind, sind nach dem Beizen auszutauschen. Standanzeiger sind zu entfernen und ihre Anschlüsse abzustecken. Ausrüstungen wie Behälter, Wärmetauscher, Pumpen oder Maschinen dürfen nicht in ein Beizsystem eingebunden werden.

Parallel verlaufende Rohrleitungen sind durch einen Umschluss vorübergehend in Reihe zu schalten, um sicherzustellen, dass alle Abschnitte des Rohrleitungssystems im Zwangsumlauf liegen, und der Beizlösung für denselben Zeitraum ausgesetzt sind.

Abzweigende Leitungen, die nicht in das zu beizende Rohrleitungssystem eingebunden werden können, sind zu demontieren und getrennt zu beizen. Dasselbe gilt für Leitungen größerer Nennweiten, falls es aus beiztechnischen Gründen erforderlich ist.

Alle Verbindungen zu Rohrleitungsabschnitten, die nicht gebeizt werden, sind mittels Steckscheiben zu verschließen.

Zur Überprüfung des Reinheitsgrades sind Probestücke in das Beizsystem einzubringen. Vor dem Beizen ist das Beizsystem einer Dichtheitsprüfung zu unterziehen. Dies kann in Verbindung mit dem Vorspülen erfolgen.

Das Beizen der Innenoberflächen von Rohrleitungen auf der Baustelle erfolgt im Allgemeinen nach dem Umlaufverfahren. Es setzt sich aus verschiedenen Ablaufschritten zusammen:

- Vorspülen
- ggf. Vorreinigen
- ggf. Zwischenspülen
- das eigentliche Beizen
- Nachspülen
- Passivieren

Das Beizen sollte, wenn möglich, so durchgeführt werden, dass das Rohrleitungssystem unmittelbar danach in Betrieb genommen werden kann.

Für alle Spül-, Reinigungs- und Beizschritte ist sauberes Wasser in Trinkwasserqualität mit einem Chloridgehalt < 50 ppm einzusetzen.

Vorspülen

Zweck des Vorspülens ist das Entfernen aller losen Rückstände im Beizsystem. Während des Vorspülens ist das Beizsystem auf Dichtheit zu überprüfen, um ein späteres Austreten von Chemikalien sicher auszuschließen. Das Vorspülen ist beendet, wenn der Reinheitsgrad des austretenden Wassers dem des eintretenden Wassers entspricht.

Vorreinigen

Starke Fettschichten, Folienreste, Sand und andere starke Verunreinigungen, die sich im Lauf der Verarbeitung der Rohrleitungsteile an ihrer Oberfläche gebildet haben, können ein gleichmäßiges Beizen beeinträchtigen. Zweck des Vorreinigens ist das Entfernen aller Verunreinigungen, die in der Beizsäure unlöslich sind.

Auf eine Vorreinigung kann bei leichter Verschmutzung verzichtet werden, wenn die Beizlösungen Anteile reinigender Tenside enthalten, die vorhandenen Verschmutzungen lösen.

Zwischenspülen nach dem Vorreinigen

Zwischenspülen nach dem Vorreinigen dient zum Entfernen von Resten der Vorreinigungslösung und Feststoffen, die sich während des Vorreinigens von der Oberfläche gelöst haben. Das Zwischenspülen ist beendet, wenn das austretende Wasser den gleichen Reinheitsgrad wie das eintretende Wasser hat.

Beizen

Beizen ist eine chemische/elektro-chemische Reaktion zwischen der Beizlösung und dem zu behandelnder Werkstoff. Da das Beizen zu einem Werkstoffabtrag führt, sind der jeweiligen Beizlösung ggf. Inhibitoren zuzusetzen, die den Werkstoff vor einem zu großen Beizeffekt schützen.

Die verwendete Beizlösung muss zur Beizaufgabe und zum jeweiligen zu beizenden Werkstoff passen. Die Verarbeitungshinweise des Herstellers sind grundsätzlich zu beachten.

Die erforderliche Beizzeit ist abhängig vom Grad der Verunreinigung, Werkstoffqualität, Art und Standzeit der Beizlösung und der Temperatur. Bei einer Temperatur von 20°C beträgt sie ca. 10–30 Min. Bei hochfesten und niedriglegierten Stählen ist der schädliche Einfluss einer Wasserstoff-Versprödung durch kurze Beizzeiten möglichst gering zu halten.

Nachspülen

Nachspülen nach dem Beizen dient zum Entfernen von Resten der Beizlösung und von Feststoffen, die sich während des Beizens von der Oberfläche gelöst haben.

Eine Leitwertmessung der Spülflüssigkeit gibt Auskunft über den Restgehalt der noch im Spülwasser vorhandenen Säure. Das Zwischenspülen ist beendet, wenn das austretende Wasser den gleichen Reinheitsgrad (Gehalt an Feststoffen) wie das eintretende Wasser hat.

20.2.3 Spülen und Trocken von Ausrüstungen und Rohrleitungen

Sämtliche Ausrüstungen und insbesondere Rohrleitungen, durch die flüssige oder gasförmige Medien strömen, sollten frei von sämtlichen Verunreinigungen sein. Dies erfolgt, wie bereits erwähnt, bei starker Verunreinigung oder hohen verfahrenstechnischen Ansprüchen an die Sauberkeit, durch Dampfblasen oder Umlaufbeizen, oder durch andere geeignete Verfahren wie Spülen und Trocknen.

20.2.3.1 Trocknen mit Luft

Je nach Anforderung der Prozesstechnik sind die Rohrleitungen nach der Wasserdruckprobe zu trocknen. Die trockene Luft nimmt die Restfeuchte nach der Entleerung der Rohrleitung auf.

Das Spülen der Rohrleitung mittels trockener Luft wird bis Erreichen des geforderten Taupunkts kontinuierlich durchgeführt. Der Nachteil dieser Methode ist zum einen der zeitintensive Vorgang, zum anderen die Ungenauigkeit bei der Feststellung der Restfeuchte.

Bei größeren Rohrleitungssystemen entsteht im mittleren Bereich ein höherer Druck als an den Ein- bzw. Auslassstellen. Je höher der Druck ist, desto weniger Feuchtigkeit kann er aufnehmen. Somit wird am Auslass, wo der Druck auf Umgebungsdruck fällt, mehr Feuchtigkeit aufgenommen, was wiederum zu verfälschten Messergebnissen führen kann.

Von daher spiegelt die Restfeuchte, die am Rohrausgang gemessen wird, nicht die tatsächliche Feuchte im Inneren des Rohrleitungssystems wider.

Bei der Trocknung mit Luft kann ein Taupunkt von bis zu -20°C erreicht werden.

20.2.3.2 Trocknen mit Stickstoff

Eine weitere Methode zum Trocknen von Rohrleitungen (oder auch Ausrüstungen, Tanke usw.) ist das Trocknen mit Stickstoff. Je nach Einspeisung kann ein Taupunkt von -40 bis -70°C erreicht werden.

20.3 Inbetriebnahme

Die Inbetriebnahme beginnt an dem Punkt, bei dem Maßnahmen ergriffen werden, um die Anlage auf Betriebsdruck und Betriebstemperatur hochzufahren. Sie endet, wenn die Anlage das Produkt entsprechend der Spezifikation und mit der zugesicherten Kapazität produziert.

Für jede Inbetriebnahme ist ein entsprechender Inbetriebnahmeplan zu erstellen, in den sämtlichen Prüfungen und Vorgehensweisen definiert sind.

Für Projekte, die über mehrere Prozessanlagen und Nebenanlagen verfügen, sind die Sequenzen der Inbetriebnahme der einzelnen Teilanlage im Detail zu definieren.

Klassische Sequenzen der Fertigstellung von Nebenanlagen bei einem Greenfield-Projekt bestehen in der Regel aus:

- Verfügbarkeit von Strom für die Vorinbetriebnahme
- Instrumentenluft
- Wasseraufbereitung

- Speisewasser
- Kühlwassersystem
- Brennstoff System
- Dampfsystem zum Dampfblasen
- Usw.

Weitere Abhängigkeiten ergeben sich aus der Produktionskette.

Die Verantwortungen und Zuständigkeiten zwischen Auftragnehmer und Auftraggeber sollten bereits im Vertrag eindeutig definiert sein. Hierbei sind Themen wie

- Bereitstellung von Arbeitskräften,
- Lieferanten-Spezialisten,
- Spezialisten von Lizenzgeber,
- Trainingsanforderungen und deren Bedingungen
- Verwendung von Betriebsstoffen und Vorprodukten

zu regeln.

Abb. 20.4 zeigt das Ablaufschema der Inbetriebnahme um des Status „Start-Up" zu erreichen.

Ergänzend zu bereits durchgeführten Prüfungen hat die Inbetriebnahme die Verantwortung dafür, dass die Anlage in Übereinstimmung mit den entsprechenden Zeichnungen und Spezifikationen errichtet wurde. Demzufolge ist eine der wesentlichen Prüfung der Inbetriebnahme die Konformitätsprüfung mittels P&ID und Isometrie. Dabei ist **jede** Rohrleitung individuell vor Ort zu überprüfen.

Subsysteme werden zu Systemen verbunden, funktionale Einheiten entstehen. Dazu werden Maschinen und elektrische Verbraucher in die Systeme eingeschlossen und erfahren ihren ersten Belastungstest. Das DCS-System und ESD-Notfallsystem werden auf ihre Funktionen überprüft.

Nach der Durchführung der Tests werden die noch offenen Arbeiten und Mängel in der Liste für Restarbeiten dokumentiert. Auch hierbei werden die offenen Punkte nach den Kategorien A und B kategorisiert. Ergänzend sind die Restarbeiten bzw. offenen Punkte der Kategorie B aus der vorherigen Phase (Inbetriebnahme Vorbereitung) entsprechend den Ansprüchen des Hochfahrens der Anlage erneut zu bewerten. Das kann unter Umständen bedeuten, das ehemalige Kategorie B Punkte unter dem Gesichtspunkt des Start-Up zu Kategorie A Punkten werden, und ein Hochfahren der Anlage erstmal verhindern, bis diese Punkte zufriedenstellend geschlossen sind.

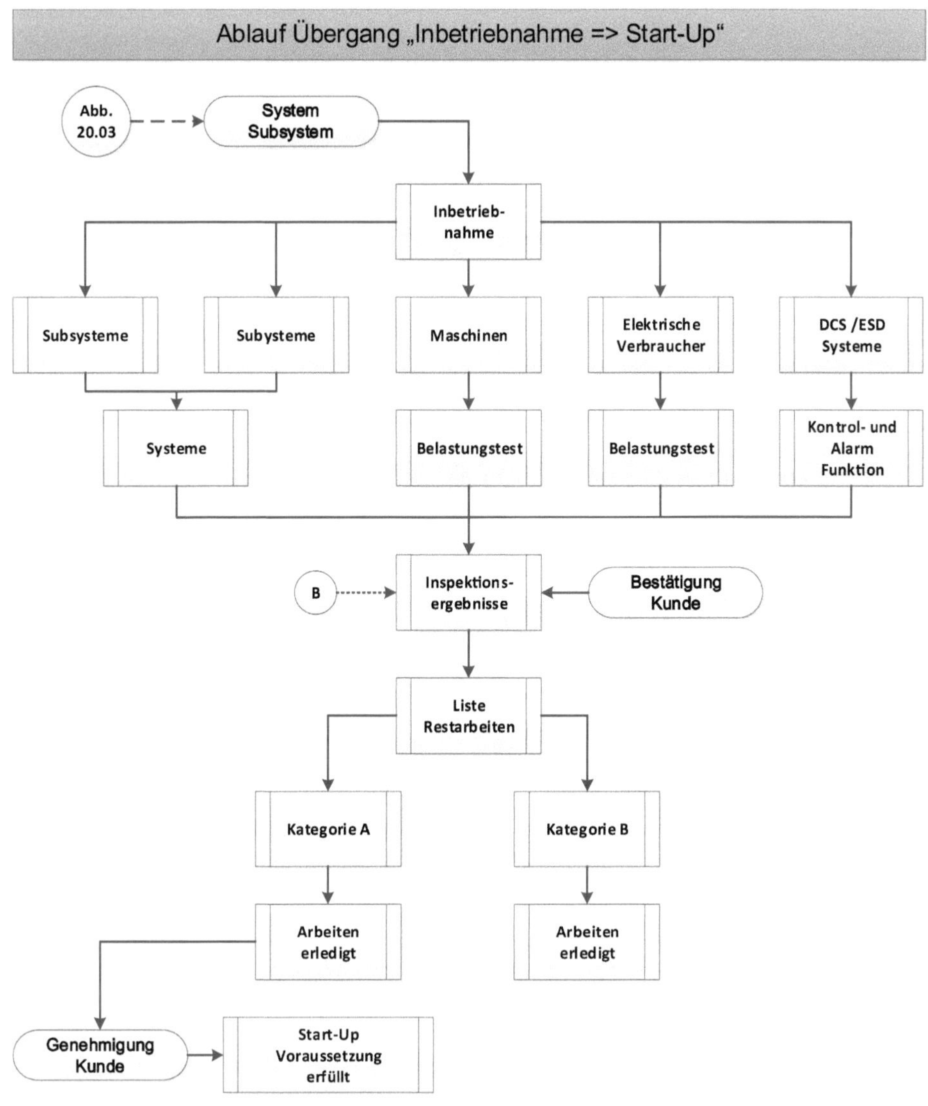

Abb. 20.4 Ablaufschema Inbetriebnahme

20.4 Anfahrbereitschaft

Die Anfahrbereitschaft (Ready for Start Up) ist erreicht, wenn

- Sämtliche Druckprüfungen durchgeführt wurden.
- Das Spülen der Rohrleitungen abgeschlossen ist.

- Alle Instrumente angeschlossen, kalibriert und geprüft sind.
- Der erforderliche Reinheitsgrad der Rohrleitungen und Ausrüstungen nachgewiesen ist.
- Maschinen ausgerichtet und kontrolliert wurden.
- Sämtliche Sicherheitsvorkehrungen voll funktionsfähig sind.
- Ausmauerungen, falls vorhanden, getrocknet sind.
- Katalysatoren vorhanden sind.
- Dichtheitsprüfung erfolgt sind.

20.5 Feed In

„Feed In" bedeutet, dass die Anlage den Status erreicht hat, indem das Vorprodukt für die Herstellung des Endproduktes eingespeist werden kann. Bei Kraftwerken handelt es sich hierbei um die Einspeisung von Gas zum Betrieb des Kessels, bei chemischen Anlagen wie z. B. Herstellung von Polymeren die Einspeisung von Ethylen.

20.6 Produktspezifikation

Unter diesem Punkt werden die Zusicherungen der Produkteigenschaften verstanden. Es wird durch diverse Analysen festgestellt, ob das Produkt auch den vertraglichen zugesicherten Qualitäten und Spezifikationen entspricht.

Mitunter dienen die Analysen auch für das „Einstellen" der Anlage, um die entsprechende Qualität zu erzeugen.

20.7 Performance Test

Während des Performance Test oder dem Leistungstest, wird nachgewiesen, dass die Anlage das Produkt in der vertraglich zugesicherten Qualität und Menge produziert. Mitunter bildet das erfolgreiche Bestehen des Leistungstest auch gleichzeitig die Erfüllung der vertraglichen Pflichten des Anlagenbauers ab. Der Leistungstest erstreckt sich in der Regel über 72 h.

20.8 Übergabe an den Kunden (Hand Over)

Die Übergabe der Anlage an den Kunden (Hand Over oder Take Over) ist das wesentliche Ziel des Anlagenbauers. Es bedeutet, dass der Gefahrenübergang der Anlage auf den Kunden übergeht, der Anlagenbauer seine vertraglichen Verpflichtungen erfüllt hat und die Gewährleistungsperiode beginnt.

Beispiel

Laut Vertrag erfolgt die Übergabe der Anlage nach der Mechanischen Fertigstellung. Der Anlagenbetreiber führt die Inbetriebnahme eigenständig, mit Unterstützung des Anlagenbauers durch. Die erforderlichen Arbeiten für die Vorinbetriebnahme sind als Teil der Mechanischen Fertigstellung zu verstehen.

Im Rahmen der Übergabe, werden die Anlage sowie die erforderliche Dokumentation, die für das Betreiben der Anlage erforderlich ist, an den Kunden übergeben. ◀

20.9 Provisional Acceptance

Die vorläufige Abnahme der Leistung erfolgt nach dem die Mechanische Fertigstellung nachweisbar erreicht wurde und sämtliche Anlagenteile in Betrieb genommen wurden. Die Anlage produziert nachweisbar das vertragliche Produkt in entsprechender Qualität und Menge.

20.10 Wesentliche Fertigstellung (Substantial Completion)

„Substantial Completion" ist erreicht, wenn die vertraglichen Leistungen (oder ein spezifizierter Teil davon) des Anlagenbauers nachweisbar erbracht wurden. Die Leistungen sind in der Form erbracht, dass die Hauptnutzung der Anlage durch den Auftraggeber gewährleistet ist. In der Regel bedeutet das die stabile Produktion der Anlage.

Sollten mehrere verfahrenstechnische (Teil)Anlagen Vertragsbestandteil sein, wobei einige Prozessanlagen das Vorprodukt für das Endprodukt produzieren, wird „Substantial Completion" erst dann erreicht, wenn das Endprodukt entsprechend der vertraglichen Spezifikation produziert wird.

Mögliche Restarbeiten werden auch hier in Punch-Listen festgehalten und sind durch den Anlagenbauer zu leisten.

20.11 Zusammenfassung

▶ ***Irgendwann wird jede Anlage fertig.***

Ein Zitat, das man auf allen Baustellen hundertmal hört. Ohne auf den tieferen Sarkasmus dieser Aussage einzugehen, stellt sich jedoch immer wieder die Frage nach der Definition von „fertig".

▶ **Fertig heißt im übertragenden Sinne, die vertraglichen Verpflichtungen sind erfüllt.**

Die Erfüllung vertraglicher Verpflichtungen muss klaren und messbaren Ereignisse zu geordnet werden. Dazu gibt es eine Reihe von gebräuchlichen Begriffen, wie z. B.:

- Mechanical Completion
- Ready for Commissioning
- Ready for Start Up
- Initial Acceptance
- Provisional Acceptance
- usw.

Diese Begriffe haben aber leider keine allgemein gültige Definition.

Es liegt also im Interesse aller Beteiligten klare Definitionen aufzustellen. Dazu ist es primär erforderlich die Leistungen zu kennen, die bis zu dem Eintreten des festgelegten Ereignisses erbracht werden können und müssen.

Grundsätzlich ist die Nachweisbarkeit vom Eintreten eines Ereignisses einfacher, wenn der Beginn spezifiziert wird und nicht das Ende des Ereignisses.

Glossar

Agreement Siehe Vertrag

Amendment Ein Amendment beinhaltet eine Änderung, eine Ergänzung oder eine Löschung von einer oder mehrerer Bedingungen des Hauptvertrages. Die beteiligten Parteien müssen die Änderung, Ergänzung oder Löschung einvernehmlich vereinbaren. Diese Vereinbarung bedarf der schriftlichen Form und wird integraler Bestandteil des Hauptvertrages.

Anlagenbauer Ein Unternehmen welches gesamtverantwortlich die Anlage errichtet.

Bau Der Bau ist die Herstellung bzw. Errichtung von Bauwerken

Baustelle Die Baustelle beinhaltet sämtliche Flächen auf denen Bau- und Montageaktivitäten zur Erfüllung der vertraglichen Leistungen erfolgen, und nicht Vorfertigungsstätte sind.

Baustelleneinrichtung Die Baustelleneinrichtung beinhaltet sämtliche temporären Einrichtungen, die zur Erfüllung der vertraglichen Leistungen am Bau- und Montageort erforderlich sind.

Benchmarking Eine Methode zur Analyse vergleichbarer Abläufe basierend auf vorhandenen Erfahrungswerten.

Bill of Quantity (BOQ) Siehe Leistungsverzeichnis

Bulk Material Siehe Massenware

Cashflow Einnahmen und Ausgaben innerhalb eines Projektes. In den meisten Fällen wird der Cashflow grafisch dargestellt.

Change Order Eine Change Order beinhaltet die Leistungen, die im Hauptvertrag weder preislich (als Einheitspreis, Stundensätze usw.), noch dem Umfang und dem Inhalt nach definiert sind.

Eine Change Order ist ein Zusatzauftrag über Leistungen, die von dem Nachunternehmer auf gesondertem Wunsch des Auftraggebers zu erbringen sind. Für die Vergütung der Leistungen ist der Nachunternehmer verpflichtet ein Angebot dem Auftraggeber zu unterbreiten. Nach Annahme des Angebotes durch den Auftraggeber erfolgt die Vergütung der Leistungen zu den Bedingungen des angenommenen Angebotes. Sämtliche Bedingungen des Hauptvertrages bleiben hiervon unberührt.

T. Günther, *Baustellenmanagement im Anlagenbau*,
https://doi.org/10.1007/978-3-662-69329-2

Claim Ein Claim ist eine Forderung zur Anerkennung eines Anspruches (monetärer oder zeitlicher Art) des Nachunternehmers an den Auftraggeber.

Commissioning Siehe Inbetriebnahme

Constructability Constructability ist der Prozess, indem alles Erforderliche zu unternehmen ist, um die Bau- und Montage einfach zu gestalten, die Qualität, Sicherheit und Produktivität zu verbessern, die Bauzeiten zu verkürzen und Nacharbeiten zu vermeiden oder zu verringern.

Construction Management Baustellenmanagement, als Teil des Projektmanagement, mit der Zuständigkeit und Verantwortung für die Errichtung der Anlage.

Diainch Diainch ist ein Wert, der die Schweißer-Leistung auf Basis der zu schweißenden Rundnähte reflektiert. Das Summenprodukt sämtlicher Schweißnähte pro Durchmesser ergibt die gesamte Anzahl der zu schweißenden Diainch.

Effizienz Die Effizienz ist eine Planungskennzahl basierend auf Erfahrungswerten, mit der Dauern von Vorgängen bei erwartetem Output bestimmt werden kann.

Ereignis Ein Ereignis ist der Beginn oder das Ende eines Vorganges. Es hat keine zeitliche Ausdehnung, im Gegensatz zu dem Zustand, den es hervorruft. Für das Projekt und das Projektmanagement ist der Eintrittszeitpunkt des Ereignisses und somit das Erreichen eines Zustands wichtig.

Extra Work Order (EWO) Eine Extra Work Order beinhaltet die Leistungen, die im Hauptvertrag preislich (als Einheitspreis, Stundensätze), jedoch nicht nach Umfang und Inhalt definiert sind.

Eine Extra Work Order ist ein Zusatzauftrag über Leistungen, die von dem Nachunternehmer, auf gesondertem Wunsch vom Auftraggeber, zu erbringen sind. Bei der Vergütung der Leistungen finden die hierfür im Hauptvertrag vorgesehen Einheitspreise und Stundensätze Anwendung. Sämtliche Bedingungen des Hauptvertrages bleiben hiervon unberührt.

Eine Extra Work Order könnte z. B. eine Modifikation an bereits erbrachten Leistungen, wie nachträgliche Änderungen eines Rohrleitungsverlaufes, die nicht von dem Nachunternehmer zu verantworten sind, sein

Fortschritt Der Fortschritt ist der Quotient aus geleisteter Arbeit bezogen auf das gesamte Arbeitsvolumen.

Allerdings ist hier zwischen physischem und funktionalem Fortschritt zu unterscheiden.

Gleichzeitigkeitsfaktor Der Gleichzeitigkeitsfaktor (GZK-Faktor) bestimmt die tatsächliche Einsatzzeit des Verbrauchers.

Entscheidend für den erforderlichen Bedarf ist in der Regel nicht die Anzahl oder die Art der Verbraucher. Vielmehr bestimmt der entsprechende GZK-Faktor den tatsächlichen Bedarf.

Inbetriebnahme Inbetriebnahme ist die Phase des Projektes, wenn erstmalig das Produkt dem System hinzugefügt oder hergestellt wird. Die Inbetriebnahme beinhaltet in der Regel die Funktionsprüfungen zur Überprüfung, ob ein Bauteil oder ein System einwandfrei entsprechend den Spezifikationen unter Betriebsbedingungen funktioniert. Des Weiteren wird die Anlage oder Teile davon arretiert.

Inbetriebnahme, kalte Die kalte Inbetriebnahme beginnt nach Abschluss der wesentlichen Montagearbeiten. Die kalte Inbetriebnahme konzentriert sich auf die Fertigstellung von Systemen. Die Hauptaktivitäten beinhalten die Überprüfung der Systeme auf Konformität mit den Spezifikationen, sowie der Reinigung mittels Dampfblasen, Spülen, Trocknen usw.

Kalkulation Die Ermittlung von Minimalkosten bei der Annahme optimaler Bedingungen.

Key Performance Indicator Key Performance Indikators sind Hauptleistungskennzahlen.

Kritischer Pfad Der kritische Pfad ist die Anordnung von Vorgängen mit der längsten (Gesamt)Dauer. Vorgänge, die auf dem kritischen Pfad liegen haben keinen Puffer. Verzögerungen der Vorgänge wirken sich unmittelbar auf den Endtermin aus.

Leistungsverzeichnis (LV) Im Detail beschreibende und mengenmäßige Auflistung (siehe auch Mengengerüst) von Leistungen die zu erbringenden sind. Dabei kann es sich um die Beistellung von Materialien und/oder die Erbringung von Dienstleistungen handeln. Üblicherweise beinhaltet das LV auch Anweisungen wie die einzelnen Leistungspositionen gemessen werden.

Maintenance Die Wartung einer Anlage. Ist in der Regel nicht Bestandteil des Hauptvertrages.

Massenware Massenwaren wird in Losen geliefert (z. B. Rohre als Stangenmaterial, Kabel auf Kabeltrommeln). In der Regel kann das Material aus einem Standardkatalog geordert werden.

Mechanical Completion (Mechanische Fertigstellung) Die Montage der Anlage oder Teile davon haben den Zustand erreicht, um mit der Inbetriebnahme zu beginnen. Dabei sind die wesentlichen Arbeiten abgeschlossen. Offene Punkte und Restarbeiten, die nicht die Inbetriebnahme beinträchtigen, werden in einer Liste (punch list) aufgeführt und abgearbeitet.

Mengengerüst Ein Mengengerüst beschreibt die (mengenmäßige) Zusammensetzung einer Anlage (oder Arbeitspaket), indem es zu jeder Komponente eine Menge angibt.

Montage Die Montage ist der Zusammenbau von Einzelteilen zu einer funktionierenden Einheit.

Nachunternehmer Ein Nachunternehmer erbringt aufgrund eines Werkvertrages oder eines Werkliefervertrages im Auftrag des Hauptunternehmers Leistungen, die der Hauptunternehmen gegenüber seinem Auftraggeber schuldet.

Operation Der Betrieb einer Anlage.

Peak (Spitze, Gipfel) Peak bedeutet der Spitzenwert bezogen auf den Durchschnittswert

Planung Planung ist die Verknüpfung von Logik und Abwicklungsstrategien für die Arbeit, die geleistet werden muss.

Pre-Commissioning Siehe Inbetriebnahme, kalte

Pre-dressing Als Pre-dressing bezeichnet man die Aktivitäten an Bauteilen, meistens an Kolonnen, die vor dem Montagehub (Aufstellen) am Boden getätigt werden. Z.B. Isolierungsarbeiten

Proctordichte Die Proctordichte ist ein Maß für die Verdichtbarkeit von Böden nach einem genormten Versuch bei optimalem Wassergehalt (sog. Proctorversuch nach DIN 18127). (1)

Produktivität Die Produktivität ist eine Steuerungskennzahl, mit der der Output über eine festgelegte Dauer und einem auf der Baustelle gemessenen Aufwand ermittelt wird.

Prozess Prozesse sind Verknüpfungen von Aktivitäten zur Erstellung eines Arbeitsergebnisses (Prozessziel). Prozesse können aus mehreren Teilprozessen bestehen.

Punch list Offene Punkte und Restarbeiten, werden in einer Liste (punch list) aufgeführt und abgearbeitet.

Start Up Ist der Zeitpunkt innerhalb eines Projektes, indem eine funktionierende Einheit den Zustand erreicht hat, unter Betriebsbedingungen betrieben zu werden, mit der Absicht, Produkt herzustellen.

Subunternehmer Siehe Nachunternehmer

System Ein funktionaler Teil der Anlage der in sich geschlossen in Betrieb genommen werden kann.

Terminplanung Die Planung der Termine bedeutet, die richtige Zuordnung der verfügbaren Ressourcen, um die vertraglich zu erbringenden Arbeiten innerhalb der vertraglichen festgesetzten Dauer, in der effizientesten Art und Weise zu realisieren.

Variation Order Eine Variation Order ist eine beidseitige Willenserklärung der Vertragsparteien den Vertrag oder Teile des Vertrages zu verändern. Die Änderung kann sich auf die zu erbringenden Leistungen und/oder auf den Leistungserbringungszeitraum beziehen.

Vorfertigungsstätte Die Vorfertigungsstätte beinhaltet sämtliche Einrichtungen und Verbraucher, die zur Herstellung von vorgefertigten Bauteilen erforderliche sind.

Vorgang Ein Vorgang ist ein Ablauf einer oder mehrerer klar definierter Handlungen und verfügt jeweils über einen Anfang und ein Ende, die zeitlich versetzt sind. Er verbraucht Zeit, d. h. die Dauer des Vorganges ist immer größer Null, und bindet während dieser Zeit Ressourcen. Vorgänge sind messbar und kontrollierbar, und können aus mehreren Aufgaben oder Teilvorgängen bestehen.

Werksgelände Das Werksgelände beinhaltet sämtliche Flächen, bebaute und unbebaute, die vom Betreiber betrieben werden. In der Regel ist das Werksgelände durch permanente Zäune gesichert. Der Zugang zum Werksgelände erfolgt durch die dafür vorgesehenen Tore.

Literatur

1. Gabler Wirtschaftslexikon. [Online] 12. 09 2013. Stichwort: Projekt. http://wirtschaftslexikon.gabler.de/Archiv/13507/projekt-v7.html.
2. DIN 69901-5.
3. Chempark. [Online] [Zitat vom: 28. 03 2018.] http://www.chempark.de/de/.
4. AACE. AACE® International Recommended Practice. *Cost Estimate Classification System.* s.l. : AACE, 2005. 18R-97.
5. Duden. *Duden.* [Online] [Zitat vom: 25. 10 2023.] https://www.duden.de/rechtschreibung/Risiko.
6. yaveon.de. https://www.yaveon.de/glossar/audit/. [Online] 31. 10 2023. [Zitat vom: 31. 10 2023.] https://www.yaveon.de/glossar/audit/.
7. Wikipedia. *Wikipedia.* [Online] 02. 05 2023. [Zitat vom: 05. 11 2023.] https://de.wikipedia.org/wiki/Enka_Insaat_ve_Sanayi.
8. Baugesetzbuch § 202. [Online] [Zitat vom: 20. 11 2023.] https://dejure.org/gesetze/BauGB/202.html.
9. ATV DIN 18300. *VOB Vergabe und Vertragsordnung für Bauleistungen.* s.l. : Beuth, 09 2012.
10. Liebherr-Werk Nenzig GmbH. Liebherr. *Liebherr.* [Online] [Zitat vom: 02. 12 2023.] https://www.liebherr.com/shared/media/baumaschinen/spezialtiefbau/pdf/broschueren/liebherr-brosch%C3%BCre-l%C3%B6sungen-f%C3%BCr-den-spezialtiefbau-11948145-de.pdf.
11. Wikipedia. [Online] 14. 09 2013. Stichwort: Pfahlintegritätsprüfung. http://wikipedia.org/wiki/Pfahlintegritätsprüfung.
12. Liebherr. [Online] 14. 09 2014. http.//www.liebherr.com/MT/de-DE/region-DE/products_mt.wfw/id-486-0/measure-metric.
13. Zeit- und Preisplanung im Bewehrungsbau. *ISB-Mitteilung.* 01 2012.
14. MEVA Schalungs-Systeme GmbH. meva. *meva.net.* [Online] MEVA Schalungs-Systeme GmbH, 2024. [Zitat vom: 2024. 01 25.] https://meva.net/de-de/schalung/.
15. CEMEX. Betonieren im Winter. 7 2013.
16. ZERTplus Überwachungsgesellschaftt. [Online] 27. 12 2013. http://zertplus.halle-service.de/images/stories/dokumente/zp_betonieren_im_winter.pdf.
17. GmbH, Holcim. Betonieren bei kaltem Wetter.
18. CEMEX. Betonieren im Sommer. 07 2013.
19. e.V., Verein Deutscher Zemetwerke, [Hrsg.]. *Zementtaschenbuch 2002.* 50. Düsseldorf: Verlag Bau+Technik, 2002. ISBN 3-7640-427-4.
20. SkyCiv. [Online] [Zitat vom: 20. 11 2023.] https://skyciv.com/de/technical/tall-building-foundation-design/.

T. Günther, *Baustellenmanagement im Anlagenbau,*
https://doi.org/10.1007/978-3-662-69329-2

21. Spiegato. *Spiegato.* [Online] [Zitat vom: 21. 11 2023.] https://spiegato.com/de/was-ist-im-betonbau-eine-kaltfuge.
22. Liebherr. [Online] 15. 02 2014. www.liebherr.com/CCM/de-DE/products_ccm.wfw/id-12406-0/tab-8746_330.
23. Wikipedia. [Online] 15. Februar 2014. Stichwort: Turmdrehkran. http://de.wikipedia.org/wiki/Turmdrehkran.
24. Deutschland, Mammoet. Mammoet. www.mammoet.com/de. [Online] 2023. [Zitat vom: 04. 12 2023.] https://www.mammoet.com/de/equipment/spezial-equipment/verschubbahn/skidding-system/?&Special=43697.
25. hebetec. www.hebetec.com. [Online] 2023. [Zitat vom: 04. 12 2023.] https://www.hebetec.com/equipment/verschiebetechnik.
26. Anleitung zum Schweißen. [Online] 16. Februar 2014. http://anleitung-zum-schweissen.de/schweissen-grundlagen/schweissverfahren/.
27. *Schweißzusatzwerkstoffe von ThyssenKrupp VDM.* Januar 2007. Druckschrift N 568.
28. DGZfP. [Online] 08. September 2013. http:/www.dgzfp.de/startseite/wir-über-uns/zfp-einführung.
29. TÜV Saarland. [Online] 15. Februar 2014. http://tuev-saar.net/de/gesellschaftfelder/zerstoerungsfreie-pruefverfahren.
30. Karl Deutsch. [Online] 16. Februar 2014. http://www.karl.deutsch.de/KD_GENERAL_KnowledgeBase_MT_DE_ME.html.
31. Bilfinger Gerber GmbH. [Online] 29. Dezember 2013. http://www.gerber.bilfinger.com/produkteleistungen/schallhauben/.
32. Baunetzwissen. [Online] 29. Dezember 2014. http://www.baunetzwissen.de/standardartikel/Beton_Ziele-des-Brandschutzes_151154.html.
33. Siemens. Siemens E House Lösungen. [Online] 2023. [Zitat vom: 06. 12 2023.] https://www.siemens.com/de/de/produkte/energie/mittelspannung/loesungen/e-house.html.
34. Wikipedia. [Online] 08. Februar 2015. Stichwort: Mess-, Steuer- und Regelungstechnik. http://de.wikipedia.org/wiki/Mess-,_Steuerungs-_und_Regelungstechnik.
35. Landesumweltamt Nordrhein-Westfalen. [Online] 2003. [Zitat vom: 08. Februar 2015.] S. 145. www.lanuv.nrw.de/veroeffentlichungen/.
36. Zimmer-Henrich, Werner. *Projektmanagement.* 5. Auflage. s.l.: Friedrich Ebert Stiftung, 2008. ISBN3–86077–539–1.
37. Zimmermann, Univ.-Prof. Dr. Ing. Josef. *Prozessorientierter Nachweis der Kausalität zwischen Ursache und Wirkung bei Bauablaustörungen.* 2009. ISBN 978-3-939956-12-9.
38. Gabler Wirtschaftslexikon. [Online] 20. Mai 2014. http://wirtschaftslexikon.gabler.de/Archiv/17918/produktionsplanung-und-steuerung-v10.html.
39. Projektmanagement Definitionen. [Online] 20. Februar 2014. Stichwort: Ereignis. http://projektmanagement-definitionen.de/glossar.
40. *Alberta Cost Report.* 2009. Under Research Contract: UTA05-782.
41. Wright, Edward D. *Constructability Guide.* March 1994.
42. Siemens AG. E-House. [Online] 2017. [Zitat vom: 18. 12 2023.] https://assets.new.siemens.com/siemens/assets/api/uuid:6686116d-bf23-4e01-96c6-5005da0a93d5/emms-b10057-00-7600-e-house-en-144.pdf. Article No. EMMS-B10057-00-7600.
43. Schach, Otto. *Baustelleneinrichtung.* s.l.: Vieweg & Teubner, 2011. ISBN 978-3-8348-1399-2.
44. Mahlstedt, Dipl. Ing. Günther Blockman & Dipl. Ing. Bau Ass. Hans. *Wirtschaftliche und sichere Baustelleneinrichtung.* [Hrsg.] Bundesanstalt für Arbeitsschutz und Arbeitsmedizin. 2012. ISBN 978-3-88261-719-1.
45. Duden. Duden. [Online] [Zitat vom: 15. 01 2024.] www.duden.de.

46. Steadmann, R. G. Part I: A Temperature-Humidity Index Based on Human Physiology and Clothing Science. *Journal of Applied Meteorology.* 1979, 01 July 1979.
47. Work Safe Saskatchewan. www.worksafesask.ca/. [Online] [Zitat vom: 26. 01 2024.] https://www.worksafesask.ca/wp-content/uploads/2019/03/Working-in-Cold-Conditions-Fact-Sheet.pdf.
48. Wikipedia. [Online] 09. Februar 2014. Stichwort: Kennzahl. http://de.wikipedia.org/wiki/Kennzahl.
49. Weber, Küting /. *Die Bilanzanalyse: Beurteilung von Abschlüssen nach HGB und IRFS.* Stuttgart: Schäffer-Poschel Verlag für Wirtschaft, 2006. Bd. 8. Auflage. ISBN-10: 3791025406.
50. Wikipedia. [Online] [Zitat vom: 02. Januar 2015.] http://de.wikipedia.org/wiki/Sicherheits-_und_Gesundheitsschutzkoordinator.
51. Langmack, Heinz. *Managementsysteme in der Lebensmittelindustrie.* Hamburg: Behr Verlag.
52. UNIC Cranes. [Online] 15. 02 2015. http://www.unic-cranes.co.uk/mini-cranes/094.

Stichwortverzeichnis

A

Abweichung
  Kategorien, 506
Änderungsarbeit, 55, 513
Anfahrbereitschaft, 529
Anker, chemischer, 148
Anlagenbauer, 3
Anordnungsbeziehung, 277
  Anfang-Anfang-Verknüpfung, 279
  Anfang-Ende -Verknüpfung, 279
  Ende-Anfang-Verknüpfung, 279
  Ende-Ende-Verknüpfung, 279
Arbeitsraum, 374
  verfügbarer, 375
Arbeitssicherheit, 496
Auflockerungsfaktor
  Erdarbeiten, 112
Aufmaß, 472
Ausschreibung, 31, 33

B

Basis of Design, 74
Baugrundverbesserung, 116
  Fallgewichtsverdichtung, 116
  Fräsmsichen, 116
  Nassmischen, 116
  Rütteldruckverdichtung, 118
  Rüttelstopfverdichtung, 118
Bau- und Montagekonzept, 265
Begleitheizung, 228
  elektrische, 244
Behinderung, 509
Behinderungskette, 509
Beizen, 524, 526
Bericht
  Abschlussbericht, 432
  Baustellen-Tagebuch, 428
  Monatsbericht, 431
  Wochenbericht, 428
Betriebssystem, 519
Bodenverbesserung, 118
Brandschutz, 234
Brownfield, 299

C

CAPEX, 8
Constructability, 331

D

Dämmung
  Kälte, 229
  Schall, 233
  Wärme, 226
  Wetterschutz, 231
Dampfblase, 523
Diainch, 38
Disput, 85
Division of Responsibility (DOR), 104
DOR (Division of Responsibility), 104
Downstream, 14
Druckprobe, 206
  Dichtheitsprüfung, 216
  pneumatische, 213
  Spülen & Reinigen, 217
  Stressdruckprobe, 212

T. Günther, *Baustellenmanagement im Anlagenbau*,
https://doi.org/10.1007/978-3-662-69329-2

Wasserdruckprobe, 209

E

Effizienz, 111
Einheit, geografische, 305
Ereignis, 278

F

Fédération Internationale des Ingénieurs Conseils (FIDIC), 74
Feed In, 530
Fehler, 510
FIDIC (Fédération Internationale des Ingénieurs Conseils), 74
Fortschritt
 funktionaler, 472
 physischer, 474
Fremdkosten, 51
Fuge
 kalte, 147

G

Gantt-Diagramm, 277
Garantienaht, 193
Golden Weld s. Garantienaht
Greenfield, 298

H

Hebestudie, 179

I

Inbetriebnahme, 527
 Vorbereitung, 521
Isolation, 301

J

Job Cards, 358

K

Kalkulation
 Detail- oder Vollkostenkalkulation, 50
 Faktorkalkulation, 50
 Vergleichskalkulation, 49
Kalkulationsgenauigkeit, 24
Kalkulationsplan, 21
Kosten, 42
 Eigenkosten, 459, 491
 Fremdkosten, 461, 492
 Gewinn- und Verlustrechnung, 490
 Rechnungsprüfung, 493
Kran, 164
 Faltkran, 166
 Hubsystem, 174
 Hub und Verschubsystem, 174
 LKW-Aufbaukran, 169
 Minikran, 169
 Mobilkran, 169
 Raupenkran, 171
 Schwimmkran, 177
 Turmdrehkran, 171
Kündigung, 85

L

Leistung
 direkte, 99
 indirekte, 99
Leistungsverzeichnisse, 31
Loop Check, 252
 Durchklingeln, 253
 logische Funktion, 253
 Regelkreis, 253
Losgrößenplanung, 269

M

Mangel, 512
Maßnahmenkatalog, 505
Mechanische Fertigstellung, 519
Mengengerüst, 31
Method Statement, 353
Midstream, 12
Montageausschreibung, 31

N

Nachunternehmer, 3

Nachunternehmerkonzept, 77

O

Offshore, 9
Onshore, 10
OPEX, 8

P

Performance-Test, 530
Personaleinsatzplan, 38
Pfad, kritischer, 486
Preis, 42
Primärbedarfsplanung, 268
Projekt, 5
Prozess, 261, 281
  Leistungsprozess, 261
  Teilprozess, 281
Puffer, freier, 488
Punch List, 521

R

Revamp, 300
Risiko
  Analyse, 63
  Auswirkung, 65
  Bewertung, 64
  Eintrittswahrscheinlichkeit, 65
  Identifizierung, 61
  Kategorien, 65
Risk Register, 63
Rohrleitung
  Montage, 182
  Spools, 182

S

Schaden, 512
Scope of Work, 74
Sekundärbedarfsplanung, 269
Setzversuch, 150
Shut Down, 300
S-Kurve
  Schweißen, 38
Stundenlohnarbeit, 513
Substantial Completion, 531

T

Tendering, 34
Trocknen
  mit Luft, 527
  mit Stickstoff, 527

U

Upstream, 12

V

Vergabepaket, 32
Vertrag, 73
  Einheitspreise, 75
Vorgang, 278

W

Wärmebehandlung, 185, 194
Wärmeeinflusszone (WEZ), 194
Wasserhaltung, 121
  geschlossene, 124
  Grundwasserabsenkung, 123
  offene, 122
WBS (Work Break Down Structure), 81
WEZ (Wärmeeinflusszone), 194
Work Break Down Structure (WBS), 81

Z

Zusatzarbeit, 54
Zusatzleistung, 513

MIX
Papier aus verantwortungsvollen Quellen
Paper from responsible sources
FSC® C105338

If you have any concerns about our products,
you can contact us on
ProductSafety@springernature.com

In case Publisher is established outside the EU,
the EU authorized representative is:
Springer Nature Customer Service Center GmbH
Europaplatz 3, 69115 Heidelberg, Germany

Printed by Libri Plureos GmbH
in Hamburg, Germany